土木工程专业专升本系列教材

混凝土与砌体结构（第二版）

本系列教材编委会　组织编写
王毅红　叶燕华　主编
王天贤　韩丽婷　副主编

中国建筑工业出版社

图书在版编目（CIP）数据

混凝土与砌体结构/王毅红等主编．—2版．—北京：
中国建筑工业出版社，2012.3
土木工程专业专升本系列教材
ISBN 978-7-112-14133-3

Ⅰ．①混…　Ⅱ．①王…　Ⅲ．①混凝土结构②砌体结构　Ⅳ．①TU37②TU36

中国版本图书馆CIP数据核字（2012）第042096号

本教材根据国家最新修订颁布的《混凝土结构设计规范》（GB 50010—2010）、《砌体结构设计规范》（50003—2011）、《建筑结构荷载规范》（GB 50009—2001）（2006年版）编写，全书共分八章，主要内容包括：绪论、混凝土结构材料的物理力学性能、混凝土结构设计基本原则、钢筋混凝土基本构件计算、预应力混凝土构件、梁板结构、单层厂房、多层框架结构、砌体结构。其中，基本构件一章包括了钢筋混凝土拉、压、弯、剪、扭各构件的设计与构造要求。

本教材可作为土木工程专业专科起点本科的“混凝土及砌体结构”课程的教材，也可供土木工程专业本科学生和各类工程设计和施工人员参考。

责任编辑：王　跃　吉万旺
责任设计：张　虹
责任校对：王誉欣　赵　颖

土木工程专业专升本系列教材
混凝土与砌体结构（第二版）
本系列教材编委会　组织编写
王毅红　叶燕华　　主编
王天贤　韩丽婷　　副主编

*

中国建筑工业出版社出版、发行（北京西郊百万庄）
各地新华书店、建筑书店经销
北京红光制版公司制版
北京云浩印刷有限责任公司印刷

*

开本：787×960毫米　1/16　印张：32¾　字数：638千字
2012年8月第二版　2017年6月第二十一次印刷
定价：**55.00**元

ISBN 978-7-112-14133-3
（22182）

土木工程专业专升本系列教材编委会

第二版前言

本教材是中国建设教育协会成人教育委员会高校分会组织编写的专科起点本科的系列教材之一。按照《专科起点本科土木工程专业教学计划》中的培养目标和对《混凝土及砌体结构》课程的要求编写，教材突出了“成人教育”和“专升本”的特点，内容和体系注意到专科知识与本科知识的衔接与过渡，充分考虑到“专升本”的生源大多数有一定的实践经验和工作经历，选编的知识内容以够用为度，掌握原理、方法和技能为原则，结合工程实际。为避免与专科知识的重复，将基本构件并为一章，在深化专科知识的基础上，注意补充了新规范的内容，本教材的重点内容是应用基本理论解决各种结构设计问题。为便于自学，除绪论外，每章都有基本要求、小结、思考题，除绪论和第一、二章外，每章都有习题。本教材按国家新修订的《混凝土结构设计规范》GB 50010—2010、《砌体结构设计规范》GB 50003—2011、《建筑结构荷载规范》GB 50009—2001（2006年版）、《建筑结构可靠度统一标准》GB 50068—2001编写，本教材除作为专科起点本科的专用教材外，还可供土木工程专业本科学生和工程技术人员参考。

本书绪论、第一章、第二章和第五章由王毅红编写，第三章、第四章由王天贤编写，第六章由杨坤、王毅红编写，第七章由韩丽婷、叶燕华编写，第八章由叶燕华、郭樟根编写。全书由王毅红、叶燕华做统一修改后定稿。韩岗、惠亚楠、高航宇、徐杰、周翔为本书作了部分例题，描绘了部分插图。在此表示衷心的感谢。

由于编者水平有限，错误在所难免，敬请批评指正。

第一版前言

本教材是中国建设教育协会成人教育委员会高校分会组织编写的专科起点本科的系列教材之一。按照《专科起点本科土木工程专业教学计划》中的培养目标和对《混凝土及砌体结构》课程的要求编写，教材突出了“成人教育”和“专升本”的特点，内容和体系注意到专科知识与本科知识的衔接与过渡，充分考虑到“专升本”的生源大多数有一定的实践经验和工作经历，选编的知识内容以够用为度，掌握原理、方法和技能为原则，结合工程实际。为避免专科知识的重复，将基本构件并为一章，主要补充新规范的内容，本教材的重点内容是应用基本理论解决各种结构设计问题。为便于自学，除绪论外，每章都有学习要点、小结、思考题，除一、二章外，每章都有习题。本教材按国家新修订的《混凝土结构设计规范》(GB 50010—2002)、《建筑结构荷载规范》(GB 50009—2001)、《建筑结构可靠度统一标准》(GB 50068—2001) 编写，本教材除作为专科起点本科的专用教材外，还可供土木工程专业本科学生和工程技术人员参考。

本教材主编单位是长安大学，参编单位有：沈阳建工学院、南京工业大学、吉林建工学院。主编王毅红，副主编王天贤。编写人员有：王毅红（绪论、第一章、第二章、第五章），王天贤（第三章：弯、扭、拉、压构件和裂缝变形，第四章），陈兆才（第六章、第七章），叶燕华（第八章），王志先（第三章：受剪构件）。全书由河北建工学院张庆泽主审。

孙香红为本书作了部分例题，研究生李新忠、汤文锋、蒋建飞、崔莹为本书描绘了部分插图，长安大学教务处为本书设立了专项资助基金。在此表示衷心的感谢。

由于编者水平有限，错误在所难免，敬请批评指正。

目　录

绪论 …… 1
第一节　混凝土结构的概念 …… 1
第二节　混凝土结构的组成及结构类型 …… 1
第三节　混凝土结构的工程应用及发展 …… 2
第四节　本课程的特点及学习方法 …… 7
第一章　混凝土结构材料的物理力学性能 …… 8
第一节　钢筋的物理力学性能 …… 8
第二节　混凝土的物理力学性能 …… 15
第三节　钢筋与混凝土的粘结力 …… 30
小结 …… 36
思考题 …… 37
附录 …… 37
第二章　混凝土结构设计基本原则 …… 40
第一节　结构设计的要求 …… 40
第二节　结构的极限状态 …… 44
第三节　随机变量的统计特性 …… 46
第四节　概率极限状态设计方法 …… 48
第五节　实用设计表达式 …… 50
小结 …… 57
思考题 …… 57
第三章　钢筋混凝土基本构件计算 …… 59
第一节　受弯构件正截面承载力计算 …… 59
第二节　受弯构件斜截面承载力计算 …… 87
第三节　受扭构件扭曲截面承载力计算 …… 105
第四节　钢筋混凝土轴心受力构件承载力计算 …… 115
第五节　偏心受力构件承载力计算 …… 122
第六节　钢筋混凝土构件裂缝与变形 …… 148
小结 …… 163
思考题 …… 164
习题 …… 167
附录 …… 172

第四章　预应力混凝土构件 …… 177
第一节　预应力混凝土结构原理及计算规定 …… 177
第二节　预应力混凝土轴心受拉构件计算 …… 194
第三节　预应力混凝土受弯构件计算 …… 206
第四节　预应力混凝土构件的构造要求 …… 220
小结 …… 227
思考题 …… 227
习题 …… 228
附录 …… 229
第五章　梁板结构 …… 230
第一节　概述 …… 230
第二节　整体式单向板肋梁楼盖 …… 236
第三节　整体式双向板肋梁楼盖 …… 265
第四节　无梁楼盖 …… 274
第五节　井式楼盖 …… 284
第六节　装配式楼盖 …… 286
第七节　楼梯与雨篷的设计 …… 288
小结 …… 297
思考题 …… 298
习题 …… 299
附录 …… 300
第六章　单层厂房 …… 318
第一节　概述 …… 318
第二节　单层厂房结构的组成和布置 …… 319
第三节　排架计算 …… 327
第四节　柱的设计 …… 348
第五节　柱下独立基础 …… 360
第六节　单层厂房各构件与柱的连接 …… 370
第七节　单层厂房结构构件 …… 373
小结 …… 377
思考题 …… 379
习题 …… 379
附录 …… 380
第七章　多层框架结构 …… 386
第一节　多层框架的结构布置 …… 386
第二节　框架结构的计算简图及荷载 …… 389
第三节　框架结构内力和位移的近似计算方法 …… 392
第四节　内力组合 …… 399

第五节　框架结构构件设计……………………………………………………………………403
小结……………………………………………………………………………………………………410
思考题…………………………………………………………………………………………………410
习题……………………………………………………………………………………………………410
附录……………………………………………………………………………………………………411
第八章　砌体结构……………………………………………………………………………414
第一节　砌体材料力学性能及设计原则……………………………………………………414
第二节　砌体结构构件的设计计算……………………………………………………………427
第三节　混合结构房屋设计……………………………………………………………………465
第四节　砌体结构的构造要求…………………………………………………………………484
第五节　过梁、墙梁、挑梁及圈梁……………………………………………………………492
小结……………………………………………………………………………………………………507
思考题…………………………………………………………………………………………………508
习题……………………………………………………………………………………………………508
附录……………………………………………………………………………………………………510
参考文献……………………………………………………………………………………………512

绪　　论

第一节　混凝土结构的概念

混凝土结构包括钢筋混凝土结构、预应力混凝土结构、素混凝土结构。钢筋混凝土由钢筋和混凝土两种不同的材料组成，混凝土材料的抗拉强度较抗压强度低，通常抗拉强度仅为抗压强度的1/20～1/10，当结构构件中出现拉应力时，混凝土极易开裂破坏。钢筋混凝土结构在构件的受拉部位配置钢筋，混凝土主要承受压力，钢筋主要承受拉力。为减小构件截面尺寸，有时也在构件的受压部位配置钢筋，与受压区混凝土共同受力，改变结构构件的变形能力和提高承载能力。两种材料能有效地共同工作是因为：

（1）混凝土硬化后与钢筋之间具有良好的粘结力；

（2）钢筋与混凝土具有相近的温度线膨胀系数，使两者间的粘结力不致因温度的变化而破坏；

（3）混凝土包裹钢筋使钢筋免受大气侵蚀，保证构件的耐久性。

混凝土的优点是可模性、耐久性、耐火性、整体性好，且易于就地取材、价格较低，混凝土的强度比砖材、木材高，混凝土能和钢筋粘结制成各种强度高的钢筋混凝土结构。但混凝土自重较大、易产生裂缝、施工现场湿作业较多。

第二节　混凝土结构的组成及结构类型

一、混凝土结构的组成及基本构件

混凝土结构是由各种构件组合而成，常用的混凝土结构构件有板、梁、柱、墙、基础，也可由直杆组成平面桁架如屋架、双肢柱等（图0-1a），由杆和支座形成拱（图0-1b），由曲线形板与边缘构件形成壳（图0-1c）。

这些构件中，板主要承受弯矩；梁主要承受弯矩和剪力；柱、墙主要承受压力、弯矩、剪力；基础主要承受压力、冲切力、弯矩和剪力；桁架整体可承受弯矩、剪力、拉力、压力，各杆主要承受拉力和压力；拱主要承受压力，有时也有弯矩和剪力；壳体主要承受壳面内的压力。

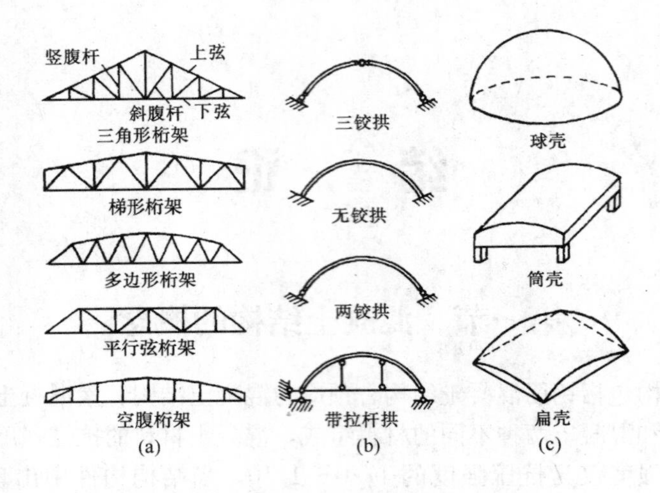

图 0-1 混凝土结构构件

(a) 桁架；(b) 拱；(c) 壳

二、混凝土结构的类型

混凝土结构按受力方式可分为平面结构和空间结构两种类型。平面排架、平面拱、平面桁架等属平面结构，壳体结构、空间框架、筒体结构等属空间结构。混凝土结构按结构体系可分为框架结构、框-剪结构、剪力墙结构、框-支结构、板柱结构、拱结构、空间薄壳结构等；也可按建筑物层数分为单层、多层、高层混凝土结构。

第三节 混凝土结构的工程应用及发展

混凝土是一种原材料资源丰富，能消纳工业废渣，成本较低，可以与钢筋、型钢粘结共同工作的材料，由于混凝土的可模性、整体性、刚性均较好，体内能按受力需要配置钢筋等优点，可用于各种受力构件（如板、梁、柱等），做成各种结构体系（如墙体结构体系、框架结构体系、薄壳结构体系等），建造各种建筑（如住宅建筑、公共建筑、商业建筑等）。也能做成预应力混凝土、高性能混凝土和轻骨料混凝土，应用范围极广。超高层建筑、巨型大跨度建筑、海洋工程建筑、核工业建筑，以及高达 1300℃、低达－160℃的高、低温工程建筑，都可以采用混凝土结构。混凝土结构在现代土木工程中广泛应用。

目前，世界上最高的混凝土结构建筑是马来西亚的石油双塔大厦（图 0-2）。它是两个并排的圆形筒体建筑，23m 见方的内芯由混凝土墙体构成，直径

46.2m 的外框设 16 个圆形混凝土立柱。框架柱直径由底层的 2.4m 逐渐变化到顶层的 1.2m，建筑面积 600000m² 左右，地上 88 层，若考虑夹层和超高层楼面，地上为 95 层，高 390m，连同桅杆共高 450m。从底层至 84 层采用的都是混凝土结构，混凝土强度自下而上为 C80 至 C40，支承 84 层以上是钢柱和钢环梁组成的结构。

(a)

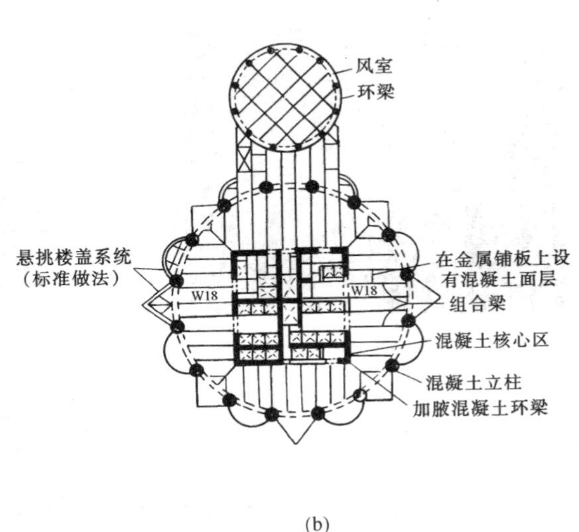

(b)

图 0-2　马来西亚吉隆坡石油双塔

(a) 石油双塔外观；(b) 标准层平面

国内最高、世界第二高的钢筋混凝土建筑是广州中天广场（图 0-3），1996 年建成。主塔楼为办公楼，80 层钢筋混凝土框架筒体结构，高 321.9m，连同桅杆（钢塔）总高 389.9m。

当前世界上跨度最大的混凝土结构公共建筑是法国巴黎国家工业与技术展览中心大厅（图 0-4），钢筋混凝土薄壳结构的平面成正三角形，各边长 219m，折算球面总厚度只有 180mm，厚跨比为 1∶1200，是鸡蛋蛋壳的厚长比 1∶100 的 1/12，而且建筑造型新颖，充分展示了混凝土壳体结构的优越性。

世界上最高的混凝土结构构筑物是加拿大多伦多的 CN 电视塔（图 0-5），塔高 553m，塔身采用预应力混凝土，用滑升模板方式施工。

1994 年建成的上海东方明珠塔（图 0-6）位于上海浦东陆家嘴，塔高 468m。主体为混凝土结构，基础为桩基，3 根直径为 7m 与地面呈 60°交角的斜撑，支扶 3 根直径为 9m 的圆柱直上云天。

(a)

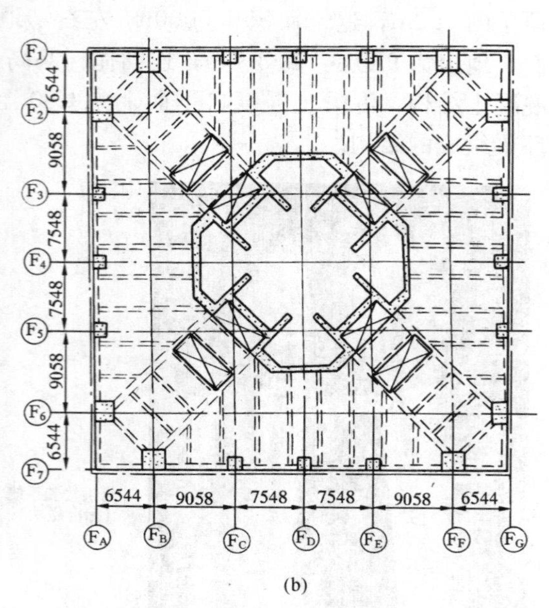

(b)

图 0-3 广州中天广场

(a) 中天广场外观；(b) 标准层平面

世界上最大跨度的预应力混凝土简支梁桥为奥地利的阿尔姆（Alm）桥，跨度为 76m，建成于 1977 年。世界上最大跨度的预应力混凝土连续梁桥为巴西的瓜纳巴拉（Guanabara）桥，跨度为 300m，建于 1974 年。重庆万县长江大桥（图 0-7）是 318 国道（成都-上海）上跨越长江的一座大型劲性骨架混凝土箱拱桥（箱形截面），净跨 420m，单孔跨江，无深水基础，在同类桥型中跨度居世界第一。

为了解决城市土地供求矛盾、满足人类生产生活的需求，也因商业聚集效应的需要，混凝土结构的建筑物、构筑物会向更高、更大跨度的方向发展。

高强混凝土、超高强混凝土的发展和逐步广泛的应用将大大拓宽混凝土结构的应用范围，并创造新的高度、强度的记录。具有良好性能的高性能混凝土也将得到大的发展。高性能混凝土指具有优越工程性质的混凝土，例如具有抗收缩、徐变性能、良好的可操作性、良好的耐久性能、高强度、高弹性模量等。

在普通混凝土中掺入适量的各种纤维材料，如钢纤维、玻璃纤维、合成纤维、碳纤维等，可以形成纤维混凝土，提高混凝土的抗拉、抗剪、抗冲击、抗震等能力。从保护环境和可持续发展的角度看，绿色混凝土也是一个发展方

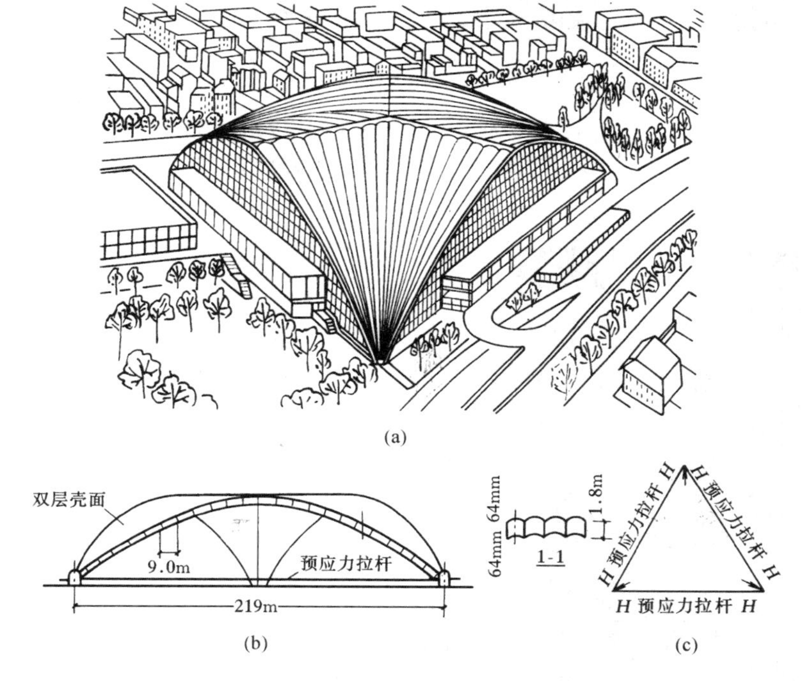

图 0-4　法国国家工业与技术展览中心
(a) 外观图；(b) 剖面图；(c) 平面结构示意图

向，发展绿色混凝土，可用工业废料代替大量水泥熟料、骨料，减少环境污染。

随着科学技术的发展，进一步完善基于概率理论的极限状态设计法，深入研究混凝土非线性性能及计算机技术在结构分析中的应用是混凝土结构设计计算理论的发展方向。

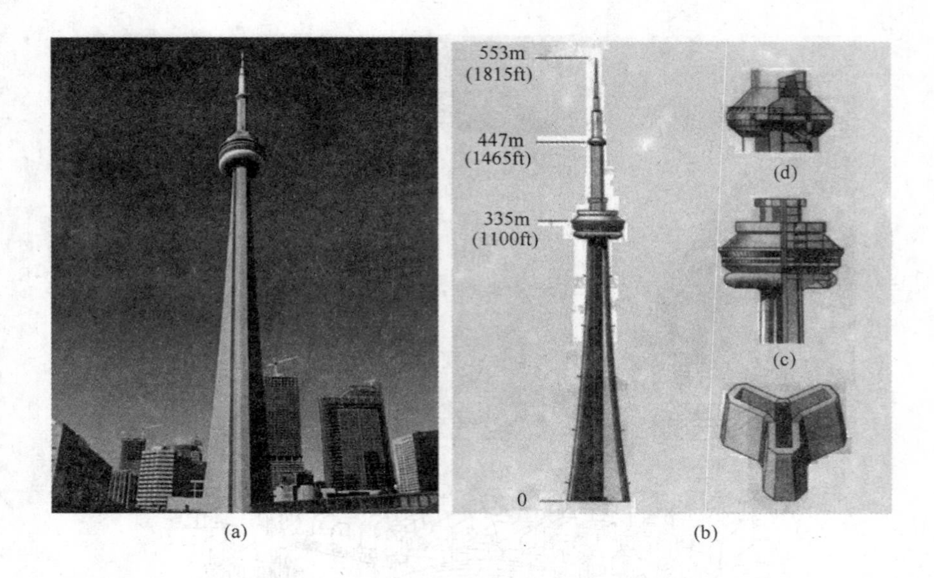

图 0-5 加拿大多伦多 CN 电视塔

(a) 外观图；(b) 高度、搭接及塔身剖面图

图 0-6 上海东方明珠塔

图 0-7 重庆万县长江大桥

第四节　本课程的特点及学习方法

一、课程的实践性

本门课程是一门实践性很强的课程。在学习本课程时，要与试验、工程实践相结合，主动接触工程实际，除课堂学习外，也要注意试验、实习、课程设计等实践教学环节。完成每章后的思考题、习题将有助于理解和掌握本门课程的基本概念、基本方法。应用书中的设计公式时，要特别注意公式的适用条件，一些公式是建立在试验研究的基础上，若超出公式的适用范围使用公式，会导致严重的错误。

二、本课程与规范的关系

设计规范（规程）是国家颁布的关于设计计算和构造要求的技术规定和标准，是带有一定约束性和立法性的文件。本教材按新修订的《建筑结构可靠度统一标准》(GB 50068—2001)、《混凝土结构设计规范》(GB 50010—2010)、《建筑结构荷载规范》(GB 50009—2001)(2006 版）等编写。新规范总结了近年来的实践经验，体现了最新的科研新成果，参考了国外规范和国际标准的有关内容，对工程设计具有指导作用。在学习本课程时，要学习正确使用规范。但事物总是不断发展的，随着科学技术的进步，规范也在不断的发展，约十年为一个更新周期。对学习者来说，一方面要用发展的眼光看待规范条文，不断对新的问题进行研究；一方面要熟悉、理解规范条文，只有对规范条文的概念和实质有真正的理解，才能充分发挥设计者的分析能力和主动性。

三、专科起点本科及成人教育的特点

本课程是在学习完大专水平的混凝土结构、砌体结构课程后又一次学习混凝土结构、砌体结构，在原有知识的基础上拓宽深化。在学习本课程时要特别注意与专科所学知识的衔接，对已学过的知识、概念进行必要的复习，将有利于本课程的接受。本教材编写时，对专科教材中已较详细论述过的基本构件的内容，没有过多的重复，把基本构件并为一章，主要介绍基本构件的基本概念和设计计算方法，补充新规范的相关内容，学习时应注意知识的更新。

第一章　混凝土结构材料的物理力学性能

基本要求

1. 了解钢筋的品种，理解软钢和硬钢的应力-应变关系，掌握混凝土结构中常用钢筋的性能。

2. 掌握混凝土的强度和变形性能。

3. 掌握钢筋与混凝土的粘结性能。

钢筋混凝土结构是由钢筋和混凝土两种性质完全不同的材料组成，钢筋混凝土结构的计算理论、计算公式都与这两种材料的物理力学性能相关。本章主要讨论钢筋和混凝土两种材料的物理力学性能以及两种材料之间的粘结性能。

第一节　钢筋的物理力学性能

一、钢筋的品种和等级

钢筋混凝土结构中使用的钢筋从力学性质上可分为两大类：一类是应力-应变曲线上有明显流幅的钢筋，称为软钢；另一类是应力-应变曲线上无明显流幅的钢筋，称为硬钢。

按钢材的化学成分可分为碳素钢和普通低合金钢两类。碳素钢除含有铁元素之外，还含有少量的碳、硅、锰、硫、磷等元素。根据含碳量的多少又可分为低碳钢（含碳量＜0.25%）、中碳钢（含碳量在0.25%～0.6%之间）和高碳钢（含碳量在0.6%～1.4%之间）。含碳量越高，强度越高，但塑性、可焊性降低。普通低合金钢是在碳素钢的基础上添加总量小于5%的合金元素的钢材，具有强度高、塑性和低温冲击韧性好等特点。通常加入的合金元素有硅（Si）、锰（Mn）、钛（Ti）、钒（V）、铬（Gr）、铌（Nb）等。为节约合金元素资源，近年来研制开发出采用控温轧制工艺生产出的HRBF系列细晶粒带肋钢筋，这种钢筋合金元素的添加量很少，其强度和延性可以满足混凝土结构对钢筋性能的要求。我国生产的品种有20MnSi、20MnSiV、20MnSiHb、20MnTi、K20MnSi、$40Si_2Mn$、$48Si_2Mn$、$45Si_2Cr$等，代号前边的数字表示含碳量的万分数，元素符号后的数字表示合金含量的百分数，例如：2 表示含量 1.5%～2.5%，元素符号后面无数字表示平均含量小于 1.5%。

以钢筋的加工方法，又可将其分为热轧钢筋、热处理钢筋、中强度预应力钢丝、消除应力钢丝、钢绞线、预应力螺纹钢筋、冷加工钢筋、冷轧钢筋等。

热轧钢筋是由低碳钢、普通低合金钢在高温状况下轧制而成，属于软钢，有明显的屈服点和流幅，根据强度的高低分为 HPB300 级（符号Φ）、HRB335 级（符号Φ）、HRBF335 级（符号Φ^{F}）、HRB400 级（符号Φ）、HRBF400 级（符号Φ^{F}）、RRB400 级（符号Φ^{R}）、HRB500 级（符号Φ）和 HRBF500 级（符号Φ^{F}）。其中 HPB300 级为光圆钢筋，HRB335 级、HRB400 级和 HRB500 级为普通低合金热轧带肋钢筋，HRBF335 级、HRBF400 级和 HRBF500 级为细晶粒热轧带肋钢筋。

热处理钢筋是将特定的热轧钢筋再通过加热淬火和回火、余热回温等调质工艺处理的钢筋。处理后，强度有较大提高，但可焊性和机械连接性稍差，塑性有一些降低，经处理后的钢筋成为硬钢，应力-应变曲线上不再有明显的流幅。RRB400 级为余热处理月牙纹变形钢筋。

中强度预应力钢丝、消除应力钢丝、钢绞线和预应力螺纹钢筋用于预应力混凝土结构。其中，中强度预应力钢丝的抗拉强度为 800～1270MPa，外形有光面（符号Φ^{PM}）和螺旋肋（符号Φ^{HM}）两种；消除应力钢丝的抗拉强度为 1470～1860MPa，外形有光面（符号Φ^{P}）和螺旋肋（符号Φ^{H}）两种；钢绞线（符号Φ^{S}）的抗拉强度为 1570～1960MPa，是由多根高强钢丝扭结而成，有 7 股和 3 股等规格；预应力螺纹钢筋（符号Φ^{T}）又称精轧螺纹粗钢筋（图 1-1），抗拉强度为 980～1230MPa，用于预应力混凝土结构中的大直径高强钢筋，这种钢筋在轧制时，沿钢筋纵向全长轧有螺纹肋条，可直接用螺丝套筒连接和螺帽锚固。

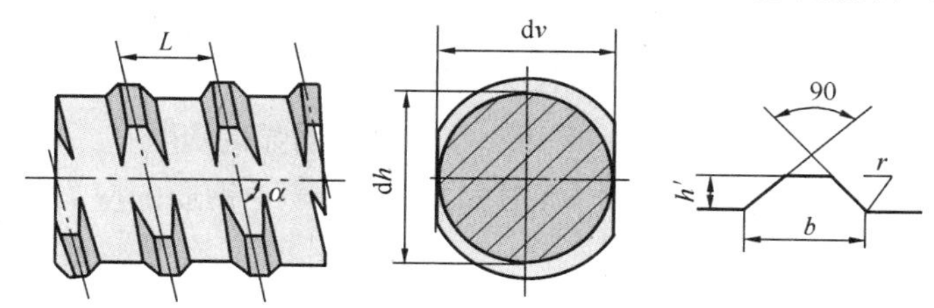

图 1-1　预应力螺纹钢筋图

钢筋冷加工方法有很多，如冷拉、冷拔。冷加工后的钢筋强度提高，塑性降低。冷拉是在常温下将热轧钢筋张拉使其超过屈服点进入强化段，然后再放松钢筋。冷拔钢筋是将热轧光面钢筋多次用强力拔过比它本身直径还小的硬质合金模。冷拔后强度有较大幅度的增长，但塑性降低很多。

冷轧带肋钢筋是采用普通低碳钢或低合金钢热轧圆盘条为母材，经冷轧后在其表面形成具有三面或二面月牙形横肋的钢筋，分成，LL550、LL650、LL800三个等级。

冷加工钢筋和冷轧带肋钢筋未列入《混凝土结构设计规范》（GB 50010—2010），工程中使用较少。应用时可按相关的冷加工钢筋技术标准执行。

各种钢筋的外形见图 1-2。

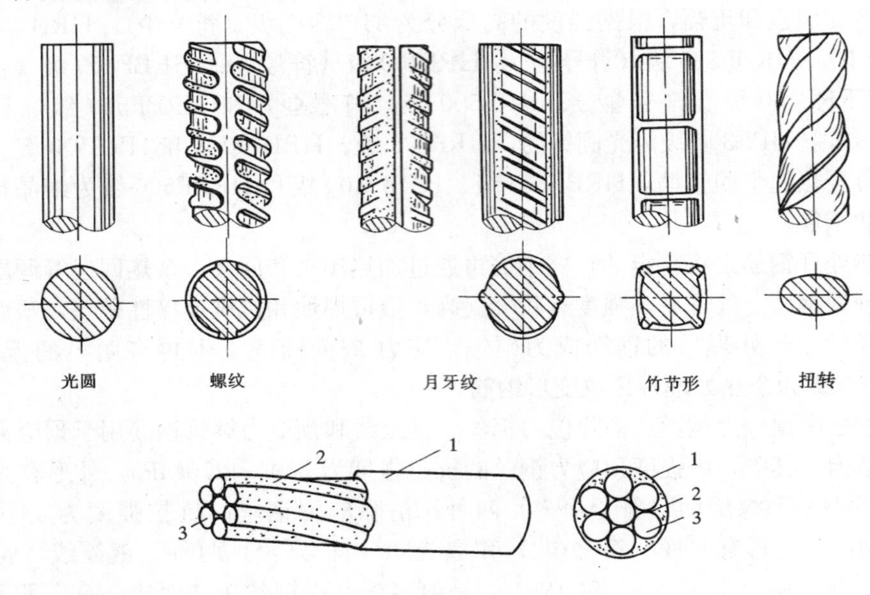

图 1-2　钢筋的外形

二、钢筋的强度、变形及弹性模量

钢筋的强度、变形及弹性模量可以用拉伸试验所得的应力-应变曲线来说明。低碳钢、低合金钢的应力-应变曲线有明显的流幅，而高碳钢的应力-应变曲线没有明显的流幅。

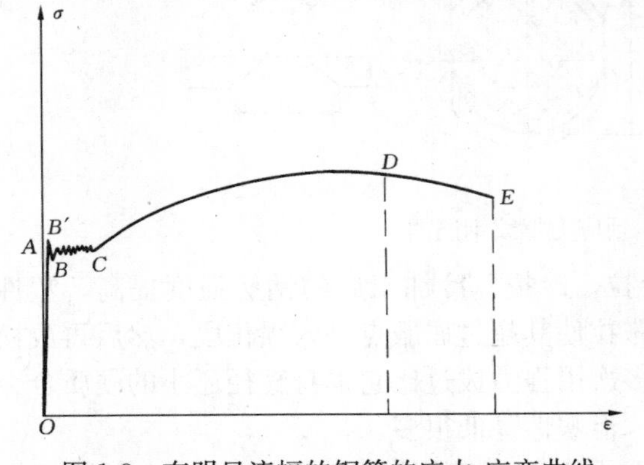

图 1-3　有明显流幅的钢筋的应力-应变曲线

1. 钢筋的应力-应变关系

（1）有明显流幅的钢筋

将钢筋在拉伸机上拉伸，得应力-应变曲线，如图 1-3 所示。在 A 点以前，应力-应变关系为一直线，A 点对应的应力称比例极限，oA 为理想弹性阶段，卸载后可完全恢复，无残余变形。过 A 点后，应变较应力增长快，曲线开始弯曲，达 B' 点后，钢筋开始塑流，即应力基本不变，应变急剧增加，曲线出现一个波动的小平台，这种现象称为屈服。这一阶段的最大、最小应力分别称为上屈服点 B' 和下屈服点 B。由于下屈服点 B 数值比较稳定，称为屈服点或屈服强度，BC 为屈服台阶。曲线过 C 点后，应力又继续上升，说明钢筋的抗拉能力又有所提高，直至曲线达最高点 D，相应的应力称为钢筋的极限强度，CD 段称为强化段。D 点后，试件在最薄弱处会发生较大的塑性变形，截面迅速缩小，出现颈缩现象，应力随之下降，直至 E 点断裂破坏。

对有明显流幅的钢筋，屈服强度是最重要的力学指标，构件设计时，以屈服强度作为强度的取值依据。超过屈服强度后，钢筋虽然没有断裂，但会产生较大的变形，超出正常使用的允许值，所以设计中不使用极限强度。

（2）无明显流幅的钢筋

无明显流幅的钢筋应力-应变曲线如图 1-4 所示，约相当于极限抗拉强度的 65%以前，应力-应变关系为直线。此后，钢筋表现出塑性性质，曲线凸向应力轴，应力-应变持续增长，直至曲线最高点，在此之前没有明显的屈服点，曲线最高点对应的应力称为极限抗拉强度。最高点后，出现颈缩现象，曲线下降，直至拉断。

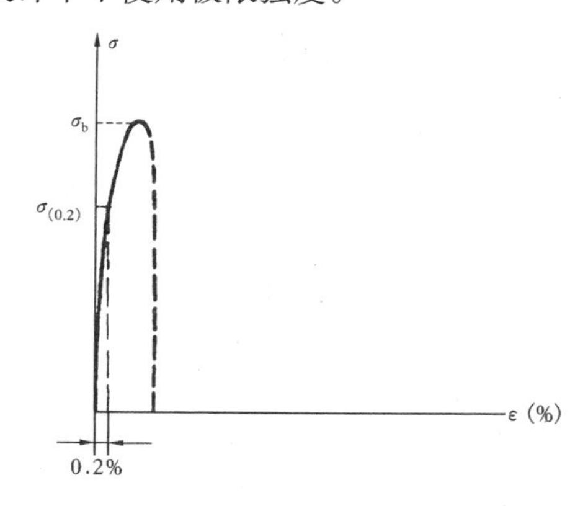

图 1-4 无明显流幅的钢筋的应力-应变曲线

对无明显流幅的钢筋，取极限抗拉强度的 85%作为条件屈服点，加载至该点后对应的残余应变为 0.2%，钢筋强度的取值为 $0.85\sigma_b$，称条件屈服强度，σ_b 为钢筋国家标准的极限抗拉强度。

2. 钢筋的伸长率

钢筋除满足强度要求外，还应满足变形能力的要求，伸长率是衡量钢筋塑性的一个指标。钢筋拉断后的伸长值与原长的比率称为伸长率，表示材料在破坏时产生的应变大小，用公式表示为：

$$\delta = \frac{l_1 - l}{l} \tag{1-1}$$

式中 δ——伸长率；

l_1——试件拉断时的标距长度（包含颈缩区）；

l——试件拉伸前的标距长度，见图 1-5。

伸长率越大，表明材料的塑性越好。当 $l=5d$ 时，相应的伸长率用 δ_5 表示，当 $l=10d$ 时，相应的伸长率用 δ_{10} 表示，通常 $\delta_5 > \delta_{10}$，因为残余应变主要集中在颈缩区，而颈缩区的长度与标距的大小无关，故标距越小，计算的 δ 越大。为消

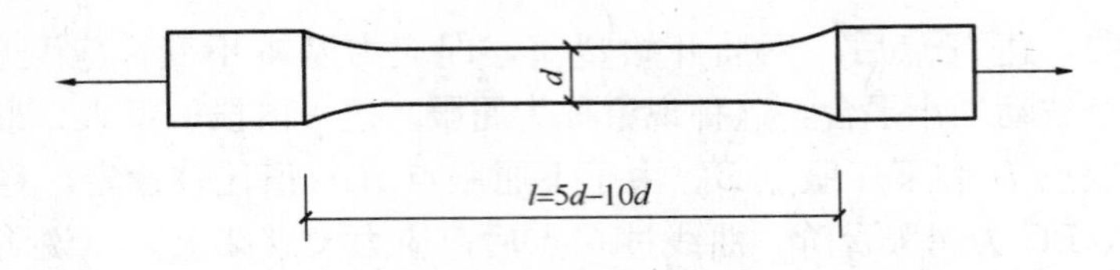

图 1-5　试件拉伸前标距长度示意图

除标距的影响，避免端口拼接后量测的误差，真实反应钢筋的塑性，《混凝土结构设计规范》（GB 50010—2010）采用了新的“均匀伸长率”的概念，也称“钢筋最大力下的总伸长率”：

$$\delta_{gt}=\left(\frac{L-L_0}{L_0}+\frac{\sigma_b}{E_s}\right)\times 100\% \tag{1-2}$$

式中　L_0——试验前的原始标距，L_0 应不小于 100mm，离开颈缩区 50mm 或 $2d$ 以上，见图 1-6；

L——试验后量测标距之间的距离；

σ_b——钢筋的最大拉应力（即极限抗拉强度）；

E_s——钢筋的弹性模量。

δ_{gt}反映了钢筋的塑性残余变形和在最大拉应力下的弹性变形。

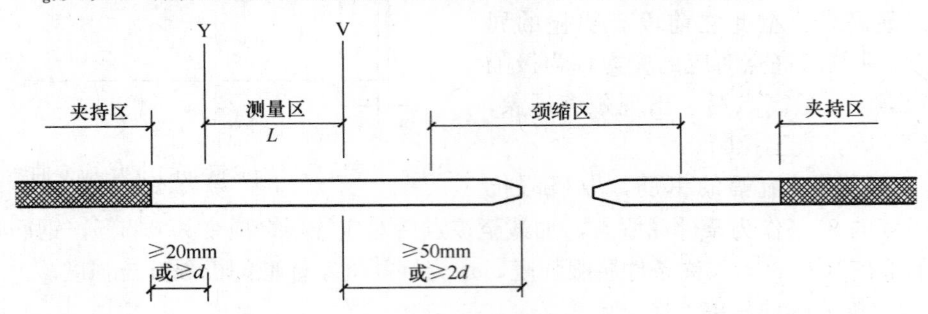

图 1-6　最大力下的总伸长率的量测方法

3. 钢筋的冷弯性能

钢筋的冷弯性能是衡量钢筋塑性的另一种方法。冷弯性能是指钢筋在常温下达到一定弯曲程度而不破坏的能力。弯曲程度用弯曲角 α 和弯心直径 D 对试件直径 d 的比来衡量，冷弯试验是将钢材按规定的弯心直径弯曲到规定的角度，通过检查被弯曲后的钢筋试件横面和两侧面是否发生裂纹或断裂来判断合格与否，如图 1-7 所示，国家标准规定了各种钢筋必须达到的伸长率和冷弯时相应的弯心直径和转角的要求。

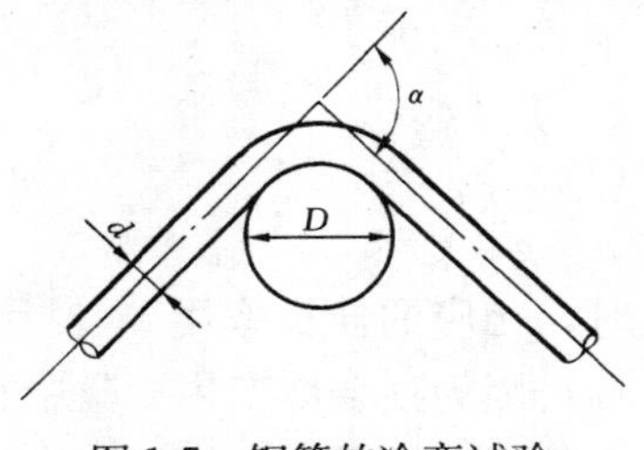

图 1-7　钢筋的冷弯试验

4. 钢筋的弹性模量

钢筋的弹性模量为钢筋拉伸试验应力-应变曲线在屈服点前的直线的斜率，即：

$$E_s = \tan\alpha = \sigma/\varepsilon = \text{常数} \tag{1-3}$$

三、钢筋的冷加工

热轧钢筋通过冷拉或冷拔，可以提高强度，达到节约钢材的目的。

1. 冷拉

冷拉是在常温下，用拉伸设备将热轧钢筋拉至超过其屈服强度，进入强化阶段，再放松钢筋。如图 1-8 所示，沿钢筋应力应变曲线 OBK 拉伸，在 K 点卸荷。曲线回至 O_1 点，产生了残余变形，再立即重新加荷，应力-应变曲线将沿着 O_1KZ 变化。此时，O_1K 与 OB 平行，即弹性模量与冷拉前一致，但屈服点从 B 提高到 K。若在 K 点卸荷后，停留一段时间再拉伸，应力-应变曲线将沿着 $O_1K'Z'$变化，屈服强度又有所提高。这种现象称为时效硬化。冷拉时效和温度有关，如《混凝土结构设计规范》(GB 50010—2002) 中的 HPB235 级钢筋，常温下 20 天、100℃高温下 2 小时可完成冷拉时效硬化。冷拉钢筋时，若控制两个指标：冷拉应力和冷拉率，称为双控，若只控制冷拉率称为单控。

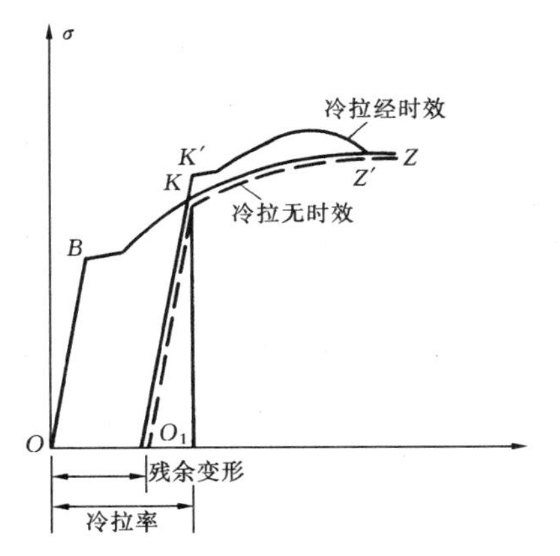

图 1-8　钢筋冷拉后的应力-应变曲线

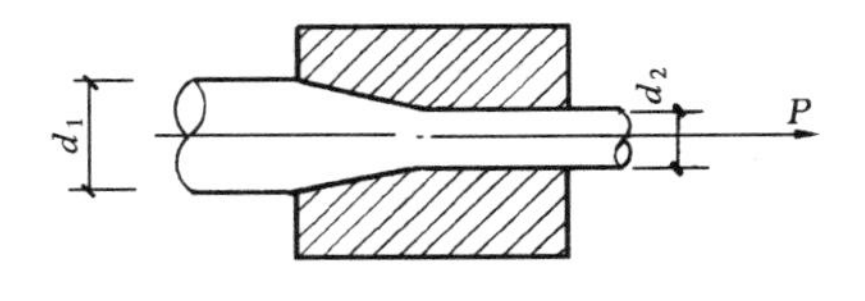

图 1-9　钢筋的冷拔模具

冷拉钢筋的特点是：

(1) 冷拉后仍是软钢，应力-应变曲线上有屈服台阶。经过冷拉时效后，台阶较明显，但比未冷拉前的屈服台阶缩短。

(2) 冷拉后只提高钢筋的抗拉强度，不提高钢筋的抗压强度。

(3) 钢筋设计仍采用冷拉前的截面。

(4) 经时效提高的强度在设计中不利用。

(5) 高温会使冷拉强化消失，因此，需焊接的钢筋，应先焊接，后冷拉。

2. 冷拔

冷拔是将光面钢筋数次用强力拔过比自身直径小的硬质合金模具（图 1-9）。在冷拔过程中，钢筋同时受纵向拉力和横向挤压的作用，产生较大的塑性变形，内部金属晶粒发生形变和位移，强度明显提高，塑性下降也较多。

冷拔钢筋的特点是：

（1）冷拔后材性改变，由软钢变为硬钢，应力-应变曲线中无明显流幅。

（2）冷拔后，钢筋的抗拉、抗压强度均有提高。

（3）冷拔后的钢筋面积作为设计截面。

四、钢筋的徐变、松弛和疲劳

高强钢筋、钢丝、钢绞线、冷加工钢筋等在高应力作用下，随时间增长应变继续增加的现象称为徐变。钢筋在应力状态下，长度不变，应力随时间增长而降低的现象称为松弛。徐变和松弛随时间的增长而增长，与钢筋初始应力的大小、钢筋的品种、温度等因素有关。初始应力越大，徐变和松弛越大；温度越高，徐变和松弛越大。试验表明，软钢在其弹性范围内受力或反复加卸载都不发生徐变或松弛现象。

钢筋受交变荷载反复作用时，在低于屈服强度的情况下突然发生脆性断裂破坏的现象称为疲劳破坏。疲劳破坏首先是从局部缺陷处形成细小裂纹开始，由于裂纹尖端处的应力集中使其逐渐扩展，直至最后断裂。在一定条件下，钢筋疲劳破坏的应力值随应力循环次数的增加而降低。钢筋在无穷次交变荷载作用下不致引起断裂的最大循环应力值称为疲劳强度极限，我国以满足 200 万次循环次数为标准。钢筋的疲劳强度与应力变化幅值、钢筋表面状态、钢筋的直径、钢筋的强度、钢筋的加工及使用环境等因素有关。

五、混凝土结构对钢筋性能的要求

混凝土结构对钢筋的性能主要有下列几方面的要求：

（1）钢筋的强度

钢筋的强度有屈服强度和极限强度之分。其中屈服强度是软钢设计计算的主要依据，硬钢设计计算取条件屈服强度，即钢筋极限强度的 85%。《混凝土结构设计规范》规定，在普通混凝土中可使用 400MPa、500MPa 的高强度钢筋，对预应力混凝土结构可使用强度更高的钢筋、钢丝、钢绞线等。

（2）钢筋的塑性

混凝土结构对钢筋的塑性有严格的要求，钢筋在断裂之前应有足够的变形，给出破坏预兆。钢筋的塑性由伸长率和冷弯性能指标确定，《混凝土结构设计规范》和相关国家标准中对各种钢筋的伸长率、冷弯性能有明确规定。在结构设计中考虑地震作用时对钢筋的屈强比（即屈服强度与极限抗拉强度之比）也有要求。

(3) 钢筋的可焊性

可焊性是评定钢筋焊接后的接头性能的指标，要求钢筋焊接后不产生裂纹和过大变形，接头性能良好。

(4) 钢筋与混凝土的粘结力

钢筋与混凝土的粘结力是两者共同工作的基本保证，钢筋表面形状是影响粘结力的重要因素。

在寒冷地区，对钢筋的低温性能也有一定要求。

第二节 混凝土的物理力学性能

一、混凝土的强度

1. 混凝土立方体抗压强度

为设计施工和质量检验的需要，必须对混凝土的强度规定统一的级别，即混凝土强度等级。用立方体试块的单轴抗压强度作为确定强度等级的度量标准，称为混凝土立方体抗压强度。

(1) 混凝土的强度等级

用边长150mm的标准立方体试块，在标准条件下（温度20±3℃，相对湿度90%以上）养护28天，在压力机上以标准试验方法（中心加载，平均速度为0.3～0.8N/（mm^2·s），试件上下表面不涂润滑剂）测得的具有95%保证率的破坏时的平均压应力为混凝土立方体抗压强度。我国《混凝土结构设计规范》（GB 50010—2010）规定，混凝土强度等级按立方体抗压强度标准值确定，用符号 $f_{cu,k}$ 表示，共14个等级，即C15、C20、C25、C30、C35、C40、C45、C50、C55、C60、C65、C70、C75、C80。例如，C35表示立方体抗压强度标准值为35N/mm^2，其中C50及C50以上属高强混凝土。

《混凝土结构设计规范》（GB 50010—2010）规定，钢筋混凝土结构的混凝土强度等级不应低于C20；采用400MPa及以上强度的钢筋时，混凝土强度等级不应低于C25；承受重复荷载的钢筋混凝土构件，混凝土强度等级不应低于C30，预应力混凝土构件的混凝土强度等级不宜低于C40、且不应低于C30。C15级低强度混凝土仅能够用于素混凝土结构。

(2) 破坏机理

由于混凝土本身的性质，特别是微裂缝的存在，使混凝土承受均匀外压力时，内部处于复杂应力状态，最终导致破坏的是垂直于压力方向的横向拉应力。

水泥、水、骨料组成的混凝土在硬结过程中，形成未水化的水泥颗粒、处于流动状态尚未硬结的凝胶体、已硬化的结晶体（水泥石）和多余的水分、气泡，凝结初期，由于水泥石的收缩及泌水、骨料下沉等原因，在骨料与水泥石接触面上和水泥石内部，形成微裂缝，这是材料先天的薄弱环节（图 1-10）。

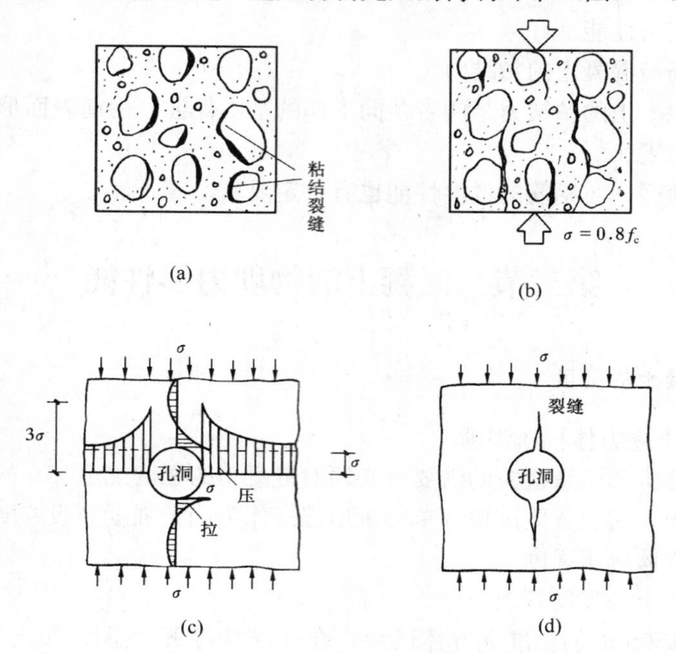

图 1-10　混凝土中微裂缝示意

(a) 粘结裂缝；(b) 通缝；(c) 孔洞处应力集中；(d) 孔洞处裂缝

当 σ 较小（$\leqslant f_c/3$）时，混凝土变形主要由于骨料和水泥结晶体受力后的弹性变形所致，随 σ 加大，水泥凝胶体黏性流动增大，形成塑性变形，使 σ-ε 曲线开始弯曲，同时，在压应力下，原有微裂缝扩展，在水泥石中的气泡、水分逸出形成的孔洞产生应力集中，形成新的裂缝，此阶段裂缝稳定，若应力不增加，即不再出现新的裂缝。当 $\sigma\approx0.8f_c$ 时，ε 较 σ 增加更快，横向应变也明显加大，这时骨料与水泥石界面处的粘结裂缝与水泥石中的裂缝已发展贯通，裂缝发展进入非稳定状态，即使荷载不增大，裂缝也将继续开展，导致混凝土被分割成若干平行于受力方向的小柱体。当 $\sigma\approx f_c$ 时，骨料与水泥石的粘结基本丧失，试件裂缝处混凝土剥落，压酥，破坏。由此得出，混凝土宏观破坏是裂缝累积的过程，是内部结构局部损伤到连续性遭受破坏（裂缝贯通），导致整个体系解体而丧失承载能力的过程，并非组成相（骨料、砂浆等）自身强度耗尽。在立方体抗压强度的试验中，试块承压面与垫板之间存在摩擦力，使试块上下表面的横向变形受到约束，剥落较少，而远离加载板的中部剥落较多，因而形成三角形残体。若在垫板之间涂润滑剂，减少摩擦力，破坏残体为带有多条纵向裂缝的立方体，如图示1-11示。

(3) 影响立方体抗压强度的因素

1) 尺寸的影响

试验表明，用同样的混凝土材料，制成不同尺寸的立方体试块，测得的强度不同。立方体尺寸越小，测得的强度越高，反之越低。当采用边长为200mm和100mm的立方体试块时，其测得的抗压强度应分别乘以1.05和0.95的换算系数，以考虑尺寸效应的影响。

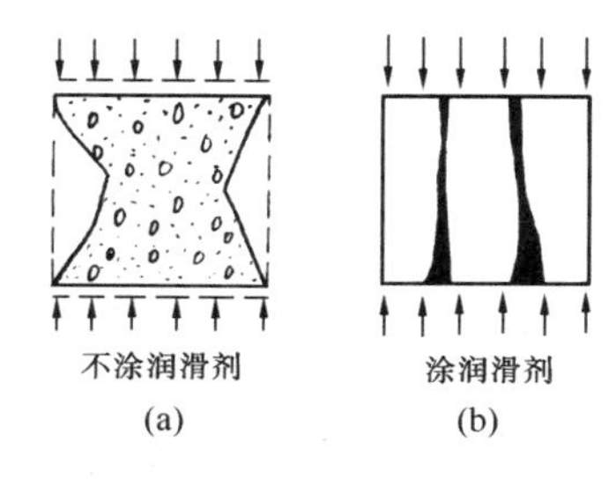

图1-11 混凝土立方体试块破坏图

(a) 不涂润滑剂；(b) 涂润滑剂

2) 加荷速度的影响

试验表明，加荷速度越快，测得的抗压强度越高。通常规定加荷速度为：C30以下混凝土取每秒0.3～0.5N/mm^2，C30或C30以上的混凝土取每秒0.5～0.8N/mm^2。

3) 龄期的影响

混凝土立方体抗压强度与试块成型后的龄期有关。龄期越长，强度越高，其增长速度是先快后慢，强度增长过程要持续几年，在潮湿环境中往往延续时间更长（图1-12)。

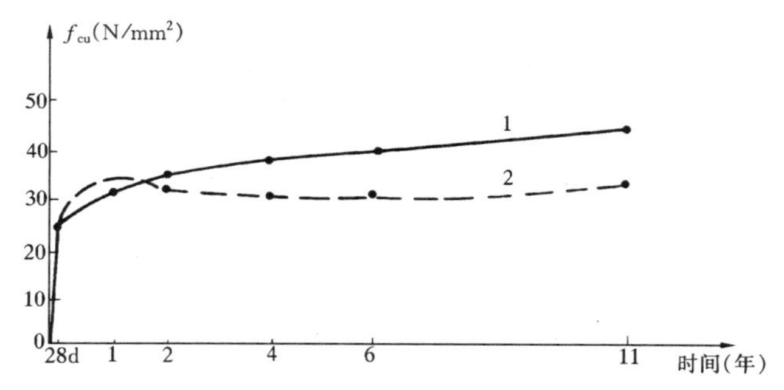

图1-12 混凝土立方体强度随龄期的变化

1—在潮湿环境下；2—在干燥环境下

2. 混凝土棱柱体轴心抗压强度

由于实际工程中的混凝土构件高度通常比截面边长大很多，因此柱体受压试件更接近实际构件的受力状况。在确定棱柱体试件尺寸时，为使棱柱体试件的强度不受试验机压板与试件间摩擦力的影响，试件应有一定高度，在试件中间形成纯压状态，同时，也应避免试件过高，产生附加偏心距而降低抗压强度。根据研究资料，认为试件高宽比$h/b=2$左右，基本可消除上述两种因素的影响。我国采用150mm×150mm×300mm的棱柱体作为混凝土轴心抗压强度的标准试件用与混凝土立方体抗压强度同样的试验方法（图 1-13），可得到棱柱体轴心抗压强度标准值，用符号 f_{ck} 表示。由图 1-14 的试验结果可看出试验值 f_c^0 和 f_{cu}^0 的统计平均值大致为一条直线，比值约在 0.70～0.92 之间。

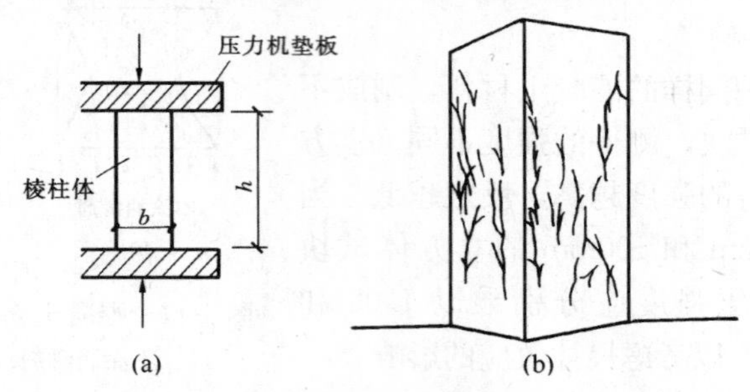

图 1-13 混凝土棱柱体抗压试验和破坏示意图

（a）实验装置；（b）破坏形态

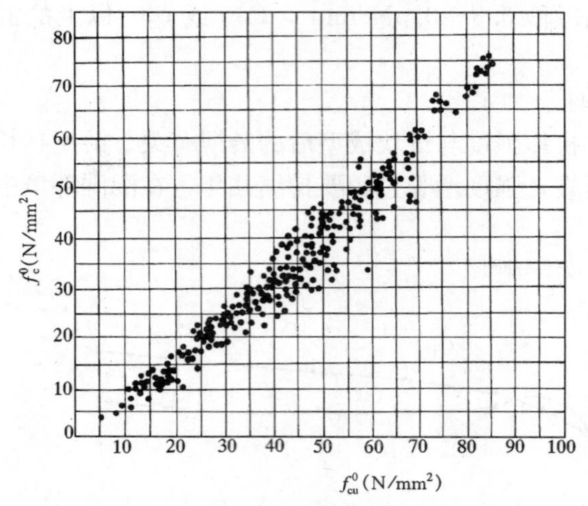

图 1-14 混凝土轴心抗压强度和立方体抗压强度的关系

考虑到实际结构构件的尺寸制作、养护和受力情况，与实验室的差异，轴心抗压强度标准值与立方体抗压强度标准值的关系按下式确定：

$$f_{ck}=0.88\alpha_{c1}\alpha_{c2}f_{cu,k} \tag{1-4}$$

式中 α_{c1}——混凝土轴心抗压强度与立方体强度之比值，对 C50 及 C50 以下混凝土取 $\alpha_{c1}=0.76$；对 C80 混凝土取 $\alpha_{c1}=0.82$，中间按线性规律变化；

α_{c2}——C40 以上混凝土脆性折减系数，对 C40 取 $\alpha_{c2}=1.0$，对 C80 取 $\alpha_{c2}=0.87$，中间按线性规律变化。

0.88 为考虑实际构件与实验室试件混凝土强度之间的差异，对混凝土强度的修正系数。

3. 混凝土轴心抗拉强度

混凝土的抗拉强度是确定混凝土构件抗裂能力的重要指标，混凝土受剪、受扭、受冲切等构件的承载力计算均与混凝土抗拉强度有关。测定混凝土轴心抗拉强度的常用方法有两种：

（1）直接受拉

如图 1-15 所示试件，试验机夹紧两端伸出的钢筋，使构件受拉，破坏时在试件中部产生横向裂缝，其平均拉应力即为混凝土轴心抗拉强度。这种试件制作时，预埋钢筋对中较困难，由于偏心的影响，一般所得的抗拉强度比实际强度略低。

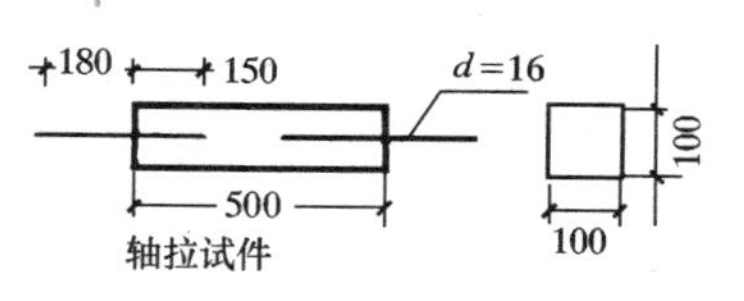

图 1-15　直接受拉试验示意图

（2）劈裂试验

为避免偏心对抗拉强度的影响，也常用圆柱体或立方体试件做劈裂试验来测定混凝土轴心抗拉强度。如图 1-16 所示，通过上下两根截面为 5mm×5mm 的方钢条对平放的圆柱体或立方体对中施加线荷载，试件在竖直中面上除两端局部区域外将产生均匀水平拉应力，试件劈裂时的水平拉应力即为混凝土轴心抗拉强度，根据弹性理论、试件劈裂破坏时混凝土的抗拉强度可用公式表达为：

$$f_{t,s}=\frac{2F}{\pi dl}\ (\mathrm{N/mm^2}) \tag{1-5}$$

式中　F——破坏荷载；

d——立方体边长或圆柱体直径；

l——立方体边长或圆柱体试件的长度。

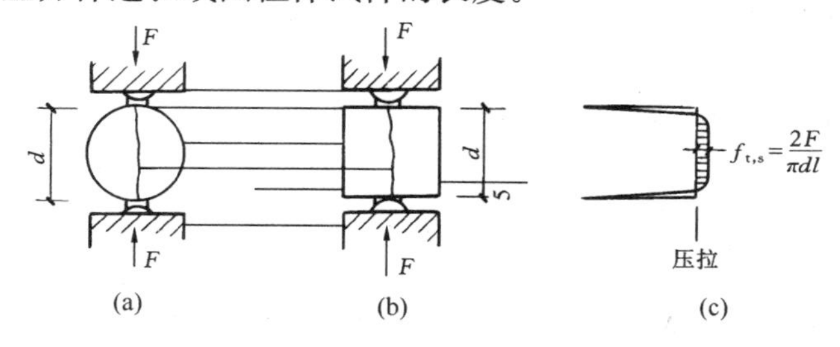

图 1-16　混凝土劈裂试验示意图

（a）圆柱体试件；（b）立方体试件；（c）试件竖直中面的应力分布

我国的试验表明，劈裂抗拉强度略大于直接受拉强度，劈裂试件的尺寸对强度有一定影响，若用边长 100mm 的立方体试件代替边长 150mm 的立方体试件，其结果应乘 0.85 的折减系数。

轴心抗拉强度标准值 f_{tk} 与立方体抗压强度标准值 $f_{cu,k}$ 的关系为：

$$f_{tk}=0.88\times0.395f_{cu,k}^{0.55}\ (1-1.645\delta)^{0.45}\times\alpha_{c2} \tag{1-6}$$

式中　δ——变异系数；

0.88 和 α_{c2} 的取值和定义同式（1-4）。

4. 复合受力强度

实际工程中的混凝土结构构件通常受到轴力、弯矩、剪力、扭矩等不同内力的组合作用，很少处于单轴受力状态，混凝土材料的性能决定了它在复合受力状态和单向受力状态有不同的特性，对混凝土复合受力强度，由于混凝土材料的复杂性，目前主要依据一些试验研究结果得出近似公式。

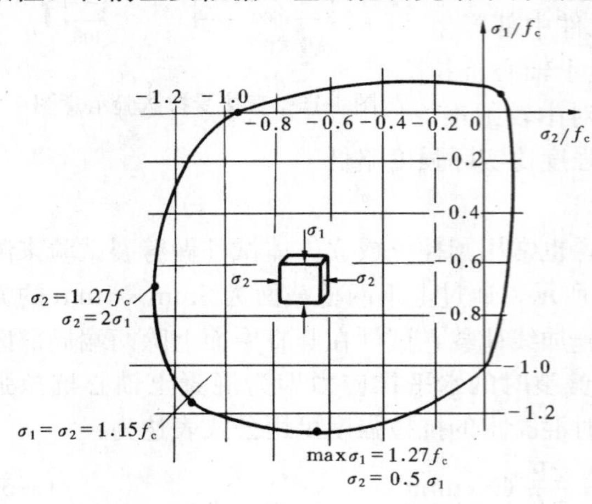

图 1-17　双向应力状态下混凝土强度变化曲线

（1）双向受力

由试验得到混凝土双向应力作用下的强度曲线，如图 1-17 所示。

由图中可看出，在第三象限，混凝土双向受压，一向的强度随另一向压力的增大而增大，在整个象限内，破坏包络线全部在 $\sigma_2/f_c=1.0$ 和 $\sigma_1/f_c=1.0$ 之外，说明双向受压时 σ_1 与 σ_2 以任何比例，其强度均高于单轴受压时的强度；当 $\sigma_1=\sigma_2$ 时，强度为棱柱体抗压强度 f_c 的 1.16 倍，当 $\sigma_1/\sigma_2=2$ 或 $\sigma_1/\sigma_2=0.5$ 时，强度提高幅度最大，为棱柱体抗压强度 f_c 的 1.27 倍。这是由于双向受压，一个方向的压应力为另一个方向压应力产生的拉应力提供了约束所致。

在第一象限为双向受拉。由图 1-17 中可见，σ_1 与 σ_2 相互影响很小，破坏包络线几乎呈方形。

在第二、四象限，为一向受压一向受拉的情况。由图 1-17 可见，破坏包络线基本为一斜线，无论 σ_1 与 σ_2 怎样组合，抗拉及抗压强度均分别低于单轴强度，这是由于一个方向应力的作用加大了另一个方向的横向变形所致。

（2）三向受压

混凝土在三向受压时，由于侧向压应力的存在，约束了混凝土的横向变形，使混凝土抗压强度和极限变形能力有较大程度的提高。三轴压力试验是在圆柱体周围加液压进行，早在 1928 年，美国 Richart 等人得到经验公式

$$f'_{cc}=f'_c+4.1\sigma_2 \tag{1-7}$$

式中　f'_{cc}——三轴受压状态混凝土圆柱体沿纵轴的抗压强度；

f'_c——混凝土单轴受压时的抗压强度；

σ_2——侧向约束压应力。

另有研究者认为，公式中系数在 4.5～7.0 范围内变化，其平均值为 5.6，而不是 4.1。

总之，三轴受压时，混凝土的强度及变形能力均有较大的提高。在实际工程中，常利用此特性来提高混凝土构件的抗压强度和变形能力，例如采用螺旋箍筋、加密箍筋等。

(3) 单轴正应力和剪应力共同作用时的强度

当混凝土构件上同时作用由剪力、扭矩等引起的剪应力和拉压引起的正应力 σ 时，形成剪压、剪拉复合受力状态，其试验所得破坏包络图如图 1-18 所示。将图中面积分为三个区域：Ⅰ区：混凝土处于拉应力和剪应力的复合受力状态，由曲线形状可分析出，随剪应力加大，混凝土的抗拉强度下降；随拉应力的加大，混凝土抗剪强度下降。Ⅱ区：混凝土处于压应力和剪应力的复合受力状态，随着压应力的增大，混凝土抗剪强度增加，说明一定的压应力存在，对混凝土抗剪强度有提高作用。Ⅲ区：混凝土仍然处于压应力和剪应力的复合受力状态，但曲线走势反映出随压应力的增大，抗剪强度开始下降。说明压应力对抗剪强度的提高幅度有限，过大的压应力反而使混凝土抗剪强度下降。

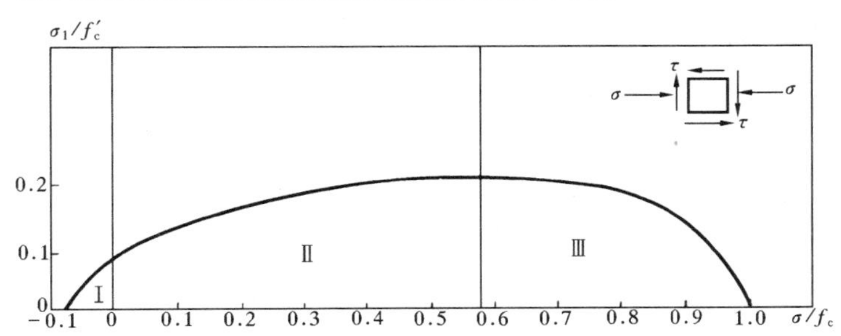

图 1-18　正应力和剪应力共同作用下混凝土的破坏曲线

二、混凝土的变形

1. 一次短期加荷下混凝土的变形性能

(1) 混凝土受压应力-应变曲线的形状

棱柱体试件一次短期加荷下，混凝土受压应力-应变全曲线[注1]，反映了受荷各阶段混凝土内部结构变化及破坏机理，是研究混凝土结构极限强度理论的重要依据。如图 1-19 所示，曲线分为上升段 OC 和下降段 CE。在上升段：$\sigma < 0.3f_c$ 时，OA 段应力-应变关系接近直线，混凝土变形主要取决于骨料和水泥石的弹性变形，称为弹性阶段；当 σ 在 $0.3f_c$～$0.8f_c$ 之间时，由于水泥凝胶体的塑性

[注1] 混凝土受拉的应力-应变曲线和受压的应力-应变曲线类似，但对应峰值应力的拉应变为 0.00015—0.0002，通常取 0.00015。

变形，应力-应变曲线开始凸向应力轴，随 σ 加大，微裂缝扩展，并出现新的裂缝。在 AB 段，混凝土表现出明显的塑性性质，$\sigma=0.8f_c$ 可作为混凝土长期荷载作用下的极限强度。当 $\sigma>0.8f_c$ 时，微裂缝发展贯通，ε 增长更快，曲线曲率随荷载不断增加，应变加大，表现为混凝土体积加大，直至应力峰值点 C，此时对应的应变为 ε_0，通常取 0.002。C 点以后，裂缝迅速发展，由于坚硬骨料颗粒的存在，沿裂缝面产生摩擦滑移，试件能继续承受一定的荷载，并产生变形，使应力-应变曲线出现下降段 CE。下降段曲线的凹象开始改变，即出现曲率为 0 的点 D，称为拐点。D 点以后，试件破裂，但破裂的碎块逐渐挤密，仍保持一定的应力，至收敛点 E，曲线平缓下降，这时贯通的主裂缝已经很宽，对无侧限的混凝土，E 点以后的曲线已无实际的意义。

曲线达 C 点时，已达到强度峰值，但此时混凝土变形能力尚未达到极限。当混凝土应变达到极限值 ε_{max} 时，其应力已下降。由此看出，混凝土应力最大和应变最大不在同一点。下降段对混凝土结构构件延性的研究具有重要的意义。

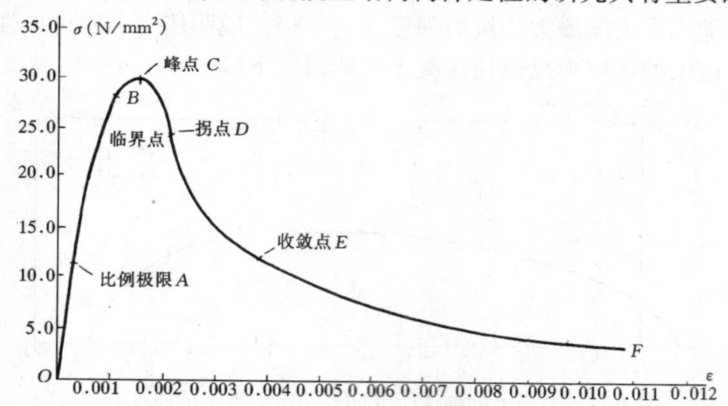

图 1-19　混凝土棱柱体受压应力-应变曲线

（2）用公式描述混凝土应力-应变关系

为了进行混凝土结构理论分析，需要用数学公式准确拟合混凝土受压应力-应变曲线。为此，国内外学者做了大量的研究工作，提出了多种数学表达式，这些公式称为混凝土材料的本构方程。目前较常用的有美国 E. Hognestad 建议的方程（图 1-20）和德国 Rüsch 建议的方程（图 1-21）。

Hognestad 方程为：

当 $\varepsilon\leqslant\varepsilon_0$（上升段）

$$\sigma=f_c\left[2\left(\frac{\varepsilon}{\varepsilon_0}\right)-\left(\frac{\varepsilon}{\varepsilon_0}\right)^2\right] \tag{1-8}$$

当 $\varepsilon_0<\varepsilon\leqslant\varepsilon_u$ 时（下降段）

$$\sigma=f_c\left[1-0.15\frac{\varepsilon-\varepsilon_0}{\varepsilon_u-\varepsilon_0}\right] \tag{1-9}$$

式中　$\varepsilon_0=0.002$，$\varepsilon_u=0.0038$

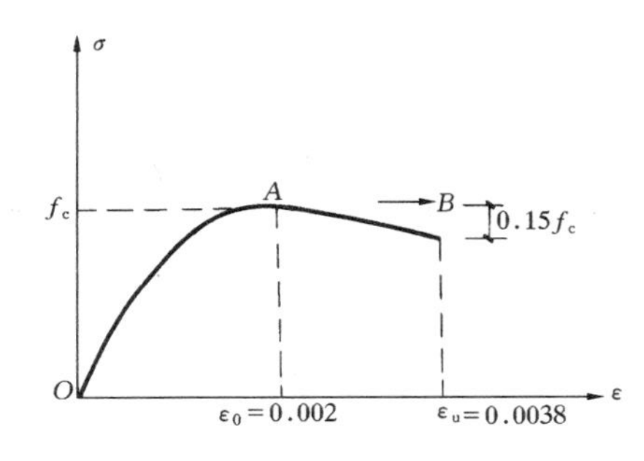

图 1-20　Hognestad 建议的应力-应变曲线

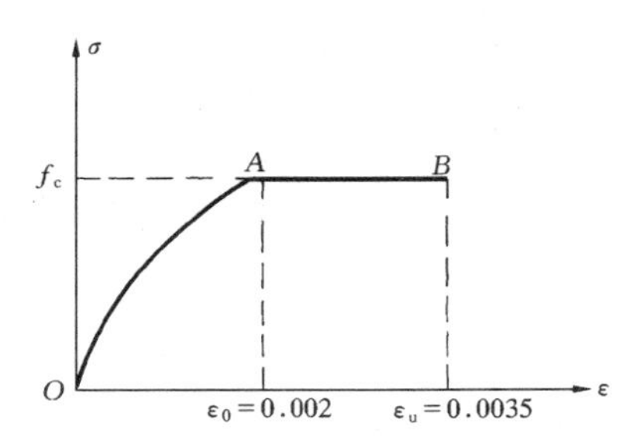

图 1-21　Rüsch 建议的应力-应变曲线

Rüsch 方程为：

当 $\varepsilon \leqslant \varepsilon_0$ 时（上升段）$\sigma = f_c\left[2\left(\frac{\varepsilon}{\varepsilon_0}\right)-\left(\frac{\varepsilon}{\varepsilon_0}\right)^2\right]$　(1-10)

当 $\varepsilon_0 < \varepsilon \leqslant \varepsilon_u$ 时（下降段）　$\sigma = f_c$　(1-11)

式中　$\varepsilon_0 = 0.002, \varepsilon_u = 0.0035$

我国规范采用 Rusch 方程，但取 ε_u 时$=0.0033$。

（3）影响混凝土应力-应变曲线形状的因素

1）混凝土强度等级

试验表明，混凝土强度的变化对上升段的形状和峰值应变的影响不显著，但对下降段影响较大。低强度混凝土的下降段较明显，且延伸较长、较平缓；高强度混凝土的下降段坡度较陡、较短，如图 1-22 所示，说明高强度混凝土较低强度混凝土的延性差。

2）加荷速度

如图 1-23 所示，加荷速度越高，峰值应力越大，但峰值应力对应的应变减小，曲线的下降越陡，ε_{max} 越小。

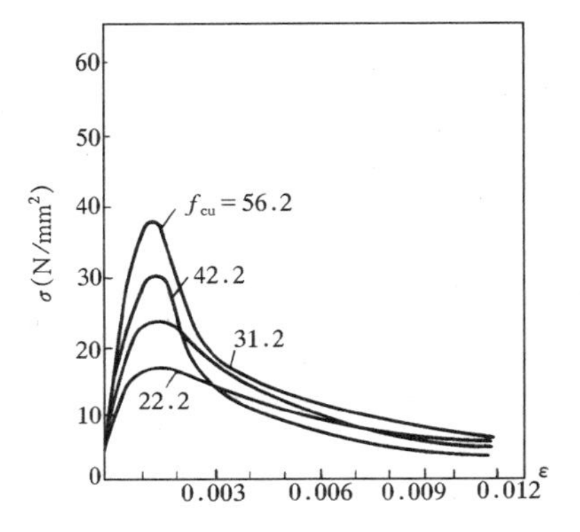

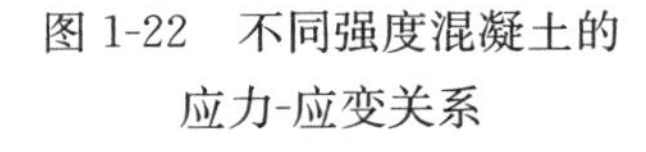
图 1-22　不同强度混凝土的应力-应变关系

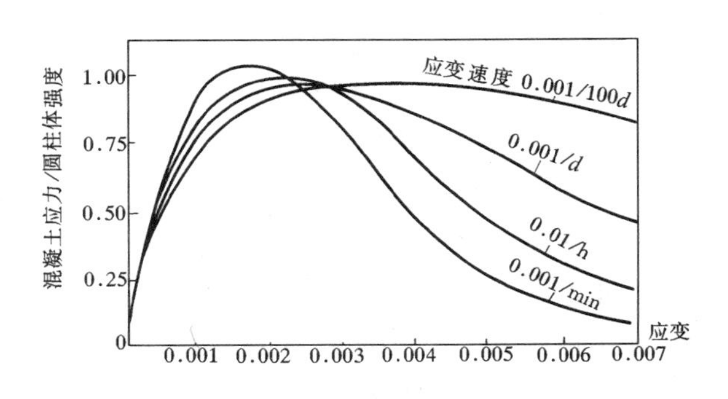

图 1-23　不同应变速度的混凝土受压应力-应变曲线

3）试件尺寸

试件尺寸小，ε_0 的值相应增大。

2. 混凝土在重复荷载下的变形性能

混凝土一次加荷卸荷时的受压应力-应变曲线如图 1-24（a）所示，图中应变 ε_c 由卸荷时瞬间恢复的弹性应变和塑性应变两部分组成，塑性应变中有约 10％经过一段时间后还可恢复，称为弹性后效。

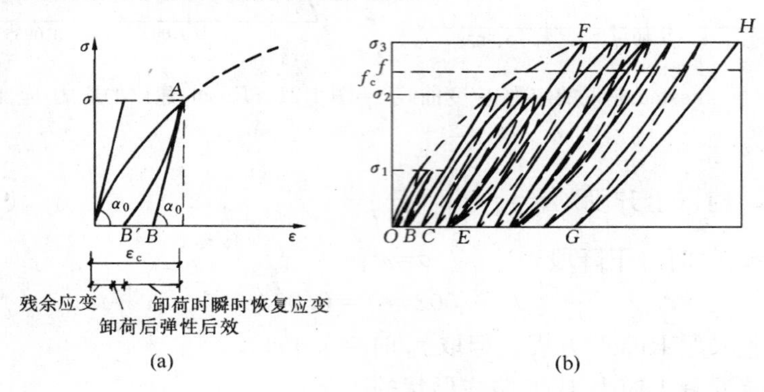

图 1-24　混凝土在重复荷载作用下的应力-应变曲线

（a）混凝土一次加荷、卸荷时的应力-应变曲线；（b）混凝土多次加荷、卸荷时的应力-应变曲线

若加荷、卸荷循环往复进行，如图 1-24（b）所示，则当 $\sigma<$（0.4～0.5）f_c 时，在一定循环次数内，塑性变形的累积是收敛的，表现为滞回环越来越小，趋于一条直线，继续循环加载、卸载，混凝土将处于弹性工作状态；当 $\sigma\geqslant$（0.4～0.5）f_c 时，滞回环逐渐变小，继续循环，塑性变形会重新开始出现，而且塑性变形的累积成为发散的，即累积塑性变形一次比一次大，且曲线由凸向应力轴转变为凸向应变轴，如此循环若干次以后，由于累积变形超过混凝土的变形能力而破坏，这种现象称为疲劳。塑性变形收敛与不收敛的界限，就是材料的疲劳强度，大致在（0.4～0.5）f_c 左右，此值与荷载的重复次数，荷载变化幅值及混凝土强度等级有关。通常以使材料破坏所需的荷载循环次数不少于 200 万次时的疲劳应力作为疲劳强度。

3. 混凝土的变形模量和泊松比

混凝土结构构件的裂缝、变形等计算中，需引入混凝土材料应力-应变之间关系的模量。在材料力学中，线弹性材料的弹性模量为 $E=\sigma/\varepsilon=$常数，即 E 为 σ-ε 直线的斜率。由于混凝土是弹塑性材料，σ-ε 曲线不是直线，所以用下列三种方法表示应力-应变的关系。

（1）原点弹性模量 E_C

如图 1-25 所示，E_C 为 σ-ε 曲线原点处的切线斜率，称为混凝土的弹性模量，也称原点模量，用公式表达为：

$$E_C=\tan\alpha_0=\frac{\sigma_c}{\varepsilon_{ela}} \tag{1-12}$$

原点弹性模量的稳定数值不易从试验中测出，可以采用棱柱体试件，取应力上限为$\sigma=0.5f_c$，反复加荷5～10次。由于混凝土的非弹性性质，每次卸载至0时，都留有残余变形。但随重复次数增加（5～10次），变形基本趋于稳定，σ-ε关系接近直线，该直线斜率即为弹性模量的取值。按此法做不同强度混凝土弹性模量测试，由试验数据统计分析，得混凝土弹性模量E_C与立方强度$f_{cu,k}$之间的关系为：

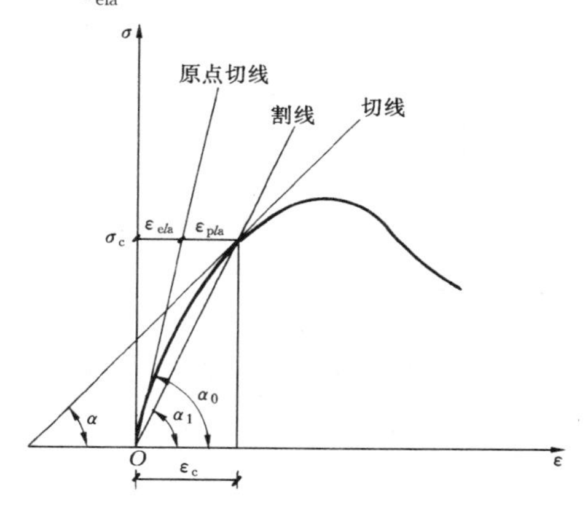

图1-25　混凝土变形模量的表示方法

$$E_C=\frac{10^5}{2.2+\frac{34.7}{f_{cu,k}}}\quad(\text{N/mm}^2) \tag{1-13}$$

【例】　C20混凝土　$E_C=\frac{10^5}{2.2+\frac{34.7}{20}}=2.541\times10^4$（N/mm²）

取C20的E_C为$2.55\times10^4\text{N/mm}^2$；

C30混凝土　$E_C=\frac{10^5}{2.2+\frac{34.7}{30}}=2.979\times10^4$（N/mm²）

取C30的E_C为3.0×10^4（N/mm²）

E_C是一个常数，不受应力大小的影响，是混凝土物理力学性能的基本指标。但在应用时，不能像对待弹性材料那样，用已知混凝土应变乘弹性模量E_C来确定混凝土应力，只有当混凝土应力很小时，混凝土应力应变才满足E_C的关系式。

（2）切线模量E''_c

在σ-ε曲线上的任意点作曲线的切线，此切线的斜率定义为混凝土的切线模量，用公式表达：

$$E''_c=\frac{d\sigma}{d\varepsilon}=\tan\alpha \tag{1-14}$$

由于混凝土塑性变形的发展，混凝土切线模量是一个变化的值，随混凝土应力增大而减小。

（3）变形模量E'_c

σ-ε 曲线原点与任一点的割线的斜率称为混凝土变形模量，用公式表达：

$$E'_c=\frac{\sigma_c}{\varepsilon_c} \tag{1-15}$$

由于是曲线上任意点与原点连接的割线，所以割线模量也是变化值，它与原点模量的关系如下：

$$E'_c=\frac{\sigma_c}{\varepsilon_c}=\frac{\varepsilon_{ela}}{\varepsilon_c}\cdot\frac{\sigma_c}{\varepsilon_{ela}}=\lambda\cdot E_c \tag{1-16}$$

式中，$\lambda=\varepsilon_{ela}/\varepsilon_c$，即弹性应变与总应变的比值，称为弹性特征系数，与应力的大小有关，随混凝土应力增大而减小。当 $\sigma=0.5f_c$ 时，$\lambda=0.8\sim0.9$；当 $\sigma=0.9f_c$ 时，$\lambda=0.4\sim0.8$。混凝土强度越高，λ 值越大，弹性特征越明显。

（4）混凝土横向变形系数（泊松比）

混凝土试件在一次短期加压时，其横向应变与纵向应变的比值称为横向变形系数，用 γ 表示。即混凝土受压产生纵向压缩应变的同时，在横向产生膨胀应变。混凝土的 γ 值变化范围不大，当 σ 较低时，约为 0.15～0.18。在高压应力状态下，由于混凝土内部大量微裂缝的出现和开展使泊松比急剧增大，可达 0.5 以上。一般取 $\gamma=0.2$ 或 $\gamma=1/6$。图 1-26 给出了一个从加载到破坏的试件实测应变值。

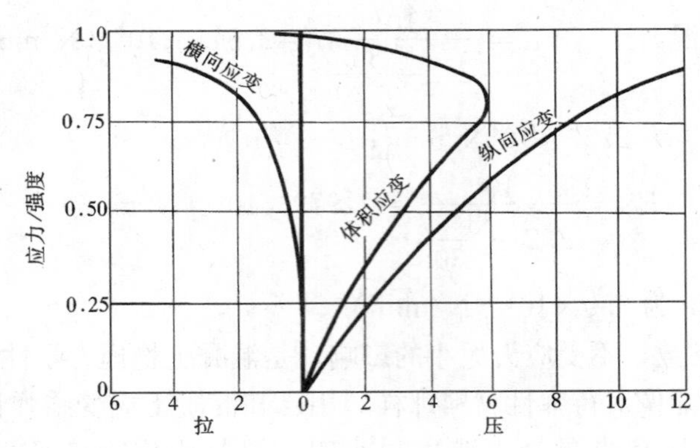

图 1-26　单轴加载受压混凝土试件的实测应变

（5）剪切模量

混凝土的剪切模量 G 可近似按弹性理论计算，即

$$G=\frac{E_c}{2(1+\gamma)} \tag{1-17}$$

若取 $\gamma=1/6$ 代入，$G=0.429E_c$。根据现有试验资料，混凝土受拉弹性模量与受压弹性模量基本相等。

4. 混凝土三向受压时的变形特点

混凝土处于三向受压状态，强度和延性均有较大提高。图 1-27 所示是圆柱

体试件在不同 σ_2（横向压力）作用下的 σ-ε 曲线，由图中可见，随混凝土侧向压应力 σ_2 的增加，混凝土的强度和变形大幅度增加。在工程中，无法对混凝土构件施加液压 σ_2，但可以采用箍筋约束混凝土。图 1-28 是配置螺旋形箍筋的圆柱体试验结果，从图中看出，螺旋箍筋的间距越小，混凝土的强度、变形能力提高越多。但在 σ 较小时，配置和不配置螺旋箍筋或螺旋箍筋配置的多少，混凝土的强度、变形几乎没有区别。随 σ 加大，才可看出随螺旋箍筋间距的减少，混凝土的强度和变形增大的趋势。这是因为螺旋箍筋的构件所受侧向约束为被动约束，只有当压应力加大，混凝土裂缝发展，横向变形加大，才使螺旋箍筋受力而反作用于混凝土，产生对混凝土的约束力，形成三向受压的状态。螺旋箍筋施工较复杂，不能承受反向扭矩，因此工程中也常采用矩形箍筋约束混凝土，图 1-29 是配置箍筋的棱柱体试件的 σ-ε 曲线，与螺旋箍筋柱相比，约束效果稍差，对强度的提高较少。这是因为方形箍筋仅能使角部和核心混凝土受约束，而边缘的混凝土由于箍筋受力外鼓，未能很好地被约束（图 1-30）。

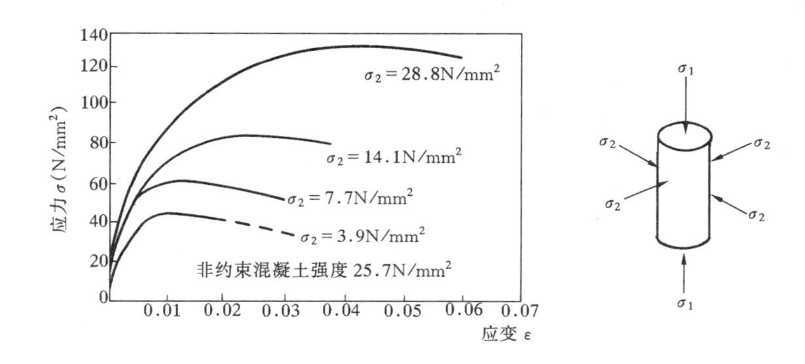

图 1-27 混凝土圆柱体三向受压试验时，轴向应力-应变曲线

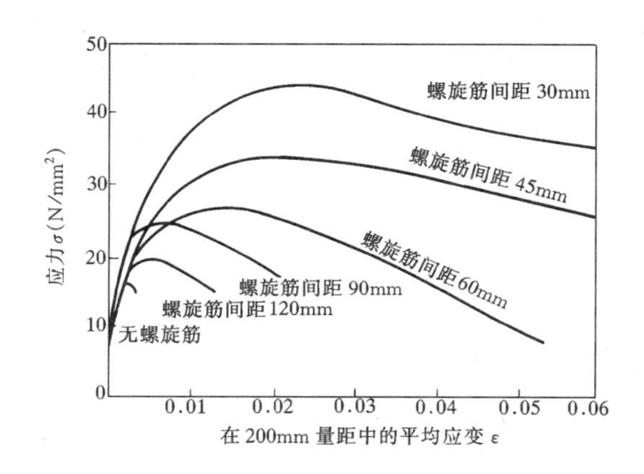

图 1-28 用螺旋筋约束的混凝土圆柱体的应力-应变曲线

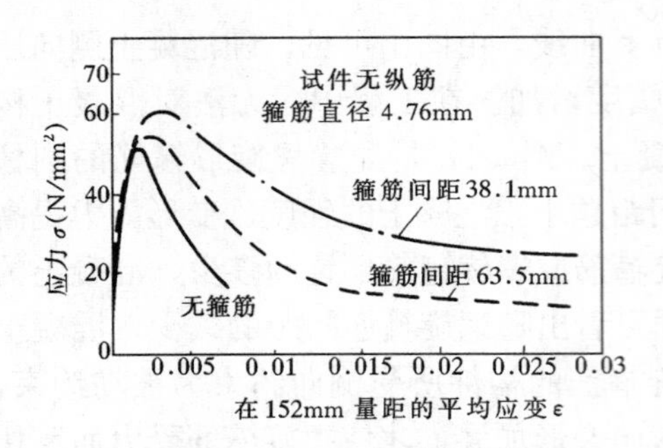

图 1-29　10.8cm 正方形棱柱体配有箍筋的应力-应变曲线

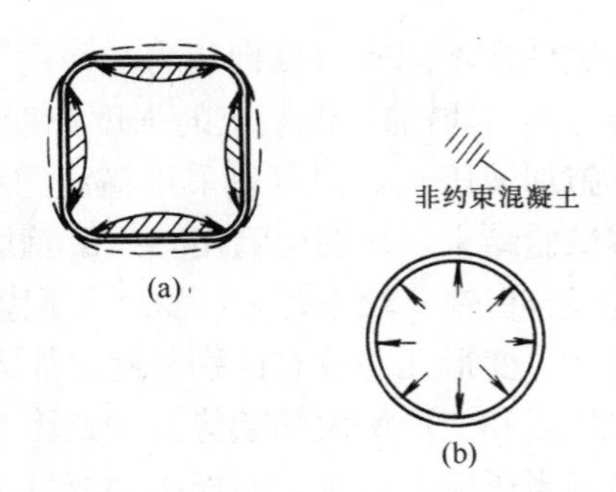

图 1-30　方形箍筋和螺旋箍筋的约束
（a）方形箍筋；（b）螺旋箍筋

5. 长期荷载作用下混凝土的变形性能（徐变）

在不变的应力长期持续作用下，变形随时间增长的现象称为徐变。

在荷载的作用下，混凝土的应变可分为两部分：一部分是瞬时应变，在加荷后立即发生；另一部分是徐变，随时间增长而增长，要经历较长的时间才能完成。根据铁道部科学研究院的试验得到混凝土应变与时间的关系曲线见图 1-31。从图中可看出，徐变在早期发展较快，一般在最初 6 个月可完成徐变的大部分，一年后可趋于稳定，其余在以后的几年内逐渐完成。在持续荷载作用一段时间后卸载，应变还可恢复一部分，其中一部分瞬时恢复，另一部分在 20 天左右的时间内逐渐恢复，称为弹性后效，研究资料表明，徐变应变值约为瞬时应变的 1～4 倍。

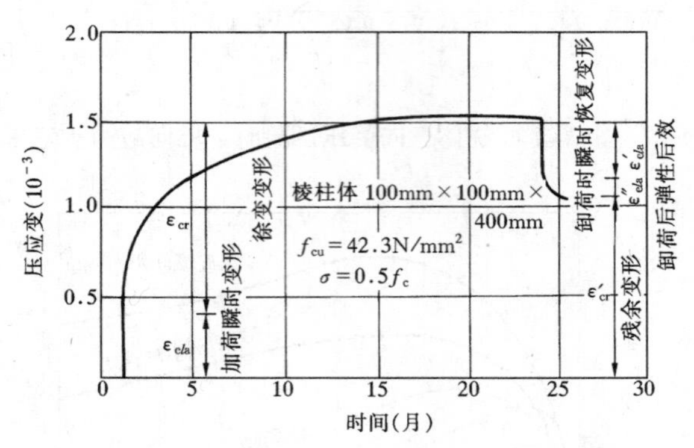

图 1-31　混凝土的徐变

产生徐变的原因通常理解为：一是混凝土中尚未完全水化的水泥凝胶体在荷载作用下的黏性流动引起应力重分布，在应力较小时，以这一原因为主，由此产生的变形一部分可恢复；二是混凝土内部的微裂缝在荷载作用下不断发展增加导致应变增加，由此产生的变形，一般不可恢复，应力较大时，以第二个原因为主。

影响徐变的因素可归为四个方面：

（1）内在因素：混凝土的组成成分和配比。例：骨料越坚硬，徐变越小，水灰比越大，徐变越大；水泥用量越多，徐变越大。

（2）环境因素：混凝土养护时，温度高，湿度大，水泥水化充分，徐变减小。

（3）应力条件：试验表明，混凝土徐变与混凝土应力大小密切相关。当$\sigma \leqslant 0.5f_c$时，徐变与σ成正比，称为线形徐变；当$\sigma > 0.5f_c$时，徐变与σ已不再呈线形关系，徐变变形比应力增长要快，称为非线形徐变；当σ达到$0.8f_c$左右时，徐变变形急剧增长，不再收敛，其增长会超出混凝土变形能力而导致混凝土破坏，成为非稳定的徐变（图 1-32）。因此，取$\sigma = 0.8f_c$作为荷载长期作用下混凝土抗压强度的极限，混凝土徐变性能说明构件常处于高应力状态下是不安全的。

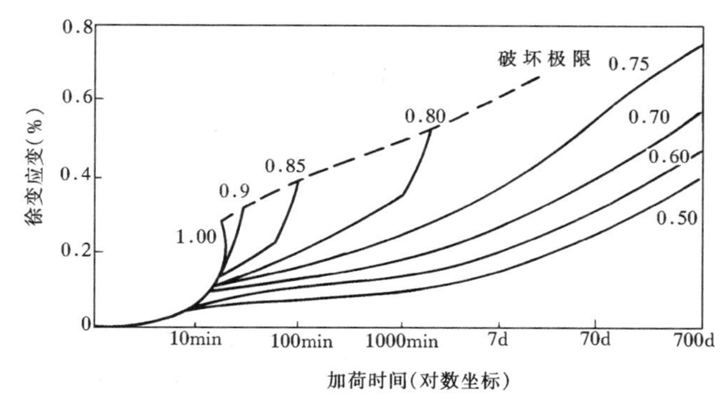

图 1-32　不同应力强度比值的徐变时间曲线

（4）时间因素：加荷龄期越早，徐变越大。

由于混凝土的徐变性能，材料在长期荷载作用下变形加大、刚度降低，会引起偏压构件附加偏心矩的增大，在预应力构件中引起预应力的损失，也可在构件截面中引起应力重分布。

6. 混凝土的收缩和膨胀

混凝土在空气中硬结，在一段时间内体积缩小。在水中硬结，在一段时间内体积略有增大，通常收缩值比膨胀值大得多。

混凝土的收缩由两部分组成：一是水泥凝胶体本身体积收缩，二是混凝土内自由水分蒸发引起的收缩。混凝土的膨胀是由于混凝土吸附水分而产生的变形。

影响混凝土收缩的因素主要有内在因素和环境因素。这两个因素与影响混凝土徐变的内在因素和环境因素基本相同，但与混凝土徐变不同的是，混凝土收缩的大小与应力状态和加荷时间无关。当混凝土养护不当时，混凝土的收缩可能导致混凝土表面裂缝，收缩能够在钢筋混凝土构件中引起初应力，也会引起预应力损失。

第三节　钢筋与混凝土的粘结力

钢筋与混凝土两种材料能共同工作的基本前提是二者间具有足够的粘结强度，能够承受由于变形差（相对滑移）沿钢筋与混凝土接触面上产生的剪应力，即粘结应力。钢筋与混凝土通过粘结应力来传递两者间的应力，协调变形；使钢筋与混凝土共同受力。

一、粘结力的组成

粘结力由三部分组成：

1. 化学胶结力：由混凝土中水泥凝胶体和钢筋表面化学变化产生的吸附作用力，这种作用力很弱，一旦钢筋与混凝土接触面上发生相对滑移即消失。

2. 摩阻力：混凝土包裹钢筋，混凝土中的粗颗粒和钢筋表面之间阻止滑动的摩擦力，这种摩擦力与压应力及接触界面的粗糙程度有关，随滑移和颗粒的磨碎而衰减。

3. 机械咬合力：由于钢筋表面凹凸不平与混凝土之间产生的作用力。

光面钢筋的粘结强度，在钢筋与混凝土发生相对滑移之前，主要取决于化学胶结力，滑移后，取决于摩阻力，变形钢筋虽然存在前两者，但粘结力主要来源于机械咬合力。

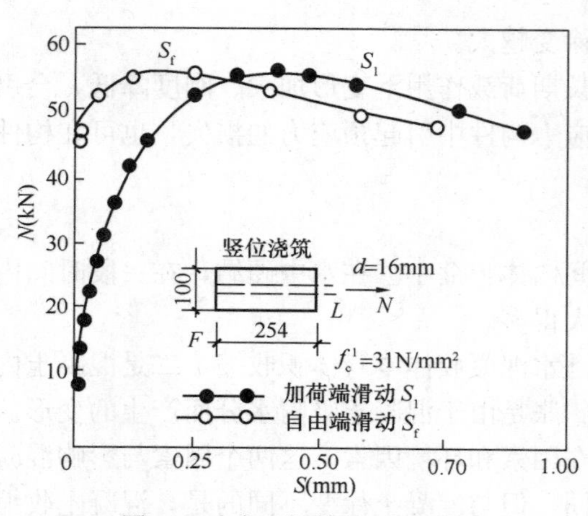

图 1-33　光面钢筋的 N-s 曲线

二、粘结强度

粘结强度通常采用直接拔出试验来测定。如图 1-33 所示，由于粘结应力的不均匀性，很难测得实际最大的粘结应力，通常按下式计算平均粘结应力：

$$\tau_u = \frac{N}{\pi dl} \tag{1-18}$$

式中　N——拔出力；

d——钢筋直径；

l——锚固长度。

对于光面钢筋，开始加载时，

加荷端由化学胶结力提供的粘结力很快被破坏，即出现滑移（图 1-33S_l 曲线），N-s 曲线初始接近直线。继续加荷，滑移由加载端向内发展，曲线峰值内移，发生滑移部位，粘结力由摩阻力承担，N-s 曲线弯曲。当达到 80％的极限荷载时，自由端开始出现滑移（图 1-33S_f 曲线）。当自由端位移达 0.1～0.2mm 时，平均粘结应力达最大值。随滑移迅速增大，混凝土细颗粒被磨平，摩阻减小，N-s 曲线下降，破坏为钢筋自混凝土中被拔出的剪切破坏。若光面钢筋表面微锈，凹凸不平，粘结强度略有提高，反之降低。

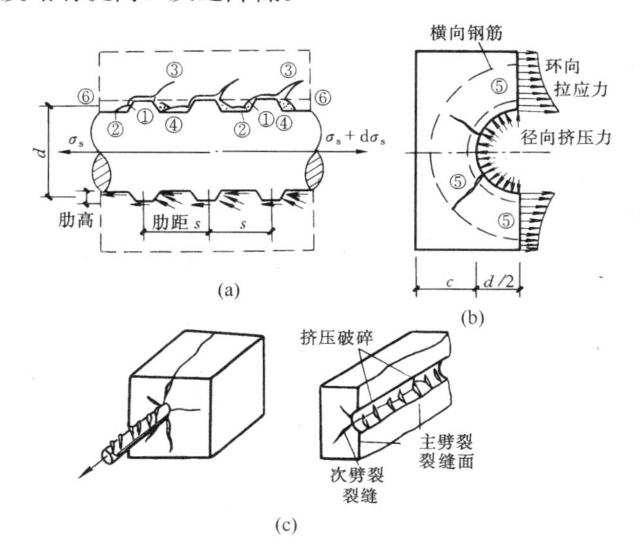

图 1-34　带肋钢筋的粘结破坏和内部裂缝发展过程

（a）纵向；（b）横向；（c）破坏形态

对于带肋钢筋，由于横肋的存在，显著地提高了粘结强度，随荷载加大，胶结力被破坏，钢筋开始滑移，这时，摩阻力和机械咬合力构成了抗滑阻力，钢筋横肋的斜向挤压力的径向分力使外围混凝土受环向拉力（图 1-34），钢筋肋对混凝土的斜向挤压力使受挤部分混凝土压碎，同时产生斜向撕裂裂缝和径向劈裂裂缝，若外围混凝土较薄，没有箍筋约束，劈裂裂缝将很快发展到混凝土表面，沿钢筋将混凝土劈裂开，产生劈裂破坏；如果周围混凝土有足够的厚度或有箍筋约束，限制劈裂裂缝的开展和延伸，粘结应力可进一步增长，直至混凝土齿状突起部分完全被压碎或剪断（图 1-35），使钢筋带着横肋之间的混凝土滑动。随滑动增长，滑动面上的混凝土碎块被逐渐磨细，造成抗剪能力降低，但直至滑移很大时，仍残存有一部分抗剪能力，这种破坏称为“刮犁式破坏”，

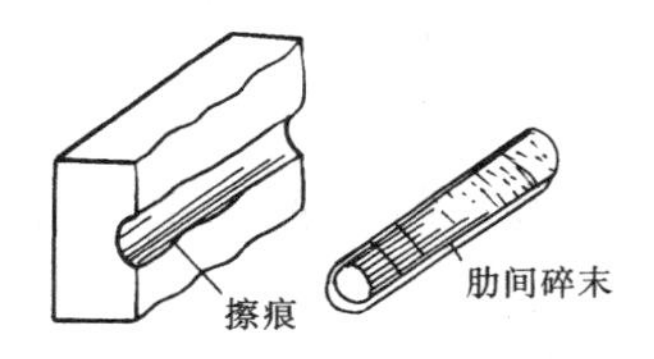

图 1-35　刮犁式破坏示意图

属剪切型破坏，较劈裂破坏粘结强度高。

三、影响粘结强度的因素

1. 混凝土强度等级

因粘结力中的化学胶结力、摩阻力、机械咬合力均与混凝土强度有关，实际上粘结破坏就是混凝土剪切破坏，因此无论光面钢筋还是变形钢筋，混凝土强度对粘结性能的影响都是显著的。试验表明，当其他条件基本相同时，粘结强度 τ_u 与混凝土抗拉强度 f_t 大致成正比关系（图 1-36）。

2. 钢筋的外形、直径和表面状态

螺纹钢筋和月牙纹钢筋的外形不同，螺纹钢筋肋的面积相对较大，肋距相对较小，粘结强度和刚度较高，但肋间混凝土齿易被剪断，后期粘结强度衰减较快，延性较差；月牙纹钢筋肋面积相对小，肋距大，粘结强度和刚度稍低，但肋间混凝土齿抗剪能力强，后期粘结强度衰减较慢，延性好（图 1-37）。

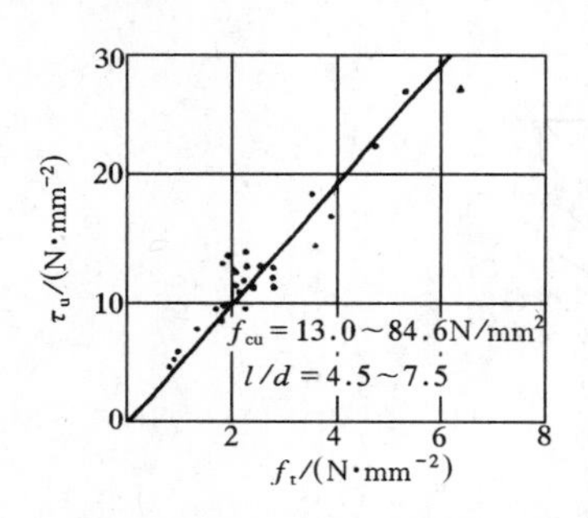

图 1-36　τ_u 与 f_t 的关系曲线

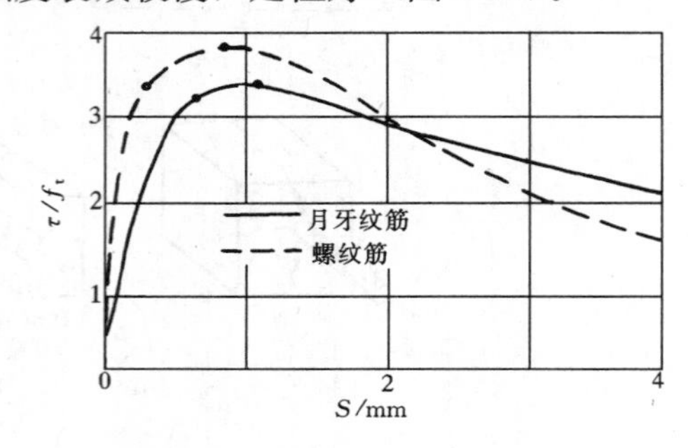

图 1-37　不同类型钢筋的 τ-s 曲线

带肋钢筋的外形（肋高）与直径不成正比，大直径钢筋的相对肋高低，肋面积小，所以粗钢筋的粘结强度比细钢筋有明显降低。例如，$d=35$mm 的钢筋比 $d=16$mm 的钢筋粘结强度约降低 12%，因此设计时，对 $d>25$mm 的钢筋，锚固长度应加以修正。

光面钢筋的表面状态（粗糙程度）直接影响摩阻力，轻度锈蚀的光面钢筋比无锈光面钢筋粘结强度提高约 36%，因此一般钢筋使用时不必除锈（除重锈外）。

3. 混凝土保护层厚度和钢筋净距

混凝土相对保护层厚度 c/d（c 为混凝土保护层厚度，d 为钢筋直径）对光面钢筋粘结强度影响较小，但对变形钢筋粘结强度影响显著，因为变形钢筋的粘结强度与是否出现纵向劈裂裂缝有关，而纵向劈裂裂缝出现的迟早又与混凝土保护层厚度有关。但粘结强度随保护层厚度加大而提高的程度是有限的，当保护层厚度大到一定程度，试件不再发生劈裂式破坏而是刮犁式破坏时，粘结强度将不再随保护层厚度加大而提高。当钢筋之间净距过小时，纵向劈裂裂缝容易在纵筋之间产生发展，发生破坏。

4. 横向钢筋

若构件中配有箍筋，能延迟和约束纵向裂缝的发展，阻止劈裂破坏，在纵向裂缝出现后粘结强度仍有所增长，且增长值与配箍数量成正比。试验表明配箍对保持后期粘结强度、改善延性有明显作用。

5. 侧向压力

在侧向压力作用下，由于摩阻力和咬合力增加，粘结强度提高。但过大的侧压将导致混凝土裂缝提前出现，反而会降低粘结强度。

6. 混凝土浇筑状况

由于混凝土浇筑后会出现沉淀收缩和离析泌水现象，对水平放置的钢筋，钢筋下部会形成疏松层，而上部则由于混凝土下沉收缩会产生纵向裂缝，导致粘结强度降低。试验表明，随着水平钢筋下混凝土一次浇筑的深度加大，粘结强度降低，最大可达30%。若混凝土浇筑方向与钢筋平行，粘结强度比浇筑方向与钢筋垂直的情况有明显提高。

7. 反复加载

多次重复加卸载或正负反复加载作用，随荷载循环次数的增长，粘结强度逐渐下降。

四、有关粘结的计算与构造

钢筋混凝土中的锚固、搭接、延伸均属粘结问题。三者实质上是不同条件下的锚固问题，均应由粘结极限状态的可靠性要求加以确定。

锚固是通过混凝土中的钢筋埋置段将钢筋所受的力传递给混凝土的方法，包括在钢筋末端采用机械锚固措施。

搭接是通过混凝土中两根钢筋的搭接段将一根钢筋所受的力传递给另一根钢筋的方法。钢筋搭接时，宜将接头放在受力较小处，且应优先考虑用机械连接，同一根钢筋上应尽量少设接头。同一构件中相邻纵向受力钢筋的绑扎搭接接头宜相互错开。

延伸是截断钢筋的锚固，指钢筋在构件跨度内截断后，再从计算不需要此钢筋的位置延伸一段长度以保证钢筋发挥正常受力性能的方法。下面介绍钢筋锚固的有关规定，钢筋的搭接、延伸的相关规定在第三章中介绍。

《混凝土结构设计规范》(GB 50010—2010) 规定：

1. 当计算中充分利用钢筋的抗拉强度时，受拉钢筋的锚固应符合下列要求：

(1) 基本锚固长度公式应按下列公式计算：

普通钢筋

$$l_{ab}=\alpha\frac{f_y}{f_t}d \tag{1-19}$$

预应力筋

$$l_{ab}=\alpha\frac{f_{py}}{f_t}d \tag{1-20}$$

式中　l_{ab}——受拉钢筋的基本锚固长度；

f_y、f_{py}——普通钢筋、预应力钢筋的抗拉强度设计值；

f_t——混凝土轴心抗拉强度设计值，当混凝土强度等级高于C60时，按C60取值；

d——锚固钢筋的直径；

α——锚固钢筋的外形系数，按表1-1取用。

锚固钢筋的外形系数 α　　**表1-1**

钢筋类型	光圆钢筋	带肋钢筋	螺旋肋钢丝	三股钢绞线	七股钢绞线
α	0.16	0.14	0.13	0.16	0.17

注：光圆钢筋末端应做180°弯钩，弯后平直段长度不应小于$3d$，但作受压钢筋时可不做弯钩。

（2）受拉钢筋的锚固长度应根据锚固条件按下列公式计算，且不应小于200mm：

$$l_a=\zeta_a l_{ab} \tag{1-21}$$

式中　l_a——受拉钢筋的锚固长度；

ζ_a——锚固长度修正系数，对普通钢筋按如下规定取用：

1）当带肋钢筋的公称直径大于25mm时取1.10；

2）环氧树脂涂层带肋钢筋取1.25；

3）施工过程中易受扰动的钢筋取1.10；

4）当纵向受力钢筋的实际配筋面积大于其设计计算面积时，修正系数取设计计算面积与实际配筋面积的比值，但对有抗震设防要求及直接承受动力荷载的结构构件，不应考虑此项修正；

5）锚固钢筋的保护层厚度为$3d$时修正系数可取0.80，保护层厚度为$5d$时修正系数可取0.70，中间按内插取值，此处d为锚固钢筋的直径。

当此修正系数多于1项时，可按连乘计算，但不应小于0.6；对预应力筋，可取1.0。

梁柱节点中纵向受拉钢筋的锚固要求还应符合框架结构的要求。

（3）当锚固钢筋的保护层厚度不大于$5d$时，锚固长度范围内应配置横向构造钢筋，其直径不应小于$d/4$；对梁、柱、斜撑等构件间距不应大于$5d$，对板、墙等平面构件间距不应大于$10d$，且均不应大于100mm，此处d为锚固钢筋的直径。

2. 当纵向受拉普通钢筋末端采用弯钩或机械锚固措施时，包括弯钩或锚固端头在内的锚固长度（投影长度）可取为基本锚固长度 l_{ab} 的 60%。弯钩和机械锚固的形式（见图 1-38）和技术要求应符合表 1-2 的规定。

钢筋弯钩和机械锚固的形式和技术要求 **表 1-2**

锚固形式	技术要求
90°弯钩	末端 90°弯钩，弯钩内径 $4d$，弯后直段长度 $12d$
135°弯钩	末端 135°弯钩，弯钩内径 $4d$，弯后直段长度 $5d$
一侧贴焊锚筋	末端一侧贴焊长 $5d$ 同直径钢筋
两侧贴焊锚筋	末端两侧贴焊长 $3d$ 同直径钢筋
焊端锚板	末端与厚度 d 的锚板穿孔塞焊
螺栓锚头	末端旋入螺栓锚头

注：1. 焊缝和螺纹长度应满足承载力要求；
2. 螺栓锚头和焊接锚板的承压净面积不应小于锚固钢筋截面积的 4 倍；
3. 螺栓锚头的规定应符合相关标准的要求；
4. 螺栓锚头和焊接锚板的钢筋净间距不宜小于 $4d$，否则应考虑群锚效应的不利影响；
5. 截面角部弯钩和一侧贴锚钢筋的布筋方向宜向截面内侧偏置。

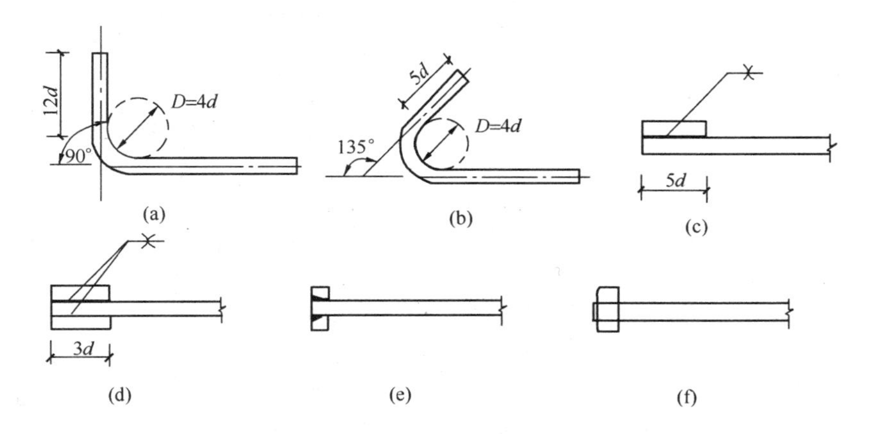

图 1-38 弯钩和机械锚固的形式和技术要求
（a）90°弯钩；（b）135°弯钩；（c）一侧贴焊锚筋；（d）两侧贴焊锚筋；
（e）穿孔塞焊锚板；（f）螺栓锚头

3. 混凝土结构中的纵向受压钢筋，当计算中充分利用其抗压强度时，锚固长度不应小于相应受拉锚固长度的 70%。

受压钢筋不应采用末端弯钩和一侧贴焊锚筋的锚固措施。

受压钢筋锚固长度范围内的横向构造钢筋应符合本节 1 中的规定。

4. 承受动力荷载的预制构件，应将纵向受力普通钢筋末端焊接在钢板或角钢上，角钢应可靠地锚固在混凝土中。钢板或角钢的尺寸应按计算确定，其厚度不宜小于10mm。

其他构件中受力普通钢筋的末端也可以通过焊接钢板或型钢实现锚固。

小 结

1. 混凝土立方体抗压强度是采用边长150mm的立方体标准试件，按标准试验方法测得的抗压强度，是混凝土最基本的力学指标，也是评定混凝土强度等级的标准。除此之外，混凝土还有轴心抗压强度、轴心抗拉强度，混凝土轴心抗压强度标准值 f_{ck} 与立方体抗压强度标准值 $f_{cu.k}$ 之间的关系为：

$$f_{ck}=0.88\alpha_{c1}\alpha_{c2}f_{cu,k}$$

混凝土轴心抗拉强度标准值与立方体抗压强度标准值之间的关系为：

$$f_{tk}=0.88\times0.395f_{cu,k}^{0.55}(1-1.645\delta)^{0.45}\times\alpha_{c2}$$

2. 混凝土在多轴应力状态下，其性能与单轴应力不同。当双向受压、三向受压时，强度和变形能力提高；当一向受拉、一向受压时，强度低于单轴受拉或单轴受压的强度；当双向受拉时，强度接近单轴受拉的强度；当压、剪应力共同作用时，压应力的存在，使混凝土抗剪能力较纯剪状态有所提高，但压应力过大，反使混凝土抗剪能力降低；拉、剪应力共同作用时，拉应力的存在使混凝土抗剪能力降低，剪应力的存在使混凝土抗拉能力降低；

3. 混凝土一次短期加荷的应力-应变曲线，是反映混凝土力学性能的基本关系。曲线分上升段和下降段，可用多种数学模型表示。曲线峰值应力对应的应变通常取0.002，极限应变通常取0.0033。

4. 重复荷载作用下，混凝土会发生疲劳破坏，混凝土疲劳强度较一次短期加荷的强度低。

5. 混凝土变形模量有三种表达形式即：原点模量、切线模量、割线模量。

6. 徐变和收缩是混凝土随时间发展的变形，对混凝土结构会产生影响，两者发生的原因不同，影响因素有共同之处，但最明显的区别是徐变与应力状态有关，而收缩与应力无关。随应力加大，混凝土徐变由线性变为非线性，最终可发展成不收敛的变形，导致结构破坏。因此，混凝土结构构件上的长期应力不应超过80%的极限强度。

7. 混凝土结构中使用的钢筋按受力性能可分为两大类：有明显流幅的钢筋和无明显流幅的钢筋，前者塑性较好，后者强度较高，但塑性较差。按钢材的化学成分可分为碳素钢和低合金钢；按加工方法还可分为热轧钢筋、冷加工钢筋和热处理钢筋等。一般普通钢筋混凝土结构中使用的热轧钢筋，预应力混凝土结构中使用中强度预应力钢丝、消除应力的高强钢丝、钢绞线、热处理钢筋，有时也使用冷加工钢筋。

8. 钢筋有屈服强度或条件屈服强度、极限强度。结构设计中，一般取用屈服强度或条件屈服强度为设计指标。软钢取屈服强度，硬钢取条件屈服强度。条件屈服强度取钢筋拉伸后残余应变为0.2%时所对应的应力 $\sigma_{0.2}$ 。

9. 混凝土结构对钢筋性能的要求是：强度、塑性、可焊性和与混凝土的粘结力。钢筋的塑性用伸长率和冷弯性能控制。钢筋与混凝土之间的粘结力是钢筋与混凝土共同工作的重要保证。钢筋与混凝土的粘结力由化学胶结力、摩阻力和机械咬合力三部分组成。粘结强度对钢筋的搭接、锚固及混凝土抗裂性能有重要影响。

思　考　题

1-1　混凝土的立方体抗压强度、轴心抗压强度和轴心抗拉强度是如何确定的？立方抗压强度与后两者的关系是什么？

1-2　混凝土在多轴应力作用下性能如何？

1-3　绘出混凝土一次短期加荷的应力-应变曲线，该曲线有何特点？哪些因素影响曲线的形状？试写出两种表示该曲线的数学模型。

1-4　混凝土的弹性模量、切线模量、割线模量是如何定义的？其几何意义是什么？

1-5　混凝土的疲劳强度是如何确定的？

1-6　什么是混凝土的收缩与徐变？各自的影响因素及对结构的影响是什么？

1-7　建筑用钢有哪些品种和级别？在结构设计中如何选用？

1-8　软钢和硬钢的应力-应变曲线各自的特点是什么？强度如何取值？

1-9　钢筋混凝土结构对钢筋性能有何要求？

1-10　钢筋与混凝土之间的粘结力由哪几部分组成？影响粘结力的主要因素有哪些？

1-11　粘结破坏有哪几种形式？其破坏过程各有什么特点？

1-12　钢筋的锚固长度是如何确定的？

附　录

混凝土强度标准值（N/mm^2）　**附表 1-1**

强度标准值	混凝土强度等级													
	C15	C20	C25	C30	C35	C40	C45	C50	C55	C60	C65	C70	C75	C80
f_{ck}	10.0	13.4	16.7	20.1	23.4	26.8	29.6	32.4	35.8	38.5	41.5	44.5	47.4	50.2
f_{tk}	1.27	1.54	1.78	2.01	2.20	2.39	2.51	2.64	2.74	2.85	2.93	2.99	3.05	3.11

混凝土强度设计值（N/mm^2）　**附表 1-2**

强度设计值	混凝土强度等级													
	C15	C20	C25	C30	C35	C40	C45	C50	C55	C60	C65	C70	C75	C80
f_c	7.2	9.6	11.9	14.3	16.7	19.1	21.1	23.1	25.3	27.5	29.7	31.8	33.8	35.9
f_t	0.91	1.10	1.27	1.43	1.57	1.71	1.80	1.89	1.96	2.04	2.09	2.14	2.18	2.22

混凝土的弹性模量 E_c（$\times 10^4 N/mm^2$）　**附表 1-3**

混凝土强度等级	C15	C20	C25	C30	C35	C40	C45	C50	C55	C60	C65	C70	C75	C80
E_c	2.20	2.55	2.80	3.00	3.15	3.25	3.35	3.45	3.55	3.60	3.65	3.70	3.75	3.80

普通钢筋强度标准值（N/mm²） **附表 1-4**

牌　　号	符号	公称直径 d（mm）	屈服强度标准值 f_{yk}	极限强度标准值 f_{stk}
HPB300	Φ	6～22	300	420
HRB335 HRBF335	Φ Φ^{F}	6～50	335	455
HRB400 HRBF400 RRB400	Φ Φ^{F} Φ^{R}	6～50	400	540
HRB500 HRBF500	Φ Φ^{F}	6～50	500	630

预应力筋强度标准值（N/mm²） **附表 1-5**

种　　类		符号	公称直径 d（mm）	屈服强度标准值 f_{pyk}	极限强度标准值 f_{ptk}
中强度预应力钢丝	光面 螺旋肋	Φ^{PM} Φ^{HM}	5、7、9	620	800
				780	970
				980	1270
预应力螺纹钢筋	螺纹	Φ^{T}	18、25、32、40、50	785	980
				930	1080
				1080	1230
消除应力钢丝	光面	Φ^{P}	5	—	1570
				—	1860
			7	—	1570
	螺旋肋	Φ^{H}	9	—	1470
				—	1570
钢绞线	1×3（三股）	Φ^{S}	8、6、10.8、12.9	—	1570
				—	1860
				—	1960
	1×7（七股）		9.5、12.7、15.2、17.8	—	1720
				—	1860
				—	1960
			21.6	—	1860

普通钢筋强度设计值（N/mm²）　附表 1-6

牌　　号	抗拉强度设计值 f_y	抗压强度设计值 f'_y
HPB300	270	270
HRB335、HRBF335	300	300
HRB400、HRBF400、RRB400	360	360
HRB500、HRBF500	435	410

预应力筋强度设计值（N/mm²）　附表 1-7

种　　类	极限强度标准值 f_{ptk}	抗拉强度设计值 f_{py}	抗压强度设计值 f'_{py}
中强度预应力钢丝	800	510	410
	970	650	
	1270	810	
消除应力钢丝	1470	1040	410
	1570	1110	
	1860	1320	
钢绞线	1570	1110	390
	1720	1220	
	1860	1320	
	1960	1390	
预应力螺纹钢筋	980	650	410
	1080	770	
	1230	900	

钢筋的弹性模量（$\times 10^5$ N/mm²）　附表 1-8

牌 号 或 种 类	弹性模量 E_s
HPB300 钢筋	2.10
HRB335、HRB400、HRB500 钢筋 HRBF335、HRBF400、HRBF500 钢筋 RRB400 钢筋 预应力螺纹钢筋	2.00
消除应力钢丝、中强度预应力钢丝	2.05
钢绞线	1.95

第二章　混凝土结构设计基本原则

基 本 要 求

1. 了解结构上的作用、作用效应、结构抗力。

2. 结构的功能要求、结构的极限状态。

3. 了解概率极限状态设计方法，理解可靠度、可靠指标的概念。

4. 掌握概率极限状态设计的实用设计表达式；掌握荷载各种代表值和强度值的取值原则，并能够根据不同设计要求进行相应的荷载组合。

第一节　结构设计的要求

一、结构上的作用、作用效应及结构的抗力

1. 结构上的作用

使结构产生内力、变形、应力、应变的所有原因统称为作用。作用按其形式分为直接作用和间接作用，按其随时间的变异分为永久作用、可变作用和偶然作用，按空间位置的变异分为固定作用和自由作用。

（1）直接作用：通常是以力的形式作用，例如施加在结构上的集中荷载、均布荷载；

（2）间接作用：通常是以变形的形式作用，例如混凝土收缩、温度变化、焊接变形、基础沉降、地震作用等；

（3）永久作用：在设计基准期内量值不随时间变化或其变化与平均值相比可以忽略不计的作用，特点是统计规律与时间参数无关，例如结构自重、土压力等；

（4）可变作用：在设计基准期内，有时出现，有时不出现，其量值随时间变化，且变化与平均值相比不可忽略，特点是统计规律与时间参数有关，例如风荷载、雪荷载、楼面活荷载等；

（5）偶然作用：在设计基准期内不一定出现，但一旦出现，往往数值大，持续时间短，例如爆炸、撞击、地震等；

（6）固定作用：在结构上出现的空间位置固定不变，但其量值可能具有随机

性，例如屋顶上的水箱；

（7）自由作用：可以在结构的一定空间上任意分布，出现的位置及量值都可能是随机的，例如楼面上的人员荷载。

结构上的作用按结构反应特点还可分为静态作用和动态作用。这两种作用的划分不在于作用本身是否具有动力特性，而主要在于它是否使结构产生不可忽略的加速度。使结构产生的加速度不可忽略不计的作用为动态作用。对动态作用，须采用结构动力学的方法进行结构分析。

2. 作用效应

荷载、地震、温度、不均匀沉降等因素作用于结构构件上，在结构构件内产生的内力和变形称为作用效应，例如梁中的弯矩、剪力，柱中的压力，板中的挠度等都属于作用效应。

3. 结构的抗力

结构或结构构件承受内力和变形的能力称为结构抗力，如构件的受弯承载力、构件的刚度等。

二、结构的功能要求

结构设计的目的是在现有技术的基础上，用最经济的手段来获得预定条件下预定功能的要求。结构在规定的设计使用年限内应满足的功能要求有：

（1）在正常施工和正常使用时，能承受可能出现的各种作用；

（2）在正常使用时具有良好的工作性能；

（3）在正常维护下具有足够的耐久性；

（4）在设计规定的偶然事件发生时及发生后，仍能保持必需的整体稳定性。

上述第（1）、（4）两条是结构安全性的要求，第（2）条是结构适用性的要求，第（3）条是结构耐久性的要求，三者可概括为结构可靠性的要求。

随我国市场经济的发展，建筑市场迫切要求明确建筑结构的设计使用年限。我国借鉴国际标准 ISO 2394，在 1998《结构可靠度总原则》中给出了不同类型建筑结构的设计使用年限，见表 2-1。

不同类型建筑结构的设计使用年限　　表 2-1

类别	设计使用年限（年）	示　　例
1	5	临时性结构
2	25	易于替换的结构构件
3	50	普通房屋和构筑物
4	100	纪念性建筑和特别重要的建筑结构

上述功能要求中提到的足够的耐久性，就是指在正常维护的条件下，结构能

够正常使用到规定的设计使用年限；所谓整体稳定性，系指在偶然事件发生时和发生后，建筑结构仅产生局部的损坏而不致发生连续倒塌。满足上述要求的结构是安全可靠的。

随着我国经济技术的发展，在结构设计方面越来越多的考虑到环境保护和可持续发展问题，结构耐久性的问题得到了更多的重视，在《混凝土结构设计规范》GB 50010—2010 中，对结构的耐久性有专门的规定。

1. 使用环境的分类

影响耐久性最重要的因素是环境。根据我国的统计调查并参考国外标准规范，对混凝土结构的使用环境分类如表 2-2。

混凝土结构的环境类别 **表 2-2**

环境类别	条　　件
一	室内干燥环境； 无侵蚀性静水浸没环境
二 a	室内潮湿环境； 非严寒和非寒冷地区的露天环境； 非严寒和非寒冷地区与无侵蚀性的水或土壤直接接触的环境； 严寒和寒冷地区的冰冻线以下与无侵蚀性的水或土直接接触的环境
二 b	干湿交替环境； 水位频繁变动区环境； 严寒和寒冷地区的露天环境； 严寒和寒冷地区冰冻线以上与无侵蚀性的水或土直接接触的环境
三 a	严寒和寒冷地区冬季水位变动区环境； 受除冰盐影响环境； 海风环境
三 b	盐渍土环境； 受除冰盐作用环境； 海岸环境
四	海水环境
五	受人为或自然的侵蚀性物质影响的环境

在表 2-2 中，室内潮湿环境是指构件表面经常处于结露或湿润状态的环境；严寒和寒冷地区的划分应符合国家现行标准《民用建筑热工设计规程》GB 50176 的有关规定；海岸环境和海风环境宜根据当地情况，考虑主导风向及结构所处迎风、背风部位等因素的影响，由调查研究和工程经验确定；受除冰盐影响环境为受到除冰盐盐雾影响的环境；受除冰盐作用环境指被除冰盐溶液溅射的环

境以及使用除冰盐地区的洗车房、停车楼等建筑；暴露的环境是指混凝土结构表面所处的环境。

2. 对混凝土耐久性的基本要求

混凝土结构的耐久性应根据环境类别和设计使用年限进行设计。

（1）对一、二、三类环境中，设计使用年限为 50 年的混凝土结构，其混凝土材料宜符合表 2-3 的规定。

结构混凝土材料的耐久性基本要求　表 2-3

环境类别		最大水胶比	最低混凝土强度等级	最大氯离子含量（%）	最大碱含量（kg/m^3）
一		0.60	C20	0.30	不限制
二	a	0.55	C25	0.20	3.0
	b	0.50（0.55）	C30（C25）	0.15	3.0
三	a	0.45（0.50）	C35（C30）	0.15	3.0
	b	0.40	C40	0.10	3.0

在表 2-3 中，控制水胶比是为了减小混凝土的渗透性；对混凝土强度等级的要求是考虑密实性的关系，强度等级高的混凝土密实性好、耐久性好，当有可靠工程经验时，二类环境中的最低混凝土强度等级可降低一个等级；素混凝土构件的水胶比及最低混凝土强度等级的要求可适当放松；氯离子含量按其占胶凝材料总量的百分比计算，对预应力构件的混凝土，氯离子含量不得超过 0.06%，最低混凝土强度等级按上表中提高两个等级；当混凝土采用非碱活性骨料时，对混凝土中的碱含量可不作限制；对处于严寒和寒冷地区二 b、三 a 类环境中的混凝土应使用引气剂，并可采用括号中的有关参数。

（2）对设计使用年限更长的结构，耐久性应做更严格的规定，一类环境中设计使用年限为 100 年的结构应符合下列规定：

1）钢筋混凝土结构的最低混凝土强度等级为 C30；预应力混凝土结构的最低混凝土强度等级为 C40；

2）混凝土中的最大氯离子含量为 0.06%；

3）宜使用非碱活性骨料，当使用碱活性骨料时，混凝土中的最大碱含量为 $3.0kg/m^3$；

4）混凝土保护层厚度不应小于设计使用年限为 50 年的保护层厚度的 1.4 倍，当采取有效的表面防护措施时，混凝土保护层厚度可适当的减少；处于二、三类环境且设计使用年限为 100 年的混凝土结构，应采取专门有效措施；

（3）四类和五类环境中，混凝土结构的耐久性要求应符合有关标准的规定。

三、结构的安全等级

结构设计中，按结构破坏时可能产生的后果（危及人的生命，造成经济损失，产生社会影响等）的严重程度，将结构的安全等级分为三个安全等级。一级为重要的建筑物，一旦发生破坏，后果很严重，例如大城市的消防指挥中心；二级为一般的建筑物，一旦发生破坏后果严重，大部分工业与民用建筑属二级；三级为次要建筑，发生破坏的后果不严重，例如畜牧建筑、临时建筑。一般情况，建筑结构构件的安全等级宜与整个建筑物的安全等级相同，但对部分特殊构件可根据其重要程度适当调整安全等级，但不得低于三级。

第二节 结构的极限状态

一、结构的极限状态

当整个结构或结构的一部分超过某一特定状态（如达到极限承载力、失稳，或变形、裂缝宽度超过规定的限值），不能满足设计规定的某一要求时，此特定状态称为该功能的极限状态。极限状态分为承载能力极限状态和正常使用极限状态。

1. 承载力的极限状态

承载力的极限状态可理解为结构或结构构件发挥允许的最大承载功能的状态。对应于结构或构件达到最大承载能力或达到不适合于继续承载的变形，当出现下列状态之一时，认为超过了承载能力的极限状态：

（1）整个结构或结构的一部分作为刚体失去平衡，如烟囱在风力作用下发生整体倾覆，或挡土墙在土压力作用下发生整体滑移；

（2）结构构件或其连接因超过材料强度（包括疲劳破坏）而破坏，如轴压柱中混凝土达到 f_c，阳台、雨篷等悬挑构件因钢筋锚固长度不足而被拔出，或构件因过度变形而不适于继续承载；

（3）结构转变为机动体系，如简支板、梁，由于截面到达极限抗弯强度，使结构成为机动体系而丧失承载能力；

（4）结构或构件丧失稳定，如细长柱达临界荷载发生失稳破坏；

（5）地基丧失承载能力而破坏；

（6）结构因局部破坏而发生连续倒塌。

2. 正常使用极限状态

正常使用极限状态可理解为结构或结构构件达到使用功能上允许的某个限值的状态，对应于结构构件达到正常使用或耐久性的某项规定限值。

当出现下列状态之一时，应认为超过了正常使用极限状态：

（1）影响正常使用或外观的变形，如吊车梁变形过大使吊车不能正常行驶；

（2）影响正常使用或耐久性的局部损坏（包括裂缝），如水池开裂漏水，裂缝过宽导致钢筋锈蚀等；

（3）影响正常使用的振动；

（4）影响正常使用的其他特定状态，如沉降过大等。

结构或结构构件设计时，应根据结构在施工和使用中的环境条件和影响，区分下列四种设计状况：

（1）持久设计状况

在结构使用过程中一定出现，其持续期很长的状况。持续期一般与设计使用年限为同一数量级；持久设计状况适用于结构使用时的正常状况。

（2）短暂设计状况

在结构施工和使用过程中出现概率较大，而与设计使用年限相比，持续期很短的状况，如施工和维修等。短暂设计状况适用于结构出现的临时状况。

（3）偶然设计状况

在结构使用过程中出现概率很小，且持续期很短的状况。偶然设计状况适用于结构出现异常状况，如火灾、爆炸、撞击等。

（4）地震设计状况

地震设计状况指结构遭受地震时的设计状况，在地震区必须考虑此种状况。

对上述四种设计状况均应进行承载能力极限状态设计；对持久状况，尚应进行正常使用极限状态设计；对短暂设计状况和地震设计状况，可根据需要进行正常使用极限状态设计；对偶然设计状况可不进行正常使用极限状态设计。

二、结构的功能函数和极限状态方程

设作用效应为 S，结构抗力为 R，结构和结构构件的工作状态可用 S 和 R 的关系描述为：

$$Z = R - S = g(R,S) \tag{2-1}$$

Z 定义为结构的功能函数，当

$Z>0$，即 $R>S$ 时，结构处于可靠状态；

$Z<0$，即 $R<S$ 时，结构处于失效状态；

$Z=0$，即 $R=S$ 时，结构处于极限状态；

$Z=g(R, S)=0$ 称为极限状态方程，也可表达为：

$$Z=g(x_1, x_2, \cdots, x_n)=0 \tag{2-2}$$

式中 $g(\cdots)$ 是函数记号，x_1，x_2，$\cdots$，x_n 为影响结构功能的各种因素，

如材料强度、几何参数、荷载等。由于R、S均为非确定性的随机变量，因此$Z=R-S>0$也是非确定性的。

第三节　随机变量的统计特性

随机现象是事先不可预知，个别试验中呈现不确定性，而在大量重复试验中又具有统计规律的现象。随机变量是表示随机现象各种结果的变量。随机变量就个体而言，取值具有不确定性。但从总体来看，取值位于某范围的概率是确定的。

一、直方图和概率密度分布曲线

对某厂生产的ϕ4冷拔低碳钢丝的强度进行抽样，共抽取337根样品，其中最低强度526N/mm^2，最高强度896N/mm^2，平均强度720N/mm^2。以水平轴20N/mm^{2}为一个统计范围，统计在此强度范围内的钢筋数，即频数。画出的这批钢筋的强度分布图形称为直方图，如图2-1所示。从图中看出，由于各因素对材料性能的影响，强度有一定的变异，但多数接近均值。如果试样数量足够大，而组距分行足够小，直方图将接近一条光滑的曲线，这就是概率密度分布曲线$f(x)$。

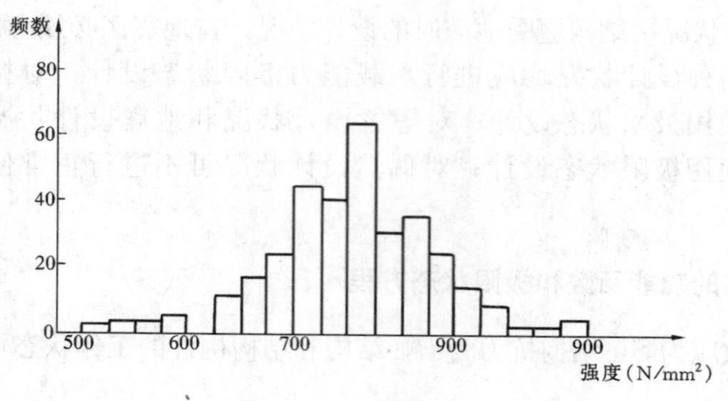

图2-1　冷拔低碳钢丝强度抽样调查直方图

二、正态分布的特点

结构上的作用、作用效应、结构抗力等随机变量的分布一般可假定为服从正态分布，如图2-2，正态分布曲线的特点是：

1. 曲线为单峰曲线，与峰值对应处横坐标为均值μ；
2. 曲线以峰值为中心，对称向两边单调下降；
3. 峰值两侧各有一个反弯点，反弯点距对称轴的距离为$|\sigma|$，σ称为标

准差；

4. 当 $x \to \pm\infty$ 时，$f(x) \to 0$；

5. 曲线 $f(x)$ 与横轴间的总面积为 1。

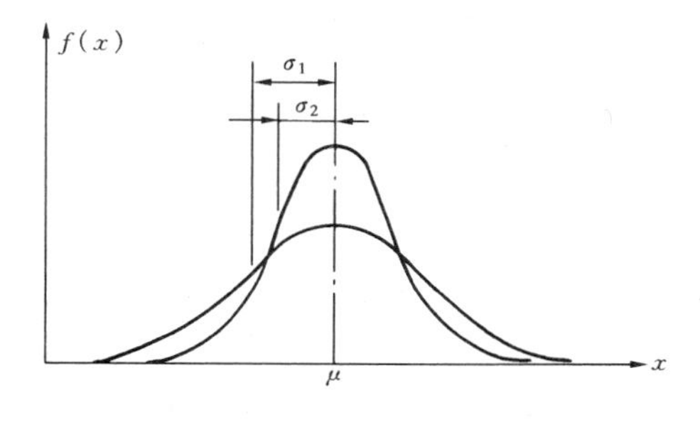

图 2-2　正态分布概率密度曲线

三、正态分布的特征值

正态分布曲线有三个特征值：

1. 平均值 μ

$$\mu = \frac{\sum_{i=1}^{n} x_i}{n} \tag{2-3}$$

μ 越大，曲线峰值离纵坐标越远，μ 代表随机变量 x 平均水平的特征值。

2. 标准差（也称均方差）σ

$$\sigma = \sqrt{\frac{\sum_{i=1}^{n} (x_i - \mu)^2}{n-1}} \tag{2-4}$$

当统计数据大于 30 个时，可用 n 代替 $n-1$。

标准差是表示随机变量 x 取值离散程度的一个特征值，定义为随机变量 x_i 与平均值 μ 的偏差的平方和除以（$n-1$）的开方。采用偏差的平方是为了避免正、负偏差的相互抵消。σ 越大，曲线越扁平，表示随机变量的离散性大；反之，曲线瘦高，表示随机变量的离散性小。

3. 变异系数 δ

$$\delta = \sigma / \mu \tag{2-5}$$

反映随机变量相对离散程度的特征值。

由概率论可知，频率密度的积分称为概率，由正态分布曲线有：

$$\int_{-\infty}^{+\infty} f(x)\mathrm{d}x = 1 \tag{2-6}$$

如图 2-3 所示，取横坐标 $\mu-\sigma$，则 x 值大于此点的概率为 84.13%；

取横坐标 $\mu-1.645\sigma$，则 x 值大于此点的概率为 95%；

取横坐标 $\mu-2\sigma$，则 x 值大于此点的概率为 97.72%。

若此曲线是前例中冷拔低碳钢丝的强度分布，则上述三点的强度取值分别表示实际强度高于该点强度的概率（保证率），分别为 84.13%、95%、97.72%。如此曲线表示的是某荷载的分布，要取得 95% 的保证率，应取横坐标 $\mu+1.645\sigma$，即 x 小于此点的概率为 95%。

正态分布的随机变量的运算法则是：假如 x_1，x_2 为两个互相独立的随机变

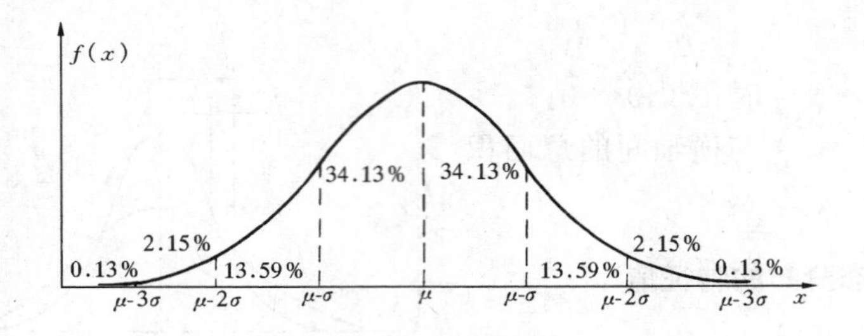

图 2-3　正态分布曲线各段的概率分布

量，$Z=x_1\pm x_2$，则：

$$\mu_z=\mu_{x_1}\pm\mu_{x_2}, \tag{2-7}$$

$$\sigma_z=\sqrt{\sigma_{x_1}^2+\sigma_{x_2}^2} \tag{2-8}$$

第四节　概率极限状态设计方法

一、结构的可靠度

结构在规定的时间内，在规定的条件下，完成预定功能的能力称为可靠性。规定时间是指设计使用年限，规定的条件为正常设计、正常施工、正常使用、正常维护的条件。结构的可靠度是结构可靠性的概率度量，也可表述为：结构在规定的时间内，在规定的条件下，完成预定功能的概率。

结构的可靠性和结构的经济性常常是矛盾的。科学的设计方法是要用最经济的方法，合理地实现所需的可靠性。结构的可靠度与结构的使用年限长短有关。上述结构的可靠度是对结构的设计使用年限而言的。当结构的使用年限超过设计使用年限后，结构可靠概率可能较设计预期值减小，但并不意味着立即失效。

二、可靠概率与失效概率

结构能完成预定功能的概率（$R>S$ 的概率）为可靠概率 P_s，不能完成预定功能的概率（$R<S$ 的概率）为失效概率 P_f，两者的关系为

$$P_s+P_f=1 \tag{2-9}$$

如图 2-4 所示，设作用效应 S，抗力 R 两个随机变量都服从正态分布，两者的均值分别为 μ_S、μ_R，标准差分别为 σ_S、σ_R。

将两个概率密度曲线放在一个坐标系中表示，显然，两图重叠区即阴影部分是 $R<S$ 情况。阴影部分可以通过加大 R 和减小 S，或减小 σ_S 和 σ_R 来减小，但

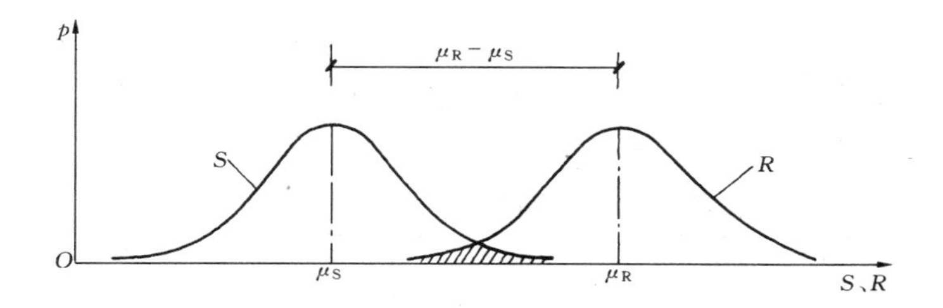

图 2-4 R、S 的概率密度分布曲线

不可能消失。其工程意义为：减少荷载或提高强度，或减少荷载效应和抗力的离散性，可以使失效概率降低，但不可能绝对可靠（$P_f=0$）。计算 P_f 需对图中阴影面积进行积分，计算较繁。

三、结构的可靠指标 β

考虑到直接应用数值积分方法计算结构失效概率的困难性，工程上多采用近似方法。为此，引入了结构可靠指标 β 的概念。

因 S、R 分别服从正态分布，所以 $Z=R-S$ 也服从正态分布。

随机变量 Z 的概率密度曲线如图 2-5 所示，图中 $Z<0$ 部分（阴影部分）即为失效概率。

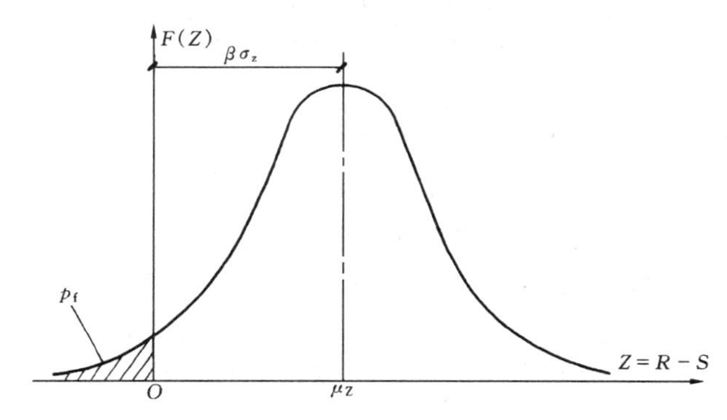

图 2-5 可靠指标与失效概率的关系示意图

由图可见，由 0 到平均值 μ_Z 这段距离，可以用标准差去度量，即

$$\mu_Z=\beta\sigma_Z \tag{2-10}$$

此时，β 与 P_f 之间存在一一对应关系，β 小，P_f 大；反之 β 大，P_f 小。因此，β 和 P_f 一样，可以作为衡量结构可靠性的指标，称 β 为结构的可靠指标。

$$\beta=\frac{\mu_z}{\sigma_z}=\frac{\mu_R-\mu_S}{\sqrt{\sigma_R^2+\sigma_S^2}} \tag{2-11}$$

即只要知道 μ_R、μ_S、σ_S 和 σ_R，就可求出可靠指标。表 2-4 给出可靠指标 β 与失效概率 P_f 之间的关系。上式定义的可靠指标是以功能函数 Z 服从正态分布为前提的，实际工程中，若变量不服从正态分布，上式只是近似关系。

可靠指标 β 与失效概率 P_f 之间的对应关系 **表 2-4**

β	1.0	1.5	2.0	2.5	2.7	3.0
P_f	1.59×10^{-1}	6.68×10^{-2}	2.28×10^{-2}	6.21×10^{-3}	3.47×10^{-3}	1.35×10^{-3}
β	3.2	3.5	3.7	4.0	4.2	4.5
P_f	6.87×10^{-4}	2.33×10^{-4}	1.08×10^{-4}	3.17×10^{-5}	1.33×10^{-5}	3.40×10^{-6}

结构设计的目标可靠度的大小对结构设计的影响较大。若目标可靠度定的高，结构可靠度大，造价大；但结构的可靠度低会使人产生不安全感。因此，结构目标可靠度的确定应以达到结构可靠与经济上的最佳平衡为原则。一般考虑公众心理的因素、结构重要性的因素、结构破坏性质的因素和社会经济的承受能力因素。我国《建筑结构可靠度设计统一标准》根据结构的安全等级和破坏类型，在对代表性的构件进行可靠度分析的基础上，规定了按承载能力极限状态设计时的目标可靠指标［β］值，见表 2-5。

结构构件承载能力极限状态的目标可靠指标［β］ **表 2-5**

破坏类型	安全等级		
	一级	二级	三级
延性破坏	3.7	3.2	2.7
脆性破坏	4.2	3.7	3.2

结构构件破坏分延性破坏和脆性破坏。延性破坏有明显预兆，目标可靠指标稍低；脆性破坏常为突发性破坏，无明显预兆，危险性大，故目标可靠指标稍高。另外，根据安全等级的不同，目标可靠指标也有区别，对重要建筑的［β］稍高。

第五节 实用设计表达式

当荷载的概率分布、统计参数、材料性能、材料的统计参数可确定时，结构设计可严格按预先设定的目标可靠度进行。但对大量的一般工程直接按可靠度进行设计还存在一些困难。考虑到实用简便和设计人员的习惯，我国《建筑结构可靠度设计统一标准》给出了易于被工程师接受、理解和应用的实用设计表达式。

一、承载能力极限状态设计表达式

1. 基本表达式

为保证结构构件的安全，设计应使效应 S 小于抗力 R，并满足给定的目标可靠指标 $[\beta]$。在表达式中：

（1）确定各类荷载的标准值，再将各种荷载的标准值分别乘以不同的大于 1 的荷载分项系数，得到荷载设计值。荷载的设计值考虑了由于荷载的变异可能出现的大于标准值的不利情况。

（2）确定材料强度的标准值，再将材料强度的标准值除以大于 1 的材料分项系数，得到材料强度的设计值。设计值考虑了由于材料强度的变异以及几何系数和设计模式的不定性可能使抗力进一步降低的不利影响。

（3）取用结构的重要性系数，使不同安全等级的建筑物具有不同的可靠指标。

对持久设计状况、短暂设计状况和地震设计状况，当用内力的形式表达时，结构构件中应采用下列承载能力极限状态设计表达式：

$$\gamma_0 S \leqslant R \tag{2-12}$$

$$R = R\left(f_c,\ f_s,\ a_k,\ \cdots\right)/\gamma_{Rd} \tag{2-13}$$

式中　γ_0——结构重要性系数：在持久设计状况和短暂设计状况下，对安全等级为一级的结构构件不应小于 1.1，对安全等级为二级的结构构件不应小于 1.0，对安全等级为三级的结构构件不应小于 0.9；对地震设计状况下应取 1.0；

S——承载能力极限状态下作用组合的效应设计值：对持久设计状况和短暂设计状况应按作用的基本组合计算；对地震设计状况应按作用的地震组合计算；

R——结构构件的抗力设计值；

$R(\cdot)$——结构构件的抗力函数；

γ_{Rd}——结构构件的抗力模型不定性系数：静力设计取 1.0，对不确定性较大的结构构件根据具体情况取大于 1.0 的数值；抗震设计应用承载力抗震调整系数 γ_{RE} 代替 γ_{Rd}，γ_{RE} 参见《建筑抗震设计规范》GB 50011—2010 的规定采用；

f_c、f_s——混凝土、钢筋的强度设计值；

a_k——几何参数的标准值，当几何参数的变异性对结构性能有明显的不利影响时，应增减一个附加值。

2. 基本组合

对荷载基本组合，荷载效应组合的设计值应从下列组合值中取最不利值确定：

（1）由可变荷载效应控制的组合

$$S=\gamma_G S_{GK}+\gamma_{Q1}S_{Q1K}+\sum_{i=2}^{n}\gamma_{Qi}\psi_{ci}S_{Qik} \tag{2-14}$$

式中　γ_G——永久荷载的分项系数；

γ_{Q1}，γ_{Qi}——分别为第一个可变荷载 Q_{1K} 和第 i 个可变荷载 Q_{iK} 的分项系数；

S_{GK}——永久荷载标准值的效应值；

S_{Q1K}——按第一个可变荷载标准值 Q_{1K} 计算的荷载效应值，是诸可变荷载效应中起控制作用者，当无法明显判断时，应轮次以各可变荷载效应为 S_{Q1K}，选出最不利组合为设计依据；

S_{QiK}——按第 i 个可变荷载标准值的效应；

ψ_{ci}——第 i 个可变荷载 Q_i 的组合值系数，其值不应大于1，按《建筑结构荷载规范》GB 50009—2001 的规定采用。

（2）由永久荷载效应控制的组合

$$S=\gamma_G S_{GK}+\sum_{i=1}^{n}\gamma_{Qi}\psi_{ci}S_{Qik} \tag{2-15}$$

这是为避免当结构自重为主要荷载时可靠度偏低的后果。

（3）简化的组合表达式

为减轻设计的工作量，当考虑以自重为主时，对可变荷载允许只考虑与结构自重方向一致的竖向荷载，例如雪荷载、吊车荷载等。对于一般排架、框架结构，由可变荷载效应控制的组合式（2-14）可采用以下简化公式：

$$S=\gamma_G S_{GK}+\psi\sum_{i=1}^{n}\gamma_{Qi}S_{Qik} \tag{2-16}$$

式中　ψ——简化公式中的可变荷载的组合系数，一般情况取 0.9，当有一个可变荷载时，取 1.0。

由永久荷载控制的组合，仍按式（2-15）采用。

3. 结构构件的地震作用效应和其他荷载效应基本组合的荷载效应设计值

$$S=\gamma_G S_{GE}+\gamma_{Eh}S_{Ehk}+\gamma_{Ev}S_{Evk}+\psi_w\gamma_w S_{wk} \tag{2-17}$$

式中　γ_G——重力荷载分项系数，一般情况应采用 1.2，当重力荷载效应对构件承载能力有利时，不应大于 1.0；

γ_{Eh}——水平地震作用分项系数，仅计算水平地震作用时取 1.3，仅计算竖向地震作用时取 0，同时计算水平与竖向地震作用，当水平地震为主时取 1.3，当竖向地震为主时取 0.5；

γ_{Ev}——竖向地震作用分项系数，仅计算水平地震作用时取 0，仅计算竖向地震作用时取 1.3，同时计算水平与竖向地震作用，当水平地震为主时取 0.5，当竖向地震为主时取 1.3；

γ_w——风荷载分项系数，应取 1.4；

S_{GE}——重力荷载代表值的效应，重力荷载代表值应取结构和构配件自重标准值和各可变荷载组合值之和，按抗震规范规定采用；

S_{Ehk}——水平地震作用标准值的效应，尚应乘以相应的增大系数或调整系数；

S_{Evk}——竖向地震作用标准值的效应，尚应乘以相应的增大系数或调整系数；

S_{wk}——风荷载标准值的效应；

ψ_w——风荷载组合值系数，风荷载起控制作用的高层建筑取 0.2，一般结构取 0。

结构构件的截面抗震验算应采用下列设计表达式：

$$S \leqslant R/\gamma_{RE}$$

式中　γ_{RE}——承载力调整系数（见建筑抗震设计规范）。

4. 荷载的标准值、分项系数、组合系数

荷载的标准值是结构在使用期间，正常情况下可能出现的最大荷载值，是建筑结构各类极限状态设计时采用的基本代表值。

永久荷载的标准值一般根据设计图纸的尺寸和材料的标准重度计算。可变荷载的标准值是根据观测资料和试验数据，并考虑工程实践经验，取其设计基准期最大荷载概率分布的某一分位值确定。

为充分反映不同荷载的变异性，分永久荷载和可变荷载两大类给出荷载分项系数。

根据分析结果，对各种结构构件永久荷载分项系数，若采用式（2-14）、式（2-16）计算，$\gamma_G=1.2$，若采用式（2-15）计算，$\gamma_G=1.35$。

若加大永久荷载反而使截面总的荷载效应减小时（永久荷载与可变荷载效应反号），取 $\gamma_G=1.0$，对抵抗倾覆、滑移的永久荷载，偏小荷载值对结构更为不利，应取 $\gamma_G=0.9$。而实际结构设计中，也有采用比 0.9 更小的系数，以提高结构抗倾覆、滑移或漂浮的可靠性。可变荷载分项系数一般取 $\gamma_Q=1.4$。对楼面结构，当楼面活荷载标准值大于等于 $4kN/m^2$ 时，因其变异性相对较小，从经济效果角度考虑，取 $\gamma_Q=1.3$；当可变荷载效应对结构构件的承载能力有利时，应取 $\gamma_Q=0$。

当结构上有两种或两种以上的可变荷载作用时，同时出现偏大值的可能性较小。在不改变分项系数的前提下，对这种同时作用的情况，引入荷载组合系数，对荷载效应进行折减，这时结构构件所具有的可靠指标与只有一种可变荷载时的可靠指标有最佳的一致。

当有两个或两个以上的可变荷载参与组合时，荷载组合系数 ψ_{ci}，对风荷载取 0.6，其他可变荷载取 0.7。

5. 材料强度标准值、设计值和材料分项系数

(1) 材料强度的标准值

混凝土立方抗压强度标准值 $f_{cu,k}$ 由混凝土立方强度的平均值减去 1.645 倍的标准差得到，具有 95%的保证率。

热轧钢筋的抗拉强度取其屈服强度。抗拉强度的标准值与国家标准中规定的钢筋的废品限值一致。即钢筋抗拉强度的平均值减去 2 倍的标准差，其保证率为 97.72%。此保证率高于《建筑结构统一标准》中规定的 95%的要求，因为某炉钢材的屈服强度达不到此限将作为废品处理。对于无明显流幅的硬钢，如预应力钢绞线、高强钢丝、热处理钢筋，取极限抗拉强度的 85%作为条件屈服强度。

(2) 材料分项系数

考虑到材料的变异性、几何参数和抗力计算模式的不定性都会使抗力进一步降低，采用材料分项系数来考虑这一影响。确定材料分项系数的原则是：在基本表达式 $\gamma_0 S \leqslant R$ 中，代入已有荷载分项系数，再采用不同的材料分项系数反推出 β 值，从中选取与 $[\beta]$ 最接近的一组材料分项系数，此法称为校准法。钢筋和混凝土强度的分项系数是根据轴心受拉构件和轴心受压构件按照目标可靠指标经过可靠度分析而确定的。

例如，以轴心受拉构件混凝土开裂后，仅钢筋受力的情况为准。按上述原则确定钢筋材料分项系数 γ_s，再根据 γ_s，以轴压构件（钢筋、混凝土共同受力）为准，确定混凝土材料的分项系数 γ_c。混凝土材料分项系数为 1.4，各类钢材的材料分项系数见表 2-6。

各类钢筋的材料分项系数 γ_s 值 **表 2-6**

项次	种　类	γ_s
1	HPB300，HRB335，HRBF335，HRB400，HRBF400，RRB400	1.10
2	HRB500，HRBF500	1.15
3	消除应力钢丝、钢绞线	1.20

注：对《混凝土结构设计规范》(GB 50010—2010) 中新增加的中强度预应力钢丝和螺纹钢筋的 γ_s 有所调整，取值在 1.16－1.33 之间。

(3) 材料的强度设计值

混凝土和各类钢筋的强度设计值分别为其强度标准值除以各自的材料分项系数。

设计值＝标准值/材料分项系数

对无明显流幅的硬钢的设计值要根据条件屈服点确定。例如，消除应力钢丝标准值 $f_{ptk}=1470\text{N/mm}^2$，设计值 $f_{py}=1470\times0.85/1.2=1041.25\text{N/mm}^2$，取整后为 $f_{py}=1040\text{N/mm}^2$。

对有明显流幅的软钢的设计值，为标准值除以材料分项系数。例如，HRB400 标准值 $f_{yk}=400\text{N/mm}^2$，其设计值 $f_y=400/1.1=363.6\text{N/mm}^2$ 取整后为 360N/mm^2。

二、正常使用极限状态设计表达式

正常使用极限状态的设计，主要是验算结构构件的变形、抗裂度或裂缝宽度，也验算一些其他的状况，如地基沉降等，以保证结构构件的正常使用。若超过此极限状态，其后果是不能正常使用，但危害程度比承载能力失效轻，因此正常使用极限状态的可靠度比承载能力的可靠度有所降低。计算中，根据不同情况取荷载效应的标准组合、频遇组合或准永久组合，并考虑荷载长期作用的影响，按相应的设计表达式进行验算，材料强度取标准值。不再考虑材料分项系数，也不考虑结构的重要性系数 γ_0。

1. 设计表达式

在正常使用的极限状态设计时，与状态有关的荷载水平不一定取设计基准期内的最大荷载，应根据所考虑的正常使用的具体条件来考虑。对于钢筋混凝土构件、预应力混凝土构件，应分别按荷载的准永久组合并考虑长期作用的影响或标准组合并考虑长期作用的影响，其设计表达式为：

$$S\leqslant C \tag{2-18}$$

式中　S——正常使用极限状态荷载组合的效应设计值；

C——结构构件达到正常使用要求所规定的变形、应力、裂缝宽度和自振频率等的限值。

2. 荷载效应组合

（1）对标准组合，荷载效应组合的设计值 S

$$S=S_{Gk}+S_{Q1k}+\sum_{i=2}^{n}\psi_{ci}S_{Qik} \tag{2-19}$$

（2）对频遇组合，荷载效应组合设计值 S

$$S=S_{GK}+\psi_{f1}S_{Q1K}+\sum_{i=2}^{n}\psi_{qi}S_{Qik} \tag{2-20}$$

频遇组合值指永久荷载标准值（上式第一项），主导可变荷载的频遇值（上式第二项）与伴随可变荷载的准永久值（上式第三项）的效应组合。

（3）对于准永久组合，荷载效应组合的设计值

$$S=S_{GK}+\sum_{i=2}^{n}\psi_{qi}S_{Qik} \tag{2-21}$$

式中 ψ_{f1}——可变荷载 Q_1 的频遇值系数；

ψ_{qi}——可变荷载 Q_i 的准永久值系数。

其他符号的意义与承载力极限状态设计表达式中的符号解释相同。

准永久值反映可变荷载的一种状态，取值按可变荷载出现的频繁程度和持续时间长短确定。国际标准 ISO 2394：1998 中建议，准永久值根据在设计基准期内荷载达到和超过该值的总持续时间与设计基准期的比值为 0.5 确定。我国准永久值的具体取值由《建筑结构荷载规范》规定。在结构设计中准永久值主要考虑荷载长期效应的影响。在结构上经常作用的可变荷载代表值，可理解为对于有可能再划分为持久性和临时性两类的可变荷载，可以直接引用荷载的持久性部分，作为荷载准永久值取值的依据。

对正常使用的极限状态的设计，当考虑短期效应时，可根据不同的设计要求，分别采用荷载的标准值组合或频遇组合，当考虑长期效应时，可采用准永久组合。

3. 正常使用极限状态的验算内容

正常使用极限状态应验算的内容包括：

（1）对需要控制变形的构件应进行变形验算；

（2）对不允许出现裂缝的构件应进行混凝土拉应力验算；

（3）对允许出现裂缝的构件应进行受力裂缝宽度验算；

（4）对有舒适度要求的楼盖结构应进行竖向自振频率验算。

4. 受弯构件挠度验算

钢筋混凝土受弯构件的最大挠度应按荷载的准永久组合验算，预应力混凝土受弯构件的最大挠度应按荷载的标准组合验算，并均应考虑荷载长期作用的影响，计算最大挠度 f_{max}，控制其小于规范限值［f］，［f］见表 2-7。

受弯构件的挠度限值 **表 2-7**

构件类型		挠度限值
吊车梁	手动吊车	$l_0/500$
	电动吊车	$l_0/600$
屋盖、楼盖及楼梯构件	当 $l_0<7$m 时	$l_0/200$（$l_0/250$）
	当 7m$\leqslant l_0\leqslant$9m 时	$l_0/250$（$l_0/300$）
	当 $l_0>9$m 时	$l_0/300$（$l_0/400$）

注：1. 表中 l_0 为构件的计算跨度；计算悬臂构件的挠度限值时，其计算跨度 l_0 按实际悬臂长度的 2 倍取用；

2. 表内括号的数值适用于使用上对挠度有较高要求的构件；

3. 如果构件制作时预先起拱，且使用上也允许，则在验算挠度时，可将计算所得的挠度值减去起拱值；对预应力混凝土构件，尚可减去预加应力所产生的反拱值；

4. 构件制作时的起拱值和预应力产生的反拱值，不宜超过构件在相应荷载组合作用下的计算挠度值。

$$f_{\max} \leqslant [f] \tag{2-22}$$

5. 抗裂度和裂缝宽度验算

结构构件正截面的裂缝控制等级分为三级：

一级——严格要求不出现受力裂缝的构件。按荷载效应标准组合计算时，构件受拉边缘混凝土不应产生拉应力。

二级——一般要求不出现受力裂缝的构件。按荷载效应标准组合计算时，构件受拉边缘混凝土拉应力不应大于混凝土抗拉强度标准值。

三级——允许出现裂缝的构件。对于钢筋混凝土构件和预应力混凝土构件，在分别按荷载准永久组合、荷载标准组合并考虑长期作用影响计算时，构件的最大裂缝宽度不应超过规范的限值；对二a类环境的预应力混凝土构件，尚应按荷载准永久组合计算，且构件受拉边缘混凝土的拉应力不应大于混凝土的抗拉强度标准值。

小 结

1. 建筑结构的可靠性包括：安全性、适用性、耐久性。结构可靠性的概率度量称为结构的可靠度。即：结构在规定的时间内，规定的条件下，完成预定功能的概率。

2. 结构上的作用、作用效应 S、结构的抗力 R 都是随机变量：当 $S<R$ 时，结构可靠；$S>R$ 时，结构失效；$S=R$ 时，结构处于极限状态。结构的可靠概率和失效概率之和为1。

3. 结构的极限状态分两种：一种是承载能力的极限状态，一种是正常使用的极限状态。

4. 概率极限状态设计方法用可靠指标 β 反映可靠概率的大小，但用 β 计算可靠概率较复杂，工程设计中采用实用设计表达式，用分项系数表示的方式进行设计。

5. 荷载分永久荷载、可变荷载和偶然荷载。结构设计时，对不同的荷载应采用不同的代表值。永久荷载采用标准值作为代表值；可变荷载根据设计要求，采用标准值、组合值、频遇值或准永久值作为代表值。其中标准值为基本代表值，其他代表值可由标准值乘以相应的系数得到；偶然荷载按建筑结构的使用特点确定其代表值。

6. 不同的设计要求有不同的荷载组合。承载能力极限状态，用荷载的基本组合或偶然组合，如地震组合，实用表达式中应考虑结构的重要性系数；正常使用极限状态，采用荷载的标准组合、频遇组合和准永久组合，实用表达式中不考虑结构的重要性系数。

思 考 题

2-1 什么是作用、作用效应、结构抗力？作用是如何分类的？

2-2 结构有哪些功能要求？

2-3 什么是可靠度？可靠概率与失效概率是什么关系？

2-4 什么是结构的功能函数和极限状态方程？

2-5 什么是结构的极限状态，极限状态分几类？

2-6 什么是可靠指标 β？目标可靠指标 $[\beta]$ 是根据什么确定的？

2-7 什么是荷载的标准值、组合值、频遇值、准永久值？如何确定他们？

2-8 写出承载能力极限状态和正常使用极限状态各种组合的实用表达式，并解释公式中符号的含义。

2-9 材料强度的标准值和设计值的关系是什么？荷载的标准值与设计值的关系是什么？

2-10 在材料强度的正态分布曲线上，说明材料强度的平均值、标准值之间的关系。

第三章　钢筋混凝土基本构件计算

基 本 要 求

1. 掌握单筋矩形截面、双筋矩形截面和T形截面正截面承载力的计算方法。
2. 熟悉受弯构件正截面的构造要求。
3. 掌握斜截面受剪承载力的计算方法。
4. 熟悉保证斜截面受弯承载力的构造措施及梁内钢筋的构造规定。
5. 掌握矩形截面纯扭构件和弯剪扭构件截面承载力的计算方法。
6. 熟悉受扭构件配筋的构造要求。
7. 掌握轴心受压构件正截面承载力的计算方法。
8. 掌握大、小偏心受压构件的判别条件及正截面承载力计算方法，以对称配筋计算方法为重点。
9. 熟悉受压构件的基本构造要求。
10. 掌握矩形截面大、小偏心受拉构件正截面承载力的计算方法。
11. 了解受弯构件裂缝宽度的成因，掌握最大裂缝宽度的计算方法和减少裂缝宽度的措施。
12. 掌握受弯构件短期刚度与构件刚度的计算方法及减小构件变形的有效途径。

钢筋混凝土基本构件的计算是钢筋混凝土结构设计的基础，只有熟练地掌握基本构件的计算方法和构造要求，才能进行结构设计。本章仅就钢筋混凝土基本构件：受弯构件正截面承载力、受弯构件斜截面承载力、受扭构件截面承载力、受压构件正截面承载力、受拉构件正截面承载力、钢筋混凝土构件裂缝及变形的验算等予以阐述，主要是介绍基本计算公式及适用条件、计算方法和构造要求。

第一节　受弯构件正截面承载力计算

受弯构件主要是指各种类型的梁和板。是工程中用得最普遍的构件。梁的截面形式常见的有矩形、T形、工字形、倒L形等；板的截面有矩形实心截面、槽形截面和空心形截面等。仅在截面受拉区配置计算受力钢筋的构件称为单筋受弯构件；在截面受拉区和受压区都配置计算受力钢筋的构件称为双筋受弯构件

（图 3-1）。当然，这些计算受力钢筋要满足最小配筋率的要求，否则按最小配筋率要求配筋，前提是其他条件不变的情况下。

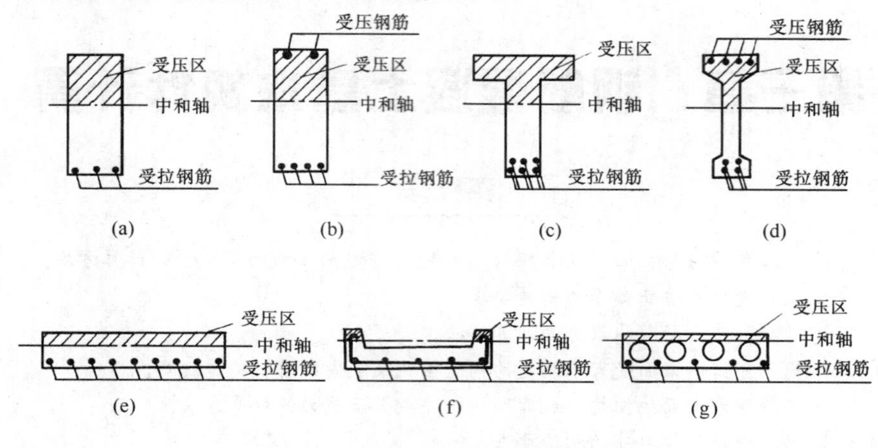

图 3-1 梁、板的截面形式

一、截面破坏形式

根据大量试验研究，钢筋混凝土受弯构件截面梁的破坏形式与梁的纵向受拉钢筋的配筋率及钢筋和混凝土强度等级有关，但主要取决于配筋率的大小。根据配筋率的大小不同，受弯构件正截面破坏形式分为 3 种，即少筋破坏、超筋破坏和适筋破坏。当配筋率超过或小于一定限值时，梁的破坏性质均属脆性破坏，即所谓的超筋梁和少筋梁破坏。这两种梁破坏时非但材料强度得不到充分利用，且破坏后果严重。因此实际工程中不允许将梁设计成超筋梁和少筋梁，只允许设计成适筋梁。适筋梁就是配筋率不太小也不过大的梁，这种梁破坏时材料强度得以充分利用，且破坏前有明显预兆：裂缝很宽，挠度很大，属塑性破坏。

梁的纵向受拉钢筋配筋率等于纵向拉钢筋截面面积与梁截面有效面积的比值，用 ρ 表示，即

$$\rho = \frac{A_s}{bh_0} \tag{3-1}$$

式中 b——梁截面宽度；

h_0——梁截面有效高度；

A_s——纵向受拉钢筋的截面面积。

二、受弯构件正截面承载力计算的基本原则

（一）基本假定

（1）截面平均应变保持平面。

（2）不考虑混凝土抗拉强度。

（3）混凝土受压的应力与应变关系按下列规定取用，见图 3-2：

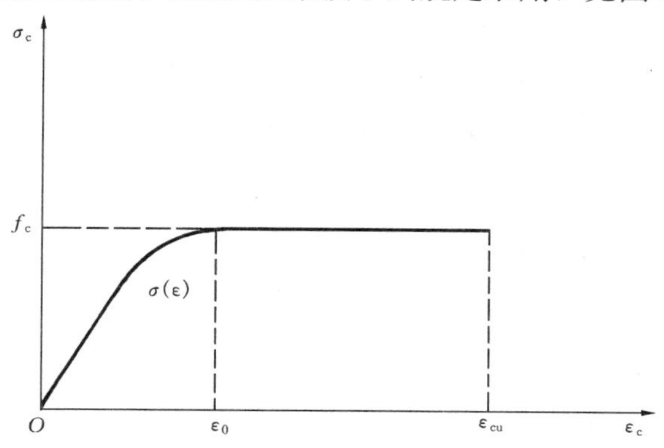

图 3-2　混凝土 σ_c—ε_c 设计曲线

当 $\varepsilon_c \leqslant \varepsilon_0$ 时，

$$\sigma_c = f_c \left[1 - \left(1 - \frac{\varepsilon_c}{\varepsilon_0}\right)^n\right] \tag{3-2}$$

当 $\varepsilon_o < \varepsilon_c \leqslant \varepsilon_{cu}$ 时，

$$\sigma_c = f_c \tag{3-3}$$

$$n = 2 - \frac{1}{60}(f_{cu,k} - 50) \tag{3-4}$$

$$\varepsilon_0 = 0.002 + 0.5(f_{cu,k} - 50) \times 10^5 \tag{3-5}$$

$$\varepsilon_{cu} = 0.0033 - (f_{cu,k} - 50) \times 10^5 \tag{3-6}$$

式中　σ_c——混凝土压应变为 ε_c 时的混凝土压应力；

f_c——混凝土轴心抗压强度设计值；

ε_0——混凝土压应力刚好达 f_c 时的混凝土压应变；当计算的值小于 0.002 时，取为 0.002；

ε_{cu}——正截面混凝土极限压应变，当处于非均匀受压时，按式（3-6）计算，如计算值 ε_{cu} 大于 0.0033，取为 0.0033，当处于轴心受压时取为 ε_0；

$f_{cu,k}$——混凝土立方体抗压强度的标准值；

n——系数，当计算的 n 值大于 2.0 时，取为 2.0。

（4）纵向钢筋的应力取钢筋应变与其弹性模量的乘积，但其绝对值不应大于相应强度设计值。纵向受拉钢筋的极限拉应变取为 0.01，见图 3-3。

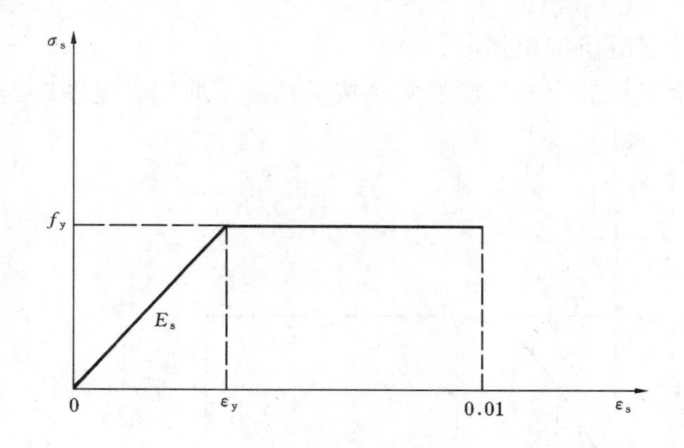

图 3-3 热轧钢筋 $\sigma_s-\varepsilon_s$ 设计曲线

（二）等效矩形应力图

在进行梁截面设计时，必须计算受压区混凝土压应力的合力，但实际混凝土受压区的应力图形为曲线加直线，计算不方便。为此，《混凝土结构设计规范》规定，受压区混凝土的应力图形可简化为等效矩形应力图形，如图 3-4 所示。用等效矩形应力图形代替理论应力图应满足的条件：

（1）混凝土压应力合力大小相等。

（2）混凝土压应力合力作用点不变。

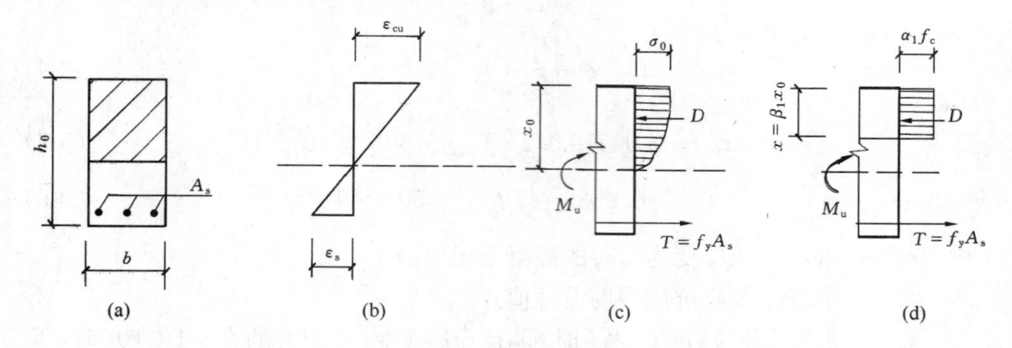

图 3-4 理论应力图形和等效应力图形

根据上述假定以及试验研究和理论分析，系数 α_1（受压区混凝土矩形应力图的应力值与混凝土轴心抗压强度设计值的比值）和系数 β_1（矩形应力图受压区高度与中和轴到受压区边缘的距离的比值）取值如下：

α_1取值为
- $\alpha_1=1.0$（混凝土强度等级不超过 C50）
- $\alpha_1=0.94$（混凝土强度等级为 C80）
- 混凝土强度等级在 C50 与 C80 之间，按线性内插法确定

β_1取值为 $\begin{cases} \beta_1=0.8\text{（混凝土强度等级不超过 C50）} \\ \beta_1=0.74\text{（混凝土强度等级为 C80）} \\ \text{混凝土强度等级在 C50 与 C80 之间，按线性内插法确定} \end{cases}$

（三）界限相对受压区高度 ξ_b 及最大配筋率 ρ_{max}

1. 适筋梁与超筋梁的界限

由图 3-4 可看出，x 为等效矩形应力图形的混凝土受压区高度，x 与有效高度 h_0 的比值称为相对受压高度，用 ξ 表示为：

$$\xi=\frac{x}{h_0} \tag{3-7}$$

试验证明，ξ 值的大小主要与配筋率 ρ 有关，当 ρ 增大时，ξ 值也随之增大。当梁的配筋率达到适筋梁与超筋梁的界限配筋率时，即达到适筋梁的最大配筋率 ρ_{max} 时，梁的相对受压区高度也达到适筋梁与超筋梁的界限值。此界限值用 ξ_b 表示，称为界限相对受压区高度。其值由下式求出：

有明显屈服点的钢筋：

$$\xi_b=\frac{\beta_1}{1+\dfrac{f_y}{E_s\varepsilon_{cu}}} \tag{3-8}$$

无明显屈服点的钢筋：

$$\xi_b=\frac{\beta_1}{1+\dfrac{0.002}{\varepsilon_{cu}}+\dfrac{f_y}{E_s\varepsilon_{cu}}} \tag{3-9}$$

式中　β_1、ε_{cu}——意义同前；

f_y——普通钢筋抗拉强度设计值；

E_s——钢筋弹性模量。

由图 3-4（d）的平衡条件得：$\alpha_1 f_c bx=f_y A_s$

则
$$\xi=\frac{x}{h_0}=\frac{f_y A_s}{\alpha_1 f_c b h_0}=\rho\frac{f_y}{\alpha_1 f_c} \tag{3-10}$$

当 $\xi=\xi_b$ 时，相应的配筋率 ρ 即为最大配筋率 ρ_{max}，即

$$\rho_{max}=\xi_b\cdot\frac{\alpha_1 f_c}{f_y} \tag{3-11}$$

所以若满足 $\xi=\dfrac{x}{h_0}\leqslant\xi_b$ 或 $\rho=\dfrac{A_s}{bh_0}\leqslant\rho_{max}=\xi_b\cdot\dfrac{\alpha_1 f_c}{f_y}$ 则属于适筋梁。

钢筋混凝土构件相对界限受压区高度 ξ_b（混凝土强度不超过C50）　**表 3-1**

钢筋类别	符号	强度设计值（N/mm²）	ξ_b 值
HPB300	Φ	270	0.576
HRB335 HRBF335	Φ ΦF	300	0.550
HRB400 HRBF400 RRB400	Φ ΦF ΦR	360	0.518
HRB500 HRBF500	Φ ΦF	435	0.482

受弯构件截面最大配筋率 ρ_{max}（%）　**表 3-2**

钢筋类别	符号	混凝土强度等级				
		C20	C25	C30	C35	C40
HPB330	Φ	2.048	2.462	2.958	4.334	4.956
HRB335 HRBF335	Φ ΦF	1.760	2.182	2.622	3.062	3.502
HRB400 HRBF400 RRB400	Φ ΦF ΦR	1.381	1.712	2.058	2.403	2.748
HRB500 HRBF500	Φ ΦF	1.064	1.319	1.585	1.850	2.112

2. 适筋梁与超筋梁和少筋梁的界限

适筋梁与少筋梁的界限是最小配筋率 ρ_{min}，如果满足

$$\rho \geqslant \rho_{min} \tag{3-12}$$

梁将不会发生少筋破坏。ρ_{min} 取0.002或 $45f_t/f_y$ 两者中较大值，或者参见附表3-8。

3. 单筋矩形截面梁所承受的极限弯矩 Mu 由图3-4（d）的平衡条件得：

$$M = \alpha_1 f_c bx\left(h_0 - \frac{x}{2}\right) \tag{3-13}$$

由于 x 的最大值为 $x=\xi_b h_0$，代入式（3-13）得：

$$M_u = \alpha_1 f_c bh_0^2 \xi_b (1 - 0.5\xi_b) \tag{3-14}$$

此 M_u 就是截面尺寸给定，材料强度等级给定，单筋矩形截面梁的最大承

载力。

三、受弯构件正截面承载力计算

（一）单筋矩形截面梁承载力计算

1. 基本计算公式及适用条件

（1）基本计算公式

如图 3-5 所示，由平衡条件可得：

$$\alpha_1 f_c bx = f_y A_s \tag{3-15}$$

$$M \leqslant M_u = \alpha_1 f_c bx\left(h_0 - \frac{x}{2}\right) \tag{3-16}$$

$$M \leqslant M_u = f_y A_s\left(h_0 - \frac{x}{2}\right) \tag{3-17}$$

式中　M——弯矩设计值；

h_0——梁截面有效高度，$h_0 = h - a_s$；

a_s——受拉钢筋合力点至截面受拉边缘的距离。当受拉钢筋配置一排时，$a_s = c + d_v + d/2$；当受拉钢筋放置两排时，$a_s = c + d_v + d + d_2/2$，其中 c 为混凝土保护层最小厚度（见附表 3-4），d_v 为箍筋直径，d 为受拉钢筋直径，d_2 为两排钢筋之间的距离。

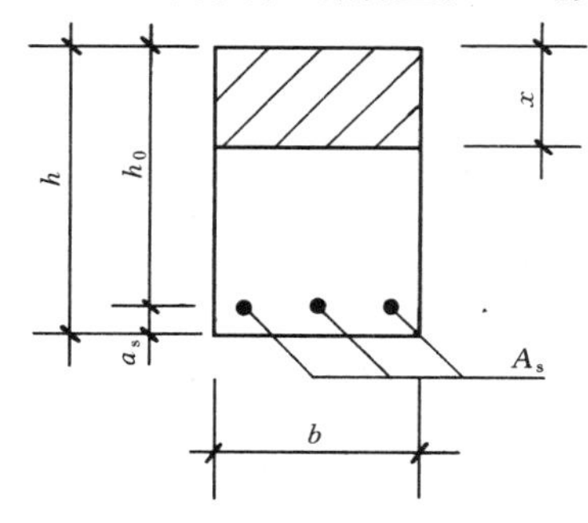

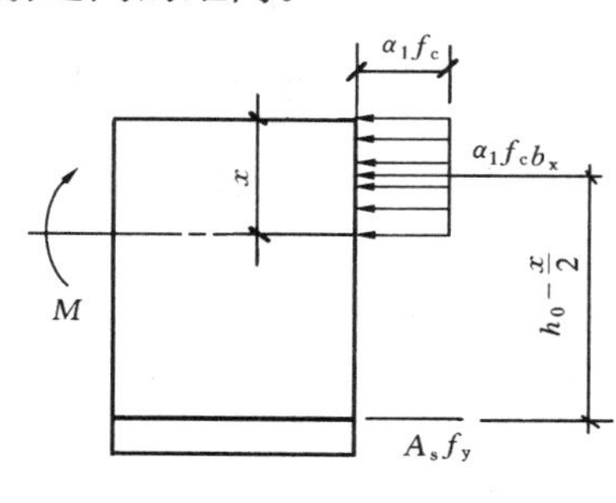

图 3-5　单筋矩形截面梁计算简图

其余符号意义同前

（2）适用条件

1）
$$\xi = \frac{x}{h_0} \leqslant \xi_b \tag{3-18}$$

或
$$\rho = \frac{A_s}{bh_0} \leqslant \rho_{max} = \xi_b \cdot \frac{\alpha_1 f_c}{f_y} \tag{3-18a}$$

2）
$$A_s \geqslant \rho_{min} bh \tag{3-19}$$

2. 计算方法

（1）截面设计

截面设计的一般步骤是：根据结构形式、构件类别、计算跨度、构造要求、结构承受荷载的大小等条件初步确定构件截面尺寸。再根据简化的力学模型和设计荷载求出设计内力，然后进行配筋计算，并满足适用条件和构造要求。做到设计的截面经济合理，安全可靠。达不到这些要求时，要调整材料或截面尺寸，重新设计。

在确定截面有效高度 h_0 时，若无实践经验和可供参考的设计实例，纵向钢筋可先按一排考虑。计算后不合适时，再重新调整和计算。

综上所述，M、$b\times h$、f_c 和 f_y 均为已知，待求量是 A_s。

1）直接计算法

利用基本公式直接计算

由式（3-16）解得：

$$x = h_0 - \sqrt{h_0^2 - \frac{2M}{\alpha_1 f_c b}} \leqslant \xi_b \cdot h_0 \tag{3-20}$$

若满足，将 x 代入式（3-15）得：

$$A_s = \frac{\alpha_1 f_c b x}{f_y} \tag{3-21}$$

若 $x > \xi_b \cdot h_0$ 说明所取截面偏小，需加大截面，如截面受限制，亦可采用双筋截面。（参看双筋截面梁计算）

若 $\frac{A_s}{bh_0} < \rho_{min}$，则取 $A_s = \rho_{min} bh_0$

如果依据 A_s 选出的钢筋直径合适而根数一排放不下时，就需重新确定 h_0，重新计算 A_s。

2）简化计算法

由式（3-16）得出：

$$M = \alpha_1 f_c bx\left(h_0 - \frac{x}{2}\right) = \alpha_1 f_c bh_0^2 \xi(1 - 0.5\xi) = \alpha_s \alpha_1 f_c bh_0^2 \tag{3-22}$$

其中，α_s 为截面抵抗矩系数，$\alpha_s = \xi(1 - 0.5\xi)$。　(3-23)

由式（3-17）得出：

$$M = A_s f_y\left(h_0 - \frac{x}{2}\right) = A_s f_y h_0(1 - 0.5\xi) = A_s f_y \gamma_s h_0 \tag{3-24}$$

其中 γ_s 为截面内力臂系数，$\gamma_s = 1 - 0.5\xi$。　(3-25)

由式（3-22）得：

$$\alpha_s = \frac{M}{\alpha_1 f_c bh_0^2} \tag{3-26}$$

由式（3-23）可得：

$$\xi = 1 - \sqrt{1 - 2\alpha_s} \tag{3-27}$$

将 ξ 代入式（3-25）可得：

$$\gamma_s = \frac{1+\sqrt{1-2\alpha_s}}{2} \tag{3-28}$$

可见 α_s、γ_s 与 ξ 之间存在一一对应的关系，只要求得其中一个，另外两个即可求出。钢筋截面面积 A_s 也即可求得：

$$A_s = \frac{M}{f_y \gamma_s h_0} \tag{3-29}$$

或由式（3-15）求得：

$$A_s = \frac{\alpha_1 f_c bx}{f_y} = \frac{x}{h_0} bh_0 \frac{\alpha_1 f_c}{f_y} = \xi bh_0 \cdot \frac{\alpha_1 f_c}{f_y} \tag{3-30}$$

利用 α_s、γ_s 与 ξ 之间的关系可以使计算过程得以简化。求出 α_s 后，也可由附表 3-1 直接查出 γ_s 或 ξ。

（2）截面校核

截面校核时，梁的弯矩设计值 M、截面尺寸 $b \times h$、材料强度设计值 f_c 和 f_y、钢筋面积 A_s，均为已知。验算梁是否安全，或计算该截面的极限弯矩 M_u，可利用基本公式直接计算。

由式（3-15）可求得　$x = \dfrac{f_y A_s}{\alpha_1 f_c b}$

若 $x \leqslant \xi_b h_0$ 则由式（3-16）得 $M_u = \alpha_1 f_c bx\left(h_0 - \dfrac{x}{2}\right)$

若 $x > \xi_b h_0$ 则说明此梁为超筋梁，应取 $x = \xi_b h_0$ 代入式（3-16）计算 M_u

求出 M_u 后，与梁所承受的弯矩 M 相比较；若 $M_u \geqslant M$ 截面安全，若 $M_u < M$，截面不安全。

【例 3-1】 已知：矩形截面梁尺寸为 $b \times h = 250\text{mm} \times 500\text{mm}$，承受的最大弯矩设计值 $M = 160\text{kN} \cdot \text{m}$，混凝土强度等级为 C25（$f_c = 11.9\text{N/mm}^2$），纵向受拉钢筋采用热轧钢筋 HRB400（$f_y = 360\text{N/mm}^2$，$\xi_b = 0.518$），环境类别为一类，箍筋直径Φ 6。

求：纵向受拉钢筋截面面积

【解】 由已知条件知，$f_c = 11.9\text{N/mm}^2$，$f_y = 360\text{N/mm}^2$，假设纵向钢筋排一排，则 $h_0 = 500 - 35 = 465\text{mm}$，混凝土强度等级小于 C50，$\alpha_1 = 1.0$。

（1）用基本公式求解

由式（3-20）得：

$$x = h_0 - \sqrt{h_0^2 - \frac{2M}{\alpha_1 f_c b}} = 465 - \sqrt{465^2 - \frac{2 \times 160 \times 10^6}{1 \times 11.9 \times 250}}$$

$$= 135\text{mm} < \xi_b h_0 = 0.518 \times 465 = 241\text{mm}$$

$$A_s = \frac{\alpha_1 f_c bx}{f_y} = \frac{1 \times 11.9 \times 250 \times 135}{360} = 1116\text{mm}^2$$

查附表 3-2，选用 4 Φ 20，(A_s=1256mm²)。

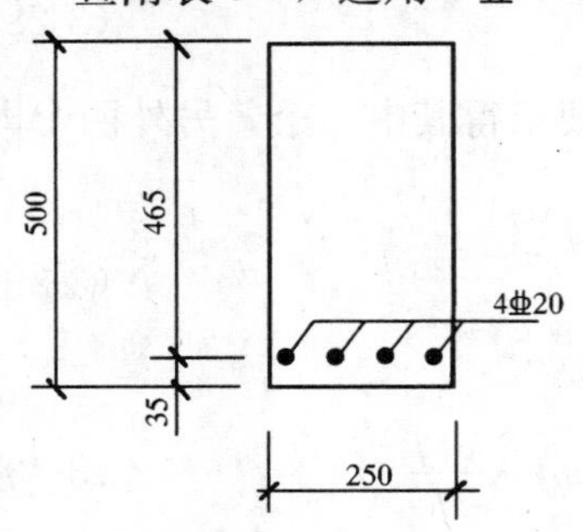

图 3-6　截面配筋图

配筋截面所需的最小宽度 $b=4\times20+5\times25=205\text{mm}<b=250\text{mm}$，可以。

验算最小配筋率 $\rho=\dfrac{A_s}{bh}=\dfrac{1256}{250\times500}=1\%>\rho_{\min}=0.20\%$

且大于 $45f_t/f_y=45\times1.27/360=0.159\%$

满足要求，截面配筋见图 3-6。

(2) 用简化方法求解

由式 (3-26) 可得：

$$\alpha_s=\frac{M}{\alpha_1 f_c bh_0^2}=\frac{160\times10^6}{1\times11.9\times250\times465^2}=0.249$$

由式 (3-28) 可得：

$$\gamma_s=\frac{1+\sqrt{1-2\alpha_s}}{2}=\frac{1+\sqrt{1-2\times0.249}}{2}=0.854$$

由式 (3-29) 可得：

$$A_s=\frac{M}{f_y\gamma_s h_0}=\frac{160\times10^6}{360\times0.854\times465}=1119\text{mm}^2$$

查附表 3-2，选用 4 Φ 20，(A_s=1256mm²)

验算最小配筋率　$\rho=\dfrac{A_s}{bh}=\dfrac{1256}{250\times500}=1\%>\rho_{\min}=0.20\%$

且大于 $45f_t/f_y=45\times1.27/360=0.159\%$

满足要求。

(3) 用查表法求解

由式 (3-26) 可得

$$\alpha_s=\frac{M}{\alpha_1 f_c bh_0^2}=\frac{160\times10^6}{1\times11.9\times250\times465^2}=0.249$$

查附表 3-1 得：$\xi=0.2915<\xi_b=0.518$

由式 (3-15)

$$A_s=\xi bh_0\frac{\alpha_1 f_c}{f_y}=0.2915\times250\times465\times\frac{1\times11.9}{360}=1120\text{mm}^2$$

且大于 $45f_t/f_y=45\times1.27/360=0.159\%$

查附表 3-2，选用 4 Φ 20 (A_s=1256mm²)。

三种解法，最后结果一样。具体数字为 1116mm²、1119mm²、1120mm²，这是由于四舍五入造成的。

【例 3-2】 已知一钢筋混凝土现浇简支板，板厚 h=80mm，计算跨度 l_0=

2m，承受均布活荷载标准值 $q_k=4kN/m^2$，混凝土强度等级为 C20（$f_c=9.6N/mm^2$），采用热轧钢筋 HPB300（$f_y=270N/mm^2$，$\xi_b=0.576$），永久荷载分项系数 $\gamma_G=1.2$，可变荷载分项系数 $\gamma_Q=1.4$，钢筋混凝土重度为 $25kN/m^3$，求受拉钢筋截面面积 A_s。

【解】 取 1m 板宽作为计算单元，即 $b=1000mm$，计算截面最大弯矩：

$$M=\frac{1}{8}(\gamma_G g_k+\gamma_Q q_k)l_0^2=\frac{1}{8}\times(1.2\times0.08\times25+1.4\times4)\times2^2=4kN\cdot m$$

$$h_0=h-a_s=80-20=60mm$$

$$\alpha_s=\frac{M}{\alpha_1 f_c bh_0^2}=\frac{4\times10^6}{1\times9.6\times1000\times60^2}=0.116$$

$$\xi=1-\sqrt{1-2\alpha_s}=1-\sqrt{1-2\times0.116}=0.123<\xi_b=0.576$$

$$A_s=\xi bh_0\frac{\alpha_1 f_c}{f_y}=0.123\times1000\times60\times\frac{1\times9.6}{270}=262mm^2$$

由附表 3-3，选取Φ 8@180（$A_s=279mm^2$）。配筋图见图 3-7。

验算最小配筋率　$\rho=\frac{A_s}{bh}=\frac{279}{1000\times80}=0.350\%>\rho_{min}=0.20\%$

满足要求。

此题若用基本公式求解，答案一样。

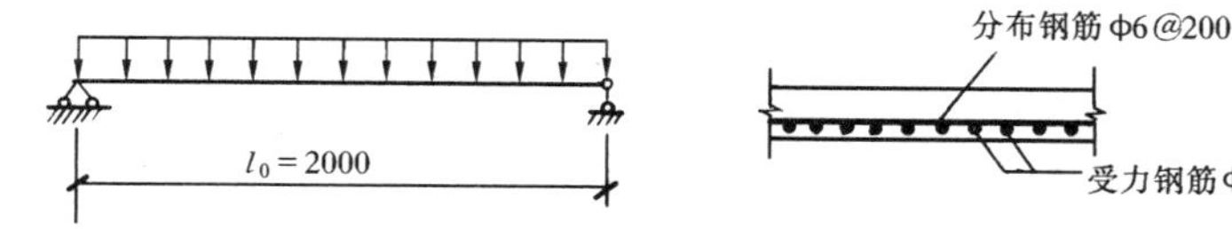

图 3-7　受力图和配筋图

【例 3-3】 某教学楼一预制钢筋混凝土走道板，计算跨度 $l_0=2000mm$，板宽 500mm，板厚 80mm，混凝土强度等级为 C20（$f_c=9.6N/mm^2$），配有 4 Φ 6 热轧钢筋 HPB300（$f_y=270N/mm^2$，$\xi_b=0.576$），当使用荷载及板自重在跨中产生的弯矩最大设计值 $M=1kN\cdot m$ 时，试计算截面的承载力是否足够?

【解】 有效高度 $h_0=h-a_s=80-20=60mm$，$b=500mm$

查附表 3-2，4 Φ 6（$A_s=113mm^2$）。

由式（3-15）算得受压区高度为：

$$x=\frac{f_y A_s}{\alpha_1 f_c b}=\frac{270\times113}{1\times9.6\times500}=6.35mm<\xi_b h_0$$

$$=0.614\times60=36.84mm$$

由式（3-16）得：

$$M_u=\alpha_1 f_c bx\left(h_0-\frac{x}{2}\right)=1\times9.6\times500\times6.35\times\left(60-\frac{6.35}{2}\right)$$

$$= 1635252\text{N}\cdot\text{m} = 1.64\text{kN}\cdot\text{m} > M = 1\text{kN}\cdot\text{m}$$

故承载力足够。

(二) 双筋矩形截面梁承载力计算

如前所述，在梁截面的受拉区和受压区同时配置纵向计算受力钢筋的梁，称为双筋截面梁。梁中利用钢筋承担压力是不经济的。因此，双筋截面仅适用于下面几种情况：

(1) 截面承受的设计弯矩较大，按单筋截面计算致使 $x > \xi_b h_0$，而截面尺寸和材料强度等级又不可能增大和提高时。

(2) 当梁的同一截面内受变号弯矩作用时。

(3) 因构造要求，在截面受压区已配有受压钢筋时。

1. 基本计算公式及适用条件

(1) 基本计算公式

双筋矩形截面梁的正截面应力计算图形与单筋矩形截面梁的基本相同，不同的只是在受压区多了纵向受压钢筋的合力 $f'_y A'_s$，图 3-8 为双筋矩形截面在极限承载力时的截面应力状态。由平衡条件可得：

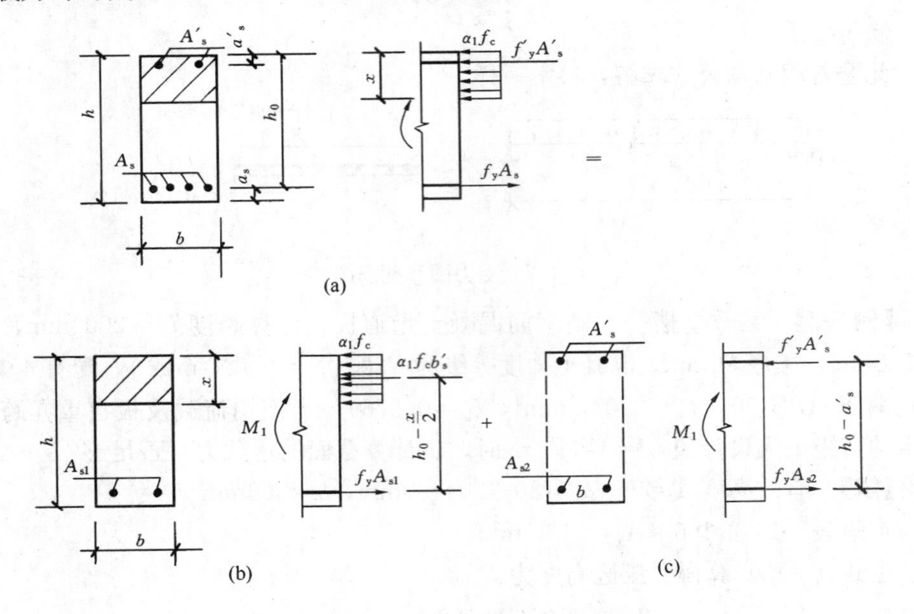

图 3-8 双筋矩形截面梁应力图

$$\Sigma N = 0 \quad \alpha_1 f_c bx + f'_y A'_s = f_y A_s \tag{3-31}$$

$$\Sigma M = 0 \quad M \leqslant \alpha_1 f_c bx\left(h_0 - \frac{x}{2}\right) + f'_y A'_s (h_0 - a'_s) \tag{3-32}$$

式中 f'_y ——受压区纵向钢筋的强度设计值；

A'_s——受压区纵向钢筋的截面面积；

a'_s——受压区纵向钢筋的合力点至受压区边缘的距离。

其余符号同前。

(2) 适用条件

1)
$$x \leqslant \xi_b h_0 \tag{3-33}$$

2)
$$x \geqslant 2a'_s \text{ 或 } \xi \geqslant \frac{2a'_s}{h_0} \tag{3-34}$$

如果式（3-34）得不到满足，则表明受压钢筋的压应变太小，其应力达不到抗压强度设计值 f'_y。因此，当式（3-34）不满足时，可取 $x = 2a'_s$，由下式求得：

$$M \leqslant f_y A_s (h_0 - a'_s) \tag{3-35}$$

2. 计算方法

(1) 截面设计

1) A'_s 未知

已知：M、$b \times h$、f_c、f_y、a_s、f'_y

求：A_s及 A'_s

【解】 可直接利用式（3-31）和式（3-32）求解，但由于公式中有三个未知数 A_s及 A'_s 和 x，尚需补充一个条件才能求解。为充分利用混凝土的抗弯能力，减少钢筋总量（$A_s + A'_s$），可令 $\xi = \xi_b$，再计算 A_s与 A'_s。

计算步骤如下：

①判别是否需要采用双筋截面梁。

若 $M \geqslant M_u = \alpha_1 f_c b h_0^2 \xi_b (1 - 0.5\xi_b)$，则按双筋截面设计，否则按单筋截面设计。

②取 $x = \xi_b h_0$；代入（3-32），求出 A'_s。

③若求出的 $A'_s > \rho'_{min} bh = 0.2\% bh$，将 A'_s 代入式（3-31），即可求出 A_s。

求出的 $A_s > \rho_{min} bh = 0.2\% bh$，就取 A_s 值配筋，否则取 $A_s = \rho_{min} bh = 0.2\% bh$。

④若求出的 $A'_s < \rho'_{min} bh = 0.2\% bh$，则取 $A'_s = \rho'_{min} bh = 0.2\% bh$，故应把 A'_s 现当成已知条件下，再求 A_s，看情况 2)。

2) A'_s 为已知

已知：M、$b \times h$、f_c、f_y、a_s、a'_s、f'_y

求：A_s

解法一： 此时公式中只有两个未知数，可利用公式直接求解。

计算步骤如下：

①由式（3-32）得：

$$x = h_0 - \sqrt{h_0^2 - \frac{2[M - f'_y A'_s (h_0 - a'_s)]}{\alpha_1 f_c b}}$$

②若求的满足 $2a'_s \leqslant x \leqslant \xi_b h_0$，把 x 直接代入式（3-31）求出 A_s，求出的 $A_s > \rho_{min} bh = 0.2\% bh$，就取 A_s 配筋，否则，取 $A_s = \rho_{min} bh = 0.2\% bh$，进行配筋。

③若 $x < 2a'_s$，说明已知的 A'_s 数量太多，钢筋的应力达不到 f'_y，故此时不能用式（3-32）求解 A_s，而应按式（3-35）求解。

④若 $x > \xi_b h_0$，说明已知的 A'_s 面积不足，应增加 A'_s 的面积或按 A'_s 未知的情况求 A'_s 及 A_s。

解法二：也可采用下述简化计算法。首先将基本公式（3-31）和式（3-32）分解成两部分，分解后的应力情况如图 3-8（*b*）、（*c*）所示。即令：

$$M = M_1 + M_2 \tag{3-36}$$

$$A_s = A_{s1} + A_{s2} \tag{3-37}$$

$$\alpha_1 f_c bx = f_y A_{s1} \tag{3-38}$$

$$M_1 = \alpha_1 f_c bx (h_0 - x/2) \tag{3-39}$$

$$f'_y A'_s = f_y A_{s2} \tag{3-40}$$

$$M_2 = f'_y A'_s (h_0 - a'_s) \tag{3-41}$$

然后利用分解的公式进行计算，基本公式的适用条件式（3-33）也可表达成另外的形式，即

$$\rho_1 = \frac{A_{s1}}{bh_0} \leqslant \xi_b \frac{\alpha_1 f_c}{f_y} \tag{3-42}$$

其计算步骤如下：

①用式（3-41）求 M_2，$M_2 = f'_y A'_s (h_0 - a'_s)$

②用式（3-36）求 M_1，$M_1 = M - M_2$

③求 α_s，$\alpha_s = \dfrac{M_1}{\alpha_1 f_c bh_0^2}$

④求 ξ，$\xi = 1 - \sqrt{1 - 2\alpha_s}$

⑤若：$\xi \leqslant \xi_b$

则 $A_{s1} = \xi bh_0 \dfrac{\alpha' f_c}{f_y}$，则 $A_s = A_{s1} + A_{s2} = A_{s1} + \dfrac{f'_y A'_s}{f_y}$

若 $\xi > \xi_b$，则按 A'_s 未知的情况进行计算。

若 $\xi < \dfrac{2a'_s}{h_0}$，则 $A_s = \dfrac{M}{f_y (h_0 - a'_s)}$

（2）截面复核

已知：M、$b\times h$、f_c、f_y、A'_s、A_s、a_s、a'_s

求：M_u（是否安全）

解法一： 计算步骤如下

①求 M_2，$M_2=f'_yA'_s(h_0-a'_s)$

②求 A_{s2}，$A_{s2}=A'_s\dfrac{f'_y}{f_y}$

③求 A_{s1}，$A_{s1}=A_s-A_{s2}=A_s-A'_s\dfrac{f'_y}{f_y}$

④求 ξ，由 $\rho_1=\dfrac{A_{s1}}{bh_0}$，得 $\xi=\rho_1\dfrac{f_y}{\alpha_1 f_c}\leqslant\xi_b$

⑤求 $M_1=\alpha_1 f_c bh_0^2\xi(1-0.5\xi)$

⑥求 $M=M_1+M_2$

⑦验算适用条件。若适用条件都满足，则上述 M 计算有效。

⑧若 $\xi>\xi_b$，则属超筋梁，原设计不合理，这时可近似用下式计算：

$$M=\alpha_1 f_c bh_0^2\xi_b(1-0.5\xi_b)$$

若 $\xi<\dfrac{2a'_s}{h_0}$，说明 A'_s 的强度不能充分发挥作用，可近似用式 $M=f_yA_s(h_0-a'_s)$ 计算。

⑨若 $M\leqslant M_u$ 安全，若 $M>M_u$ 截面不安全。

解法二： 计算步骤如下

①由式（3-31）求得 x。

②若 $2a'_s\leqslant x\leqslant\xi_b h_0$，则由式（3-32）求出 M。

③若 $x>\xi_b h_0$，说明截面属于超筋梁，此时取若 $x=\xi_b h_0$ 代入式（3-32）求出 M。

④若 $x<2a'_s$，说明 A'_s 达不到 f'_y，则公式 $M=f'_yA'_s(h_0-a'_s)$ 求出 M。

⑤若 $M\leqslant M_u$ 安全，若 $M>M_u$ 截面不安全。

【例 3-4】 一楼面大梁截面尺寸 $b\times h=250\text{mm}\times 600\text{mm}$，混凝土强度等级 C20（$f_c=9.6\text{N/mm}^2$），采用热轧钢筋 HRB400（$f_y=360\text{N/mm}^2$，$\xi_b=0.518$），截面承受的弯矩设计值为 $M=450\text{kN}\cdot\text{m}$，环境类别为一类，箍筋直径为Φ 6。当上述条件不能改变时，求截面所需的受力钢筋截面面积。

【解】 1. 判别是否需要设计成双筋梁

受拉钢筋考虑按两排放置

$$h_0=600-60=540\text{mm}$$

单筋截面所能承受的最大弯矩为：

$$M_{max}=\alpha_1 f_c bh_0^2\xi_b(1-0.5\xi_b)$$

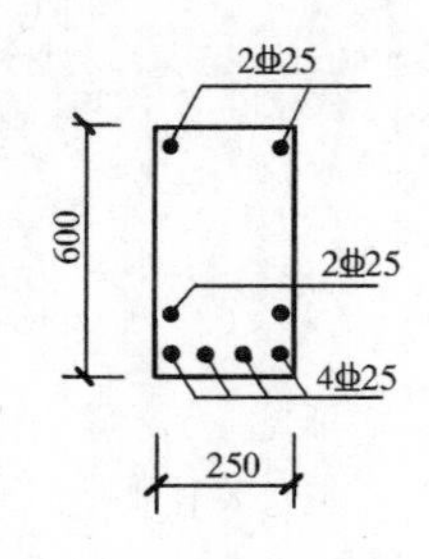

图 3-9 截面配筋图

$$M_{max} = 1 \times 9.6 \times 250 \times 540^2 \times 0.518 \times (1 - 0.5 \times 0.518)$$

$$= 2.686 \times 10^8 \mathrm{N \cdot mm}$$

$$M_{max} = 269\mathrm{kN \cdot m} < 450\mathrm{kN \cdot m}$$

因此应将截面设计成双筋梁。

2. 计算所需受拉和受压纵筋的截面面积

设受压钢筋按一排考虑，则由式（3-32），把 $x = \xi_b h_0$ 代入得：

$$A'_s = \frac{M - \alpha_1 f_c b h_0^2 \xi_b (1 - 0.5\xi_b)}{f'_y (h_0 - a'_s)}$$

$$= \frac{450 \times 10^6 - 1 \times 9.6 \times 250 \times 540^2 \times 0.518 \times (1 - 0.5 \times 0.518)}{360 \times (540 - 35)}$$

$$= 995\mathrm{mm}^2$$

$$A'_s = 995\mathrm{mm}^2 > \rho'_{min} bh = 0.2\% bh = 0.2\% \times 250 \times 600 = 300\mathrm{mm}^2$$

由式（3-31）得：

$$A_s = \frac{f'_y A'_s + \alpha_1 f_c b \xi_b h_0}{f_y} = \frac{360 \times 995 + 1 \times 9.6 \times 250 \times 0.518 \times 540}{360}$$

$$= 2859.8\mathrm{mm}^2$$

查附表 3-2 选如下钢筋：

受拉钢筋：6 Φ 25（A_s=2945mm²）

受压钢筋：2 Φ 25（A'_s =982mm²）

截面配筋情况如图 3-9 所示。

【例 3-5】 本例题情况与例 3-1 相同的梁，但在受压区已经配好了（A'_s = 509mm²）受压钢筋，求截面所需配置的受拉钢筋的截面面积。

【解】 1. 求受压区高度

假定受拉钢筋与受压钢筋均按一排布置，由式（3-32）得：

$$x = h_0 - \sqrt{h_0^2 - \frac{2[M - f'_y A'_s (h_0 - a'_s)]}{\alpha_1 f_c b}}$$

$$= 465 - \sqrt{465^2 - \frac{2 \times [160 \times 10^6 - 360 \times 509 \times (465 - 35)]}{1 \times 11.9 \times 250}}$$

$$= 465 - 402 = 63\mathrm{mm} < \xi_b h_0 = 0.518 \times 465 = 240.87\mathrm{mm}$$

且 $x > 2a'_s = 2 \times 35 = 70\mathrm{mm}$

2. 计算所配受拉钢筋截面面积

由式（3-35）得：

$$A_s = \frac{M}{f'_y(h_0 - a'_s)} = \frac{160 \times 10^6}{360 \times (465 - 35)}$$

$$= 1034\text{mm}^2 > \rho_{\min} bh = 0.2\% \times 250 \times 600 = 300\text{mm}^2$$

查附表 3-2，选用 3 Φ 22（A_s=1140mm²）。

将［例 3-1］与［例 3-5］比较，两者截面尺寸、材料强度等级以及承受的弯矩设计值完全相同，但前者为单筋截面，受力钢筋只需 1256mm²，后者为双筋截面，总的受力钢筋面积为 509+1140=1649mm²，比单筋截面需要配的受力钢筋面积多了 393mm²。

【例 3-6】 某商场一楼面梁截面尺寸及配筋如图 3-10 所示，混凝土强度等级为 C20（f_c=9.6N/mm²），弯矩设计值为 M=130kN·m，环境类别为一类，箍筋直径为Φ 6。试计算梁的正截面承载力是否可靠。

图 3-10 截面尺寸及配筋

【解】 1. 计算受压区高度 x

b=200mm，h_0=400−35=365mm，A_s=1473mm²，A'_s=628mm²

$f_y = f'_y$=360N/mm²，f_c=9.6N/mm²

由于混凝土强度等级小于 C50，所以 $\alpha_1 = 1.0$　ξ_b = 0.518，由式（3-31）得：

$$x = \frac{f_y A_s - f'_y A''_s}{\alpha_1 f_c b} = \frac{360 \times 1473 - 360 \times 628}{1 \times 9.6 \times 200}$$

$$= 158\text{mm} < \xi_b h_0 = 0.518 \times 365 = 189\text{mm}$$

且 $x > 2a'_s = 2 \times 35 = 70\text{mm}$

2. 计算截面所能承受的弯矩

由式（3-32）得：

$$M = \alpha_1 f_c bx\left(h_0 - \frac{x}{2}\right) + f'_y A'_s (h_0 - a'_s)$$

$$= 1 \times 9.6 \times 200 \times 158 \times (365 - 0.5 \times 158) + 360 \times 628 \times (365 - 35)$$

$$= 1.61 \times 10^8\text{N} \cdot \text{mm} = 161\text{kN} \cdot \text{m} > 130\text{kN} \cdot \text{m}$$

可靠。

（三）T 形截面梁承载力计算

T 形截面梁在实际工程中应用是很广泛的，厂房中的吊车梁、现浇楼盖中的主、次梁，还有工字形截面梁（如薄腹梁）、槽形板、空心板、现浇楼梯平台梁（属倒 L 形截面）等均按 T 形截面计算，如图 3-11 所示。当 T 形截面翼缘位于受拉区时，因不考虑受拉区混凝土承担拉力，则按宽度为 b（梁肋宽）的矩形截面计算，如图 3-11 中 2—2 剖面。

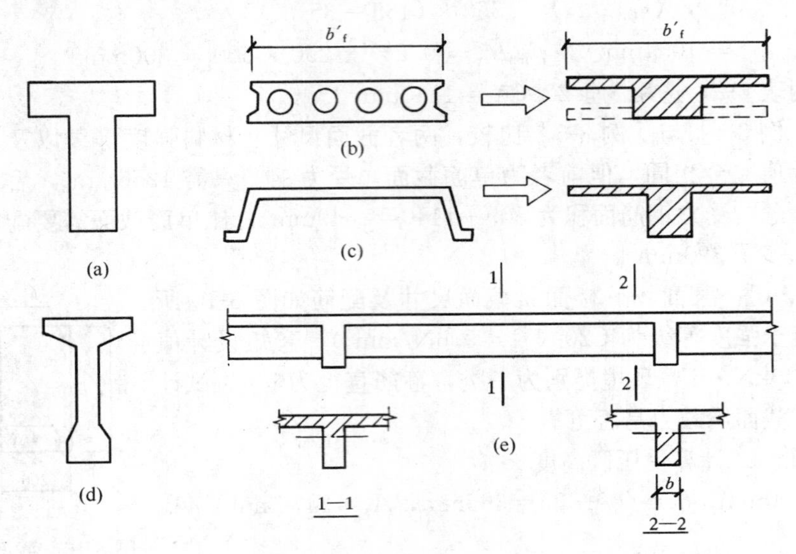

图 3-11 各种不同的 T 形截面

T 形、I 形及倒 L 形截面受弯构件翼缘计算宽度 b'_f 表 3-3

情况		T 形、I 形截面		倒 L 形截面
		肋形梁（板）	独立梁	肋形梁（板）
按计算跨度 L_0 考虑		$L_0/3$	$L_0/3$	$L_0/6$
按梁（肋）净距 S_n 考虑		$b+S_n$	—	$b+S_n/2$
按翼缘高度 h'_f 考虑	当 $b'_f/h_0 \geqslant 0.1$	—	$b+12b'_f$	—
	当 $0.1 > b'_f/h_0 \geqslant 0.05$	$b+12h'_f$	$b+6h'_f$	$b+5h'_f$
	当 $b'_f/h_0 < 0.05$	$b+12h'_f$	b	$b+5h'_f$

注：1. 表中 b 为腹板宽度；

2. 如肋形梁在梁跨内设有间距小于纵肋间距的横肋时，则可不遵守表列情况 3 的规定；

3. 对有加腋的 T 形、工形和倒 L 形截面，当受压区加腋的高度 $h_h \geqslant h'_f$ 且加腋的宽度 $b_h \leqslant 3h_h$ 时，则其翼缘计算宽度可按表列情况 3 的规定分别增加 $2b_h$（T 形截面和工形截面）和 b_h（倒 L 形截面）；

4. 独立梁受压区的翼缘板在荷载作用下经验算沿纵肋方向可能产生裂缝时，其计算宽度应取腹板宽度 b。

T 形截面受弯构件翼缘的纵向压应力沿翼缘计算宽度方向分布是非均匀的，离肋部越远越小。因此《混凝土结构设计规范》对 T 形截面翼缘计算宽度的取值做了限定，按表 3-3 中所考虑几种情况的最小值取用，并假定此宽度内的压应力均匀分布。

1. 基本计算公式及适用条件

(1) T形截面的计算类型及判别

根据中和轴所在位置的不同，T形截面可分为两种类型。

第一类：中和轴在翼缘内，即 $x \leqslant h'_f$

第二类：中和轴在腹板内，即 $x > h'_f$

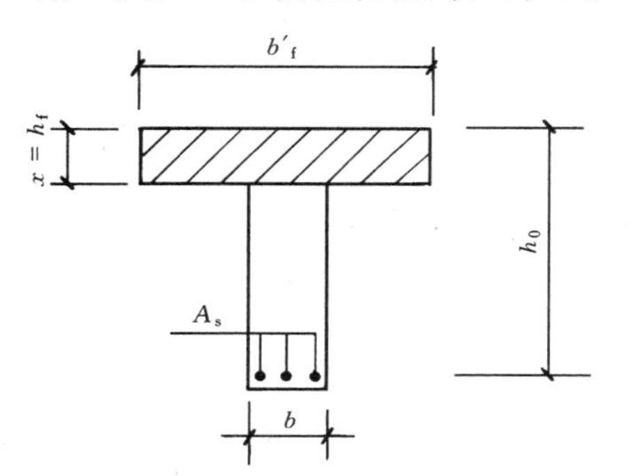

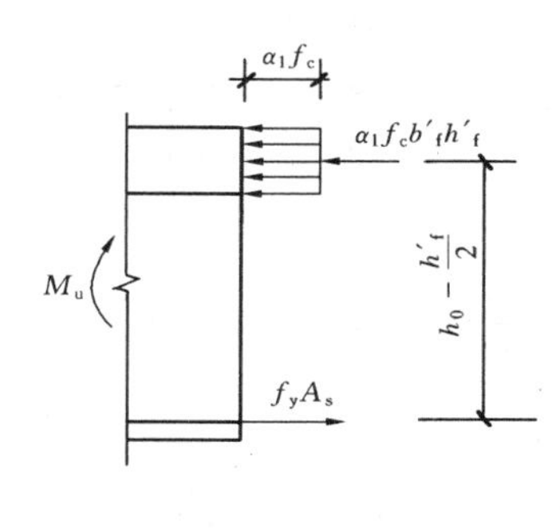

图 3-12　$x = h'_f$ 的T形梁

由平衡条件得：

$$\Sigma N = 0 \quad \alpha_1 f_c b'_f h'_f = f_y A_s \tag{3-43}$$

$$\Sigma M = 0 \quad M = \alpha_1 f_c b'_f h'_f \left(h_0 - \frac{h'_h}{2}\right) \tag{3-44}$$

式中　b'_f——T形截面受弯构件受压区翼缘的计算宽度；

h'_f——T形截面受弯构件受压区翼缘的计算高度。

由此可知，当下面两式得以满足时，即为第一类T形截面，否则为第二类T形截面。

$$M \leqslant \alpha_1 f_c b'_f h'_f \left(h_0 - \frac{h'_h}{2}\right) \text{(截面设计时用)}$$

$$f_y A_s \leqslant \alpha_1 f_c b'_f h'_f \text{(截面校核时用)}$$

(2) 第一类T形截面计算公式

第一类T形截面受弯承载力等同于宽度为 b'_f 的矩形截面，根据图 3-13，由平衡条件得：

$$\Sigma N = 0 \quad \alpha_1 f_c b'_f x = f_y A_s \tag{3-45}$$

$$\Sigma M = 0 \quad M \leqslant \alpha_1 f_c b'_f x \left(h_0 - \frac{x}{2}\right) \tag{3-46}$$

适用条件：

① $x \leqslant \xi_b h_0$（一般均能满足不必验算）

② $A_s \geqslant \rho_{min} bh$　(3-47)

(3) 第二类T形截面计算公式

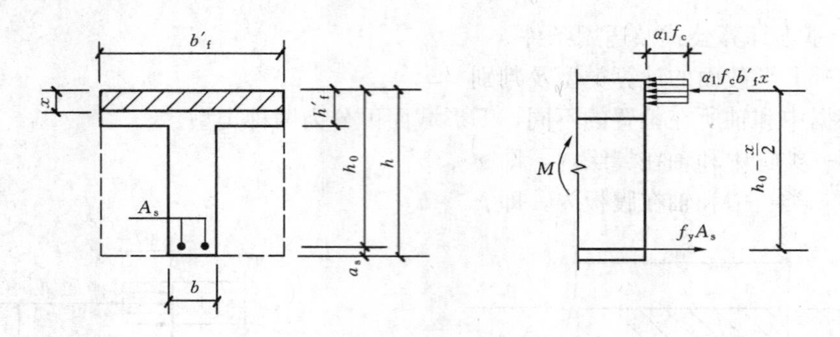

图 3-13　第一类 T 形截面

第二类 T 形截面计算公式由图 3-14 根据平衡条件得：

$$\Sigma N=0\quad \alpha_1 f_c bx+\alpha_1 f_c(b'_f-b)h'_f=f_y A_s \tag{3-48}$$

$$\Sigma M=0\quad M\leqslant \alpha_1 f_c bx\left(h_0-\frac{x}{2}\right)+\alpha_1 f_c(b'_f-b)h'_f\left(h_0-\frac{h'_f}{2}\right) \tag{3-49}$$

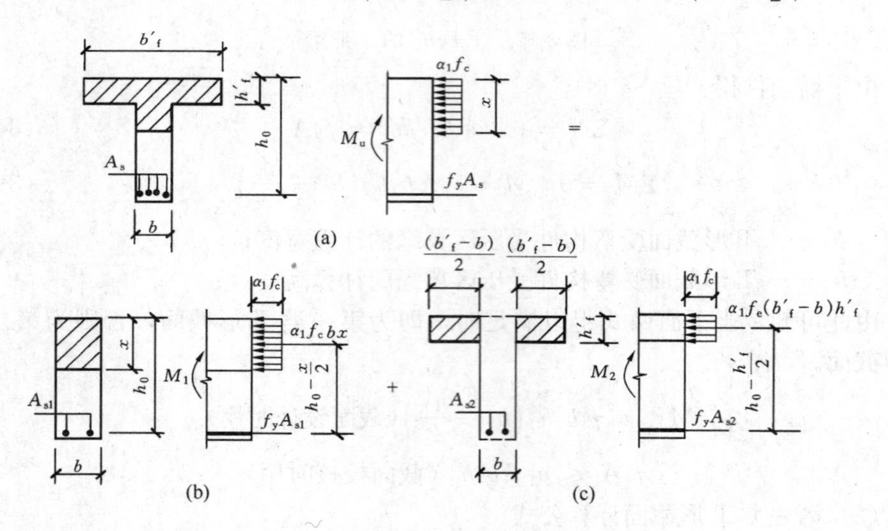

图 3-14　第二类 T 形截面

适用条件：

① $\rho\leqslant\rho_{max}$ 或 $\xi=\dfrac{x}{h_0}\leqslant\xi_b$　　(3-50)

② $A_s\geqslant\rho_{min}bh$（一般均能满足不必验算）

2. 计算方法

（1）截面设计

已知：M、b、h、b'_f、h'_f、a_1、f_c、f_y、a_s

求：A_s

解法一：

①判别类型

若：$M \leqslant \alpha_1 f_c b'_f h'_f \left(h_0 - \frac{h'_h}{2}\right)$

按 $b'_f \times h$ 的单筋矩形截面梁的方法计算；

②若：$M > \alpha_1 f_c b'_f h'_f \left(h_0 - \frac{h'_h}{2}\right)$

则属于第二类 T 形截面，其计算步骤与双筋梁类似，可利用公式直接求解。

由式（3-49）得：

$$x = h_0 - \sqrt{h_0^2 - \frac{2\left[M - \alpha_1 f_c (b'_f - b) h'_f \left(h_0 - \frac{h'_f}{2}\right)\right]}{\alpha_1 f_c b}} \tag{3-51}$$

③若求出的 $x \leqslant \xi_b h_0$ 满足，把 x 直接代入式（3-48）得：

$$A_s = \frac{\alpha_1 f_c b x + \alpha_1 f_c (b'_f - b) h'_f}{f_y}$$

解法二：

①判别类型，同解法一。

②对于第二类 T 形截面，用公式求解，很繁琐。为简化计算，仿照双筋梁的办法将基本计算公式分解成两部分，然后利用分解的公式计算。分解后的应力图形如图 3-14 所示。

令：
$$M = M_1 + M_2 \tag{3-52}$$

$$A_s = A_{s1} + A_{s2} \tag{3-53}$$

第一部分为：

$$\alpha_1 f_c b x = f_y A_{s1} \tag{3-54}$$

$$M_1 = \alpha_1 f_c b x \left(h_0 - \frac{x}{2}\right) \tag{3-55}$$

第二部分为：

$$\alpha_1 f_c (b'_f - b) h'_f = f_y A_{s2} \tag{3-56}$$

$$M_2 = \alpha_1 f_c (b'_f - b) h'_f \left(h_0 - \frac{h'_f}{2}\right) \tag{3-57}$$

③由式（3-56）求得 A_{s2}

由式（3-57）求得 M_2

由式（3-52）求得 $M_1 = M - M_2$

求
$$\alpha_s = \frac{M_1}{\alpha_1 f_c b h_0^2}$$

求
$$\xi = 1 - \sqrt{1 - 2\alpha_s} \leqslant \xi_b$$

求 $$A_s = \xi b h_0 \frac{\alpha_1 f_c}{f_y}$$

④ $$A_s = A_{s1} + A_{s2}$$

（2）截面复核

已知：M、b、h、b'_f、h'_f、α_1、f_c、A_s、f_y、a_s

求：M（是否安全）

解：计算步骤

①判别类型

若：$f_y A_s \leqslant \alpha_1 f_c b'_f h'_f$

按 $b'_f \times h$ 的单筋矩形截面梁的方法计算；

若：$f_y A_s > \alpha_1 f_c b'_f h'_f$

则属于第二类 T 形截面，可利用基本公式直接计算。

②由式（3-48），求得 x

若 $x \leqslant \xi_b h_0$，由式（3-49）求得 M_u。

若 $x > \xi_b h_0$，则取 $x = \xi_b h_0$ 代入式（3-49）求得 M_u。

将求出 M_u 的与给定的设计弯矩 M 相比较，若 $M \leqslant M_u$ 安全，若 $M > M_u$ 截面不安全。

【例 3-7】 现浇肋形楼盖中的次梁，跨度为 6m，间距为 2.4m，截面尺寸见图 3-15。跨中截面的最大正弯矩设计值 $M=100\text{kN}\cdot\text{m}$。混凝土强度等级为 C20（$f_c=9.6\text{N/mm}^2$），钢筋为 HRB400（$f_y=360\text{N/mm}^2$，$\xi_b=0.518$）。环境类别为一类，计算次梁的受拉钢筋面积 A_s。

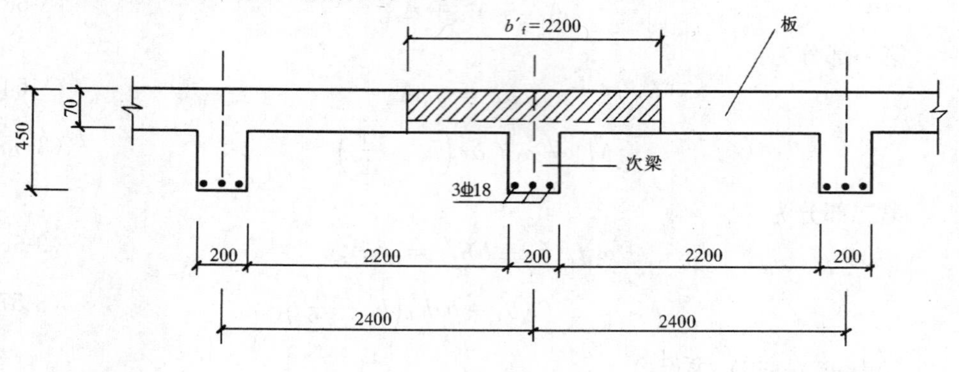

图 3-15 截面尺寸

【解】 1. 确定翼缘宽度

翼缘计算宽度根据表 3-3 确定：

按梁跨度考虑 $b'_f = L_0/3 = 6000/3 = 2000\text{mm}$

按梁间距考虑 $b'_f = b + S_n = 200 + 2200 = 2400\text{mm}$

按翼缘厚度考虑

$$h_0 = 450 - 35 = 415\text{mm},\ h'_f/h_0 = 70/415 = 0.169 > 0.1$$

故翼缘宽度的确定不受 h'_f 的限制。

最后，翼缘的计算宽度取前两项结果中的较小值，即：

$$b'_f = 2000\text{mm}$$

2. 判别 T 形截面类型

$$\alpha_1 f_c b'_f h'_f\left(h_0 - \frac{h'_h}{2}\right) = 1.0 \times 9.6 \times 2000 \times 70 \times \left(415 - \frac{70}{2}\right)$$

$$= 510.7 \times 10^6\text{N} \cdot \text{mm} = 510.7\text{kN} \cdot \text{m} > M = 100\text{kN} \cdot \text{m}$$

故属于第一类 T 形截面。

3. 求受拉钢筋面积 A_s

$$\alpha_s = \frac{M}{\alpha_1 f_c b'_f h_0^2} = \frac{100 \times 10^6}{1.0 \times 9.6 \times 2000 \times 415^2} = 0.03$$

$$\xi = 1 - \sqrt{1 - 2\alpha_s} = 0.03 \leqslant \xi_b = 0.518$$

$$A_s = \xi b'_f h_0 \frac{\alpha_1 f_c}{f_y} = 0.03 \times 2000 \times 415 \times \frac{1.0 \times 9.6}{360} = 664\text{mm}^2$$

选用 3 Φ 18（A_s=763mm²）。

4. 验算适用条件

$$\rho = \frac{A_s}{bh} = \frac{763}{200 \times 415} = 0.92\% > \rho_{min} = 0.2\%$$

满足适用条件。

【例 3-8】 T 形截面梁，b'_f=500mm，h'_f=100mm，b=200mm，h=500mm。混凝土强度等级为 C20（f_c=9.6N/mm²），钢筋为 HRB400（f_y=360N/mm²，ξ_b=0.518）。截面所承受的弯矩设计值 M=240kN·m。环境类别为一类，求所需的受拉钢筋面积 A_s。

【解】 设钢筋两排布置，于是　h_0=500−60=−440mm

1. 判别 T 形截面类型

$$\alpha_1 f_c b'_f h'_f\left(h_0 - \frac{h'_h}{2}\right) = 1.0 \times 9.6 \times 500 \times 100 \times \left(440 - \frac{100}{2}\right)$$

$$= 187.2 \times 10^6\text{N} \cdot \text{mm} = 187.2\text{kN} \cdot \text{m} < M$$

$$= 240\text{kN} \cdot \text{m}$$

故属第二类 T 形截面。

2. 计算受拉钢筋面积 A_s

$$A_{s2} = \frac{\alpha_1 f_c (b'_f - b) h_f}{f_y} = \frac{1.0 \times 9.6 \times (500 - 200) \times 100}{360} = 800\text{mm}^2$$

$$M_2 = f_y A_{s2}\left(h_0 - \frac{h'_f}{2}\right) = 360 \times 800 \times \left(440 - \frac{100}{2}\right)$$

$$= 112.3 \times 10^6 \text{N} \cdot \text{mm}$$

$$M_1 = M - M_2 = 240 \times 10^6 - 112.3 \times 10^6 = 127.7 \times 10^6 \text{N} \cdot \text{m}$$

$$\alpha_s = \frac{M_1}{\alpha_1 f_c b h_0^2} = \frac{127.7 \times 10^6}{1.0 \times 9.6 \times 200 \times 440^2} = 0.34$$

$$\xi = 1 - \sqrt{1 - 2\alpha_s} = 0.434 \leqslant \xi_b = 0.518$$

$$A_s = \xi b h_0 \frac{\alpha_1 f_c}{f_y} = 0.434 \times 200 \times 440 \times \frac{1.0 \times 9.6}{360} = 1018 \text{mm}^2$$

$$A_s = A_{s1} + A_{s2} = 800 + 1018 = 1818 \text{mm}^2$$

选用 5 Φ 22（A_s=1900mm^2）放置成两排，与原假定相符。截面及配筋见图 3-16。

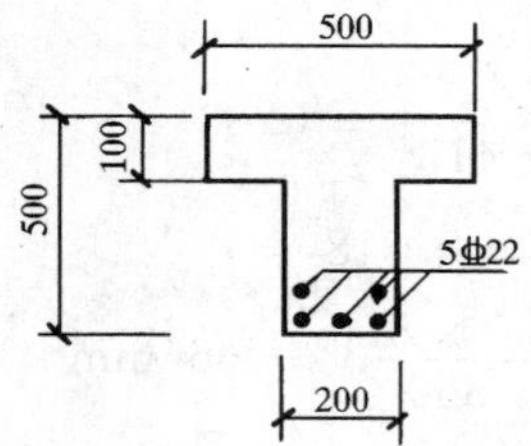

图 3-16 梁截面尺寸及配筋

图 3-17 梁截面尺寸及配筋

【例 3-9】 已知一 T 形截面梁，梁的截面尺寸 b=200mm，h=600mm，b'_f = 400mm，b'_f =100mm，混凝土强度等级为 C20，在受拉区已配有 5 Φ 22（A_s = 1900mm^2）。见图 3-17，承受的弯矩设计值 M=240kN · m，环境类别为一类，试验算正截面承载力是否满足要求？

【解】 查表确定材料强度等级：

$$f_c = 9.6 \text{N/mm}^2,\ f_y = 360 \text{N/mm}^2,\ \xi_b = 0.518,\ \alpha_1 = 1.0$$

1. 判别 T 形梁类型

$$h_0 = 600 - 60 = 540 \text{mm}$$

$$\alpha_1 f_c b'_f h'_f = 1.0 \times 9.6 \times 400 \times 100 = 384000 \text{N} < f_y A_s$$

$$= 360 \times 1900 = 684000 \text{N}$$

所以属于第二类 T 形截面

2. 由式（3-48）求 x

$$x = \frac{f_y A_s - \alpha_1 f_c (b'_f - b) h'_f}{\alpha_1 f_c b}$$

$$= \frac{360 \times 1900 - 1.0 \times 9.6 \times (400 - 200) \times 100}{1.0 \times 9.6 \times 200}$$

$$= 256.3 \text{mm} < \xi_b h_0 = 0.518 \times 540 = 279.7 \text{mm}$$

3. 由式（3-49）求 M_u

$$M_u = \alpha_1 f_c bx\left(h_0 - \frac{x}{2}\right) + \alpha_1 f_c (b'_f - b)h'_f\left(h_0 - \frac{h'_f}{2}\right)$$

$$= 1.0\times9.6\times200\times256.3\times\left(540-\frac{256.3}{2}\right)+1.0\times9.6\times(400-200)$$

$$\times100\times\left(540-\frac{100}{2}\right)=296.7\times10^6\text{N}\cdot\text{mm}$$

$$=296.7\text{kN}\cdot\text{m} > M = 240\text{kN}\cdot\text{m}$$

正截面承载力满足要求。

四、受弯构件的一般构造要求

受弯构件正截面承载力的计算通常只考虑荷载对截面抗弯能力的影响。但温度变化、混凝土收缩、徐变和碳化以及施工等因素对截面承载力的影响一般还不能或难以直接通过计算来确定。所谓的构造，就是人们在长期实践经验的基础上总结出来的，按照这些构造措施设计，可防止因计算中没有考虑的因素影响而造成结构构件的破坏。因此，进行钢筋混凝土构件设计时，除了计算满足以外，还必须满足有关构造要求。

（一）板的一般构造要求

1. 板的最小厚度

板的厚度应满足强度和刚度的要求。根据工程经验，单跨简支板的最小厚度不小于 $L/35$，多跨连续板的最小厚度不小于 $L/40$，悬臂板最小厚度不小于 $L/12$，一般不小于 60mm，板的悬臂长度大于 500mm 时，板厚不小于 80mm。L 为板的跨度。现浇板厚以 10mm 为模数。

2. 板的钢筋布置

单向板内一般布置两种钢筋：受力钢筋和分布钢筋。受力钢筋沿着板的跨度方向布置在板的受拉区，分布钢筋垂直于受力钢筋布置在受力钢筋的内侧，如图 3-18（a)所示。

对嵌固在砖墙内的现浇板，应沿嵌固边在板的上部配置构造钢筋。如图 3-18（b)所示钢筋间距不宜大于 200mm，直径不宜小于 8mm，其伸出墙边的长度不应小于 $l_1/7$，l_1 为板的短跨跨度；对两边均嵌固在墙内的板角部分，应双向布置上部构造钢筋，其伸出墙边的长度不应小于 $l_1/4$；沿受力方向配置的上部构造钢筋的截面面积不宜小于该方向跨中受力钢筋截面面积的 1/3。

3. 板的受力钢筋

受力钢筋直径通常采用 6～12mm，板厚度较大时，钢筋直径可用 14～18mm。

采用绑扎配筋时，受力钢筋的间距一般不小于 70mm，当板厚 $h\leqslant150$mm

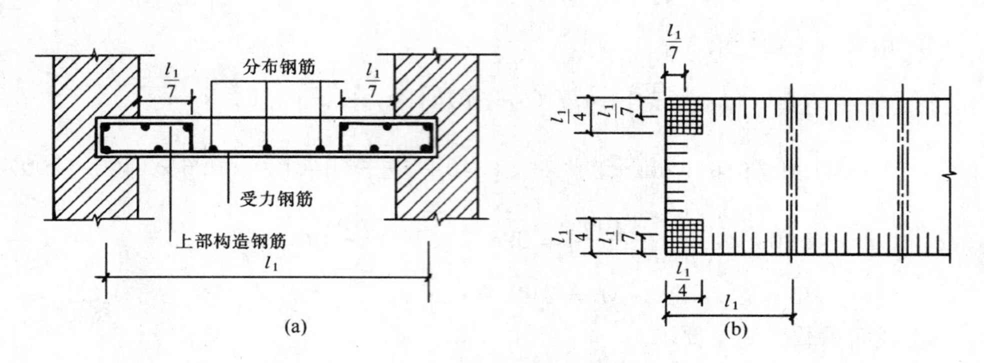

图 3-18 单向板钢筋

时，不宜大于 200mm；当 $h>150$mm 时，不宜大于 1.5h，且不宜大于 250mm。

4. 板的分布钢筋

分布钢筋的作用是：施工时固定受力筋的位置；将板上荷载均匀传给受力筋；承担混凝土收缩及温度变化在垂直于受力筋方向所产生的拉应力。

单位长度上分布钢筋的截面面积不宜小于单位宽度上受力钢筋截面面积的15%，且不宜小于垂直于分布筋方向的板截面面积的 0.15%，分布钢筋的间距不宜大于 250mm，直径不宜小于 6mm。对于集中荷载较大的情况，分布钢筋的截面面积应适当增加，其间距不宜大于 200mm。

5. 板截面的有效高度

系指板截面外边缘至受力钢筋合力重心的距离。

其值 $h_0=h-c-d/2$，其中 c 为保护层厚度，d 为受力钢筋直径。

6. 板的混凝土保护层厚度

是指最外层钢筋边缘至板边混凝土表面的距离 c，其值应满足附表 3-4 中最小保护层厚度的规定，且不小于受力钢筋直径 d。

（二）梁的一般构造要求

1. 截面尺寸

梁的截面尺寸不仅要满足强度条件，还需满足刚度要求。简支梁的截面高度一般取跨度的 1/14～1/10，悬臂梁的截面高度一般取挑出长度的 1/6 左右。

梁截面的高宽比 h/b，对矩形截面一般取 2.0～2.5，对 T 形截面一般取 2.5～4.0。为方便施工，常用的宽度为 $b=120$、150、180、200、250、300mm……，大于 250mm 以 50mm 为模数。常用的梁高为 $h=250$、300、350……750、800、900mm……，大于 800mm 以 100mm 为模数。

2. 钢筋的布置和用途

梁中一般配置下述几种钢筋（图 3-19）：

纵向受力钢筋——承受弯矩引起的拉力，置于梁的受拉区。有时在受压区也

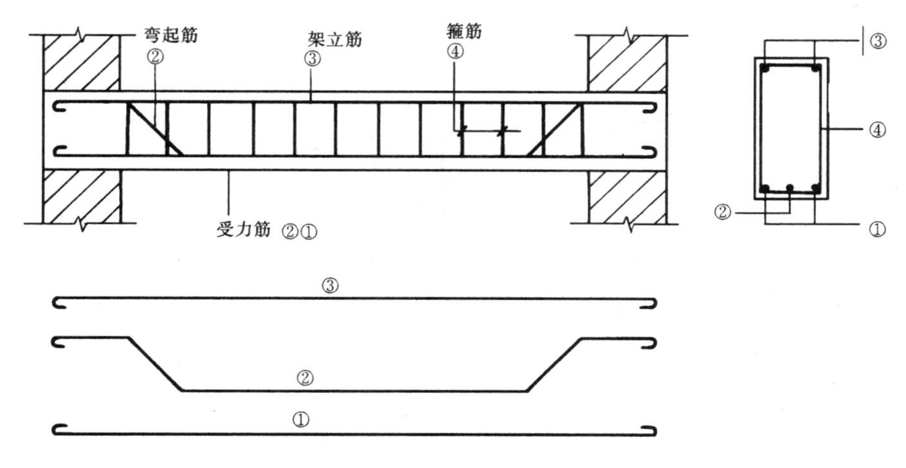

图 3-19　简支梁的钢筋布置

配置一定数量的纵向受力钢筋，协助混凝土承担压应力。

弯起钢筋——由纵向受力钢筋弯起而成。水平段承受由弯矩引起的拉力，倾斜段与混凝土和箍筋共同承受该梁段斜截面的剪力。

箍筋——承受梁的剪力；与梁的下部钢筋和上部钢筋一起构成钢筋骨架；固定受力筋的位置。

架立钢筋——平行于纵向受力钢筋配置在梁的受压区，用以固定箍筋的位置，并承受因温度变化和混凝土收缩所产生的拉应力。

侧面构造钢筋——用以增强钢筋骨架的刚性，提高梁的抗扭能力，并承受因温度变化和混凝土收缩所产生的拉应力，抑制梁侧裂缝开展。

3. 纵向受力钢筋

直径：常用的为 10～25mm，一般不少于两根。当采用不同直径的钢筋时，直径不宜多于两种，且直径相差不少于 2mm；以便识别，避免放错。

绑扎骨架的钢筋混凝土梁，其纵向受力钢筋的直径：当梁高 $h \geqslant 300$mm 时，不应小于 10mm；当 $h < 300$mm 时，不应小于 8mm。

间距：梁上部纵向受力钢筋水平方向的净距不应小于 30mm 和 $1.5d$（d 为钢筋的最大直径）；下部纵向钢筋水平方向的净距，不应小于 25mm 和 d。梁的下部纵向钢筋配置多于两层时，两层以上钢筋水平方向的中距应比下面两层的中距增大一倍。各层钢筋之间的净距不应小于 25mm 和 d，如图 3-20（a）所示。

伸入梁的支座范围内的纵向受力钢筋数量，当梁宽 $b \geqslant 100$mm 时，不宜少于 2 根；当 $b < 100$mm 时，可为一根。

4. 构造钢筋

架立钢筋的直径，当梁的跨度小于 4m 时，不宜小于 8mm；当梁的跨度为 4～6m 时，不宜小于 10mm；当梁的跨度大于 6m 时，不宜小于 12mm。

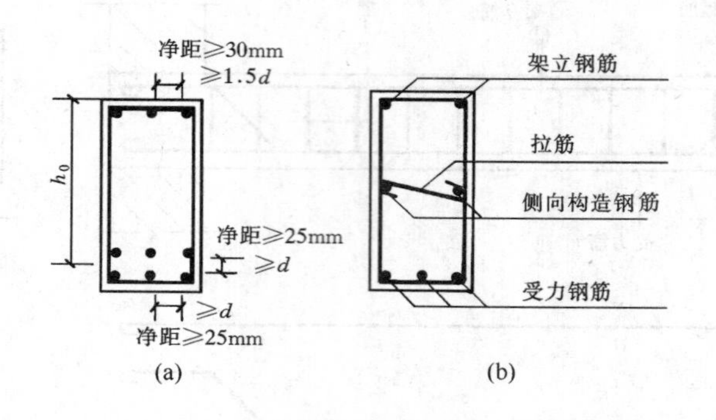

图 3-20
(a) 纵向受力钢筋的间距；(b) 构造钢筋

侧向构造钢筋：当梁的腹板高度 $h_w \geqslant 450$mm 时，在梁的两个侧面应沿截面高度配置纵向构造钢筋（不包括梁上、下部受力钢筋及架立钢筋）的截面面积不应小于腹板面积 bh_w 的 0.1%，且其间距不宜大于 200mm，直径一般不小于 10mm，见图 3-20（b）。

5. 梁截面的有效高度

系指梁截面受压的外边缘至受拉钢筋合力重心的距离。

当受拉钢筋布置成一排时，可取 $h_0 = h - a_s = h - (c + d_v + d/2)$

当受拉钢筋布置成二排时，可取 $h_0 = h - a_s = h - (c + d_v + d + d_2/2)$

其中 c 为保护层厚度，d_v为箍筋直径，d_2为两排钢筋之间的距离，d 为受力钢筋的直径，且 $d_2 > d$ 和 $d_2 \geqslant 25$mm，见图 3-20（a）。

（三）混凝土保护层

纵向受力钢筋的混凝土保护层厚度（从箍筋外边缘到混凝土表面的距离）取决于构件所处环境和构件类别，其值不应小于受力钢筋的公称直径，且应满足《混凝土结构设计规范》（GB 50010—2010）规定的最小保护层厚度要求（见附表 3-4）。

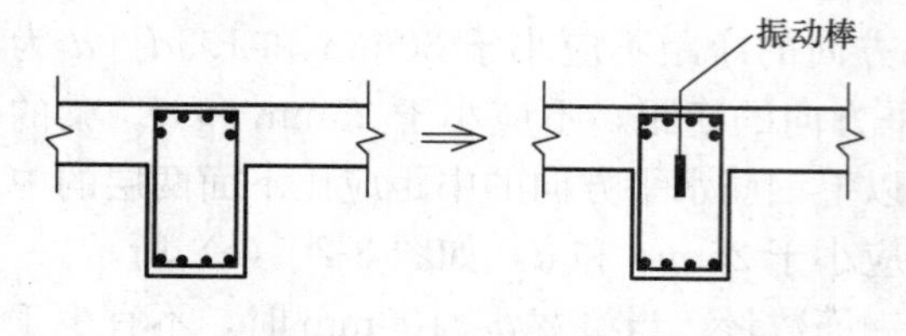

图 3-21 钢筋放置示意图

（四）受力钢筋的并筋

在梁的配筋密集区域，当受力钢筋单根布置导致混凝土难以浇筑密实时，为方便施工，可采用两根或三根钢筋一起配置并筋形式，如图 3-21 所示。对直径不大于 28mm 的钢筋；并筋数量不宜超过 3 根，直径 32mm 的钢筋并筋数量宜为 2 根；直径 36mm 的钢筋不宜并筋。

当采用并筋时，上述构造要求中的钢筋直径应改用并筋的等效直径 d_e。并

筋的等效直径 d_e 按面积等效原则确定，等直径双并筋 $d_e=\sqrt{2}d$，等直径三并筋 $d_e=\sqrt{3}d$，其中 d 为单根钢筋的直径。

并筋后梁的有效高度计算，以等直径双并筋为例，有

$$h_0=h-c-d_v-\frac{1}{2}d_e$$

第二节　受弯构件斜截面承载力计算

受弯构件在弯矩和剪力共同作用的区段内，常产生斜裂缝，并可能沿斜裂缝发生斜截面破坏。

斜截面承载力包括斜截面受剪承载力和斜截面受弯承载力。斜截面的受弯承载力一般是通过满足构造要求来保证，斜截面受剪承载力主要是通过计算使其得到满足。

一、斜截面破坏的主要形态

1. 剪跨比

剪跨比是个无量纲参数，是弯剪梁段内同一截面所承受的弯矩与剪力两者的相对比值，即 $\lambda=M/(V\cdot h_0)$。对于集中荷载作用下的梁（图 3-22），集中荷载作用点处截面的剪跨比为：

$$\lambda=M/(V\cdot h_0)=R_Aa/(R_Ah_0)=a/h_0 \tag{3-58}$$

式中　a——集中荷载作用点至邻近支座的距离，称为“剪跨”。

2. 无腹筋梁斜截面破坏的主要形态

梁中无箍筋和弯起钢筋的梁称无腹筋梁，其斜截面破坏形态主要取决于剪跨比 λ 的大小，主要破坏形态有三种：

(1) 斜拉破坏：一般在剪跨比 $\lambda>3$ 时发生。其破坏荷载较小，破坏取决于混凝土的抗拉强度，梁的抗剪承载力很低，属于受拉脆性破坏，脆性特征显著，如图 3-23 (a) 所示。

(2) 剪压破坏：多发生在 $1\leqslant\lambda\leqslant3$ 时。其破坏荷载介于斜拉破坏和斜压破坏之间。剪压破坏的承载力很大程度上取决于混凝土的抗拉强度，部分取决于剪压区混凝土的复合受力强度，也属于脆性破坏，如图 3-23 (b) 所示。

(3) 斜压破坏：常发生在剪跨比 $\lambda<1$ 时。其破坏荷载较大，破坏主要取决于混凝土的抗压强度，梁的抗剪承载力较高，属于受压脆性破坏，脆性特征也较明显，如图 3-23 (c) 所示。

总之，就破坏性质而言，三种破坏均属于脆性破坏。

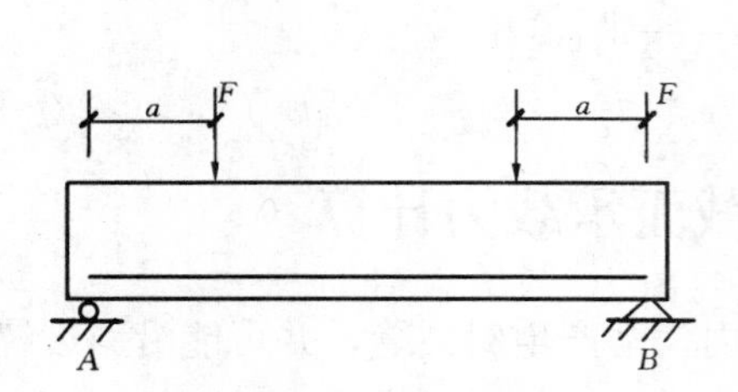

图 3-22　承受集中荷载的简支梁

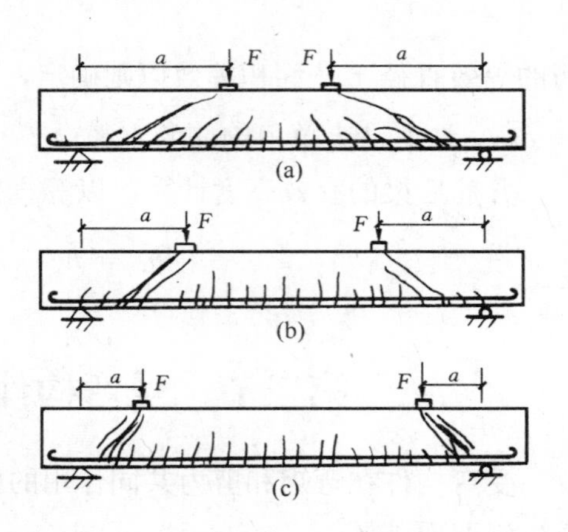

图 3-23　无腹筋梁斜截面破坏的主要形态

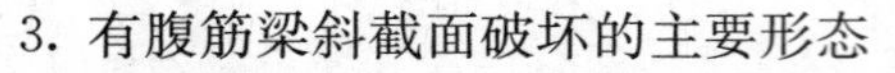

3. 有腹筋梁斜截面破坏的主要形态

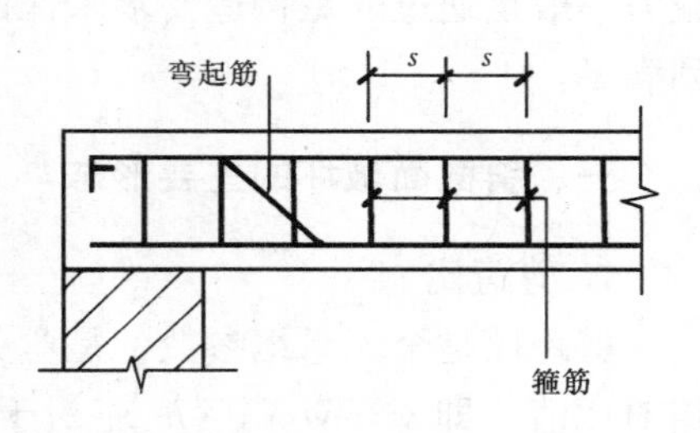

图 3-24　有腹筋梁图

有腹筋梁（图 3-24）斜截面破坏的主要形态也是斜拉破坏、剪压破坏和斜压破坏三种。所不同的是它的破坏形态还与配箍率有关。配箍率为：

$$\rho_{sv} = A_{sv}/(bs) = nA_{sv1}/(bs) \quad (3\text{-}59)$$

式中　A_{sv}——配置在同一截面内箍筋各肢的截面积之和，$A_{sv} = nA_{sv1}$；

n——在同一截面内箍筋的肢数；

A_{sv1}——单肢箍筋的截面面积；

b——梁的截面宽度（或肋宽）；

s——沿梁长度方向箍筋的间距。

（1）当配箍率过小剪跨比较大时，发生斜拉破坏。

（2）当配箍率适当时，发生剪压破坏。

（3）当配箍率过大时，发生斜压破坏。这种梁的受剪承载力取决于混凝土强度及截面尺寸，多配箍筋或弯起筋是有弊无利的。

二、影响斜截面受剪承载力的主要因素

影响斜截面受剪承载力的因素很多，但主要是下述的四个因素。

1. 剪跨比

它是影响无腹筋梁抗剪能力的主要因素，特别是对以承受集中荷载为主的独立梁影响更大。剪跨比越大，抗剪能力愈低，但当 $\lambda > 3$ 以后，抗剪能力趋于稳

定，剪跨比对抗剪能力不再有明显影响。

2. 混凝土强度

斜截面抗剪能力随混凝土强度等级的提高而提高，两者大致呈线性关系。

3. 纵筋配筋率

纵筋配筋率越大，斜截面抗剪能力也愈大，两者大致呈线性关系。

4. 配箍率和箍筋强度

配箍率越大，箍筋强度越高，斜截面的抗剪能力也越高，当其他条件相同时，两者大致呈线性关系。但当配箍率超过一定数值后，如前所述，斜截面抗剪能力将不再提高。

需要说明的是，在计算斜截面受剪承载力时，并没有考虑纵筋配筋率的影响。对于剪跨比的影响，也只是在特殊的情况下才予以考虑。

三、斜截面受剪承载力计算公式及其适用范围

对于梁的三种斜截面受剪破坏形态，在工程设计中都应设法避免，但采用的方式有所不同。对于斜压破坏，通常用限制截面尺寸来防止；对于斜拉破坏，常用限制最小配箍率条件及构造要求来防止；对于剪压破坏，其因受剪承载力变化幅度较大，因此，可通过计算使构件满足一定的斜截面受剪承载力，从而防止剪压破坏。我国《混凝土结构设计规范》(GB 50010—2010）中关于梁斜截面受剪承载力的计算就是以剪压破坏形态为依据建立计算公式的。

（一）计算公式

1. 不配置箍筋和弯起钢筋时

不配置箍筋和弯起钢筋的一般板类受弯构件（主要指受均布荷载作用下的单向板和双向板及需按单向板计算的构件)。其斜截面的受剪承载力按下列公式计算：

$$V \leqslant 0.7\beta_h f_t b h_0 \tag{3-60}$$

$$\beta_h = (800/h_0)^{1/4} \tag{3-61}$$

式中　V——构件斜截面上的最大剪力设计值；

β_h——截面高度影响系数，当 $h_0 < 800$mm 时，取为 800mm；当 $h_0 \geqslant 2000$mm 时，取为 2000mm；

f_t——混凝土轴心抗拉强度设计值。

2. 对于一般受弯构件，当仅配有箍筋时

(1) 矩形、T 形和工字形截面的一般受弯构件，其斜截面的受剪承载力计算公式为：

$$V \leqslant V_{cs} \tag{3-62}$$

$$V_{cs}=0.7f_{t}bh_{0}+f_{yv}h_{0}\frac{A_{sv}}{s} \tag{3-63}$$

式中　V——构件斜截面上最大剪力设计值；

V_{cs}——构件斜截面上混凝土和箍筋的受剪承载力设计值；

f_{yv}——箍筋的抗拉强度设计值；一般可取 $f_{yv}=f_{y}$，但当 $f_{y}>360\text{N/mm}^2$ 时，应取 360N/mm^2；

A_{sv}——配置在同一截面内箍筋各肢的全部截面面积，$A_{sv}=nA_{sv1}$（n 为在同一个截面内箍筋的肢数，A_{sv1} 为单肢箍筋的截面面积）；

s——沿构件长度方向箍筋的间距。

（2）集中荷载作用下的独立梁（包括作用有多种荷载，其中集中荷载对支座截面或节点边缘所产生的剪力值占总剪力值的 75%以上的情况），V_{cs}应按下式计算：

$$V_{cs}=\frac{1.75f_{t}bh_{0}}{\lambda+1.0}+f_{yv}\frac{A_{sv}}{s}h_{0} \tag{3-64}$$

式中　λ——计算截面的剪跨比，$\lambda=a/h_{0}$（a 为计算截面至支座截面或节点边缘的距离），计算截面取集中荷载作用点处的截面：当 $\lambda<1.5$ 时，取为 1.5；当 $\lambda>3$ 时，取为 3。计算截面至支座之间的箍筋，应均匀配置。

3. 既配箍筋又配弯起钢筋时

矩形、T 形和工字形截面的受弯构件，当配有箍筋和弯起钢筋时，其斜截面的受剪承载力计算公式为：

$$V\leqslant V_{cs}+V_{sb} \tag{3-65}$$

$$V_{sb}=0.8f_{y}A_{sb}\sin\alpha_{s} \tag{3-66}$$

式中　V_{sb}——弯起钢筋的受剪承载力设计值；

A_{sb}——同一弯起平面内的弯起钢筋截面面积；

f_{y}——弯起钢筋的抗拉强度设计值；

α_{s}——弯起钢筋与梁纵向轴线的夹角；当 $h\leqslant800\text{mm}$ 时，$\alpha=45°$；当 $h>800\text{mm}$ 时，$\alpha=60°$；

0.8——考虑到弯起钢筋与破坏斜截面相交位置的不定性，其应力可能达不到屈服强度时的应力不均匀系数。

（二）公式适用范围

以上受弯构件斜截面承载力计算公式是根据剪压破坏的受力特点和实测数据拟定的，因此不适用于斜压破坏和斜拉破坏的情况。为此《混凝土结构设计规范》（GB 50010—2010）规定了公式的上下限值。

1. 上限值——最小截面尺寸限值条件

当 $h_w/b \leqslant 4$ 时　　$V \leqslant 0.25\beta_c f_c b h_0$　　(3-67)

当 $h_w/b \geqslant 6$ 时　　$V \leqslant 0.2\beta_c f_c b h_0$　　(3-68)

当 $4 < h_w/b < 6$ 时，按线性内插法取用；

式中　b——矩形截面的宽度，T 形截面或工字形截面的腹板宽度；

β_c——混凝土强度影响系数，当混凝土强度等级不超过 C50 时，取 $\beta_c = 1.0$；

当混凝土强度等级为 C80 时，取 $\beta_c = 0.8$，其间按线性内插法取用；

h_w——截面的腹板高度，矩形截面取有效高度 h_0；T 形截面取有效高度减去翼缘高度；工字形截面取腹板净高。

此限值是为了避免斜压破坏的发生。当剪力较大时，梁的截面尺寸不能做得太小，否则，即使箍筋配置得再多也无助于斜截面受剪承载力的提高。

2. 下限值——最小配箍率

此限值主要是为了避免斜拉破坏的发生。为此，《混凝土结构设计规范》(GB 50010—2010) 规定梁中抗剪箍筋的配箍率应满足：

$$\rho_{sv} = A_{sv}/bs \geqslant \rho_{sv,min} \tag{3-69}$$

$$\rho_{sv,min} = 0.24 f_t / f_{yv} \tag{3-70}$$

式中　f_{yv}——箍筋抗拉强度设计值；一般可取 $f_{yv} = f_y$，但当 $f_y > 360\text{N/mm}^2$ 时，应取 360N/mm^2。

四、斜截面受剪承载力的计算位置

在计算斜截面受剪承载力时，其计算位置按下列规定采用：

(1) 支座边缘处的截面（图 3-25a、b 的截面 1-1)；

(2) 受拉区弯起钢筋弯起点处的截面（图 3-25a 的截面 2-2 和截面 3-3)；

(3) 箍筋截面面积或间距改变处的截面（图 3-25b 的截面 4-4)；

(4) 腹板宽度改变处的截面。

以上这些截面都是斜截面受剪承载力比较薄弱的地方，都应进行计算，并且应取这些斜截面范围内的最大剪力，即取斜截面起始端的剪力作为设计剪力。

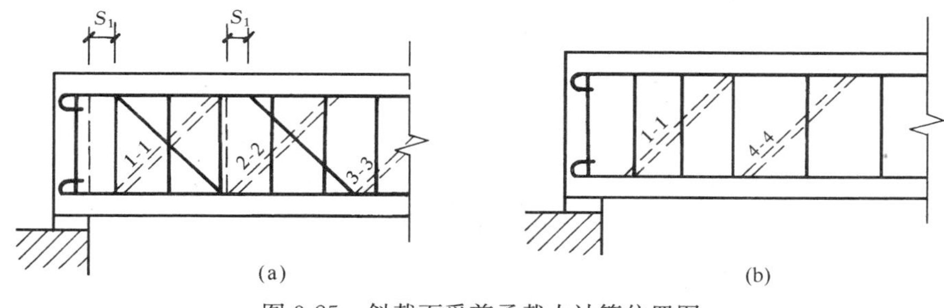

图 3-25　斜截面受剪承载力计算位置图

五、截面设计

斜截面承载能力计算在正截面承载力计算完成之后进行。

已知：V、b、h_0、f_c、f_t、f_{yv}、f_y、A_s

求：腹筋用量

解：此时有两种计算方法：一种是只配箍筋不配弯起钢筋；另一种是既配箍筋又配弯起钢筋。究竟采用哪种方法，视具体情况而定。

既配箍筋又配弯起钢筋的方案，一般是剪力较大时采用。此时如果仅用箍筋来协助混凝土承担剪力，势必造成箍筋直径很大，间距很小的结果。这不仅给施工带来麻烦，而且也不经济。因此，当纵向钢筋多于两根时，因靠近支座时正弯矩变小，就可以将正截面抗弯强度已不需要的纵向受力钢筋弯起一部分，用以承担剪力。但梁两侧的下部纵向钢筋不得弯起。

具体设计步骤如下：

1. 验算截面尺寸

依据式（3-67）、式（3-68），若满足，则梁截面尺寸合适。若不满足，说明梁截面尺寸太小，应增大截面尺寸或提高混凝土强度等级，直至满足。

2. 验算是否按计算配筋

依据式（3-60），若满足，按构造要求确定箍筋的直径和间距。若不满足，按计算配置腹筋（计算如步骤 3）。

3. 按计算配置腹筋

①若为一般受弯构件，仅配箍筋，按式（3-63）计算。先确定 n 和 A_{sv1}，再求 s。

若为独立梁，仅配箍筋，按式（3-64）计算。

②若为一般受弯构件，既配箍筋又配弯起钢筋，按式（3-63）或式（3-65）计算，先确定 A_{sb}，n 和 A_{sv1}，再求 s。

若为独立梁，既配箍筋又配弯起钢筋，按式（3-64）、式（3-65）计算，先确定 A_{sb}、n 和 A_{sv1}，再求 s。

4. 第 3 步骤求出的间距要满足 $s \leqslant s_{max}$，配箍率还要满足 $\rho_{sv} \geqslant \rho_{sv,min}$，才合适。

【例 3-10】 一根钢筋混凝土矩形截面简支梁，如图 3-26 所示，两端支承在砖墙上，净跨 $l_0=3660$mm，截尺寸 $b \times h=200$mm×500mm。在该梁承受的均布荷载中恒载 $g=25$kN/m（包括自重），荷载系数为 1.2；活荷载 $p=42$kN/m，荷载系数为 1.4。混凝土的强度等级为 C25（$f_c=11.9$N/mm^2，$f_t=1.27$N/mm^2），箍筋采用 HPB300 钢筋（$f_y=270$N/mm^2），弯起钢筋的等级与主筋相同，均为 HRB400（$f_y=360$N/mm^2）。按正截面抗弯强度要求已选用主筋为 3 Φ

25。试根据斜截面抗剪强度要求确定腹筋的数量（环境类别为一类，保护层厚度为 20mm）。

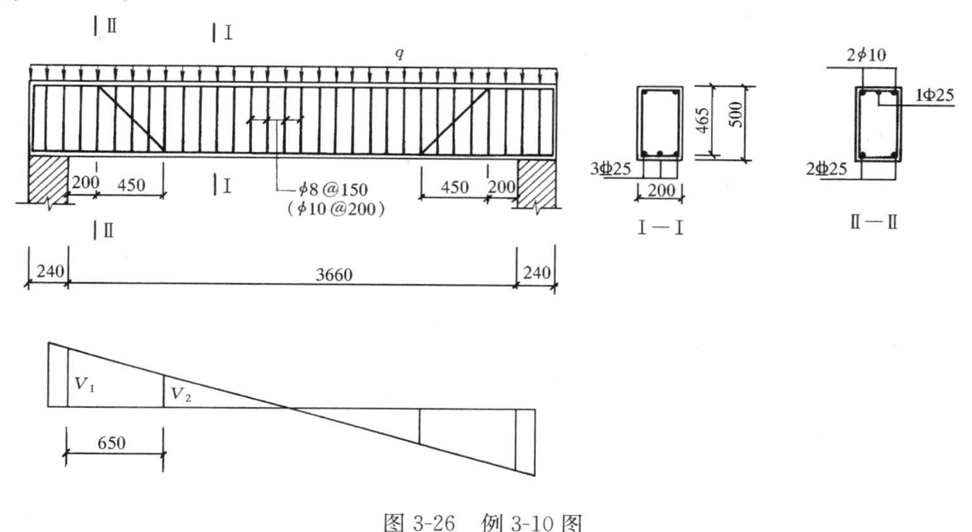

图 3-26　例 3-10 图

【解】 1. 计算设计剪力

支座边缘处的设计剪力 V_1 按 l_0 计算，则

$$V_1=\frac{1}{2}(\gamma_G\cdot g+\gamma_Q\cdot p)l_0=\frac{1}{2}\times(1.2\times25+1.4\times42)\times3.66=162.50\text{kN}$$

2. 复核梁截面尺寸

$h_0=500-20-6-25/2=461.5\text{mm}$（箍筋为Φ 6）

$h_0=500-20-8-25/2=459.5\text{mm}$（箍筋为Φ 8），为方便取 $h_0=465\text{mm}$。

$465/200=2.3<4$，属一般受弯构件。由于混凝土强度等级小于 C50，所以 $\beta_c=1.0$，则

$0.25\beta_c f_c bh_0=0.25\times1.0\times11.9\times200\times465=276675\text{N}>162500\text{N}$

故截面尺寸足够。

3. 验算是否需要按计算配置箍筋

$$0.7f_t bh_0=0.7\times1.27\times200\times465=82677\text{N}<162500\text{N}$$

故应按计算配置腹筋。

4. 计算腹筋数量

腹筋的设置可以采用两种方案，一种是仅配箍筋，另一种是配置箍筋和弯起钢筋。

（1）当仅配置箍筋时

根据式（3-63），有

$$V_1 = 0.7f_t bh_0 + f_{yv}\frac{nA_{sv1}}{s}h_0$$

$$\frac{nA_{sv1}}{s} = \frac{V_1 - 0.7f_t bh_0}{f_{yv}h_0} = \frac{162500 - 82677}{270 \times 465} = 0.636$$

若选双肢Φ 8，$n=2$，$A_{sv1}=50.3\text{mm}^2$，则

$$s = \frac{2 \times 50.2}{0.636} = 157.8\text{mm} \quad 取 s=150\text{mm}，故实配Φ 8@150$$

验算最小配箍率

$$\rho_{sv} = \frac{A_{sv}}{bs} = \frac{2 \times 50.3}{200 \times 150} = 0.335\% > \rho_{svmin} = 0.24\frac{f_t}{f_{yv}} = 0.24 \times \frac{1.27}{270} = 0.112\%$$

此外，箍筋直径Φ 8 满足表 3-7 规定的最小直径 6mm，间距（150mm）满足表 3-6 规定的最大间距 200mm。箍筋沿梁长均匀布置，满足要求，如图 3-26 所示。

若选双肢Φ 6，$n=2$，$A_{sv1}=28.3\text{mm}^2$，则

$$s = \frac{2 \times 28.3}{0.636} = 89.0\text{mm}，取 s=80\text{mm}$$

间距太小，不方便施工。

若选双肢Φ 10，$n=2$，$A_{sv1}=78.5\text{mm}^2$，则

$$s = \frac{2 \times 78.5}{0.636} = 246.9\text{mm} > s_{max} = 200\text{mm}$$

所以只能取 $s=200\text{mm}$。

验算最小配箍率

$$\rho_{sv} = \frac{A_{sv}}{bs} = \frac{2 \times 78.5}{200 \times 200} = 0.39\% > \rho_{svmin} = 0.24\frac{f_t}{f_{yv}}$$

$$= 0.24 \times \frac{1.27}{270} = 0.113\%$$

故配置Φ 10@200 也可以，但不如配置Φ 8@150 经济。

（2）配置箍筋及弯起钢筋

1）在设计中可采用以下两种步骤来计算箍筋及弯起钢筋的数量：

根据设计经验并参照构造规定的最小直径和最大间距选定箍筋数量。此处选用双肢箍筋Φ 6@200mm，则

$$\rho_{sv} = \frac{A_{sv}}{bs} = \frac{2 \times 28.3}{200 \times 200} = 0.252\% > \rho_{svmin} = 0.24\frac{f_t}{f_{yv}}$$

$$= 0.24 \times \frac{1.27}{270} = 0.113\%$$

根据式（3-65），有

$$V_1 = 0.7f_t bh_0 + f_{yv}\frac{A_{sv1}}{s}h_0 + 0.8f_y A_{sb}\sin\alpha_s$$

取 $\alpha_s = 45°$

$$162500 = 0.7 \times 1.27 \times 200 \times 465 + 270 \times \frac{2 \times 28.3}{200} \times 465 + 0.8 \times 360 A_{sb} \times 0.707$$

$$A_{sb} = 217\text{mm}^2$$

由纵向受拉钢筋中弯一根Φ 25，$A_{sb}=495\text{mm}^2>217\text{mm}^2$，故满足要求。

梁内腹筋的布置情况如图 3-26 所示。

按图 3-25 的要求，s_1为第一排弯起钢筋的弯终点到支座边缘的水平距离且要满足表 3-6 规定，即取 $s_1=200\text{mm}$。而又根据图 3-25 规定，检验是否需要第二排弯起钢筋。

弯起钢筋的水平投影长度为：$s_b=h-2\times35=430\text{mm}$，$V_2$截面处的剪力可由相似三角形关系求解，即

$$V_2 = V_1\left(1-\frac{200+430}{0.5\times3660}\right) = 106.6\text{kN} < V_{cs}$$

$$V_{cs} = 0.7 f_t b h_0 + f_{yv}\frac{A_{sv1}}{s}h_0$$

$$V_{cs} = 0.7\times1.27\times200\times465+270\times\frac{2\times28.3}{200}\times465$$

$$= 118.2\text{kN}$$

满足要求，故不要第二排弯起钢筋，见图（3-26）。

2）先确定弯起钢筋，本例只能弯起一根Φ 25，且求出此根弯起钢筋所承担的剪力 $0.8 f_y A_{sb}\sin\alpha_s$ 再用式（3-63）和式（3-65）确定箍筋的数量。这样配置的箍筋也必须满足构造要求及最小配箍率要求。

【例 3-11】 一根钢筋混凝土矩形截面简支梁，梁截面尺寸 $b=250\text{mm}$，$h=500\text{mm}$，其跨度及荷载设计值（包括自重）如图 3-27 所示，由正截面强度计算已配置了 5 Φ 22，混凝土为 C20（$f_c=9.6\text{N/mm}^2$，$f_t=1.10\text{N/mm}^2$），箍筋采用 HPB300 钢筋（$f_y=270\text{N/mm}^2$），环境类别为一类，保护层厚度 20mm，求所需的箍筋数量。

【解】

1. 计算支座边剪力值

$$V = \frac{1}{2}(g+q)l_n + P = \frac{1}{2}\times7\times6.6+80 = 103.1\text{kN}$$

集中荷载在支座边缘产生的剪力 $V_p=80\text{kN}$。

集中荷载在支座边缘产生的剪力 V_p占支座边总剪力 V 的百分比为：

$$V_p/V=80/103.1=78\%>75\%$$

所以应考虑剪跨比的影响。

2. 复核截面尺寸

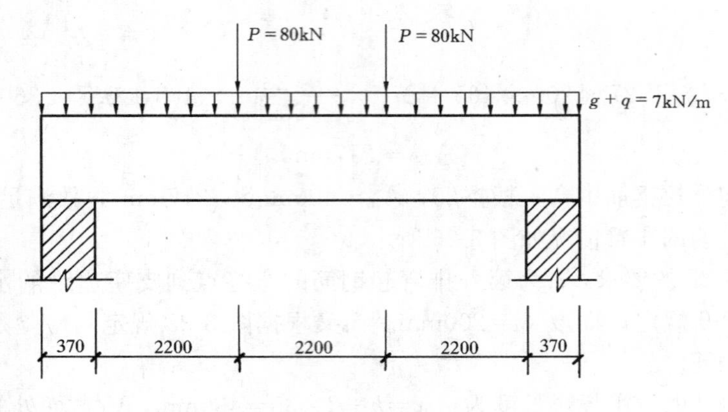

图 3-27 例 3-11 图

纵向钢筋配置了 5 Φ 22，需按二排布置，故

$h_0 = h - c - d_v - d - d_2/2 = 500 - 20 - 6 - 22 - 25/2 = 439.5\text{mm}$（箍筋为Φ 6）

$h_0 = h - c - d_v - d - d_2/2 = 500 - 20 - 8 - 22 - 25/2 = 437.5\text{mm}$（箍筋为Φ 8）为方便，取 $h_0 = 440\text{mm}$。

$h_w/b = 440/250 = 1.76 < 4$ 由于混凝土强度等级小于 C50，所以 $\beta_c = 1.0$，则

$$0.25\beta_c f_c bh_0 = 0.25 \times 1.0 \times 9.6 \times 250 \times 440 = 264000\text{N}$$
$$= 264\text{kN} > 103.1\text{kN}$$

截面尺寸满足要求。

3. 计算剪跨比 λ

$\lambda = a/h_0 = 2200/440 = 5 > 3$，所以取 $\lambda = 3$。

4. 验算是否需要按计算配箍筋

$$\frac{1.75}{\lambda+1} f_t bh_0 = \frac{1.75}{3+1} \times 1.1 \times 250 \times 440 = 52.9\text{kN} < V = 103.1\text{kN}$$

所以需要按计算配箍筋

5. 计算箍筋数量

由式（3-64）得：

$$\frac{A_{sv}}{s} = \frac{nA_{sv1}}{s} = \frac{V \frac{1.75}{\lambda+1} f_t bh_0}{f_{yv} h_0} = \frac{103100 - 52900}{270 \times 440} = 0.423\text{mm}^2/\text{mm}$$

选双肢Φ 8，$n = 2$，$A_{sv1} = 50.3\text{mm}^2$，则

$$s = \frac{2 \times 50.3}{0.423} = 237.8\text{mm}$$

取 $s = 200\text{mm}$

即箍筋采用Φ 8@200，沿梁全长均匀布置。

6. 验算最小配箍率

$$\rho_{sv}=\frac{nA_{sv1}}{bs}=\frac{2\times50.3}{250\times200}=0.202\%>\rho_{svimin}=0.24\frac{f_t}{f_{yv}}$$
$$=0.24\times\frac{1.1}{270}=0.098\%$$

满足要求。

六、纵向钢筋的弯起和截断

在进行梁的设计中，纵向钢筋和箍筋通常都是由梁控制截面的内力根据梁正截面和斜截面的承载力计算公式确定，这只能说明梁控制截面的承载力是足够的。由于梁的纵向受力钢筋在布置过程中经常会碰到弯起、截断等一系列问题，从而可能导致梁在弯矩不是最大的截面上发生正截面破坏。同样，由于截面变化、箍筋间距变化、有无弯筋等因素的影响，也可能导致梁在剪力不是最大的截面发生斜截面破坏。因此，纵向钢筋的弯起和截断必须满足一定的构造要求。

（一）抵抗弯矩图

所谓抵抗矩图，就是按实际布置的纵向受拉钢筋所画出的反映梁上各正截面所能抵抗的弯矩图。抵抗弯矩值可由下式求出：

$$M_u=A_sf_y[h_0-f_yA_s/(2\alpha_1f_cb)] \tag{3-71}$$

式中 A_s——实际配置的总的纵向受拉钢筋截面面积；

M_u——总的抵抗弯矩值。

每根钢筋的抵抗弯矩值，可近似按相应的钢筋截面面积的比例分配而求得，即：

$$M_{ui}=M_u\cdot A_{si}/A_s$$

式中 A_{si}——任意一根纵筋的截面面积；

M_{ui}——任意一根纵筋的抵抗弯矩值。

图 3-28 是一根承受均布荷载的简支梁，设计弯矩图是 aob。按跨中最大弯矩求得纵向受拉钢筋数量后，实配 4 Φ 20 钢筋，通长布置在梁内，既不弯起也不截断。所以作画一截面抵抗弯矩值均相等。抵抗弯矩图是矩形 a、b、b'、a'。由于抵抗弯矩图完全包住了设计弯矩图，所以梁所有正截面和斜截面受弯承载力都满足。但由图可知，越是临近支座，钢筋强度富余的就越多，这是不经济的。为了节省钢材、降低造价，应将一部分纵向受拉钢筋在正截面受弯已不需要的地方弯起或截断，条件是必须保证正截面和斜截面受弯承载力要求，同时还要保证钢筋的粘结锚固要求。这个问题要由绘制纵向钢筋截断和弯起时的抵抗弯矩图来解决，以便确定合适的纵向钢筋截断点和弯起点。

如图 3-29 所示，在抵抗弯矩图上，划分出每根钢筋所抵抗的弯矩。分界点

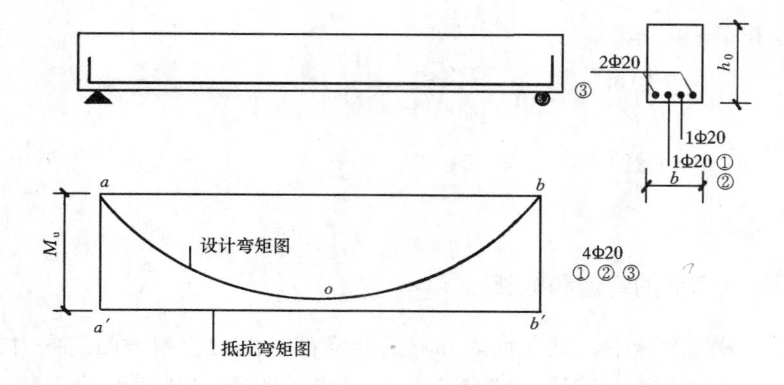

图 3-28 抵抗弯矩图

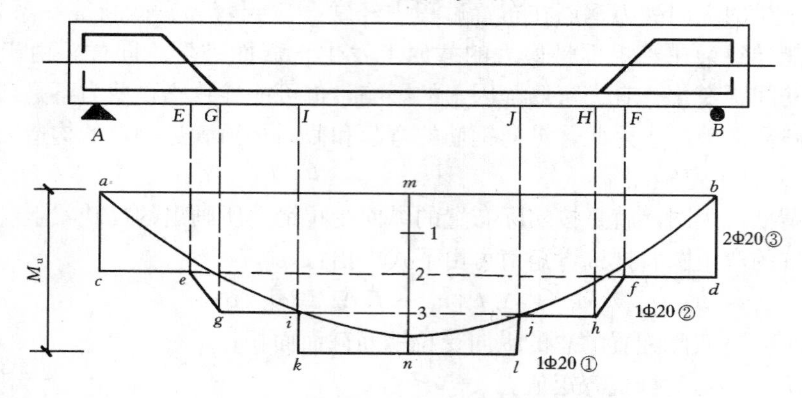

图 3-29 纵筋切断和弯起时抵抗弯矩图的画法

为 1、2、3 点。3-n 是①号钢筋所抵抗的弯矩值；2-3 是②号钢筋所抵抗的弯矩值；1-2 和 m-1 分别是 2 根③号钢筋所抵抗的弯矩值。现拟将①号钢筋截断，首先过点 3 画抵抗弯矩图基线 ab 的平行线，该线与设计弯矩图的交点为 i、j，其对应的截面为 I、J，在 I、J 截面处①号钢筋可退出工作，也就是按正截面受弯承载力计算，i、j 截面已不需要①号钢筋了。因为剩下的②号及③号钢筋，已足以抵抗设计弯矩。i、j 称为①号钢筋的“理论截断点”；同时也是余下的②号和③号钢筋的“充分利用点”。因为在 i、j 处的抵抗弯矩值恰好与设计弯矩值相等，这几根钢筋的抗拉强度被充分利用。

如果在 i、j 处将①号钢筋按截断处理，虽然它在实际断点应在 i、j 两点之外，但是它的抵抗弯矩却终止在理论断点处。反映在抵抗弯矩图上，即是这两处抵抗弯发生突变，i、j 两点之外抵抗弯矩值减少了 k_i和 l_j。

如果将图 3-29 中的②号钢筋在 G 和 H 截面处开始弯起，由于该钢筋是自弯起点开始逐渐由拉区进入压区，逐渐脱离受拉工作的，所以其抵抗弯矩也是自弯起处逐渐减小。直到弯起部分与梁轴线相交截面（E、F 截面）处，设定该钢筋进入了受压区，其抵抗弯矩才消失。反应在抵抗弯矩图上，该钢筋的抵抗弯矩值成斜直线变化，即斜线段 ge 和 hf。在 e 点和 f 点之外②号钢筋不再参加正截面受弯工作。

（二）纵向受拉钢筋的截断与弯起位置

1. 纵向受拉钢筋的截断

（1）支座截面负弯矩纵向受拉钢筋

梁支座截面负弯矩纵向受拉钢筋如需分批截断，每批钢筋应延伸至按正截面受弯承载力计算不需要该钢筋的截面之外。

图 3-30 为某连续梁支座附近的弯矩及剪力分布情况，图中 b、c、d 分别为纵筋①、②、③的理论截断点，a、b、c 则分别为相应纵筋强度充分利用截面。纵向钢筋的实际截断位置应在理论截断点以外延伸一段距离，以防止因截断过早

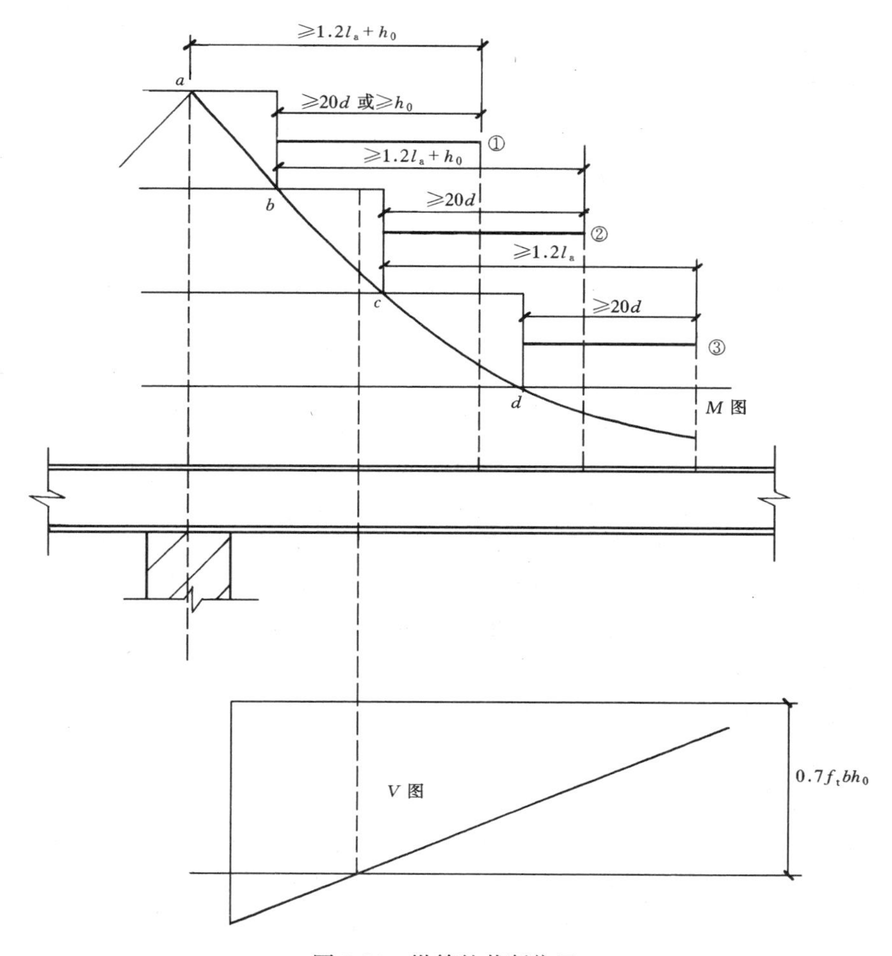

图 3-30 纵筋的截断位置

引起弯剪裂缝而降低构件的斜截面抗弯承载力及粘结锚固性能。结合工程经验和粘结锚固试验结果，《混凝土结构设计规范》规定，纵向受拉钢筋不宜在受拉区截断。如必须截断时，按以下规定采用：

1）当$V \leqslant 0.7 f_t b h_0$时，应延伸至按正截面受弯承载力计算不需要该钢筋的截面以外不小于 $20d$ 处截断，且从该钢筋强度充分利用截面伸出长度不小于$1.2l_a$；

2）当$V > 0.7 f_t b h_0$时，应延伸至按正截面受弯承载力计算不需要该钢筋的截面以外不小于h_0且不小于 $20d$ 处截断，且从该钢筋强度充分利用截面伸出长度不小于$1.2l_a + h_0$；

3）若按上述规定确定的截断点仍位于负弯矩受拉区内，则应延伸至按正截面受弯承载力不需要该钢筋的截面以外不小于$1.3h_0$且不小于 $20d$ 处截断，且从该钢筋强度充分利用截面伸出的延伸长度不小于$1.2l_a + 1.7h_0$。

（2）悬臂梁的受拉钢筋

在钢筋混凝土悬臂梁中，应有不少于 2 根上部钢筋伸至悬臂梁外端，并向下弯折不小于 $12d$；其余钢筋不应在梁的上部截断，而应按下面所讲的纵向钢筋弯起的规定向下弯折，并按弯起钢筋的锚固规定进行锚固。

（3）梁跨中正弯矩钢筋

梁跨中正弯矩钢筋不宜在受拉区截断，而是将其中一部分弯起，将另一部分伸入支座。

2. 纵向受拉钢筋的弯起

在梁的受拉区中，弯起钢筋的弯起点可设在按正截面受弯承载力计算不需要该钢筋截面之前；但弯起钢筋与梁中心线的交点，应在不需要该钢筋的截面之外（图 3-31），同时，弯起点与按计算充分利用该钢筋的截面之间的距离不应小于$h_0/2$。

当按计算需设置弯起钢筋时，前一排（对支座而言）的弯起点至后一排的弯起点的距离不应大于表 3-4 中的规定。

弯起钢筋不应采用浮筋，如图 3-32 所示。弯起钢筋的锚固如图 3-33 所示。

（三）钢筋的其他构造要求

1. 钢筋的锚固

纵向受力钢筋基本锚固长度的计算在第一章中已介绍，一些构造要求如下：

（1）在简支板或连续板支座处，下部纵向受力钢筋应伸入支座，其锚固长度l_{as}不应小于 $5d$，d 为下部纵向受力钢筋的直径。

当采用焊接网配筋时，其末端至少应有一根横向钢筋配置在支座边缘内图(3-34a)；当不能符合上述要求时，应将受力钢筋末端制成弯钩（图 3-34b）或在受力钢筋末端加焊附加的横向锚固钢筋（图 3-34c）。

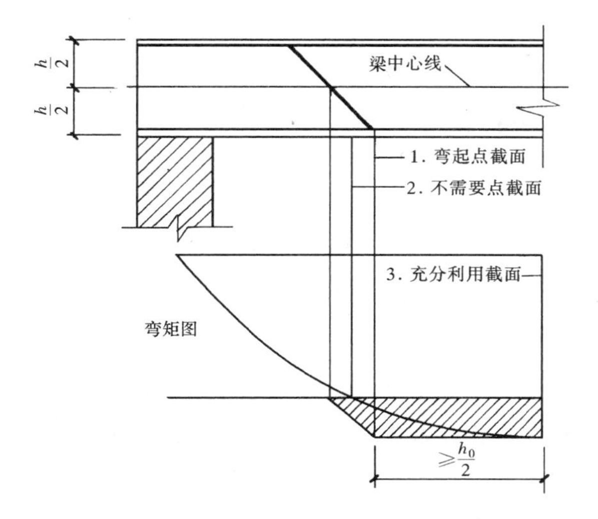

图 3-31 弯起钢筋弯起点与弯矩图的关系

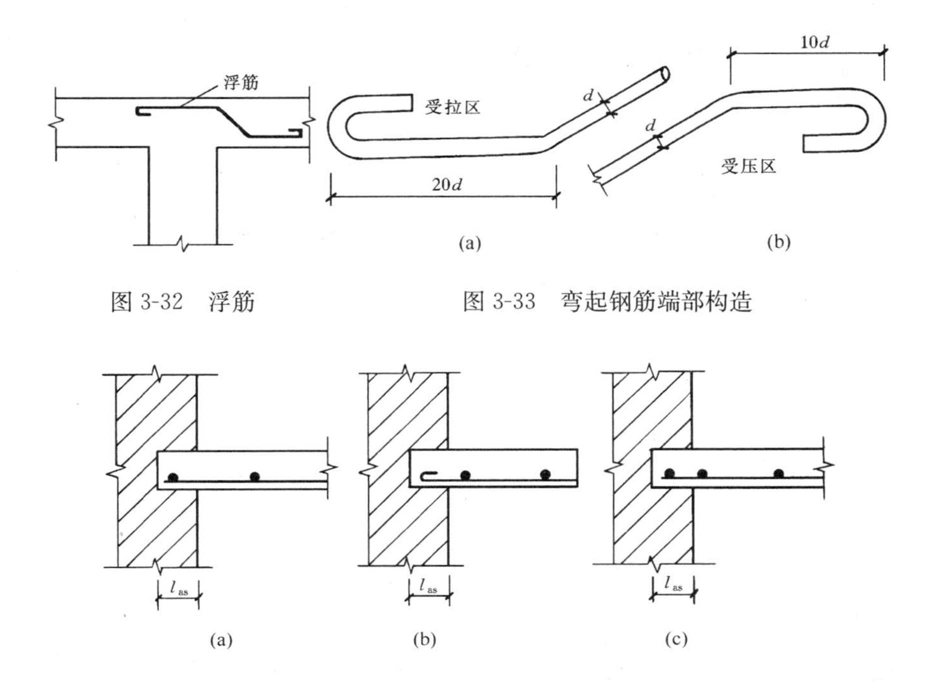

图 3-32 浮筋

图 3-33 弯起钢筋端部构造

图 3-34 焊接网在板的自由支座上的锚固

当 $V>0.7f_tbh_0$ 时，配置在支座边缘内的焊接网横向锚固钢筋不应少于 2 根，其直径不应小于纵向受力钢筋的一半。

（2）简支梁和连续梁简支端的下部纵向受力钢筋伸入梁支座范围内的锚固长

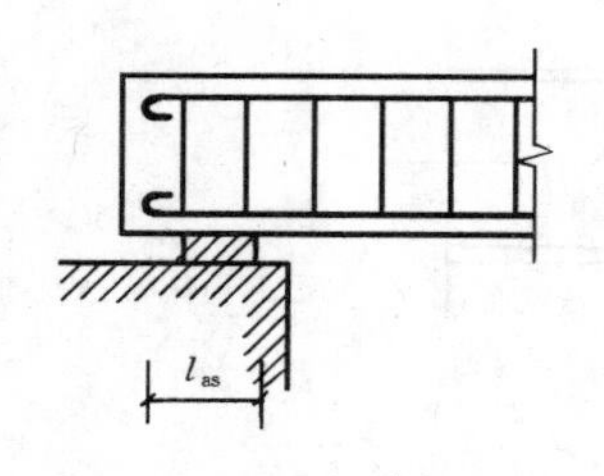

图 3-35 纵筋在梁支座内的锚固

度 l_{as}（图 3-35）应符合下列规定：

当 $V \leqslant 0.7f_tbh_0$ 时

$$l_{as} \geqslant 5d \tag{3-72}$$

当 $V > 0.7f_tbh_0$ 时

带肋钢筋：$$l_{as} \geqslant 12d \tag{3-73}$$

光面钢筋：$$l_{as} \geqslant 15d \tag{3-74}$$

式中 d——纵向受力钢筋的直径。

如纵向受力钢筋伸入梁支座范围内的锚固长度不符合上述规定时，应采取在钢筋上加焊锚固钢板或将钢筋端部焊接在梁端的预埋件上等有效锚固措施。

支承在砌体结构上的钢筋混凝土独立梁，在纵向受力钢筋的锚固长度 l_{as} 范围内，应配置不少于两个箍筋，其直径不宜小于纵向受力钢筋最大直径的 0.25 倍，间距不宜大于纵向受力钢筋最小直径的 10 倍。

采用机械锚固措施时，其间距离不应大于纵向受力钢筋最小直径的 5 倍。

如焊接骨架中采用光面钢筋作为纵向受力钢筋时，则在锚固长度 l_{as} 内应加焊横向钢筋：当 $V \leqslant 0.7f_tbh_0$ 时，至少一根；当 $V > 0.7f_tbh_0$ 时，至少两根；横向钢筋直径不应小于纵向受力钢筋直径的一半；同时，加焊在最外边的横向钢筋，应靠近纵向钢筋的末端。

混凝土强度等级小于或等于 C25 的简支梁和连续梁的简支端，在距支座边 $1.5h$ 范围内作用有集中荷载，且 $V > 0.7f_tbh_0$ 时，对带肋钢筋宜采用附加锚固措施，或取锚固长度 $l_{as} \geqslant 15d$。

2. 钢筋的连接

（1）钢筋的连接可分为两类，绑扎搭接，机械连接或焊接。受力钢筋的接头宜设置在受力较小处，在同一根钢筋上宜少设接头。

当受拉钢筋直径大于 28mm 及受压钢筋的直径大于 32mm 时，不宜采用绑扎的搭接接头。机械连接宜用于直径不小于 16mm 受力钢筋的连接，焊接宜用于直径不大于 28mm 受力钢筋的连接。

（2）同一构件中相邻钢筋的绑扎搭接接头宜相互错开。钢筋绑扎搭接接头连接区段的长度为 1.3 倍搭接长度，凡搭接接头中点位于该连接区段长度内的搭接接头均属于同一连接区段，同一连接区段内纵向钢筋搭接接头面积百分率为该区段内有搭接接头的纵向受力钢筋截面面积与全部纵向受力钢筋截面面积的比值，当直径不同的钢筋搭接时，按直径较小的钢筋计算，如图 3-36 所示。

（3）受拉钢筋绑扎搭接接头的搭接长度应根据位于同一连接区段内的钢筋搭

接接头面积百分率按下式计算，且不应小于 300mm：

$$l_l = \zeta l_a \tag{3-75}$$

式中 l_l——纵向受拉钢筋的搭接长度；

l_a——纵向受拉钢筋的锚固长度，按式（3-72）确定；

ζ——纵向受拉钢筋搭接长度修正系数，按表 3-4 取用。

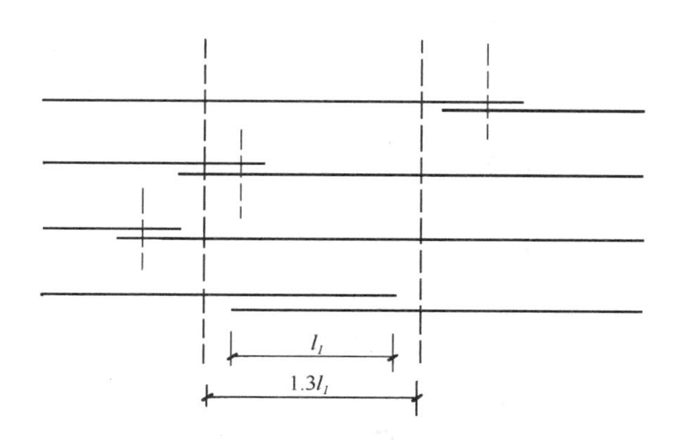

图 3-36 同一连接区段内纵向受拉钢筋绑扎搭接接头

注：图中所示同一连接区段内的搭接接头为 2 根，当钢筋直径相同时，钢筋搭接接头面积百分率为 50%。

纵向受拉钢筋搭接长度修正系数 ζ **表 3-4**

纵向钢筋搭接接头面积百分率（%）	≤25	50	100
搭接长度修正系数 ζ	1.2	1.45	1.6

（4）位于同一连接区段内的受拉钢筋搭接接头面积百分率，对梁类、板类及墙类构件，不宜大于 25%；对于柱类构件，不宜大于 50%。当工程中确有必要增大受拉钢筋搭接接头面积百分率时，对梁类构件，不应大于 50%；对于板类、墙类及柱类构件，可根据实际情况放宽。并筋应按单筋错开分散的方式布置搭接接头，并按各根并筋计算相应接头面积百分率及搭接长度。

（5）对构件中的纵向受压钢筋，当采用搭接接头时，其受压搭接长度不应小于按纵向受拉钢筋搭接长度的 0.7 倍，且不应小于 200mm。

（6）纵向受力钢筋机械连接接头或焊接接头宜互相错开，且两者接头连接区长度均为 $35d$（d 为纵向受力钢筋较大直径），对焊接接头还不应小于 500mm。凡接头中点位于该连接区段内的机械连接接头或焊接接头均属于同一连接区段，同一连接区段内的纵向受拉钢筋机械连接接头面积百分率不宜大于 50%，而焊接接头面积百分率不应大于50%。二者的纵向受压钢筋接头面积百分率可不受此限制。

(7) 余热处理钢筋（RRB）不宜焊接；细晶粒钢筋（HRBF）以及直径大于28mm的钢筋，其焊接应经试验确定。

3. 箍筋

(1) 形式和肢数

箍筋的形式有封闭式和开口式两种，如图3-37所示，一般采用封闭式。对现浇T形梁，当不承受扭矩和动荷载时，在跨中截面上部为受压区的梁段内，可采用开口式。若梁中配有计算的受压钢筋时，均应采用封闭式；箍筋的间距不应大于$15d$（d为纵向受压钢筋的最小直径），同时不应大于400mm；当一层内纵向受压钢筋多于5根且直径大于18mm时，箍筋间距不应大于$10d$。

箍筋的肢数有单肢、双肢和四肢等。一般采用双肢，当梁宽$b>400$mm且一层内纵向受压钢筋多于3根时，或当梁的宽度不大于400mm但一层内的纵向受压钢筋多于4根时，应设置复合箍。单肢箍只在梁宽很小时采用。

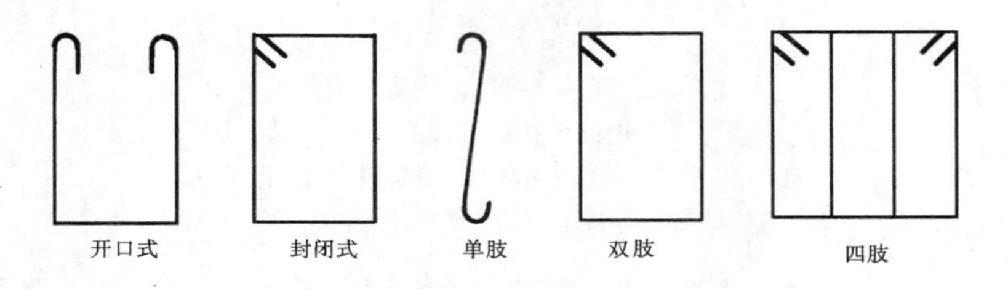

图3-37　箍筋的形式和肢数

(2) 箍筋的构造要求

对矩形、T形和工字形截面梁，当$V \leqslant 0.7 f_t b h_0$时，或对符合式（3-64）规定的集中荷载作用下的独立梁，当$V \leqslant 1.75 f_t b h_0 / (\lambda+1)$时，应按下列规定配置构造箍筋：

1) 当截面高度$h<150$mm时，可不设置箍筋；

2) 当$150\text{mm} \leqslant h \leqslant 300$mm时，可仅在构件端部各四分之一跨度范围内设置箍筋，但当构件中部二分之一跨度范围内有集中荷载作用时，则应沿梁全长设置箍筋；

3) 当$h>300$mm时，应沿梁全长设置箍筋。

箍筋的最大间距可参考表3-5确定。

最小箍筋直径可参考表3-6取值。当梁中配有计算需要的纵向受压钢筋时，箍筋直径尚不应小于$d/4$，d为纵向受压钢筋中的最小直径。

梁中箍筋最大间距 s_{max}（mm） 表 3-5

梁高 h（mm）	$150<h\leqslant300$	$300<h\leqslant500$	$500<h\leqslant800$	$h>800$
$V\leqslant0.7f_tbh_0$	200	300	350	400
$V>0.7f_tbh_0$	150	200	250	300

梁中箍筋最小直径 表 3-6

梁高 h（mm）	$h\leqslant800$	$h>800$
箍筋直径（mm）	6	8

4. 板类受弯构件构造要求

对于不配置箍筋和弯起钢筋的一般板类受弯构件（主要是指受均布荷载作用下的单向板和双向板需按单向计算的构件，所谓的双向板需按单向计算的构件指的是板的长边与短边长度之比大于 2 但小于 3 时，当按短边方向受力的单向板计算时，应沿长边方向布置足够数量的构造钢筋），其斜截面的受剪承载力应符合式（3-60）及式（3-61）的要求。

第三节 受扭构件扭曲截面承载力计算

一般地说，凡是在截面中有扭矩作用的构件都属于受扭构件。

在扭矩作用下，构件将发生扭转。在工程中常遇到的受扭构件可分为两类。如果构件的扭矩是由荷载的直接作用所引起的，构件的内扭矩是用以平衡外扭矩即满足静力平衡条件所必需时，称为平衡扭矩。如雨篷梁、吊车梁等，如图 3-38 所示；若扭矩系由变形引起，并由结构的变形连续条件所决定的，称为协调扭矩或附加扭矩。如图 3-38 所示现浇框架的边梁，边梁的外扭矩即为作用在楼板次梁的支座负弯矩，并由楼板的次梁支承点处的转角与该处的边梁扭转角的协调条件所决定。

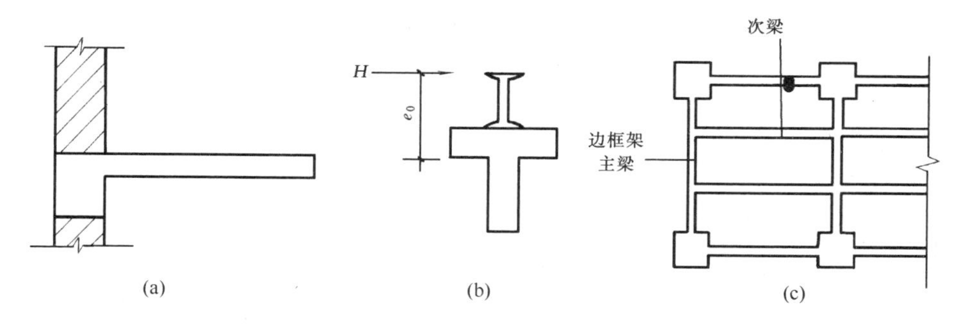

图 3-38 常见受扭构件示例

受扭构件根据截面上存在的内力情况可分为纯扭、剪扭、弯扭、弯剪扭等多种受力情况。而在实际工程中，纯扭、剪扭和弯扭受力情况较少，弯剪扭受力情况最多。

一、素混凝土纯扭构件受力性能

（一）弹性分析方法

由于扭矩作用，构件中将产生剪应力及相应的主拉应力 σ_{tp} 和主压应力 σ_{cp}，且分别与构件轴线呈45°方向，其大小为 $\sigma_{tp}=\sigma_{cp}=\tau_{max}$。由于混凝土抗拉强度比抗压强度低得多，因此，首先在构件长边侧面中点处垂直于主拉应力 σ_{tp} 方向将首先被拉裂（图 3-39）。

按弹性理论中扭矩 T 与剪应力 τ_{max} 的数量关系，可导出素混凝土纯扭构件的抗扭承载力计算式。但是随后的历次试验结果表明，这样算得的抗扭承载力总比实测强度为低，这表明用弹性分析方法低估了构件抗扭承载力。

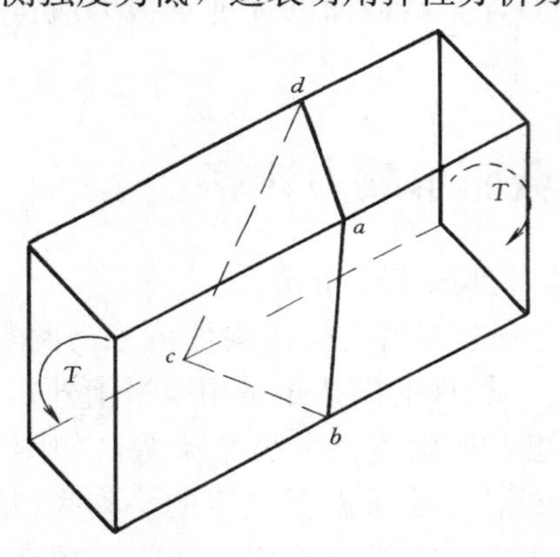

图 3-39　素混凝土纯扭构件破坏图

（二）塑性分析方法

用弹性方法分析计算抗扭承载力低的原因是没有考虑混凝土的塑性性质；若考虑混凝土理想的塑性性质，则构件的抗扭承载力为：

$$T_p = f_t W_t \tag{3-76a}$$

式中　f_t——混凝土的抗拉强度；

W_t——截面抗扭塑性抵抗矩。

但按上式计算的抗扭承载力比实测结果偏大，说明混凝土并非理想塑性材料，它的实际承载力应介于弹性分析与塑性分析结果之间。根据实验结果，《混凝土结构设计规范》（GB 50010—2010）偏安全地，取修正系数为0.7，则混凝土受扭构件开裂扭矩的计算公式为：

$$T_{cr} = 0.7 f_t W_t \tag{3-76b}$$

二、钢筋混凝土纯扭构件受力性能

（一）受扭钢筋的形式

一般是采用由靠近构件表面设置的横向钢筋和沿构件周边均匀对称布置的纵向钢筋共同组成的抗扭钢筋骨架，恰好与构件中的抗弯钢筋和抗剪钢筋配置方式相协调。

（二）钢筋混凝土纯扭构件的破坏特征归纳为以下四种类型：

（1）当箍筋和纵筋或者其中之一配置过少时，配筋构件的抗扭承载力与素混凝土的构件无实质差别，属脆性破坏。

（2）当箍筋和纵筋适量时，属延性破坏。

（3）当箍筋或纵筋过多时，属部分超配筋破坏。

（4）当箍筋和纵筋过多时，属完全超配筋破坏。

因此，在实际工程中，尽量把构件设计成（2）、（3），避免出现（1）、（4）。

三、抗扭钢筋配筋率对受扭构件受力性能影响

《混凝土结构设计规范》（GB 50010—2010）采用纵向钢筋与箍筋的配筋强度比值ζ进行控制（$0.6\leqslant\zeta\leqslant1.7$）：

$$\zeta=\frac{f_{y}A_{stl}s}{f_{yv}A_{st1}u_{cor}} \tag{3-77}$$

式中 A_{stl}——受扭计算中对称布置的全部纵向钢筋截面面积；

A_{st1}——受扭计算中沿截面周边所配置箍筋的单肢截面面积；

f_{y}——抗扭纵筋抗拉强度设计值；

f_{yv}——抗扭箍筋抗拉强度设计值；

s——箍筋间距；

u_{cor}——截面核心部分周长，$u_{cor}=2(b_{cor}+h_{cor})$，其中，$b_{cor}$和$h_{cor}$分别为截面核心短边与长边长度。

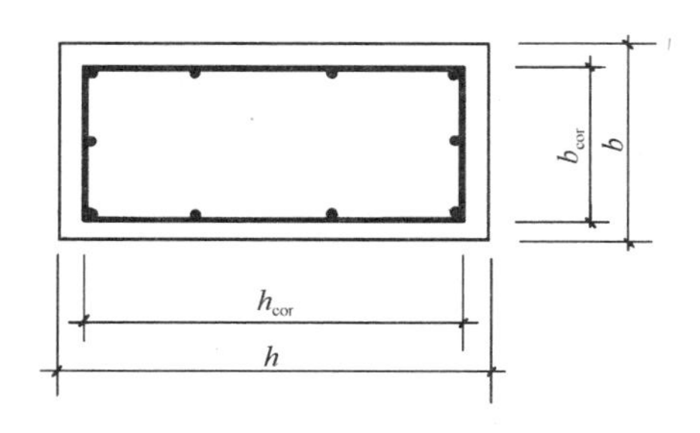

图 3-40 矩形受扭构件截面

四、矩形截面钢筋混凝土纯扭构件承载力计算

（一）计算模型

受扭情况相当于一个变角空间桁架模型。纵筋为桁架的弦杆，箍筋相当于桁架的竖杆，裂缝间混凝土相当于桁架的斜腹杆。

（二）计算公式

$$T \leqslant 0.35 f_t W_t + 1.2\sqrt{\zeta} f_{yv} \frac{A_{st1} A_{cor}}{s} \tag{3-78}$$

式中 T——扭矩设计值；

f_t——混凝土抗拉强度设计值；

ζ——对钢筋混凝土纯扭构件，其 ζ 值应符合 $0.6 \leqslant \zeta \leqslant 1.7$ 的要求，当 $\zeta > 1.7$ 时，取 $\zeta = 1.7$；

A_{cor}——截面核心部分的面积；$A_{cor} = b_{cor} \cdot h_{cor}$，此处 b_{cor}、h_{cor} 为箍筋内表面范围内截面核心部分的短边、长边尺寸；

W_t——截面的抗扭塑性抵抗矩：

$$W_t = \frac{b^3}{6}(3h - b)$$

其中，h 和 b 应分别取为矩形的长边尺寸和短边尺寸。

五、矩形截面剪扭构件承载力计算

（一）剪扭相关性

若构件既受扭，又受剪，那么由于剪力的存在，使构件的抗扭承载力将有所降低；同样，由于扭矩的存在，也会引起构件抗剪承载力降低。这便是剪力和扭矩的相关性。

（二）计算模式

V_{c0} 和 T_{c0} 分别为无腹筋构件在单纯受剪力或扭矩作用时的抗剪和抗扭承载力，V_c 和 T_c 则为同时受剪力和扭矩作用时的抗剪和抗扭承载力。从图 3-41 可看出，抗剪和抗扭承载力关系大致按 1/4 圆弧规律变化。

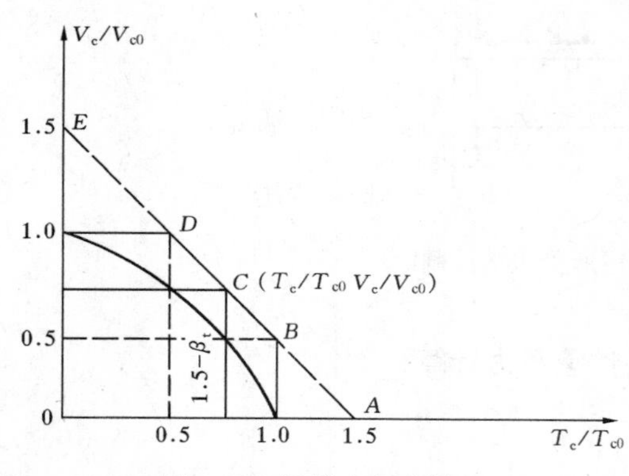

图 3-41 混凝土部分剪扭承载力相关计算模式

（三）简化计算方法

（1）当 $T_c/T_{c0} \leqslant 0.5$ 时，取 $V_c/V_{c0} = 1.0$，或者当 $T_c \leqslant 0.5T_{c0} = 0.175 f_t W_t$ 时，取 $V_c = V_{c0} = 0.35 f_t b h_0$，即此时，可忽略扭矩影响，仅按受弯构件的斜截面受剪承载力公式进行计算。

（2）当 $V_c/V_{c0} \leqslant 0.5$ 时，取 $T_c/T_{c0} = 1.0$。或者当 $V_c \leqslant 0.5V_{c0} = 0.35 f_t b h_0$ 或 $V \leqslant \dfrac{0.875 f_t b h_0}{\lambda + 1}$ 时，取 $T_c = T_{c0} =$

$0.35f_tW_t$，此时，忽略剪力的影响，仅按纯扭构件的受扭承载力公式计算。

(3) 当 $0.5<T_c/T_{c0}\leqslant1.0$ 或 $0.5<V_c/V_{c0}\leqslant1.0$，要考虑剪扭相关性。引入系数 β_t $(0.5\leqslant\beta_t\leqslant1.0)$，它是剪、扭构件混凝土强度降低系数，即：

$$\beta_t=\frac{1.5}{1+0.5\dfrac{VW_t}{Tbh_0}} \tag{3-79}$$

其矩形截面的剪扭构件承载力按以下步骤进行。

(4) 一般剪扭构件，受剪承载力可按下式计算：

$$V\leqslant(1.5-\beta_t)0.7f_tbh_0+f_{yv}\frac{A_{sv}}{s}h_0 \tag{3-80}$$

受扭承载力可按下式计算：

$$T\leqslant0.35\beta_tf_tW_t+1.2\sqrt{\zeta}f_{yv}\frac{A_{st1}A_{cor}}{s} \tag{3-81}$$

(5) 集中荷载作用下独立的混凝土剪扭构件，受剪承载力按下式计算：

$$V\leqslant(1.5-\beta_t)\frac{1.75}{\lambda+1}f_tbh_0+f_{yv}\frac{A_{sv}}{s}h_0 \tag{3-82}$$

受扭承载力可按下式计算：

$$T\leqslant0.35\beta_tf_tW_t+1.2\sqrt{\zeta}f_{yv}\frac{A_{stl}A_{cor}}{s} \tag{3-83}$$

但此时，公式中的系数应改按下式来计算：

$$\beta_t=\frac{1.5}{1+0.2(\lambda+1)\dfrac{VW_t}{Tbh_0}} \tag{3-84}$$

式中 λ——计算剪跨比，当 $\beta_t<0.5$ 时，取 $\beta_t=0.5$；当 $\beta_t>1$ 时，取 $\beta_t=1$。

(6) 按照叠加原则计算剪扭的箍筋用量和纵筋用量。

六、矩形截面的弯扭和弯剪扭构件承载力计算

对弯扭及弯剪扭共同作用下的构件，当按变角度空间桁架模型计算时，是十分繁琐的。在国内大量试验研究及模型分析的基础上，《混凝土结构设计规范》规定了弯扭及弯剪扭构件的实用配筋计算方法。

1. 对于弯扭构件的配筋计算，二者之间也存在相关性，用按纯弯和纯扭计算所需的纵筋和箍筋，然后将相应钢筋截面面积叠加的计算方法。因此，弯扭构件的纵筋用量为受弯所需的纵筋（按前边讲过的受弯构件计算）和受扭所需的纵筋（按前边所讲纯扭构件计算）截面面积之和，而箍筋用量则由受扭箍筋所决定。

2. 对于弯剪扭构件的配筋，三者之间也存在相关性，情况较为复杂。《混凝土结构设计规范》规定，其纵筋截面面积由受弯承载力和受扭承载力所需的钢筋

截面面积相叠加，箍筋截面面积则由受剪承载力和受扭承载力所需的箍筋截面面积相叠加，其具体计算方法如下：

(1) 弯矩作用下，按照第三章第一节有关方法计算；

(2) 在剪力和扭矩作用下（只考虑剪扭相关），按前边讲的矩形截面剪扭构件承载力计算方法进行计算；

(3) 构件的配筋为 (1)、(2) 两种计算所需钢筋的叠加。

七、T形和工字形截面弯、剪、扭构件承载力计算

T形和工字形截面弯、剪、扭承载力计算的原则：

1. 不考虑弯矩与剪力、扭矩的相关性（只考虑剪扭相关性），构件在弯矩作用下按第三章第二节有关方法计算。

2. 剪力全部由腹板承受。

3. 扭矩由腹板、受拉翼缘和受压翼缘共同承受，各部分分担的扭矩设计值按下式计算：

受压翼缘：
$$T'_f = \frac{W'_{tf}}{W_t}T$$

腹板：
$$T_w = \frac{W_{tw}}{W_t}T$$

受拉翼缘：
$$T_f = \frac{W_{tf}}{W_t}T$$

式中 T'_f、T_w、T_f——分别为受压翼缘、腹板及受拉翼缘的扭矩设计值；

W'_{tf}、W_{tw}、W_{tf}——分别为受压翼缘、腹板及受拉翼缘的抗扭塑性抵抗矩；

W_t——整个截面的抗扭塑性抵抗矩，$W_t = W'_{tf} + W_{tw} + W_{tf}$。

T形和工形截面抗扭塑性抵抗矩分别按下式计算：

受压翼缘：
$$W'_{tf} = \frac{h'_f}{2}(b'_f - b),\ b'_f \leqslant b + 6h'_f$$

腹板：
$$W_{tw} = \frac{b^2}{6}(3h - b)$$

受拉翼缘：
$$W_{tf} = \frac{h_f}{2}(b_f - b),\ b_f \leqslant b + 6h_f$$

这样简化后，T形和工形截面不同部分应按不同的受力状态计算；受压翼缘和受拉翼缘则应按弯扭受力状态计算，腹板应按弯、剪、扭受力状态计算。截面所需钢筋为各部分计算所需钢筋之和。

八、构造要求

1. 截面尺寸限制条件

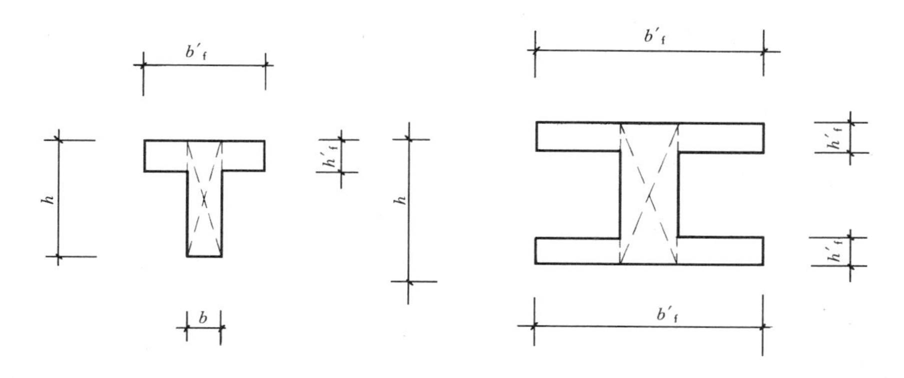

图 3-42 T 形及工形截面划分矩形截面方法

为了避免受扭构件配筋过多而发生完全超配筋性质的脆性破坏，《混凝土结构设计规范》规定了构件截面承载力上限，即对受扭构件截面尺寸和混凝土强度等级应符合下式要求：

当 $h_w/b \leqslant 4$ 时，
$$\frac{V}{bh_0}+\frac{T}{0.8W_t}\leqslant 0.25\beta_c f_c \tag{3-85}$$

当 $h_w/b=6$ 时，
$$\frac{V}{bh_0}+\frac{T}{0.8W_t}\leqslant 0.2\beta_c f_c \tag{3-86}$$

当 $4<h_w/b<6$ 时，按线性内插法确定。

式中符号同前。

当不满足上式要求时，应增大截面尺寸或提高混凝土强度等级。

2. 构造配筋条件

对纯扭构件中，当 $T\leqslant 0.7f_t w_t$ 时，可不进行抗扭计算，而只需按构造配置抗扭钢筋。

对于弯剪扭构件，当 $\frac{V}{bh_0}+\frac{T}{W_t}\leqslant 0.7f_t$ 时，可不进行构件剪扭承载力计算，而只需按构造配置纵向钢筋和箍筋。

3. 最小配筋率

为了防止构件中发生“少筋”性质的脆性破坏，《混凝土结构设计规范》(GB 50010—2010) 采用限制最小配筋率的控制条件在弯剪扭构件中箍筋和纵筋配筋率和构造上的要求要符合下列规定：

(1) 箍筋（剪扭箍筋）的最小配箍率

$$\rho_{sv}=\frac{A_{sv}}{bs}\geqslant\rho_{sv,\min}=\frac{A_{sv,\min}}{bs}=0.28\frac{f_t}{f_{yv}} \tag{3-87}$$

箍筋的间距应符合第三章第二节中规定。其中受扭所需的箍筋必须为封闭式，且沿截面周边布置，当采用绑扎骨架时，受扭所需箍筋的末端应做成 135°

的弯钩，弯钩端头平直段长度不应小于 $10d$（d 为箍筋直径）。

（2）纵向钢筋的配筋率

不应小于受弯构件纵向受力钢筋最小配筋与受扭构件纵向受力钢筋的最小配筋率之和。

对于梁内弯曲受拉钢筋最小配筋率见附表 3-5。

受扭纵向受力钢筋最小配筋率为：

$$\rho_{tl}=\frac{A_{stl}}{bh}\geqslant\rho_{tl,\min}=\frac{A_{stl,\min}}{bh}=0.6\sqrt{\frac{T}{Vb}}\frac{f_t}{f_y} \tag{3-88}$$

其中，b 为矩形截面的宽度，或 T 形截面、工形截面的腹板宽度，当 $T/Vb>2$ 时，取为 2。受扭纵向受力钢筋间距不应大于 200mm 和梁截面宽度（短边长度）；在截面四角必须设置受扭纵向受力钢筋，并沿截面周边均匀对称布置。

九、弯、剪、扭构件配筋计算步骤

当已知截面内力（M、T、V），并初步选定截面尺寸和材料强度等级后，可按以下步骤进行。

1. 验算截面尺寸

（1）求 W_t；

（2）验算截面尺寸。若截面尺寸不满足时，应增大截面尺寸后再验算。

2. 确定是否需进行受扭和受剪承载力计算

（1）确定是否需进行剪扭承载力计算，则不必进行（2）、（3）步骤；

（2）确定是否进行受剪承载力计算；

（3）确定是否进行受扭承载力计算。

3. 确定箍筋用量

（1）混凝土受扭能力降低系数 β_t；

（2）计算受剪所需单肢箍筋的用量 A_{sv1}/s_v；

（3）计算受扭所需单肢箍筋的用量 A_{st1}/s_t；

（4）计算剪扭箍筋的单肢总用量 A_{svt1}/s，并选箍筋；

（5）验算箍筋最小配箍率。

4. 确定纵筋用量

（1）算受扭纵筋的截面面积 A_{stl}，并验算最小配筋量；

（2）计算受弯纵筋的截面面积 A_s，并验算最小配筋量；

（3）弯、扭纵筋相叠加，并选筋；叠加原则：A_s 配在受拉边，A_{stl} 沿截面周边均匀对称布置。

【例 3-12】 一承受均布荷载的弯、剪、扭构件，截面尺寸 $b\times h=250\text{mm}\times600\text{mm}$，混凝土为 C20 级（$f_t=1.1\text{N/mm}^2$，$f_c=9.6\text{N/mm}^2$），纵筋为 HRB400

($f_y=360\text{N/mm}^2$)，箍筋为HPB300 ($f_y=270\text{N/mm}^2$)；已求得支座处负弯矩设计值$M=100\text{kN}\cdot\text{m}$，剪力设计值$V=68\text{kN}$，扭矩设计值$T=25\text{kN}\cdot\text{m}$。环境类别为一类，保护层厚度为20mm，试设计该构件。

【解】

1. 验算截面尺寸

$$W_t=\frac{b^2}{6}(3h-b)=\frac{250^2}{6}\times(3\times600-250)=1.615\times10^7\text{mm}^3$$

假设箍筋为Φ10，纵筋直径$d=20\text{mm}$，故

$h_0=h-c-d_v-d/2=600-20-10-10=560\text{mm}$，近似取$h_0=565\text{mm}$，则

$$h_w/b=h_0/b=565/250=2.26<4$$

$$\frac{V}{bh_0}+\frac{T}{0.8W_t}=\frac{68\times10^3}{250\times565}+\frac{25\times10^6}{0.8\times1.615\times10^7}=0.481+1.935$$

$$=2.416\text{N/mm}^2<0.25\beta_c f_c=0.25\times1.0\times9.6=2.4\text{N/mm}^2$$

截面尺寸满足要求。

2. 确定是否需要进行受扭和受剪承载力计算

$$\frac{V}{bh_0}+\frac{T}{W_t}=\frac{68\times10^3}{250\times565}+\frac{25\times10^6}{1.615\times10^7}=2.029>0.7f_t$$

$$=0.7\times1.1=0.77$$

需剪扭计算。

$$0.35f_t bh_0=0.35\times1.1\times250\times565=54.38\text{kN}<V=68\text{kN}$$

需受剪计算。

$$0.175f_tW_t=0.175\times1.1\times1.615\times10^7=3.11\text{kN}\cdot\text{m}<T=25\text{kN}\cdot\text{m}$$

需受扭计算。

3. 确定箍筋用量

$$\beta_t=\frac{1.5}{1+0.5\dfrac{VW_t}{Tbh_0}}=\frac{1.5}{1+0.5\times\dfrac{68\times10^3\times1.615\times10^7}{25\times10^6\times250\times565}}$$

$$=1.3>1，取\beta_t=1$$

$$V=(1.5-\beta_t)0.7f_tbh_0+f_{yv}\frac{nA_{sv1}}{s_v}h_0$$

$$68000=(1.5-1)\times0.7\times1.1\times250\times565+270\times\frac{2A_{sv1}}{s_v}\times565$$

$$\frac{A_{sv1}}{s_v}=\frac{68000-54381}{270\times2\times565}=0.045$$

取$\zeta=1.2$

$$T = 0.35\beta_t f_t W_t + 1.2\sqrt{\zeta} f_{yv} \frac{A_{st1} A_{cor}}{s_t}$$

$$25 \times 10^6 = 0.35 \times 1.0 \times 1.1 \times 1.615 \times 10^7 + 1.2\sqrt{1.2} \times 270 \frac{A_{st1}}{s_t} \times 200 \times 550$$

$$\frac{A_{st1}}{s_t} = \frac{25 \times 10^6 - 6.218 \times 10^6}{30.365 \times 10^6} = 0.481$$

故 $$\frac{A_{svt1}}{s} = \frac{A_{sv1}}{s_v} + \frac{A_{st1}}{s_t} = 0.045 + 0.481 = 0.526$$

选用Φ 10 箍筋，$A_{stv1} = 78.5\text{mm}^2$，则

$s = 78.5/0.526 = 149\text{mm}$，取 $s = 100\text{mm}$，则

$$\rho_{svt,min} = 0.28 f_t / f_{yv} = 0.28 \times 1.1/270 = 0.0011$$

实配箍筋配筋率为：

$$\rho_{svt} = \frac{nA_{svt1}}{bs} = \frac{2 \times 78.5}{250 \times 100} = 0.00628 > \rho_{svt,min}$$

满足要求。

4. 确定纵筋用量

$$A_{stl} = \frac{\zeta f_{yv} A_{st1} u_{cor}}{f_y s_t} = \frac{1.2 \times 270 \times 0.481 \times (200 + 550)}{360} = 650\text{mm}^2$$

$$> \rho_{stl,min} bh = 0.6\sqrt{\frac{T}{Vb}} \frac{f_t}{f_y} bh = 0.6 \times \sqrt{\frac{25 \times 10^6}{68 \times 10^3 \times 250}} \times \frac{1.1}{360} \times 250 \times 600$$

$$= 333\text{mm}^2$$

$$\alpha_s = \frac{M}{\alpha_1 f_c b h_0^2} = \frac{100 \times 10^6}{1.0 \times 9.6 \times 250 \times 565^2} = 0.1305$$

$$\xi = 1 - \sqrt{1 - 2\alpha_s} = 1 - \sqrt{1 - 2 \times 0.1305} = 0.140 < \xi_b = 0.518$$

$$A_s = \xi b h_0 \cdot \frac{\alpha_1 f_c}{f_y} = \frac{0.140 \times 250 \times 565 \times 1.0 \times 9.6}{360} = 527\text{mm}^2$$

$$> \rho_{min} bh = 0.002 \times 250 \times 600 = 300\text{mm}^2$$

$h/b = 600/250 > 2$，为使受扭纵筋的间距不大于梁宽，需将受扭纵筋沿截面高度三等分，则截面上、中、下所需的配筋量为：

下部：$A_s + 0.25A_{stl} = 527 + 0.25 \times 650 = 690\text{mm}^2$

选用 3 Φ 18（763mm^2）

中部：（两排）每排 $0.25A_{stl} = 163\text{mm}^2$

选用 2 Φ 12（226mm²）

上部：$0.25A_{stl}=163\text{mm}^2$

选用 2 Φ 12（226mm²）

截面配筋如图 3-43 所示。

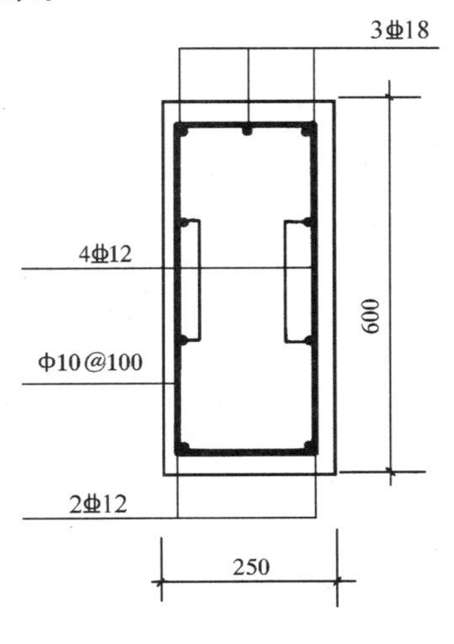

图 3-43　截面配筋图

第四节　钢筋混凝土轴心受力构件承载力计算

轴心受力构件是指纵向力 N 作用在构件截面形心上的构件，包括轴心受压构件和轴心受拉构件。工程上常见的如屋架的受压斜腹杆，多层框架的承受恒载为主的中柱等，如图 3-44 所示。

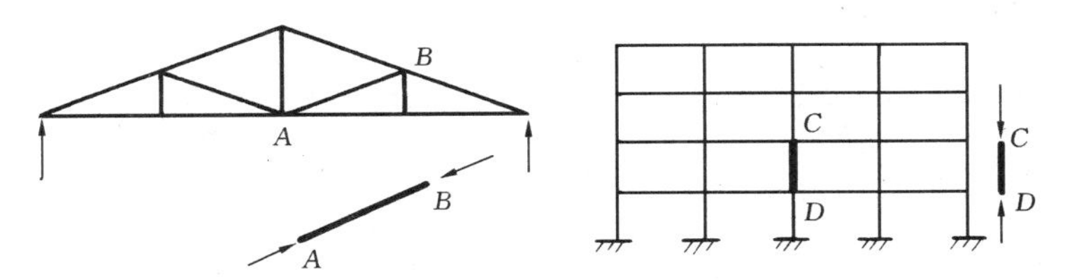

图 3-44　轴心受力构件的受力形态

一、轴心受压构件配有纵筋及箍筋

根据配筋方式不同，钢筋混凝土轴心受压构件有两种：一种是配有箍筋或在纵向钢筋上焊有横向钢筋的普通钢箍轴心受压构件，另一种是采用螺旋式或焊接环式间接钢筋的螺旋钢箍轴心受压构件，如图 3-45 所示。

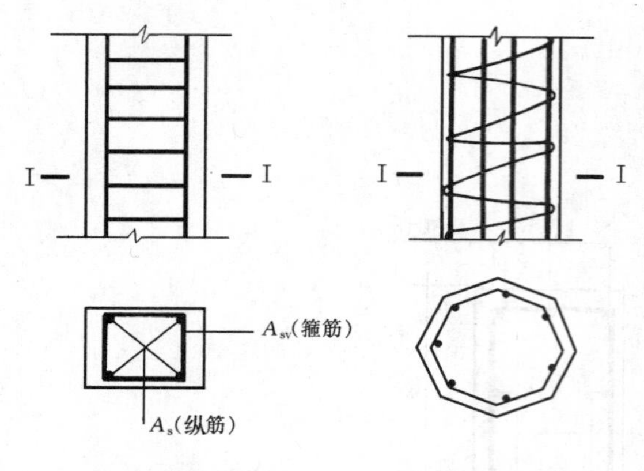

图 3-45 普通钢箍、螺旋箍轴压构件

（一）普通钢箍轴心受压构件正截面承载力计算

1. 试验研究分析

轴心受压构件按长细比不同分为短柱和长柱，《混凝土结构设计规范》规定以为 $l_0/i=28$ 为界，其中 l_0 为柱的计算长度，i 为截面的最小回转半径。

从大量短柱试验研究分析可知，在构件破坏时，钢筋能达到屈服，混凝土能达到极限压应变 ε_u 而破坏。根据内外力平衡条件及应力应变关系直接求得：

混凝土压应力：

$$\sigma'_c=\frac{N}{\left(A_c+\frac{\alpha_E}{\upsilon}A_s\right)} \tag{3-89}$$

钢筋的压应力：

$$\sigma'_s=\frac{N}{\left(A_c\frac{\alpha_E}{\upsilon}+A'_s\right)} \tag{3-90}$$

式中 υ——混凝土弹性系数；

α_E——钢筋与混凝土弹性模量之比，即 $\alpha_E=E_s/E_c$。

当 N 较小时，构件处于弹性阶段，此时弹性系数 $\upsilon=1$，故钢筋应力 σ'_s 与混凝土应力 σ'_c 成直线增长，当 N 增大时，混凝土出现塑性应变，弹性系数 υ 就减小。因此 σ'_s 和 σ'_c 的应力增长就成曲线形状，如图 3-46 所示。

短柱的试验表明，混凝土可以达到极限压缩应变 ε_u 而破坏。但随着短柱中纵筋配筋率的增大，混凝土峰值应力变化不大，但峰值应变有较明显增大，超过素混凝土最大轴心压应变 0.002，可以达到 0.0025，甚至更大。这是由于钢筋和混凝土之间存在很好的粘结，当混凝土应力接近或达峰值时，其应力可向纵筋卸载，同时所配箍筋也对混凝土起到一定的约束作用，这些均使轴心受压构件的钢筋混凝土最大应变增加。这样就使所有的热轧钢筋（包括 HRB500 级、HRBF500 级钢筋）

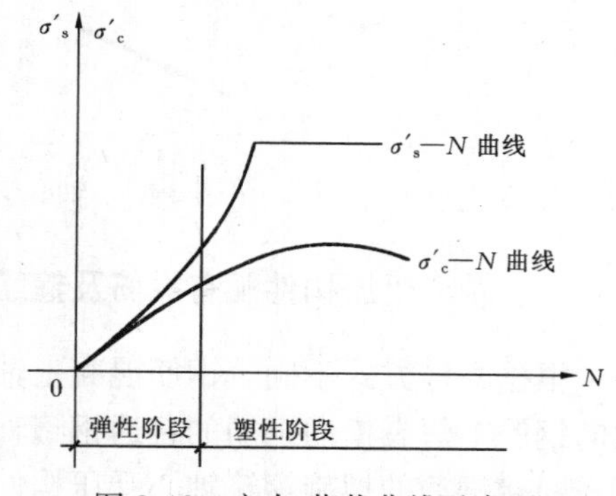

图 3-46 应力-荷载曲线示意图

的抗压强度也能够得到充分发挥。因此，《混凝土结构设计规范》（GB 50010—2010）规定，热轧钢筋的抗压强度设计值取 $f'_y = f_y$，其中 HRB500，HRBF500 级钢筋的抗压强度设计值为 $f'_y = f_y = 435\text{N/mm}^2$。

对于长柱的承载能力低于相同条件下的短柱承载能力。目前《混凝土结构设计规范》（GB 50010—2010）采用引稳定系数 φ 来考虑这个因素，φ 值随着长细比的增大而减小，可查表 3-7，0.9 这个系数是考虑到与偏心受压构件正截面承载力计算具有相近的可靠度。

钢筋混凝土受压构件的稳定系数 φ　　**表 3-7**

l_0/b	≤8	10	12	14	16	18	20	22	24	26	28	30	32	34	36	38
l_0/d	≤7	8.5	10.5	12	14	15.5	17	19	21	22.5	24	26	28	29.5	31	33
l_0/I	≤28	35	42	48	55	62	69	76	83	90	97	104	111	118	125	132
φ	1.00	0.98	0.95	0.92	0.87	0.81	0.76	0.70	0.65	0.60	0.56	0.52	0.48	0.44	0.40	0.36

注：l_0—构件计算长度；b—矩形截面短边；d—圆形截面直径；I—截面最小回转半径，$i=\sqrt{\frac{I}{A}}$。

2. 基本计算公式

如图 3-47 所示，在轴向力设计值 N 作用下，轴心受压构件承载力可按式（3-91）计算：

$$N \leqslant 0.9\varphi(f_c A + f'_y A'_s) \tag{3-91}$$

式中　φ——稳定系数，按表 3-8 取用；

N——轴向力设计值；

f'_y——钢筋抗压强度设计值；

f_c——混凝土轴心抗压强度设计值；

A'_s——纵向受压钢筋截面面积；

A——混凝土截面面积，当纵向钢筋配筋率大于 3%时，A 改用 $A_c = A - A'_s$。

3. 构造要求

（1）材料构造要求

混凝土抗压强度较高，为了减少柱截面尺寸，节约钢筋用量，应该采用强度等级较高的混凝土，对于高层建筑的底层柱，必要时可采用更高强度等级的混凝土。但钢筋也可采用更高强度的钢筋，这是由于它与混凝土共同工作时，能够达到其抗压屈服强度。

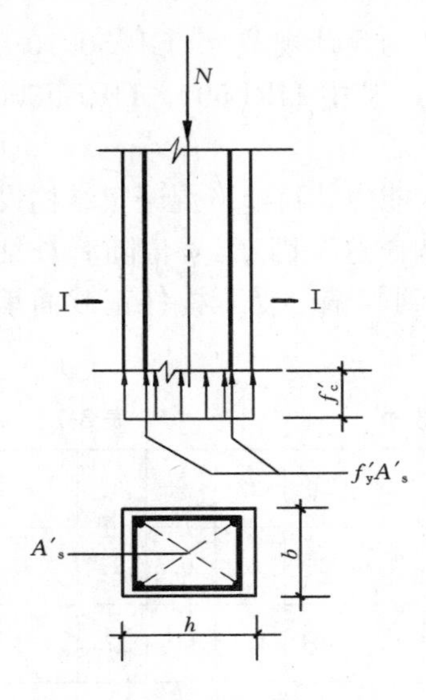

图 3-47 轴心受压柱计算图

（2）截面形式及尺寸

轴心受压构件一般都采用正方形。只是在建筑上有美观要求时才采用圆形及其他截面形式。为了施工方便，截面尺寸一般不小于 250mm×250mm，而且要符合模数，800mm 以下采用 50mm 的模数，800mm 以上则采用 100mm 模数。

（3）纵筋的直径与配筋率

纵筋是钢筋骨架的主要组成部分，为便于施工和保证骨架有足够的刚度，纵筋直径不宜小于 12mm。通常选用 16～28mm。纵筋要沿截面四周均匀布置，不得少于 4 根。全部受压钢筋的最小配筋率对强度等级为 300N/mm²、335N/mm² 的钢筋为 0.6%，对强度等级为 400N/mm² 的钢筋为 0.55%，对强度等级为 500N/mm² 的钢筋为 0.5%，同时一侧的纵向钢筋最小配筋率为 0.2%。详见附表 3-6。纵筋间距一般不小于 50mm。当构件在水平位置浇筑时，纵筋净距不应小于 30mm 和 1.5 倍纵筋直径。

（4）箍筋直径与间距

在柱中及其他受压构件中的箍筋应为封闭式。箍筋直径不应小于 $d/4$（d 为纵向钢筋的最大直径），且不应小于 6mm。箍筋间距不应大于 400mm，且不应大于构件截面的短边尺寸；同时，在绑扎骨架中，不应大于 $15d$；在焊接骨架中，不应大于 $20d$（d 为纵向钢筋的最小直径）。当柱中全部纵向钢筋配筋率超过 3%时，箍筋直径不宜小于 8mm，间距不应大于纵向钢筋最小直径的 10 倍，且不应大于 200mm。箍筋应焊成封闭环式，或在箍筋末端做成不小于 135°的弯钩，弯钩末端平直段长度不小于 10 倍箍筋直径。当柱截面短边大于 400mm 且各边纵向钢筋多于 3 根时，或当柱截面短边未超过 400mm 但各边纵向钢筋多于 4 根时，应设置复合箍筋，如图 3-48 所示。

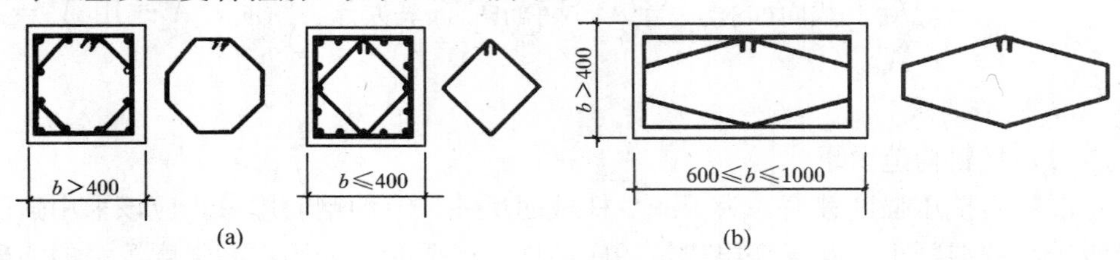

图 3-48 箍筋形式

【例 3-13】 某钢筋混凝土柱，承受轴心压力设计值 $N=2600$kN，若柱的计算长度为 5.0m，选用 C25 混凝土（$f_c=11.9\text{N/mm}^2$），热轧钢筋 HRB400（$f'_y=360\text{N/mm}^2$），截面尺寸 $b\times h=400\text{mm}\times 400\text{mm}$，试求该柱所需钢筋截面面积。

【解】

1. 确定稳定系数 φ

由 $l_0/b=5000/400=12.5$，查表 3-7 得：$\varphi=0.94$。

2. 由公式 $N=0.9\varphi(f_cA+f'_yA'_s)$ 得

$$A'_s=\frac{\left(\dfrac{N}{0.9\varphi}-f_cA\right)}{f'_y}=\frac{\left(\dfrac{2600000}{0.9\times 0.94}-11.9\times 400\times 400\right)}{360}=3248\text{mm}^2$$

选用钢筋 4 Φ 25+4 Φ 20（$A'_s=3220\text{mm}^2$）。

3. 验算配筋率

$$\rho'=\frac{A'_s}{A}=\frac{3220}{400\times 400}$$

$$=2.01\%>0.6\%\text{ 而}<3\%$$

截面配筋如图 3-49 所示。

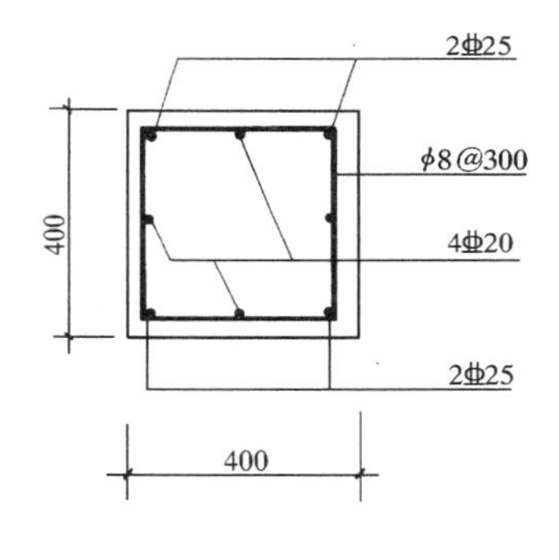

图 3-49　截面配筋图

（二）配有螺旋箍轴心受压构件正截面承载力计算

1. 试验研究分析

由于此时混凝土处于三向受压状态，将有效阻止混凝土在轴向压力作用下所产生的侧向变形和内部微裂缝的发展，从而使混凝土抗压强度得到提高。当轴向压力逐步加大，混凝土的压应变超过无约束时的极限压应变后，混凝土表皮就剥落。当箍筋达到抗拉屈服强度后，就不能有效约束混凝土侧向变形，最后构件就达到破坏，如图 3-50 所示。

2. 承载力计算

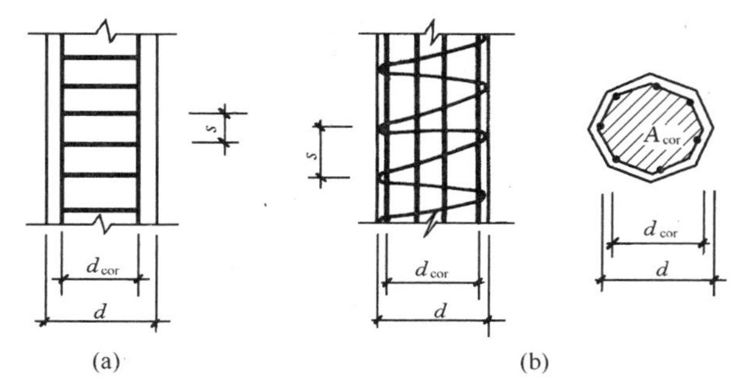

图 3-50　配螺旋式或焊接环式间接钢筋截面图

（a）焊接环式；（b）螺旋式

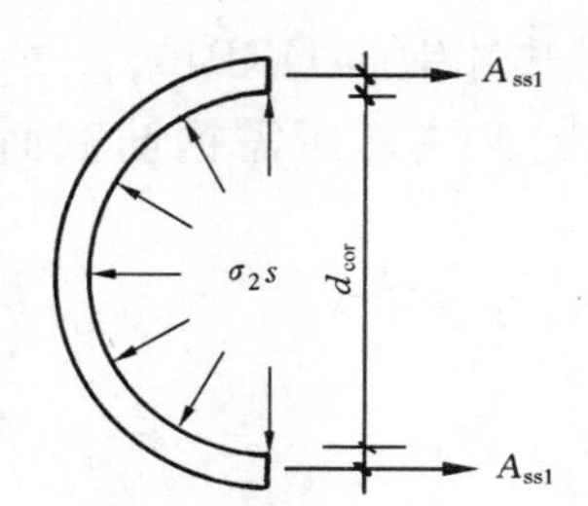

图 3-51　混凝土径向压力示意图

当有径向压应力 σ_2 从周围作用在混凝土上时，其抗压强度将由单向受压时的 f_c 提高到 f_{c1}，即

$$f_{c1} = f_c + 4\sigma_2 \tag{3-92}$$

由隔离体平衡得到（图 3-51）：

$$\sigma_2 s d_{cor} = 2f_y A_{ss1} \tag{3-93a}$$

$$\sigma_2 = \frac{2f_y A_{ss1}}{s d_{cor}} \tag{3-93b}$$

式中　A_{ss1}——螺旋式或焊接环式单根间接钢筋截面面积；

s——沿构件轴线方向间接钢筋间距；

d_{cor}——构件核心直径；

f_y——间接钢筋抗拉强度设计值。

那么式（3-92）变形后得：

$$f_{c1} = f_c + \frac{8f_y A_{ss1}}{s d_{cor}} \tag{3-94}$$

根据轴心受力平衡条件，其正截面受压承载力计算如下：

$$N \leqslant f_{c1} A_{cor} + f'_y A'_s \tag{3-95}$$

式子变换后得：

$$N \leqslant f_c A_{cor} + f'_y A'_s + 2f_y A_{ss0} \tag{3-96}$$

式中　A_{cor}——构件核心截面面积，$A_{cor} = \frac{\pi d_{cor}^2}{4}$；

A_{ss0}——螺旋式（或焊接环式）间接钢筋的换算截面面积，$A_{ss0} = \frac{\pi d_{cor} A_{ss1}}{s}$。

但考虑到混凝土强度等级大于 C50 时，间接钢筋对混凝土约束作用将会降低，给出一个折减系数 α，当混凝土强度等级为 C80 时，取 0.85；当混凝土强度等级不超过 C50 时，取 1.0；其间按线性内插法取用。最后配有螺旋箍或焊接环式间接钢筋的轴压构件正截面承载力计算公式变为：

$$N \leqslant 0.9(f_c A_{cor} + f'_y A'_s + 2\alpha f_y A_{ss0}) \tag{3-97}$$

按式（3-97）算得构件受压承载力设计值不应大于按式（3-91）算得构件受压承载力设计值的 1.5 倍。

当遇到下列任意一种情况时，不考虑间接钢筋影响，而按式（3-91）进行计算：

（1）当 $l_0/d>12$ 时；

（2）当按式（3-97）算得的受压承载力小于按式（3-91）算得的受压承载力时；

（3）当间接钢筋的换算截面面积 A_{ss0} 小于纵向钢筋的全部截面面积 25%时。

3. 构造要求

在计算中考虑间接钢筋作用时，其螺距（或环形箍筋间距）s 不应大于 80mm 及 $d_{cor}/5$，同时亦不应小于 40mm。螺旋箍筋柱截面尺寸常做成圆形或正多边形，纵向钢筋可选 6～8 根沿截面周边均匀布置。

【例 3-14】 某大楼底层门厅现浇钢筋混凝土柱，已求得轴向力设计值 $N=$ 2950kN，计算高度 $l_0=4.2$m；根据建筑设计要求，柱为圆形截面，直径 $d=$ 400mm；采用 C30 混凝土（$f_c=14.3\text{N/mm}^2$）；已按普通箍筋设计，发现配筋率过高，且混凝土等级不宜再提高。试按螺旋箍筋柱进行设计，纵向受力钢筋及螺旋箍筋均采用 HRB400（$f'_y=f_y=360\text{N/mm}^2$）。

【解】

1. 判别螺旋箍筋柱是否适用

$$l_0/d=4200/400=10.5<12(\text{适用})$$

2. 选用 A'_s

$$A=\frac{\pi d^2}{4}=\frac{\pi\times400^2}{4}=125664\text{mm}^2$$

取 $\rho'=0.025$，则 $A'_s=\rho' A=0.025\times125664=3142\text{mm}^2$

选用 10 Φ 20（$A'_s=3142\text{mm}^2$）。

3. 求所需的间接钢箍换算面积 A_{ss0} 并验算其用量是否过少

$$d_{cor}=400-50=350\text{mm}$$

$$A_{cor}=\frac{\pi d_{cor}^2}{4}=\frac{\pi\times350^2}{4}=96211\text{mm}^2$$

采用式（3-97），有

$$A_{ss0}=\frac{\frac{N}{0.9}-(f_cA_{cor}+f'_yA'_s)}{2\alpha f_y}$$

$$=\frac{\frac{2950000}{0.9}-(14.3\times96210-360\times3142)}{2\times1\times360}=1070\text{mm}^2$$

$$0.25A'_s=0.25\times3142=786\text{mm}^2<A_{ss0}$$

可以。

4. 确定螺旋箍的直径和间距

选用直径 $d=8$mm，则单肢截面积 $A_{ss1}=50.3\text{mm}^2$，可得：

$$s=\frac{\pi d_{cor}A_{ss1}}{A_{ss0}}=\frac{3.14\times350\times50.3}{1070}=51.4\text{mm}$$

取 $s=40$mm，满足构造要求 $40\text{mm}\leqslant s\leqslant80\text{mm}$ 以及 $s\leqslant0.2d_{cor}$ 的要求。

5. 复核混凝土保护层是否过早脱落

由 l_0/d 查表，得 $\varphi=0.95$

$$1.5\times0.9\varphi(f_cA+f'_yA'_s)=1.5\times0.9\times0.95\times(14.3\times125664+360\times3142)$$
$$=3755307\text{N}=3755\text{kN}>\text{N}=2950\text{kN}$$

可以。

二、轴心受拉构件正截面承载力计算

1. 试验研究分析

轴心受拉构件从加载到破坏经历了混凝土出现裂缝（裂缝出现后，混凝土退出工作）到钢筋屈服，最后拉力全部由钢筋来承担。

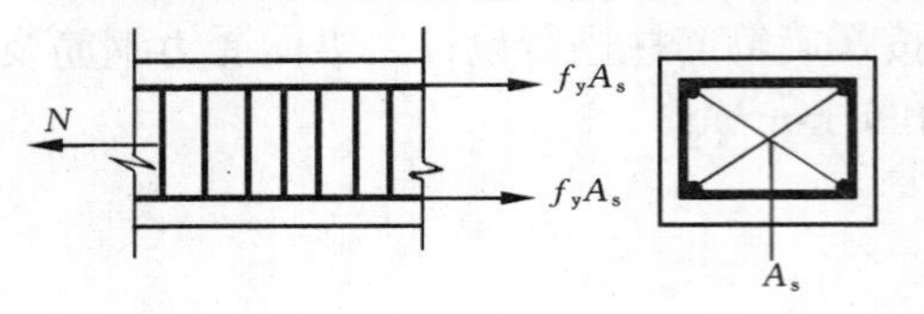

图 3-52　轴心受拉构件计算简图

2. 正截面承载力计算公式

根据图 3-52 的内外力平衡可得：

$$N\leqslant f_yA_s \tag{3-98}$$

式中　N——轴向拉力设计值；

f_y——受拉钢筋的抗拉强度设计值；

A_s——受拉钢筋的截面面积。

第五节　偏心受力构件承载力计算

偏心受力构件是指纵向力 N 作用线偏离构件轴线或同时作用轴力及弯矩的构件，包括偏心受压构件见图 3-53（a）、（b）和偏心受拉构件见图 3-53（c）、（d）。

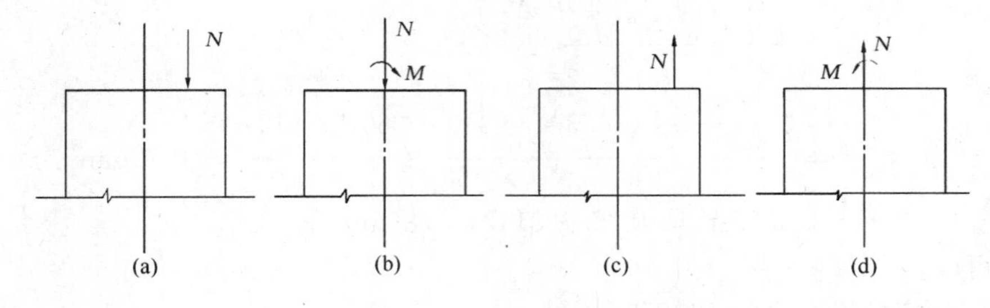

图 3-53　偏心受力构件受力形态

工程中大多数竖向构件（如单层工业厂房的排架柱，多层及高层房屋的钢筋混凝土墙、柱等）都是偏心受压构件；而承受节间荷载的桁架拉杆、矩形截面水池的池壁等，则属于偏心受拉构件。

一、偏心受压构件正截面承载力计算

（一）试验研究分析

根据大量试验研究，钢筋混凝土偏心受压构件破坏分为两种情况：

1. 当偏心距较大，且受拉钢筋配置得不太多时，发生的破坏属大偏压破坏。这种破坏特点是受拉区、受压区的钢筋都能达到屈服，受压区的混凝土也能达到极限压应变，如图 3-54（a）所示。

2. 当偏心距较小或很小时，或者虽然相对偏心距较大，但此时配置了很多的受拉钢筋时，发生的破坏属小偏压破坏。这种破坏特点是，靠近纵向力那一端的钢筋能达到屈服，混凝土被压碎，而远离纵向力那一端的钢筋不管是受拉还是受压，一般情况下达不到屈服，如图 3-54（b）、（c）所示。

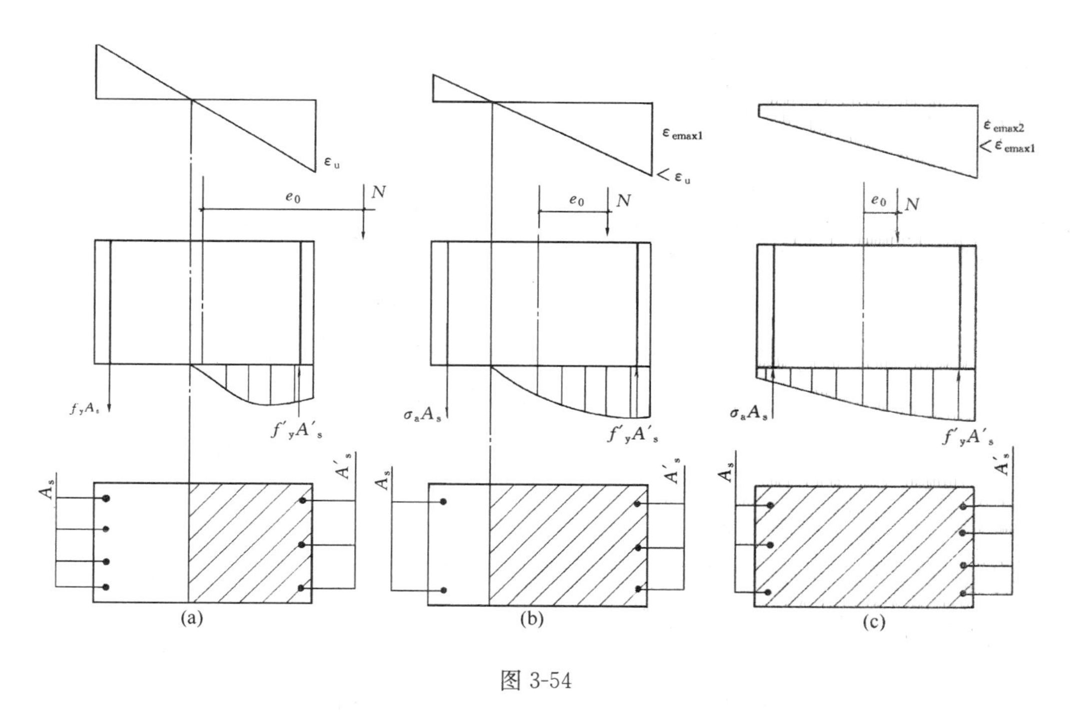

图 3-54

（二）界限破坏及大小偏心受压的分界

1. 界限破坏

在大偏心受压破坏和小偏心受压破坏之间，从理论上考虑存在一种“界限破坏”状态；当受拉区的受拉钢筋达到屈服时，受压区边缘混凝土的压应变刚好达到极限压应变值 ε_{cu}。这种特殊状态可作为区分大小偏压的界限。二者本质区别在于受拉区的钢筋是否屈服。

2. 大小偏心受压的分界

由于大偏心受压与受弯构件的适筋梁破坏特征类同，因此，也可用相对受压区高度比值大小来判别。

当 $\xi\left(\xi=\dfrac{x}{h_0}\right)<\xi_b\left[\xi_b=\dfrac{\beta_1}{1+\dfrac{f_y}{E_s\varepsilon_{cu}}}\right]$ 时，截面属于大偏压；

当 $\xi>\xi_b$ 时，截面属于小偏压；

当 $\xi=\xi_b$ 时，截面处于界限状态。

（三）弯矩和轴心压力对偏心受压构件正截面承载力的影响

偏心受压构件是弯矩和轴力共同作用的构件。弯矩与轴力对于构件作用彼此之间相互牵制，对于构件的破坏很有影响。如对给定材料、截面尺寸和配筋的偏心受力构件，在达到承载力极限状态时，截面承受的轴力与弯矩具有相关性，即构件可以在不同的轴力和弯矩组合下达到承载力极限状态。具体讲，在大偏压破坏情况下，随着构件轴力的增加，构件的抗弯能力提高，但在小偏心受压破坏情况下，随着构件轴力的增加，构件的抗弯能力反而减小，而在界限状态时，一般构件能承受弯矩的能力达到最大值，如图 3-55 所示。

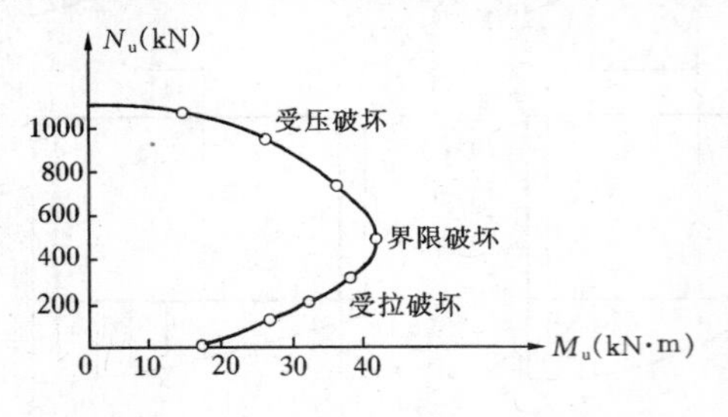

图 3-55 N_u-M_u 相关曲线

（四）附加偏心距

由于工程中实际存在着荷载作用位置的不定性，混凝土的不均匀性及施工的偏差等因素，都可能产生附加偏心距。因此，《混凝土结构设计规范》（GB 50010—2010）规定，在偏心受压构件正截面承载力计算中，应计入轴向压力在偏心方向存在的附加偏心距 e_a，其值应取 20mm 和偏心方向截面尺寸的 1/30 两者中的较大值。引进附加偏心距后，在计算偏心受压构件正截面承载力时，应将轴向力作用点到截面形心的偏心距取为 e_i，称为初始偏心距，即

$$e_i=e_0+e_a \tag{3-99}$$

（五）偏心受压长柱的纵向弯曲影响

根据钢筋混凝土偏压柱的长细比大小不同，可分为：

短柱（如矩形截面时），可以不考虑纵向弯曲引起的附加弯矩对构件承载力的影响，构件的破坏是材料破坏引起的。

长柱（如矩形截面时）由于长细比较大，其正截面受压承载力比短柱相比降低很多，但构件的最终破坏还是材料破坏。

细长柱（长细比很大的柱），构件的破坏已不是由于构件的材料破坏所引起

的，而是由于构件的纵向弯曲失去平衡引起破坏，称为失稳破坏。

在实际工程中，必须避免失稳破坏，对于短柱，可忽略纵向弯曲的影响。因此，需要考虑纵向弯曲影响的是一般中长柱。在《混凝土结构设计规范》（GB 50010—2010）中，采用将柱端的附加弯矩计算用偏心距调节系数和弯矩增大系数来表示，即偏心受压构件的设计弯矩（考虑了附加弯矩后）为原柱端最大弯矩 M_2 乘以偏心距调节系数 C_m 和弯矩增大系数 η_{nc} 的方法来解决纵向弯曲影响的问题。

《混凝土结构设计规范》（GB 50010—2010）规定：弯矩作用平面内，截面对称的偏心受压构件，当同一主轴方向的杆端弯矩比 M_1/M_2 不大于 0.9，且设计轴压比不大于 0.9 时，若构件长细比满足式（3-100）时，可不考虑该方向构件自身挠曲产生的附加弯矩影响；当不满足式（3-100）时，附加弯矩的影响不可忽略，需按截面的两个主轴方向分别考虑构件自身挠曲产生的附加弯矩影响。

$$\frac{l_0}{i} \leqslant 34 - 12\left(\frac{M_1}{M_2}\right) \tag{3-100}$$

式中　M_1、M_2——偏心受压构件两端截面按结构分析确定的对同一主轴的弯矩设计值，绝对值较大端为 M_2，绝对值较小端为 M_1，当构件按单曲率弯曲时，M_1/M_2 为正，否则为负；

l_0——构件的计算长度；

i——偏心方向截面的回转半径。

1. 偏心距调节系数 C_m

对于弯矩作用平面内截面对称的偏心受压构件，同一主轴方向两端杆端弯矩大多不相同，但也存在单曲率弯曲（M_1/M_2 为正）时，二者大小接近的情况，即比值 M_1/M_2 大于 0.9，此时该柱在柱两端相同方向，几乎相同大小弯矩作用下将产生最大的偏心距，使该柱处于最不利受力状态，因此，在这种情况下，需考虑偏心距调节系数，《混凝土结构设计规范》（GB 50010—2010）规定偏心距调节系数采用以下公式计算：

$$C_m = 0.7 + 0.3\frac{M_1}{M_2} \geqslant 0.7 \tag{3-101a}$$

2. 弯矩增大系数 η_{nc}

弯矩增大系数是考虑侧向挠度影响，可表示为：

$$M = N\,(e_0 + f) = N\frac{e_0 + f}{e_0} = N\eta_{ns}e_0 \tag{3-101b}$$

式中　$\eta_{ns} = \dfrac{e_0 + f}{e_0} = 1 + \dfrac{f}{e_0}$，称为弯矩增大系数，《混凝土结构设计规范》（GB 50010—2010）给出的弯矩增大系数计算公式为：

$$\eta_{ns}=1+\frac{1}{1300\left(\frac{M_2}{N}+e_a\right)h_0}\left(\frac{l_0}{h}\right)^2\zeta_c \tag{3-101c}$$

$$\zeta_c=\frac{N_b}{N}=\frac{0.5f_cA_c}{N} \tag{3-101d}$$

式中 ζ_c——截面曲率的修正系数，当计算值大于 1.0 时，取 1.0；

M_2——偏心受压构件两端截面按结构分析确定的弯矩设计值中绝对值较大的弯矩设计值；

N——与弯矩设计值 M_2 相应的轴向压力设计值。

3. 控制截面弯矩设计值计算方法

$$M=C_m\eta_{ns}M_2 \tag{3-101e}$$

其中，当 $C_m\eta_{ns}$ 小于 1.0 时，取 1.0；对剪力墙肢及核心筒墙肢等构件，可取 $C_m\eta_{ns}$ 等于 1.0。

（六）矩形截面偏心受压构件正截面受压承载力计算

1. 正截面受压承载力计算公式

矩形截面偏心受压构件正截面受压承载力计算简图如图 3-56 所示，由静力平衡条件可得：

$$N\leqslant\alpha_1f_cbx+f'_yA'_s-\sigma_sA_s \tag{3-102}$$

$$Ne\leqslant\alpha_1f_cbx\left(h_0-\frac{x}{2}\right)+f'_yA'_s(h_0-a'_s) \tag{3-103}$$

$$e=e_i+\frac{h}{2}-a_s \tag{3-104}$$

$$e_i=e_0+e_a \tag{3-105}$$

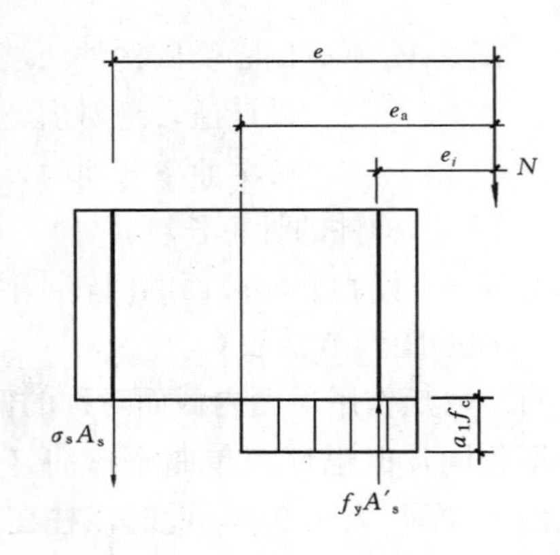

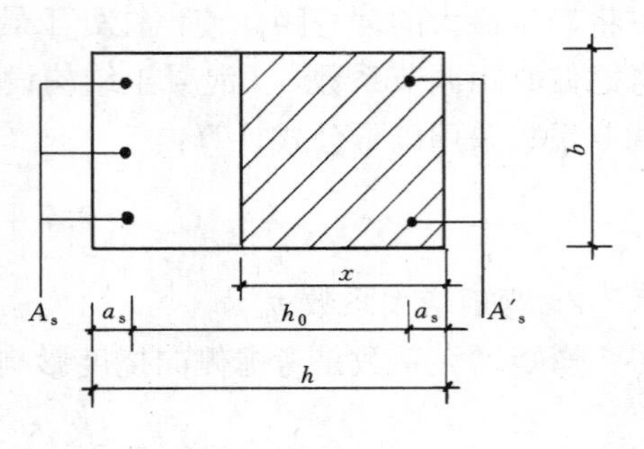

图 3-56 偏心受压构件正截面承载力计算图形

式中 e——轴向力作用点到受拉钢筋合力点之间的距离；

e_i——初始偏心距；

a'_s——受压钢筋合力点到截面受压边缘的距离；

a_s——受拉钢筋合力点到截面受拉边缘的距离；

e_a——附加偏心距，其值应取 20mm 和偏心方向截面尺寸的 $l/30$ 两者中的较大值；

e_0——轴向压力对截面重心的偏心距，$e_0=M/N$。

将混凝土相对受压区高度 ξ（$\xi=x/h_0$）取代公式中 x 的，可得：

$$N \leqslant \alpha_1 f_c b\xi h_0 + f'_y A'_s - \sigma_s A_s \tag{3-106}$$

$$Ne \leqslant \alpha_1 f_c b h_0^2 \xi(1-0.5\xi) + f'_y A'_s (h_0 - a'_s) \tag{3-107}$$

2. 基本公式中钢筋应力 σ_s 按下列情况计算

（1）当 $\xi \leqslant \xi_b$ 时为大偏心受压构件，取 $\sigma_s=f_y$；

（2）当 $\xi > \xi_b$ 时为小偏心受压构件，σ_s 按下式计算：

$$\sigma_s = E_s \varepsilon_{cu}\left(\frac{\beta_1 h_0}{x} - 1\right) \tag{3-108a}$$

或

$$\sigma_s = \frac{f_y}{\xi_b - \beta_1}\left(\frac{x}{h_0} - \beta_1\right) \tag{3-108b}$$

且求出的 σ_s 还应符合：$f'_y \leqslant \sigma_s \leqslant f_y$，当计算的 σ_s 为拉应力且其值大于 f_y 时，取 $\sigma_s=f_y$，当 σ_s 为压应力且其绝对值大于 f'_y 时，取 $\sigma_s=-f'_y$。

式中　h_0——纵向钢筋截面重心到截面受压边缘的距离；

　　x——等效矩形应力图形的混凝土受压区高度。

3. 基本公式中 $x \geqslant 2a'_s$ 条件满足时，才能保证受压钢筋达到屈服。当 $x < 2a'_s$ 时，受压钢筋达不到屈服，其正截面的承载力按下式计算：

$$Ne'_s \leqslant f_y A_s (h - a_s - a'_s) \tag{3-109}$$

式中　e'_s——轴向压力作用点到受压纵向钢筋合力点的距离，在计算中应计入偏心距增大系数。

4. 矩形截面非对称配筋的小偏心受压构件，当 $N > f_c bh$ 时，尚应按下列公式验算：

$$Ne' \leqslant \alpha_1 f_c bh\left(h'_0 - \frac{1}{2}h\right) + f'_y A'_s (h'_0 - a_s) \tag{3-110}$$

$$e' = \frac{h}{2} - a'_s - (e_0 - e_a) \tag{3-111}$$

式中　e'——轴向压力作用点到受压区纵向钢筋合力点的距离；

　　h'_0——纵向受压钢筋合力点到截面远边的距离。

（七）垂直于弯矩作用平面的受压承载力验算

当轴向压力设计值 N 较大且弯矩作用平面内的偏心距较小时，若垂直于弯矩作用平面的长细比较大或边长较小时，则有可能由垂直于弯矩作用平面的轴心受压承载力起控制作用。因此，《混凝土结构设计规范》规定：偏心受压构件除应计算弯矩作用平面的受压承载力外，尚应按轴心受压构件验算垂直于弯矩作用平面的受压承载力，此时，可不计入弯矩的作用，但应考虑稳定系数的 φ 影响。

（八）矩形截面非对称配筋的计算方法

计算可分为截面选择（设计题）和承载力验算（复核题）两类。

1. 截面选择（设计题）

截面设计一般指配筋计算。在 A_s 及 A'_s 在未确定以前，ξ 值是无法直接计算出来的。因此就无法用 ξ 和 ξ_b 作比较来判别是大偏压还是小偏压。根据常用的材料强度及统计资料可知：在一般情况下，当 $e_i > 0.3h_0$ 时，可按大偏压情况计算 A_s 及 A'_s；当 $e_i \leqslant 0.3h_0$ 时，可按小偏压情况计算 A_s 及 A'_s；同时，在所有情况下，A_s 及 A'_s 还要满足最小配筋的规定；同时（$A_s + A'_s$）不宜大于 $0.05bh_0$。

1）大偏心受压（$e_i > 0.3h_0$）

情况一：A_s 及 A'_s 均未知

可利用基本公式（3-106）、式（3-107）计算，但有三个未知数 A_s、A'_s 和 ξ，即要补充一个条件才能得到唯一解。通常以 $A_s + A'_s$ 的总用量为最小作为补充条件，即应该充分发挥受压混凝土的作用并保证受拉钢筋屈服，此时，可取 $\xi = \xi_b$。

情况二：已知 A'_s 求 A_s

此时，可直接利用基本公式（3-106）、式（3-107）求得唯一解，其计算过程与双筋矩形截面受弯构件类似，在计算中应注意验算适用条件。

【例 3-15】 某钢筋混凝土矩形柱 $b \times h = 400\text{mm} \times 600\text{mm}$，承受轴向压力设计值 $N = 1000\text{kN}$，柱端较大弯矩设计值 $M_2 = 450\text{kN} \cdot \text{m}$，柱计算长度 $l_0 = 7.0\text{m}$。该柱采用热轧钢筋 HRB400（$f_y = f'_y = 360\text{N/mm}^2$，$\xi_b = 0.518$），混凝土强度等级为 C25（$f_c = 11.9\text{N/mm}^2$），取 $a_s = a'_s = 40\text{mm}$。若采用非对称配筋，试求纵向钢筋的截面面积。（按柱两端弯矩 $M_1/M_2 = 1$ 考虑）

【解】

1. 求框架柱设计弯矩 M

由于 $M_1/M_2 = 1$，$i = \sqrt{\dfrac{I}{A}} = \sqrt{\dfrac{bh^3}{12bh}} = \dfrac{h}{\sqrt{12}} = \dfrac{600}{\sqrt{12}} = 173.2\text{mm}$

则 $\dfrac{l_0}{i} = \dfrac{7000}{173.2} = 40.4 > 34 - 12\left(\dfrac{M_1}{M_2}\right) = 22$，因此，要考虑附加弯矩影响。根据式（3-102b）、式（3-102c）、式（3-102d）、式（3-102e）有：

$$\zeta_c = \frac{0.5f_cA}{N} = \frac{0.5 \times 11.9 \times 400 \times 600}{1000 \times 1000} = 1.43 > 1.0\text{，取 }1.0$$

$$C_m = 0.7 + 0.3\left(\frac{M_1}{M_2}\right) = 1.0$$

$$h_0 = h - a_s = 600 - 35 = 565\text{mm}$$

$$h/30 = 600/30 = 20\text{mm}, e_a = 20\text{mm}$$

$$\eta_{ns} = 1 + \frac{1}{1300\,(M_2/N + e_a)/h_0}\left(\frac{l_0}{h}\right)^2\zeta_c$$

$$=1+\frac{1}{1300\times(450\times1000/1000+20)/565}\times\left(\frac{7000}{600}\right)^2\times1=1.126$$

$$M=C_m\eta_{ns}M_2=1\times1.126\times450=506.7\text{kN}\cdot\text{m}$$

2. 求 e_i 大小，判别大小偏压

$$e_0=M/N=506.7/1000=0.5067\text{m}=506.7\text{mm}$$

$$e_i=e_0+e_a=506.7+20=526.7\text{mm}$$

由于 $e_i=526.7\text{mm}>0.3h_0=0.3\times565=169.5\text{mm}$，可按大偏压计算。

$$e=e_i+\frac{h}{2}-a_s=526.7+600/2-35=526.7+300-35=791.7\text{mm}$$

3. 求受压钢筋截面面积 A'_s

取 $\xi=\xi_b=0.518$ 代入基本公式得：

$$A'_s=\frac{Ne-\alpha_1f_cbh_0\xi_b(1-0.5\xi_b)}{f'_s(h_0-a'_s)}$$

$$=\frac{1000\times10^3\times791-1\times11.9\times400\times565^2\times0.518\times(1-0.5\times0.518)}{360\times(565-35)}$$

$$=1095\text{mm}^2$$

4. 求受拉钢筋截面面积 A_s

$$A_s=\frac{\alpha_1f_cbh_0\xi_b+f'_yA'_s-N}{f_y}=\frac{1\times11.9\times400\times565\times0.518-1000000}{360}$$

$$+1095=2187\text{mm}^2$$

5. 实选受压钢筋 3Φ22

$$A'_s=1140\text{mm}^2>0.002bh=0.002\times400\times600=480\text{mm}^2$$

实选受拉钢筋 2Φ25+3Φ22，$A_s=2122\text{mm}^2>0.002bh=0.002\times400\times600=480\text{mm}^2$

整个纵筋配筋率 $\rho=\dfrac{A_s+A'_s}{bh}=\dfrac{1140+2122}{400\times600}=1.4\%>\rho_{min}=0.55\%$

一侧纵向钢筋配筋率 $\rho=\dfrac{A_s}{bh}=\dfrac{1140}{400\times600}=0.48\%>\rho_{min}=0.2\%$

配筋截面见图 3-57。

【例 3-16】 条件同例 3-15，但已选定受压钢筋为 3Φ25（$A'_s=1473\text{mm}^2$），试求受拉钢筋的截面面积 A_s。

【解】 步骤 1、2 同例 3-15。

3. 求受压区相对高度 ξ，由基本公式变形得：

$$\xi=1-\sqrt{1-\frac{Ne-f'_yA'_s(h_0-a'_s)}{0.5\alpha_1f_cbh_0}}$$

$$= 1-\sqrt{1-\frac{1000000 \times 794.1-360 \times 1473 \times (565-35)}{0.5 \times 1 \times 11.9 \times 400 \times 565^2}}$$

$$= 0.30 < \xi_b = 0.518 > \frac{2a_s}{h_0} = \frac{2 \times 35}{565} = 0.124$$

图 3-57 截面配筋图

4. 求受拉钢筋截面面积 A_s

由基本公式得：

$$A_s = \frac{\alpha_1 f_c b h_0 \xi_b + f'_y A'_s - N}{f_y} = \frac{1 \times 11.9 \times 400 \times 565 \times 0.30 - 1000000}{360} + 1473 = 1907.6\text{mm}^2$$

5. 实选受压钢筋 5 Φ 22$A_s = 1900\text{mm}^2 > 0.002bh = 0.002 \times 400 \times 600 = 480\text{mm}^2$

整个纵筋配筋率 $\rho = \frac{A_s + A'_s}{bh} = \frac{1473+1900}{400 \times 600} = 1.41\% > \rho_{min} = 0.55\%$

一侧纵向钢筋配筋率 $\rho = \frac{A'_s}{bh} = \frac{1473}{400 \times 600} = 0.6\% > \rho_{min} = 0.2\%$

配筋截面见图 3-58。

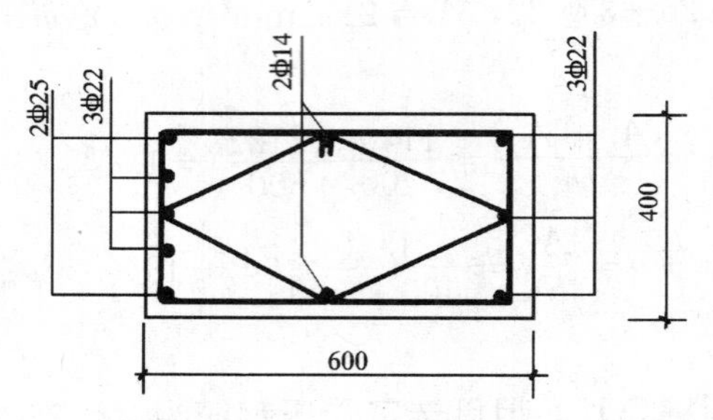

图 3-58 截面配筋图

【例 3-17】 有一矩形截面偏心受压柱，其截面尺寸 $b \times h = 350\text{mm} \times 400\text{mm}$，$l_0 = 2.8\text{m}$，$a_s = a'_s = 35\text{mm}$，C25 混凝土（$f_c = 11.9\text{N/mm}^2$），热轧钢筋 HRB400（$f_y = f'_y = 360\text{N/mm}^2$，$\xi_b = 0.518$），$N = 280\text{kN}$，$M_1 = M_2 = 160\text{kN} \cdot \text{m}$。采用非对称配筋，求 A_s 及 A'_s 。

【解】

1. 求柱的设计弯矩 M

由于 $M_1/M_2=1$，$i=\sqrt{\dfrac{I}{A}}=\sqrt{\dfrac{bh^3}{12bh}}=\dfrac{h}{\sqrt{12}}=\dfrac{400}{\sqrt{12}}=115.5\text{mm}$

则 $\dfrac{l_0}{i}=\dfrac{2800}{115.5}=24.2>34-12\left(\dfrac{M_1}{M_2}\right)=22$，因此，要考虑附加弯矩影响。

$$\zeta_c=\frac{0.5f_cA}{N}=\frac{0.5\times11.9\times350\times400}{2800}=2.98>1.0\text{，取 }1.0$$

$$C_m=0.7+0.3\left(\frac{M_1}{M_2}\right)=1.0$$

$$h/30=400/30=13.3\text{mm}<20\text{mm，取 }e_a=20\text{mm}$$

$$h_0=h-a_5=400-35=365\text{mm}$$

$$\eta_{ns}=1+\frac{1}{1300(M_2/N+e_a)/h_0}\left(\frac{l_0}{h}\right)^2\zeta_c$$

$$=1+\frac{1}{1300\times(160\times1000/280+20)/365}\times\left(\frac{2800}{400}\right)^2\times1=1.02$$

$$M=C_m\eta_{ns}M_2=1\times1.02\times160=163.2\text{kN}\cdot\text{m}$$

2. 求 e_i 大小，判别大小偏压

$$e_0=M/N=163.2/280=0.583\text{m}=583\text{mm}$$

$$e_i=e_0+e_a=583+20=603\text{mm}$$

由于 $e_i=603\text{mm}>0.3h_0=0.3\times365=109.5\text{mm}$，可先按大偏压计算。

$$e=e_i+\frac{h}{2}-a_s=603+400/2-35=768\text{mm}$$

3. 求受压钢筋截面面积

取 $\xi=\xi_b=0.518$ 代入基本公式得：

$$A'_s=\frac{Ne-\alpha_1f_cbh_0\xi_b(1-0.5\xi_b)}{f'_y(h_0-a'_s)}$$

$$=\frac{280\times10^3\times768-1\times11.9\times350\times365^2\times0.518\times(1-0.5\times0.518)}{360\times(365-35)}$$

<0

取 $A'_s=\rho'_{min}bh=0.002\times350\times365=255.5\text{mm}$

选用 2 根Φ 14mm 钢筋（$A_s=308\text{mm}^2$），此时，该题就变成了已知受压钢筋 $A'_s=308\text{mm}^2$，求受拉钢筋 A_s 的问题，以下计算从略。

2）小偏心受压（$e_i<0.3h_0$）

情况一：A_s 及 A'_s 均未知

由基本公式（3-106）、式（3-107）及式（3-108b）可看出，未知数总共有

四个 A_s、A'_s、σ_s 和 ξ，因此要得出唯一解，需要补充一个条件。与大偏压的截面设计相仿，在 A_s 及 A'_s 均未知时，以 $A_s+A'_s$ 为最小作为补充条件。

而在小偏压时，由于远离纵向力那一侧的纵向钢筋不管是受拉还是受压均达不到屈服强度（除非是偏距心距过小，且轴向力很大），因此，一般可取 A_s 为按最小配筋百分率计算出钢筋的截面面积，这样得出的总用钢量为最少。故取：$A_s=\rho_{min}bh$ 。这样解联立方程就可求出 A'_s。

情况二：已知 A_s 求 A'_s，或已知 A'_s 求 A_s

这种情况的未知数与可用的基本公式一致，可直接求出 ξ 和 A_s 或 A'_s 。

【例 3-18】 已知在荷载作用下，柱的纵向力设计值为 $N=2500\text{kN}$，$M_1=M_2=250\text{kN}\cdot\text{m}$，截面尺寸 $b\times h=400\text{mm}\times600\text{mm}$，$a_s=a'_s=35\text{mm}$，混凝土强度等级为 C25（$f_c=11.9\text{N/mm}^2$），热轧钢筋 HRB400（$f_y=f'_y=360\text{N/mm}^2$，$\xi_b=0.518$)，柱计算长度 $l_0=4.5\text{m}$，采用非对称配筋，求 A_s 及 A'_s。

【解】

1. 求柱的设计弯矩 M

由于 $M_1/M_2=1$，$i=\sqrt{\dfrac{I}{A}}=\sqrt{\dfrac{bh^3}{12bh}}=\dfrac{h}{\sqrt{12}}=\dfrac{600}{\sqrt{12}}=173.2\text{mm}$

则 $\dfrac{l_0}{i}=\dfrac{4500}{173.2}=25.98>34-12\left(\dfrac{M_1}{M_2}\right)=22$，因此，需要考虑附加弯矩影响。

$$\zeta_c=\frac{0.5f_cA}{N}=\frac{0.5\times11.9\times40\times600}{2500000}=0.57$$

$$C_m=0.7+0.3\left(\frac{M_1}{M_2}\right)=1.0$$

$$h/30=600/30=20\text{mm},\ e_a=20\text{mm}$$

$$\eta_{ns}=1+\frac{1}{1300\ (M_2/N+e_a)/h_0}\left(\frac{l_0}{h}\right)^2\zeta_c$$

$$=1+\frac{1}{1300\times(250\times1000/2500+20)/565}\times\left(\frac{4500}{600}\right)^2\times1=1.0097$$

$$M=C_m\eta_{ns}M_2=1\times1.0097\times250=252.4\text{kN}\cdot\text{m}$$

2. 求 e_i 大小，判别大小偏压

$$e_0=M/N=252.4/2500=0.101\text{m}=101\text{mm}$$

$$e_i=e_0+e_a=101+20=121\text{mm}<0.3h_0=169.5\text{mm}$$

故按小偏压计算

$$e=e_i+\frac{h}{2}-a_s=121+600/2-35=386\text{mm}$$

3. 求受拉钢筋的截面面积

取 $A_s = \rho_{min}bh = 0.002bh = 0.002 \times 400 \times 600 = 480mm^2$

由基本方程

$$N = \alpha_1 f_c bx + f'_y A'_s - \sigma_s A_s$$

$$\sigma_s = \frac{f_y}{\xi_b - \beta_1}\left(\frac{x}{h_0} - \beta_1\right)$$

$$Ne = \alpha_1 f_c bx\left(h_0 - \frac{x}{2}\right) + f'_y A'_s(h_0 - a'_s)$$

代入数值得：

$$2500 \times 10^3 \times 386 = 1.0 \times 11.9 \times 400x$$
$$+ 360 \times A'_s - \frac{360}{0.518 - 0.8} \times \left(\frac{x}{565} - 0.8\right)$$
$$\times 480 \times 2500 \times 10^3 \times 385 = 1.0 \times 11.9 \times 400x\left(565 - \frac{x}{2}\right)$$
$$+ 360 \times A'_s(565 - 35)$$

化简得：$x^2 + 159.2x - 253331.1 = 0$

解得有效根 $x=430mm<h$

代入上式得：$A'_s = 1325.2mm^2 \approx 1325mm^2$

实选受压钢筋为 3 Φ 25，$A'_s = 1473mm^2 > 0.002bh = 0.002 \times 400 \times 600 = 480mm^2$

整个纵筋配筋率 $\rho = \frac{A_s + A'_s}{bh} = \frac{1473 + 480}{400 \times 600} = 0.8\% > \rho_{min} = 0.55\%$

4. 由于此题属于非对称配筋的小偏压，且 $N<f_c bh$（$2500000<11.9\times400\times600=2856000$）就不需要再按公式 $Ne' \leqslant \alpha_1 f_c bh(h'_0 - \frac{1}{2}h) + f'_y A'_s(h'_0 - a_s)$ 来验算。若 $N>f_c bh$，则必须用上式验算合格才行。

5. 垂直弯矩平面方向的验算

$$N \leqslant 0.9\varphi[f_c A + f'_y(A'_s + A_s)] = 0.9 \times 0.97 \times [11.9 \times 400$$
$$\times 600 + 360 \times (1473 + 480)] = 3160563N > 2500000N$$

安全。

其中 φ 是由 $l_0/b=4500/400=11.25$ 查表 3-7 得出。

2. 承载力验算（复核题）

进行承载力校核时，一般已知 b、h、A_s 及 A'_s，混凝土强度等级及钢材品种，构件长细比 l_0/h，轴心向力设计值 N 和偏心距 e_0，验算截面是否能承受该 N 值，或已知 N 值时，求能承受的弯矩设计值 M。

显然，需要解答的未知数为 N 和 ξ，它与可利用的方程数是一致的，可直接利用方程求解。

求解时首先须判别偏心受压类型。一般先从偏心受压的基本公式（3-102）、式（3-103）或式（3-106）、式（3-107）中消去N，求出x或ξ，若$x \leqslant \xi_b h_0$（或$\xi \leqslant \xi_b$），即可用该x或ξ进而求出N；若$x > \xi_b h_0$（或$\xi > \xi_b$），则应按小偏心受压重新计算ξ，最后求出N。

【例 3-19】 已知：$N=1200\text{kN}$，$b=400\text{mm}$，$h=600\text{mm}$，$a_s=a'_s=35\text{mm}$，混凝土强度等级为C25（$f_c=11.9\text{N/mm}^2$），采用热轧钢筋HRB400（$f_y=f'_y=360\text{N/mm}^2$，$\xi_b=0.518$），$A_s=1256\text{mm}^2$（4Φ20）$A'_s=1520\text{mm}^2$（4Φ22），构件计算长度$l_0=4.0\text{m}$。

求：能承受的柱端弯矩设计值M_2（按两端弯矩相等考虑）。

【解】 由公式得：

$$x=\frac{N-f'_yA'_s+f_yA_s}{\alpha_1 f_c b}=\frac{1200000-360\times1520+360\times1256}{1\times11.9\times400}$$

$$=232\text{mm}<\xi_b h_0=0.518\times565=293\text{mm}$$

属于大偏压情况。

$$x=232\text{mm}>2a'_s=2\times35=70\text{mm}$$

说明受压钢筋能达到屈服强度。由式得

$$e=\frac{\alpha_1 f_c bx(h_0-\frac{x}{2})+f'_yA'_s(h_0-a'_s)}{N}$$

$$=\frac{1.0\times11.9\times400\times232\times(565-\frac{232}{2})+360\times1520\times(565-35)}{1200000}$$

$$=655\text{mm}$$

而$e_i=e_0+e_a$，e_a取20mm或$h/30=600/30=20\text{mm}$中较大者，即取20mm

则 $$e_0=e_i-e_a=e-\frac{h}{2}+a_s-e_a=655-600/2+35-20=370\text{mm}$$

$$M=Ne_0=1200\times0.37=444\text{kN}\cdot\text{m}$$

$$C_m=0.7+0.3\left(\frac{M_1}{M_2}\right)=1.0,\text{大偏压}\ \zeta_c=1.0,M=C_m\eta_{ns}M_2$$

则由

$$\eta_{ns}=1+\frac{1}{1300\,(M_2/N+e_a)/h_0}\left(\frac{l_0}{h}\right)^2\zeta_c$$

可求出

$$M_2=400\text{kN}\cdot\text{m}$$

（九）对称配筋矩形截面的配筋计算及复核

对称配筋是实际结构工程中偏心受压柱的最常见的配筋方式。例如框架柱、排架柱和剪力墙等。由于其控制截面在不同的荷载的组合下可能承受正、负弯矩作用，即截面中的受拉钢筋在反向弯矩作用下将变为受压，而受压钢筋则变为受拉。为了便于设计及施工，这种截面常采用对称配筋，即取 $A_s=A'_s$，$a_s=a'_s$，并且采用同一规格的钢筋，对于常用钢筋，由于 $f_y=f'_y$，因此在大偏心受压时，均有 $f_yA_s=f'_yA'_s$（当 $2a'_s\leqslant x\leqslant\xi_bh_0$，或 $2a'_s/h_0\leqslant\xi\leqslant\xi_b$ 时）；对于小偏压，由于一侧钢筋应力达不到屈服，情形则较为复杂。

1. 截面选择

对称配筋情况下，大小偏压的界限破坏荷载为（当 $x=x_b$ 或 $\xi=\xi_b$ 时）：

$$N_b=\alpha_1f_cbx_b(\alpha_1f_cb\xi_bh_0)\tag{3-112}$$

因此，当轴向力设计值 $N>N_b$ 时，截面为小偏压；当 $N\leqslant N_b$ 时，截面为大偏压。当然，也可用公式：

$N\leqslant\alpha_1f_cb\xi h_0+f'_yA'_s-\sigma_sA_s$ 此时取 $f_yA_s=f'_yA'_s$ 公式变为 $\xi=\dfrac{N}{\alpha_1f_cbh_0}$。当 $\xi\leqslant\xi_b$ 大偏压；当 $\xi>\xi_b$ 为小偏压。

（1）大偏压计算（$\xi\leqslant\xi_b$）

$$N=a_1f_cbx\tag{3-113}$$

$$Ne=\alpha_1f_cbx\left(h_0-\frac{x}{2}\right)+f'_yA'_s(h_0-a'_s)\tag{3-114}$$

联立求解：$A_s=A'_s=\dfrac{Ne-\alpha_1f_cbx\left(h_0-\dfrac{x}{2}\right)}{f'_y(h_0-a'_s)}$

当 $x<2a'_s$ 时，可按不对称配筋计算方法一样处理。

当 $x>x_b$（或 $\xi>\xi_b$）时，则认为受拉钢筋 A_s 达不到屈服强度，而属于小偏压情况，就不能用大偏压的计算公式进行配筋计算，此时可采用小偏压公式进行计算。

（2）小偏压计算（$\xi>\xi_b$）

由基本公式（3-106）、式（3-107），取 $A_s=A'_s$，$f_y=f'_y$，$a_s=a'_s$，可得 ξ 的三次方程，解出 ξ 后，即可求得配筋，但过于繁琐。《规范》建议 ξ 可按下列公式计算：

$$\xi=\frac{N-\xi_b\alpha_1f_cbh_0}{\dfrac{Ne-0.43\alpha_1f_cbh_0^2}{(\beta_1-\xi_b)(h_0-a'_s)}+\alpha_1f_cbh_0}+\xi_b\tag{3-115}$$

代入得：

$$A'_s=A_s=\frac{Ne-\xi(1-0.5\xi)\alpha_1f_cbh_0^2}{f'_y(h_0-a'_s)}\tag{3-116}$$

2. 承载力复核

可按不对称配筋的承载力复核方法进行计算，但取 $A_s=A'_s$，$f_y=f'_y$。

【例 3-20】 一根钢筋混凝土柱，条件与［例 3-15］相同，仅截面改为对称配筋，试求所需纵向钢筋的面积 A_s 及 A'_s。

【解】 步骤 1、2 同［例 3-15］

3. 判别大小偏压

$$x=\frac{N}{\alpha'_1 f_c b}=\frac{1000000}{1.0\times 11.9\times 400}=210.1\text{mm}<\xi_b h_0=0.518\times 565=292.7\text{mm}$$

$$x=210.1\text{mm}>2a'_s=2\times 35=70\text{mm}$$

故属于大偏压。

4. 求 A_s 及 A'_s

根据公式得：

$$A_s=A'_s=\frac{Ne-\alpha_1 f_c bx\left(h_0-\dfrac{x}{2}\right)}{f'_y(h_0-a'_s)}$$

$$=\frac{1000000\times 791.7-1.0\times 11.9\times 400\times 210.1\times\left(565-\dfrac{210.1}{2}\right)}{360\times(565-35)}$$

$$=1737\text{mm}^2$$

从上面的计算结果可看出，对某一组特定的内力（M、N）来讲，对称配筋截面的用钢量要比非对称配筋截面的用钢量多一些。在［例 3-15］中，$A_s+A'_s$ 的计算值为 3272mm²，而在本例中则为 1737×2=3474mm²，多用 6.2%。

【例 3-21】 一根钢筋混凝土柱，条件与［例 3-18］相同，仅截面改为对称配筋，试求所需纵向钢筋的面积 A_s 及 A'_s。

【解】 步骤 1、2 同［例 3-18］

3. 判别大小偏压

$$x=\frac{N}{\alpha_1 f_c b}=\frac{2500000}{1.0\times 11.9\times 400}=525.2\text{mm}>\xi_b h_0=0.518\times 565=292.7\text{mm}$$

故属于小偏压。

4. 用规范建议的公式求相对受压区高度 ξ

$$\xi=\frac{N-\xi_b\alpha_1 f_c bh_0}{\dfrac{Ne-0.43\alpha_1 f_c bh_0^2}{(\beta_1-\xi_b)(h_0-a'_s)}+\alpha_1 f_c bh_0}+\xi_b$$

$$=\frac{2500000-0.518\times 1.0\times 11.9\times 400\times 565}{\dfrac{2500000\times 385-0.43\times 1.0\times 11.9\times 400\times 565^2}{(0.8-0.518)\times(565-35)}+1.0\times 11.9\times 400\times 565}$$

$$+0.518=0.751$$

5. 求纵向钢筋截面面积 A_s 及 A'_s

$$A'_s = A_s = \frac{Ne - \xi(1-0.5\xi)\alpha_1 f_c b h_0^2}{f'_y(h_0 - a'_s)}$$

$$= \frac{2500000 \times 385 - 0.751 \times (1 - 0.5 \times 0.751) \times 1.0 \times 11.9 \times 400 \times 565^2}{360 \times (565 - 35)}$$

$$= 1315\text{mm}^2$$

本例两侧总用钢量计算值为 2630mm^2，比［例 3-18］的总用钢量计算值 $480 + 1325 = 1805\text{mm}^2$ 多了 825mm^2。

6. 垂直弯矩平面方向的验算

$$0.9\varphi[f_c A + f'_y(A'_s + A_s)] = 0.9 \times 0.97 \times [11.9 \times 400 \times 600 + 360 \times (1315 + 1315)] = 3316387.3\text{N} > 2500000\text{N}$$

验算结果安全。

（十）工字形截面偏心受压构件正截面承载力计算

在单层工业厂房中有可能使用截面尺寸较大的排架柱。为了节省混凝土和减轻结构自重，常把这类柱设计成对称的工字形。工字形截面偏心受压构件的受力和破坏特征以及计算原则与矩形截面受压构件相同，只不过由于截面形状不同，其计算公式的形式有些差别。由于在实际工程中，多采用对称配筋，所在这里只介绍对称配筋的计算公式。

1. 大偏压工字形截面的计算（设计）

在轴向力 N 及弯矩 M 作用下，$x \leqslant \xi_b h_0$，此时有两种情况，即 $x \leqslant h'_f$ 及 $x \geqslant h'_f$（图 3-59）。

（1）当 $x \leqslant h'_f$ 时，其截面应力图形与高度为 h，宽度为 b'_f 的矩形截面完全相同，根据对称配筋的平衡条件，得：

$$N = \alpha_1 f_c b'_f x \tag{3-117}$$

$$Ne = \alpha_1 f_c b'_f x\left(h_0 - \frac{x}{2}\right) + f'_y A'_s (h_0 - a'_s) \tag{3-118}$$

$$A_s = A'_s = \frac{N\left[e - h_0\left(1 - 0.5\frac{N}{\alpha_1 f_c b'_f h_0}\right)\right]}{f'_y(h_0 - a'_s)} \tag{3-119a}$$

或

$$A_s = A'_s = \frac{N\left(\eta e_i - 0.5h + 0.5\frac{N}{\alpha_1 f_c b'_f}\right)}{f'_y(h_0 - a'_s)} \tag{3-119b}$$

当 $x \leqslant 2a'_s$ 时，采用 $x = 2a'_s$，此时上式变为：

$$A_s = A'_s = \frac{N(\eta e_i - 0.5h + a'_s)}{f'_y(h_0 - a'_s)} \tag{3-120}$$

（2）当 $b'_f < x \leqslant \xi_b h_0$ 时，截面受压区为 T 形。根据平衡条件，得：

$$N = \alpha_1 f_c b x + \alpha_1 f_c h'_f (b'_f - b) \tag{3-121}$$

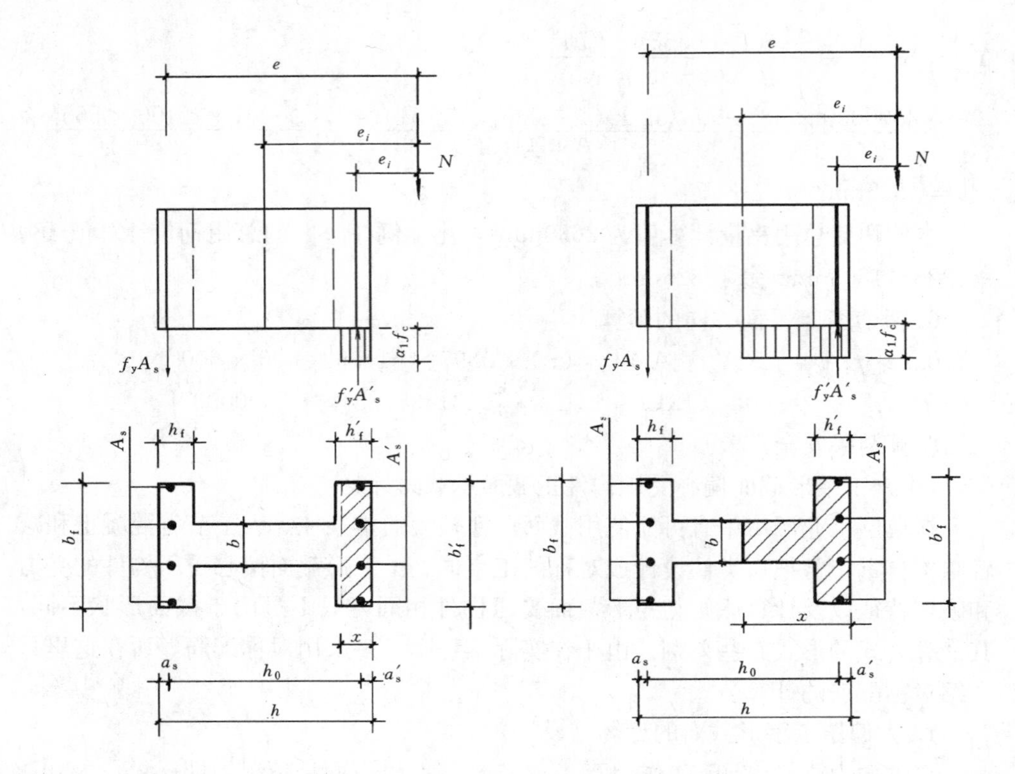

图 3-59

$$Ne=\alpha_1 f_c bx\left(h_0-\frac{x}{2}\right)+\alpha_1 f_c h'_f(b'_f-b)(h_0-0.5h'_f)+f'_yA'_s(h_0-a'_s) \tag{3-122}$$

$$x=\frac{N-\alpha_1 f_c h'_f(b'_f-b)}{\alpha_1 f_c b}\leqslant \xi_b h_0 \tag{3-123}$$

$$A_s=A'_s=\frac{Ne-\alpha_1 f_c(b'_f-b)h'_f\left(h_0-\frac{h'_f}{2}\right)-\alpha_1 f_c bx\left(h_0-\frac{x}{2}\right)}{f'_y(h_0-a'_s)} \tag{3-124}$$

由式（3-121）、式（3-122）可看出，与矩形截面对称配筋计算公式是非常相似的。只是将矩形截面尺寸计算公式中的 N 改为 $N-\alpha_1 f_c h'_f(b'_f-b)$，将 Ne 改为 $Ne-\alpha_1 f_c(b'_f-b)h'_f\left(h_0-\frac{h'_f}{2}\right)$ 而已。

2. 小偏压工字形截面的计算

当 $x>\xi_b h_0$ 时，肯定为小偏压，如图 3-60 所示。

列出平衡方程：

$$N=\alpha_1 f_c b\xi h_0+f'_yA'_s+\alpha_1 f_c(b'_f-b)h'_f-\sigma_s A_s \tag{3-125}$$

$$Ne=\alpha_1 f_c bh_0\xi(1-0.5\xi)+\alpha_1 f_c h'_f(b'_f-b)\left(h_0-\frac{h'_f}{2}\right)+f'_yA'_s(h_0-a'_s)$$

(3-126)

$$\sigma_s=\frac{f_y}{\xi_b-\beta_1}(\xi-\beta_1) \tag{3-127}$$

这样就可按矩形截面对称配筋解出 ξ 及 A'_s 。

但由于是对称配筋，直接可给出公式如下：

$$\xi=\frac{N-\alpha_1 f_c(b'_f-b)h'_f-\xi_b\alpha_1 f_c bh_0}{\dfrac{Ne-\alpha_1 f_c h'_f(b'_f-b)\left(h_0-\dfrac{h'_f}{2}\right)-0.43\alpha_1 f_c bh_0^2}{(\beta_1-\xi_b)(h_0-a)}+\alpha_1 f_c bh_0}+\xi_b$$

(3-128)

$$A'_s=A_s=\frac{Ne-\alpha_1 f_c h'_f(b'_f-b)\left(h_0-\dfrac{h'_f}{2}\right)-\xi(1-0.5\xi)\alpha_1 f_c bh_0^2}{f'_y(h_0-a'_s)}$$

(3-129)

【例 3-22】 一钢筋混凝土排架柱，截面尺寸如图 3-61 所示。该柱承受 $N=950\text{kN}$，柱两端弯矩设计值均为 $M_1=M_2=398\text{kN}\cdot\text{m}$ 。采用 C30 混凝土（$f_c=14.3\text{N/mm}^2$）和热轧钢筋 HRB400（$f_y=f'_y=360\text{N/mm}^2$，$\xi_b=0.518$），$a_s=a'_s=35\text{mm}$，柱计算长度 $l_0=8.5\text{m}$。$\eta_{ns}=1.15$，若采用对称配筋，试确定所需钢筋的截面面积 A_s 及 A'_s。（注：h_f 近似按 100mm 计算）

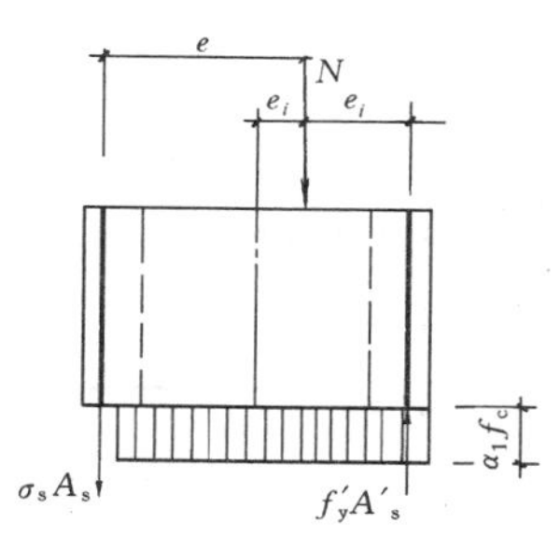

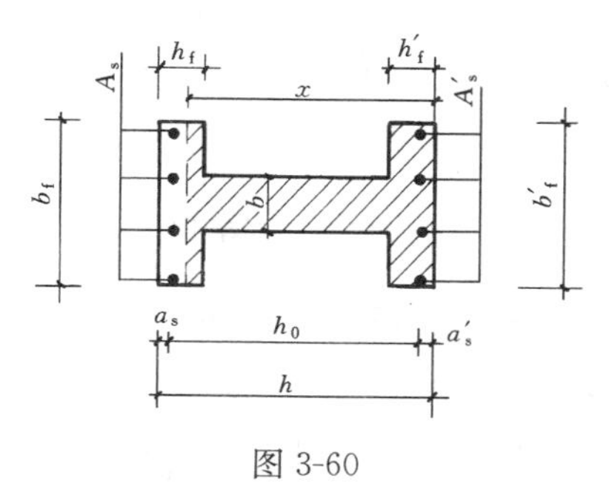

图 3-60

【解】

1. 判别大小偏心受压

先按矩形截面计算受压区高度 x

$$x=\frac{N}{\alpha_1 f_c b'_f}=\frac{950000}{1.0\times14.3\times400}$$

$$=166.1\text{mm}>h'_f=100\text{mm}$$

改按 T 形受压区计算；

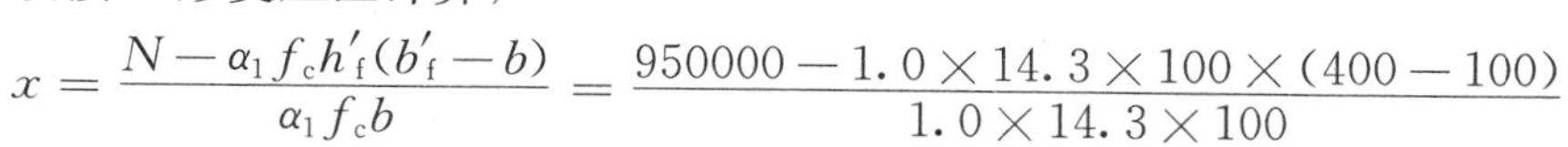

$$x=\frac{N-\alpha_1 f_c h'_f(b'_f-b)}{\alpha_1 f_c b}=\frac{950000-1.0\times14.3\times100\times(400-100)}{1.0\times14.3\times100}$$

$$=364.3\text{mm}<\xi_b h_0=0.518\times765=396.3\text{mm}$$

故截面属于大偏心受压。

2. 计算偏心距 e

$$C_m = 0.7 + 0.3\left(\frac{M_1}{M_2}\right) = 1.0$$

$$\eta_{ns} = 1.15$$

$$M = C_m \eta_{ns} M_2 = 1 \times 1.15 \times 398 = 457.7\text{kN} \cdot \text{m}$$

$$e_0 = M/N = 457.7/950 = 0.4818\text{m} = 481.8\text{mm}$$

$$h/30 = 800/30 = 26.67\text{mm},\ e_a = 26.67\text{mm}$$

$$e_i = e_0 + e_a = 508.46\text{mm}$$

$$e = e_i + \frac{h}{2} - a_s = 508.46 + 800/2 - 35 = 873.5\text{mm}$$

3. 计算纵向钢筋的截面面积 A_s 及 A'_s

根据公式

由于 $e = \eta e_i + h/2 - a_s = 1.138 \times 445.6 + 800/2 - 35 = 872.1\text{mm}$

$$A'_s = A_s = \frac{Ne - \alpha_1 f_c h'_f (b'_f - b)\left(h_0 - \frac{h'_f}{2}\right) - (h_0 - 0.5x)\alpha_1 f_c bx}{f'_y (h_0 - a'_s)}$$

$$= \frac{950000 \times 873.5 - 1.0 \times 14.3 \times 100 \times (400 - 100) \times \left(765 - \frac{100}{2}\right) - 1.0 \times 14.3 \times 100 \times 364.3 \times \left(765 - \frac{364.3}{2}\right)}{360 \times (765 - 35)}$$

$$= 847\text{mm}^2 > \rho_{min} A = 0.002 \times [100 \times 800 + (400 - 100) \times 200] = 280\text{mm}^2$$

每侧纵向钢筋实选 4 Φ 16，$A_s = A'_s = 804\text{mm}^2$，配筋图如图 3-62 所示。

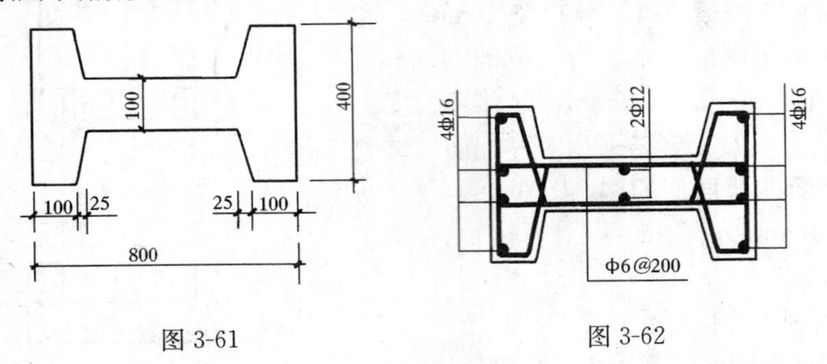

图 3-61　　图 3-62

【例 3-23】　一根钢筋混凝土柱，条件与［例 3-22］相同，该柱仅承受 $N=1480\text{kN}$，柱两端弯矩设计值 $M_1 = M_2 = 251\text{kN} \cdot \text{m}$。若采用对称配筋，试确定所需钢筋的截面面积 A_s 及 A'_s。

【解】

1. 判别大小偏压

根据公式：

$$x = \frac{N - \alpha_1 f_c h'_f (b'_f - b)}{\alpha_1 f_c b} = \frac{1480000 - 1.0 \times 14.3 \times 100 \times (400 - 100)}{1.0 \times 14.3 \times 100}$$

$$= 735\text{mm} > \xi_b h_0 = 0.518 \times 765 = 396.3\text{mm}$$

故截面属于小偏心受压。

2. 计算偏心距 e

$$C_m = 0.7 + 0.3\left(\frac{M_1}{M_2}\right) = 1.0$$

$$\eta_{ns} = 1.15$$

$$M = C_m \eta_{ns} M_2 = 1 \times 1.15 \times 251 = 288.65\text{kN}\cdot\text{m}$$

$$e_0 = M/N = 288.65/1480 = 0.195m = 195\text{mm}$$

$$e_i = e_0 + e_a = 195 + 26.67 = 221.67\text{mm}$$

$$e = e_i + \frac{h}{2} - a_s = 221.67 + 800/2 - 35 = 586.7\text{mm}$$

3. 计算纵向钢筋的截面面积 A_s 及 A'_s

根据公式：

$$\xi = \frac{N - \alpha_1 f_c (b'_f - b) h'_f - \xi_b \alpha_1 f_c b h_0}{\dfrac{Ne - \alpha_1 f_c h'_f (b'_f - b)\left(h_0 - \dfrac{h'_f}{2}\right) - 0.43\alpha_1 f_c b h_0^2}{(\beta_1 - \xi_b)(h_0 - a'_s)} + \alpha_1 f_c b h_0} + \xi_b$$

$$= \frac{1480000 - 1 \times 14.3 \times (400 - 100) \times 100 - 0.518 \times 1 \times 14.3 \times 100 \times 765}{\dfrac{1480000 \times 586.7 - 1 \times 14.3 \times 100 \times (400 - 100) \times \left(765 - \dfrac{100}{2}\right) - 0.43 \times 1 \times 14.3 \times 100 \times 765^2}{(0.8 - 0.518) \times (765 - 35)} + 1 \times 14.3 \times 100 \times 765} + 0.518$$

$$= 0.519$$

$$A'_s = A_s = \frac{Ne - \alpha_1 f_c h'_f (b'_f - b)\left(h_0 - \dfrac{h'_f}{2}\right) - \xi(1 - 0.5\xi)\alpha_1 f_c b h_0^2}{f'_y (h_0 - a'_s)}$$

$$= \frac{1480000 \times 586.7 - 1 \times 14.3 \times 100 \times (400 - 100) \times \left(765 - \dfrac{100}{2}\right) - 0.519 \times (1 - 0.5 \times 0.519) \times 1 \times 14.3 \times 100 \times 765^2}{360 \times (765 - 35)}$$

$$= 929\text{mm}^2 > \rho_{min} A = 0.002 \times [100 \times 800 + (400 - 100) \times (800 - 100 - 100)]$$

$$= 280\text{mm}^2$$

排架柱纵筋直径一般要求不小于 16mm，考虑工字形特点，实取纵筋每侧 4Φ18，$A_s = A'_s = 1017\text{mm}^2$。

4. 验算轴心受压承载力

$$I = \frac{1}{12} \times 800 \times 100^3 + 4 \times \left(\frac{1}{12} \times 100 \times 150^3 + 100 \times 150 \times 125^2\right)$$

$$= 111667 \times 10^4 \text{mm}^4$$

$$A = 800 \times 100 + 4 \times 100 \times 150 = 140000\text{mm}^2$$

$$i = \sqrt{\frac{I}{A}} = \sqrt{\frac{111667 \times 10^4}{140000}} = 89.32\text{mm}$$

$$\frac{l_0}{i} = \frac{8500}{89.32} = 95.2$$

查表 3-7 得：φ=0.58，则：

$$0.9\times\varphi[f_cA+f'_yA'_s]=0.9\times0.58\times[14.3\times140000+360\times2\times1017]$$
$$=1427273\text{N}<1480000\text{N}$$

（十一）偏心受压构件的构造要求

前边介绍的有关配置普通箍筋的轴心受压构件的纵筋和箍筋以及最大和最小配筋率的构造要求同样适用于偏心受压构件。除此之外，针对偏心受压构件的特点，还有一些构造要求如下：

1. 在承受单向作用弯矩的偏压构件中（不管大偏压还是小偏压），每一侧的纵向钢筋（不管受拉还是受压）的最小配率不应小于 0.2%。

2. 当偏心受压柱的截面高度 $h\geqslant600$mm 时，在侧面应设置直径为 10～16mm 的纵向构造钢筋，该钢筋间距不宜大于 500mm；并要设置相应的附加箍筋或拉筋（图 3-63）。

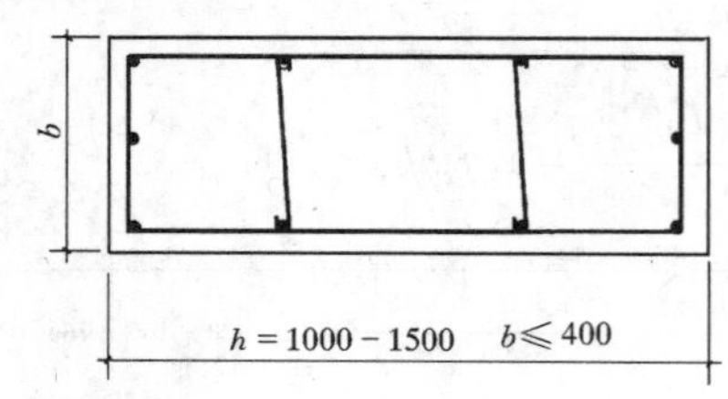

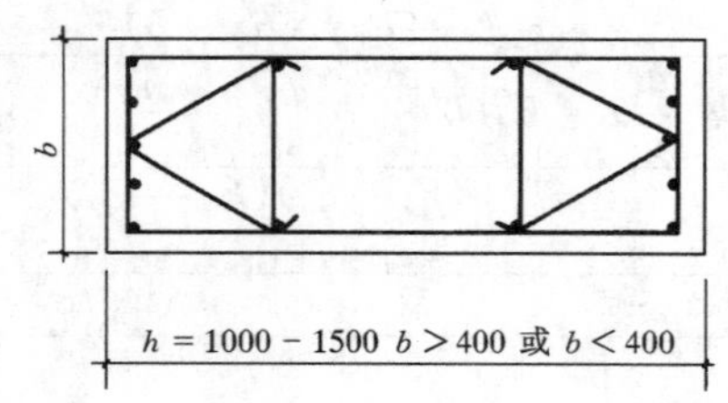

图 3-63

3. 工字形截面柱的翼缘厚度和腹板厚度应根据受力要求和施工需要确定。翼缘厚度不宜小于 120mm，腹板厚度不宜小于 100mm。截面每侧的纵向钢筋根数不宜少于 4 根，而且中间两根应设置在腹板箍筋与翼缘箍筋交汇处，如图 3-64 所示。如翼缘较厚，如超过 120mm 时，则还宜在翼缘两端内侧角各增设一根纵向钢筋。其直径为 12～16mm。

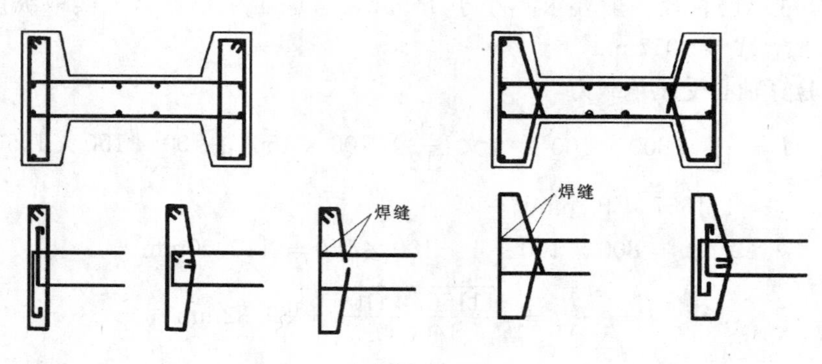

图 3-64

二、偏心受压构件斜截面抗剪强度计算

（一）试验研究分析

在偏心受压构件中一般都伴随有剪力作用。试验表明，当轴向力不太大时，轴向压力对构件的抗剪强度起有利作用。这是由于轴向压力的存在将使斜裂缝的出现相对推迟，斜裂缝宽度也发展得相对较慢。当 $N/f_c bh$ 在 0.3～0.5 范围内时，轴向压力对抗剪强度的有利影响达到峰值；若轴向压力更大，则构件的抗剪强度反而会随着 N 的增大而逐渐下降。

（二）偏心受压构件斜截面承载力计算公式

1. 计算公式

$$V=\frac{1.75}{\lambda+1}f_t bh_0+f_{yv}\frac{A_{sv}}{s}h_0+0.07N \tag{3-130}$$

式中　λ——偏心受压构件计算截面的剪跨比；

N——与剪力设计值 V 相对应的轴向压力设计值，当 $N>0.3f_cA$ 时，取 $N=0.3f_cA$，A 为构件的截面面积。

2. 计算剪跨比的取值

对各类结构的框架柱，宜取 $\lambda=\frac{M}{Vh_0}$；对框架结构中的框架柱，当其反弯点在层高范围内时，可取 $\lambda=\frac{H_n}{2h_0}$；当 $\lambda<1$ 时，取 $\lambda=1$；当 $\lambda>3$ 时，取 $\lambda=3$；此处 H_n 为柱净高，M 为计算截面上与剪力设计值 V 相应的弯矩设计值。

对其他偏心受压构件，当承受均布荷载时，取 $\lambda=1.5$；当承受集中荷载时（包括作用有多种荷载且集中荷载对支座截面或节点边缘所产生的剪力值占总剪力值 75%以上时），取 $\lambda=a/h_0$；当 $\lambda<1.5$ 时，取 $\lambda=1.5$；当 $\lambda>3$ 时，取 $\lambda=3$；此处，a 为集中荷载至支座或节点边缘的距离。

3. 公式的适用条件

为了防止箍筋充分发挥作用之前产生由混凝土的斜向压碎引起的斜压型剪切破坏，框架柱截面还必须满足下列条件：

$$V\leqslant 0.25\beta_c f_c bh_0 \tag{3-131}$$

当满足

$$V\leqslant\frac{1.75}{\lambda+1.5}f_t bh_0+0.07N \tag{3-132}$$

条件时，框架柱就可不进行斜截面抗剪强度计算，按构造要求配置箍筋。

三、偏心受拉构件正截面承载力计算

由于工程中出现的偏心受拉构件截面多为矩形，故下面只讨论矩形截面偏受拉构件的设计问题。

（一）偏心受拉构件的分类

按照偏心拉力的作用位置不同，偏心受拉构件可分为小偏心受拉和大偏心受拉两种，如图 3-65 所示。

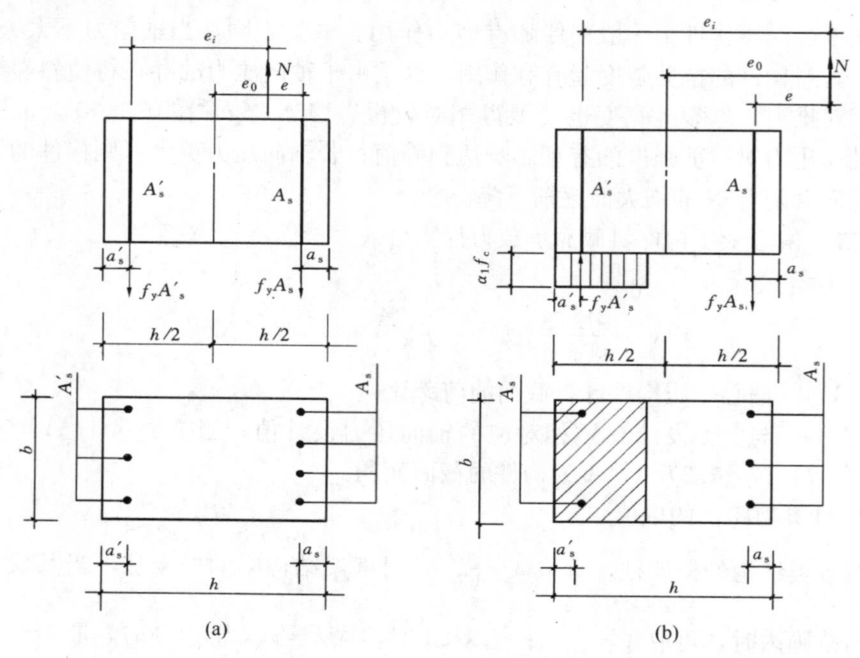

图 3-65 偏心受拉构件正截面承载力计算图形

（a）小偏心受拉；（b）大偏心受拉

当作用力 N 出现在 A_s 和 A'_s 之间（即 $e_0<h/2-a_s$）时，为小偏心受拉；当作用力 N 作用于 A_s 与 A'_s 范围以外（即 $e_0>h/2-a_s$）时，为大偏心受拉，如图 3-65 所示；同时我们规定，A_s 为离偏心拉力较近一侧纵筋截面面积，A'_s 为离偏心拉力较远一侧纵筋截面面积。

（二）偏心受拉构件的破坏特点

根据截面中作用的弯矩和轴向拉力比值不同，即轴向拉力偏心距 $e_0=M/N$ 的不同，把它的受力性能看作是介于受弯（$N=0$）和轴心受拉（$M=0$）之间的一种过渡状态。当偏心距很小时，其破坏特点与受弯构件类似。

1. 小偏心受拉

在小偏心拉力作用下，整个截面混凝土都将裂通，混凝土全部退出工作，拉力由左右两侧纵筋分担。当两侧纵筋达到屈服时，截面达到破坏状态。

2. 大偏心受拉

由于轴向拉力作用于 A_s 与 A'_s 范围以外，因此大偏心受拉构件在整个受力过程中都存在混凝土的受压区。破坏时，裂而不会裂通；当 A_s 配置适量时，破坏特点与大偏心受压破坏时相同；当 A_s 配置过多时，破坏类似于小偏心受压构件。当 $x \leqslant 2a'_s$ 时，A'_s 也不会受压屈服。

（三）偏心受拉构件正截面承载力计算

1. 小偏心受拉

计算简图如图 3-65a 所示，分别对 A_s 及 A'_s 取矩，截面两侧的钢筋 A_s 与 A'_s 可从以下两式求得：

$$Ne \leqslant f_y A'_s (h_0 - a'_s) \tag{3-133}$$

$$Ne' \leqslant f_y A_s (h'_0 - a_s) \tag{3-134}$$

式中 e——轴向拉力作用点至 A_s 合力点距离，$e = h/2 - e_0 - a_s$；

e'——轴向拉力作用点至 A'_s 合力点距离，$e' = h/2 + e_0 - a_s$；

e_0——轴向力对截面重心的偏心距，$e_0 = M/N$。

2. 大偏心受拉

计算简图如图 3-65（b）所示，由平衡条件得：

$$N \leqslant f_y A_s - f'_y A'_s - \alpha_1 f_c bx \tag{3-135}$$

$$Ne \leqslant \alpha_1 f_c bx \left(h_0 - \frac{x}{2}\right) + f'_y A'_s (h_0 - a'_s) \tag{3-136}$$

式中 e——轴向拉力作用点到 A_s 合力点距离，$e = e_0 - h/2 + a_s$。

公式适用条件为：

$$x \leqslant \xi_b h_0 \tag{3-137}$$

$$x \geqslant 2a'_s \tag{3-138}$$

在设计截面时，若在上述公式中取 $x = \xi_b h_0$，则能使求得 A_s 和 A'_s 总用钢量较少。若求得 $A'_s < \rho'_{min} bh_0$ 时，则取 $A'_s = \rho'_{min} bh_0$，然后根据 A'_s 为已知条件再计算 A_s。当求得 $x < 2a'_s$ 时，可近似地取 $x = 2a'_s$，此时 A_s 可直接从下式求出：

$$Ne' = f_y A_s (h'_0 - a'_s) \tag{3-139}$$

式中 $e' = h/2 + e_0 - a'_s$。

【例 3-24】 一根钢筋混凝土偏心受拉构件，截面为矩形，$b \times h = 250\text{mm} \times 400\text{mm}$，截面所承受的纵向拉力设计值 $N = 550\text{kN}$，弯矩设计值 $M = 65\text{kN} \cdot \text{m}$。若混凝土强度等级为 C20（$f_c = 9.6\text{N/mm}^2$），采用热轧钢筋 HRB400（$f_y = f'_y = 360\text{N/mm}^2$，$\xi_b = 0.518$），$a_s = a'_s = 35\text{mm}$，试确定截面所需的纵筋数量。

【解】：

1. 判别大小偏拉情况

$$e_0 = \frac{M}{N} = \frac{65000000}{550000} = 118\text{mm} < \frac{h}{2} - a_s = \frac{400}{2} - 35 = 165\text{mm}$$

故属于小偏心受拉，所以此时钢筋的应力的设计值只能取 300N/mm^2，而不

能取 $360N/mm^2$。

2. 计算纵向钢筋数量

$$e=h/2-e_0-a_s=400/2-118-35=47mm$$
$$e'=h/2+e_0-a_s=400/2+118-35=283mm$$

根据公式：

$$A_s=\frac{Ne'}{f_y(h'_0-a_s)}=\frac{550000\times283}{300(365-35)}=1572mm^2$$

$$A'_s=\frac{Ne}{f_y(h_0-a'_s)}=\frac{550000\times47}{300(365-35)}=261mm^2$$

3. 选择钢筋

在靠近偏心拉力一侧实选纵筋 4 Φ 22，$A_s=1520mm^2$。

在远离偏心拉力一侧实选纵筋 2 Φ 14，$A'_s=308mm^2$。

均大于规范的最小配筋率 $\rho'_{min}=0.002$，$\rho_{min}=0.002$ 或 $0.45f_t/f_y$ 中的较大者。

$$A'_{smin}=\rho'_{min}bh=0.002\times250\times400=200mm^2$$
$$A_{smin}=\rho_{min}bh=0.002\times250\times400=200mm^2$$

$$A_{smin}=0.45(f_t/f_y)\times bh=0.45\times(1.1/360)\times250\times400=138mm^2$$

均满足要求。截面配筋如图 3-66 所示。

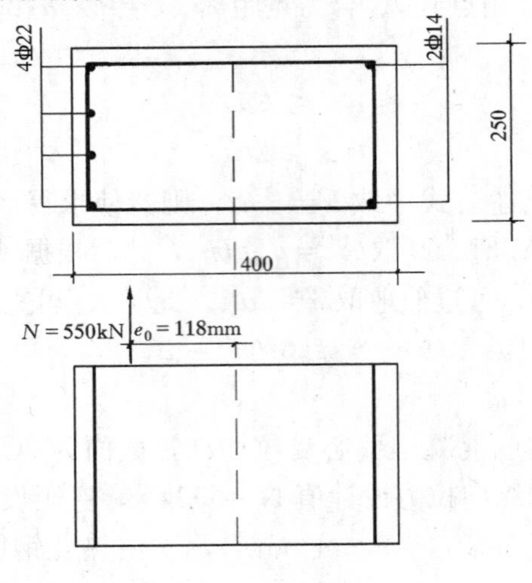

图 3-66

【例 3-25】 钢筋混凝土截面为矩形受拉构件，其截面尺寸为 $b\times h=250mm\times140mm$，$a_s=a'_s=25mm$，拉力设计值 $N=120kN$，弯矩设计值 $M=9.6kN\cdot m$。若混凝土强度等级为 C20（$f_c=9.6N/mm^2$，$f_t=1.10N/mm^2$），采用热轧钢筋 HRB400（$f_y=f'_y=360N/mm^2$，$\xi_b=0.518$），试确定截面所需的纵筋数量。

【解】

1. 判别大小偏拉情况

$$e_0=\frac{M}{N}=\frac{9600000}{120000}=80\text{mm}>\frac{h}{2}-a_s=\frac{140}{2}-25=45\text{mm}$$

故属于大偏心受拉。

2. 计算纵向钢筋数量

$$e=e_0-h/2+a_s=80-70+25=35\text{mm}$$
$$e'=e_0+h/2-a'_s=80+70-25=125\text{mm}$$

3. 使（$A_s+A'_s$）为最小时求 A_s 及 A'_s，故取 $\xi=\xi_b=0.518$，则

$$x=\xi_b h_0=0.518\times115=59.57\text{mm}$$

$$A'_s=\frac{Ne-\alpha_1 f_c bx\left(h_0-\frac{x}{2}\right)}{f'_y(h_0-a'_s)}$$
$$=\frac{120000\times35-1.0\times9.6\times200\times59.57\times\left(115-\frac{59.57}{2}\right)}{360\times(115-25)}$$
$$<0$$

取 $A'_{smin}=\rho'_{min}bh=0.002\times200\times140=56\text{mm}^2$ 或 $A'_{smin}=0.45$（f_t/f_y）$\times bh=0.45\times$（1.1/360）$\times200\times140=38.5\text{mm}^2$ 中的较大值。

故选 A'_s 为 2ф12（$A'_s=226\text{mm}^2$）

现在题目变成了已知 A'_s 求 A_s 的问题。

由式

$$N=f_yA_s-f'_yA'_s-\alpha_1 f_c bx$$
$$Ne=\alpha_1 f_c bx\left(h_0-\frac{x}{2}\right)+f'_yA'_s(h_0-a'_s)$$
$$x=\xi_b h_0$$

求得：

$$\xi=1-\sqrt{1-\frac{Ne-f'_yA'_s(h_0-a'_s)}{0.5\alpha_1 f_c bh_0^2}}$$
$$=1-\sqrt{1-\frac{120000\times35-360\times226\times(115-25)}{0.5\times1\times9.6\times200\times115^2}}<0$$

即 $x<2a'_s$

故 $A_s=\dfrac{Ne'}{f_y(h'_0-a'_s)}=\dfrac{120000\times125}{360\times90}=463\text{mm}^2$

选 A_s 为 3ф14（$A_s=462\text{mm}^2$）

四、偏心受拉构件斜截面抗剪强度计算

（一）试验研究分析

在偏心受拉构件截面中一般也有剪力作用。特别是弯矩较大的大偏心受拉构件中，相应的剪力一般也比较大，故偏心受拉构件也须进行斜截面抗剪强度计算。试验表明，由于轴向拉力的存在，将使构件的抗剪能力明显降低，而且降低的幅度随轴向拉力的增加而增大。

（二）偏心受拉构件斜截面承载力计算公式

$$V \leqslant \frac{1.75}{\lambda+1} f_t b h_0 + f_{yv} \frac{A_{sv}}{s} h_0 - 0.2N \tag{3-140}$$

式中 N——与剪力设计值 V 相应的轴向拉力设计值；

λ——计算截面剪跨比。

当右边的计算值小于 $f_{yv}\frac{A_{sv}}{s}h_0$ 时，应取等于 $f_{yv}\frac{A_{sv}}{s}h_0$，且 $f_{yv}\frac{A_{sv}}{s}h_0$ 值不得小于 $0.36f_t b h_0$。

第六节 钢筋混凝土构件裂缝与变形

一、概述

钢筋混凝土构件的承载能力极限状态计算是保证结构安全可靠的前提条件，以满足构件安全的要求。而要使构件具有预期的适用性和耐久性，则应进行正常使用极限状态的验算，即对构件进行裂缝宽度及变形验算。

考虑到结构构件不满足正常使用极限状态时所带来的危害性比不满足承载力极限状态时要小，其相应的可靠指标也要小些，故《混凝土结构设计规范》规定，演算变形及裂缝宽度时荷载均采用标准值，不考虑荷载分项系数。由于构件的变形及裂缝宽度都随时间而增大，因此验算变形及裂缝宽度时，按荷载效应的标准组合或准永久组合，并考虑荷载长期作用影响进行。

正常使用极限状态又可分为可逆正常使用极限状态和不可逆正常使用极限状态两种情况。可逆正常使用极限状态是指当产生超越正常使用极限状态的作用卸除后，该作用产生的超越状态可以恢复的正常使用极限状态；不可逆正常使用极限状态是指当产生超越正常使用极限状态的作用卸除后，该作用产生的超越状态不可恢复的正常使用极限状态。例如，当楼面梁在短暂的较大荷载作用下产生了超过限值的裂缝宽度或变形，但短暂的较大荷载卸除后裂缝能够闭合或变形能够恢复，则属于可逆正常使用极限状态；否则，则属于不可逆正常使用极限状态。显然，对于可逆正常使用极限状态，验算时的荷载效应取值可以低一些，通常采用准永久组合，而对于不可逆正常使用极限状态，验算时荷载效应取值应高一些，通常采用标准组合。

（一）裂缝控制

由于混凝土的抗拉强度很低，在荷载不大时，混凝土构件受拉区就已经开裂。引起裂缝的原因是多方面的，最主要的当然是由于荷载产生的内力所引起的裂缝，此外，由于基础的不均匀沉降，混凝土收缩和温度作用而产生的变形受到钢筋或其他构件约束以及因钢筋锈蚀时而体积膨胀，都会在混凝土中产生拉应力，当拉应力超过混凝土的抗拉强度时即开裂。由此看来，截面受有拉应力的钢筋混凝土构件在正常使用阶段出现裂缝是难免的，对于一般的工业与民用建筑来说，也是允许带有裂缝工作的。之所以要对裂缝的开展宽度进行限制，主要是基于以下两个方面的理由。一是外观的要求；二是耐久性的要求，并以后者为主。

从外观要求考虑，裂缝过宽给人以不安全的感觉，同时也影响对质量的评估。从耐久性要求考虑，如果裂缝过宽，在有水浸入或空气相对湿度很大或所处的环境恶劣时，裂缝处的钢筋将锈蚀甚至严重腐蚀，导致钢筋截面面积减小，使构件的承载力下降。因此必须对构件的裂缝宽度进行控制。值得指出的是，近20年来的试验研究表明，与钢筋垂直的横向裂缝处钢筋的锈蚀并不像人们通常所设想的那样严重，故在设计时不应将裂缝宽度的限值看作是严格的界限值，而应更多地看成是一种带有参考性的控制指标。从结构耐久性的角度讲，保证混凝土的密实性及保证混凝土保护层最小厚度规定，要比控制构件表面的横向裂缝宽度重要得多。

在进行结构构件设计时，应根据使用要求选用不同的裂缝控制等级。不同裂缝控制等级已在第二章述及，本章主要讨论允许开裂的情况及裂缝控制的第三个等级。

（二）混凝土构件裂缝宽度验算

众所周知，混凝土是一种非匀质材料，其抗拉强度离散性较大，因而构件裂缝的出现和开展宽度也带有随机性，这就使裂缝宽度计算的问题变得比较复杂。对此，国内外从20世纪30年代开始进行研究，并提出了各种不同的计算方法。这些方法大致可归纳为两类：一种是试验统计法，即通过大量的试验获得实测数据，然后通过回归分析得出各种参数对裂缝宽度的影响，再由数理统计建立包含主要参数的计算公式；另一种是半理论半经验法，即根据裂缝出现和开展的机理，在若干假定的基础上建立理论公式，然后，根据试验资料确定公式的参数，从而得到裂缝宽度的计算公式。我国《混凝土结构设计规范》（GB 50010—2010）采用的是后一种方法。

1. 裂缝的出现和开展过程

以受弯构件为例，受弯构件的裂缝包括由弯矩产生的正应力引起的垂直裂缝和由弯矩、剪力产生的主拉应力引起的斜裂缝。对于主拉应力引起的斜裂缝，当按斜截面抗剪承载力计算配置了足够的腹筋后，其斜裂缝的宽度一般都不会超过

《混凝土结构设计规范》所规定的最大裂缝宽度的限值，所以在此主要讨论由弯矩引起的垂直裂缝情况。

如图 3-67 所示的简支梁，其 CD 段为纯弯段，设 M 为外荷载产生的弯矩，M_{cr} 为构件沿正截面的开裂弯矩，即构件垂直裂缝即将出现时的弯矩。当 $M < M_{cr}$ 时，构件受拉区边缘混凝土的拉应力 σ_t 小于混凝土的抗拉强度 f_{tk}，构件不会出现裂缝。当 $M = M_{cr}$ 时，由于在纯弯段各截面的弯矩均相等，故理论上来说各截面受拉区混凝土的拉应力都同时达到混凝土的抗拉强度，各截面均进入裂缝即将出现的极限状态。然而实际上由于构件混凝土的实际抗拉强度的分布是不均匀的，故在混凝土最薄弱的截面将首先出现第一条裂缝。

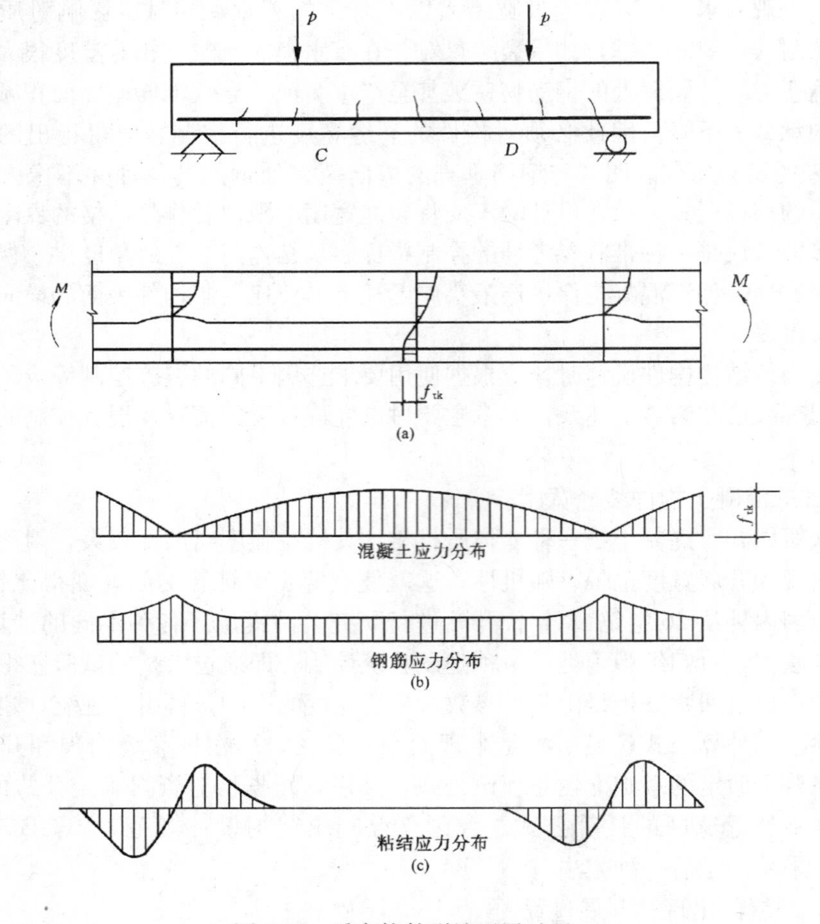

图 3-67　受弯构件裂缝开展过程

在第一条裂缝出现后，裂缝截面处的受拉混凝土退出工作，荷载产生拉力全部由钢筋承担，使开裂截面处纵向受拉钢筋的拉应力突然增大，而裂缝处混凝土的拉应力降为零，裂缝两侧尚未开裂的混凝土必然试图也使其拉应力降为零，从而使该处的混凝土向裂缝两侧回缩，混凝土与钢筋表面出现相对滑移并产生变形差，故裂缝一出现即具有一定的宽度。由于钢筋和混凝土之间存在粘结应力，因而裂缝截面处的钢筋应力又通过粘结应力逐渐传递给混凝土，钢筋的拉应力则相应减小，而混凝土拉应力则随着离开裂缝截面的距离的增大而逐渐增大，随着弯矩的增加，即当$M > M_{cr}$时，在离开第一条裂缝一定距离的截面的混凝土拉应力又达到了其抗拉强度，从而出现第二条裂缝。在第二条裂缝处的混凝土同样朝裂缝两侧滑移，混凝土的拉应力又逐渐增大，当其达到混凝土的抗拉强度时，又出现新的裂缝。按类似的规律，新的裂缝不断产生，裂缝间距不断减小，当裂缝减小到无法使未产生裂缝处的混凝土的拉应力增大到混凝土的抗拉强度时，这时即使弯矩继续增加，也不会产生新的裂缝，因而可以认为此时裂缝出现已经稳定。

当荷载继续增加，即M由M_{cr}增加到使用阶段荷载效应标准组合的弯矩标准值M_s时，对一般梁，在使用荷载作用下裂缝的发展已趋于稳定，新的裂缝将不再增加。最后，各裂缝宽度达到一定的数值，裂缝截面处受拉钢筋的应力达到σ_{sq}。

2. 裂缝宽度验算

(1) 平均裂缝间距

计算构件裂缝宽度时，需先计算裂缝的平均间距。理论分析表明，裂缝间距主要取决于有效配筋率ρ_{te}、钢筋直径d及表面形状，此外，还与混凝土的保护厚度c有关。根据试验结果，平均裂缝间距可按半理论半经验公式计算：

$$l_m = \beta\left(1.9c + 0.08\frac{d_{eq}}{\rho_{te}}\right) \tag{3-141}$$

式中　β——系数，对轴心受拉构件$\beta = 1.1$；对受弯、偏心受压、偏心受拉构件取$\beta = 1.0$；

c——最外层纵向受拉钢筋外边缘至受拉区底边的距离（即混凝土保护层厚度），当$c < 20\text{mm}$时，取$c = 20\text{mm}$；当$c > 65\text{mm}$时，取$c = 65\text{mm}$；

ρ_{te}——按有效受拉混凝土截面计算的纵向受拉钢筋配筋率（简称有效配筋率）；$\rho_{te} = A_s/A_{te}$，当计算得出的$\rho_{te} < 0.01$时，取$\rho_{te} = 0.01$；

A_{te}——受拉区有效混凝土的截面面积（图3-68），对轴心受拉构件，A_{te}取构件截面面积，对受弯偏心受压、偏心受拉构件取$A_{te} = 0.5bh + (b_f - b)h_f$，其中$b_f$、$h_f$分别为受拉翼缘的宽度和高度，受拉区为矩形截面时，$A_{te} = 0.5bh$；

d_{eq}——纵向受拉钢筋的等效直径（mm）。

(2) 平均裂缝宽度w_m

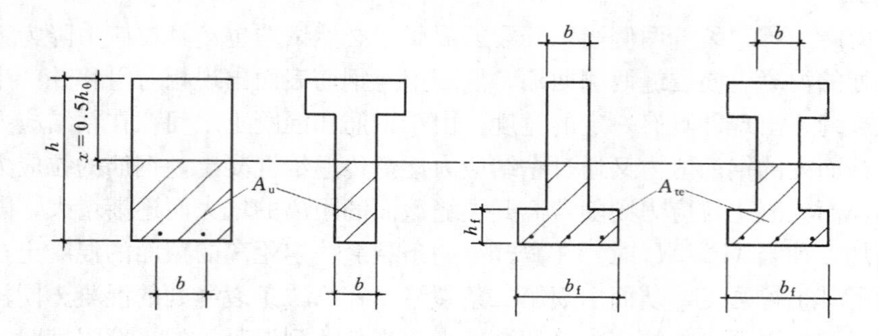

图 3-68　受拉区有效受拉混凝土截面面积 A_{te} 的取值

如上所述，裂缝的开展是由于混凝土的回缩造成的，因此两条裂缝之间受拉钢筋的伸长值与同一处受拉混凝土伸长值的差值就是构件的平均裂缝宽度，如图 3-69 所示。由此可推得受弯构件的平均裂缝宽度 w_m 为：

$$w_m=\varepsilon_{sm}l_m-\varepsilon_{cm}l_m=\varepsilon_{sm}\left(1-\frac{\varepsilon_{cm}}{\varepsilon_{sm}}\right)l_m \tag{3-142}$$

式中　ε_{sm}——纵向受拉钢筋的平均拉应变，$\varepsilon_{sm}=\psi\varepsilon_{sm}=\psi\frac{\sigma_{sq}}{E_s}$；

ε_{cm}——与纵向受拉钢筋相同水平处侧表面混凝土的平均拉应变；

ε_{sm}、σ_{sq}——裂缝截面处钢筋的应变、应力。

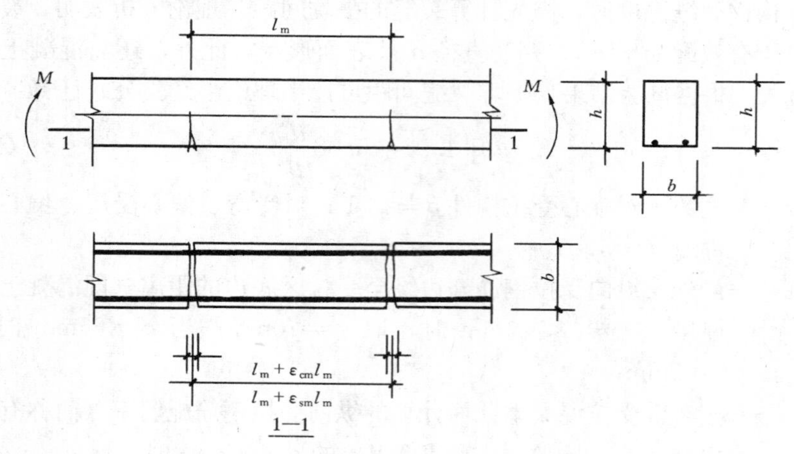

图 3-69　平均裂缝计算图式

令 $\alpha_c=1-\frac{\varepsilon_{cm}}{\varepsilon_{sm}}$，$\alpha_c$ 称为裂缝间混凝土自身伸长对裂缝宽度的影响系数，将式 (3-142) 变化后得：

$$w_m=\alpha_c\psi\frac{\sigma_{sq}}{E_s}l_m \tag{3-143}$$

试验研究表明，系数虽然与配筋率、截面形状和混凝土保护层等因素有关，但一般情况下，α_c 变化不大且对裂缝开展宽度影响也不大，为简化计算，对受弯、偏心受压取 $\alpha_c=0.77$，对其他构件取 $\alpha_c=0.85$，则式（3-143）变为：

$$w_m = 0.77\psi\frac{\sigma_{sq}}{E_s}l_m \tag{3-144}$$

式中　σ_{sq}——按荷载效应的准永久组合计算的钢筋混凝土构件纵向受拉钢筋的应力，可按下列公式计算：

对轴心受拉构件
$$\sigma_{sq}=\frac{N_q}{A_s} \tag{3-145}$$

对偏心受拉构件
$$\sigma_{sq}=\frac{N_q e'}{A_s(h_0-a'_s)} \tag{3-146}$$

对受弯构件
$$\sigma_{sq}=\frac{M_q}{0.87h_0A_s} \tag{3-147}$$

对偏心受压构件
$$\sigma_{sq}=\frac{N_q(e-Z)}{A_sZ} \tag{3-148}$$

$$Z=\left[0.87-0.12(1-\gamma'_f)\left(\frac{h_0}{e}\right)^2\right]h_0 \tag{3-149}$$

$$e=\eta_s e_0+y_s \tag{3-150}$$

$$\gamma'_f=\frac{(b'_f-b)h'_f}{bh_0} \tag{3-151}$$

$$\eta_s=1+\frac{1}{4000\frac{e_0}{h_0}}\left(\frac{l_0}{h}\right)^2 \tag{3-152}$$

以上式中　A_s——受拉区纵向钢筋截面面积：对轴心受拉构件，A_s 取全部纵向钢筋截面面积；对偏心受拉构件，取受拉较大边的纵向钢筋截面面积；对受弯构件和偏心受压构件，A_s 取受拉区纵向钢筋截面面积；

e'——轴向拉力作用点至受压区或受拉较小边纵向钢筋合力点的距离；

e——轴向压力作用点至纵向受拉钢筋合力点的距离；

Z——纵向受拉钢筋合力点至受压区合力点之间的距离，且 $Z\leqslant 0.87h_0$；

η_s——使用阶段的偏心矩增大的系数；当 $l_0/h\leqslant 14$ 时，取 $\eta_s=1.0$；

y_s——截面重心至纵向受拉钢筋合力点的距离，对矩形截面 $y_s=h/2-a_s$；

γ'_f——受压翼缘面积与腹板有效面积之比值：$\gamma'_f=\frac{(b'_f-b)h'_f}{bh_0}$，其中，$b'_f$、$h'_f$为受压翼缘的宽度、高度，当$h'_f>0.2h_0$时，取$h'_f=0.2h_0$；

N_q、M_q——按荷载效应的准永久组合计算的轴向力值、弯矩值，对偏心受压构件不考虑二阶效应的影响；

ψ——裂缝间纵向受拉钢筋应变不均匀系数，它反映了裂缝之间混凝土协助钢筋抗拉工作的程度。ψ愈小，裂缝之间的混凝土协助钢筋抗拉工作愈强。《混凝土结构设计规范》规定，ψ按下式计算：

$$\psi=1.1-\frac{0.65f_{tk}}{\rho_{te}\sigma_{sq}} \tag{3-153}$$

式中 f_{tk}——为混凝土抗拉强度标准值，当$\psi<0.2$时，取$\psi=0.2$；当$\psi>1$时，取$\psi=1$；对直接承受重复荷载构件，取$\psi=1$；

E_s——钢筋弹性模量；

l_m——混凝土构件平均裂缝宽度。

(3) 裂缝宽度

由于钢筋混凝土材料的不均匀性及裂缝出现的随机性，导致裂缝间距和裂缝宽度的离散性较大，故必须考虑裂缝分布和开展的不均匀性。

按式（3-145）计算出的平均裂缝宽度应乘以考虑裂缝不均匀性扩大系数τ_s，使计算出来的最大裂缝宽度w_{max}具有95%的保证率，该系数可由实测裂缝宽度分布图的统计分析求得，对于轴心受拉和偏心受拉构件$\tau_s=1.9$；对于轴心受弯和偏心受压构件$\tau_s=1.66$；此外，最大裂缝宽度w_{max}尚应考虑在荷载长期作用影响下，由于受拉区混凝土应力松弛和滑移以及混凝土收缩，裂缝间受拉钢筋平均应变还将继续增长，裂缝宽度还会随之加大。因此，短期的最大裂缝宽度还应乘上荷载长期作用影响的裂缝扩大系数τ_l。考虑到荷载短期作用和荷载长期作用影响的组合作用，尚需乘以组合系数α_{sl}。对各种受力构件，《混凝土结构设计规范》均取$\alpha_{sl}\tau_l=0.9\times1.66=1.5$。这样，最大裂缝宽度为：

$$w_{max}=\tau_s\alpha_{sl}\tau_l w_m \tag{3-154a}$$

把w_m及l_m值代入

$$w_{max}=0.77\tau_s\alpha_{sl}\tau_l\beta\psi\frac{\sigma_{sq}}{E_s}\left(1.9c+0.08\frac{d_{eq}}{\rho_{te}}\right) \tag{3-154b}$$

令$\alpha_{cr}=0.77\tau_s\alpha_{sl}\tau_l\beta$

即可得到各种受力构件正截面最大裂缝度的统一计算公式：

$$w_{max}=\alpha_{cr}\psi\frac{\sigma_{sq}}{E_s}\left(1.9c+0.08\frac{d_{eq}}{\rho_{te}}\right) \tag{3-155}$$

式中 α_{cr} ——构件受力特征系数；

对轴心受拉构件 $\alpha_{cr}=2.7$；

对偏心受拉构件 $\alpha_{cr}=2.4$；

对受弯和偏心受压构件 $\alpha_{cr}=1.9$；

$d_{eq}=\dfrac{\sum n_i d_i^2}{\sum n_i v_i}$ ——受拉区纵向钢筋的等效直径（mm）；

d_i ——受拉区第 i 种纵向钢筋的公称直径（mm）；

n_i ——受拉区第 i 种纵向钢筋的根数；

v_i ——受拉区第 i 种纵向钢筋的相对粘结特性系数；光面钢筋取 0.7，带肋钢筋取 1.0。对环氧树脂涂层带肋钢筋，其相对粘结特性系数应考虑折减系数 0.8。

按式（3-155）算得的最大裂缝宽度 w_{max} 不应超过《混凝土结构设计规范》规定的最大裂缝宽度限制 w_{lim}。

由于在验算裂缝宽度时，构件的材料，截面尺寸及配筋，按荷载效应的准永久组合计算的钢筋应力 σ_{sq}，系数 ψ、E_s、ρ_{te} 均为已知，而保护层厚度 c 值按构造一般变化较小，故 w_{max} 主要取决于 d、v 这两个参数。因此，当计算得出 $w_{max}>w_{lim}$ 时，宜选择较细直径的变形钢筋，以增大钢筋与混凝土接触面积，提高钢筋与混凝土的粘结强度。但钢筋直径的选择也要考虑施工的方便。

如采用上述措施不能满足要求时，也可增加钢筋截面面积 A_s，加大有效配筋率 ρ_{te}，从而减小钢筋应力 σ_s 和裂缝间距 l_m，使之符合要求。改变截面形式和尺寸，提高混凝土强度等级，效果甚差，一般不宜采用。

w_{max} 是指计算在纵向受拉钢筋水平处的最大裂缝宽度，而在结构试验或质量检验时，通常只能观察构件外表面的裂缝宽度，后者比前者约大 k_c 倍。该倍数可按下列经验公式确定：

$$k_c=1+1.5a_s/h \tag{3-156}$$

式中 a_s ——从受拉钢筋截面中心到构件近边缘的距离。

这样就可以最终测算出纵向受拉钢筋水平处的最大裂缝宽度是否超过了《混凝土结构设计规范》规定的限值 w_{lim}。

（三）验算最大裂缝宽度的步骤

（1）按荷载效应的准永久组合计算弯矩 M_q；

（2）计算纵向受拉钢筋应力 σ_{sq}；

（3）计算有效配筋率 ρ_{te}；

（4）计算受拉钢筋的应力不均匀系数 ψ；

（5）计算最大裂缝宽度 w_{max}；

（6）验算 $w_{max}\leqslant w_{lim}$。

【例 3-26】 某教学楼的一根钢筋混凝土简支梁，计算跨度 $l=6\text{m}$ 截面尺寸 $b=250\text{mm}, h=650\text{mm}$，混凝土强度等级 C20（$E_c=2.55\times10^4\text{N/mm}^2, f_{tk}=1.54\text{N/mm}^2$），按正截面承载力计算已配置了热轧钢筋 4 Φ 20（$E_s=2\times10^5\text{N/mm}^2, A_s=1256\text{mm}^2$），梁所承受的永久荷载标准值（包括梁自重）$g_k=18.6\text{kN/m}$，可变荷载值 $q_k=35\text{kN/m}$，准永久值系数 $\psi_q=0.4$，试验算其裂缝宽度。

【解】 （1）按荷载效应的准永久组合计算弯矩 M_q

$$M_q=\frac{1}{8}(g_k+\Psi_q q_k)=\frac{1}{8}\times(18.6+0.4\times35)\times6^2=146.7\text{kN}\cdot\text{m}$$

（2）计算纵向受拉钢筋的应力 σ_{sk}

$$\sigma_{sq}=\frac{M_q}{0.87h_0A_s}=\frac{146.7\times10^6}{0.87\times615\times1256}=218.3\text{N/mm}^2$$

（3）计算有效配筋率 σ_{te}

$$A_{te}=0.5bh=0.5\times250\times650=81250\text{mm}^2$$

$$\rho_{te}=A_s/A_{te}=1256/81250=0.0155>0.01\text{，取 }\rho_{te}=0.0155$$

（4）计算受拉钢筋应变的不均匀系数 ψ

$$\psi=1.1-\frac{0.65f_{tk}}{\rho_{te}\sigma_{sq}}=1.1-\frac{0.65\times1.54}{0.0155\times218.3}=0.804>0.2$$

$$<1.0$$

（5）计算最大裂缝宽度 w_{max}

混凝土保护层厚度 $c=25\text{mm}>20\text{mm}$，HRB400，$v=1.0$，$d_{eq}=\dfrac{d}{v}=20\text{mm}$

$$\begin{aligned}w_{max}&=1.9\psi\frac{\sigma_{sq}}{E_s}\left(1.9c+0.08\frac{d_{eq}}{\rho_{te}}\right)\\&=1.9\times0.804\times\frac{218.3}{2\times10^5}\times\left(1.9\times25+0.08\times\frac{20}{0.0155}\right)\\&=0.252\text{mm}\end{aligned}$$

（6）查《混凝土结构设计规范》，得最大裂缝宽度的限值 $w_{lim}=0.3\text{mm}$，$w_{max}=0.252\text{mm}\leqslant w_{lim}=0.3\text{mm}$，裂缝宽度满足要求。

二、受弯构件挠度验算

（一）钢筋混凝土受弯构件挠度计算的特点

由材料力学知，弹性匀质材料梁挠度计算公式的一般形式为：

$$f=s\cdot\frac{Ml^2}{EI}\tag{3-157}$$

式中　f——梁跨中最大挠度；

s——与荷载形式，支撑条件有关的荷载效应系数；

M——跨中最大弯矩；

EI——截面抗弯刚度。

当截面尺寸及材料给定后 EI 为常数，亦即挠度 f 与弯矩 M 为直线关系，如图 3-70（b）所示。

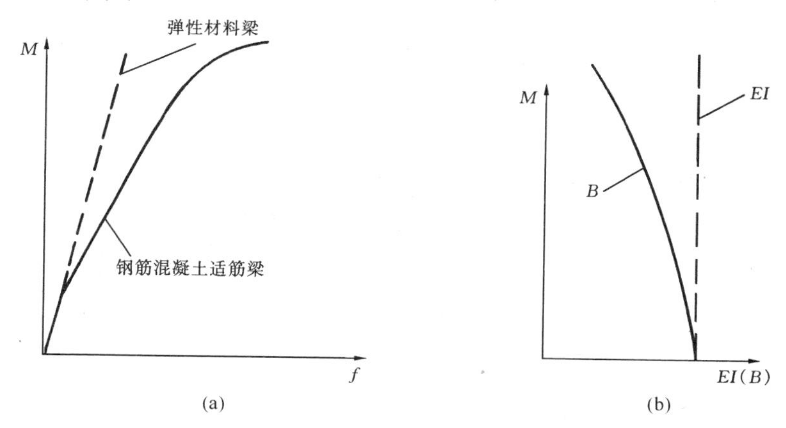

图 3-70　M 与 f，M 与 EI（B）的关系曲线

钢筋混凝土梁的挠度与弯矩的关系是非线性的。因为梁是带裂缝工作的，裂缝处的实际截面减小，即梁的惯性矩减小，导致梁的刚度下降。另一方面，随着弯矩增加，梁塑性变形发展，变形模量也随之减小，即 E 也随之减小。由此可见，钢筋混凝土梁的截面抗弯刚度不是一个常数，而是随着弯矩的大小而变化。同时随着荷载作用持续时间的增加，钢筋混凝土梁的截面抗弯刚度还将进一步减小，梁的挠度还将进一步增大。故不能用 EI 来表示钢筋混凝土的抗弯刚度。为了区别匀质弹性材料受弯构件的抗弯刚度，用 B_s 表示钢筋混凝土梁在荷载标准效应组合作用下的截面抗弯刚度，简称为短期刚度，用 B 表示钢筋混凝土梁在荷载效应标准组合并考虑荷载长期作用下的截面抗弯刚度，称为构件刚度。

计算钢筋混凝土受弯构件的挠度，实质上是计算它的抗弯刚度 B，一旦求出抗弯刚度 B 后，就可以用 B 代替 EI，然后按照弹性材料梁的变形公式即可算出梁的挠度。

（二）受弯构件在荷载效应准永久组合下的刚度 B_s

受弯构件的抗弯刚度反映其抵抗弯曲变形的能力。在受弯构件的纯弯段，当弯矩一定时，截面抗弯刚度大，则其弯曲变形小；反之，弯曲变形大。因此，弯矩作用下的截面曲率与其刚度有关。从几何关系分析曲率是由构件截面受拉区伸长，受压区变短而形成。虽然，截面拉、压变形愈大，其曲率也愈大。若知道截面受拉区和受压区的应变值就能求出曲率，再由弯矩与曲率的关系，可求出钢筋混凝土受弯构件截面刚度。

在材料力学中截面刚度 EI 与截面内力（M）及变形有如下关系：

$$\frac{1}{\gamma}=\frac{M}{EI} \tag{3-158}$$

式中 γ 为截面曲率半径。刚度 EI 也就是 $M-\frac{1}{\gamma}$ 曲线之斜率。如图 3-71 所示，对钢筋混凝土受弯构件，上式通过建立下面三个关系式，并引入适当的参数来建立，最后将 EI 用短期刚度 B_s 来置换即可。

1. 几何关系

钢筋混凝土受弯构件在受力后，虽然混凝土及钢筋的应变由于裂缝的影响沿梁长是非均匀分布的，但平均应变 ε_{cm}，ε_{sm} 及平均中和轴高度在纯弯段内是不变的，且符合平截面假定，即：

$$\frac{1}{\gamma}=\frac{\varepsilon_{cm}+\varepsilon_{sm}}{h_0} \tag{3-159}$$

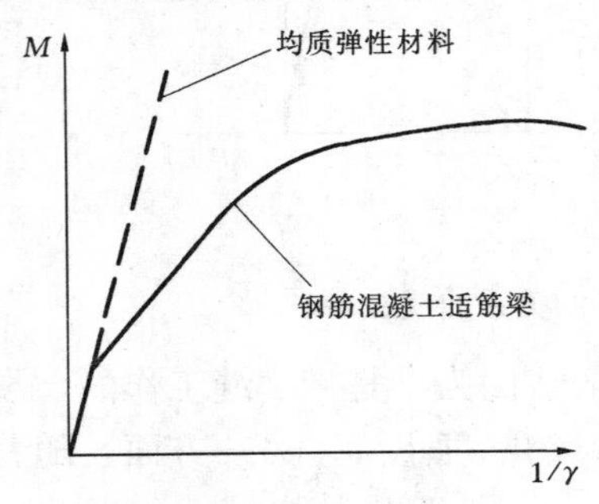

图 3-71　$M-\frac{1}{\gamma}$关系曲线

2. 物理关系

考虑到混凝土的塑性变形，引用变形模量 $E'_c=\upsilon E_c$，则开裂截面应力 $\sigma_c=\varepsilon_c E'_c$。近似取平均应变等于开裂截面的应变 ε_c，故

$$\varepsilon_{cm}\approx\varepsilon_c=\frac{\sigma_{cq}}{E'_c}=\frac{\sigma_{cq}}{\upsilon E_c} \tag{3-160}$$

钢筋在屈服以前服从虎克定律 $\varepsilon_s=\frac{\sigma_s}{E_s}$，引进钢筋应变不均匀系数 ψ，则可建立平均应变 ε_{cm} 与开裂截面钢筋应力 σ_s 的关系

$$\varepsilon_{sm}=\varepsilon_{sq}=\psi\varepsilon_s=\psi\frac{\sigma_{sq}}{E_s} \tag{3-161}$$

3. 平衡关系

见图 3-72，将开裂截面的混凝土压应力图形用等效矩形应力图形来代替，其平均应力为 $\omega\sigma_{cq}$，压区高度为 ξh_0，内力臂为 ηh_0，

则
$$\sigma_{cq}=\frac{M_q}{\xi\omega\eta bh_0^2} \tag{3-162a}$$

$$\sigma_{sq}=\frac{M_q}{A_s\eta h_0} \tag{3-162b}$$

整理得

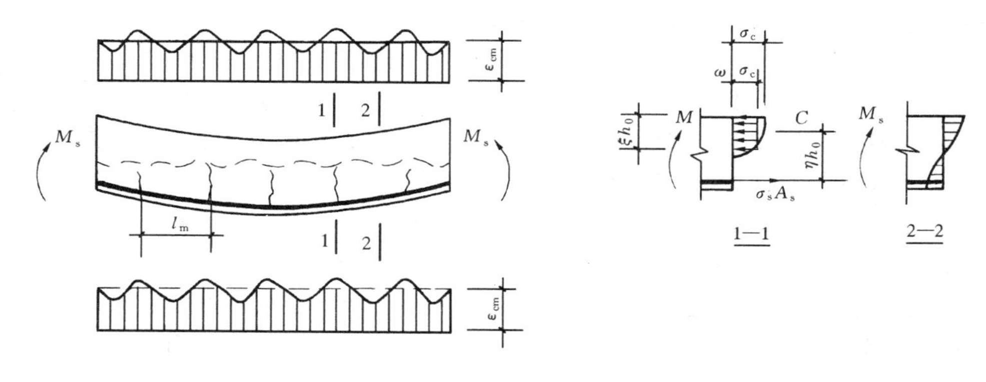

图 3-72　构件中混凝土和钢筋应变分布

$$\frac{1}{\rho}=\frac{\varepsilon_{sm}+\varepsilon_{cm}}{h_0}=\frac{\psi\frac{\sigma_{sq}}{E_s}+\frac{\sigma_{cq}}{\upsilon E_c}}{h_0}=M_q\left(\frac{\psi}{E_sA_s\eta h_0^2}+\frac{1}{\upsilon\xi\omega\eta E_c bh_0^3}\right)\tag{3-163}$$

设 $\zeta=\upsilon\xi\omega\eta$ 为混凝土受压边缘平均应变综合系数，并引用 $\alpha_E=\frac{E_s}{E_c}$；$\rho=\frac{A_s}{bh}$；$\eta=0.87$ 代入整理得：

$$B_s=\frac{M_q}{\frac{1}{\rho}}=\frac{E_sA_sh_0^2}{1.15\psi+\frac{\alpha_E\rho}{\zeta}}\tag{3-164}$$

通过对常见截面的受弯构件实测结果分析，可取

$$\frac{\alpha_E\rho}{\zeta}=0.2+\frac{6\alpha_E\rho}{1+3.5\gamma_f'}\tag{3-165}$$

从而可得矩形、T 形、倒 T 形、I 字形截面受弯构件短期刚度的公式为：

$$B_s=\frac{E_sA_sh_0^2}{1.15\psi+0.2+\frac{6\alpha_E\rho}{1+3.5\gamma_f'}}\tag{3-166}$$

式中　ρ——纵向受拉钢筋配筋率；

α_E——钢筋弹性模量与混凝土弹性模量之比值；

γ_f'——T 形、I 字形截面受压翼缘面积与腹板有效面积之比，计算公式为：

$$\gamma_f'=\frac{(b_f'-b)h_f'}{bh_0}\tag{3-167}$$

b_f'、h_f'——分别为截面受压翼缘的宽度和高度，当 $b_f'>0.2h_0$ 时，取 $b_f'=0.2h_0$。

（三）按荷载效应的标准组合并考虑荷载长期作用影响的刚度 B

在长期荷载作用下，钢筋混凝土梁的挠度将随时间而不断缓慢增长，抗弯刚

度随时间而不断降低，这一过程往往要持续很长时间。

在长期荷载作用下，钢筋混凝土梁挠度不断增长的原因主要是由于受压区混凝土的徐变变形，使混凝土的压应变随时间而增长。另外，裂缝之间受压区混凝土的应力松弛、受拉钢筋和混凝土之间粘结滑移徐变，都使得混凝土不断退出工作，从而使受拉钢筋平均应变随时间增大。因此，凡是影响混凝土徐变和收缩的因素如：受压钢筋配筋率、加荷龄期、使用环境的温湿度等，都对长期荷载作用下构件挠度的增长有影响。

《混凝土结构设计规范》关于变形验算的条件，要求在荷载效应准永久组合作用下并考虑荷载长期作用影响后的构件挠度不超过规定挠度的限值，即 $f_{max} \leqslant f_{lim}$。因此，应用构件刚度来计算构件的挠度，按《混凝土结构设计规范》规定，受弯构件的刚度可按下式计算：

$$B = \frac{B_s}{\theta} \tag{3-168}$$

式中 θ——考虑荷载长期作用对挠度增大的影响系数。

根据试验结果，《混凝土结构设计规范》对 θ 取值如下：对钢筋混凝土受弯构件，当 $\rho' = 0$ 时，取 $\theta = 2.0$；当 $\rho' = \rho$ 时，取 $\theta = 1.6$；当 ρ' 为中间值时，θ 按线性内插法取用。

$$\theta = 1.6 + 0.4\left(1 - \frac{\rho'}{\rho}\right) \tag{3-169}$$

式中 ρ、ρ'——分别为纵向受拉钢筋的配筋率（$\rho = \frac{A_s}{bh_0}$）和受压钢筋的配筋率（$\rho' = \frac{A_s'}{bh_0}$）。

由于受压钢筋能阻碍受压区混凝土的徐变，因而可减小挠度，上式中的 $\frac{\rho'}{\rho}$ 反映了受压钢筋这一有利影响。此外，对于翼缘位于受拉区得倒 T 形截面，θ 应增加 20%。

（四）受弯构件的最小刚度原则

钢筋混凝土构件截面的抗弯刚度随弯矩的增大而减小。因此，即使等截面梁，由于梁的弯矩一般沿梁长方向是变化的，故梁各个截面的抗弯刚度也是不一样的，弯矩大的截面抗弯刚度小，弯矩小的截面抗弯刚度大，即梁的刚度沿梁长为变值。变刚度梁的挠度计算是十分复杂的。在实际设计中为了简化计算通常采用“最小刚度原则”，即在同号弯矩区段内采用其最大弯矩（绝对值）截面处的最小刚度作为该区段的抗弯刚度来计算变形。对于承受均布荷载的简支梁，即取最大正弯矩截面处的刚度，并以此作为全梁的抗弯刚度，如图 3-73 所示；对于受均布荷载作用的外伸梁，其截面刚度分布如图 3-74 所示。

计算钢筋混凝土受弯构件中的挠度，先要求出同一符号弯矩区段内的最大弯矩，而后求出该区段弯矩最大截面处的刚度，再根据梁的支座类型套用相应的力学挠度公式，计算钢筋混凝土受弯构件的挠度。求得的挠度值不应大于《混凝土结构设计规范》规定的挠度限值 f_{lim}，f_{lim} 可根据受弯构件的类型及计算跨度查表 2-7。

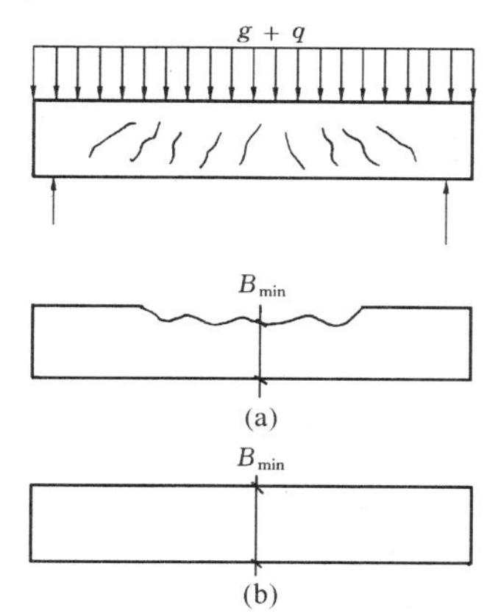

图 3-73 简支梁抗弯刚度分布

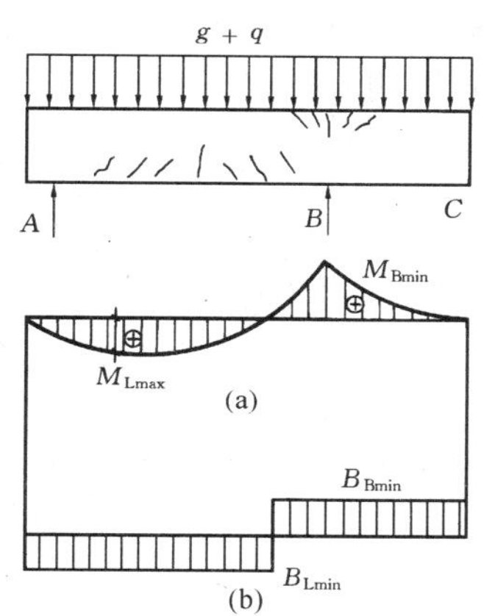

图 3-74 带悬臂简支梁抗弯刚度分布

需要指出的是：钢筋混凝土受弯构件同一符号区段内最大弯矩处截面刚度最小，但此截面的挠度不一定最大，如外伸梁的 B 支座截面，弯矩绝对值最大，而挠度为零。

（五）减小构件挠度的措施

若求出的构件挠度 f 大于《混凝土结构设计规范》规定的挠度限值 f_{lim}，则应采取措施减小挠度。减小挠度的实质就是提高构件的抗弯刚度，最有效的措施就是增大构件截面高度，其次是增加钢筋的截面面积，其他措施如提高混凝土强度等级，选用合理的截面形状等效果都不显著。此外，采用预应力混凝土构件也是提高受弯构件刚度的有效措施。

（六）验算挠度的步骤

1. 按受弯构件荷载效应的准永久组合并考虑荷载长期作用影响计算弯矩值 M_q

2. 计算受拉钢筋应变不均匀系数

$$\psi = 1.1 - \frac{0.65 f_{tk}}{\rho_{te}\sigma_{sq}}$$

3. 计算构件的短期刚度 B_s

（1）计算钢筋与混凝土弹性模量比值 $\alpha_E = \dfrac{E_s}{E_c}$；

(2) 计算纵向受拉钢筋配筋率 $\rho=\dfrac{A_s}{bh_0}$；

(3) 计算受压翼缘面积与腹板有效面积的比值 γ'_f 为

$$\gamma'_f=\frac{(b'_f-b)h'_f}{bh_0}$$

对矩形截面 $\gamma'_f=0$。

(4) 计算短期刚度：

$$B_s=\frac{E_sA_sh_0^2}{1.15\psi+0.2+\dfrac{6\alpha_E\rho}{1+3.5\gamma'_f}}$$

4. 计算构件刚度 B

$$B=\frac{B_s}{\theta}$$

5. 计算构件挠度，并验算

$$f=s\frac{M_ql^2}{B}\leqslant f_{lim}$$

【例 3-27】 已知条件同（例 3-26），允许挠度为 $l_0/250$，验算该梁的挠度是否满足要求？

【解】 由例 3-26 已求得：

$M_q=146.7\text{kN}\cdot\text{m}$，$\sigma_{sq}=218.3\text{N/mm}^2$，$A_{te}=81250\text{mm}^2$，$\rho_{te}=0.0155$。

(1) 计算构件的短期刚度 B_s

钢筋与混凝土弹性模量的比值：$\sigma_E=\dfrac{E_s}{E_c}=\dfrac{2\times10^5}{2.55\times10^4}=7.84$

纵向受拉钢筋配筋率：$\rho=\dfrac{A_s}{bh_0}=\dfrac{1256}{250\times615}=0.0082$

计算短期刚度 B_s：

$$B_s=\frac{E_sA_sh_0^2}{1.15\psi+0.2+\dfrac{6\alpha_E\rho}{1+3.5\gamma'_f}}$$

$$=\frac{2.0\times10^5\times1256\times615^2}{1.15\times0.804+0.2+\dfrac{6\times7.84\times0.0082}{1+0}}$$

$$=6.29\times10^{13}\text{N}\cdot\text{mm}^2$$

(2) 计算构件刚度 B

因为未配置受压钢筋，故 $\rho'=0,\theta=2.0$

$$B=\frac{B_s}{\theta}=6.29\times10^{13}/2=3.15\times10^{13}\text{N}\cdot\text{mm}^2$$

(3) 计算构件挠度并验算

$$f=\frac{5}{48}\cdot\frac{M_k l_0^2}{B}=\frac{5}{48}\cdot\frac{146.7\times10^6\times6000^2}{3.15\times10^{13}}=16.68\text{mm}<\frac{l_0}{250}=\frac{6000}{250}=24\text{mm}$$

构件挠度满足要求。

小　结

1. 钢筋混凝土受弯构件根据配筋率不同，有适筋梁、超筋梁和少筋梁三种破坏形式。其中适筋梁为塑性破坏，超筋梁和少筋梁为脆性破坏，在设计中不能采用。

2. 计算受弯构件正截面承载力时，混凝土的压应力图形以等效矩形应力图形来代替，等效矩形上混凝土的压应力大小为 $\alpha_1 f_c$。

3. 受弯构件分为单筋矩形截面、双筋矩形截面和 T 形截面。其截面选择和截面复核的方法及步骤见书中例题。

4. 在绘制施工图时，钢筋直径、净距、保护层、锚固长度应符合《混凝土结构设计规范》有关构造的要求。

5. 影响受弯构件斜截面的主要因素有剪跨比、混凝土强度等级、配箍率及配筋强度、纵筋配筋率等，计算公式是以主要影响参数为变量，以试验统计为基础建立起来的。

6. 根据受弯构件剪跨比和配箍率的大小不同，沿斜截面破坏可能有剪压破坏、斜拉破坏和斜压破坏，这三种破坏均为脆性破坏，《混凝土结构设计规范》是以剪压破坏为基础建立计算公式，采用相应的构造措施防止斜拉破坏和斜压破坏、即限制最小截面尺寸、限制最大箍筋间距、限制最小箍筋直径及最小配箍率。

7. 受弯构件斜截面承载力包括斜截面抗剪承载力和斜截面抗弯承载力两个方面。不仅要满足计算要求，而且还要采取必要的构造措施来保证弯起钢筋的弯起位置，纵筋的截断位置以及有关纵筋的锚固要求，箍筋的构造要求。

8. 对不配置箍筋和弯起钢筋的一般板类受弯构件，其斜截面受剪承载力应满足 $V\leqslant 0.7\beta_h f_t b h_0$，$\beta_h=(800/h_0)^{1/4}$。

9. 钢筋混凝土纯扭构件的破坏可归纳为四种类型，即少筋破坏、适筋破坏、部分超筋破坏和完全超筋破坏，其中少筋破坏和完全超筋破坏均为明显脆性破坏，设计中应当避免，为了使抗扭钢筋和箍筋相匹配，有效抵抗外扭矩作用，应使两者强度比 $\zeta=0.6\sim1.7$，最佳配比为 1.2 左右。

10.《混凝土结构设计规范》对钢筋混凝土剪扭构件中的承载力计算采用“部分相关”（指混凝土抗剪）、“部分叠加”（指钢筋）来建立计算公式的。

11.《混凝土结构设计规范》对钢筋混凝土弯扭构件采用简便实用的“叠加法”（指钢筋）来建立计算公式。

12. 对于实际工程中常见的钢筋混凝土弯剪扭构件，《混凝土结构设计规范》建议其箍筋数量考虑剪扭相关性的抗剪和抗扭计算结果叠加，而纵筋的数量则由抗弯和抗扭计算结果进行叠加。

13. 采用相应的构造措施来防止少筋破坏和完全超筋破坏，即限制最小配筋率和限制最小截面尺寸。

14. 对配有普通箍和螺旋箍的轴心受压构件，由于纵向弯曲的影响将降低构件的承载力，因而应考虑稳定系数 φ 的影响，为保证与偏心弯压构件正截面承载力具有相近的可靠度，在稳定系数的前面又乘了一个小于1的系数0.9。

15. 对于配有热轧钢筋HRB335、HRB400和RRB400的钢筋混凝土轴心受压构件，钢筋强度只能取300N/mm^2。

16. 对配有螺旋箍的轴心受压构件，应注意它的适用范围。

17. 对轴心受力构件承载力计算时，不仅要满足强度要求，还要符合《混凝土结构设计规范》规定的构造要求。

18. 根据钢筋混凝土偏心受压构件的偏心距大小和配筋情况不同，可分为大偏心受压和小偏心受压破坏两种类型，大偏压构件正截面承载力计算和承载力校核与受弯构件适筋梁（双筋梁截面）的正截面承载力和承载力校核类似。而小偏心受压构件，由于远离纵向力那一端的钢筋不论是受压还是受拉，一般都达不到屈服，《混凝土结构设计规范》引入 σ_s 与 ξ 的线性关系加以考虑，这样，小偏压计算与大偏压计算公式就相协调。

19. 不论大小偏心受压计算时都应计入附加偏心距 e_a。

20. 对纵向弯曲的影响将降低长柱承载力，当 $l_0/h>8$ 时，引进偏心距增大系数 η 以考虑其影响（当 $l_0/h\leqslant 8$ 时，取 $\eta=1.0$）。

21. 根据偏心拉力作用在偏心受拉构件上的位置不同，可分为大偏心受拉和小偏心受拉两种类型。大偏心受拉的受力特点和承载力计算类似于受弯构件或大偏心受压构件，小偏心的受力特点和承载力计算类似于轴心受拉构件。

22. 偏心受压或偏心受拉构件的斜截面抗剪计算，与受弯构件截面独立梁受集中荷载的抗剪公式类似，轴向压力存在一定范围内对抗剪有利，而轴向拉力的存在将降低抗剪承载力。

23. 对钢筋混凝土构件在使用阶段验算其裂缝宽度时，应按荷载效应的标准组合并考虑荷载长期作用的影响所求得的最大裂缝宽度 w_{max}，不应超过《混凝土结构设计规范》规定的限值 w_{lim}。验算挠度时，应按荷载效应的标准组合并考虑荷载长期作用影响求出构件刚度 B，再按结构力学的方法求出它的最大挠度 f_{max}，不应超过《混凝土结构设计规范》规定的限值 f_{lim}。

24. 对“最小刚度原则”应进行深刻理解（特别是外伸梁、连续梁等）。

思考题

3-1　什么叫纵向受拉钢筋的配筋率？钢筋混凝土受弯构件正截面有哪几种破坏形式？其破坏特征有何不同？

3-2　受弯构件正截面承载力计算时，作了哪些假定？

3-3　什么叫“界限破坏”？“界限破坏”时混凝土极限压应变 ε_{cu} 和钢筋拉应变 ε_s 各怎样计算与取值？

3-4　纵向受拉钢筋的最大配筋率 ρ_{max} 和最小配筋率 ρ_{min} 是根据什么原则确定的？各与什么因素有关？《混凝土结构设计规范》规定的最小配筋率 ρ_{min} 是多少？

3-5　梁板中混凝土保护层作用是什么？其最小值为多少？对梁内受力筋的直径、净距有何要求？

3-6　影响受弯构件正截面抗弯能力的因素有哪些？如欲提高截面抗弯能力 M_u，宜优先采用哪些措施？哪些措施提高 M_u 的效果不明显？为什么？

3-7 什么是双筋截面？在什么情况下才采用双筋截面？双筋截面中的受压钢筋和单筋截面中的架立钢筋有何不同？

3-8 为什么双筋截面的箍筋必须采用封闭式？双筋截面对箍筋的直径、间距有何规定？

3-9 在进行双筋截面的设计和复核时，出现 $x>\xi_b h_0$ 及 $x<2a'_s$ 的根本原因是什么？

3-10 设计双筋截面时，当不满足 $x\geqslant 2a'_s$ 时，应如何进行计算？

3-11 T 形截面和双筋截面在受力方面有何异同？T 形截面在受力性能上有何优点？

3-12 T 形截面在进行设计和复核时，应如何判别 T 形截面的两种类型？

3-13 第一类 T 形截面与单筋矩形截面受弯承载力的计算公式、第二类 T 形截面与双筋矩形截面受弯承载力的计算公式有何共同点？

3-14 计算 T 形截面的最小配筋率时，为什么是用梁肋宽度 b 而不用受压翼缘宽度 b'_f？

3-15 整体现浇楼盖中的连续梁跨中截面和支座截面各应按何种截面形式进行计算？为什么？

3-16 有腹筋简支梁沿斜截面破坏的主要形态有哪几种？它们的破坏特征如何？怎样防止各种破坏形态的发生？

3-17 影响有腹筋梁截面受剪承载力的主要因素有哪些？

3-18 斜截面受剪承载力为什么要规定上、下限？为什么要对梁的截面尺寸加以限制？为什么要规定最小配箍率？

3-19 在什么情况下按构造配箍筋？此时如何确定箍筋的直径、间距？

3-20 在计算斜截面承载力时，计算截面的位置应如何确定？

3-21 斜截面抗剪承载力的两套计算公式各适用于哪种情况？两套计算公式的表达式在哪些地方不一样？

3-22 限制箍筋及弯起钢筋的最大间距 S_{max} 的目的是什么？当箍筋间距满足 S_{max} 时，是否一定满足最小配箍率的要求？如有矛盾，应如何处理？

3-23 决定弯起钢筋的根数和间距时，应考虑哪些因素？为什么位于梁底层两侧的钢筋不能弯起？

3-24 什么是抵抗弯矩图？它与设计弯矩图的关系应当怎样？什么是钢筋强度的充分利用点和理论截断点？

3-25 当纵向受拉钢筋必须在受拉区截断时，如何根据抵抗弯矩图与设计弯矩图的关系确定钢筋的实际截断点的位置？

3-26 如将抵抗正弯矩的纵向受拉钢筋弯起抗剪，则确定弯起位置时应满足哪些要求？如弯起钢筋弯起后要承担支座负弯矩的作用，这时需要满足哪些要求？

3-27 弯起钢筋弯起后如何保证正截面的抗弯要求和斜截面的抗弯要求？

3-28 悬臂构件受力筋应如何布置？

3-29 什么是纵向受拉钢筋的最小锚固长度？其值如何确定？

3-30 纵向钢筋的接头有哪几种？在什么情况下不得采用非焊接的搭接接头？绑扎骨架中钢筋搭接长度当受拉和受压时各取多少？

3-31 轴心受压构件的受压钢筋在什么情况下可屈服？什么情况下达不到屈服？在设计

中如何考虑?

3-32 配置螺旋箍柱承载力提高的原因是什么?

3-33 钢筋混凝土纯扭构件中有哪几种破坏形式?各有何特点?

3-34 弯扭构件承载力的相关性主要与哪些因素有关?《混凝土结构设计规范》建议采用什么方法对弯扭构件进行设计?

3-35 受扭构件设计时,什么情况下可忽略扭矩或剪力的作用?什么情况下可不进行剪扭承载力计算而仅按构件配置抗扭钢筋?

3-36 弯、剪、扭构件设计时箍筋和纵筋用量是怎样分别确立的?

3-37 受扭构件配筋有哪些构造要求?

3-38 大、小偏压有何本质区别?其判别的界限条件是什么?

3-39 偏心受压短柱和长柱破坏有何区别?偏心距增大系数 η 的物理意义是什么?何时取 $\eta=1.0$。

3-40 附加偏心距 e_a 的实质是什么?

3-41 在计算大偏心受压构件的配筋时:(1)在什么情况下假定 $\xi=\xi_b$?当求得的 $A'_s\leqslant 0$ 或 $A_s\leqslant 0$ 时,应如何处理?(2)当 A'_s 为已知时,是否也可假定 $\xi=\xi_b$ 求 A_s?(3)什么情况下出现 $\xi<2a'_s/h_0$ 的情况?此时如何求钢筋面积?

3-42 在计算小偏心受压构件配筋时,若 A_s 和 A'_s 均未知,为什么一般可取 A_s 等于最小配筋量($A_s=0.002bh$)?在什么情形下 A_s 可能超过最小配筋量?如何计算?

3-43 如何进行偏心受压构件对称配筋时的设计计算?

3-44 在I形截面对称配筋的截面选择中,如何判别中和轴的位置?

3-45 如何区分钢筋混凝土大、小偏心受拉构件?它们的受力特点和破坏特征各有何不同?

3-46 轴向压力和轴向拉力对钢筋混凝土抗剪承载力有何影响?在偏心受力构件斜截面承载力计算公式中是如何反映的?

3-47 梁配置的箍筋除了承受剪力外,还有哪些作用?箍筋主要的构造要求有哪些?

3-48 验算受弯构件裂缝宽度和变形的目的是什么?验算时为什么应采用荷载的标准值,混凝土抗拉强度的标准值?

3-49 最大裂缝宽度 w_{max} 与平均裂缝宽度 w_m 有什么关系?最大裂缝宽度 w_{max} 的验算步骤如何?

3-50 若构件的最大裂缝宽度不能满足要求的话,可采取哪些措施?哪些最有效?

3-51 钢筋混凝土受弯构件与匀质弹性材料受弯构件的挠度计算有何异同?钢筋混凝土受弯构件挠度计算时截面抗弯刚度为什么要用 B 而不用 EI?

3-52 何谓受弯构件的短期刚度 B_s 和构件刚度 B?其影响因素是什么?如何计算?

3-53 在进行受弯构件的挠度验算时,为什么要采用“最小刚度原则”?钢筋混凝土受弯构件挠度验算的步骤如何?

3-54 如果构件的挠度计算值超过规定的挠度限值,可采取什么措施来减小挠度?其中最有效的措施是什么?

习　题

3-1　一根钢筋混凝土简支梁，计算跨度为 $l_0=5.7$m，，承受均布荷载为 26.5kN/m（已考虑荷载分项系数，但不包括梁自重）。混凝土强度等级为 C20，采用 HRB400 钢筋。试确定梁的截面尺寸并计算受拉钢筋截面面积和选择钢筋。

提示：(1) 根据荷载大小初选截面尺寸 $b\times h$；(2) 钢筋混凝土重度为 25kN/m^3；(3) 本题的计算结果有多种答案。

3-2　已知一钢筋混凝土梁 $b\times h=300\text{mm}\times800\text{mm}$，混凝土强度等级为 C25，采用热轧钢筋 HRB400。该梁在所计算截面中承受设计弯矩 $M=570\text{kN}\cdot\text{m}$，试分别用基本方程式和表格法计算所需受拉钢筋的截面面积，并画出该梁的截面配筋图，注明所选受力钢筋及其他构造钢筋的根数及直径。

提示：受拉钢筋的截面面积预计较大，可能需要排成二排，因此在计算 h_0 时，可取 $h_0=800-60=740\text{mm}$。

所谓其他构造钢筋是指架立钢筋和沿截面侧边一定间隔设置的纵向构造钢筋。

3-3　已知一钢筋混凝土梁的截面尺寸如习题图 3-1 所示，混凝土强度等级为 C20，钢筋采用 HRB400，截面须承受弯矩设计值 $M=300\text{kN}\cdot\text{m}$。试计算所需受拉钢筋截面面积。

提示：首先应判断中和轴位置，可假定中和轴位于 ab 线处，求得与两个正方形受压区面积对应的受拉钢筋截面面积和这时截面所能承担的弯矩 $M*$。若 $M*<M$，则中和轴位于 ab 线以下，否则，位于 ab 线以上，然后再根据判断出中和轴位置和受压区形状分别按相应的方法计算受拉钢筋的截面面积。

3-4　试计算表中所给的五种情况截面所能承担的弯矩 M_u，并分析提高混凝土强度等级、提高钢筋级别、加大截面高度和加大截面宽度这几种措施对提高截面抗弯能力的效果。其中哪种措施效果较为显著，哪种措施效果不明显，并说明原因。

序号	情况	梁高 (mm)	梁宽 (mm)	A_s (mm^2)	钢筋级别强度等级	混凝土	M_u
1	原情况	500	200	940	HRB335	C20	
2	提高混凝土强度等级	500	200	940	HRB335	C25	
3	提高钢筋级别	500	200	940	HRB400	C20	
4	加大截面高度	600	200	940	HRB335	C20	
5	加大截面宽度	500	250	940	HRB335	C20	

3-5　一钢筋混凝土矩形截面简支梁，计算跨度为 5m，承受均布荷载设计值 $q=80\text{kN/m}$，(包括自重)。因受建筑净空限制，梁高度 h 只能取 450mm，$b=200$mm。若混凝土强度等级选 C30，钢筋采用 HRB400。

(1) 试计算截面所需的受拉钢筋和受压钢筋的截面面积；

(2) 如果受压区已配置了 HRB400 (3Φ20) 的受压钢筋 ($a'_s=35$mm)，试计算所需受拉钢筋的截面面积。

提示：预计受拉钢筋要布置两排，故取 $h_0=h-60$。

3-6 已知一矩形截面梁，截面尺寸 $b\times h=300\text{mm}\times600\text{mm}$，混凝土强度等级为 C30，钢筋采用 HRB400，在受压区已配置了 2Φ12 受压钢筋。当梁承受的弯矩设计值 $M=160\text{kN}\cdot\text{m}$ 时，试计算所需的受拉钢筋截面面积，并选择其直径及根数。

3-7 某肋形楼盖次梁，截面尺寸如习题图 3-2 所示。翼缘计算宽度为 $b'_f=1600\text{mm}$，混凝土为 C20，采用热轧钢筋 HRB400，若截面承担的弯矩设计值 $M=120\text{kN}\cdot\text{m}$，试计算受拉钢筋的截面面积，并选定其直径及根数。

3-8 已知某 T 形截面梁，截面尺寸如习题图 3-3 所示。混凝土强度等级为 C30，采用热轧钢筋 HRB400，当作用在截面中设计弯矩 $M=800\text{kN}\cdot\text{m}$ 时，试计算受拉钢筋的截面面积，并画梁的配筋图。

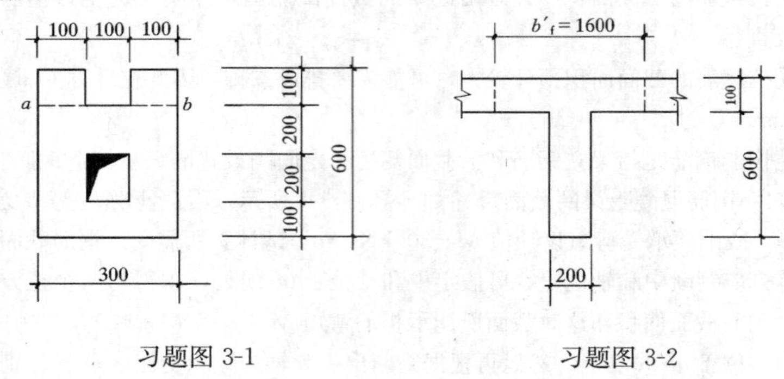

习题图 3-1　　　　习题图 3-2

3-9 一根如习题图 3-4 所示的矩形截面简支梁，截面尺寸为 $b=250\text{mm}$，$h=550\text{mm}$，混凝土强度等级为 C20，纵向受拉钢筋为 HRB400，箍筋 HPB300。梁承受的均布荷载 $q=60\text{kN/m}$（已考虑了荷载分项系数，并已包括梁自重）。根据正截面强度计算已配置了 2Φ25＋2Φ22的纵向受拉钢筋，试分别按下述两种腹筋配置方式对梁进行斜截面抗剪强度计算：

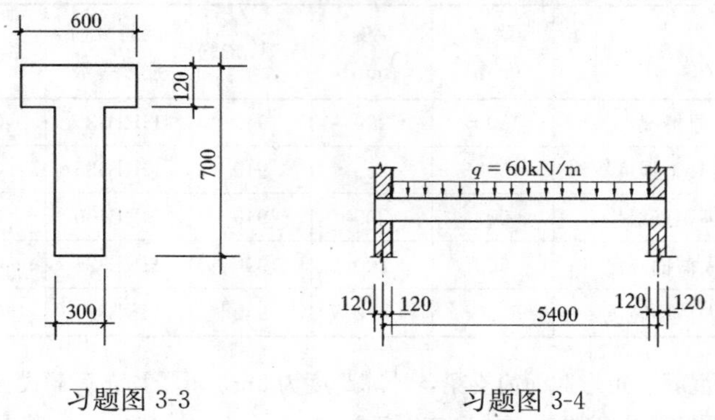

习题图 3-3　　　　习题图 3-4

（1）只配置箍筋（并要求选定箍筋直径和间距）；

（2）按构造要求沿梁长配置最低数量的箍筋后，试计算所需的弯起钢筋的排数及数量，并选定其直径和根数。

提示：对本例中通过钢筋混凝土垫块支承在砖墙上的简支梁，其计算跨度 l_0 可按下式取用：

$$l_0 = l_n + a \leqslant 1.05 l_n$$

其中　l_n 为净跨，a 为梁伸入支座的支承长度。但在进行抗剪强度验算时，应取支座内边缘处的剪力值。

3-10　一钢筋混凝土矩形截面简支梁，其截面尺寸 $b=250\text{mm}$，$h=500\text{mm}$，计算简图如习题图 3-5 所示。集中荷载 $P=90\text{kN}$ 中不包括梁自重，集中荷载的荷载分项系数的加权平均值为 $\gamma=1.35$，自重的荷载分项系数为 $\gamma_G=1.2$。混凝土的强度等级为 C20，箍筋及弯起钢筋均为热轧钢筋 HRB335。

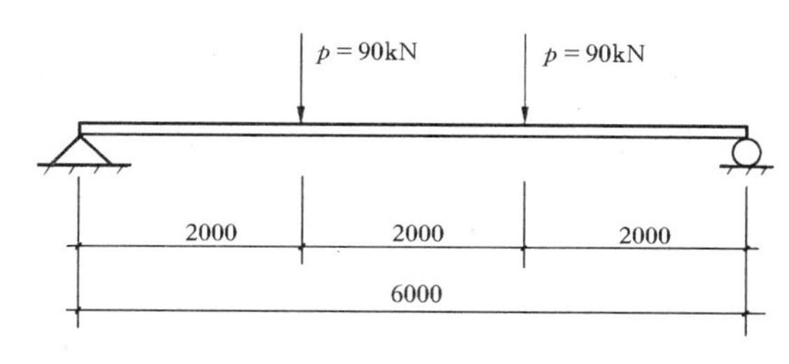

习题图 3-5

试按下列两种腹筋布置方案进行斜截面抗剪强度计算：

(1) 仅配置箍筋（要求选定箍筋直径及间距）；

(2) 箍筋按双肢 ϕ6@200 配置，试计算所需的弯起钢筋用量，并确定每侧各须布置几排弯起钢筋和绘出腹筋配置草图。

3-11　一简支矩形截面梁，净跨为 $l_n=5.3\text{m}$，承受均布荷载。截面尺寸为 $b=200\text{mm}$，$h=550\text{mm}$，混凝土为 C20 级，箍筋为热轧钢筋 HPB300，若沿梁全长配置双肢 ϕ8@120 的箍筋，试计算这根梁的斜截面所能承担的剪力，并根据抗剪强度验算推算出这根梁所能承担的均布荷载（指包括荷载分项系数在内的均布荷载）。

3-12　一根钢筋混凝土框架纵向连系梁，截面为 $b\times h=300\text{mm}\times 600\text{mm}$，在跨度三分点处各承担由一根外伸悬臂梁传来的扭矩 $T=28\text{kN}\cdot\text{m}$ 和竖向荷载 $P=45\text{kN}$。此外，该梁在左右两个三分之一跨内分别承受均布荷载 $q=98\text{kN/m}$，该梁的弯矩图，剪力图和扭矩图如习题图 3-6 所示，若混凝土强度等级为 C30，钢筋：纵向筋为 HRB400，箍筋为 HPB300，试进行该梁设计。

3-13　一根钢筋混凝土矩形截面悬臂梁，$b\times h=200\text{mm}\times 400\text{mm}$，其混凝土强度等级为 C25，受力纵筋为 HRB400，箍筋为 HPB300，若在悬臂支座截面处作用设计弯矩 $M=56\text{kN}\cdot\text{m}$，设计剪力 $V=60\text{kN}$ 和设计扭矩 $T=4\text{kN}\cdot\text{m}$，试确定该构件的配筋，并画出配筋图。

3-14　某层钢筋混凝土轴压柱，截面尺寸 $b\times h=250\text{mm}\times 250\text{mm}$，采用 C20 混凝土，纵筋采用 HRB400，箍筋采用 HPB300，柱计算长度 $l_0=4.9\text{m}$，柱底面的轴心压力设计值（包括自重）为 $N=400\text{kN}$。根据计算和构造要求，选配纵筋和箍筋。

3-15　一圆形截面钢筋混凝土轴压柱，直径为 300mm，计算长度为 $l_0=4\text{m}$。混凝土为 C30，纵向受力筋为热轧钢筋 HRB400（8Φ16），若采用螺旋箍（HPB300），直径为Φ8，螺距为 40mm，试求该柱所能承受的轴心压力。

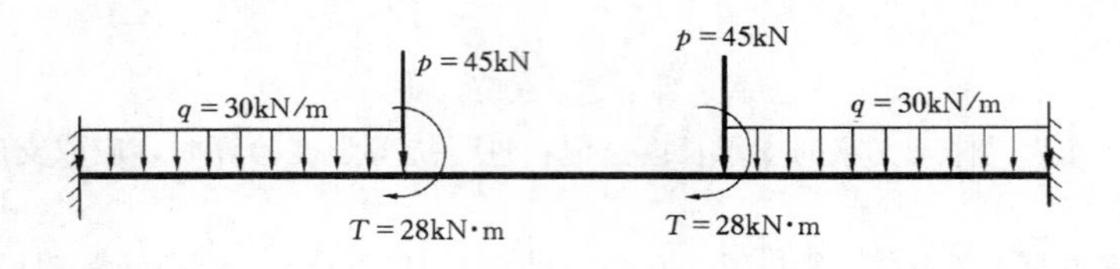

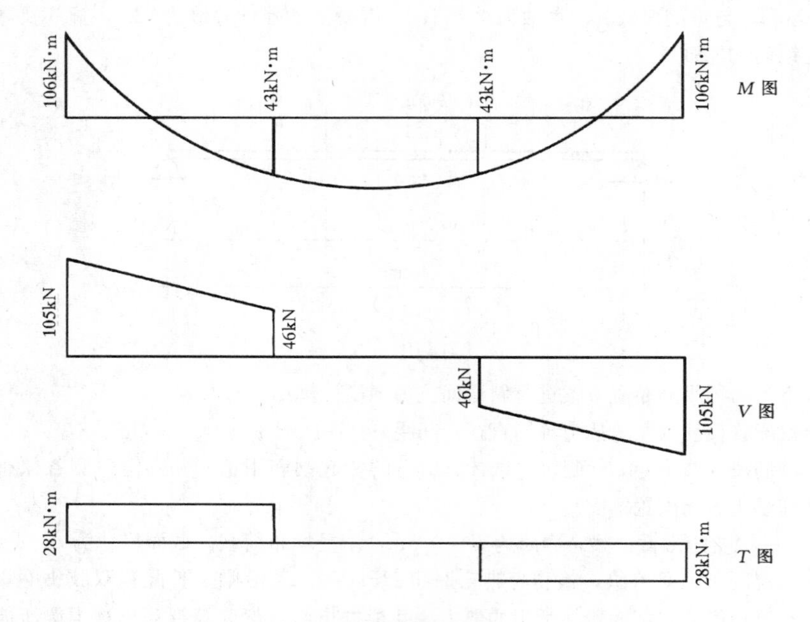

习题图 3-6

3-16 一钢筋混凝土偏心受压截面，其尺寸为 $b=300$mm，$h=500$mm，$a'_s=a_s=35$mm。计算长度为 3.9m。混凝土强度等级为 C20，受力钢筋为热轧钢筋 HRB400。承受的设计轴向力 $N=300$kN，设计弯矩 $M_1=M_2=280$kN·m。

(1) 试计算当采用非对称配筋时的 A_s 和 A'_s；

(2) 如果受压钢筋已配置了 HRB4 Φ 18，试计算 A_s；

(3) 试计算当采用对称配筋时的 A_s 和 A'_s；

(4) 试比较上述三种情况的钢筋用量。

3-17 一钢筋混凝土柱，截面为矩形，截面尺寸为 $b=400$mm，$h=500$mm，计算长度 $l_0=6.8$m，混凝土选用 C20 级，受力钢筋采用 HRB400，在该柱的控制截面中作用的设计轴向压力 $N=300$kN，设计弯矩 $M_1=M_2=160$kN·m 时，试计算所需的 A_s 和 A'_s，并绘出截面配筋图。

3-18 一偏心受压构件，截面为矩形，$b=350$mm，$h=550$mm，$a'_s=a_s=40$mm。计算长度 $l_0=5$m。混凝土选用 C20 级，受力钢筋采用 HRB400，当其控制截面中作用的设计轴向压力 $N=1600$kN，设计弯矩 $M=100$kN·m 时，试计算所需的 A_s 和 A'_s，并绘出截面配筋图。

3-19　某矩形水池池壁厚 200mm，$a_s = a'_s = 25$mm。混凝土为 C20 级，受力钢筋采用 HRB400。当水平控制截面中的每米长度内作用的设计轴向压力 $N = 100$kN，设计弯矩 $M = 65$kN·m时，试确定所需的 A_s 和 A'_s，选定钢筋的直径和间距并绘出截面配筋图（提示：假定 η 已给出，$\eta = 1.04$）。

3-20　已知某矩形截面偏心受压构件的截面尺寸为 $b = 350$mm，$h = 500$mm，$a_s = a'_s = 35$mm。混凝土为 C20 级，钢筋为热轧钢筋 HRB400，A'_s 为 4 Φ 20，A_s 为 2 Φ 12+1 Φ 14，计算长度 $l_0 = 4$m。若作用的设计轴向压力 $N = 1800$kN，试求截面所能承担的设计弯矩 M。

3-21　某钢筋混凝土偏心受压柱的截面为矩形，$b = 300$mm，$h = 400$mm，混凝土用 C20 级，受力钢筋为 HRB400，计算长度 $l_0 = 3.6$m。截面采用对称配筋。该柱的控制截面中作用有以下两组设计内力：

第一组：$N = 564$kN，$M_1 = M_2 = 145$kN·m

第二组：$N = 325$kN，$M_1 = M_2 = 142$kN·m

试先初步判断哪一内力最不利，再通过计算确定出两组内力作用下所需的受力钢筋面积，验证原判断是否正确。

3-22　某厂房柱的下柱采用对称工字形截面，其几何尺寸如习题图 3-7 所示，计算长度 $l_0 = 9.3$m。混凝土采用 C20 级，受力钢筋为热轧钢筋 HRB400，箍筋采用热轧钢筋 HPB300。根据内力分析结果，该柱控制截面中作用有以下三组由不同的荷载情况求得的不利内力：

第一组：$N = 500$kN，$M_1 = M_2 = 350$kN·m

第二组：$N = 740$kN，$M_1 = M_2 = 294$kN·m

第三组：$N = 1000$kN，$M_1 = M_2 = 300$kN·m

试根据这三组内力确定当采用对称配筋时截面每侧所需的纵向受力钢筋截面面积 A_s 和 A'_s。

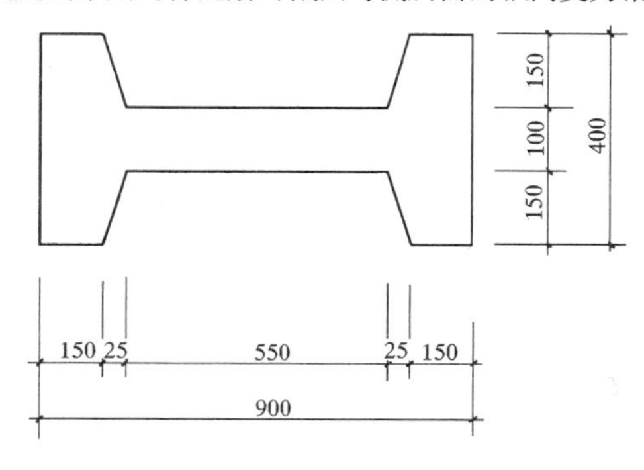

习题图 3-7

3-23　已知一根单筋矩形截面简支梁，$b \times h = 200\text{mm} \times 500\text{mm}$，由荷载标准值产生的跨中最大弯作 $M_k = 85$kN·m，混凝土强度等级为 C25，在受拉区配置一排热轧钢筋 HRB400（4 Φ 16），混凝土保护层厚度 $c = 25$mm，验算裂缝宽度是否满足 $w_{lim} = 0.2$mm 要求。

3-24　已知一承受均布荷载的预制单筋矩形截面梁 $b \times h = 200\text{mm} \times 500\text{mm}$，纵向受拉钢筋采用热轧钢筋 HRB400（3 Φ 16），梁的计算跨度 $l_0 = 6$m，混凝土强度等级为 C25，承受由荷载效应标准组合产生的跨中最大弯矩 $M_k = 50$kN·m，按荷载效应的准永久组合计算的弯矩 $M_q = 37$kN·m，挠度限值为 $l_0/300$。试验算此梁的挠度是否满足要求？

附 录

钢筋混凝土矩形和T形截面受弯构件正截面强度计算表

附表 3-1

ξ	γ_n	α_s	ξ	γ_n	α_s
0.01	0.995	0.010	0.34	0.830	0.282
0.02	0.990	0.020	0.35	0.825	0.289
0.03	0.985	0.030	0.36	0.820	0.295
0.04	0.980	0.039	0.37	0.815	0.302
0.05	0.975	0.049	0.38	0.810	0.308
0.06	0.970	0.058	0.39	0.805	0.314
0.07	0.965	0.068	0.40	0.800	0.320
0.08	0.960	0.077	0.41	0.795	0.326
0.09	0.955	0.086	0.42	0.790	0.332
0.10	0.950	0.095	0.43	0.785	0.338
0.11	0.945	0.104	0.44	0.780	0.343
0.12	0.940	0.113	0.45	0.775	0.349
0.13	0.935	0.122	0.46	0.770	0.354
0.14	0.930	0.130	0.47	0.765	0.359
0.15	0.925	0.139	0.48	0.760	0.365
0.16	0.920	0.147	0.49	0.755	0.370
0.17	0.915	0.156	0.50	0.750	0.375
0.18	0.910	0.164	0.51	0.745	0.380
0.19	0.905	0.172	0.52	0.740	0.385
0.20	0.900	0.180	0.528	0.736	0.389
0.21	0.895	0.188	0.53	0.735	0.390
0.22	0.890	0.196	0.54	0.730	0.394
0.23	0.885	0.204	0.544	0.728	0.396
0.24	0.880	0.211	0.55	0.725	0.399
0.25	0.875	0.219	0.556	0.722	0.401
0.26	0.870	0.226	0.56	0.720	0.403
0.27	0.865	0.234	0.57	0.715	0.408
0.28	0.860	0.241	0.58	0.710	0.412
0.29	0.855	0.248	0.59	0.705	0.416
0.30	0.850	0.255	0.60	0.700	0.420
0.31	0.845	0.262	0.61	0.695	0.424
0.32	0.840	0.269	0.614	0.693	0.426
0.33	0.835	0.276			

注：表中各系数关系：$M=\alpha_s\alpha_1 f_c bh_0^2$，$\xi=\frac{x}{h_0}=\frac{f_y A_s}{\alpha_1 f_c bh_0}$，$A_s=\frac{M}{f_g\gamma_s h_0}$或$A_s=\frac{\alpha_1 f_c}{f_y}\xi bh_0$。

钢筋的计算截面面积及公称质量 附表 3-2

直径 d (mm)	计算截面面积（mm^2），当根数 n 为：									公称质量 (kg/m)
	1	2	3	4	5	6	7	8	9	
2.5	4.9	9.8	14.7	19.6	24.5	29.4	34.3	39.2	44.1	0.039
3	7.1	14.1	21.2	28.3	35.3	42.4	49.5	56.5	63.6	0.055
4	12.6	25.1	37.7	50.2	62.8	75.4	87.9	100.5	113	0.099
5	19.6	39	59	79	98	118	138	157	177	0.154
6*	28.3	57	85	113	142	170	198	226	255	0.222
7	38.5	77	115	154	192	231	269	308	346	0.302
8*	50.3	101	151	201	252	302	352	402	453	0.395
9	63.5	127	191	254	318	382	445	509	572	0.499
10*	78.5	157	236	314	393	471	550	628	707	0.617
11	95.0	190	285	380	475	570	665	760	855	0.750
12*	113.1	226	339	452	565	678	791	904	1017	0.888
13	132.7	265	398	531	664	796	929	1062	1195	1.040
14*	153.9	308	461	615	769	923	1077	1230	1387	1.208
15	176.7	353	530	707	884	1050	1237	1414	1512	1.390
16*	201.1	402	603	804	1005	1260	1407	1608	1809	1.578
17	227.0	454	681	903	1135	1305	1589	1816	2043	1.780
18*	254.5	509	763	1017	1272	1526	1708	2036	2290	1.998
19	283.5	567	851	1134	1418	1701	1985	2268	2552	2.230
20*	314.2	628	941	1256	1570	1884	2200	2513	2827	2.466
21	346.4	693	1039	1385	1732	2078	2425	2771	3117	2.720
22*	380.1	760	1140	1520	1900	2281	2661	3041	3421	2.984
23	415.5	831	1246	1662	2077	2498	2908	3324	3739	3.260
24	452.4	904	1356	1808	2262	2714	3167	3519	4071	3.551
25*	490.9	982	1473	1964	2454	2945	3436	3927	4418	3.850
26	530.9	1062	1593	2124	2655	3186	3717	4247	4778	4.170
27	572.0	1144	1716	2291	2865	3435	4008	4580	5153	4.495
28*	615.3	1232	1847	2463	3079	3695	4310	4926	5542	4.830
30*	706.9	1413	2121	2827	3534	4241	4948	5655	6362	5.550
32*	804.3	1609	2418	3217	4021	4826	5630	6434	7238	6.310
34	907.9	1816	2724	3632	4540	5448	6355	7263	817	7.130
35	962.0	1924	2886	3848	4810	5772	6734	7696	8658	7.500
36	1070.9	2036	3054	4072	5089	6107	7125	8143	9161	7.990
40	1256.1	2513	3770	5027	6283	7540	8796	10053	11310	9.865

注：表中带 * 号的直径为国内常规供货直径。

每米板宽内的钢筋截面面积表 **附表 3-3**

钢筋间距（mm）	当钢筋直径（mm）为下列数值的钢筋截面面积（mm^2）													
	3	4	5	6	6/8	8	8/10	10	10/12	12	12/14	14	14/16	16
70	101	179	281	404	561	719	920	1121	1369	1616	1908	2199	2534	2872
75	94.3	167	262	377	524	671	859	1047	1277	1508	1780	2053	2367	2681
80	88.4	157	245	345	491	629	805	981	1198	1414	1669	1924	2218	2513
85	83.2	148	231	333	462	592	758	924	1127	1331	1571	1811	2088	2365
90	78.5	140	218	314	437	559	716	872	1064	1257	1484	1710	1972	2234
95	74.5	132	207	298	414	529	678	826	1008	1190	1405	1620	1868	2116
100	70.6	126	196	283	393	503	644	785	958	1131	1335	1539	1775	2011
110	64.2	114	178	257	357	457	585	714	871	1028	1214	1399	1614	1828
120	58.9	105	163	236	327	419	537	654	798	942	1112	1283	1480	1676
125	56.5	100	157	226	314	402	515	628	766	905	1068	1232	1420	1608
130	54.4	96.6	151	218	302	387	495	604	737	870	1027	1184	1366	1547
140	50.5	89.7	140	202	281	359	460	561	684	808	954	1100	1268	1436
150	47.1	83.8	131	189	262	335	429	523	639	754	890	1026	1183	1340
160	44.1	78.5	123	177	246	314	403	491	599	707	834	962	1110	1257
170	41.5	73.9	115	166	231	296	379	462	564	665	786	906	1044	1183
180	39.2	69.8	109	157	218	279	358	436	532	628	742	855	985	1117
190	37.2	66.1	103	149	207	265	339	413	504	595	702	810	934	1058
290	35.3	62.8	98.2	141	196	251	322	393	479	565	668	770	883	1005
220	32.3	57.1	89.3	129	178	228	292	357	436	514	607	700	807	914
240	29.4	52.4	81.9	118	164	209	268	327	399	471	556	641	740	838
250	28.3	50.2	78.5	113	157	201	258	314	383	452	534	616	710	804
260	27.2	48.3	75.5	109	151	193	248	302	368	435	514	592	682	773
280	25.2	44.9	70.1	101	140	180	230	281	342	404	477	550	634	718
300	23.6	41.9	65.5	94	131	168	215	262	320	377	445	513	592	670
320	22.1	39.2	61.4	88	123	157	201	245	299	353	417	481	554	628

注：表中钢筋直径中的 6/8、8/10 等系指两种直径的钢筋间隔放置。

纵向受力钢筋的混凝土保护层最小厚度（mm） **附表 3-4**

环境等级	板、墙、壳	梁、柱、杆
一	15	20
二 a	20	25
二 b	25	35
三 a	30	40
三 b	40	50

注：1. 混凝土强度等级不大于 C25 时，表中保护层厚度数值应增加 5mm；

2. 钢筋混凝土基础应设置混凝土垫层，基础中钢筋的混凝土保护层厚度应从垫层顶面算起，且不应小于 40mm。

混凝土构件中的纵向受力钢筋的最小配筋率 ρ_{min}（%）　　附表 3-5

受力类型			最小配筋百分率
受压构件	全部纵向钢筋	强度级别 500N/mm^2	0.50
		强度级别 400N/mm^2	0.55
		强度级别 300N/mm^2、335N/mm^2	0.60
	一侧纵向钢筋		0.20
受弯构件、偏心受拉、轴心受拉构件一侧的受拉钢筋			0.2 和 $45f_t/f_y$ 中较大值

注：1. 受压构件全部纵向钢筋最小配筋百分率，当采用 C60 以上强度等级的混凝土时，应按表中规定增加 0.10；

2. 板类受弯构件（不包括悬臂板）的受拉钢筋，当采用强度等级为 400N/mm^2、500N/mm^2 的钢筋时，其最小配筋百分率应允许采用 0.15 和 $45f_t/f_y$ 中的较大值；

3. 偏心受拉构件的受压钢筋，应按受压构件一侧纵向钢筋考虑；

4. 受压构件的全部纵向钢筋和一侧纵向钢筋的配筋率及轴心受拉构件和小偏心受拉构件一侧受拉钢筋的配筋率均应按构件的全截面面积计算；

5. 受弯构件、大偏心受拉构件一侧受拉钢筋的配筋率应按全截面面积扣除受压翼缘面积 $(b_f'-b)h_f'$ 后的截面面积计算；

6. 当钢筋沿构件截面周边布置时，“一侧纵向钢筋”系指沿受力方向两个对边中一边布置的纵向钢筋。

钢筋混凝土截面抵抗矩塑性影响系数基本值 γ_m　　附表 3-6

项次	1	2	3		4		5
截面形状	矩形截面	翼缘位于受压的 T 形截面	对称 I 形截面或箱形截面		翼缘位于受拉区的倒 T 形截面		圆形和环形截面
			$b_f/b \leqslant 2$，h_f/h 为任意值	$b_f/b>2$，$h_f/h<2$	$b_f/b \leqslant 2$，h_f/h 为任意值	$b_f/b>2$，$h_f/h<0.2$	
γ_m	1.55	1.50	1.45	1.35	1.50	1.40	$1.6-0.24r_1/r$

注：1. 对 $b_f'>b_f$ 的 I 形截面，可按项次 2 与项次 3 之间的数值采用；对 $b_f'<b_f$ 的 I 形截面，可按项次 3 与项次 4 之间的数值采用；

2. r_1 为环形截面的内环半径，对圆形截面取 r_1 为零；

3. 对于箱形截面，b 系指各肋宽的总和。

结构构件的裂缝控制等级及最大裂缝宽度的限值（mm） **附表 3-7**

<table>
<tr><th rowspan="2">环境类别</th><th colspan="2">钢筋混凝土结构</th><th colspan="2">预应力混凝土结构</th></tr>
<tr><th>裂缝控制等级</th><th>w_{lim}</th><th>裂缝控制等级</th><th>w_{lim}</th></tr>
<tr><td>一</td><td rowspan="4">三级</td><td>0.30（0.40）</td><td rowspan="2">三级</td><td>0.2</td></tr>
<tr><td>二 a</td><td rowspan="3">0.20</td><td>0.10</td></tr>
<tr><td>二 b</td><td>二级</td><td>—</td></tr>
<tr><td>三 a、三 b</td><td>一级</td><td>—</td></tr>
</table>

注：1. 对处于年平均相对湿度小于60%地区一级环境下的钢筋混凝土受弯构件，其最大裂缝宽度限值可采用括号内的数值；

2. 在一类环境下，对钢筋混凝土屋架、托架及需作疲劳验算的吊车梁，其最大裂缝宽度限值应取为 0.20mm；对钢筋混凝土屋面梁和托梁，其最大裂缝宽度限值应取为 0.30mm；

3. 在一类环境下，对预应力混凝土屋架、托架及双向板体系，应按二级裂缝控制等级进行验算；对一类环境下的预应力混凝土屋面梁、托梁、单向板，应按二 a 级环境的要求进行验算；在一类和二 a 类环境下需作疲劳验算的预应力混凝土吊车梁，应按裂缝控制等级不低于二级的构件进行验算；

4. 表中的规定的预应力混凝土构件的裂缝控制等级和最大裂缝宽度限值仅适用于正截面的验算；预应力混凝土构件的斜截面裂缝控制验算应符合本规范第 7 章的有关规定；

5. 对于烟囱、筒仓和处于液体压力下的结构，其裂缝控制要求应符合专门标准的有关规定；

6. 对于处于四、五类环境下的结构构件，其裂缝控制要求应符合专门标准的有关规定；

7. 表中的最大裂缝宽度限值为用于验算荷载作用引起的最大裂缝宽度。

第四章　预应力混凝土构件

基 本 要 求

1. 预应力混凝土的基本概念，了解预应力混凝土构件工作的原理。

2. 了解预应力的施加方法和对钢材及混凝土材料的要求。

3. 熟悉各项预应力损失产生的原因及各项损失减小的措施和各项损失的不同组合。

4. 熟练掌握预应力混凝土轴心受拉构件的设计计算方法。

5. 掌握预应力混凝土受弯构件在受力后的强度、刚度、裂缝及设计计算方面的联系和区别。

6. 熟悉部分预应力混凝土与无粘结预应力混凝土的基本概念。

7. 熟悉预应力混凝土构件的构造要求。

第一节　预应力混凝土结构原理及计算规定

一、预应力混凝土的概念

普通钢筋混凝土构件，在各种荷载作用下，一般都存在混凝土的受拉区。而混凝土本身的抗拉强度及极限拉应变却很小（混凝土抗拉强度约为抗压强度1/10，抗拉极限应变约为极限压应变的1/12）。其极限拉应变约为（0.1～0.15）$\times10^{-3}$，因此，对使用上不允许出现裂缝的构件，受拉钢筋的应力仅为20～30N/mm^2［$\sigma_s=E_s\varepsilon_s=2\times10^5\times(0.1\sim0.15)\times10^{-3}=20\sim30\text{N/mm}^2$］，对于允许开裂的构件，当裂缝宽度限制在0.2～0.3mm时，受拉钢筋的应力也只能在250N/mm^{2}左右。所以，如果采用高强度的钢筋，在使用阶段钢筋达到屈服时其拉应变很大，约在2×10^{-3}以上，与混凝土极限拉应变相差悬殊，裂缝宽度将很大，无法满足使用要求。因而在普通钢筋混凝土结构中采用高强度钢筋是不能充分发挥作用的。同样，在普通钢筋混凝土构件中，采用高强度的混凝土，由于其抗拉强度提高的很小，对提高构件的抗裂性和刚度效果也不明显。由于无法充分利用高强度钢材和高强度等级混凝土，使普通钢筋混凝土结构用于大跨度或承受动力荷载的结构成为不可能或很不经济。另外，对于处于高湿度或侵蚀性环境中的构件，为了满足变形和裂缝控制的要求，则须增加构件的截面尺寸和用钢量，将导致自重过大，也不很经济，甚至无法建造。由此可见，在普通钢筋混凝土构件中，高强混凝土和高强钢筋是不能充分发挥作用的。

为了充分利用高强混凝土及钢筋，可以在混凝土构件的受拉区预先施加压应力，造成人为的应力状态。当构件在荷载作用下产生拉应力时，首先要抵消混凝土的预压应力，然后随着荷载的增加，混凝土才受拉并随着荷载继续增加而出现裂缝，因而可推迟裂缝的出现，减小裂缝的宽度，满足使用要求。这种在构件受荷前预先对混凝土受拉区施加压应力的结构称为“预应力混凝土结构”。

随着混凝土强度等级的不断提高，高强钢筋的进一步使用，预应力混凝土目前已广泛应用于大跨度建筑：高层建筑、桥梁、铁路、海洋、水利、机场、核电站等工程中。例如，黄河公路大桥、十一届亚运会体育场馆、大亚湾核电站的反应堆保护壳、高 412.5m 的天津广播电视塔、广州 63 层的国贸大厦以及量大面广的多孔桥、吊车梁、屋面梁等都采用了预应力混凝土技术。

现以预应力混凝土简支梁受力为例，说明预应力混凝土的基本原理。如图 4-1 所示，在荷载作用之前，预先在梁的受拉区施加一对大小相等、方向相反的偏心预压力 N，使得梁截面下边边缘混凝土产生预压应力 σ_c（图 4-1a）。当外荷载 q 作用时，截面下边缘产生拉应力 σ_t（图 4-1b）。最后梁截面的应力分布为上述两种情况下的应力叠加，梁截面下边缘的应力可能是数值较小的拉应力，也可能是压应力（图 4-1c）。也就是讲，由于预压应力 σ_c 的存在，可部分抵消或全部抵消外荷载 p 所引起梁截面的拉应力 σ_t，因而延缓了混凝土构件的开裂或不开裂。

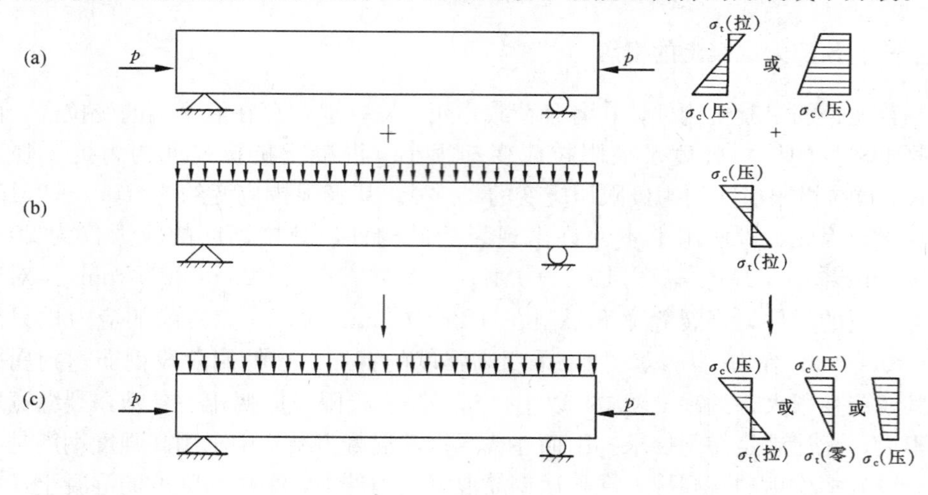

图 4-1
(a) 预应力作用下；(b) 外荷载作用下；(c) 二者共同作用下

图 4-2 所示为三根简支梁的荷载-跨中挠度试验曲线。这三根梁的混凝土强度等级一样，钢筋品种和数量一样，梁截面尺寸也完全相同，只是预应力大小不

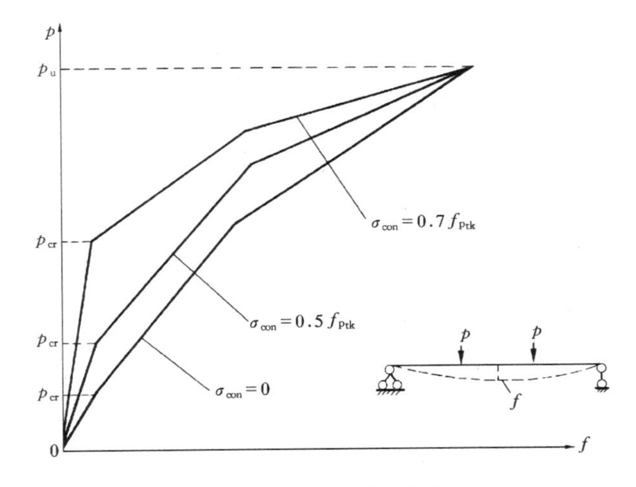

图 4-2 梁的荷载-挠度试验曲线对比

一样。其中一根为普通钢筋混凝土梁，另两根为预应力混凝土梁，只是所施加的预应力值大小不同（σ_{con} 为控制应力）。由图可见，预应力钢筋混凝土梁的开裂荷载大于钢筋混凝土梁的开裂荷载，且预应力值越大，开裂荷载值越高，挠度减小，但三根试件中的破坏荷载却基本相同。因此，预应力的存在对构件的承载力并无明显影响。

预应力混凝土结构有以下优点：

（1）推迟裂缝出现，抗裂性高。

（2）可合理利用高强钢材和混凝土。与钢筋混凝土相比，可节约钢材 30%～50%，减轻结构自重达 30%左右，且跨度越大越经济。

（3）由于抗裂性能好，提高了结构的刚度和耐久性，加之反拱作用，减少了结构的挠度。

（4）扩大了混凝土结构的应用范围。

预应力混凝土结构的缺点是计算繁杂，施工技术要求高，需要张拉设备和锚具等。

因而宜对下列结构优先采用预应力结构：

（1）要求裂缝控制等级较高的结构。如水池、油罐、原子能反应堆，受到侵蚀性介质作用的工业厂房、水利、海洋、港口工程结构物等。

（2）对构件的刚度和变形控制要

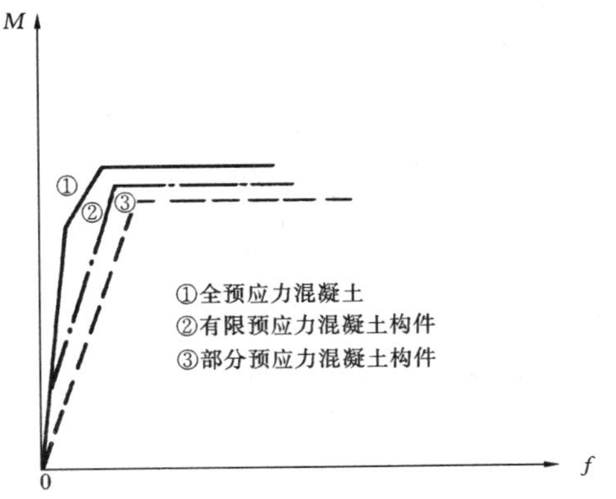

图 4-3 预应力混凝土构件 M-f 曲线

求较高的结构构件。如工业厂房中的吊车梁、码头和桥梁中的大跨度梁式构件等。

(3) 对构件的截面尺寸受到限制，跨度大，荷载大结构。

二、全预应力混凝土和部分预应力混凝土

预应力混凝土结构构件根据预应力大小对构件截面裂缝控制程度不同可设计成全预应力或部分预应力，见表 4-1。弯矩 (M) -挠度 (f) 曲线见图 4-3。

预应力混凝土构件分类 **表 4-1**

分类		裂缝控制等级
全预应力混凝土构件		一级：严格要求不出现裂缝的构件
部分预应力混凝土构件	A类：有限预应力混凝土构件	二级：一般要求不出现裂缝的构件
	B类：部分预应力混凝土构件（狭义）	三级：允许出现裂缝的构件

1. 全预应力混凝土的特点

(1) 抗裂性能好。由于全预应力混凝土结构所施加的预应力大，混凝土不开裂，因而其抗裂性能好，构件刚度大，常用于对抗裂或抗腐蚀性能要求较高的结构，如贮液罐、核电站安全壳等。

(2) 抗疲劳性能好。预应力钢筋从张拉完毕直至使用阶段整个过程中，其应力值的变化幅度小，因而在重复荷载作用下抗疲劳性能好，如吊车梁等。

(3) 反拱值一般过大。由于预加应力较高，而恒载小，活荷载较大的结构中经常发生影响正常使用的情况。

(4) 延性较差。由于全预应力混凝土结构构件的开裂荷载与极限荷载较为接近，导致延性较差，对抗震不利。

2. 部分预应力混凝土的特点

(1) 可合理控制裂缝节约钢材。由于可根据结构构件的不同使用要求，可变荷载作用情况及环境条件等对裂缝进行控制，降低了预加应力值，从而节约钢材。

(2) 控制反拱值不致过大。由于预加应力值相对较小，构件初始反拱值较小，徐变小。

(3) 延性较好。部分预应力混凝土构件由于配置了非预应力钢筋，可提高构件延性，有利于结构抗震，改善裂缝分布，减小裂缝宽度。

(4) 与全预应力混凝土相比，其综合经济效果好。对于抗裂要求不高的结构构件，部分预应力混凝土是一种有应用前途的结构构件。

三、无粘结预应力混凝土的概念与特点

无粘结预应力混凝土指的是采用无粘结预应力筋（经涂抹防锈油脂，以减小摩擦力防止锈蚀，用聚乙烯材料包裹制成的专用预应力筋）的预应力混凝土。施工时，无粘结预应力筋可如同非预应力筋一样，按设置要求铺放在模板内，然后浇筑混凝土，待混凝土达到设计要求强度后，再张拉锚固。此时，无粘结预应力筋与混凝土不直接接触，而成无粘结状态。在外荷载作用下，结构中预应力筋束与混凝土横向、竖向存在线变形协调关系，但在纵向可以相对周围混凝土发生纵向滑移。无粘结预应力混凝土的设计理论与有粘结预应力相似，一般须增设普通受力筋以改善结构的性能，避免构件在极限状态下发生集中裂缝。无粘结预应力混凝土是继有粘结预应力混凝土和部分预应力混凝土之后又一种新的预应力形式。大量实践与研究表明，无粘结预应力混凝土及其结构有如下特点：

（1）结构自重轻。由于不需预留孔道，可减少构件截面尺寸，减轻自重。

（2）施工简便，速度快。它无需预留孔道、穿筋、灌浆等复杂工序，简化了施工工艺，加快了施工进度。特别适合用于构造复杂的曲线布筋构件或结构。

（3）抗腐蚀能力强。涂有防腐油脂外包塑料套管的无粘结预应力筋束，具有双重防腐能力，可以避免预留孔道穿筋的构件因压浆不密实而发生预应力筋锈蚀以至断丝的危险。

（4）使用性能良好。

（5）防火性能满足要求。

（6）抗震性能好。实验和实践表明，在地震荷载作用下，无粘结预应力混凝土结构，当承受大幅度位移时，无粘结预应力筋一般始终处于受拉状态，不像有粘结预应力筋可能由受拉转为受压。无粘结预应力筋承受的应力变化幅度较小，可将局部变形均匀地分布到钢筋全长上，使无粘结筋的应力保持在弹性阶段，并且部分预应力构件中配置的非预应力普通钢筋，使结构的能量消耗能力得到保证，并仍保持良好的挠度恢复性能。

（7）应用广泛。无粘结预应力混凝土用于多层和高层建筑中的单向板以及井字梁、悬臂梁、框架梁、扁梁等。无粘结预应力混凝土也适用于桥梁结构中的简支板（梁）、连续梁、预应力拱桥、桥梁下部结构、灌注桩的桥墩等，也可以应用于旧桥加固工程中。

四、施加预应力的方法

根据张拉预应力筋与浇筑混凝土的先后次序不同，可分为先张法和后张法两种。

1. 先张法

指采用永久或临时台座在构件混凝土浇筑之前张拉预应力筋的方法。张拉的预应力筋由夹具固定在台座上（此时预应筋的反力由台座承受），然后浇筑混凝土；待混凝土达到设计强度和龄期（约为设计强度75%以上，且混凝土龄期不小于7d，以保证具有足够的粘结力和避免徐变值过大，简称混凝土强度和龄期双控制）后，放松预应力钢筋，在预应力筋回缩的过程中利用其与混凝土之间的粘结力，对混凝土施加预压应力，见图4-4。因此，先张法预应力混凝土构件中，预应力是靠钢筋与混凝土间的粘结力来传递的。

2. 后张法

指在混凝土结硬后在构件上张拉钢筋的方法，见图4-5，在构件混凝土浇筑之前按预应力筋的设置位置预留孔道；待混凝土达到设计强度后，再将预应力筋穿入孔道；然后利用构件本身作为加力台座，张拉预应力筋使混凝土构件受压；当张拉预应力钢筋的应力达到设计规定值后，在张拉端用锚具锚住钢筋，使混凝土获得预压应力；最后在孔道内灌浆，使预应力钢筋与构件混凝土形成整体。也可不灌浆，完全通过锚具施加预压力，形成无粘结的预应力结构。由此可见，后张法是靠锚具保持和传递预加应力的。

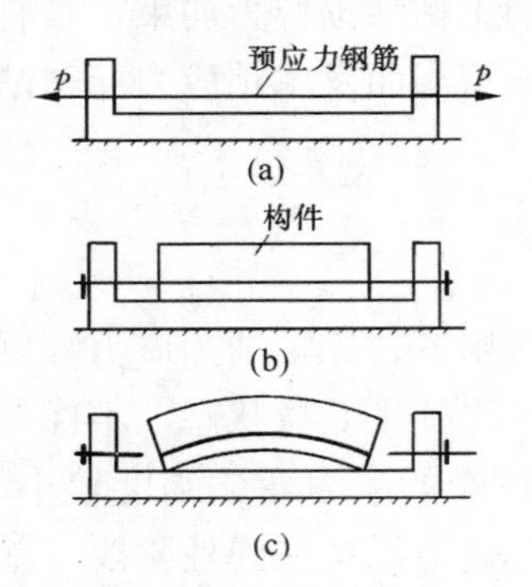

图 4-4 先张法预应力工艺流程
(a) 预应力钢筋就位、张拉、锚固；(b) 混凝土施工；(c) 预应力钢筋放松

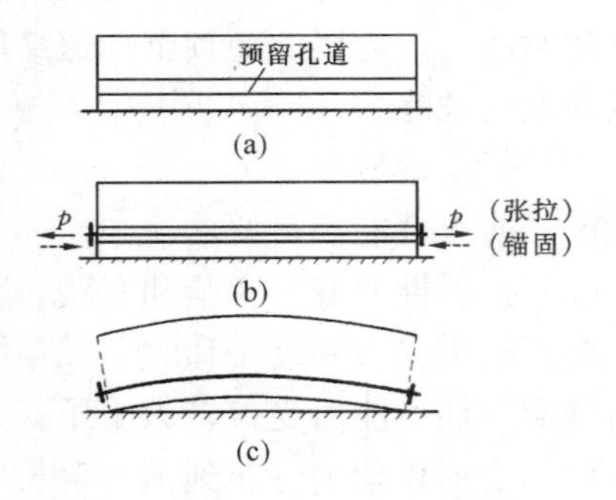

图 4-5 后张法预应力工艺流程
(a) 预留孔道混凝土施工；(b) 穿筋、张拉、锚固；(c) 孔道压浆（或不压浆）、封锚

五、预应力混凝土构件的夹具和锚具

锚固预应力钢筋和钢丝的工具通常分为夹具和锚具两种类型。在构件制作完毕后，能够取下重复使用的，称为夹具（先张法用）；永远锚固在构件端部，与构件联成一体共同受力，不能取下重复使用，称为锚具（后张法用）。有时为了方便起见，将锚具和夹具统称为锚具。

锚、夹具的种类很多，图4-6所示为几种常用锚、夹具示意图。其中，图4-

6（a）为锚固钢丝用的套筒式夹具，图 4-6（b）为锚固粗钢筋用的螺丝端杆锚具，图 4-6（c）为锚固光面钢筋束用的 JM12 夹片式锚具。

对锚具设计，制作，选择和使用时，应尽可能满足下列各项要求：

（1）安全可靠，其本身有足够的强度和刚度；

（2）应使预应力钢筋在锚具内尽可能不产生滑移，以减少预应力损失；

（3）构造简单，便于机械加工制作；

（4）使用方便，省材料，价格低。

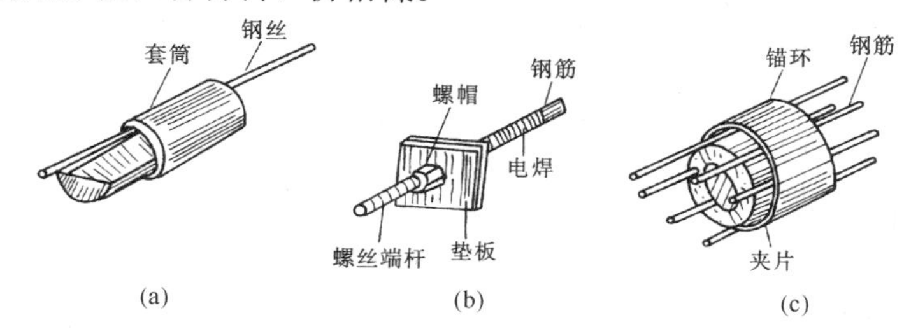

图 4-6 几种常见的锚夹具示意图

（a）套筒式夹具；（b）螺丝端杆锚具；（c）JM12 夹片锚具

六、预应力钢筋混凝土材料

（一）混凝土

预应力混凝土构件对混凝土的基本要求是：

（1）高强度。预应力混凝土必须具有较高的抗压强度，这样才能承受大吨位的预应力，有效地减小构件截面尺寸，减轻构件自重节约材料。对于先张法构件，高强度的混凝土具有较高的粘结强度，可减少端部应力传递长度；对于后张法构件，采用高强度混凝土，可承受构件端部很高的局部压应力。因此在预应力混凝土构件中，混凝土强度等级不应低于 C30；当采用钢绞线、钢丝、热处理钢筋时，混凝土强度等级不宜低于 C40；当采用冷轧带肋钢筋作为预应力钢筋时，混凝土强度等级不低于 C25；无粘结预应力混凝土结构的混凝土强度等级，对于板，不低于 C30；对于梁及其他构件，不宜低于 C40。

（2）收缩、徐变小。这样可以减少由于收缩徐变引起的预应力损失。

（3）快硬、早强。这样可以尽早的施加预应力，以提高台座、模具、夹具的周转率，加快施工进度，降低管理费用。

（二）钢材

与普通混凝土构件不同，钢筋在预应力构件中，从构件制作开始，到构件破坏为止，始终处于高应力状态，故对钢筋有较高的质量要求。

（1）高强度。为了使混凝土构件在发生弹性回缩、收缩及徐变后，其内部仍能建立较高的预压应力，就需要采用较高的初始张拉应力，故要求预应力钢筋具有较高的抗拉强度。

(2) 与混凝土间有足够的粘结强度，由于在受力传递长度内钢筋与混凝土间的粘结力是先张法构件建立预应力的前提，因此必须有足够的粘结强度。当采用光面高强钢丝时，表面应经“刻痕”或“压波”等措施处理后方能使用。

(3) 良好的加工性能。良好的可焊性，冷墩性及热墩性能等。

(4) 具有一定的塑性。为了避免构件发生脆性破坏，要求预应力筋在拉断时具有一定的延伸率，当构件处于低温环境和冲击荷载条件下，以及在抗震结构中，此点更为重要。我国《混凝土结构设计规范》(GB 50010—2010) 规定，预应力钢筋最大力下伸长率 $\delta_{gt} \geqslant 3.5\%$。

我国目前用于预应力混凝土结构中的钢材有中强度预应力钢丝、预应力螺纹钢筋、消除应力钢丝（光面、螺旋肋）和钢绞线（三股、七股）四大类。

七、张拉控制应力

张拉控制应力是指张拉钢筋时，张拉设备（如千斤顶上的油压表）所指出的总张拉力除以预应力钢筋截面面积得出的应力值，以 σ_{con} 表示。

根据预应力的基本原理，预应力配筋一定时，σ_{con} 越大，构件产生的有效预应力越大，对构件在使用阶段的抗裂能力及刚度越有利。但如果钢筋的 σ_{con} 与其强度标准值的相对比值 σ_{con}/f_{pyk} 或 σ_{con}/f_{ptk} 过大时，可能出现下列问题：

(1) σ_{con} 越大，若预应力钢筋为软钢，个别钢筋超过实际屈服强度而变形过大，可能失去回缩能力；若为硬钢，个别钢筋可能被拉断。

(2) σ_{con} 越大，构件抗裂能力越好，出现裂缝越晚，抗裂荷载越高，若与构件的破坏荷载越接近，一旦产生裂缝，构件很快达到极限状态，即可产生无预兆的脆性破坏。

(3) σ_{con} 越大，受弯构件的反拱越大，构件上部可能出现裂缝，而后可能与使用阶段荷载作用下的下部裂缝贯通。

(4) σ_{con} 越大，会增加钢筋松弛而造成的预应力损失。

所以，预应力钢筋的张拉应力必须加以控制，σ_{con} 的大小应根据构件的具体情况，按照预应力钢筋的钢种及施加预应力的方法等因素加以确定。

σ_{con} 与钢材种类的关系：冷拉热轧钢筋塑性好，达到屈服后有较长的流幅，σ_{con} 可定的高些，高强钢丝和热处理钢筋塑性差，没有明显的屈服点，故 σ_{con} 值应低些。

σ_{con} 与张拉方法的关系：先张法，当放松预应力钢筋使混凝土受到压力时，钢筋即随着混凝土的弹性压缩而回缩，此时预应力钢筋的预拉应力已小于张拉控制应力。后张法的张拉力由构件承受，它受力后立即因受压而缩短，故仪表指示

的张拉控制应力 σ_{con} 是已扣除混凝土弹性压缩后的钢筋应力。因此，当 σ_{con} 值相同时，不论受荷前，还是受荷后，后张法构件中钢筋的实际应力值总比先张法构件的实际应力值高，故后张法的 σ_{con} 值适当低于先张法。

由此看来，控制 σ_{con} 大小是个很重要的问题，既不能过大，也不能过小。我国《混凝土结构设计规范》（GB 50010—2010）规定，根据国内外设计、施工经验及近年来的科研成果，按不同钢种，给出了最小及最大控制应力允许值 $[\sigma_{con}]$，见表 4-2。

允许张拉控制应力值 $[\sigma_{con}]$　　表 4-2

序号	钢筋种类	张拉方法
		先张法、后张法
1	消除应力钢丝、钢绞线	$0.4f_{ptk} \leqslant \sigma_{con} \leqslant 0.75f_{ptk}$
2	中强度预应力钢丝	$0.4f_{ptk} \leqslant \sigma_{con} \leqslant 0.7f_{ptk}$
3	预应力螺纹钢筋	$0.5f_{pyk} \leqslant \sigma_{con} \leqslant 0.85f_{pyk}$

注：1. 表中 f_{ptk} 为预应力钢筋屈服强度标准值；
2. 表中 f_{pyk} 为预应力螺纹钢筋屈服强度标准值。

设计预应力构件时，表 4-2 所列数值可根据具体情况和施工经验作适当调整，可将 σ_{con} 提高 $0.05f_{ptk}$。

（1）为了提高构件制作、运输及吊装阶段的抗裂性，而设置在使用阶段受压区的预应力钢筋。

（2）为了部分抵消由于应力松弛、摩擦、分批张拉以及预应力钢筋与张拉台座间的温差因素产生的预应力损失，对预应力钢筋进行超张拉。

八、预应力损失

预应力损失是指预应力钢筋张拉到 σ_{con} 后，由于种种原因，预应力钢筋的应力将逐步下降到一定程度，这就是预应力损失。经过预应力损失后，预应力钢筋的预应力值才是有效的预应力 σ_{pe}。即 $\sigma_{pe}=\sigma_{con}-\sigma_l$，见图 4-7。

预应力损失的大小直接影响到预应力的效果，因此，准备计算各种因素引起的预应力损失，以及采取必要措施减小预应力损失是一个非常重要的课题。

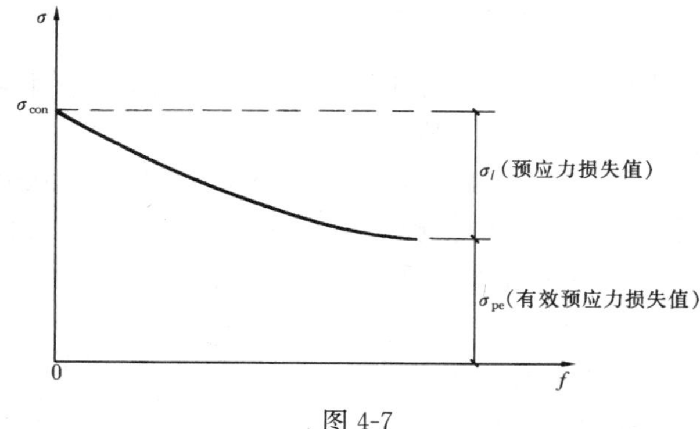

图 4-7

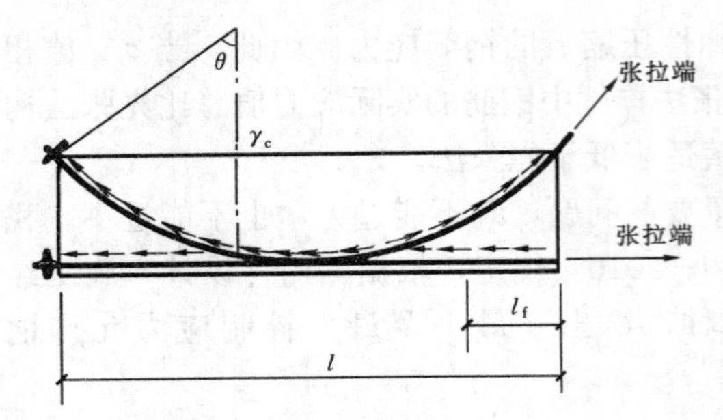

图 4-8 直线或曲线张拉钢筋因锚具变形引起的预应力损失值

《混凝土结构设计规范》提出了六项预应力损失，现逐项进行分析，而后根据先张法、后张法的施加预应力特点，再进行不同组合。

（一）预应力损失 σ_{l1}

1. 直线预应力钢筋由于锚具变形和钢筋内缩引起的预应力损失 σ_{l1}

直线预应力钢筋当张拉到 σ_{con} 后锚固在台座上或构件上时，由于锚具、垫板与构件之间的缝隙被挤紧，或者由于钢筋和螺帽在锚具内的滑移，这些因素都会促使预应力钢筋回缩，使张拉程度降低，应力减小，从而引起预应力损失。其值可按下式计算：

$$\sigma_{l1}=\varepsilon_s E_s=\frac{a}{l}E_s \tag{4-1}$$

式中 a——锚具变形及钢筋回缩值，见表 4-3；

l——张拉端到锚固端之间的距离（mm），先张法为台座或钢筋长度，后张法为构件长度；

E_s——预应力钢筋弹性模量（N/mm^2）。

锚具变形和钢筋回缩值 *a*（mm） **表 4-3**

锚具类别		a
支承式锚具（钢丝束墩头锚具等）	螺帽缝隙	1
	每块后加垫板的缝隙	1
夹片式锚具	有顶压时	5
	无顶压时	6～8

注：1. 表中的锚具变形和钢筋内缩值也可根据实测数据确定；
2. 其他类型的锚具变形和钢筋内缩值应根据实测数据确定。

锚具的损失只考虑张拉端，对于锚固端，由于锚具在张拉过程中已被挤紧，故不考虑其引起的预应力损失。

对块体拼成的结构，其预应力损失尚应计及块体间填缝的预压变形。当采用混凝土或砂浆作为填充材料时，每条填缝的预压变形值应取 1mm。

2. 曲线预应力钢筋（后张法）由于锚具变形和钢筋内缩引起的预应力损失 σ_{l1}

曲线预应力钢筋（后张法），见图 4-8，当张拉预应力钢筋时，预应力钢筋与孔道壁已发生指向锚固端的摩擦力，而当锚具变形预应力筋回缩，在离张拉端

l_f 范围内，预应力钢筋应力减小，摩擦力也随之减小，最后发生与前相反方向的摩擦力，以阻止预应力筋回缩，考虑这种反摩擦影响，当 $\theta \leqslant 30°$时，由锚具变形引起的预应力损失，可按下面近似公式计算：

$$\sigma_{l1} = 2\sigma_{con} l_f \left(\frac{\mu}{\gamma_c} + k\right)\left(1 - \frac{x}{l_f}\right) \tag{4-2}$$

$$l_f = \sqrt{\frac{\alpha E_s}{1000\sigma_{con}\left(\frac{\mu}{\gamma_c} + k\right)}} \tag{4-3}$$

式中　l_f——反摩擦长度；

μ——预应力筋与孔道壁摩擦系数，见表 4-4；

γ_c——圆弧曲线预应力筋曲率半径（m）；

k——考虑每米孔道局部偏差对摩擦影响的系数，见表 4-4；

x——张拉端到计算截面的距离（m），当 $x \geqslant l_f$ 时，取 $x = l_f$。

由式（4-2）可知，σ_{l1} 在张拉端（$x=0$）处为最大，在（$x=l_f$）处降为零，其间按线性变化。

偏差系数 k 和摩擦系数 μ 值　　**表 4-4**

孔道成形方式	k	μ	
		钢绞线、钢丝束	预应力螺纹钢筋
预埋金属波纹管	0.0015	0.25	0.50
预埋钢管	0.0010	0.30	—
橡胶管或钢管抽芯成型	0.0014	0.55	0.60
无粘结预应力钢筋	0.0040	0.09	—
预埋塑料波纹管	0.0015	0.50	—

注：当有可靠的试验数据资料时，表中系数也根据实测数据确定。

减少此项损失的措施有：

（1）选择锚具变形小或使预应力钢筋内缩小的锚具、夹具，尽量少用垫板。

（2）增加台座长度，因为 σ_{l1} 值与台座长度 l 成反比。

（3）采用超张拉施工方法。

（二）应力损失 σ_{l2}

后张法张拉预应力钢筋时，由于曲线预应力筋与孔道壁产生挤压摩擦以及由于制作时孔道偏差、粗糙等原因，使直线、曲线筋与孔道壁产生接触摩擦，且摩擦力随着离张拉端的距离而增大，其累积值即为摩擦引起的预应力损失，使预应力值逐渐减小。如图 4-9 所示，预应力损失宜按下式计算：

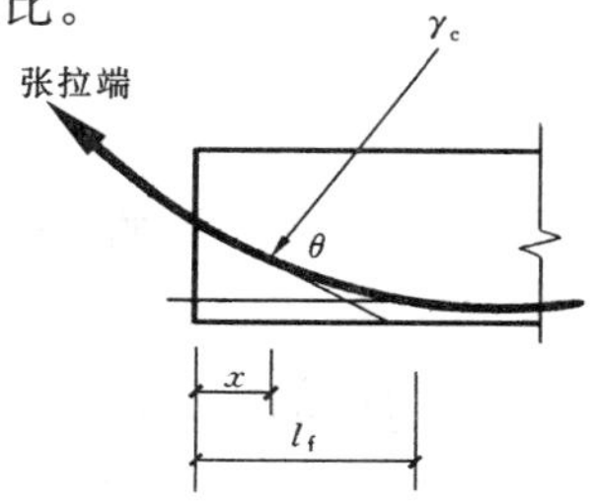

图 4-9　曲线配筋张拉钢筋因摩擦引起的预应力损失值

$$\sigma_{l2}=\sigma_{con}[1-e^{-(kx+\mu\theta)}] \tag{4-4a}$$

当 $(kx+\mu\theta)\leqslant 2$ 时，σ_{l2} 可按下列近似公式计算：

$$\sigma_{l2}=(kx+\mu\theta)\sigma_{con} \tag{4-4b}$$

式中 x——从张拉端到计算截面的孔道长度，亦可近似取该段孔道在纵轴上的投影长度（m）；

θ——从张拉端到计算截面曲线孔道部分切线的夹角（rad）；

μ——预应力钢筋与孔道壁的摩擦系数。

减少此项损失的措施有：

（1）对于较长的构件可采用两端张拉，两端张拉可减少一半损失。

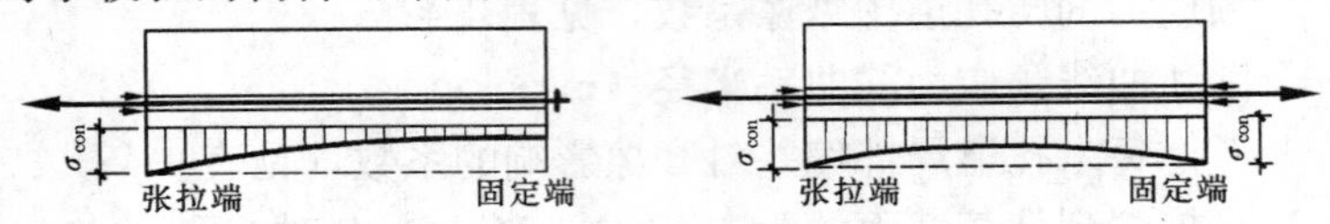

图 4-10 一端张拉，两端张拉对减小摩擦损失的办法

（2）采用超张拉工艺，施工程序为：

$$0\rightarrow 1.03\sigma_{con}\ (1.05\sigma_{con})\xrightarrow{\text{持荷 2min}}\sigma_{con}$$

它比一次拉长到 σ_{con} 的预应力更均匀。

（三）预应力损失 σ_{l3}

采用先张法构件时，为缩短工期，浇筑混凝土后常用蒸汽养护，加快混凝土结硬。加热时预应力钢筋的温度随之升高，而张拉台座与大地相接，且表面大部分暴露于空气中，加热对其影响很小，可认为台座温度基本不变，故预应力钢筋与张拉台座之间形成了温差，这样预应力钢筋和张拉台座热胀伸长不一样。但实际上钢筋被紧紧锚固在台座上，其长度 l 不变，钢筋内部张紧程度降低了（放松了）；当降温时，预应力筋已与混凝土结硬成整体，无法恢复到原来的应力状态，于是产生了应力损失 σ_{l3}。

设预应力筋张拉时制造场地的自然气温为 t_1，蒸汽养护或其他方法加热混凝土的最高温度为 t_2，温度差为 $\Delta t=t_2-t_1$，则预应力筋因温度升高而产生的变形为：

$$\Delta l=\alpha\Delta tl \tag{4-5}$$

式中 α——预应力筋的线膨胀系数，一般取 $\alpha=1\times10^{-5}(1/℃)$；

l——预应力筋的有效长度。

预应力筋的预应力损失的计算公式为：

$$\sigma_{l3}=\frac{\Delta l}{l}E_s=\alpha\Delta tE_s=\alpha(t_2-t_1)E_s \tag{4-6}$$

式中符号意义同前。

如果台座是与预应力混凝土构件等同受热一起变形的，则不需计算此项损失。

减少此项损失可采用二次升温法。

（四）预应力损失 σ_{l4}

钢筋在高应力下，具有随时间而增长的塑性变形，称为徐变；当长度保持不变时，表现为随时间而增长的应力降低，称为松弛。钢筋的徐变和松弛均将引起钢筋中的应力损失，这种损失称为钢筋应力松弛损失，可按表 4-5 规定计算。

根据我国钢材试验结果，预应力钢筋松弛有如下特点：

（1）预应力筋的初拉应力越高，其应力松弛越大。

（2）预应力钢筋松弛量的大小与其材料品质有关系。一般热轧钢筋松弛较钢丝小，而钢绞线的松弛则比原单根钢丝大。

预应力钢筋松弛引起的应力损失 σ_{l4} **表 4-5**

消除应力钢丝、钢绞线	普通松弛	$0.4\left(\frac{\sigma_{con}}{f_{ptk}}-0.5\right)\sigma_{con}$
	低松弛	当 $\sigma_{con}\leqslant 0.7f_{ptk}$ 时为 $0.125\left(\frac{\sigma_{con}}{f_{ptk}}-0.5\right)\sigma_{con}$ 当 $0.7f_{ptk}<\sigma_{con}\leqslant 0.8f_{ptk}$ 时 $0.2\left(\frac{\sigma_{con}}{f_{ptk}}-0.575\right)\sigma_{con}$
中强度预应力钢丝		$0.08\sigma_{con}$
预应力螺纹钢筋		$0.03\sigma_{con}$

注：当 $\sigma_{con}/f_{ptk}\leqslant 0.5$ 时，预应力筋的应力松弛值可取为零。

（3）预应力筋松弛与时间有关，开始阶段发展较快，第一小时内松弛量最大，24 小时内完成约为 50%以上，以后逐渐趋于稳定。

减少此项损失的措施有：

（1）采用低松弛预应力筋；

（2）采用超张拉方法及增加持荷时间。

（五）预应力损失 σ_{l5}、σ'_{l5}

混凝土在一般温度条件下结硬时会发生体积收缩，而在预应力作用下，沿压力方向混凝土发生徐变。二者均使构件长度缩短，预应力钢筋随之回缩造成预应力损失 σ_{l5}、σ'_{l5}。

混凝土收缩，徐变引起的受拉区和受压区预应力钢筋 A_p 和 A'_p 中的预应力损失 σ_{l5} 和 σ'_{l5} 按下式计算。

1. 对一般情况

先张法构件

$$\sigma_{l5}=\frac{60+\frac{340\sigma_{pc}}{f_{cu}}}{1+15\rho},\sigma'_{l5}=\frac{60+\frac{340\sigma'_{pc}}{f'_{cu}}}{1+15\rho'} \tag{4-7}$$

后张法构件 $$\sigma_{l5}=\frac{55+\frac{300\sigma_{pc}}{f'_{cu}}}{1+15\rho},\ \sigma'_{l5}=\frac{55+\frac{300\sigma'_{pc}}{f'_{cu}}}{1+15\rho'} \tag{4-8}$$

式中 σ_{pc}、σ'_{pc}——受拉区、受压区预应力钢筋在各自合力点处混凝土的法向压应力；

f'_{cu}——施加预应力时混凝土立方抗压强度（需经计算确定，且不宜低于设计混凝土强度等级的75%）；

ρ、ρ'——受拉区，受压区预应力钢筋和非预应力钢筋的配筋率。

对先张法构件 $$\rho=\frac{A_p+A_s}{A_0},\rho'=\frac{A'_p+A'_s}{A_0}$$

对后张法构件 $$\rho=\frac{A_p+A_s}{A_n},\rho'=\frac{A'_p+A'_s}{A_n}$$

式中 A_p、A'_p——受拉区、受压区纵向预应力钢筋的截面面积；

A_s、A'_s——受拉区、受压区纵向非预应力钢筋的截面面积；

A_0——混凝土换算截面面积（包括扣除孔道，凹槽等削弱部分以外的混凝土全部截面面积以及全部纵向预应力钢筋和非预应力钢筋截面面积换算成混凝土的截面面积）；

A_n——净截面面积（换算截面面积减去全部纵向预应力钢筋截面面积换算成混凝土的截面面积）。

对于对称配置预应力钢筋和非预应力钢筋的构件，取 $\rho=\rho'$，此时配筋率应按其钢筋总截面面积一半计算。

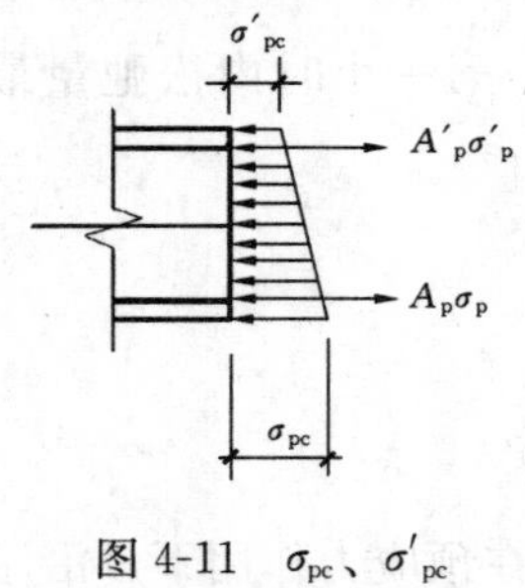

图 4-11 σ_{pc}、σ'_{pc} 受力图

2. 对重要结构构件

当需要考虑施加预应力时混凝土龄期的影响，以及需要考虑松弛、收缩、徐变损失随时间变化和较精确计算时，可按《混凝土结构设计规范》的有关规定计算。

注：当采用泵送混凝土时，宜根据实际情况考虑混凝土收缩、徐变引起预应力损失值的增大。

减少次项损失的措施有：

（1）采用一般普通硅酸盐水泥，控制每立方米混凝土的水泥用量及混凝土的水灰比；

（2）采用延长混凝土的受力时间，即控制混凝土的加载龄期。

（六）预应力损失 σ_{l6}

对于后张法环形构件，如水池、水管等，预加应力方法是先拉紧预应力钢筋并外缠于池壁或管壁上，而后在外表喷涂砂浆作为保护层。当施加预应力时，预应力钢筋的径向挤压使混凝土局部产生挤压变形，因而引起预应力损失，见图4-12。

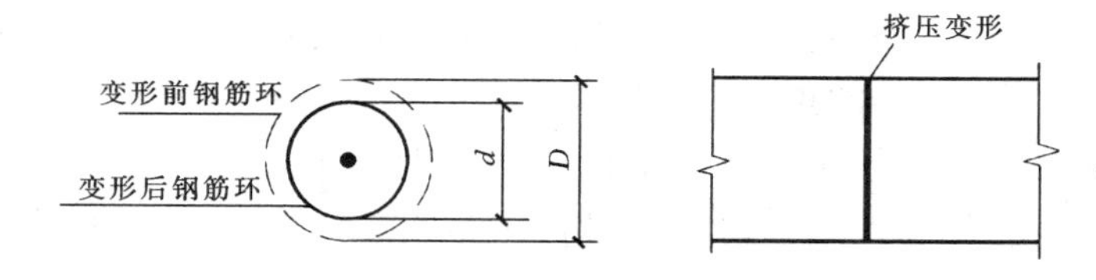

图 4-12　环形钢筋变形引起的预应力损失值

变形前预应力钢筋的环形直径为 D，变形后直径缩小为 d，因此，预应力钢筋的长度缩短为 $\pi D-\pi d$，单位长度的变形为

$$\varepsilon_s=\frac{\pi D-\pi d}{\pi D}=\frac{D-d}{D}$$

则

$$\sigma_{l6}=\varepsilon_s E_s=\frac{D-d}{D}E_s \tag{4-9}$$

《混凝土结构设计规范》规定：

$$D>3\text{m 时},\ \sigma_{l6}=0$$

$$D\leqslant 3\text{m 时},\ \sigma_{l6}=30\text{N/mm}^2$$

九、预应力损失值的组合

预应力构件在各阶段的预应力损失值宜按表 4-6 的规定进行组合。当计算求得的预应力总损失值小于下列数值时，则按下列数值采用：对先张法构件 100N/mm^2；对后张法构件 80N/mm^2。

各阶段预应力损失值组合　　**表 4-6**

预应力损失值组合	先张法构件	后张法构件
混凝土预压前（第一批）损失	$\sigma_{l1}+\sigma_{l2}+\sigma_{l3}+\sigma_{l4}$	$\sigma_{l1}+\sigma_{l2}$
混凝土预压后（第二批）损失	σ_{l5}	$\sigma_{l4}+\sigma_{l5}+\sigma_{l6}$

注：先张法构件由于钢筋应力松弛引起的损失值 σ_{l4} 在第一批和第二批损失中所占的比例，如需区分，可根据实际情况确定。

上述六种损失中，没有包括混凝土弹性压缩引起的预应力损失，只是在具体计算中加以考虑。

对于先张法构件，当放松预应力钢筋时，由于预压力导致混凝土弹性压缩，预应力筋亦随构件压缩而缩短，其应力也随之降低。设构件在弹性压缩时，预应力筋单位缩短变形等于该处混凝土的单位受压变形 $\varepsilon_s=\varepsilon_c$，若该处混凝土由于弹性压缩产生的预应力为 σ_c，则 $\sigma_c=E_s\varepsilon_c$，预应力筋应力减少为：

$$\Delta\sigma=\varepsilon_s E_s=\varepsilon_c E_s=\frac{E_s}{E_c}\sigma_c=\alpha_E\sigma_c \tag{4-10}$$

式中　E_c——混凝土弹性模量；

α_E ——预应力筋弹性模量与混凝土弹性模量之比；

$\Delta\sigma$ ——预应力筋的预应力损失。

对于后张法，则由于张拉钢筋的同时压缩混凝土，当钢筋张拉到控制应力时，混凝土弹性压缩已完成（预应力钢筋分批张拉除外）。因此混凝土弹性压缩对预应力钢筋的应力无影响。

十、先张法构件预应力钢筋的传递长度及锚固长度

锚固长度的计算见本书第一章。

先张法预应力混凝土构件，预应力的传递不能在端部集中地突然完成，必须经过一定的传递长度才能在相应的混凝土截面建立有效的预压应力 σ_{pc}。先张法预应力钢筋的预应力传递长度 l_{tr} 应按下式计算：

$$l_{tr} = \alpha \frac{\sigma_{pe}}{f'_{tk}} d \tag{4-11}$$

式中 σ_{pe} ——放张时预应力钢筋的有效预应力值；

d ——预应力钢丝，钢绞线的公称直径；

α ——预应力钢筋的外形系数，按表 1-1 采用；

f'_{tk} ——与放张时混凝土立方抗压强度 f_{cu} 相应的抗拉强度标准值。

注：1. 当采用骤然放松预应力钢筋的施工工艺时，l_{tr} 的起点应从距构件末端 $0.25l_{tr}$ 处开始计算。

2. 对热处理钢筋，可不考虑预应力传递长度 l_{tr}。

十一、后张法构件端部锚固区的局部承压验算

后张法构件的预应力是通过锚具经过垫板传给混凝土的。由于预压力很大，而锚具下的垫板与混凝土的传力接触面往往较小，锚具下的混凝土将承受较大的局部压力。因此《混凝土结构设计规范》规定，设计时既要保证在张拉钢筋时锚具下的锚固区的混凝土不开裂和不产生过大的变形，又要计算锚具下所配置的间接钢筋以满足局部受压承载力的要求。

1. 局部受压截面尺寸验算

为了避免局部受压区混凝土由于施加预应力而出现沿构件长度方向的裂缝，对配置间接钢筋的混凝土构件，其局部受压区截面尺寸应符合下列要求：

$$F_l \leqslant 1.35\beta_c\beta_l f_c A_{ln} \tag{4-12}$$

$$\beta_l = \sqrt{\frac{A_b}{A_l}} \tag{4-13}$$

式中 F_l ——局部受压面上作用的局部荷载或局部压力设计值；在对有粘结力后张法预应力混凝土构件中的锚头局压区的压力设计值，应取

1.2倍张拉控制力；在无粘结预应力混凝土构件中，尚应与 $f_{ptk}A_p$ 值相比较，取其中较大值；

β_c ——混凝土强度影响系数，当混凝土强度不超过C50时，取 $\beta_c=1.0$，当混凝土强度等级为C80时，取 $\beta_c=0.8$，其间按线性内插法取用；

A_l ——混凝土的局部受压面积；

β_l ——混凝土局部受压时的强度提高系数；

A_{ln} ——混凝土局部受压净面积；对后张法构件，应在混凝土局部受压面积中扣除孔道，凹槽部分的面积；

A_b ——局部受压时的计算底面积，可由局部受压面积与计算底面积按同心、对称原则确定，对常用情况，见图4-13。

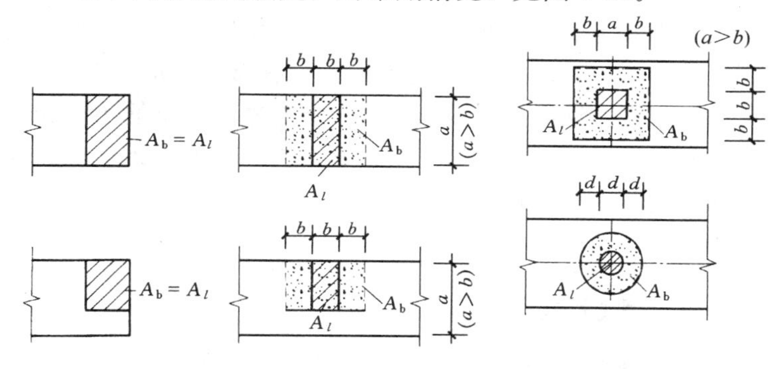

图4-13　局部受压计算面积 A_b 的确定

2. 局部受压承载力计算

当配置方格网式或螺旋式间接钢筋且其核心面积 $A_{con}\geqslant A_l$ 时（见图4-15），局部受压承载力应按下列公式计算：

$$F_l\leqslant 0.9(\beta_c\beta_l f_c+2\alpha\rho_v\beta_{cor}f_y)A_{ln} \tag{4-14}$$

$$\beta_{cor}=\sqrt{\frac{A_{cor}}{A_l}} \tag{4-15}$$

当为方格网配筋时，其体积配筋率应按下式计算：

$$\rho_v=\frac{n_1A_{s1}l_1+n_2A_{s2}l_2}{A_{cor}S} \tag{4-16}$$

此时，在钢筋网两个方向的单位长度内，其钢筋截面面积相差不大于1.5倍。

当为螺旋钢筋时，其体积配筋率应按下式计算：

$$\rho_v=\frac{4A_{ss1}}{d_{cor}S} \tag{4-17}$$

式中　β_{cor} ——配置间接钢筋局部受压承载力提高系数；

α ——间接钢筋对混凝土约束折减系数，当混凝土强度等级不超过C50

时，取 1.0；当混凝土强度等级为 C80 时，取 0.85；其间按线性内插法取用；

A_{cor}——配置方格网或螺栓式间接钢筋内表面范围内的混凝土核心面积，但不应大于 A_b，且其重心应与 A_l 重心重合，计算中仍按同心、对称原则取值；

ρ_v——间接钢筋体积配筋率（核心面积 A_{cor} 范围内单位混凝土体积所含间接钢筋体积）；

n_1、A_{s1}——方格网沿 l_1 方向的钢筋根数，单根钢筋的截面面积；

n_2、A_{s2}——方格网沿 l_2 方向的钢筋根数，单根钢筋的截面面积；

A_{ss1}——螺旋式单根钢筋的截面面积；

d_{cor}——配置螺旋式间接钢筋范围内的混凝土直径；

S——方格网或螺旋式间接钢筋的间距，宜取 30～80mm。

间接钢筋配置在图 4-14 规定的 h 范围内。对柱接头，h 尚不应小于 15 倍纵向钢筋直径。配置方格网钢筋不应少于 4 片，配置螺旋式钢筋不应少于 4 圈。

如果计算不满足局压要求时，对于方格钢筋网，可增设钢筋根数或增大钢筋直径或减小钢筋网间距；对于螺旋钢筋，应加大直径，减小螺距。

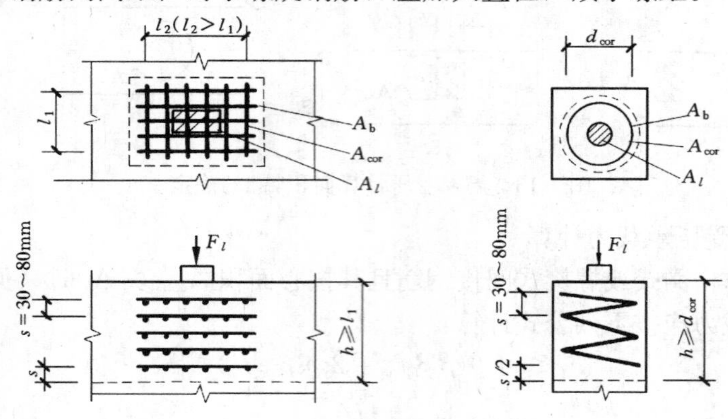

图 4-14 钢筋及螺旋钢筋的配置

第二节 预应力混凝土轴心受拉构件计算

一、轴心受拉构件应力变化过程及各阶段应力分析

预应力混凝土轴心受拉构件的应力变化和应力分析可划分两个大的阶段：施工阶段和使用阶段。在每一个大的阶段内又可分为几个特定的小阶段来详细讨论其钢筋和混凝土的应力状态，并建立基本公式，作为施工和设计的依据。

在下面的分析中，分别以 σ_p、σ_s 及 σ_{pc} 表示各阶段预应力钢筋，非预应力钢筋及混凝土的应力。

（一）先张法构件

分六个特定阶段加以说明，其中加荷前后各包含三个阶段。

1．加荷前

（1）在台座上张拉钢筋到控制应力

此时，构件还没有浇灌混凝土。预应力钢筋和非预应力钢筋的应力为（见表4-8）：

$$\sigma_p = \sigma_{con}$$

$$\sigma_s = 0$$

研究此阶段是作为施工时张拉预应力的依据。

（2）放松预应力钢筋同时压缩混凝土

由于张拉钢筋后，再浇筑混凝土并对其进行养护至规定强度。因放松钢筋，预应力钢筋已经过了锚具变形，温差及预应力松弛的损失，即第一批损失已完成

$$\sigma_{l\,\mathrm{I}} = \sigma_{l1} + \sigma_{l3} + \sigma_{l4}$$

故：

$$\sigma_p = \sigma_{con} - \sigma_{l\,\mathrm{I}}$$

放松钢筋后由于混凝土的弹性压缩，预应力钢筋也随着构件缩短，混凝土产生预压应力，同时预应力钢筋的应力又降低了 $\alpha_p\sigma_{pc\,\mathrm{I}}$。同样，构件内非预应力钢筋的应力因构件缩短而产生压应力 $\alpha_E\sigma_{pc\,\mathrm{I}}$。故此时

$$\sigma_p = \sigma_{con} - \sigma_{l\,\mathrm{I}} - \alpha_p\sigma_{pc\,\mathrm{I}}$$

$$\sigma_{pc} = -\sigma_{pc\,\mathrm{I}}$$

$$\sigma_s = -\alpha_E\sigma_{pc\,\mathrm{I}}$$

式中　$\sigma_{pc\,\mathrm{I}}$——经过第一批损失完成后混凝土的压应力；

α_E、α_p——非预应力钢筋、预应力钢筋的弹性模量与混凝土弹性模量之比，即

$$\alpha_E = \frac{E_s}{E_s}, \alpha_p = \frac{E_p}{E_c}$$

假定混凝土的净面积为 A_c，根据截面内力平衡条件（见图4-15），可求得混凝土的预压应力 $\sigma_{pc\,\mathrm{I}}$ 为（表4-8）：

$$A_p(\sigma_{con} - \sigma_{l\,\mathrm{I}} - \alpha_p\sigma_{pc\,\mathrm{I}}) = A_c\sigma_{pc\,\mathrm{I}} + A_s\alpha_E\sigma_{pc\,\mathrm{I}}$$

$$\sigma_{pc\,\mathrm{I}} = \frac{A_p(\sigma_{con} - \sigma_{l\,\mathrm{I}})}{A_c + \sigma_E A_s + \sigma_P A_P} = \frac{A_p(\sigma_{con} - \sigma_{l\,\mathrm{I}})}{A_0} = \frac{N_{p\,\mathrm{I}}}{A_0} \quad (4\text{-}18)$$

式中　A_c——扣除预应力钢筋和非预应力钢筋截面面积后的混凝土面积；

A_0——换算截面面积（混凝土截面面积 A_c 以及全部纵向预应力钢筋和非预应力钢筋截面面积换算成混凝土的截面面积），即 $A_0 = A_c +$

$\alpha_E A_s + \alpha_p A_p$；

$N_{p\mathrm{I}}$ ——完成第一批损失后，预应力钢筋的总预拉力，$N_{p\mathrm{I}} = (\sigma_{con} - \sigma_{l\mathrm{I}})A_p$。

研究这个阶段是为了作为施工阶段强度计算的依据。

(3) 当第二批损失完成后

由于混凝土收缩、徐变影响，发生了第二批预应力损失 $\sigma_{l\mathrm{II}} = \sigma_{l5}$。经过第二批损失后，预应力钢筋的应力在第二阶段的基础上进一步降低，为此预应力钢筋对混凝土产生的预压力也减小，混凝土的预压应力降低到 $\sigma_{pc\mathrm{II}}$，即混凝土的应力减少了 $(\sigma_{pc\mathrm{I}} - \sigma_{pc\mathrm{II}})$，$\sigma_{pc\mathrm{II}}$ 表示经过第二批损失后混凝土的压应力。

但是，由于混凝土预压应力减小 $(\sigma_{pc\mathrm{I}} - \sigma_{pc\mathrm{II}})$，此时，构件的弹性压缩有所恢复，故预应力钢筋将回弹而应力却增大 $\alpha_p(\sigma_{pc\mathrm{I}} - \sigma_{pc\mathrm{II}})$。于是：

$$\begin{aligned}\sigma_p &= \sigma_{con} - \sigma_{l\mathrm{I}} - \sigma_p\sigma_{pc\mathrm{I}} - \sigma_{l\mathrm{II}} + \alpha_p(\alpha_{pc\mathrm{I}} - \alpha_{pc\mathrm{II}}) \\ &= \sigma_{con} - \sigma_l - \alpha_p\sigma_{pc\mathrm{II}}\end{aligned}$$

$$\sigma_{pc} = -\sigma_{pc\mathrm{II}}$$

由于混凝土的收缩和徐变，构件内非预应力钢筋随着构件的缩短而缩短，为此其压应力将增大 σ_{l5}。实际上，非预应力钢筋的存在，对混凝土的收缩和徐变变形起到约束作用，使混凝土的预压应力减少了 $(\sigma_{pc\mathrm{I}} - \sigma_{pc\mathrm{II}})$。故构件回弹伸长，非预应力钢筋亦回弹，其压应力将减少 $\alpha_E(\sigma_{pc\mathrm{I}} - \sigma_{pc\mathrm{II}})$，故

$$\sigma_s = -\alpha_E\sigma_{pc\mathrm{I}} - \sigma_{l5} + \alpha_E(\sigma_{pc\mathrm{I}} - \sigma_{pc\mathrm{II}}) = -\sigma_{l5} - \alpha_E\sigma_{pc\mathrm{II}}$$

《混凝土结构设计规范》规定，当受拉区非预应力钢筋 A_s 大于 $0.4A_p$ 时，应考虑非预应力钢筋由于混凝土收缩和徐变引起的内力影响。

根据截面内力平衡条件，见图 4-15 (c)，可求得混凝土预压应力 $\sigma_{pc\mathrm{II}}$（表 4-8）为：

$$\sigma_{pc\mathrm{II}} = \frac{A_p(\sigma_{con} - \sigma_l)}{A_0} = \frac{N_{p\mathrm{II}}}{A_0} \tag{4-19}$$

式中 $N_{p\mathrm{II}}$ ——完成全部损失后，预应力钢筋的预拉力，$N_{p\mathrm{II}} = (\sigma_{con} - \sigma_l)A_p$；

$\sigma_{pc\mathrm{II}}$ ——预应力混凝土中所建立的有效预拉应力。

研究此阶段是为了计算加荷前在截面中钢筋和混凝土建立的有效预应力。

2. 加荷后

(1) 加荷至混凝土预压应力被抵消时

设当构件承受轴心拉力为 N_{p0} 时，截面中混凝土预压应力刚好被全部抵消。即混凝土预压应力从 $\sigma_{pc\mathrm{II}}$ 降到零（即消压状态），应力变化为 $\sigma_{pc\mathrm{II}}$。钢筋则随构件伸长被拉长，其应力在第三阶段基础上相应增大 $\alpha_p\sigma_{pc\mathrm{II}}$（预应力钢筋）及 $\alpha_E\sigma_{pc\mathrm{II}}$（非预应力钢筋），故

$$\sigma_p=\sigma_{p0}=\sigma_{con}-\sigma_l-\alpha_p\sigma_{pcII}+\alpha_p\sigma_{pcII}$$
$$=\sigma_{con}-\sigma_l$$
$$\sigma_{pc}=0$$
$$\sigma_s=\sigma_{s0}=-\sigma_{l5}-\alpha_E\sigma_{pcII}+\alpha_E\sigma_{pcII}=-\sigma_{l5}$$

式中 σ_{p0} 及 σ_{s0} 分别表示截面上混凝土应力为零时，预应力钢筋、非预应力钢筋的应力。

轴向拉力 N_{p0} 可由截面上内外力平衡条件，见图 4-15（d），求得 N_{p0} 为（表 4-8）：

$$N_{p0}=A_p\sigma_{p0}+A_s\sigma_{s0}=A_p(\sigma_{con}-\sigma_l)-A_s\sigma_{l5}$$

当 $A_s\leqslant 0.4A_p$ 时，可不考虑 $A_s\sigma_{l5}$ 的影响，即：

$$N_{p0}=A_p(\sigma_{con}-\sigma_l)=A_0\sigma_{pcII} \tag{4-20}$$

研究此阶段是为了计算当截面上混凝土应力为零时（相当于一般混凝土没有加荷时），构件此时能够承受的轴向拉力。

（2）继续加荷至混凝土即将开裂时

当轴向拉力超过 N_{p0} 后，混凝土开始受拉，随着荷载的增加，其拉应力不断增长。当荷载到 N_{cr}，即混凝土的拉应力从零达到混凝土抗拉强度标准值 f_{tk} 时，混凝土即将出现裂缝，钢筋随构件伸长而拉长，其应力在第四阶段的基础上相应增大 $\alpha_p f_{tk}$（预应力钢筋）及 $\alpha_E f_{tk}$（非预应力钢筋），即

$$\sigma_p=\sigma_{con}-\sigma_l+\alpha_p f_{tk}$$
$$\sigma_{pc}=f_{tk}$$
$$\sigma_s=-\sigma_{l5}+\alpha_E f_{tk}$$

轴向拉力 N_{cr} 可由截面上内外力平衡条件，如图 4-15（e）、（f）所示，求得 N_{cr} 为（表 4-8）：

$$N_{cr}=A_p(\sigma_{con}-\sigma_l)+(A_c+\alpha_E A_s+\alpha_p A_p)f_{tk}-A_s\sigma_{l5}$$

同理如忽略 $A_s\sigma_{l5}$

$$N_{cr}=A_0(\sigma_{pcII}+f_{tk}) \tag{4-21}$$

上式表明，由于预压应力 σ_{pcII} 的作用（σ_{pcII} 比 f_{tk} 大），使预应力混凝土轴心受拉构件的 N_{cr} 比普通钢筋混凝土受拉构件大，这就是预应力混凝土构件抗裂度高的原因。

研究此阶段是为了计算构件开裂轴向拉力，作为使用阶段抗裂能力计算的依据。

（3）继续加荷使构件破坏

当轴向力 N 超过 N_{cr} 后，裂缝出现并开展，在裂缝截面上，混凝土退出工作，不再承担拉力，拉力全部由预应力钢筋及非预应力钢筋承担。破坏时，预应力钢筋和非预应力钢筋分别达到其抗拉强度设计值 f_{py} 和 f_y。由平衡条件，见图

4-15（f），可求得极限轴向拉力 N_u（表 4-8）为：

$$N_u = A_p f_{py} + A_s f_y \tag{4-22}$$

研究此阶段是为了计算构件能承受的极限轴向拉力，作为使用阶段构件承载能力计算的依据。

（二）后张法构件

1. 加荷前

（1）在构件上张拉钢筋，同时压缩混凝土

张拉钢筋达到控制应力，则构件端部预应力钢筋的应力为 σ_{con}，而离端部其他截面，由于摩擦损失应力降低了 σ_{l2}，而混凝土因在张拉钢筋的同时受到压缩，其应力从零到达 σ_{pc}，此时预应力钢筋中的应力为 $\sigma_{con}-\sigma_{l2}$，而非预应力钢筋则随构件压缩而缩短，为此它产生的预压应力为 $\alpha_E\sigma_c$，即：

$$\sigma_p = \sigma_{con} - \sigma_{l2}$$

$$\sigma_{pc} = -\sigma_{pc}$$

$$\sigma_s = -\alpha_E\sigma_{pc}$$

混凝土的预压应力 σ_{pc} 可由平衡条件，见图 4-15（a），求得 σ_{pc} 为（表 4-8）：

$$A_p(\sigma_{con} - \sigma_{l2}) = A_c\sigma_{pc} + A_s\alpha_E\sigma_{pc}$$

$$\sigma_{pc} = \frac{A_p(\sigma_{con} - \sigma_{l2})}{A_c + \alpha_E A_s} = \frac{A_p(\sigma_{con} - \sigma_{l2})}{A_n}$$

式中 A_c ——应扣除非预应力钢筋所占混凝土面积及预留孔道面积；

A_n ——构件净截面积，$A_n = A_c + \alpha_E A_s$。

在混凝土构件端部，由于 σ_{l2} 等于零。此时的混凝土预压力 σ_{pc} 为：

$$\sigma_{pc} = \frac{A_p\sigma_{con}}{A_c + \alpha_E A_s} = \frac{A_p\sigma_{con}}{A_n} \tag{4-23}$$

研究此阶段是为了作为施工阶段强度计算的依据。

（2）预应力钢筋锚固于构件上时

预应力钢筋张拉完毕，锚具变形又引起预应力损失 σ_{l1}，此时第一批损失已全部完成。预应力钢筋的应力由 $\sigma_{con}-\sigma_{l1}$ 降低到 $\sigma_{con}-\sigma_{l1}-\sigma_{l2}$，压缩在混凝土构件上的预压应力也减小，混凝土的应力由 σ_{pc} 降到 $\sigma_{pc\,\mathrm{I}}$，而非预应力钢筋则随构件回弹而有所伸长，其应力在第一阶段的基础上变化值为 $\alpha_E(\sigma_{pc}-\sigma_{pc\,\mathrm{I}})$。即：

$$\sigma_p = \sigma_{con} - \sigma_{l1} - \sigma_{l2} = \sigma_{con} - \sigma_{l\,\mathrm{I}}$$

$$\sigma_{pc} = \sigma_{pc\,\mathrm{I}}$$

$$\sigma_s = -\alpha_E\sigma_{pc} + \alpha_E(\sigma_{pc} - \sigma_{pc\,\mathrm{I}}) = -\alpha_E\sigma_{pc\,\mathrm{I}}$$

混凝土压应力 $\sigma_{pc\,\mathrm{I}}$ 由平衡条件，见图 4-15（b），求得混凝土 $\sigma_{pc\,\mathrm{I}}$ 为（表 4-8）：

$$A_p(\sigma_{con} - \sigma_{l1}) = A_c\sigma_{pc\,\mathrm{I}} + \alpha_E A_s\sigma_{pc\,\mathrm{I}}$$

$$\sigma_{pc\mathrm{I}}=\frac{A_p(\sigma_{con}-\sigma_{l\mathrm{I}})}{A_c+\alpha_E A_s}=\frac{A_p(\sigma_{con}-\sigma_{l\mathrm{I}})}{A_n} \tag{4-24}$$

研究此阶段是为了计算构件经过第一批损失后截面的应力状态。

（3）完成第二批损失后

预应力钢筋锚固后，随着时间的增长，将发生由于预应力筋松弛，混凝土的收缩和徐变（对于环形构件还有挤压变形）而引起的预应力损失 σ_{l4}、σ_{l5}（以及 σ_{l6}），即 $\sigma_{l\mathrm{II}}=\sigma_{l4}+\sigma_{l5}+(\sigma_{l6})$，至此，认为它们已全部完成。

同先张法一样，由于预应力钢筋应力在第二阶段的基础上再降低，构件截面混凝土预压力减小，钢筋随构件回弹而伸长，即：

$$\sigma_p=\sigma_{con}-\sigma_{l\mathrm{I}}-\sigma_{l\mathrm{II}}+\alpha_p(\sigma_{pc\mathrm{I}}-\sigma_{pc\mathrm{II}})$$

因 $\sigma_{pc\mathrm{I}}-\sigma_{pc\mathrm{II}}$ 较小，可忽略不计，故：

$$\sigma_p=\sigma_{con}-\sigma_l$$

$$\sigma_{pc}=-\sigma_{pc\mathrm{II}}$$

$$\sigma_s=-\alpha_E\sigma_{pc\mathrm{I}}-\sigma_{l5}+\alpha_E(\sigma_{pc\mathrm{I}}-\sigma_{pc\mathrm{II}})=-\alpha_E\sigma_{pc\mathrm{II}}-\sigma_{l5}=-\alpha_E\sigma_{pc\mathrm{II}}$$

混凝土的预压应力由平衡条件，见图 4-15（c），求得 $\sigma_{pc\mathrm{II}}$ 为（表 4-8）：

$$A_p(\sigma_{con}-\sigma_l)=A_c\sigma_{pc\mathrm{II}}+\alpha_E A_s\sigma_{pc\mathrm{II}}$$

$$\sigma_{pc\mathrm{II}}=\frac{A_p(\sigma_{con}-\sigma_l)}{A_c+\alpha_E A_s}=\frac{A_p(\sigma_{con}-\sigma_l)}{A_n} \tag{4-25}$$

研究此阶段是为了加荷前在截面中钢筋和混凝土建立有效预应力。

2. 加荷后

（1）加荷至混凝土的应力为零，截面处于消压状态，在轴心拉力 N_{p0} 作用下，混凝土应力由 $\sigma_{pc\mathrm{II}}$ 减到零，预应力钢筋和非预应力钢筋应力相应增大 $\alpha_p\sigma_{pc\mathrm{II}}$ 及 $\alpha_E\sigma_{pc\mathrm{II}}$，即：

$$\sigma_p=\sigma_{p0}=\sigma_{con}-\sigma_l+\alpha_p\sigma_{pc\mathrm{II}}$$

$$\sigma_{pc}=0$$

$$\sigma_s=\sigma_{s0}=-\alpha_E\sigma_{pc\mathrm{II}}-\sigma_{l5}+\alpha_E\sigma_{pc\mathrm{II}}=-\sigma_{l5}$$

轴向拉力 N_{p0} 可按截面上内外力平衡条件，见图 4-15（d），求得 N_{p0} 为（表 4-8）：

$$N_{p0}=A_p\sigma_{p0}+A_s\sigma_{s0}=A_p(\sigma_{con}-\sigma_l+\alpha_p\sigma_{pc\mathrm{II}})-A_s\sigma_{l5}$$

当 $A_s\leqslant 0.4A_p$ 时，可忽略 $A_s\sigma_{l5}$ 影响，于是得：

$$N_{p0}=A_n\sigma_{pc\mathrm{II}}+\alpha_p A_p\sigma_{pc\mathrm{II}}=(A_n+\alpha_p A_p)\sigma_{pc\mathrm{II}} \tag{4-26}$$

研究此阶段是为了计算当混凝土应力为零时（相当于一般钢筋混凝土构件未加荷时），构件能承受的轴向拉力。

（2）继续加荷至混凝土开裂

当构件承受的开裂荷载为 N_{cr} 时，混凝土的应力从零变到抗拉强度的标准值

f_{tk}，相应的预应力钢筋和非预应力钢筋应力分别增大 $\alpha_p f_{tk}$ 和 $\alpha_E f_{tk}$，即：

$$\sigma_p = \sigma_{con} - \sigma_l + \alpha_p \sigma_{pc\text{II}} + \alpha_p f_{tk}$$

$$\sigma_{pc} = f_{tk}$$

$$\sigma_s = -\sigma_{l5} + \alpha_E f_{tk}$$

轴向拉力 N_{cr} 可由平衡条件，见图 4-15（e），求得 N_{cr} 为（表 4-8）：

$$\begin{aligned} N_{cr} &= A_p(\sigma_{con} - \sigma_l + \alpha_p \sigma_{pc\text{II}} + \alpha_p f_{tk}) + A_s(-\sigma_{l5} + \alpha_E f_{tk}) + A_c f_{tk} \\ &= A_p(\sigma_{con} - \sigma_l + \alpha_p \sigma_{pc\text{II}}) + f_{tk}(A_c + \alpha_E A_s + \alpha_p A_p) - \sigma_{l5} A_s \\ &= A_p(\sigma_{con} - \sigma_l) + \alpha_p A_p \sigma_{pc\text{II}} + A_0 f_{tk} - \sigma_{l5} A_s \end{aligned}$$

忽略 $\sigma_{l5} A_s$，则：

$$N_{cr} = A_0 \sigma_{pc\text{II}} + A_0 f_{tk} = A_0(\sigma_{pc\text{II}} + f_{tk}) \tag{4-27}$$

研究此阶段是为了计算构件开裂时的轴向拉力，作为使用阶段构件抗裂能力计算依据。

（3）继续加荷使构件破坏

构件破坏时，承受的轴向极限拉力为 N_u，预应力钢筋和非预应力钢筋的拉应力分别达到 f_{py} 和 f_y，由平衡条件，见图 4-15（f），求得 N_u 为（表 4-7）：

$$N_u = A_p f_{py} + A_s f_y \tag{4-28}$$

研究此阶段是为了计算构件极限轴向拉力，作为使用阶段构件承载能力计算依据。

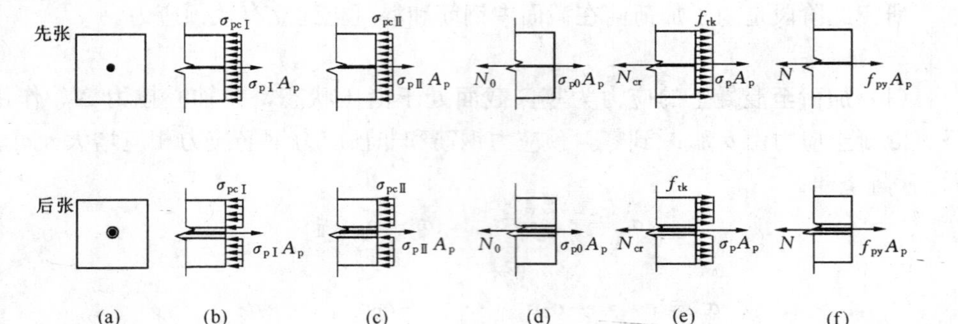

图 4-15 轴心受拉构件各阶段截面应力图

（三）先张法与后张法轴心受拉构件各阶段应力综合及比较

（1）由于混凝土预压弹性压缩只对先张法有影响，因此，从第二阶段到第五阶段，先张法预应力钢筋的应力始终比后张法小 $\alpha_p \sigma_c$（$\alpha_p \sigma_{c\text{I}}$ 或 $\alpha_p \sigma_{c\text{II}}$）。

（2）第四阶段是比较重要的阶段，此时混凝土应力为零，相当于钢筋混凝土轴拉构件未加荷时的应力状态。而对预应力构件来讲，它已承受 $N_{p0} = \sigma_{pc\text{II}} A_0$ 的荷载，同时预应力钢筋也达到了很高的应力。

先张法 $\sigma_{p0} = \sigma_{con} - \sigma_l$

后张法 $\sigma_{p0} = \sigma_{con} - \sigma_l + \alpha_p \sigma_{pc\text{Ⅱ}}$

由此以后构件再加荷时，截面应力增加才和钢筋混凝土受拉构件一样变化。

（3）从第二阶段到第六阶段，无论是先张法还是后张法，混凝土应力 σ_c，非预应力钢筋应力 σ_s 及构件承受的轴向拉力 N 公式形式相同，但其中 σ_l 及 σ_c 包括的内容不同。

先张法 $\sigma_l = \sigma_{l\text{Ⅰ}} + \sigma_{l\text{Ⅱ}} = (\sigma_{l1} + \sigma_{l3} + \sigma_{l4}) + \sigma_{l5}$

$$\sigma_c = \frac{A_p(\sigma_{con} - \sigma_l)}{A_n}$$

后张法 $\sigma_l = \sigma_{l\text{Ⅰ}} + \sigma_{l\text{Ⅱ}} = (\sigma_{l1} + \sigma_{l2}) + (\sigma_{l4} + \sigma_{l5})$

$$\sigma_c = \frac{A_p(\sigma_{con} - \sigma_l)}{A_n}$$

$A_0 > A_n$。σ_c 为 $\sigma_{pc\text{Ⅰ}}$ 或 $\sigma_{pc\text{Ⅱ}}$，相应 σ_l 为 $\sigma_{l\text{Ⅰ}}$ 或 $\sigma_{l\text{Ⅰ}} + \sigma_{l\text{Ⅱ}}$

预应力混凝土轴心受拉构件各阶段应力分析 **表 4-7**

受力阶段			预应力筋的预拉应力		混凝土的预压应力		N 的计算式（先、后张）
			先张	后张	先张	后张	
施工阶段（加荷前）	1	张拉钢筋	$\sigma_p = \sigma_{con}$	$\sigma_p = \sigma_{con} - \sigma_{l2}$	0	$\sigma_c = \dfrac{\sigma_{con} A_p}{A_n}$	—
	2	出现第一批预应力损失	放松预应力钢筋 $\sigma_{p\text{Ⅰ}} = \sigma_{con} - \sigma_{l\text{Ⅰ}} - \alpha_p \sigma_{pc\text{Ⅰ}}$	$\sigma_{p\text{Ⅰ}} = \sigma_{con} - \sigma_{l\text{Ⅰ}}$	放松预应力钢筋 $\sigma_{pc\text{Ⅰ}} = \dfrac{(\sigma_{con} - \sigma_{l\text{Ⅰ}})A_p}{A_0}$	$\sigma_{pc\text{Ⅰ}} = \dfrac{(\sigma_{con} - \sigma_{l\text{Ⅰ}})A_p}{A_n}$	—
	3	出现第二批预应力损失	$\sigma_{p\text{Ⅱ}} = \sigma_{con} - \sigma_l - \alpha_p \sigma_{pc\text{Ⅱ}}$	$\sigma_{p\text{Ⅱ}} = \sigma_{con} - \sigma_l$	$\sigma_{pc\text{Ⅱ}} = \dfrac{(\sigma_{con} - \sigma_{l\text{Ⅰ}})A_p}{A_0}$	$\sigma_{pc\text{Ⅱ}} = \dfrac{(\sigma_{con} - \sigma_{l\text{Ⅰ}})A_p}{A_n}$	—
使用阶段（加荷后）	4	N_0 作用下	$\sigma_{p0} = \sigma_{con} - \sigma_l$	$\sigma_{p0} = \sigma_{con} - \sigma_l + \alpha_p \sigma_{pc\text{Ⅱ}}$	0	0	$N_{p0} = \sigma_{pc\text{Ⅱ}} A_0$
	5	N_{cr} 作用下	$\sigma_p = \sigma_{con} - \sigma_l + \alpha_p f_t$	$\sigma_p = \sigma_{con} - \sigma_l + \alpha_p \sigma_{pc\text{Ⅱ}} + \alpha_p f_t$	f_{tk}	f_{tk}	$N_{cr} = (\sigma_{pc\text{Ⅱ}} + f_t)A_0$
	6	N_u 作用下	f_{py}	f_{py}	0	0	$N_u = f_{py} A_p$

二、预应力混凝土轴心受拉构件计算

预应力混凝土轴心受拉构件计算，除要进行使用阶段的承载力计算及抗裂能力验算外，尚应进行施工阶段的强度验算，以及后张法构件端部混凝土的局部承压验算。

1. 使用阶段承载力计算

根据构件各阶段的应力分析，当加荷至构件破坏时，全部荷载由预应力钢筋和非预应力钢筋承担，其正截面受拉承载力按下式计算（图 4-16）：

$$\gamma_0 s \leqslant A_p f_{py} + A_s f_y \tag{4-29}$$

式中 γ_0 ——结构重要性系数；

f_{py}、f_y ——预应力钢筋及非预应力钢筋抗拉强度设计值；

A_p、A_s ——预应力钢筋及非预应力钢筋截面面积。

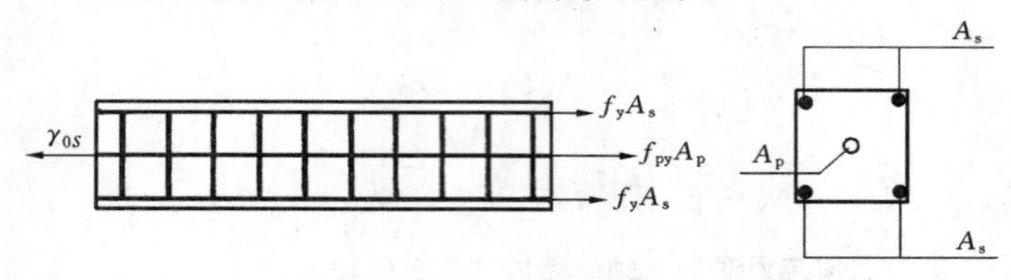

图 4-16 轴心受拉构件承载力计算简图

2. 抗裂度验算

若构件由荷载标准值产生的轴心拉力 N 不超过 N_{cr}，那么构件不会开裂。

$$N \leqslant N_{cr} = A_0(\sigma_{pc\text{II}} + f_{tk})$$

将此式用应力形式表达，则变为：

$$\frac{N}{A_0} \leqslant \sigma_{pc\text{II}} + f_{tk}$$

$$\sigma_c - \sigma_{pc\text{II}} \leqslant f_{tk}$$

由于各种预应力构件的功能要求、所处环境及对钢筋锈蚀敏感性的不同，需有不同的抗裂要求。

（1）严格要求不出现裂缝的构件，在荷载效应标准组合下应符合下列要求：

$$\sigma_{ck} - \sigma_{pc\text{II}} \leqslant 0 \tag{4-30}$$

（2）一般要求不出现裂缝的构件，在荷载效应标准组合下应符合下列要求：

$$\sigma_{ck} - \sigma_{pc\text{II}} \leqslant f_{tk} \tag{4-31}$$

式中 σ_{ck} ——荷载效应标准组合下抗裂验算边缘混凝土法向应力，即

$$\sigma_{ck} = \frac{N_k}{A_0}$$

N_k ——按荷载效应标准组合计算的轴向拉力值；

A_0、$\sigma_{pc\text{II}}$ 符号意义同前。

3. 裂缝宽度验算

对于允许开裂的轴心受拉构件，要求裂缝开展宽度小于 0.2mm，其最大裂缝宽度 w_{max} 的计算公式与钢筋混凝土构件的计算方法相同。

4. 施工阶段强度验算

预应力轴心受拉构件应保证先张法构件在放松预应力钢筋时，后张法构件在张拉预应力钢筋时，混凝土将受到最大的预压应力 σ_{pc} 不大于当时混凝土抗压强度设计值 f'_c 的 1.2 倍。即

$$\sigma_{pc} \leqslant 1.2f'_c \tag{4-32}$$

式中　σ_{pc} ——放张预应力钢筋或张拉完毕时，混凝土的承受的预压应力；

f'_c ——放张预应力钢筋或张拉完毕时，混凝土的轴心抗压强度设计值。

对先张法
$$\sigma_{pc} = \frac{(\sigma_{con} - \sigma_{l\text{I}})A_p}{A_0} \tag{4-33}$$

对后张法
$$\sigma_{pc} = \frac{\sigma_{con}A_p}{A_n} \tag{4-34}$$

5. 后张法构件端部混凝土局部受压验算

按前边所讲的式（4-12）、式（4-14）进行验算。

【例 4-1】 24m 长预应力混凝土屋架下弦杆截面尺寸为 250mm×160mm，采用后张法，当混凝土强度达到 100%后方可张拉预应力钢筋，超张拉应力值为 $5\%\sigma_{con}$，孔道（直径为 2Φ50）为橡皮管抽芯成型，采用夹片式锚具，非预应力钢筋按构造要求配置 4 Φ 12，构件端部构造见图 4-17，屋架下弦杆轴向拉力设计值为 $N = 830$kN，按荷载效应标准组合，下弦杆轴向拉力值 $N_k = 660$kN，按荷载效应准永久组合，下弦杆轴心拉力值 $N_q = 550$kN，试进行下弦的承载力计算、抗裂验算以及屋架端部的局压承载力验算。

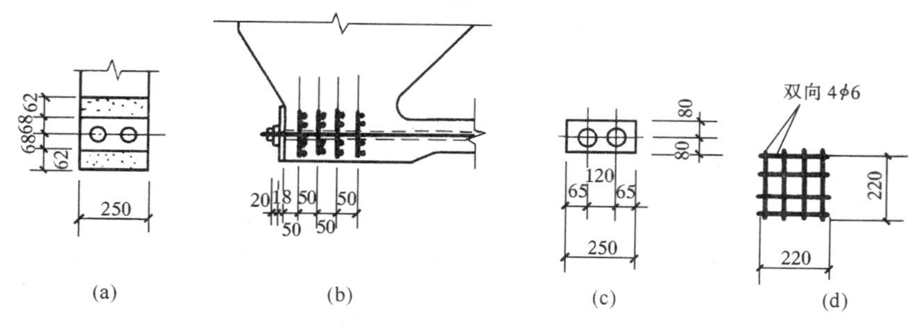

图 4-17

（a）端部受压面积；（b）下弦端节点；（c）下弦截面；（d）方格网

【解】 1. 选择材料

混凝土：采用 C40（$f_c = 19.1\text{N/mm}^2$，$f_t = 1.7\text{N/mm}^2$，$f_{tk} = 2.39\text{N/mm}^2$，$E_c = 3.25\times10^4\text{N/mm}^2$）。

预应力钢筋：采用热处理钢筋（$45S_i2C_r$）（$f_{ptk} = 1470\text{N/mm}^2$，$f_{py} = 1040\text{N/mm}^2$，$E_p = 2.0\times10^5\text{N/mm}^2$）。

非预应力钢筋：采用热轧钢筋 HRB335（$f_y=300\text{N/mm}^2$，$E_s=2.0\times10^5$ N/mm^2）。

2. 使用阶段承载力计算和抗裂验算

屋架安全等级为一级，故结构重要性系数为 $\gamma_0=1.1$，则

$$A_p=\frac{\gamma_0 N-f_y A_s}{f_{py}}=\frac{1.1\times830000-300\times452}{1040}=748\text{mm}^2$$

选用 2 束 $5\Phi^{HT}10$，$A_p=785\text{mm}^2$

（1）使用阶段承载力计算

1）截面特征和参数计算

$$\alpha_E=\frac{E_s}{E_c}=\frac{200}{32.5}=6.15$$

$$\alpha_p=\frac{E_p}{E_c}=\frac{200}{32.5}=6.15$$

$$A_c=250\times160-2\times\frac{1}{4}\times\pi\times50^2-452$$

$$\begin{aligned}A_n&=A_c+\alpha_E A_s\\&=250\times160-2\times\frac{1}{4}\times\pi\times50^2-(6.15-1)\times452\\&=38403\text{mm}^2\end{aligned}$$

$$A_0=A_n+\alpha_p A_p=38403+6.15\times785=43231\text{mm}^2$$

2）确定张拉控制应力 σ_{con}

$$\sigma_{con}=0.65\times f_{ptk}=0.65\times1470=956\text{N/mm}^2$$

由表 4-2 选取张拉控制应力。

3）计算预应力损失

① 锚具变形损失

由表 4-3 可查得 $a=6\text{mm}$，则

$$\sigma_{l1}=\frac{a}{l}E_p=\frac{6}{24000}\times200000=50\text{N/mm}^2$$

② 孔道摩擦损失

一端张拉，又直线配筋，所以 $\theta=0$。

由表 4-4 查得 $k=0.0014$，$\mu=0.55$ 且

$$\mu\theta+kx=0.55\times0+0.0014\times24=0.0336<0.2$$

故 $$\sigma_{l2}=\sigma_{con}(\mu\theta+kx)=956\times0.0336=32.1\text{N/mm}^2$$

则第一批预应力损失为：

$$\sigma_{l\text{I}}=\sigma_{l1}+\sigma_{l2}=50+32.1=82.1\text{N/mm}^2$$

③预应力钢筋的松弛损失

$$\sigma_{l4} = 0.035\sigma_{con} = 0.035 \times 956 = 33.5\text{N/mm}^2$$

④混凝土收缩、徐变损失

完成第一批预应力损失后混凝土预压应力为：

$$\sigma_{pc} = \sigma_{pc\mathrm{I}} = \frac{N_P}{A_n} = \frac{(\sigma_{con} - \sigma_{l\mathrm{I}})A_p}{A_n} = \frac{(956 - 82.1) \times 785}{38403}$$

$$= 17.9\text{N/mm}^2 < 0.5f'_{cu} = 0.5 \times 40 = 20\text{N/mm}^2$$

符合预应力损失 σ_{l5} 的计算条件

$$\rho = \frac{A_s + A_p}{2A_n} = \frac{452 + 785}{2 \times 38403} = 0.016$$

$$\sigma_{l5} = \frac{35 + 280\dfrac{\sigma_{pc\mathrm{I}}}{f'_{cu}}}{1 + 15\rho} = \frac{35 + 280 \times \dfrac{17.9}{40}}{1 + 15 \times 0.016} = 129.3\text{N/mm}^2$$

于是，第二批损失为：

$$\sigma_{l\mathrm{II}} = \sigma_{l4} + \sigma_{l5} = 33.5 + 129.3 = 162.8\text{N/mm}^2$$

预应力总损失为：

$$\sigma_l = \sigma_{l\mathrm{I}} + \sigma_{l\mathrm{II}} = 82.1 + 162.8 = 244.9\text{N/mm}^2$$

（2）抗裂验算

1）计算混凝土预压应力 $\sigma_{pc\mathrm{II}}$

$$\sigma_{pc\mathrm{II}} = \frac{(\sigma_{con} - \sigma_l)A_p - \sigma_{l5}A_s}{A_n} = \frac{(956 - 244.9) \times 785 - 129.3 \times 452}{38403} = 13.01\text{N/mm}^2$$

2）计算外荷载在截面中引起的拉应力 σ_{ck}，在荷载效应标准组合下

$$\sigma_{ck} = \frac{N_k}{A_0} = \frac{660000}{43231} = 15.26\text{N/mm}^2$$

3）$\sigma_{ck} - \sigma_{pc\mathrm{II}} = 15.26 - 13.01 = 2.25\text{N/mm}^2 < f_{tk} = 2.39\text{N/mm}^2$

故符合要求。

3. 施工阶段承载力验算

采用超张拉 5%，故最大张拉力为：

$$N_p = 1.05\sigma_{con}A_p = 1.05 \times 956 \times 785 = 787983\text{N}$$

$$\sigma_c = \frac{N_p}{A_n} = \frac{787983}{38403} = 20.5\text{N/mm}^2 < 1.2f'_c = 1.2 \times 19.1 = 22.9\text{N/mm}^2$$

满足要求。

4. 屋架端部承载力验算

（1）几何特征与参数

锚头局部受压面积为：

$$A_l = 2 \times \frac{\pi}{4}d^2 = 2 \times \frac{\pi}{4}(100 + 18 \times 2)^2 = 29053\text{mm}^2$$

假定预压力沿锚具垫圈边缘，在构件端部中按 45°刚性角扩散后的面积

计算。

$$A_b = 250 \times (136 + 2 \times 62) = 65000\text{mm}^2$$

$$A_{ln} = A_l - 2 \times \frac{\pi}{4}d^2 = 29053 - 2 \times \frac{\pi}{4} \times 50^2 = 25578\text{mm}^2$$

故混凝土局压提高系数

$$\beta_l = \sqrt{\frac{A_b}{A_l}} = \sqrt{\frac{65000}{29053}} = 1.5$$

(2) 局部压力设计值

局部压力设计值等于预应力钢筋锚固前在张拉端的总拉力的 1.2 倍。

$$F_l = 1.2\sigma_{con}A_p = 1.2 \times 956 \times 785 = 900552\text{N}$$

(3) 局部受压尺寸验算

$$1.35\beta_c\beta_l f_c A_{ln} = 1.35 \times 1.0 \times 1.5 \times 19.5 \times 25578 = 1010011\text{N} > F_l$$

故满足要求。

(4) 局部受压承载力验算

屋架端部配置直径为Φ6（HPB235）的 5 片钢筋网，其面积 $A_s = 28.3\text{mm}^2$，间距 $s = 50\text{mm}$，网片尺寸见图 4-17。

则 $$A_{cor} = 220 \times 220 = 48400\text{mm}^2 < A_b = 65000\text{mm}^2$$

$$\beta_{cor} = \sqrt{\frac{A_{cor}}{A_l}} = \sqrt{\frac{48400}{29053}} = 1.28$$

$$\rho_V = \frac{2nA_{s1}l_l}{A_{cor}s} = \frac{2 \times 4 \times 28.3 \times 220}{48400 \times 50} = 0.021$$

$$\begin{aligned}&0.9(\beta_c\beta_l f_c + 2\alpha\rho_v\beta_{cor}f_y)A_{ln}\\&= 0.9(1.0 \times 1.5 \times 19.5 + 2 \times 1.0 \times 0.021 \times 1.28 \times 210) \times 25578\\&= 933239\text{N} > F_l = 900552\text{N}\end{aligned}$$

符合要求。

第三节 预应力混凝土受弯构件计算

一、受弯构件各阶段应力分析

预应力混凝土受弯构件的应力分析与预应力混凝土轴心受拉构件的应力分析在原则上并无区别，也分为施工阶段和使用阶段。关于应力分析时仍视预应力混凝土为一般弹性匀质体，按材料力学公式计算。

在预应力混凝土受弯构件中，预应力钢筋主要配置在使用阶段的受拉区（称为预压区）；为了防止构件在施工阶段出现裂缝，有时在使用阶段的受压区（称为预拉区）也设置预应力钢筋。在受拉区和受压区还设置非预应力钢筋。

在预应力混凝土轴心受拉构件中，预应力钢筋和非预应力钢筋的合力总是作用在构件的重心轴，混凝土是均匀受力的（当外荷载产生的轴力小于 N_{P0} 以前，均匀受压；此后到混凝土开裂前，均匀受拉），因此截面上任一位置的混凝土应力状态都相同（图 4-18a）；而在预应力混凝土受弯构件中，预应力钢筋和非预应力钢筋的合力并不作用在构件的重心轴上，混凝土处于偏心受力状态，在同一截面上混凝土的应力随高度而线性变化（图 4-18b）。

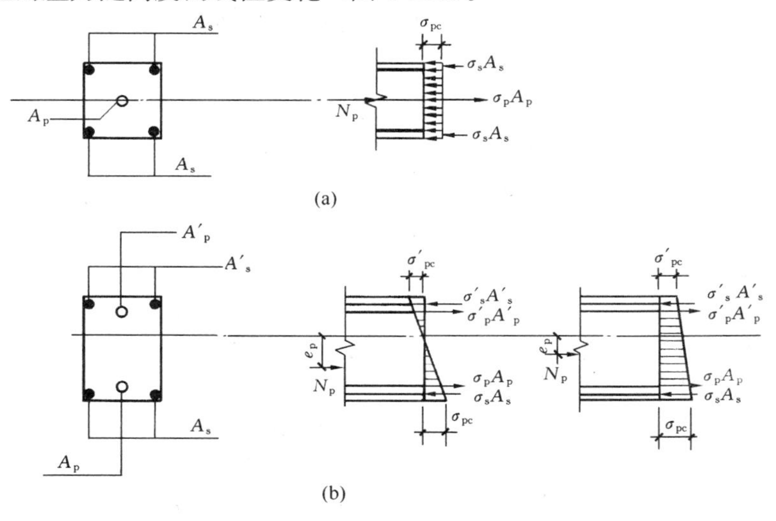

图 4-18

（a）轴心受拉构件截面应力；（b）受弯构件受拉区、受压区配置预应力钢筋截面应力

可以认为，由于对混凝土施加了预应力，使构件在使用阶段截面不产生拉应力，或不开裂，从而把混凝土原有的脆性材料转变为弹性材料。因此不论应力图形是三角形还是梯形（图 4-18b），在计算时，均可把全部预应力钢筋的合力看成作用在换算截面上的外力，将混凝土看作为理想弹性体，按材料力学公式来确定其应力。其通式为：

$$\sigma = \frac{N}{A} + \frac{Ne}{I}y \tag{4-35}$$

式中 N——作用在界面上的偏心压力；

A——构件截面面积；

I——构件截面惯性矩；

y——离开截面重心的距离。

现以图 4-19 所示配置的预应力钢筋 A_p、A'_p 和非预应力钢筋 A_s 和 A'_s 的截面为例，阐明预应力混凝土受弯构件在施工阶段和使用阶段的应力分析。

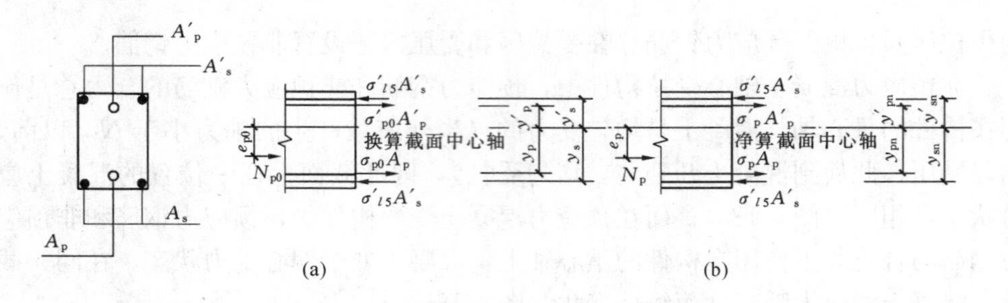

图 4-19 预应力钢筋及非预应力钢筋的合力位置

(a) 先张法构件；(b) 后张法构件

为了计算方便，先不考虑混凝土截面上的非预应力钢筋，后边再给出既有预应力钢筋又有非预应力钢筋截面的应力分析。

与预应力混凝土轴心受拉构件对应，先张法（后张法）受弯构件的截面几何特征用 $A_0(A_n)$、$I_0(I_n)$、$y_0(y_n)$、$y_p(y_{pn})$、$y'_p(y'_{pn})$ 表示，如图 4-19 所示。

1. 施工阶段

(1) 先张法构件

预应力混凝土构件截面上的预应力钢筋的合力大小 N_{p0} 及合力作用点至换算截面重心轴的距离为 e_{P0}，则

$$N_{p0}=\sigma_{p0}A_p+\sigma'_{p0}A'_p=(\sigma_{con}-\sigma_l)A_p+(\sigma'_{con}-\sigma'_l)A'_p \tag{4-36}$$

$$e_{p0}=\frac{(\sigma_{con}-\sigma_l)A_py_p-(\sigma'_{con}-\sigma'_l)A'_py'_p}{N_{p0}} \tag{4-37}$$

在 N_{p0} 作用下截面任意点混凝土的法向应力为：

$$\sigma_{pc}=\frac{N_{p0}}{A_0}+\frac{N_{p0}e_{p0}}{I_0}y_0 \tag{4-38}$$

$$\sigma'_{pc}=\frac{N_{p0}}{A_0}-\frac{N_{p0}e_{p0}}{I_0}y_0 \tag{4-39}$$

式中 A_0 ——换算截面面积；

I_0 ——换算截面惯性矩；

y_0 ——换算截面重心到计算纤维处距离；

y_p、y'_p ——受拉区、受压区预应力钢筋合力点到换算截面重心的距离。

相应预应力钢筋的应力为：

$$\sigma_p=\sigma_{con}-\sigma_l-\alpha_p\sigma_{pc} \tag{4-40}$$

$$\sigma'_p=\sigma'_{con}-\sigma'_l-\alpha_p\sigma'_{pc} \tag{4-41}$$

式中 σ_{pc}、σ'_{pc} ——分别为对应于 A_p、A'_p 重心位置处的混凝土法向应力。

1) 完成第一批损失时，式中的 σ_l 变为 $\sigma_{l\text{I}}$，相应的 N_{P0} 应变为 $N_{P\text{I}}$，e_{P0} 应变为 $e_{P\text{I}}$，则混凝土截面下边缘的预压应力 $\sigma_{pc\text{I}}$ 为：

$$\sigma_{pc\text{I}}=\frac{N_{P\text{I}}}{A_0}+\frac{N_{P\text{I}}e_{P\text{I}}}{I_0}y_0 \tag{4-42}$$

式中　y_0——混凝土换算截面重心到混凝土截面下边缘的距离。

2）完成第二批损失时，式中 $\sigma_l = \sigma_{l\,\mathrm{I}} + \sigma_{l\,\mathrm{II}}$，相应的 N_{P0} 应变为 N_{PII}，e_{P0} 变为 e_{PII}，则混凝土截面下边缘的预压应力 σ_{pcII} 为：

$$\sigma_{\mathrm{pcII}} = \frac{N_{\mathrm{PII}}}{A_0} + \frac{N_{\mathrm{PII}} e_{\mathrm{PII}}}{I_0} y_0 \tag{4-43}$$

$$N_{\mathrm{P0}} = (\sigma_{\mathrm{con}} - \sigma_l)A_{\mathrm{p}} - \sigma_{l5}A_{\mathrm{s}} + (\sigma'_{\mathrm{con}} - \sigma'_l)A'_{\mathrm{p}} - \sigma'_{l5}A'_{\mathrm{s}}$$

当构件中配置非预应力钢筋时，承受由混凝土收缩和徐变而产生的压应力，式（4-36）和式（4-37）相应改为：

$$N_{\mathrm{P0}} = (\sigma_{\mathrm{con}} - \sigma_l)A_{\mathrm{p}} - \sigma_{l5}A_{\mathrm{s}} + (\sigma'_{\mathrm{con}} - \sigma'_l)A'_{\mathrm{p}} - \sigma'_{l5}A'_{\mathrm{s}} \tag{4-44}$$

$$e_{\mathrm{p0}} = \frac{(\sigma_{\mathrm{con}} - \sigma_l)A_{\mathrm{p}}y_{\mathrm{p}} - \sigma_{l5}A_{\mathrm{s}}y_{\mathrm{s}} - (\sigma'_{\mathrm{con}} - \sigma'_l)A'_{\mathrm{p}}y'_{\mathrm{p}} + \sigma'_{l5}A'_{\mathrm{s}}y'_{\mathrm{s}}}{N_{\mathrm{p0}}} \tag{4-45}$$

式中　A_{s}、A'_{s}——受拉区、受压区非预应力钢筋截面面积；

y_{s}、y'_{s}——受拉区、受压区非预应力钢筋重心到换算截面重心的距离。

（2）后张法构件

张拉预应力钢筋的同时混凝土受到预压，这时预应力钢筋 A_{p}、A'_{p} 的合力 N_{p} 及合力点到净截面重心的偏心距 e_{pn}（图 4-19），则

$$N_{\mathrm{p}} = \sigma_{\mathrm{p}}A_{\mathrm{p}} + \sigma'_{\mathrm{p}}A'_{\mathrm{p}} = (\sigma_{\mathrm{con}} - \sigma_l)A_{\mathrm{p}} + (\sigma'_{\mathrm{con}} - \sigma'_l)A'_{\mathrm{p}} \tag{4-46}$$

$$e_{\mathrm{pn}} = \frac{(\sigma_{\mathrm{con}} - \sigma_l)A_{\mathrm{p}}y_{\mathrm{pn}} - (\sigma'_{\mathrm{con}} - \sigma'_l)A'_{\mathrm{p}}y'_{\mathrm{pn}}}{N_{\mathrm{p}}} \tag{4-47}$$

在 N_{p} 作用下截面任意点混凝土的法向应力为：

$$\sigma_{\mathrm{pc}} = \frac{N_{\mathrm{p}}}{A_{\mathrm{n}}} + \frac{N_{\mathrm{p}}e_{\mathrm{pn}}}{I_{\mathrm{n}}}y_{\mathrm{n}} \tag{4-48}$$

$$\sigma'_{\mathrm{pc}} = \frac{N_{\mathrm{p}}}{A_{\mathrm{n}}} - \frac{N_{\mathrm{p}}e_{\mathrm{pn}}}{I_{\mathrm{n}}}y_{\mathrm{n}} \tag{4-49}$$

式中　A_{n}——混凝土净截面面积；

I_{n}——净截面惯性矩；

y_{n}——净截面重心到所计算纤维处距离；

y_{pn}、y'_{pn}——受拉区、受压区预应力钢筋合力点到净截面重心的距离。

相应的预应力钢筋应力为：

$$\sigma_{\mathrm{p}} = \sigma_{\mathrm{con}} - \sigma_l \tag{4-50}$$

$$\sigma'_{\mathrm{p}} = \sigma_{\mathrm{con}} - \sigma'_l \tag{4-51}$$

1）完成第一批损失时，式中 σ_l 变为 $\sigma_{l\,\mathrm{I}}$，相应的 N_{p} 应采用 N_{pI}，e_{pn} 变为 e_{pnI}，则混凝土截面下边缘的预应力 σ_{pcI} 为：

$$\sigma_{\mathrm{pcI}} = \frac{N_{\mathrm{pI}}}{A_{\mathrm{n}}} + \frac{N_{\mathrm{pI}}e_{\mathrm{pnI}}}{I_{\mathrm{n}}}y_{\mathrm{n}} \tag{4-52}$$

2）完成第二批损失时，式中 $\sigma_l = \sigma_{l\,\mathrm{I}} + \sigma_{l\,\mathrm{II}}$，相应 N_{p} 的变为 N_{pII}，e_{pn} 变为

$e_{pn\mathrm{II}}$，则混凝土截面下边缘预压应力 $\sigma_{pc\mathrm{II}}$ 为：

$$\sigma_{pc\mathrm{II}} = \frac{N_{p\mathrm{II}}}{A_n} + \frac{N_{p\mathrm{II}} e_{pn\mathrm{II}}}{I_n} y_n \tag{4-53}$$

当构件中配置非预应力钢筋时，承受由混凝土收缩和徐变而产生的压应力，式（4-46）和式（4-47）相应改为：

$$N_p = (\sigma_{con} - \sigma_l)A_p + \sigma_{l5}A_s + (\sigma'_{con} - \sigma'_l)A'_p - \sigma'_{l5}A'_s \tag{4-54}$$

$$e_{pn} = \frac{(\sigma_{con} - \sigma_l)A_p y_{pn} - (\sigma'_{con} - \sigma'_l)A'_p y'_{pn} - \sigma_{l5}A_s y_{sn} + \sigma'_{l5}A'_s y'_{sn}}{N_p} \tag{4-55}$$

式中 A_s、A'_s ——意义同前；

y_{sn}、y'_{sn} ——受拉区、受压区的非预应力钢筋重心到净截面重心的距离。

需要指出的是，当构件中配置的非预应力钢筋截面面积较小，即当（$A_s + A'_s$）小于 0.4（$A_p + A'_p$）时，为简化计算，可不考虑非预应力钢筋由于混凝土收缩和徐变引起的影响，即在上边式中取 $\sigma_{l5} = \sigma'_{l5} = 0$，如构件中 $A'_p = 0$，则可取 $\sigma'_{l5} = 0$。

2. 使用阶段

(1) 加荷使截面受拉区下边缘混凝土应力为零时

与轴心受拉构件类似，加荷使截面下边缘混凝土产生的拉应力 σ 等于该处的预压应力 $\sigma_{pc\mathrm{II}}$，叠加之后即为零。如图 4-21（a）所示，有外荷载所引起的预应力钢筋合力处混凝土拉应力为 σ_{pc}，如近似取等于该处混凝土预应力 $\sigma_{pc\mathrm{II}}$，那么，构件截面下边缘混凝土应力为零时预应力钢筋的应力则为：

先张法

$$\sigma_{p0} = \sigma_{con} - \sigma_l - \alpha_p\sigma_{pc\mathrm{II}} + \alpha_p\sigma_{pc\mathrm{II}} = \sigma_{con} - \sigma_l \tag{4-56}$$

$$\sigma'_{p0} = \sigma'_{con} - \sigma_l \tag{4-57}$$

后张法

$$\sigma_{p0} = \sigma_{con} - \sigma_l + \alpha_p\sigma_{pc\mathrm{II}} \tag{4-58}$$

$$\sigma'_{p0} = \sigma'_{con} - \sigma'_l + \alpha_p\sigma_{pc\mathrm{II}} \tag{4-59}$$

设外荷载产生的截面弯矩为 M_0，对换算截面的下边缘的弹性抵抗矩为 W_0，则外荷载引起下边缘混凝土的拉应力为：

$$\sigma = \frac{M_0}{W_0} \tag{4-60}$$

因 $$\sigma - \sigma_{pc\mathrm{II}} = 0$$

即 $$M_0 = \sigma_{pc\mathrm{II}} W_0 \tag{4-61}$$

但应注意的是轴心受拉构件当加载到 N_0 时，整个截面的混凝土应力全部为零，但在受弯构件中，当加载到 M_0 时，只有截面下边缘这一点的混凝土应力为零，截面上其他各点的预压力均不等于零。

（2）继续加荷至构件下边缘混凝土即将裂缝时

构件继续加荷，截面下边缘混凝土应力以零转为受拉，并达到其抗拉强度的标准值 f_{tk} 时，设此时截面上受到的弯矩为 M_{cr}，相当于构件在承受弯矩 $M_0 = \sigma_{pc\mathrm{II}} W_0$ 的基础上，再增加了相当于普通钢筋混凝土构件的开裂弯矩 M_{scr}（$M_{scr} = \gamma f_{tk} W_0$）。

因此，预应力钢筋混凝土的开裂弯矩值

$$M_{cr} = M_0 + M_{scr} = \sigma_{pc\mathrm{II}} W_0 + \gamma f_{tk} W_0 = (\sigma_{pc\mathrm{II}} + \gamma f_{tk}) W_0 \tag{4-62}$$

即

$$\sigma = \frac{M_{cr}}{W_0} = \sigma_{pc\mathrm{II}} + \gamma f_{tk} \tag{4-63}$$

$$\gamma = \left(0.7 + \frac{120}{n}\right)\gamma_m \tag{4-64}$$

式中 γ——混凝土构件的截面抵抗矩塑性影响系数；

γ_m——混凝土构件的截面抵抗矩塑性影响系数基本值，参看附表 3-6。

因此，当荷载作用下截面下边缘处混凝土最大法向应力 σ 大于该处的预压应力 $\sigma_{pc\mathrm{II}}$，且满足条件 $\sigma - \sigma_{pc\mathrm{II}} \leqslant \gamma f_{tk}$ 时，表明截面受拉区只受拉尚未裂开；当满足条件 $\sigma - \sigma_{pc\mathrm{II}} > \gamma f_{tk}$ 时，表明截面受拉区混凝土已裂开（图 4-20）。

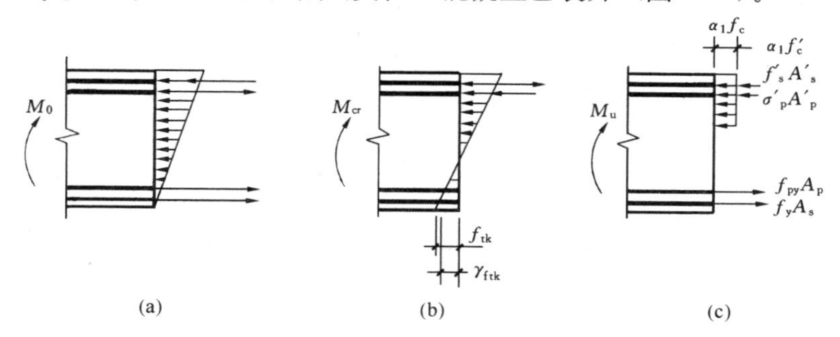

图 4-20 受弯截面构件的应力状态变化

(a) $\sigma - \sigma_{pc\mathrm{II}} = 0$（消压状态）；(b) $\sigma - \sigma_{pc\mathrm{II}} \leqslant \gamma f_{tk}$（下边缘混凝土即将开裂）；(c) $\sigma - \sigma_{pc\mathrm{II}} > \gamma f_{tk}$（下边缘混凝土已开裂）

（3）继续加荷使构件达到破坏

继续加荷，裂缝出现并开展，当达到极限荷载时，不管先张法或后张法，裂缝截面上的混凝土全部退出工作，拉力全部由钢筋承受，正截面上的应力状态与普通钢筋混凝土受弯构件类似，因而计算方法也相同。

二、预应力受弯构件承载力计算

预应力混凝土受弯构件有正截面及斜截面承载力计算，其计算方法类同钢筋混凝土构件。

1. 正截面承载能力计算

(1) 应力及计算简图

构件破坏时，受拉区的预应力钢筋和非预应力钢筋以及受压区的非预应力钢筋均可达到 f_{py}、f_y、f'_y。受压区的混凝土应力为曲线分布，计算时按矩形并取其轴心抗压设计值 f_c。受压区的预应力钢筋因预拉应力较大，它可能受拉，也可能受压，但应力都很小，达不到强度设计值。

受压区预应力钢筋的应力在加荷前为拉应力，其合力处混凝土应力为压应力。设想加荷后先使该处混凝土的法向应力降为零，则其应变也为零，预应力钢筋的拉应力为 σ'_{p0}，然后再使该处混凝土从零应变变到极限应变，则预应力钢筋将产生相同的压应变，其应力相应减小 f'_{py}。所以当受压区混凝土压坏时，受压区预应力钢筋的应力为：

$$\sigma'_p = \sigma'_{p0} - f'_{py} \tag{4-65}$$

式中，σ'_p 正值时为拉应力，负值为压应力。σ'_{p0} 按下式计算：

对于先张法构件

$$\sigma'_{p0} = \sigma'_{con} - \sigma'_l \tag{4-66}$$

对于后张法构件

$$\sigma'_{p0} = \sigma'_{con} - \sigma'_l + \alpha_p \sigma'_{pcII} \tag{4-67}$$

式中 σ'_{pcII} ——受压区预应力钢筋合力点处混凝土的法向压应力，计算简图如图 4-21。

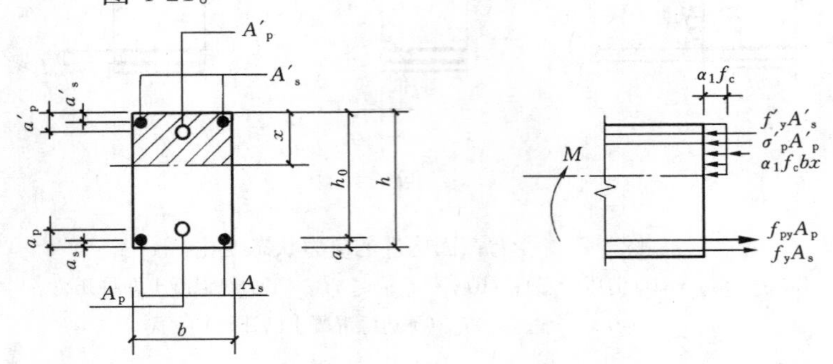

图 4-21 矩形截面受弯构件正截面承载力计算

(2) 基本公式及适用条件

$$\Sigma X = 0 \quad \alpha_1 f_c bx = f_y A_s - f'_y A'_s + f_{yp} A'_p + \sigma'_p A'_p \tag{4-68}$$

$$\Sigma M = 0$$

$$M = \alpha_1 f_c bx\left(h_0 - \frac{x}{2}\right) + f'_y A'_s (h_0 - a'_s) - \sigma'_p A'_p (h_0 - a'_p) + f'_y A'_s (h_0 - a'_s) \tag{4-69}$$

适用条件

$$x \leqslant \xi_b h_0 \tag{4-70}$$

$$x \geqslant 2a \tag{4-71}$$

式中 M——弯矩设计值；

f_c——混凝土轴心抗压强度设计值；

α_1——按等效矩形应力图形计算时混凝土抗压强度系数，当混凝土强度等级不超过 C50 时，取 $\alpha_1 = 1.0$；当混凝土强度等级为 C80 时，取 $\alpha_1 = 0.94$，其间按线性内插法确定；

h_0——截面的有效高度；

b——截面宽度；

A_p、A'_p——受拉区及受压区预应力钢筋的截面面积；

A_s、A'_s——受拉区及受压区非预应力钢筋的截面面积；

a_p、a'_p——受拉区及受压区预应力钢筋合力点至截面边缘的距离；

a_s、a'_s——受拉区及受压区非预应力钢筋合力点至截面边缘的距离；

σ'_{p0}——受压区预应力钢筋合力点处混凝土法向应力为零时预应力钢筋的应力，按式（4-66）、式（4-67）计算；

a'——纵向受压钢筋合力点至受压区边缘的距离，当受压区未配置纵向预应力钢筋（$A'_p = 0$）或受压区纵向预应力钢筋的应力 $\sigma'_{p0} - f_{tk} \geqslant 0$ 时，上述计算公式中的 a' 应用 a'_s 代替。

（3）受压区相对界限高度 ξ_b

根据平截面假定并考虑预应力后可得：

$$\xi_b = \frac{\beta_1}{1 + \dfrac{0.002}{\varepsilon_{cu}} + \dfrac{f_{py} - \sigma_{p0}}{E_s \varepsilon_{cu}}} \tag{4-72}$$

式中 β_1——受压区高度 x 与按截面应变保持平面的假定所确定的中和轴高度的比值，当混凝土强度等级不超过 C50 时，取 $\beta_1 = 0.8$，当混凝土强度等级为 C80 时，取 $\beta_1 = 0.74$；其间按线性内插法取用；

ε_{cu}——正截面处于非均匀受压时的混凝土极限压应变，可按下式计算，当计算值大于 0.0033 时，应取为 $\varepsilon_{cu} = 0.003 - (f_{cu,k} - 50) \times 10^{-5}$；

$f_{cu,k}$——混凝土立方体抗压强度标准值（当采用 N/mm^2 单位时，取其值为混凝土等级）；

σ_{p0}——受拉区预应力钢筋合力点处混凝土法向应力为零时，预应力钢筋的应力，按下列公式计算：

对于先张法构件

$$\sigma_{p0} = \sigma_{con} - \sigma_l \tag{4-73}$$

对于后张法构件

$$\sigma_{p0} = \sigma_{con} - \sigma_l + \alpha_p \sigma_{pc\text{II}} \tag{4-74}$$

式中　$\sigma_{pc\text{II}}$ ——受拉区预应力钢筋合力点处混凝土的法向预压应力。

(4) 具体计算方法

如不配置 A'_p，则按构造确定 A_s 及 A'_s，然后直接可以计算 A_p。

如配置 A'_p，则可先不考虑 A'_p 并按构造确定 A_s 及 A'_s，估算 A_p。取 $A'_p = (0.15 \sim 0.25)A_p$ 后，再重新计算，直至合适为止。

(5) T 形截面计算

1) T 形截面类型的判别

当进行正截面设计时

$$M \leqslant \alpha_1 f_c b'_f h'_f \left(h_0 - \frac{h'_f}{2}\right) + f'_y A'_s (h_0 - a'_s) - \sigma'_p A'_p (h_0 - a'_p) \tag{4-75}$$

当进行正截面承载力复核时

$$f_y A_s + f_{py} A_p \leqslant \alpha_1 f_c b'_f h'_f + f'_y A'_s - \sigma'_p A'_p \tag{4-76}$$

若满足上边式子，则为第一类 T 形截面；否则为第二类 T 形截面。

2) T 形截面计算公式及适用条件

对于第一类 T 形截面，应按宽度为 b'_f 的矩形截面计算。

对于第二类 T 形截面计算，公式如下：

$$\Sigma X = 0$$

$$\alpha_1 f_c [bx + (b'_f - b)h'_f] = f_y A_s - f'_y A'_s + f_{py} A_p + \sigma'_p A'_p \tag{4-77}$$

$$\Sigma M = 0$$

$$\begin{aligned} M \leqslant & \alpha_1 f_c bx \left(h_0 - \frac{x}{2}\right) + f'_y A'_s (h_0 - a'_s) \\ & + \alpha_1 f_c (b'_f - b_f) h'_f \left(h_0 - \frac{h'_f}{2}\right) - \sigma'_p A'_p (h_0 - a'_p) \end{aligned} \tag{4-78}$$

使用条件

$$x \leqslant \xi_b h_0 \tag{4-79}$$

$$x \geqslant 2a' \tag{4-80}$$

2. 斜截面承载力计算

预应力的存在，它将阻滞斜裂缝的出现和开展，增加了混凝土剪压区高度，加强了斜裂缝间骨料的咬合作用，从而提高了构件的抗剪能力。

《混凝土结构设计规范》规定，矩形、T 形、I 形截面的一般受弯构件，当仅配有箍筋时，其斜截面的受剪承载力按下列公式计算：

$$V \leqslant V_{cs} + V_p \tag{4-81}$$

式中　V ——构件斜截面上的最大剪力设计值；

V_{cs} ——构件斜截面上混凝土和箍筋受剪承载力设计值；

V_p ——由预应力提高的构件受剪承载力设计值，$V_p = 0.05N_{p0}$；

N_{p0} ——计算截面上的混凝土法向预压应力为零时预应力钢筋及非预应力钢筋的合力。

$$N_{p0}=\sigma_{p0}A_p+\sigma'_{p0}A'_p-\sigma'_{l5}A_s-\sigma'_{l5}A'_s \tag{4-82}$$

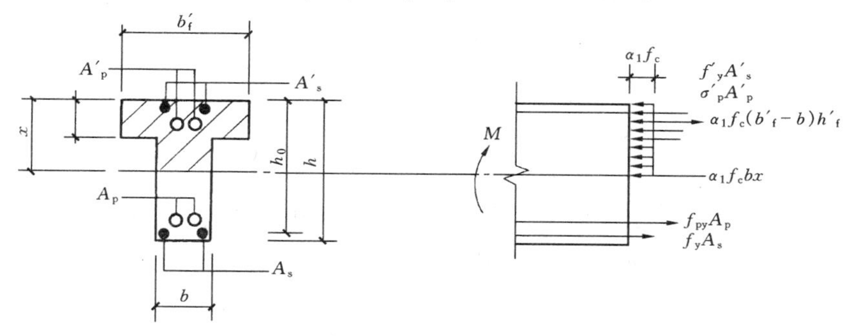

图 4-22　T形截面受弯构件正截面承载力计算

式中符号意义同前。

当 $N_{p0}\geqslant 0.3f_cA_0$ 时，取

$$N_{p0}=0.3f_cA_0$$

当配有箍筋和弯起钢筋时，其斜截面的受剪承载力应按下列公式计算：

$$V\leqslant V_{cs}+V_p+0.8f_yA_{sb}\sin\alpha_s+0.8f_{py}A_{pb}\sin\alpha_p \tag{4-83}$$

式中　A_{sb}、A_{pb} ——同一弯起平面内的非预应力钢筋、预应力钢筋的截面面积；

α_s、α_p ——斜截面上非预应力钢筋，预应力弯起钢筋的切线与构件纵向轴线的夹角。矩形、T形和I形截面的预应力混凝土受弯构件，当符合下列要求时：

$$V\leqslant 0.7f_tbh_0+0.05N_{p0} \tag{4-84}$$

$$V\leqslant \frac{1.75}{\lambda+1}f_tbh_0+0.05N_{p0} \tag{4-85}$$

则不需要进行斜截面受剪承载力计算，仅需按构造配置箍筋。

三、预应力受弯构件的抗裂验算

对于预应力受弯构件的使用阶段抗裂能力验算，不仅要进行正截面抗裂能力验算，同时还要进行斜截面抗裂能力验算。

1. 正截面抗裂能力验算

（1）对严格不允许出现裂缝的受弯构件，要求在荷载效应标准组合下符合下列要求：

$$\sigma_{ck}-\sigma_{pc\,\mathrm{II}}\leqslant 0 \tag{4-86}$$

（2）对一般不允许出现裂缝的受弯构件，要求在荷载效应标准组合下符合下列要求：

$$\sigma_{ck} - \sigma_{pc\text{II}} \leqslant f_{tk} \tag{4-87}$$

上列各式中，σ_{ck} 为荷载效应的标准组合下抗裂验算时边缘的混凝土法向应力：

$$\sigma_{ck} = \frac{M_k}{W_0} \tag{4-88}$$

式中 M_k——荷载效应标准组合计算的弯矩值；

W_0——混凝土换算截面抵抗矩；

$\sigma_{pc\text{II}}$——扣除全部预应力损失后在抗裂验算边缘的混凝土预压应力；

f_{tk}——混凝土抗拉强度标准值。

2. 斜截面抗裂能力验算

当预应力受弯构件截面上混凝土的主拉应力 σ_{tp} 超过其轴心抗拉强度标准值 f_{tk} 时，即出现斜裂缝。而且，当截面上混凝土主压应力 σ_{cp} 较大时，还将加速这种斜裂缝的出现。因此《混凝土结构设计规范》规定，斜裂缝抗裂能力的计算，直接采用限制主拉应力和主压应力的方法来保证。

（1）对严格要求不出现裂缝的构件

$$\sigma_{tp} \leqslant 0.85 f_{tk} \tag{4-89}$$

（2）对于一般要求不出现裂缝的构件

$$\sigma_{tp} \leqslant 0.95 f_{tk} \tag{4-90}$$

（3）对任何构件

$$\sigma_{cp} \leqslant 0.60 f_{ck} \tag{4-91}$$

式中 f_{ck}——混凝土轴心抗压强度标准值。

在斜裂缝出现以前，构件基本处于弹性阶段工作，因此可按材料力学方法进行计算。

外荷载产生的截面正应力为 $\frac{M_k y_0}{I_0}$，剪应力为 $\frac{V_k S_0}{bI_0}$，此处，M_k、V_k 为由荷载标准值产生的截面弯矩和剪力；y_0、I_0 分别为换算截面重心至所计算点的距离和换算截面惯性矩；S_0 为计算点以上（或以下）的换算面积对换算截面重心的面积矩。

由预应力和荷载标准值在计算纤维处产生的混凝土法向应力为：

$$\sigma_x = \sigma_{pc\text{II}} + \frac{M_k y_0}{I_0} \tag{4-92}$$

由荷载标准值和预应力弯起钢筋在计算纤维处产生的混凝土剪应力为：

$$\tau_{xy} = \frac{(V_k - \Sigma\sigma_p A_{pb} \sin\alpha_p) S_0}{I_0 b} \tag{4-93}$$

当有集中荷载产生时，尚应考虑集中荷载产生的竖向压应力 σ_y 及剪应力 τ_{xy}

（详见规范）。

将 σ_x、σ_y、τ_{xy} 代入主应力公式：

$$\left.\begin{matrix}\sigma_{tp}\\ \sigma_{cp}\end{matrix}\right\} = \frac{\sigma_x + \sigma_y}{2} \pm \sqrt{\tau_{xy}^2 + \left(\frac{\sigma_x - \sigma_y}{2}\right)^2} \tag{4-94}$$

上式中的 σ_x 及 σ_y，当为拉应力时以正号代入，当为压应力时以负号代入。其符号意义同前。

四、预应力受弯构件裂缝宽度验算

对在使用阶段允许出现裂缝的预应力混凝土构件，应验算裂缝宽度。在荷载效应的标准组合下，并考虑长期作用影响的最大裂缝宽度应按下列公式计算：

$$w_{max} = \alpha_{cr}\psi\frac{\sigma_{sk}}{E_s}\left(1.9c + 0.08\frac{d_{eq}}{\rho_{te}}\right) \leqslant w_{lim} \tag{4-95}$$

$$\psi = 1.1 - 0.65\frac{f_{tk}}{\rho_{te}\sigma_{sk}}$$

$$d_{eq} = \frac{\Sigma n_i d_i^2}{\Sigma n_i v_i d_i}$$

$$\rho_{te} = \frac{A_s + A_p}{A_{te}}$$

式中 A_{te}——有效受拉混凝土截面面积，$A_{te} = 0.5bh + (b_f - b)h_f$；

σ_{sk}——按荷载效应的标准组合计算的预应力混凝土构件纵向受拉钢筋的应力，即

$$\sigma_{sk} = \frac{M_k - N_{P0}(z - e_{P0})}{(A_s + A_p)z}$$

z——受拉区纵向非预应力和预应力钢筋合力点到受压区合力点的距离，即

$$z = \left[0.87 - 0.12(1 - \gamma_f')\left(\frac{h_0}{e}\right)^2\right]h_0$$

$$e = e_{p0} + \frac{M_k}{N_{p0}}$$

$$\gamma_f' = \frac{(b_f' - b)h_f'}{bh_0}$$

e_{p0}——混凝土法向预应力等于零时全部纵向预应力和非预应力钢筋合力 N_{P0} 的作用点到受拉区纵向预应力钢筋和非预应力钢筋合力点的距离；

M_k——按荷载效应标准组合计算的弯矩值；

γ_f'——受压翼缘截面面积与腹板有效截面面积的比值（其中 b_f'，h_f' 为受压翼缘的宽度）；当 $h_f' > 0.2h_0$ 时，取 $h_f' = 0.2h_0$。

ψ、ρ_{te}、c、d、v、E_s 符号的物理意义同预应力轴心受拉构件裂缝宽度验算一样。

五、预应力受弯构件挠度验算

预应力混凝土受弯构件的挠度由两部分组成。一部分是由于构件预加应力产生的向上变形（反拱），另一部分则是受荷后产生的向下变形（挠度）。设构件在预应力作用下产生的反拱为 f_{2l}，构件在荷载效应标准组合下产生的挠度为 f_{1l}，那么预应力混凝土受弯构件最后挠度为：

$$f = f_{1l} - f_{2l} \tag{4-96}$$

1. 荷载作用下构件的挠度可按材料力学的方法计算，即

$$f_{1l} = s\frac{M^2}{B} \tag{4-97}$$

由于混凝土构件并非理想弹性体，有时可能正出现裂缝，因此构件刚度 B 应分别按下列情况计算。

（1）荷载效应的标准组合下受弯构件的短期刚度 B_s

对于使用阶段不出现裂缝的构件：

$$B_s = 0.85E_cI_0 \tag{4-98}$$

式中 E_c ——混凝土的弹性模量；

I_0 ——换算截面惯性矩；

0.85——刚度折减系数，考虑混凝土受拉区开裂前出现的塑性变形。

对于使用阶段允许出现裂缝的构件：

$$B_s = \frac{0.85E_cI_0}{K_{cr} + (1 - K_{cr})w} \tag{4-99}$$

$$K_{cr} = \frac{M_{cr}}{M_k}$$

$$w = \left(1.0 + \frac{0.21}{\alpha_E\rho}\right)(1 + 0.45\gamma_f) - 0.7$$

$$M_{cr} = (\sigma_{pc\,\mathrm{II}} + \gamma f_{tk})W_0$$

式中 K_{cr} ——预应力混凝土受弯构件正截面开裂弯矩 M_{cr} 与弯矩 M_k 的比值，当 $k_{cr} > 1.0$ 时，取 $k_{cr} = 1.0$；

$\sigma_{pc\,\mathrm{II}}$ ——扣除全部预应力损失后在抗裂验算边缘混凝土的预压应力。

其余符号的意义同前。

（2）荷载效应的标准组合并考虑荷载长期作用影响的刚度 B

$$B = \frac{M_k}{M_q(\theta - 1) + M_k}B_s \tag{4-100}$$

式中 M_k ——按荷载效应标准组合计算的弯矩，计算区段内最大弯矩值；

M_q ——按荷载效应的准永久组合计算的弯矩，计算区段内最大弯矩值；

θ——考虑荷载长期作用对挠度增大的影响系数，取 $\theta=2.0$。

2. 预加应力产生的反拱 f_{2l}

预应力混凝土受弯构件在使用阶段的预加力反拱值，可用结构力学方法按刚度 E_cI_0 进行计算，并应考虑预压应力长期作用的影响，将计算求得的预加力反拱值乘以增大系数 2.0，在计算中，预应力钢筋的应力应扣除全部预应力损失。

3. 挠度计算

$$f = f_{1l} - f_{2l} < f_{\lim} \tag{4-101}$$

六、预应力混凝土受弯构件施工阶段验算

在预应力混凝土受弯构件的制作、运输和吊装等施工阶段，混凝土的强度和构件的受力状态与使用阶段往往不同，构件有可能由于抗裂能力不够而开裂，或者由于承载力不足而破坏。因此，除了要对预应力混凝土受弯构件使用阶段的承载力和裂缝控制进行验算外，还应对构件施工阶段的承载力和裂缝控制进行验算。

对制作、运输、吊装等施工阶段不允许出现裂缝的构件或预压时全截面受压的构件，在预加应力、自重及施工荷载作用下（必要时应考虑动力系数），截面边缘的混凝土法向应力应符合下列条件（图 4-23）：

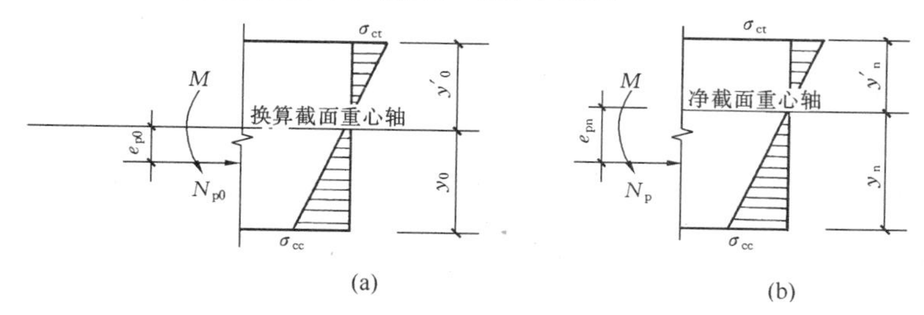

图 4-23 预应力混凝土构件施工阶段验算

（a）先张法构件；（b）后张法构件

$$\sigma_{ct} \leqslant f'_{tk} \tag{4-102}$$

$$\sigma_{cc} \leqslant 0.8 f'_{tk} \tag{4-103}$$

截面边缘的混凝土法向应力可按下列公式计算：

$$\sigma_{cc} 或 \sigma_{ct} \leqslant \sigma_{pc} + \frac{N_k}{A_0} \pm \frac{M_k}{W_0} \tag{4-104}$$

式中 σ_{cc}、σ_{ct}——相应施工阶段计算截面边缘纤维的混凝土压应力、拉应力；

f'_{tk}、f'_{ck}——与各施工阶段混凝土立方体抗压强度 f'_{cu} 相应的抗拉强度标准值、轴心抗压强度标准值；

N_k、M_k——构件自重及施工荷载的标准组合在计算截面上产生的轴向力值、弯矩值；

W_0——验算边缘的换算截面弹性抵抗矩。

对施工阶段预拉区允许出现裂缝的构件，当预拉区不配置预应力钢筋时，截面边缘的混凝土法向应力应符合下列条件：

$$\sigma_{ct} \leqslant 2f'_{tk} \tag{4-105}$$

$$\sigma_{cc} \leqslant 0.8f'_{tk} \tag{4-106}$$

此处，σ_{cc}、σ_{ct}仍按式（4-104）的规定计算。

第四节　预应力混凝土构件的构造要求

预应力混凝土结构构件的构造要求，除应满足普通钢筋混凝土结构的有关规定外，还应根据预应力张拉工艺、锚固措施、预应力钢筋种类的不同，相应的构造要求也有不同。

一、预应力钢筋的直径和布置

先张法预应力钢筋（包括热处理钢筋、钢丝和钢绞线）之间的净距应根据浇灌混凝土、施加预应力及钢筋锚固等要求确定。预应力钢筋的净间距不小于其公称直径的1.5倍，且应符合下列规定：

（1）热处理钢筋不应小于15mm；

（2）预应力钢绞线不应小于20mm；

（3）预应力钢丝及钢绞线之间的净间距不应小于其外径的1.5倍，且不应小于25mm；

（4）后张法预应力混凝土构件中的预应力钢筋有直线配置与曲线配置之分，曲线配筋时钢筋的曲率半径不宜小于4m；对折线配筋的构件，在折线预应力钢筋弯折处的曲率半径可适当减小，如图4-24所示。

二、后张法构件的预留孔道

对预制构件，后张法预应力钢丝束（包括钢绞丝）的预留孔道之间的水平净间距不宜小于50mm；孔道至构件边缘的净距不宜小于30mm，且不宜小于孔道直径的一半。

在框架梁中，曲线预留孔道在竖直方向的净间距不应小于1倍的钢丝束的外径，水平方向的净间距不应小于1.5倍钢丝束的外径；以孔壁算起的混凝土保护层厚度，梁底不宜小于50mm，梁侧不宜小于40mm。

预留孔道的直径应比预应力钢丝束外径及需穿过孔道的锚具外径大

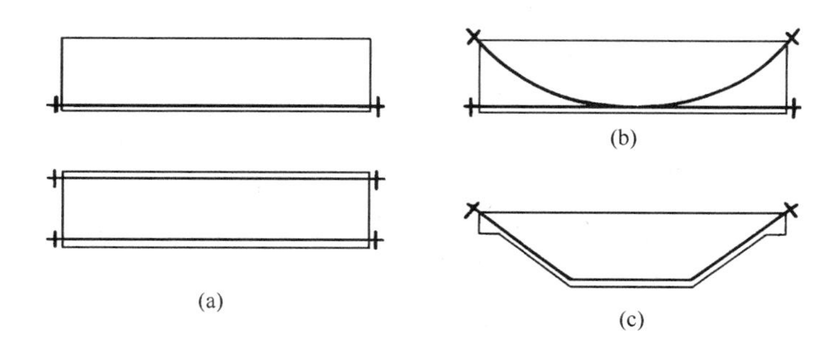

图 4-24　预应力钢筋的布置
（a）直线形；（b）曲线形；（c）折线形

10～15mm。

三、预拉区纵向钢筋

1. 施工阶段预拉区不允许出现裂缝的构件，要求预拉区纵向钢筋的配筋率 $\dfrac{A'_{s}+A'_{p}}{A}\geqslant 0.2\%$，其中 A 为构件截面面积，但对后张法构件，不应计入 A_{p}。

2. 施工阶段预拉区允许出现裂缝而在预拉区不配置预应力钢筋的构件，要求当 $\sigma_{ct}=2f'_{tk}$ 时，预拉区纵向钢筋配筋率 $\dfrac{A'_{s}}{A}\geqslant 0.4\%$；当 $1.0f'_{tk}<\sigma_{ct}<2.0f'_{tk}$ 时，则在 0.2%～0.4%之间插值。

3. 预拉区的非预应力纵向钢筋宜配置带肋钢筋，其直径不宜大于 14mm，并沿构件预拉区的外边缘均匀配置。

四、构件端部的构造钢筋

1. 先张法构件的构造钢筋

（1）对单根预应力钢筋，其端部应设置长度不小于 150mm 且不小于 4 圈螺旋筋。

（2）对多根预应力钢筋，在钢筋端部 $10d$（d 为预应力钢筋外径）范围内，应设置 3～5 片与预应力筋垂直的钢筋网。

（3）对采用预应力钢丝或热处理钢筋配筋的薄板，在板端 100mm 范围内适当加密横向钢筋。

2. 后张法构件的构造钢筋

（1）对后张法预应力混凝土构件的端部锚固区应配置间接钢筋（图 4-25），其体积配筋率不应小于 0.5%。为防止孔道劈裂，在构件端部 $3e$ 且不大于 $1.2h$ 的长度范围内与间接钢筋配置区外，应在高度 $2e$ 范围内均匀布置附加箍筋或钢筋网片，其体积配筋率不应小于 0.5%。

（2）当构件端部有局部凹进时，应增设折线式的构造钢筋（图 4-26）。

（3）宜在构件端部将一部分预应力钢筋在靠近支座处弯起，并使预应力钢筋沿构件端部均匀布置。若预应力钢筋在构件端部不能均匀布置而集中布置在端部截面的下部或集中布置在下部和上部时，应在构件端部 $0.2h$（h 为构件截面端部高度）范围内设置附加竖直焊接钢筋网、封闭式箍筋或其他形式的构造钢筋，其中附加竖向钢筋的截面面积应符合下列规定：

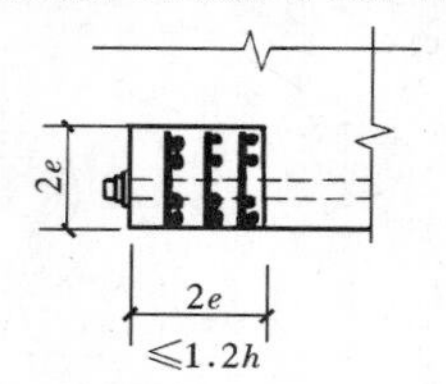

图 4-25 端部的间接钢筋

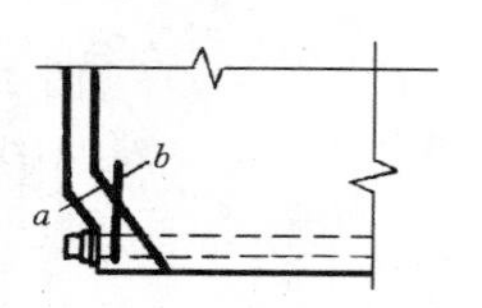

图 4-26 端部转折处钢筋

a—折线构造钢筋；b—竖向构造钢筋

当 $e \leqslant 0.1h$ 时，
$$A_{sv} \geqslant 0.3\frac{N_p}{f_y} \tag{4-107}$$

当 $0.1h < e \leqslant 0.2h$ 时，
$$A_{sv} \geqslant 0.15\frac{N_p}{f_y} \tag{4-108}$$

当 $e > 0.2h$ 时，可根据具体实际情况适当配置构造钢筋。

式中 N_p——作用在构件端部截面重心线上部或下部预应力钢筋的合力，此时仅考虑混凝土预压前的预应力损失值；

e——截面重心线上部或下部预应力钢筋的合力点至邻近边缘的距离；

f_y——竖向附加钢筋的抗拉强度设计值。

【例 4-2】 已知预应力（先张法）混凝土圆孔板，截面尺寸如图 4-27 所示，所承受的标准恒载 4.0kN/m^2，使用活荷载标准值为 2.0kN/m^2，其准永久值系数 $\psi_g=0.5$，结构重要性系数 $\gamma_0=1$，处于室内正常环境，裂缝控制等级为二级，板的计算跨度 $l_0=5.5\text{m}$，混凝土强度等级为 C30（$f_{ck}=20.1\text{N/mm}^2$，$f_{tk}=2.01\text{N/mm}^2$，$E_c=3\times10^4\text{N/mm}^2$，$f_c=14.3\text{N/mm}^2$）。预应力钢筋采用热处理钢筋 $40Si_2Mn$（$f_{ptk}=1470\text{N/mm}^2$，$f_{py}=1040\text{N/mm}^2$，$E_s=2\times10^5\text{N/mm}^2$），一次张拉，当混凝土强度达到设计强度 70%时，放松预应力钢筋，张拉是在 6m 的钢模上进行，采用蒸汽养护。

求：1. 计算使用阶段的正截面强度；

2. 验算使用阶段的正截面抗裂度；

3. 施工阶段验算；

4. 验算使用阶段的变形。

【解】 1. 计算使用阶段的正截面强度

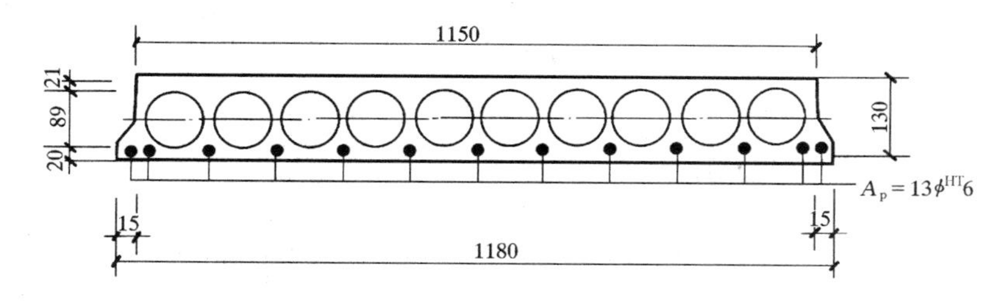

图 4-27

跨中截面设计弯矩为：

$$M=\frac{1}{8}\times1.2\times(1.2\times4.0+1.4\times2.0)\times5.5^2=34.48\text{N}\cdot\text{m}$$

$$h_0=130-\left(15+\frac{5}{2}\right)=112.5\text{mm}$$

$$\alpha_s=\frac{M}{\alpha_1 f_c b'_f h_0^2}=\frac{34.48\times10^6}{14.3\times1150\times112.5^2}=0.166$$

$$\gamma_s=\frac{1+\sqrt{1-2\alpha_s}}{2}=\frac{1+\sqrt{1-0.166\times2}}{2}=0.91$$

$$A_p=\frac{M}{\gamma_s h_0 f_{py}}=\frac{34.48\times10^6}{0.91\times112.5\times1040}=324.8\text{mm}^2$$

考虑到使用阶段抗裂性的要求，选配 $13\phi^{HT}6$，$A_p=368\text{mm}^2$。

验算：$x=\dfrac{324.3\times1040}{1\times14.3\times1150}=20.5\text{mm}<21\text{mm}$

因此，使用阶段的正截面强度符合要求。

2. 验算使用阶段的正截面抗裂度

把截面换算成工字形截面（图 4-28）。

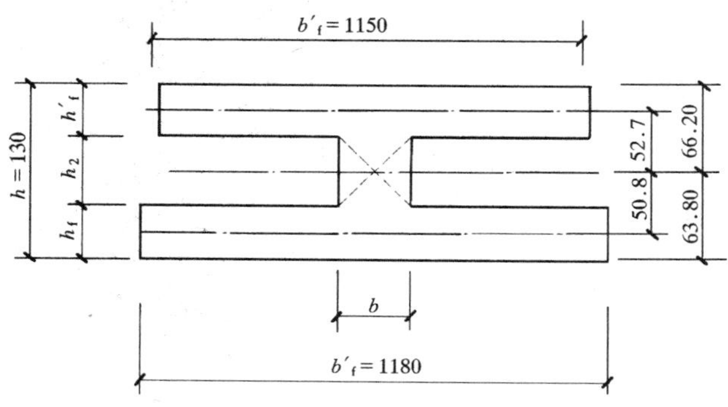

图 4-28

先把一个圆孔换算成等面积、同形心、等惯性矩的矩形 $b_1\times h_1$；

$$\frac{1}{4}\pi d^2 = b_1 h_1; \frac{\pi d^4}{64} = \frac{1}{12} b_1 h_1^3$$

则 $b_1 = \frac{\pi}{2\sqrt{3}} d = \frac{3.14}{2 \times 1.73} \times 89 = 80.7\text{mm}$

$$h_1 = \frac{\sqrt{3}}{2} d = \frac{1.73}{2} \times 89 = 77.0\text{mm}$$

于是，换算的工字形截面为：

$$b = 1150 - 10b_1 = 1150 - 10 \times 80.7 = 343\text{mm}$$

$$h'_{\text{f}} = 21 + \left(\frac{89 - 77.0}{2}\right) = 27\text{mm}$$

$$h_{\text{f}} = 20 + \left(\frac{89 - 77.0}{2}\right) = 26\text{mm}$$

$$h_2 = 130 - 27 - 26 = 77\text{mm}$$

3. 截面的计算特征

$$\alpha_{\text{E}} = \frac{E_{\text{s}}}{E_{\text{c}}} = \frac{200}{30} = 6.67$$

$$(\alpha_{\text{E}} - 1)A_{\text{p}} = 5.67 \times 368 = 2087\text{mm}^2$$

$$\begin{aligned} A_0 &= 1150 \times 27 + 1180 \times 26 + 343 \times 77 + 2087 \\ &= 31050 + 30680 + 26411 + 2491 \\ &= 90228\text{mm}^2 \end{aligned}$$

$$S_0 = 31050 \times 116.5 + 30680 \times 13 + 26411 \times 64.5 + 2087 \times 17.5 = 5756197\text{mm}^2$$

换算截面重心至截面下边缘的距离为：

$$y_{01} = \frac{S_0}{A_0} = \frac{5763267}{90228} = 63.8\text{mm}$$

$$y_{02} = 130 - 63.8 = 66.2\text{mm}$$

预应力钢筋的偏心距：

$$e_{\text{p}} = 63.8 - \left(15 + \frac{5}{2}\right) = 46.3\text{mm}$$

换算截面惯性矩：

$$\begin{aligned} I_0 = &\frac{1}{12} \times 1150 \times 27^3 + 1150 \times 27 \times \left(66.20 - \frac{27}{2}\right)^2 \\ &+ \frac{1}{12} \times 343 \times 77^3 + 343 \times 77 \times \left(\frac{77}{2} + 26 - 63.80\right)^2 + \frac{1}{12} \times 1180 \times 26^3 \\ &+ 1180 \times 26 \times \left(63.80 - \frac{26}{2}\right)^2 + 2087 \times 46.3^2 = 18218.2 \times 10^4\text{mm}^4 \end{aligned}$$

4. 预应力钢筋张拉控制应力及预应力损失值

$$\sigma_{\text{con}} = 0.70 f_{\text{ptk}} = 0.70 \times 1470 = 1029\text{N/mm}^2$$

张拉锚具的变形损失值：

$$\sigma_{l1}=\frac{\alpha}{l}E_{\mathrm{s}}=\frac{2}{6}\times 200=66.67\mathrm{N/mm^2}$$

因钢模蒸汽养护，故温差损失 $\sigma_{l3}=0$。

一次张拉的钢筋应力松弛损失 σ_{l4} 为：

$$\sigma_{l4}=0.05\sigma_{\mathrm{con}}=0.05\times 1029=51.45\mathrm{N/mm^2}$$

故混凝土预压前的第一批预应力损失值为：

$$\sigma_{l1}=\sigma_{l1}+\sigma_{l3}=\sigma_{l4}=66.67+0+51.45=118.12\mathrm{N/mm^2}$$

由混凝土的收缩、徐变产生的损失值 σ_{l5} 为：

$$N_{\mathrm{p\,I}}=A_{\mathrm{p}}(\sigma_{\mathrm{con}}-\sigma_{l\,\mathrm{I}})=368\times(1029-118.12)=335.20\mathrm{kN}$$

$$\sigma_{\mathrm{pcI}}=\frac{N_{\mathrm{pI}}}{A_0}+\frac{N_{\mathrm{pI}}e_{\mathrm{p}}}{I_0}y_0=\frac{335.2\times 10^3}{90228}+\frac{335.2\times 10^3\times 46.3}{18218.2\times 10^4}\times 46.3=7.66\mathrm{N/mm^2}$$

$$\frac{\sigma_{\mathrm{pc\,I}}}{f'_{\mathrm{cu}}}=\frac{7.66}{0.7\times 30}=0.36<0.5$$

$$\rho=\frac{A_{\mathrm{p}}+A_{\mathrm{s}}}{bh_0}=\frac{368+0}{343\times 112.5}=0.0095$$

（注意，b 是指腹板的宽度，不是指整个板宽）

$$\sigma_{l5}=\frac{45+280\dfrac{\sigma_{\mathrm{pc\,I}}}{f_{\mathrm{cu}}}}{1+15\rho}=\frac{45+280\times 0.35}{1+15\times 0.0095}=125.16\mathrm{N/mm^2}$$

$$\sigma_{l\,\mathrm{II}}=\sigma_{l5}=125.16\mathrm{N/mm^2}$$

预应力总损失值 $\sigma_l=\sigma_{l\,\mathrm{I}}+\sigma_{l\,\mathrm{II}}=118.12+125.16=243.28\mathrm{N/mm^2}$

5. 验算正截面抗裂度

$$\sigma_{\mathrm{ck}}-\sigma_{\mathrm{pc}}\leqslant f_{\mathrm{tk}}$$

$$M_{\mathrm{k}}=\frac{1}{8}\times 1.2\times(4.0+2.0)\times 5.5^2=27.23\mathrm{kN\cdot m}\quad M_{\mathrm{g}}=13.62\mathrm{kN\cdot m}$$

$$\sigma_{\mathrm{ck}}=\frac{M_{\mathrm{k}}}{W_0}=\frac{\dfrac{1}{8}\times 1.2\times(4.0+2.0)\times 5.5^2}{285.6\times 10^4}=9.5\mathrm{N/mm^2}$$

$$W_0=\frac{I_0}{y_{01}}=\frac{18218.2\times 10^4}{63.8}=285.6\times 10^4\mathrm{mm^3}$$

$$N_{\mathrm{p\,II}}=A_{\mathrm{p}}(\sigma_{\mathrm{con}}-\sigma_l)=368\times(1029-243.28)=289.14\mathrm{kN}$$

$$\sigma_{\mathrm{pc}}=\frac{N_{\mathrm{p\,II}}}{A_{\mathrm{p}}}+\frac{N_{\mathrm{p\,II}}e_{\mathrm{p}}}{W_0}$$

$$=\frac{289.14\times10^3}{90228}+\frac{289.14\times10^3\times46.3}{285.6\times10^4}$$

$$=3.2045+4.68$$

$$=7.89\text{N/mm}^2$$

$$\sigma_{ck}-\sigma_{pc}=9.5-7.89=1.61<f_{cm}=2.01\text{N/mm}^2$$

满足二级裂缝控制等级要求。

6. 施工阶段验算

$$\sigma'_{cc}=\frac{N_{pI}}{A_0}+\frac{N_{pI}e_p}{W_0}=\frac{335.2\times10^3}{90228}+\frac{335.2\times10^3\times46.3}{285.6\times10^4}=9.14\text{N/mm}^2$$

$$<0.8f'_{ck}=0.8\times0.7\times20.1=11.26\text{N/mm}^2$$

$$\sigma_{ct}=\frac{N_{pI}}{A_0}-\frac{N_{pI}e_p}{I_0}y_{01}=\frac{335.2\times10^3}{90228}-\frac{335.2\times10^3\times46.3}{18218.2\times10^4}$$

$$\times66.2=-1.93<0$$

均满足要求。

7. 验算使用阶段的变形

短期刚度

$$B_s=0.85E_cI_0=0.85\times3\times10^4\times18218.2\times10^4=464.6\times10^{10}\text{N/mm}^2$$

构件刚度

$$B=\frac{M_k}{M_q(\theta-1)+M_k}B_s=\frac{27.23}{13.26(2-1)+27.23}\times464.6\times10^{10}$$

$$=312.5\times10^{10}\text{N/mm}$$

由于 $\rho'=0$ 所以 $\theta=2.0$。

荷载效应标准组合并考虑荷载长期作用影响的挠度

$$f_{1l}=\frac{5M_kl_0^2}{48B}=\frac{5\times27.23\times10^5\times5.5^2\times10^6}{48\times312.5\times10^{10}}=27.45\text{mm}$$

反拱值

$$f_{2l}=\frac{N_{pII}e_pl_0^2}{4E_cI_0}=\frac{289.14\times10^3\times46.3\times5.5^2\times10^6}{4\times3\times10^4\times18218.2\times10^4}=9.27\text{mm}$$

$$f=f_{1l}-2f_{2l}=27.45-2\times9.27=8.91\text{mm}$$

$$\frac{f}{l_0}=\frac{8.91}{5500}=\frac{1}{618}<f_{\lim}=\frac{1}{200}$$

满足要求。

小 结

1. 对混凝土构件施加预应力是克服构件自重大、易开裂最有效的途径之一，且高强度的材料得到了充分的利用，因此在实际工程中，应尽可能推广使用预应力混凝土构件。

2. 预应力混凝土的预应力损失有 6 种（见表 4-6）。引起预应力损失的因素较多，而且预应力损失将对预应力构件带来有害影响，故在设计和施工中应采取有效措施，减少预应力损失。

3. 预应力混凝土构件的应力分析，是掌握预应力混凝土构件设计的基础。对于先张法、后张法在计算施工阶段的混凝土应力时采用不同的截面几何特征 A_0 和 A_n，而在计算外荷载引起截面的应力时，却都用 A_0。

4. 对预应力混凝土构件不仅要进行使用阶段验算和施工阶段验算，而且还要满足《混凝土结构设计规范》规定的各种构造措施。

思 考 题

4-1 为什么要对构件施加预应力？预应力构件最突出的优点是什么？

4-2 对构件施加预应力是否影响构件的承载能力？

4-3 预应力混凝土构件对材料有何要求？为什么预应力混凝土构件可采用高强度钢筋和混凝土？

4-4 何谓张拉控制应力？张拉控制应力的大小对构件的性能有何影响？为什么先张法构件预应力筋的张拉控制应力限值比后张法构件高？

4-5 如何减小各项预应力损失？

4-6 换算截面 A_0 和净截面 A_n 的意义是什么？为什么计算施工阶段的混凝土应力时，先张法用 A_0，后张法用净截面 A_n，而计算外荷载引起截面应力时，为什么先张法、后张法却用 A_0。

4-7 以抗裂计算公式分析预应力混凝土构件抗裂比普通钢筋混凝土构件高的原因。

4-8 对允许出现裂缝的预应力混凝土构件裂缝开展宽度的要求是否和普通钢筋混凝土构件相同？预应力的效果是如何体现的？

4-9 为什么有些预应力混凝土受弯构件中要配 A'_p？它对构件的强度、抗裂度有何影响？

4-10 预应力筋是如何将其张拉力传给混凝土的？对构件端部的应力状态有何影响？

4-11 全预应力混凝土与部分预应力混凝土有何异同？

4-12 无粘结预应力混凝土有何优点？

4-13 如何进行预应力混凝土构件的施工阶段验算？

4-14 如何计算预应力混凝土受弯构件的变形？

4-15 对预应力构件有哪些构造要求？

习 题

4-1 试设计 24m 跨折线预应力混凝土屋架下弦杆，基本设计条件如下：

(1) 构件与截面几何尺寸见习题图 4-1 所示。

(2) 材料：采用 C40 混凝土，预应力筋采用热处理钢筋 $45S_i2C_r$，非预应力筋采用 HRB400 钢筋。

(3) 内力：$N=550\text{kN}$，$N_k=480\text{kN}$，$N_q=430\text{kN}$。

(4) 施工方法：采用后张法生产，预应力筋孔道采用充压橡皮管抽芯成型，采用夹片式锚具，采用超张拉工艺，混凝土达 100%设计强度时张拉预应力筋。

(5) 设计要求：

1) 确定钢筋数量；

2) 验算使用阶段正截面抗裂度；

3) 验算施工阶段混凝土抗压承载力；

4) 验算施工阶段锚固区局部承载力（包括确定钢筋网的材料、规格、网片的间距及垫板尺寸等）。

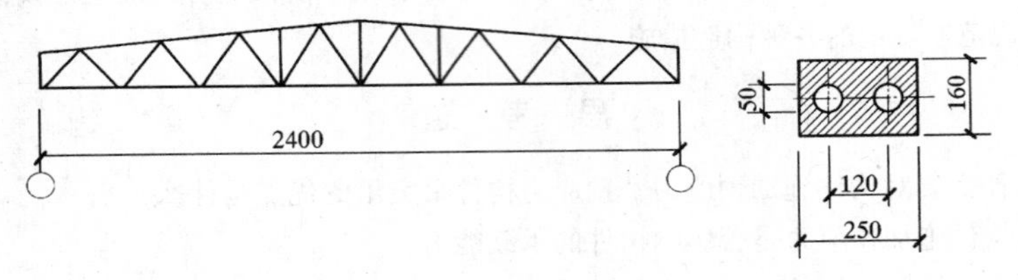

习题图 4-1

4-2 试设计 6.9m 长空心板，基本设计条件如下：

(1) 构件及截面几何尺寸见习题图 4-2 所示。

(2) 材料：采用 C30 混凝土，采用消除应力钢丝（刻痕）$\phi^{\mathrm{I}}5$ 作预应力筋，不配非预应力筋。

(3) 荷载：20mm 水泥砂浆地面面层，20mm 石灰砂浆顶棚抹面，楼面使用活荷载 $q_k=3.0\text{kN/m}^2$。

(4) 施工方法：采用先张法生产，台座长度 60m，采用两阶段升温养护体制，预应力筋采用一次张拉，混凝土达 70%设计强度时，缓慢放松预应力筋。

(5) 设计要求：

1) 计算所需钢筋面积；

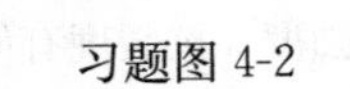

习题图 4-2

2) 验算使用阶段正截面抗裂度；

3) 验算使用阶段的挠度。

《提示》：首先将空心板圆孔按面积与惯性矩相等的原则折算为方孔（维持重心位置不变），然后按工形截面设计。折算方孔的宽、高分别为：

$$b_1=\frac{\pi}{2\sqrt{3}}d, \qquad h_1=\frac{\sqrt{3}}{2}d$$

附　录

混凝土构件受力特征系数　附表 4-1

类　型	α_{cr}	
	钢筋混凝土构件	预应力混凝土构件
受弯、偏心受压	1.9	1.5
偏心受拉	2.4	—
轴心受拉	2.7	2.2

钢筋的相对粘结特性系数　附表 4-2

钢筋类别	非预应力钢筋		先张法预应力钢筋			后张法预应力钢筋		
	光面钢筋	带肋钢筋	带肋钢筋	螺旋肋钢丝	钢绞线	带肋钢筋	钢绞线	光面钢丝
V_i	0.7	1.0	1.0	0.8	0.6	0.8	0.5	0.4

注：对环氧树脂涂层带肋钢筋，其相对粘结特性系数应按表中系数的 0.8 倍取值。

第五章　梁板结构

基本要求

1. 了解楼盖的基本类型，掌握楼盖的结构布置、选型。

2. 熟练掌握整体现浇肋梁楼盖按弹性理论和按塑性内力重分布理论计算内力的方法。

3. 掌握折算荷载、内力包络图、塑性铰、内力重分布、弯矩调幅等概念。

4. 掌握楼盖结构的构造要求。

5. 了解无梁楼盖、井式楼盖的设计方法、结构受力特点及应用场合。

6. 了解装配式楼盖中预制构件的选择和连接构造。

7. 掌握梁式楼梯、板式楼梯和雨篷的设计计算方法。

第一节　概　　述

钢筋混凝土梁板结构是土木工程中常用的结构。它广泛应用于工业与民用建筑的楼盖、屋盖、筏板基础、阳台、雨篷、楼梯等，还可应用于蓄液池的底板、顶板、挡土墙及桥梁的桥面结构。钢筋混凝土屋盖、楼盖是建筑结构的重要组成部分，占建筑物总造价相当大的比例。砖混结构中，建筑的主要钢筋用量在楼盖、屋盖中。因此，梁板结构的结构形式选择和布置的合理性以及结构计算和构造的正确性，对建筑物的安全使用和经济性有重要的意义。

一、楼盖的类型

按施工方法可将楼盖分成现浇式、装配式和装配整体式三种类型。

1. 现浇式楼盖

现浇式楼盖的梁板均为现场浇筑，其整体性好、刚度大、抗震性能好、适应性强，遇到板的平面形状不规则或板上开洞较多的情况，更可显示出现浇式楼盖的优越性。但现浇式楼盖现场工程量大、模板需求量大、工期较长。

2. 装配式楼盖

装配式楼盖是用预制构件在现场安装连接而成，具有施工进度快、机械化、工厂化程度高、工人劳动强度小等优点，但结构的整体性、刚度均较差，在地震区应用受限。

3. 装配整体式楼盖

装配整体式楼盖是在预制板或预制板和预制梁上现浇一个叠合层，形成整体，兼有现浇式和装配式两种楼盖的优点，刚度和抗震性能也介于上述两种楼盖之间。

在现浇式楼盖中，按梁、板的布置情况不同，还可将楼盖分为：

(1) 肋梁楼盖

肋梁楼盖（如图 5-1a、b）由板和梁组成。梁将板分成多个区格，根据板区格长边尺寸和短边尺寸的比例不同，又可将肋梁楼盖分成单向板肋梁楼盖和双向板肋梁楼盖。肋梁楼盖中若板为四边支承，受荷时将在两个方向产生挠曲，但当板的长边 l_2 与短边 l_1 之比较大时，按力的传递规律，板的荷载主要沿短方向传递。如图 5-2 所示，取板中两个互相垂直的板带，跨度分别为 l_1、l_2，不考虑板带与相邻板带的相互影响。按结构力学的方法，得各自挠度为：

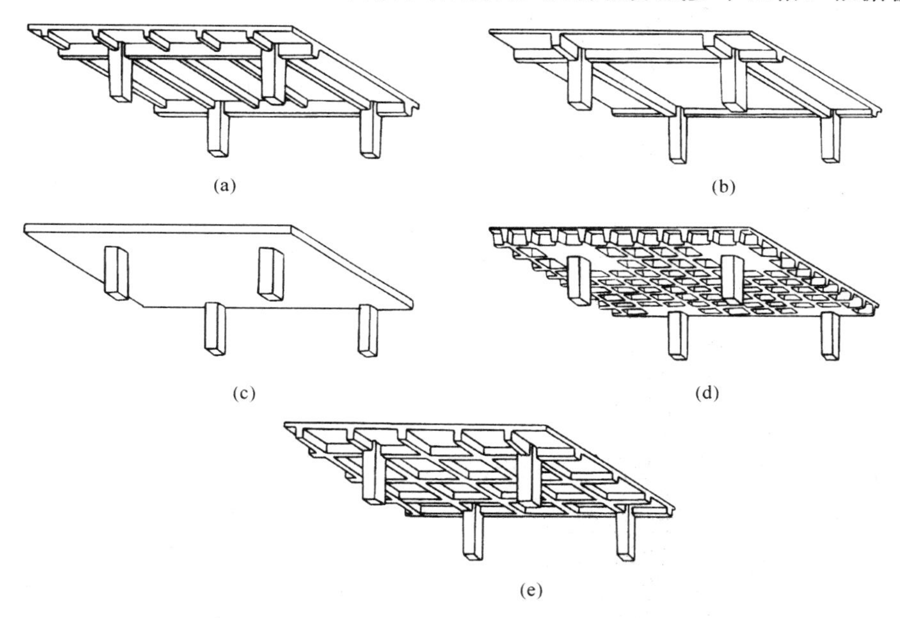

图 5-1　楼盖的主要结构形式图

(a) 单向板肋梁楼盖；(b) 双向板肋梁楼盖；(c) 无梁楼盖；(d) 密肋楼盖；(e) 井式楼盖

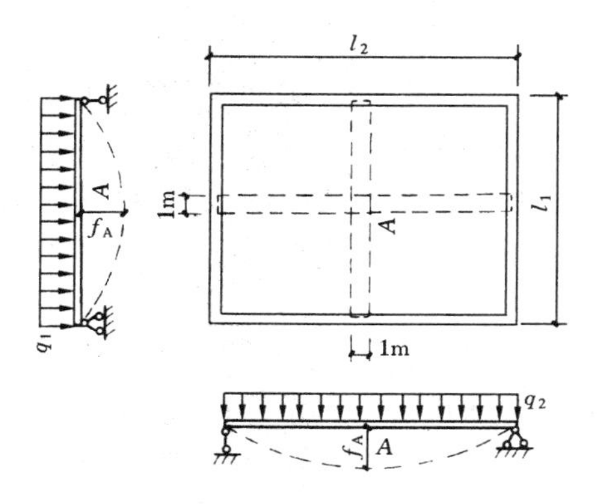

图 5-2　四边支承板上荷载的传递

$$f_1 = \alpha_1 q_1 l_l^4 / EI_1 \tag{5-1}$$

$$f_2 = \alpha_2 q_2 l_2^4 / EI_2 \tag{5-2}$$

$$q_1 + q_2 = q \tag{5-3}$$

式中 α_1、α_2——挠度系数，与支承条件有关，当两端简支时，$\alpha_1=\alpha_2=\frac{5}{384}$，忽略两个方向钢筋位置和数量不同产生的误差，取 $I_1=I_2$，则由 $f_1=f_2$得：

$$q_1 = \frac{q a_2 l_2^4}{a_1 l_1^4 + a_2 l_2^4} \tag{5-4}$$

$$q_2 = \frac{q a_1 l_1^4}{a_1 l_1^4 + a_2 l_2^4} \tag{5-5}$$

当两个方向支承条件相同时，$\alpha_1=\alpha_2$。取 $l_2/l_1=3$，则得：

$$q_1=0.988q，q_2=0.012q$$

即荷载主要沿短方向传递，可忽略荷载沿长方向的传递，因此，当 $l_2/l_1\geqslant3$ 时，可定义为单向板。

取 $l_2/l_1=2$，则得：

$$q_1=0.941q，q_2=0.059q$$

说明 $l_2/l_1>2$ 时，在长跨方向分配的荷载小于6%，对板的计算影响较小，为计算方便，在计算中也可近似地略去不计。当长边与短边长度之比不大于2.0时，应按双向板计算；当长边与短边长度之比大于2.0，但小于3.0时，宜按双向板计算；当长边与短边长度之比不小于3.0时，宜按沿短边方向受力的单向板计算，并沿长边方向布置构造钢筋。判断单、双向板，还应考虑支承条件，两对边支承的板按单向板计算。

在肋梁楼盖中，荷载的传递路线为板→次梁→主梁→支承（墙或柱）。肋梁楼屋盖是一种应用最为广泛的楼屋盖类型。

（2）无梁楼盖

如图5-1（c）所示，建筑物柱网接近正方形，柱距不大于6m，且楼面荷载不大的情况下，可不设梁，楼板与柱直接整浇，若采用升板施工，可将柱与板通过预埋件焊接，楼面荷载直接由板传给柱（省去梁），形成无梁楼盖。无梁楼盖柱顶处的板承受较大的集中力，可设置柱帽来扩大柱板接触面积，改善受力状况。

由于楼盖中无梁，可增加房屋的净高，而且模板简单，施工可以采用升板法，使用中可提供平整顶棚，建筑物具有良好的自然通风、采光条件，所以在厂房、仓库、商场、冷藏库、水池顶、片筏基础等结构中应用效果良好。

（3）井式楼盖

如图 5-1（e）所示，井式楼盖通常是由于建筑上需要较大的无柱空间，结构上用梁把楼板划分成若干个正方形或接近正方形的小区格，两个方向的梁截面相同，不分主次，都直接承受板传来的荷载，如果在交点处不设柱，整个楼盖支承在周边的柱、墙或更大的边梁上，类似一块大双向板。

（4）密肋楼盖

如图 5-1（d）所示，密肋楼盖是由排列紧密，肋高较小的梁单向或双向布置形成。由于肋距小，板可做得很薄，甚至不设钢筋混凝土板，用充填物充填肋间空间，形成平整顶棚，板或充填物承受板面荷载，并将其传给密肋。密肋楼盖由于肋间的空气隔层或填充物的存在，其隔热隔声效果良好。

二、楼盖结构布置及受力特点

梁板结构是建筑结构的主要水平受力体系，梁板结构的结构布置决定建筑物的各种作用力的传递路径，也影响到建筑物的竖向承重体系。不同的梁板结构布置对建筑物的层高、总高、顶棚、外观、设备管道布置有重要的影响，同时还会在较大程度上影响建筑物的总造价。因此，梁板结构的合理布置问题是楼盖设计中首先要解决的问题。

1. 楼盖结构中梁的布置及受力特点

根据梁的布置和支承条件，其计算简图可以是简支梁、悬臂梁、连续梁或交叉梁等。楼盖中的梁从外观要求和施工方法的角度出发，通常为等截面梁，从图 5-3 中可以分析梁的布置对梁内力和变形的影响。简支梁跨中弯矩为$\frac{ql^2}{8}$，挠度为 $0.013B\left(B=\frac{ql^4}{EI}\right)$，支座的弯矩、挠度为 0，楼盖中的梁按一跨简支布置时，跨中和支座弯矩值以及挠度值相差悬殊，不够经济。简支梁为静定结构，当跨中弯矩达到受弯极限承载力时，结构破坏，此时梁的其他截面的弯矩都小于其极限值，强度不能充分发挥。若把简支的支承点向内移动一段距离，形成伸臂梁。在梁长相同的情况下，伸臂梁跨中和支座的最大弯矩均比简支梁小得多。沿梁长弯矩分布较简支梁均匀，可以有更多的截面充分发挥材料的作用。若将支点移至距梁边 $0.21l$ 处（如图 5-3d），可使两端伸臂梁支座负弯矩和跨中正弯矩相等，梁端和跨中的最大挠度可分别减少到简支梁最大挠度的 2%和 4.2%，由此可看出，楼盖布置中梁板支承点的设置是值得研究的问题。

在较大的梁板结构中，梁通常是连续梁。连续梁任一跨两支座弯矩平均值的绝对值与跨中弯矩绝对值之和等于相同跨度简支梁的跨中弯矩（如图 5-4）。显而易见，连续梁支座和跨中截面分担了简支梁跨中截面的弯矩，从充分利用材料强度来说，连续梁优于简支梁。当等跨连续梁作用均布荷载时，因边支座为简

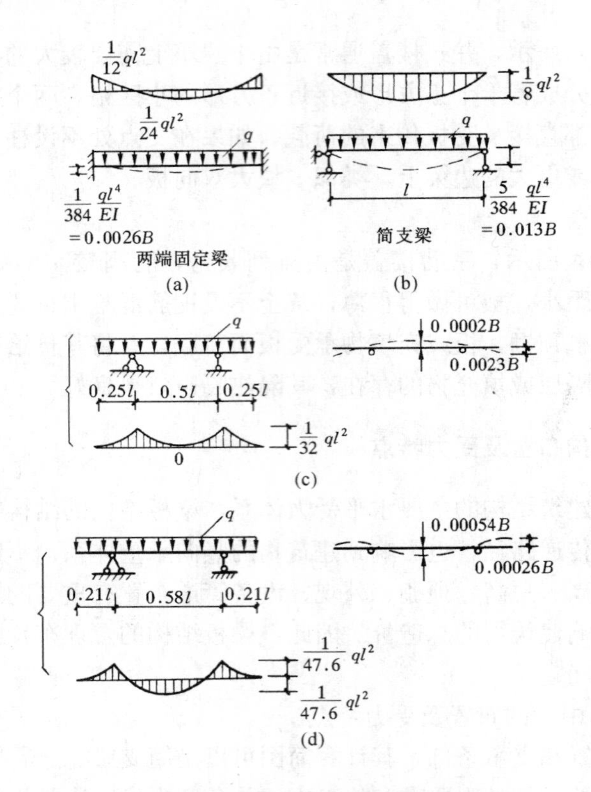

图 5-3 支座形式和位置对梁弯矩和挠度的影响

(a) 两端固定梁；(b) 简支梁；(c) 两端悬臂梁；(d) 正负弯矩相等时支座位置

支，第一跨跨中弯矩和第一内支座的负弯矩大于中间跨中和中间支座的弯矩（如图 5-5）。要使连续梁中弯矩分布均匀，结构布置时，可适当减小第一跨的跨度。

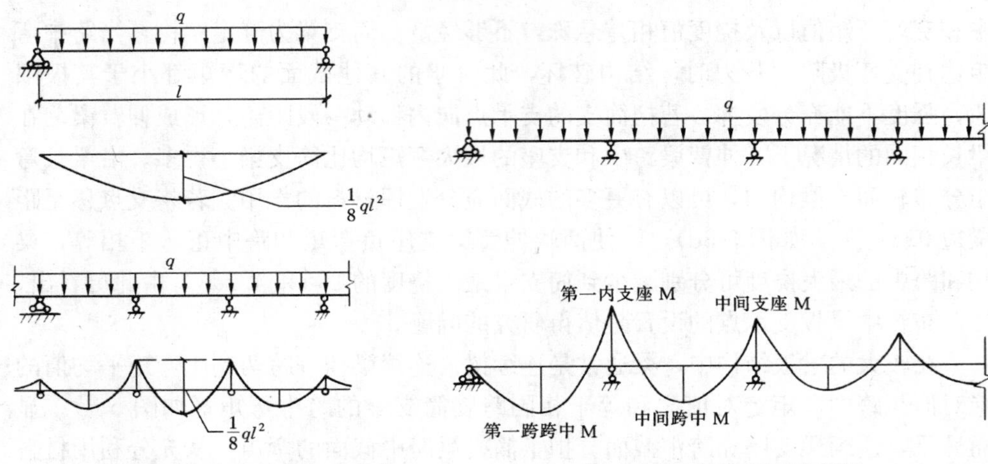

图 5-4 连续梁与简支梁弯矩比较

图 5-5 连续梁弯矩示意图

当楼盖在两个方向布置梁时，就形成了交叉梁系。如两个方向梁的线刚度相近，可利用梁交叉点处挠度相等的条件建立方程求解内力。若两方向梁的线刚度相差较远，就应按主次梁计算内力，将线刚度大的方向的梁（主梁）视为线刚度小的方向的梁（次梁）的不动铰支座。

由以上分析可知，楼盖中梁的布置不同，内力分布就不同，合理地布置梁系可取得更好的使用效果和经济效益。

2. 楼盖中板的布置及受力特点

在梁板结构中，楼盖的类型和梁的布置决定了板的布置和受力形式。楼盖中的板一般为四边支承板，随梁的布置不同，可以是单向板或双向板。阳台、雨篷、挑檐等梁板结构，板可能有一边支承（悬挑板）、两边支承、三边支承的情况。前边已分析过，单向板假定荷载仅沿短向传递给支座，双向板荷载沿两个方向传给支座。无论是固定支座还是简支支座，板跨中和支座的短向弯矩均大于长向弯矩，即板的主要受力方向是短向。

在楼盖的结构布置中，梁的间距越大，梁的数量越小，板的厚度就越大；梁的间距小，梁的数量就增多，板的厚度就越小。好的结构设计者应综合考虑建筑功能、施工技术、受力、经济等各方面因素，确定合理的楼盖布置方案。

3. 楼盖梁、板的尺寸

根据受力分析和长期的工程经验，表 5-1 给出各种楼盖梁板尺寸的参考值。

混凝土梁、板截面的常规尺寸　　表 5-1

<table>
<tr><th colspan="2">构件种类</th><th>高跨比（h/l）</th><th>截　面　高　度</th><th>合理跨度</th></tr>
<tr><td>单向板</td><td>简支
两端连续</td><td>≥1/30
≥1/35</td><td>最小板厚：
屋面板　当 l<1.5m 时　h≥50mm
当 l≥1.5m 时　h≥60mm
民用建筑楼板　h≥60mm
工业建筑楼板　h≥70mm
行车道下的楼板　h≥80mm</td><td>1.7～3.0m</td></tr>
<tr><td>双向板</td><td>单跨简支
多跨连续</td><td>≥1/40
≥1/45
（按短向跨度）</td><td>板厚一般取　80mm≤h≤160mm</td><td>3.0～5.0m</td></tr>
<tr><td>密肋板</td><td>单跨简支
多跨连续</td><td>≥1/20
≥1/25
（h 为肋高）</td><td>板厚：当肋间距≤700mm　h≥40mm
当肋间距>700mm　h≥50mm</td><td>单向板≤6.0m
双向板≤10.0m</td></tr>
<tr><td colspan="2">悬臂板</td><td>≥1/12</td><td>板的悬臂长度≤500mm　h≥60mm
板的悬臂长度>500mm　h≥80mm</td><td></td></tr>
<tr><td>无梁楼板</td><td>无柱帽
有柱帽</td><td>≥1/30
≥1/35</td><td>h≥150mm
柱帽密度 c＝（0.2～0.3）l</td><td>≤6.0m</td></tr>
</table>

续表

构件种类	高跨比 (h/l)	截 面 高 度	合理跨度
多跨连续次梁 多跨连续主梁 单跨简支梁	1/18～1/12 1/14～1/8 1/14～1/8	最小梁高：次梁 $h \geqslant l/25$ 主梁 $h \geqslant l/15$ 宽高比 (b/h) 一般为 1/3～1/2，并以 50mm 为模数	4.0～6.0m 5.0～8.0m

第二节 整体式单向板肋梁楼盖

一、肋梁楼盖的计算简图

在进行内力分析前，必须先把楼盖实际结构抽象成为一个计算简图，在抽象过程中要忽略一些次要因素，并做如下假定：

(1) 板的竖向荷载全部沿短跨方向传给次梁，且荷载→板→次梁→主梁→主梁支承的传递过程中，支承条件简化为集中于一点的支承链杆，忽略支承构件的竖向变形，即按简支考虑。

(2) 板视为以次梁为铰支座的连续梁，可取 1m 宽板带计算。

(3) 跨数超过 5 跨的等截面连续梁（板），当各跨荷载基本相同，且跨度相差不超过 10%时，可按 5 跨连续梁（板）计算，所有中间跨的内力和配筋均按第三跨处理。当梁板实际跨数小于 5 跨时，按实际跨数计算。

(4) 梁、板的计算跨度应取为相邻两支座反力作用点之间的距离，其值与支座反力分布有关，也与构件的支承长度和构件本身的刚度有关。在实用计算中，计算跨度可按表 5-2 取值。

梁、板的计算跨度 **表 5-2**

<table>
<tr><td rowspan="6">按弹性理论计算</td><td rowspan="3">单跨</td><td colspan="2">两端搁置</td><td>$l_0=l_n+a$
且 $l_0 \leqslant l_n+h$（板）
$l_0 \leqslant 1.05l_n$（梁）</td></tr>
<tr><td colspan="2">一端搁置、一端与支承构件整浇</td><td>$l_0=l_n+a/2$ 且 $l_0 \leqslant l_n+h/2$（板）
$l_0 \leqslant 1.025l_n$（梁）</td></tr>
<tr><td colspan="2">两端与支承构件整浇</td><td>$l_0=l_n$</td></tr>
<tr><td rowspan="3">多跨</td><td rowspan="2">边跨</td><td>两端与支承构件整浇</td><td>$l_0=l_c$</td></tr>
<tr><td>一端搁置，一端与支承构件整浇</td><td>$l_0=\min[1.025l_n+b/2,\ l_n+(b+h)/2]$（板）
$l_0=\min[1.025l_n+b/2,\ l_n+(a+b)/2]$（梁）</td></tr>
<tr><td colspan="2">中间跨</td><td>$l_0=l_c$
且 $l_0 \leqslant 1.1l_n$（板）
$l_0 \leqslant 1.05l_n$（梁）</td></tr>
</table>

续表

按塑性理论计算	两端搁置	$l_0=l_n+h$　且 $l_0\leqslant l_n+a$（板） $l_0=1.05l_n$且 $l_0\leqslant l_n+a$（梁）
	一端搁置、一端与支承构件整浇	$l_0=l_n+h/2$ 且 $l_0\leqslant l_n+a/2$（板） $l_0\leqslant 1.025l_n$ 且 $l_0\leqslant l_n+a/2$（梁）
	两端与支承构件整浇	$l_0=l_n$

注：l_0—板、梁的计算跨度；l_c—支座中心线间距离；l_n—板、梁的净跨；h—板厚；a—板、梁端支承长度；b—中间支座宽度

二、按弹性方法计算内力

按弹性理论计算楼盖内力时，假定楼盖材料为均质弹性体。根据前述的计算简图，用结构力学的方法计算梁板内力，也可利用静力计算手册中的图表确定梁、板内力。在计算内力时应注意下列问题。

1. 荷载及其不利组合

楼盖上作用有永久荷载和可变荷载。永久荷载按实际考虑。可变荷载根据统计资料折算成等效均布活荷载，可由《建筑结构荷载规范》查得。板通常取 1m 板宽的均布荷载（包括自重），次梁承受板传来的均布荷载和次梁自重，主梁承受次梁传来的集中荷载和均布的自重荷载。为简化计算，可将主梁的自重按就近集中的原则化为集中荷载，作用在集中荷载作用点和支座处（支座处的集中荷载在梁中不产生内力）。

由于可变荷载在各跨的分布是随机的，如何分布会在各截面产生最大内力是活荷载不利布置的问题。

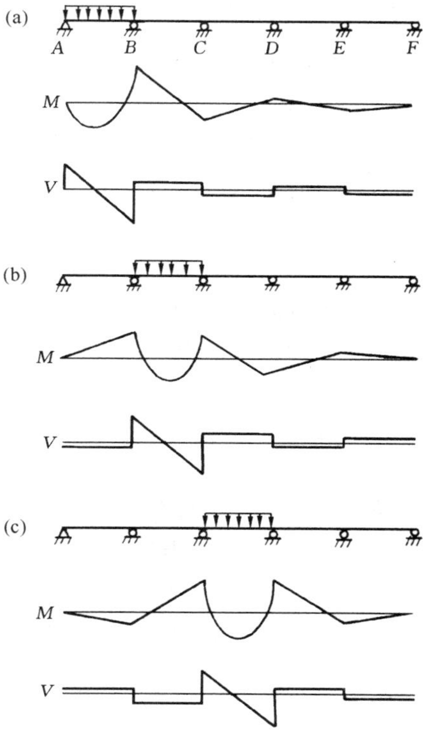

图 5-6 所示为 5 跨连续梁当活荷载布置在不同跨间时梁的弯矩图及剪力图。由图可见，当求 1、3、5 跨跨中最大正弯矩时，活荷应布置在 1、3、5 跨；当求 2、4 跨跨中最大正弯矩或 1、3、5 跨跨中最小弯矩时，活荷载应布置在 2、4 跨；当求 B 支座最大负弯矩及支座最大剪力时，活荷载应布置在 1、2、4 跨，如图 5-7 所示。由此看出，活荷载在连

图 5-6　5 跨连续梁弯矩图及剪力图

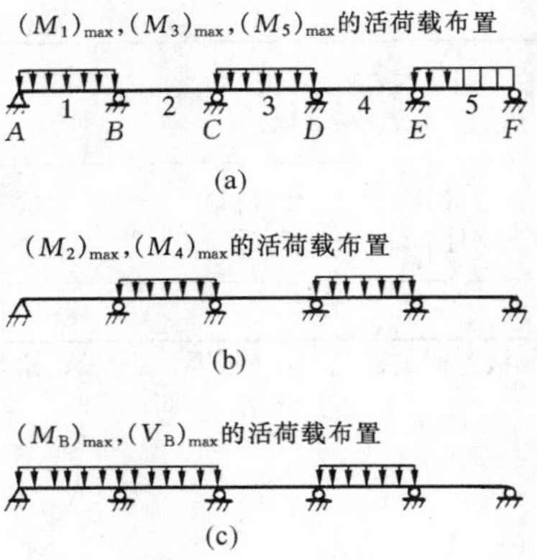

$(M_1)_{max}$,$(M_3)_{max}$,$(M_5)_{max}$的活荷载布置

A 1 B 2 C 3 D 4 E 5 F

(a)

$(M_2)_{max}$,$(M_4)_{max}$的活荷载布置

(b)

$(M_B)_{max}$,$(V_B)_{max}$的活荷载布置

(c)

图 5-7 活载不利位置

(a) 活 1+活 3+活 5；(b) 活 2+活 4；(c) 活 1+活 2+活 4

续梁各跨满布时，并不是最不利情况。

从以上分析可得，确定截面最不利内力时，活荷载的布置原则如下：

(1) 欲求某跨跨中最大正弯矩时，除将活荷载布置在该跨以外，两边应每隔一跨布置活载；

(2) 欲求某支座截面最大负弯矩时，除该支座两侧应布置活荷载外，两侧每隔一跨还应布置活载；

(3) 欲求梁支座截面（左侧或右侧）最大剪力时，活荷载布置与求该截面最大负弯矩时的布置相同；

(4) 欲求某跨跨中最小弯矩时，该跨应不布置活载，而在两相邻跨布置活载，然后再每隔一跨布置活载。

2. 内力包络图

以恒载作用在各截面的内力为基础，在其上分别叠加对各截面最不利的活载布置时的内力，便得到了各截面可能出现的最不利内力。

将各截面可能出现的最不利内力图叠绘于同一基线上，这张叠绘内力图的外包线所形成的图称为内力包络图。它表示连续梁在各种荷载不利组合下，各截面可能产生的最不利内力。无论活荷载如何分布，梁各截面的内力总不会超出包络图上的内力值。梁截面可依据包络图提供的内力进行截面设计。图 5-8 为五跨连续梁的弯矩包络图和剪力包络图。

3. 支座抗扭刚度对梁板内力的影响

由于计算简图假定次梁对板、主梁对次梁的支承为简支，忽略了次梁对板、主梁对次梁的弹性约束作用，即忽略了支座抗扭刚度对梁板内力的影响。

从图 5-9 可以看出实际结构与计算简图的差异。

在恒载 g 作用下，由于各跨荷载基本相等，$\theta\approx0$，支座抗扭刚度的影响较小，如图 5-9（a)、(b）所示。在活荷载 p 作用下，如求某跨跨中最大弯矩时，某跨布置 p，邻跨不布置 p，如图 5-9（c)、(d）所示，由于支座约束，实际转角 θ' 小于计算转角 θ，使得计算的跨中弯矩大于实际跨中弯矩。精确地考虑计算假定带来的误差是复杂的，实用上可用调整荷载的方法解决。即减小活荷载，加大恒荷载，以折算荷载代替实际荷载。对板和次梁，折算荷载取为：

板：折算恒载：$g'=g+\frac{p}{2}$

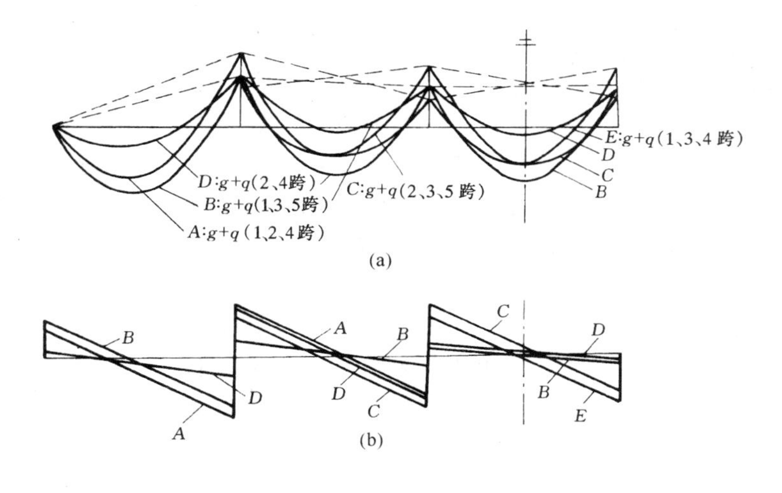

图 5-8　内力包络图

(a) 弯矩包络图；(b) 剪力包络图

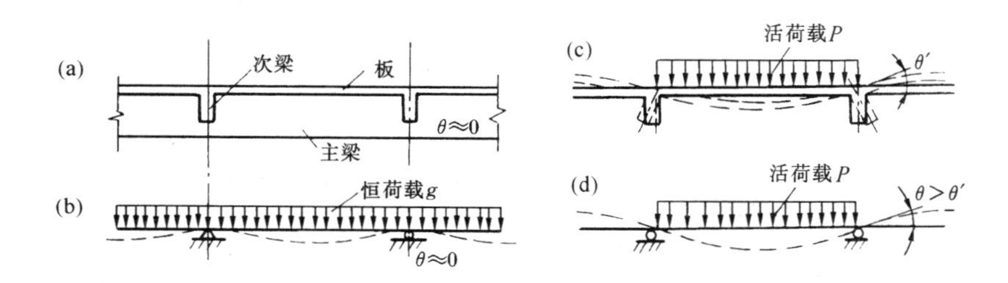

图 5-9　梁抗扭刚度的影响

折算活载：$p'=\frac{p}{2}$　(5-6)

次梁：折算恒载：$g'=g+\frac{p}{4}$

折算活载：$p'=\frac{3p}{4}$　(5-7)

式中　g、p——实际的恒载、活载；

g'、p'——折算的恒载、活载。

这样调整的结果，对作用有活荷载的跨 $g'+p'=g+p$，总值不变，而相邻无活荷载的跨，$g'=g+p/2>g$，或 $g'=g+p/4>g$；邻跨加大的荷载使本跨正弯矩减小，以此调整支座抗扭刚度对内力计算的影响。当板或梁搁置在砖墙或钢梁上时，不应调整荷载。

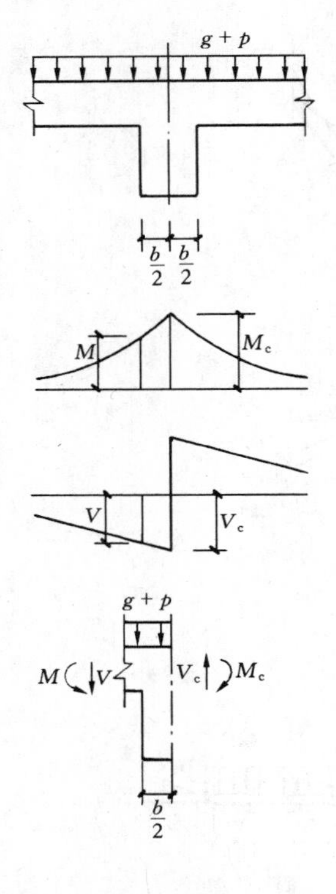

图 5-10　支座处内力的计算值

4. 弯矩和剪力设计值

由于计算跨度取支承中心线间的距离，未考虑支座宽度，计算所得支座处 $-M_{max}$、V_{max} 均指支座中心线处的弯矩、剪力值。支座处截面较高，一般不是危险截面，故设计中可取支座边缘内力值进行计算（见图 5-10），按弯矩、剪力在支座范围内为线性变化，可求得支座边缘的内力值：

$$M=M_c-V_0b/2 \tag{5-8a}$$

当连续梁搁置于砖墙上时：

$$M=M_c \tag{5-8b}$$

均布荷载：$V=V_c-(g+p)b/2$　　(5-9a)

集中荷载：　$V=V_c$　　(5-9b)

式中　M_c、V_c——支承中心线处的弯矩、剪力设计值；

V_0——按简支梁计算的支座剪力设计值（取绝对值）；

b——支承宽度。

三、按塑性内力重分布的方法计算内力

钢筋混凝土是一种弹塑性材料，连续梁板是超静定结构，当梁板的一个截面达到极限承载力时，并不意味着整个结构的破坏。钢筋达到屈服后，还会产生一定的塑性变形，结构的实际承载能力通常大于按弹性理论计算的结果。再者，混凝土构件截面设计时，考虑了材料的塑性，若内力分析按弹性理论，与截面设计的理论不统一，因此有必要研究塑性理论的内力分析方法。

1. 钢筋混凝土受弯构件塑性铰

（1）塑性铰的形成

以简支梁为例，在跨中加荷，并绘出跨中截面的 $M-\phi$ 关系曲线（见图 5-11）。由图 5-11 可见，钢筋屈服后，梁的承载能力提高很小，但曲率增长非常迅速（见图中接近水平段），这表明在截面承载能力增加极小的情况下，截面相对转角激增，相当于该截面形成一个能转动的铰，其实质是在该处塑性变形集中发展。对于这种塑性变形集中的区域，

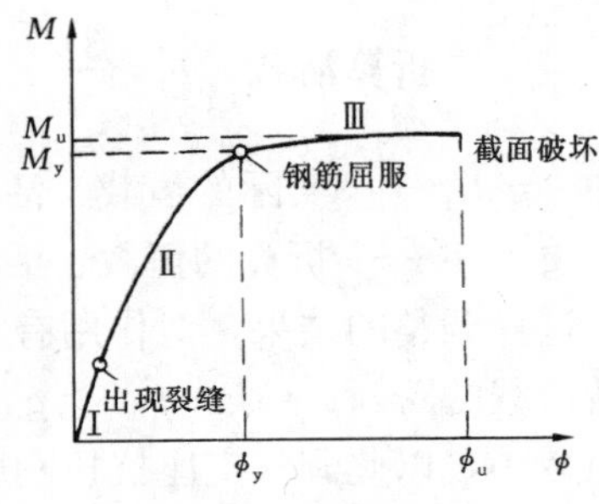

图 5-11　梁纯弯区段 M-ϕ 曲线

在杆系结构中为塑性铰，在板内称为塑性铰线。正常配筋情况下，塑性铰的转动是由于受拉钢筋伸长（流塑）、受压混凝土压应变引起的。超配筋情况下，塑性铰的转动是由于受拉混凝土拉应变、受压混凝土压应变引起的，其转动能力比前者小得多。在静定结构中，任一截面形成塑性铰后，结构成为几何可变体系而达到极限承载能力。但在超静定结构中，由于存在多余约束，构件一个截面形成塑性铰，只是减少了超静定次数，结构仍可继续加荷，直至出现足够多的塑性铰，使结构成为几何可变体系，才达到其极限承载能力。

（2）塑性铰的分布范围及计算

塑性铰是塑性变形集中发生的区域，不是一个点、一个面，而是一个区域。仍以简支梁为例（见图 5-12），将弯矩图与 $M-\phi$ 图对应起来，从钢筋屈服至达到极限承载力，与此对应的范围为塑性铰长度 l_p，图 5-12（d）中的实线表示梁的曲率分布，可分为弹性部分和塑性部分。塑性铰的转角 θ_p 理论上可采取对曲率的塑性部分积分的方法确定：

$$\theta_p = \int_0^{l_p} \varphi \mathrm{d}x \tag{5-10}$$

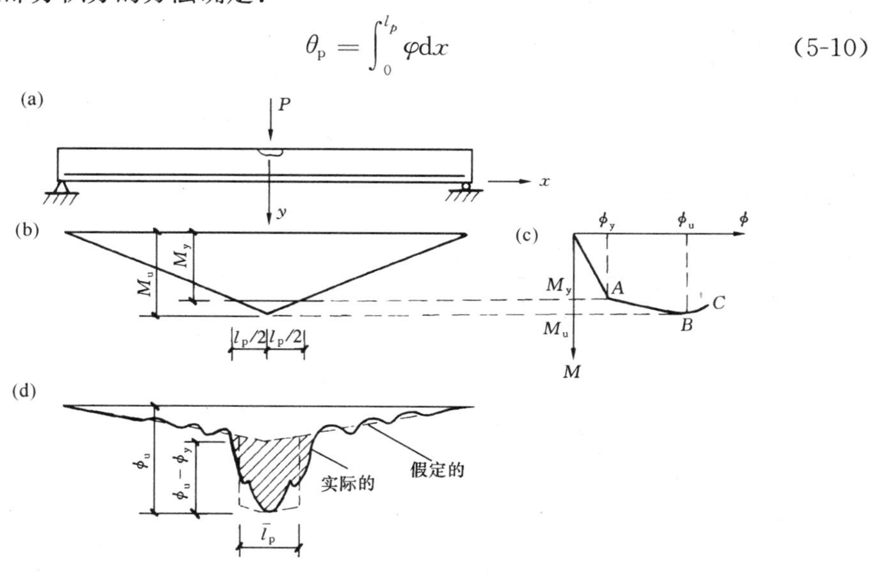

图 5-12 钢筋混凝土受弯构件的塑性铰

（a）构件；（b）弯矩；（c）$M-\phi$ 曲线；（d）曲率

转角 θ_p 可理解为曲率图形的面积，因 φ 的分布不易找到，所以可按面积等效的原则将塑性部分的实际曲率图形面积用一个高为 $\phi_p=\phi_u-\phi_y$，宽为 $\bar{l}_p$ 的等效矩形面积代替，则

$$\bar{l}_p=\beta l_p,\ \beta<1 \tag{5-11}$$

在 $\bar{l}_{p^*}$ 长度范围内，认为曲率为常数：

$$\theta_{p}=(\phi_{u}-\phi_{y})\cdot\bar{l}_{p} \tag{5-12}$$

目前有许多 $\bar{l}_{p}$、θ_{p} 的公式，但计算尚存许多问题，有待进一步研究。

(3) 塑性铰的特点

与理想铰相比，钢筋混凝土塑性铰有几个特点：一是钢筋混凝土塑性铰仅能沿弯矩方向转动，而理想铰可正反两向转动；二是钢筋混凝土塑性铰能承受极限弯矩，而理想铰不能承受弯矩；三是钢筋混凝土塑性铰分布在一定的范围，而理想铰集中为一点；四是钢筋混凝土塑性铰转动能力有限，转动能力大小取决于配筋率 ρ 和混凝土极限压应变 ε_{u}，而理想铰可任意转动。

2. 超静定结构的塑性内力重分布

钢筋混凝土超静定结构一个截面达到极限承载力时，即形成了一个塑性铰。塑性铰的转动使结构产生内力重分布，整个结构相当于减少了一个约束，结构可继续承载。

(1) 内力重分布的过程

为阐明内力重分布的概念，以承受集中荷载的两跨连续梁为例，如图 5-13 所示。该梁为等截面矩形梁，B 支座截面与跨中截面配筋相同，所能承受的极限弯矩相同。假设该梁配有足够的抗剪钢筋，在达到极限弯矩前不发生剪切破坏，且具有足够的延性，从加载至破坏，梁经历了三个阶段，跨中和支座的 M-P 曲线如图 5-14 所示。

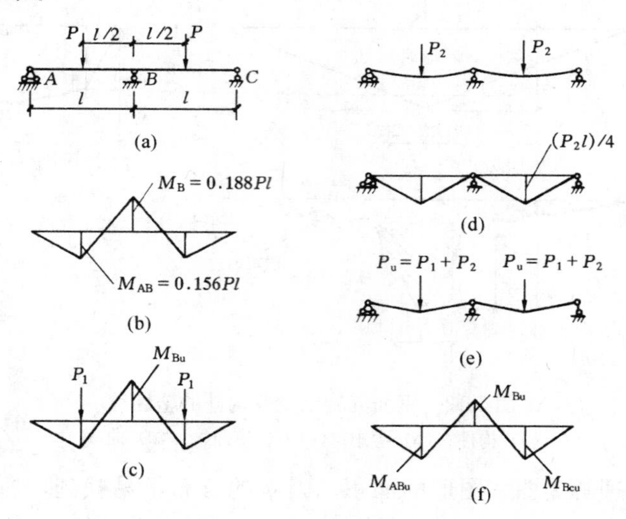

图 5-13 双跨连续梁随荷载的变化过程

1) 弹性阶段

加荷初期，混凝土开裂前梁工作接近弹性体系，支座 B 弯矩为 $-0.188Pl$，跨中弯矩为 $0.156Pl$，弯矩如图 5-13 (b) 所示，跨中和支座的 M-P 曲线均为

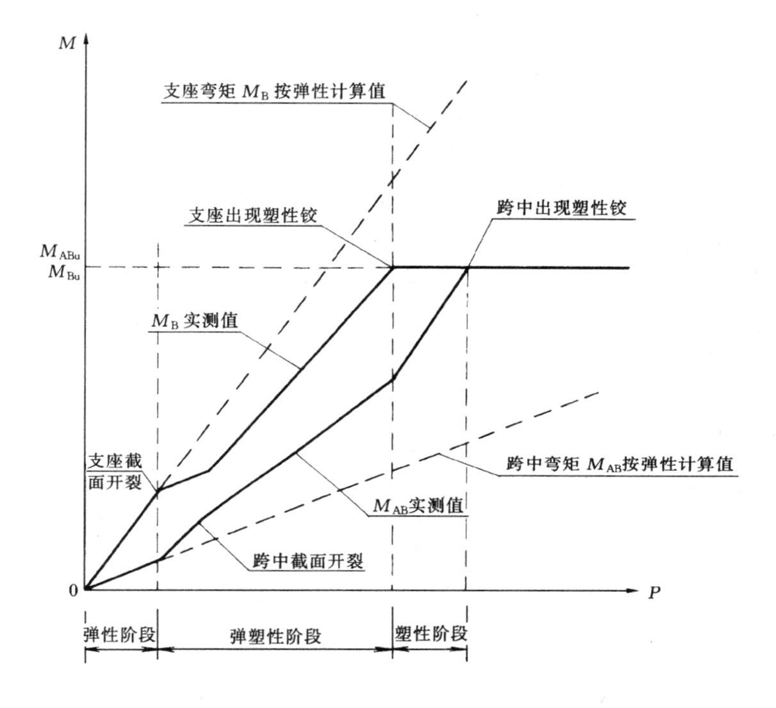

图 5-14　双跨连续梁内力重分布的 M-P 图

直线。

2）弹塑性阶段

加荷至 B 支座受拉区混凝土出现裂缝，跨中尚未开裂，此时内力重分布逐渐明显，由于 B 支座开裂，刚度降低，B 支座 M_B 增长率降低，跨中 M_{AB}增长率加大。继续加荷至跨中开裂，由于 B 支座 $M_B > M_{AB}$，因此 B 支座变形发展快，直至受拉钢筋即将屈服。

3）塑性阶段

加荷至 B 支座受拉钢筋屈服，中间塑性铰形成，M_B 接近 M_{Bu}，随荷载增长，M_B 增长极小，基本保持 M_{Bu}相应的荷载值 P_1，如图 5-13（c）所示，继续加载，梁如同 2 根简支梁，如图 5-13（d）所示，跨中弯矩增长很快，直至跨中出现塑性铰，达 M_{ABu}，如图 5-13（e）所示，此时梁成为机动体系破坏。设后加荷载为 P_2，则总荷载为 P_1+P_2，最终的弯矩图如图 5-13（f）所示。施加 P_2 的过程，是内力重分布过程的一部分，也是塑性铰转动的过程。

上述内力重分布的三阶段可概括为两个过程：第一过程发生在裂缝出现至塑性铰形成以前，主要是由于裂缝的形成和开展，使构件刚度变化而引起的内力重分布；第二过程发生在塑性铰形成以后，是由于塑性铰的转动引起的。一般第二过程的内力重分布较第一过程的内力重分布显著。

(2) 影响塑性内力重分布的因素

对超静定结构，若构件中各塑性铰均具有足够的转动能力，不致在其转动过程中使受压混凝土过早破坏，可以保证结构中先后出现足够数目的塑性铰，使结构最后形成机动体系，这种情况称为内力的完全重分布。内力的完全重分布要在一定的条件下才能实现，若最初形成的塑性铰转动角度过大，在转动过程中，由于受拉钢筋和受压混凝土塑性变形的发展，结构位移过大，塑性铰处混凝土开裂过大，刚度过分降低，超出正常使用极限状态，这在设计中是不允许的。实质上，这也是一种不完全的内力重分布。因此对塑性铰的转动量应有一定的控制。

塑性铰的转动能力主要取决于：

1) 钢筋的种类：当构件的受拉钢筋采用 HPB300 级、HRB335 级、HRBF335 级钢筋时，塑性铰的转动能力较大，采用 HRB400 级、HRBF400 级、RRB400 级、HRB500 级、HRBF500 级或钢丝、钢绞线、热处理钢筋时，塑性铰的转动能力较差。

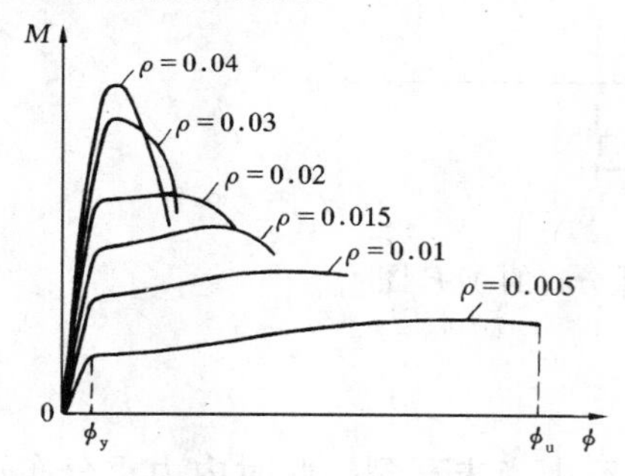

图 5-15 ρ 对 $M-\phi$ 曲线的影响

2) 纵筋的配筋率：如图 5-15 所示，随配筋率 ρ 增大，单筋矩形梁的极限曲率 ϕ_u 减小，而塑性铰的转角 θ_p 与 ($\phi_u-\phi_y$) 有关，因此随 ρ 增大，塑性铰的转动能力降低；或随 ξ 增大，塑性铰的转动能力降低（ρ 与 ξ 成正比）。中国建筑科学研究院的试验结果表明，当 ξ 从 0.2 增加至 0.4 时，θ_p 的值仅为原来的 1/3。如果超配筋破坏，拉筋未屈服，压区混凝土先压坏，则塑性铰转动能力非常小。

3) 混凝土的极限压应变 ε_u：当 ξ 较小时，内力重分布主要取决于钢筋的流幅。因钢筋开始屈服时，压区混凝土压应变尚小，随钢筋流动能够经历一定的变形后才达极限压应变。当 ξ 较大时，内力重分布主要取决于混凝土的极限压应变。因钢筋屈服时，混凝土压区应变已经很高，塑性铰转动，主要靠混凝土压应变的发展。ε_u 越大，塑性铰的转动能力越大。

4) 梁的抗剪能力：要实现预期的塑性内力重分布，前提条件是在结构破坏机构形成前不发生斜截面抗剪破坏。塑性铰出现以后，连续梁受剪承载力降低，为保证塑性内力重分布充分发展，构件必须有足够的抗剪承载力。

由以上分析可知，超静定结构某截面出现塑性铰不一定意味着结构破坏，在结构未形成机动可变体系以前，还有强度储备可利用。考虑塑性内力重分布，可发挥结构的潜力，提高结构的极限承载力，具有经济效益。此外，用弹性方法计算的结果，支座配筋量大，施工困难，考虑塑性内力重分布可调整支座配筋，方便施工。

3. 塑性内力重分布的计算方法

(1) 弯矩调幅法及其基本原则

连续梁板考虑塑性内力重分布的计算方法较多，例如：极限平衡法、塑性铰法及弯矩调幅法等。目前工程上应用较多的是弯矩调幅法。

弯矩调幅法的概念是：先按弹性分析求出结构各截面弯矩值，再根据需要将结构中一些截面的最大（绝对值）弯矩（多数为支座弯矩）予以调整，按调整后的内力进行截面配筋设计。

弯矩调幅法简称调幅法，调幅的基本原则是：

1) 为尽可能节约钢材，宜使调整后的弯矩包络图面积尽可能小。

2) 为方便施工，通常调整支座截面，并尽可能使调整后的支座弯矩与跨中弯矩接近。

3) 调幅需使结构满足刚度、裂缝要求，不使支座截面过早出现塑性铰，调幅值一般≤25%。调幅后，所有支座及跨中弯矩的绝对值 M，当承受均布荷载时应满足：

$$M \geqslant \frac{1}{24}(g+p)l^2 \qquad (5\text{-}13)$$

当 $p/g \leqslant 1/3$ 时，调幅值≤15%，这是考虑长期荷载对结构变形的不利影响。

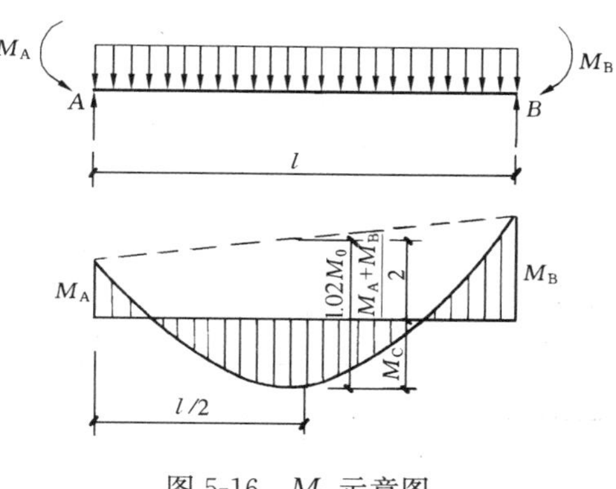

图 5-16　M_0 示意图

4) 调幅后应满足静力平衡条件，即调整后的每跨两端支座弯矩平均值与跨中弯矩之和（均为绝对值），不小于该跨满载时（恒＋活）按简支梁计算的跨中弯矩 M_0 的 1.02 倍（见图 5-16），即

$$\frac{M_A+M_B}{2}+M_C \geqslant 1.02M_0 \qquad (5\text{-}14)$$

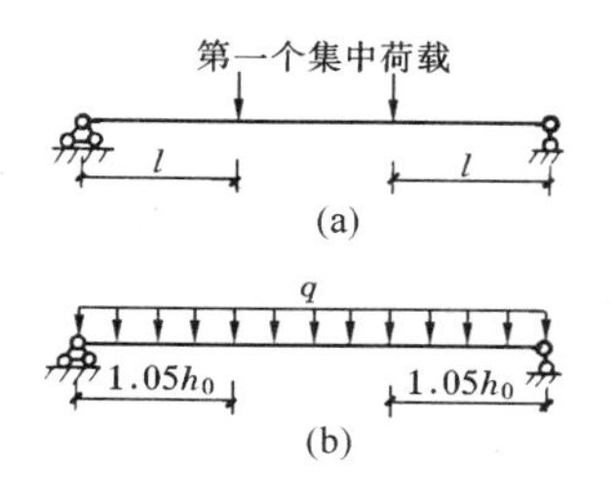

图 5-17　抗剪箍筋增大范围示意图

(a)集中荷载作用；(b)均布荷载作用

5) 为保证塑性铰具有足够的转动能力，设计中应满足 $\xi \leqslant 0.35$ 且 $\xi \geqslant 0.1$，钢筋宜使用 HRB400 级和 HRB500 级热轧钢筋，也可采用 HPB300 级热轧钢筋，宜选用 C25～C45 强度等级混凝土。

6) 考虑塑性内力重分布后，抗剪箍筋面积增大 20%，增大范围 l 见图 5-17。为避免斜拉破坏，配筋下限值应满足：

$$\rho_{sv} = \frac{A_{sv}}{bs} \geqslant \frac{0.03f_t}{f_{yv}} \qquad (5\text{-}15)$$

(2) 用弯矩调幅法计算等跨连续梁板

根据调幅法的原则，并考虑到设计的方便，对均布荷载作用下的等跨连续梁板，考虑塑性内力重分布后的弯矩和剪力的计算公式为：

$$M=\alpha(g+p)l_0^2 \tag{5-16}$$

$$V=\beta(g+p)l_n \tag{5-17}$$

式中 α、β——弯矩和剪力系数，分别见表 5-3、表 5-4；

l_0、l_n——计算跨度和净跨；

g、p——均布恒载和活载的设计值。

梁板弯矩系数 α **表 5-3**

<table>
<tr><th>截 面</th><th>支承条件</th><th>梁</th><th>板</th></tr>
<tr><td rowspan="3">边支座</td><td>梁、板搁置在墙上</td><td>0</td><td>0</td></tr>
<tr><td>梁、板与梁整浇</td><td>−1/24</td><td>−1/16</td></tr>
<tr><td>梁与柱整浇</td><td>−1/16</td><td></td></tr>
<tr><td rowspan="2">边跨中</td><td>梁、板搁置在墙上</td><td colspan="2">1/11</td></tr>
<tr><td>梁、板与梁整浇</td><td colspan="2">1/14</td></tr>
<tr><td rowspan="2">第一内支座</td><td>两跨连续</td><td colspan="2">−1/10</td></tr>
<tr><td>三跨及三跨以上连续</td><td colspan="2">−1/11</td></tr>
<tr><td>中间支座</td><td>—</td><td colspan="2">−1/14</td></tr>
<tr><td>中间跨中</td><td>—</td><td colspan="2">1/16</td></tr>
</table>

梁剪力系数 β **表 5-4**

截面	支承条件	梁
端支座内侧	搁置在墙上	0.45
	与梁或柱整浇	0.5
第一支内座外侧	搁置在墙上	0.6
	与梁或柱整浇	0.55
第一支内座内侧	—	0.55
中间支座两侧	—	0.55

如图 5-18 所示，五跨等跨连续梁承受均布荷载为例，用调幅法阐明上述系数由来。次梁边支座为砖墙，设活荷载与恒荷载之比 $p/g=3$，l 为跨度。

即
$$p=3g$$
$$g=p/3$$

则
$$g+p=\frac{p}{3}+p=\frac{4p}{3}$$
$$g+p=g+3g=4g$$

于是
$$p=\frac{3}{4}(g+p)$$
$$g=\frac{1}{4}(g+p)$$

次梁折算荷载　$g'=g+\frac{p}{4}=\frac{1}{4}(g+p)+\frac{1}{4}\cdot\frac{3}{4}(g+p)$
$$=0.4375(g+p)$$
$$p'=\frac{3p}{4}=\frac{3}{4}\cdot\frac{3}{4}(g+p)=0.5625(g+p)$$

(a)
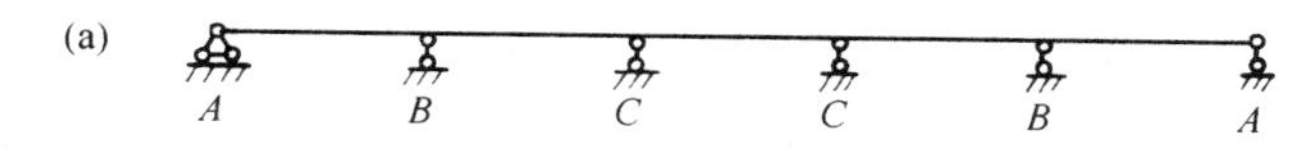

(b)
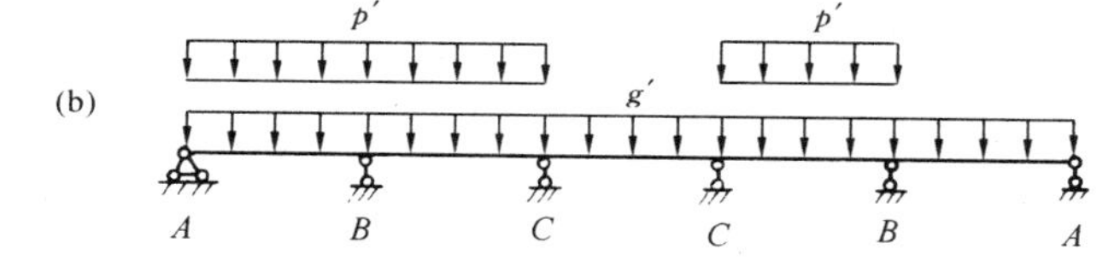

(c)
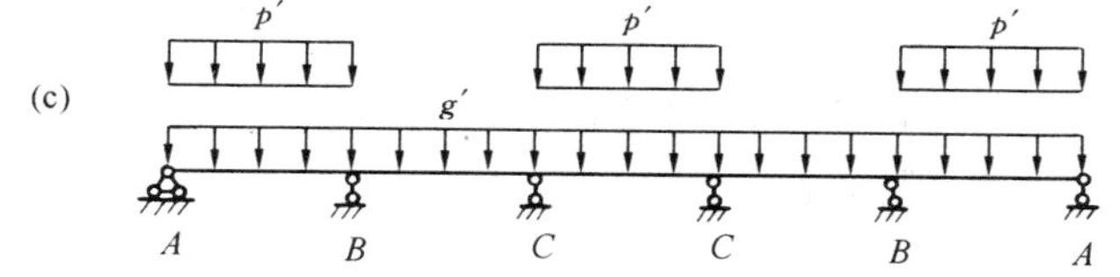

图 5-18　五跨连续梁荷载布置图

(a) 五等跨连续梁；(b) 求 M_{Bmax}时荷载布置图；(c) 求 1、3、五跨中弯矩最大时荷载布置图

按弹性方法求 M_{Bmax}，活载布置在 1、2、4 跨（如图 5-18b 所示），由附表 5-1可查得恒荷载系数−0.105，活荷载系数−0.119，则

$$M_{Bmax}=-0.105g'l^2-0.119p'l^2$$
$$=-0.105\times0.4375(g+p)l^2-0.119\times0.5625(g+p)l^2$$
$$=-0.1129(g+p)l^2$$

考虑调幅值 20%（≤25%），则

$$M_B=0.8M_{Bmax}=-0.0903(g+p)l^2$$
$$=-\frac{1}{11.07}(g+p)l^2$$
$$\approx-\frac{1}{11}(g+p)l^2=-0.0909(g+p)l^2$$

取 $M_B=0.0909\ (g+p)\ l^2$，按静力平衡条件，可求得边跨间任意处弯矩，取 AB 跨为隔离体，见图 5-19。

由 $\Sigma M_B=0$

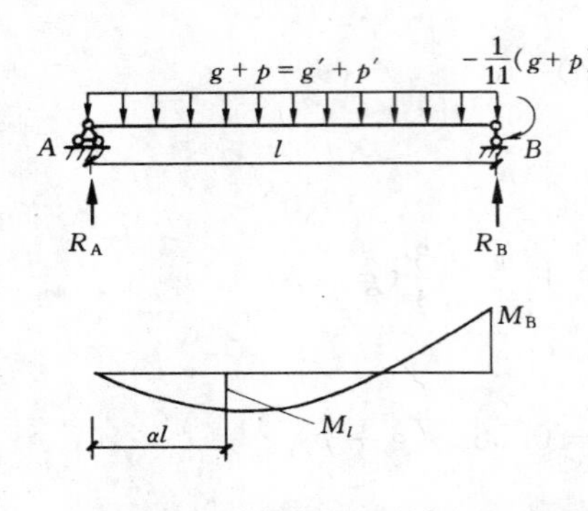

图 5-19 边跨跨中最大弯矩示意图

$$\frac{1}{11}(g+p)l^2+R_A l-\frac{1}{2}(g+p)l^2=0$$

得 $R_A=0.4091(g+p)l$

由 $\Sigma y=0$

$$R_B=(g+p)l-0.4091(g+p)l$$
$$=0.5909(g+p)l$$

得 $M_1=R_A\alpha l-\frac{1}{2}(g+p)\alpha^2 l^2$

求跨间最大弯矩 M_{1max} 的位置：

$$\frac{\partial M_1}{\partial \alpha}=0$$

$$R_A l=(g+p)\alpha l^2$$
$$\alpha=0.4091$$

$$M_{1max}=R_A\alpha l-\frac{1}{2}(g+p)\alpha^2 l^2=(0.4091)^2(g+p)l^2-\frac{1}{2}(g+p)l^2(0.4091)^2$$
$$=0.08368(g+p)l^2$$

按弹性方法求 M'_{1max}，活载布置在1、3、5跨（如图5-18c所示），由附表5-1可查得横荷载系数0.078，活荷载系数0.100，则

$$M'_{1max}=0.078g'l^2+0.100p'l^2=0.078\times0.4375(g+p)l^2$$
$$+0.100\times0.5625(g+p)l^2$$
$$=0.09037(g+p)l^2>M_{1max}$$

应取用 M'_{1max} 的值，$a=0.09037$，即 $\frac{1}{11.06}$，为计算方便，取为 $\frac{1}{11}$。

(3) 不等跨连续梁板的计算

当不等跨连续梁板的跨度差不大于10%时，仍可采用等跨连续梁板的系数。计算支座弯矩时，l_0 取相邻两跨中的较大跨度值；计算跨中弯矩时，l_0 取本跨跨度值。

当不等跨连续梁板的跨度差大于10%时，连续梁应根据弹性方法求出恒载及活荷载最不利作用的弯矩图，经组合叠加后形成弯矩包络图，再以包络图作为调幅依据，按前述调幅原则调幅。剪力可取弹性方法的计算结果，连续板可按下述步骤计算：

1）确定最大跨跨中弯矩值

边跨：$$\frac{(g+p)l^2}{11}\geqslant M\geqslant\frac{(g+p)l^2}{14}$$

中间跨：$$\frac{(g+p)l^2}{16}\geqslant M\geqslant\frac{(g+p)l^2}{18}$$

2）按已知最大跨跨中弯矩，在本跨（$g+p$）作用下，由静力平衡条件求该

跨支座弯矩，再以支座弯矩为已知，同理求得邻跨跨中弯矩，以此类推，求得所有跨中及支座弯矩，该弯矩均应符合内力平衡条件及大于$\frac{1}{24}(g+p)l^2$。

（4）塑性内力重分布方法的适用范围

考虑塑性内力重分布的方法与弹性理论计算结果相比，节约材料，方便施工，但在结构正常使用时，变形及裂缝偏大，对下列情况不适合采用塑性内力重分布的计算方法：

1）承受动力荷载的结构构件；

2）使用阶段不允许开裂的结构构件；

3）轻质混凝土及其他特种混凝土结构；

4）受侵蚀气体或液体作用的结构；

5）预应力结构和二次受力迭合结构；

6）主梁等重要构件不宜采用。

四、截面设计及构造要求

确定了连续梁板的内力后，可根据内力进行构件的截面设计。一般情况下，强度计算后再满足一定的构造要求，可不进行变形及裂缝宽度的验算。

梁板均为受弯构件，作为单个构件的计算及构造已在本书第三章中述及，此处仅对受弯构件在楼盖结构中的设计和构造特点简要叙述。

1. 板的计算及构造特点

（1）支承在次梁或砖墙上的连续板，一般可按塑性内力重分布的方法计算。

（2）板一般均能满足斜截面抗剪要求，设计时可不进行抗剪计算。

（3）板支座处在负弯矩作用下上部开裂，跨中因正弯矩的作用下部开裂，板的实际轴线成为一个拱形（见图5-20）。当板的四周与梁整浇，梁具有足够的刚度，使板的支座不能自由移动时，板在竖向荷载作用下将产生水平推力，由此产生的支座反力对板产生的弯矩可抵消部分荷载作用下的弯矩。因此对四周与梁整体连接的单向板，中间跨的跨中截面及中间支座，计算弯矩可减少20%，其他截面不予降低。

图5-20　板的拱作用

（4）板的受力钢筋的配置方法有弯起式和分离式两种，钢筋弯起切断位置见图5-21，当板上均布活荷载p与均布恒荷载g的比值$p/g\leqslant3$时，$a=l_n/4$；当$p/g>3$时，$a=l_n/3$。l_n为板的净跨。弯起式可一端弯起（图5-21a）或两端弯起（图5-21b）。弯起式配筋整体性好，节约钢材，但施工复杂；分离式配筋（图5-21c）施工方便，但用钢量稍大。

（5）板除配置受力钢筋外，还应在与受力钢筋垂直的方向布置分布钢筋。分

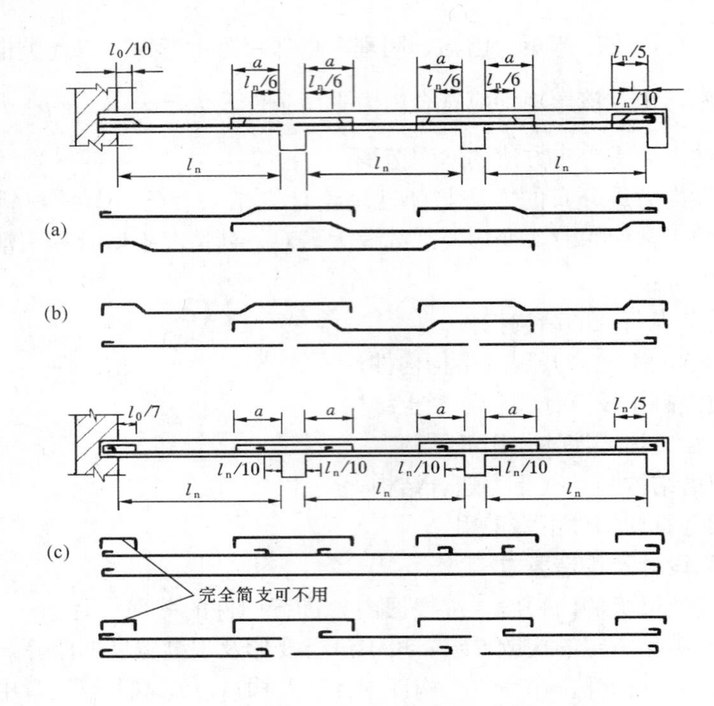

图 5-21 板中受力钢筋的布置

布钢筋的作用是固定受力钢筋的位置，抵抗板内温度应力和混凝土收缩应力，承担并分布板上局部荷载产生的内力。在四边支承板中，板的长方向产生少量弯矩也由分布钢筋承受。分布钢筋的数量应不少于受力钢筋的 15%，且不宜小于该方向板截面面积的 0.15%，直径不宜小于 6mm，间距不宜大于 250mm，应均匀布置于受力钢筋的内侧。

由于计算简图与实际结构的差异，板嵌固在砖墙上时，支座处、板角处有一定负弯矩，温度、混凝土收缩、施工条件等因素也会在板中产生拉应力。板靠近主梁处，部分荷载直接传给主梁，也产生一定的负弯矩，为防止上述原因在板中产生裂缝，应设置板面构造钢筋，并符合下列要求：①钢筋直径不宜小于 8mm，间距不宜大于 200mm，且单位宽度内的配筋面积不宜小于跨中相应方向板底钢筋截面面积的 1/3。与混凝土梁、混凝土墙整体浇筑单向板的非受力方向，钢筋截面面积尚不宜小于受力方向跨中板底钢筋截面面积的 1/3。②钢筋从混凝土梁边、柱边、墙边伸入板内的长度不宜小于 $l_0/4$，砌体墙支座处钢筋伸入板边的长度不宜小于 $l_0/7$，其中计算跨度 l_0 对单向板按受力方向考虑，对双向板按短边方向考虑。③在楼板角部，宜沿两方向正交、斜向平行或放射状布置附加钢筋。④钢筋应在梁内、墙内或柱内可靠锚固。板的构造钢筋配置见图 5-22。

（6）现浇板上开洞时，当洞口边长或直径不大于 300mm 且洞边无集中力作

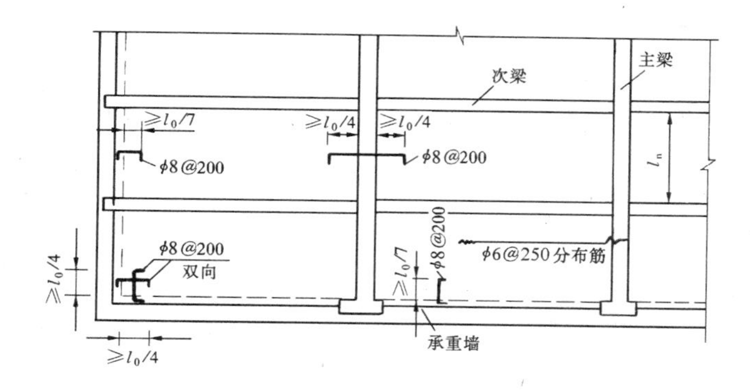

图 5-22 板的构造钢筋

用时，板内受力钢筋可绕过洞口不切断；当洞口边长或直径大于 300mm 时，应在洞口边的板面加配钢筋，加配钢筋面积不小于被截断的受力钢筋面积的 50%，且不小于 2φ12；当洞口边长或直径大于 1000mm 时，宜在洞边加设小梁。

2. 次梁的计算及构造特点

（1）次梁承受板传来的荷载，通常可按塑性内力重分布的方法确定内力。

（2）次梁和板整浇，配筋计算时，对跨中正弯矩应按 T 形截面考虑，T 形截面的翼缘计算宽度根据本书第三章表 3-3 取值；对支座负弯矩因翼缘开裂仍按矩形截面计算。

（3）梁中受力钢筋的弯起和截断，原则应按弯矩包络图确定，但对相邻跨度不超过 20%，承受均布荷载且活荷载与恒荷载之比 $p/g \leqslant 3$ 的次梁，可按图 5-23 布置钢筋。

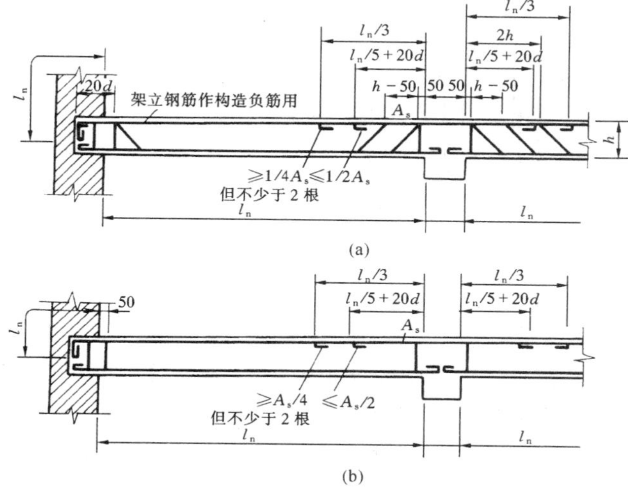

图 5-23 次梁的钢筋布置

（a）有弯起钢筋；（b）无弯起钢筋

3. 主梁的计算与构造特点

(1) 主梁除承受自重外，主要承受由次梁传来的集中荷载。为简化计算，主梁自重可折算成集中荷载计算；

(2) 与次梁相同，主梁跨中截面按 T 形截面计算，支座截面按矩形截面计算；

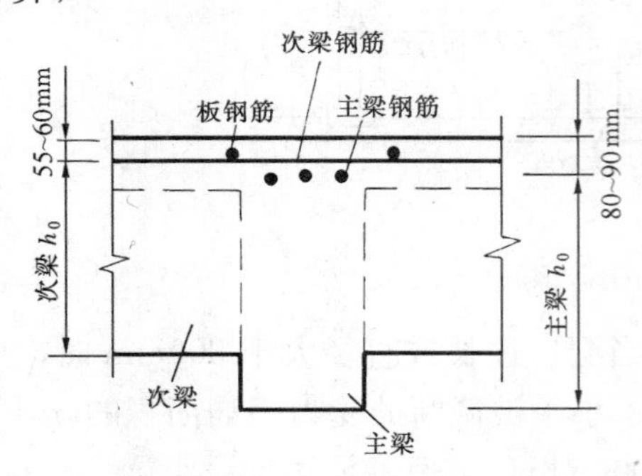

图 5-24 主梁支座截面纵筋位置

(3) 主梁支座处，次梁与主梁支座负钢筋相互交叉，使主梁负筋位置下移，计算主梁负筋时，单排筋 $h_0=h-(55\sim60)$mm，双排筋 $h_0=h-(80\sim90)$mm(如图 5-24)；

(4) 主梁是重要构件，通常按弹性理论计算，不考虑塑性内力重分布；

(5) 主梁受力钢筋的弯起和切断原则上应按弯矩包络图确定；

(6) 在次梁与主梁相交处，次梁顶部在负弯矩作用下产生裂缝，集中荷载只能通过次梁的受压区传至主梁的腹部。这种效应约在集中荷载作用点两侧各 0.5～0.6 倍梁高范围内，可引起主拉破坏斜裂缝。为防止这种破坏，在次梁两侧设置附加横向钢筋，位于梁下部或梁截面高度范围内的集中荷载应全部由附加横向钢筋（吊筋、箍筋）承担。附加横向钢筋应布置在长度为 $S=2h_1+3b$ 的范围内，见图 5-25，附加横向钢筋所需的总截面面积按下式计算：

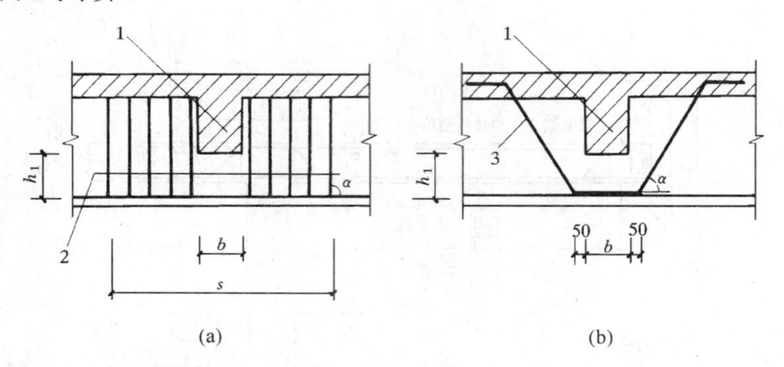

图 5-25 梁截面高度范围内有集中荷载作用时，附加横向钢筋的布置

(a) 附加箍筋；(b) 附加吊筋

1—传递集中荷载的位置；2—附加箍筋；3—附加吊筋

$$A_{sv}=\frac{F}{f_{yv}\sin\alpha} \tag{5-18}$$

式中　F——作用在梁的下部或梁截面高度范围内的集中荷载设计值；

f_{yv}——箍筋或弯起钢筋的抗拉强度设计值；

A_{sv}——承受集中荷载所需的附加横向钢筋总截面面积；当采用附加吊筋时，A_{sv}应为左、右弯起段截面面积之和；

α——附加横向钢筋与梁轴线间的夹角。

五、整体式单向板肋梁楼盖设计例题

已知：车间仓库的楼面梁格布置如图5-26所示，轴线尺寸为30m×19.8m，楼面面层为20mm厚水泥砂浆抹面，梁板的顶棚抹灰为15mm厚石灰砂浆，楼面活荷载选用7.0kN/m²，混凝土采用C25，梁中受力钢筋采用HRB400，其他钢筋一律采用HPB300，板厚80mm，次梁截面为$b\times h=200\text{mm}\times450\text{mm}$，主梁截面为$b\times h=300\text{mm}\times700\text{mm}$，柱截面为$b\times h=400\text{mm}\times400\text{mm}$。楼板周边支承在砖墙上，试设计此楼盖。

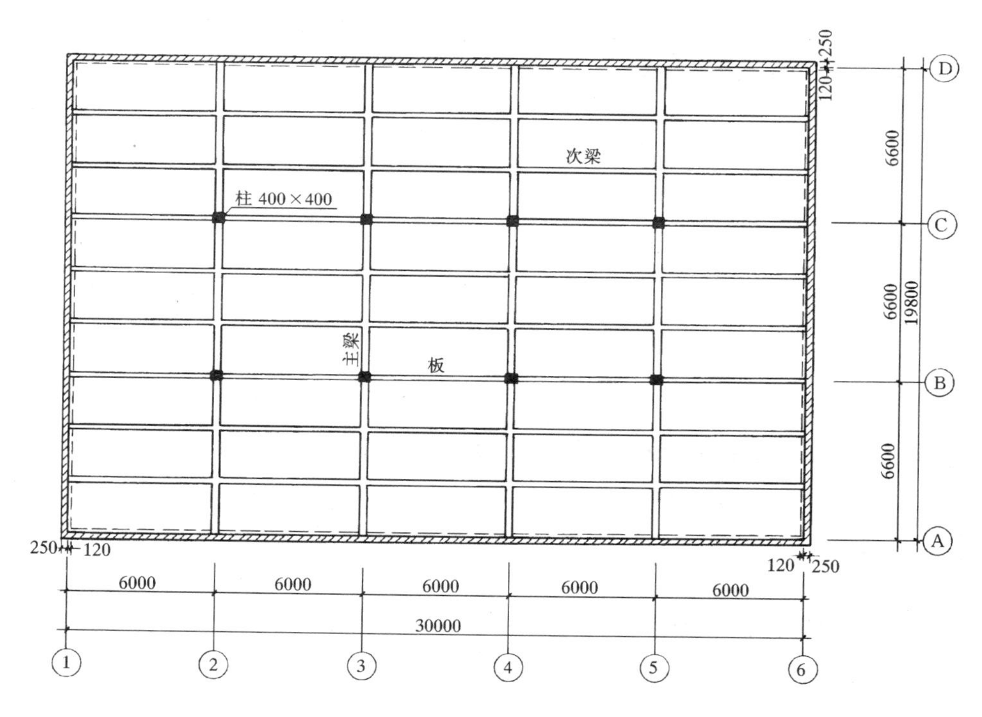

图5-26　仓库的楼面梁格布置图

1. 板的计算（按考虑塑性内力重分布的方法计算）

（1）荷载计算

20mm厚水泥砂浆面层　　　　$20\times0.02=0.400\text{kN/m}^2$

80mm 厚现浇钢筋混凝土板 $25\times0.08=2.000\text{kN/m}^2$

15mm 厚石灰砂浆抹底 $17\times0.015=0.225\text{kN/m}^2$

恒载标准值：$g_k=0.4+2.0+0.225=2.655\text{kN/m}^2$

活载标准值：$p_k=7.000\text{kN/m}^2$

按由可变荷载效应控制的组合：

$q=\gamma_G g_k+\gamma_Q p_k=1.2\times2.655+1.3\times7.000=12.286\text{kN/m}^2$，近似取 12.29kN/m^2。

按由永久荷载效应控制的组合：

$$q=\gamma_G g_k+\psi_c\gamma_Q p_k=1.35\times2.655+0.7\times1.3\times7.000$$
$$=9.954\text{kN/m}^2<12.29\text{kN/m}^2$$

本例题由可变荷载效应控制的组合值较大，故：

取 $q=12.29\text{kN/m}^2$

下面荷载计算中，省略了由永久荷载效应控制的组合值计算。

（2）计算简图（见图 5-27）

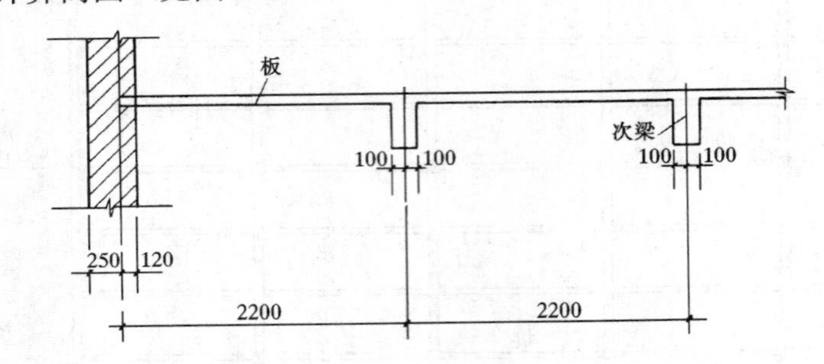

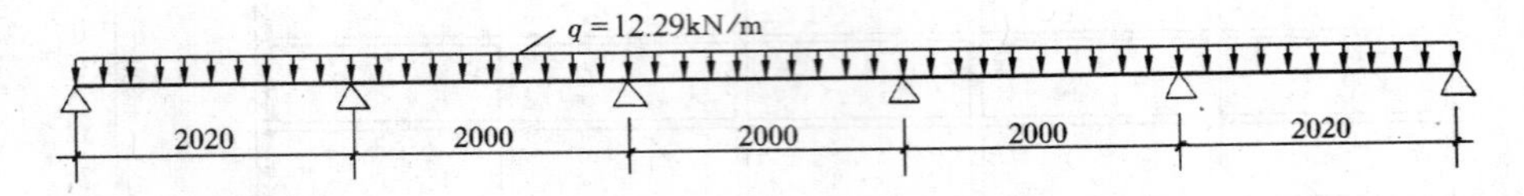

图 5-27 板的计算简图

取 1m 宽板带作为计算单元，各跨的计算跨度为：

中间跨： $l_0=l_n=2200-200=2000\text{mm}$

边跨：$l_0=l_n+h/2=2200-100-120+80/2=2020\text{mm}\leqslant l_n+a/2=2040\text{mm}$

取 $l_0=2020\text{mm}$

（3）内力计算：

因跨度差：$(2020-2000)/2000=1\%<10\%$

故可按等跨连续板计算内力。

各截面的弯矩计算见表 5-5。

板弯矩计算 表 5-5

截　面	边跨中	第一内支座	中间跨中	中间支座
弯矩系数 α	+1/11	−1/11	+1/16	−1/14
$M=\alpha q l_0^2$ (kN·m)	$1/11\times12.29\times2.02^2=4.56$	$-1/11\times12.29\times2.02^2=-4.56$	$1/16\times12.29\times2.0^2=3.07$	$-1/14\times12.29\times2.0^2=-3.51$

（4）截面强度计算

$f_y=270\text{N/mm}^2$，$f_c=11.9\text{N/mm}^2$，$\alpha_1=1.0$，$h_0=80-20=60\text{mm}$，板宽 $b=1000\text{mm}$

正截面强度计算见表 5-6。

正截面强度计算 表 5-6

截面	边跨中	第一内支座	中间跨中		中间支座	
在平面图上的位置			①～② ⑤～⑥	②～ ⑤	①～② ⑤～⑥	②～⑤
M (kN·m)	4.56	−4.56	3.07	0.8×3.07	−3.51	-0.8×3.51
$\alpha_s=\dfrac{M}{\alpha_1 f_c b h_0^2}$	0.106	0.106	0.072	0.057	0.082	0.066
$\gamma_s=0.5(1+\sqrt{1-2\alpha_s})$	0.944	0.944	0.963	0.971	0.957	0.966
$A_s=\dfrac{M}{f_y\gamma_s h_0}$ (mm²)	298.2	298.2	196.8	156.1	226.4	179.4
选用钢筋	ф 8@150	ф 8@150	ф 8@200	ф 8@200	ф 8@200	ф 8@200
实际配筋面积	335	335	251	251	251	251

注：对于轴线间板带，其中间支座和中间跨中截面弯矩设计值可折减 20%。

$\dfrac{A_s}{bh}=\dfrac{189}{1000\times80}=0.24\%>\rho_{min}=0.45\times\dfrac{1.27}{270}=0.21\%$ 也大于 0.2%，符合要求。

根据计算结果及板的构造要求，画出配筋图如图 5-28 所示。

2. 次梁的计算（按考虑塑性内力重分布的方法计算）

（1）荷载计算

板传来的恒载：　$2.655\times2.2=5.841\text{kN/m}$

次梁自重：　$25\times0.2\times(0.45-0.08)=1.850\text{kN/m}$

次梁粉刷抹灰：　$17\times0.015\times(0.45-0.08)\times2=0.189\text{kN/m}$

恒载标准值：　$q_k=5.841+1.850+0.189=7.880\text{kN/m}$

活载标准值：　$p_k=7.000\times2.2=15.400\text{kN/m}$

由可变荷载效应控制的组合

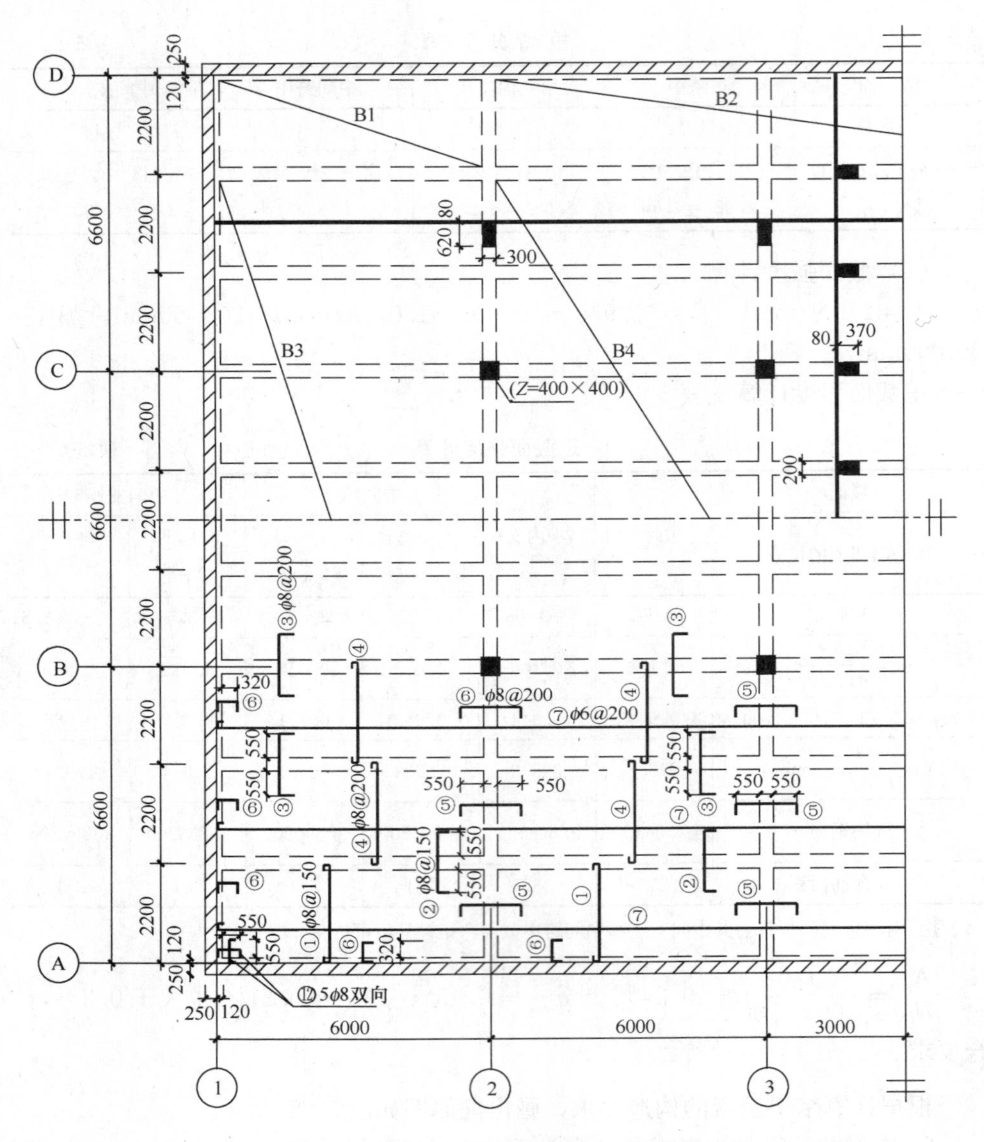

图 5-28 板配筋图

$$q=\gamma_G g_k+\psi_c\gamma_Q p_k=1.2\times7.880+1.0\times1.3\times15.400=29.48\text{kN/m}$$

（2）计算简图

各跨的计算跨度为：

中间跨：$l_0=l_n=6000-300=5700\text{mm}$

边跨：$l_0=l_n+a/2=6000-150-120+250/2=5855\text{mm}$

$1.025l_n=5873.25\text{mm}$，取小值 5855mm。

跨度差：(5855－5700)/5700＝2.7%＜10%，可按等跨连续梁计算。

次梁的计算简图见图 5-29。

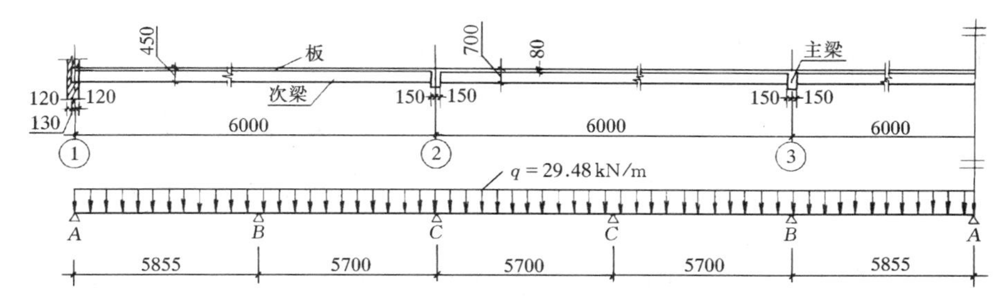

图 5-29　次梁的计算简图

(3) 内力计算

次梁的弯矩计算见表 5-7。

次梁的弯矩计算　　表 5-7

截面	边跨中	第一内支座	中间跨中	中间支座
弯矩系数 α	+1/11	−1/11	+1/16	−1/14
$M=\alpha q l_0^2$ (kN·m)	$1/11\times29.48\times5.855^2$ $=91.87$	$-1/11\times29.48$ $\times5.855^2$ $=-91.87$	$1/16\times29.48\times5.70^2$ $=59.86$	$-1/14\times29.84\times5.70^2$ $=-68.41$

次梁的剪力计算见表 5-8。

次梁的剪力计算　　表 5-8

截面	A 支座	B 支座左	B 支座右	C 支座
剪力系数 β	0.45	0.6	0.55	0.55
$V=\beta q l_0$ (kN)	$0.45\times29.48\times5.85$ $=77.61$	$0.6\times29.48\times5.85$ $=103.47$	$0.55\times29.48\times5.70$ $=92.42$	$0.55\times29.48\times5.70$ $=92.42$

(4) 正截面强度计算

次梁跨中截面按 T 形截面计算，支座截面按矩形截面计算。

1) T 形截面翼缘宽度 b'_f

边跨：$b'_f=l/3=5.855/3=1.95$m

$b'_f=b+S_n=0.2+2.0=2.2$m

取 $b'_f=1.95$m

中间跨：$b'_f=l/3=5.7/3=1.90$m

$b'_f=b+S_0=0.2+2.0=2.2$m

取　　$b'_f = 1.90\text{m}$

2）判断截面类型

$h_0 = 450 - 8 - 25 - \dfrac{d}{2} \approx 410\text{mm}$（假定纵筋直径为 14mm），$f_y = 360\text{N/mm}^2$

$$\alpha_1 f_c b'_f h'_f \left(h_0 - \frac{h'_f}{2}\right) = 1.0 \times 11.9 \times 1950 \times 80 \times \left(415 - \frac{80}{2}\right)$$

$$= 696.2\text{kN} \cdot \text{m} > \begin{matrix} 91.87\text{kN} \cdot \text{m}(\text{边跨中弯矩}) \\ 59.86\text{kN} \cdot \text{m}(\text{中间跨中弯矩}) \end{matrix}$$

因此，边跨中和中间跨中截面均属于第一类 T 形截面。

次梁正截面强度计算见表 5-9。

次梁正截面强度计算　　　　**表 5-9**

截　面	边跨中	第一内支座	中间跨中	中间支座
M（kN·m）	91.87	−91.87	59.86	−68.41
b'_f 或 b（mm）	1950	200	1900	200
$\alpha_s = \dfrac{M}{\alpha_1 f_c b'_f h_0^2}$	0.024	0.230	0.016	0.171
$\gamma_s = 0.5\ (1 + \sqrt{1 - 2\alpha_s})$	0.988	0.867	0.992	0.908
$\xi = 1 - \sqrt{1 - 2\alpha_s}$	0.024<0.518	0.265<0.518	0.0161<0.518	0.189<0.518
$A_s = \dfrac{M}{f_y \gamma_s h_0}$（mm²）	629.88	771.91	408.83	511.57
选用钢筋	2Φ16（直）＋2Φ14（弯）	2Φ16（直）＋2Φ14（弯）＋1Φ12（弯）	2Φ16（直）＋1Φ12（弯）	2Φ16（直）＋1Φ12（弯）
实际配筋面积（mm²）	710	823	515	515

$\dfrac{A_s}{bh_0} = \dfrac{515}{200 \times 450} = 0.57\% > \rho_{\min} = 0.45 \times \dfrac{1.27}{360} = 0.16\%$，也大于 0.2%，符合要求。

（5）斜截面强度计算：

$h_w = h_0 - h'_f = 410 - 80 = 330\text{mm}$，因 $\dfrac{h_w}{b} = \dfrac{330}{200} = 1.65 < 4$，次梁斜截面强度计算见表 5-10。

次梁斜截面强度计算　　表 5-10

截　　面	A 支座	B 支座左	B 支座右	C 支座
V（kN）	77.61	103.47	92.42	92.42
$0.25\beta_c f_c b h_0$（kN）	$0.25\times1.0\times11.9\times200\times410=243.95\text{kN}>V$　截面满足要求			
$0.7 f_t b h_0$（kN）	$0.7\times1.27\times200\times410=72.90\text{kN}<V$　按计算配筋			
箍筋直径和肢数	Φ6　双肢			
A_{sv}（mm²）	$2\times28.3=56.6$	$2\times28.3=56.6$	$2\times28.3=56.6$	$2\times28.3=56.6$
$s=\dfrac{f_{yv}A_{sv}h_0}{V-0.7f_t b h_0}$（mm）	1329	205	340	340

弯矩调幅时要求的配箍率下限为：$0.3\dfrac{f_t}{f_{yv}}=0.3\times\dfrac{1.27}{270}=0.14\%$，实际配箍率 $\rho_{sv}=\dfrac{A_{sv}}{bs}=\dfrac{56.6}{200\times200}=0.142\%>0.14\%$，满足要求。

（6）计算结果及次梁的构造要求，绘次梁配筋图，见图 5-30。

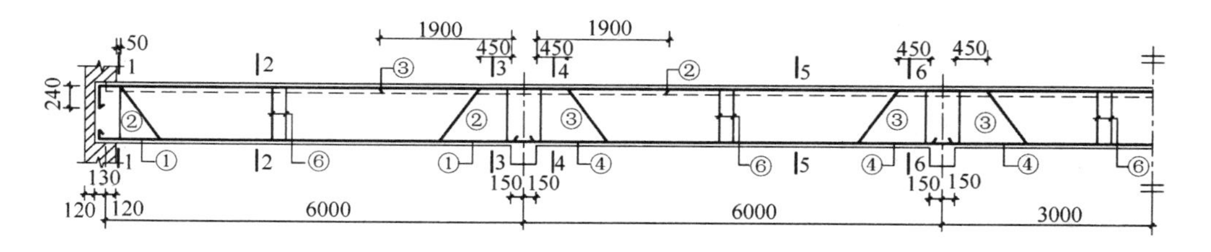

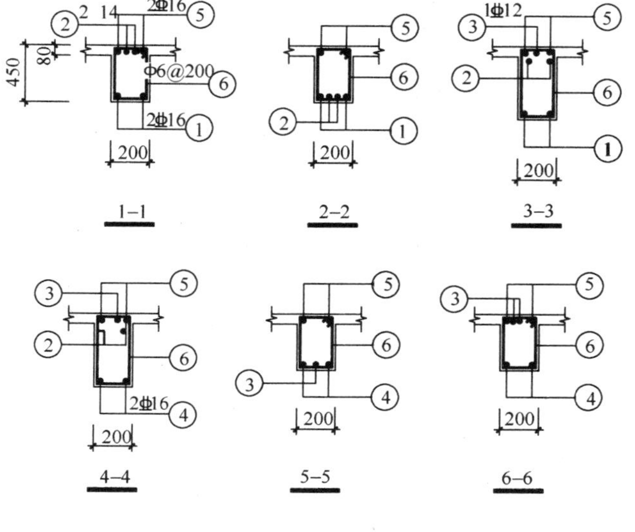

图 5-30　次梁配筋图

3. 主梁的计算（按弹性理论计算）

(1) 荷载计算：

次梁传来的恒载：$7.88\times6.0=47.28\text{kN}$

主梁自重：$25\times0.3\times(0.7-0.08)\times2.2=10.23\text{kN}$

梁侧抹灰：$17\times0.015\times(0.7-0.08)\times2\times2.2=0.696\text{kN}$

恒载标准值：$g_k=47.28+10.23+0.696=58.206\text{kN}$

活载标准值：$p_k=15.4\times6=92.400\text{kN}$

恒载设计值：$G=1.2g_k=1.2\times58.206=69.85\text{kN}$

活载设计值：$P=1.3p_k=1.3\times92.40=120.1\text{kN}$

(2)计算简图

各跨的计算跨度为：

中间跨：$l_0=l_C=6600\text{mm}$

边跨：$l_n+\frac{a}{2}+\frac{b}{2}=6600-120-200+\frac{370}{2}+\frac{400}{2}=6665\text{mm}$

$$1.025l_n+\frac{b}{2}=1.025\times(6600-120-200)+\frac{400}{2}=6637\text{mm}$$

取小值 $l_0=6637\text{mm}$

跨度差：$\frac{6637-6600}{6600}=0.56\%<10\%$

主梁的计算简图见图 5-31。

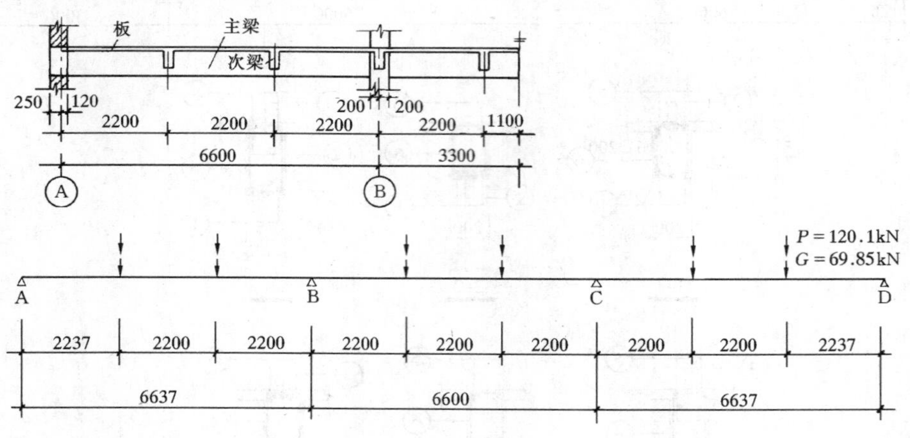

图 5-31 主梁的计算简图

(3)内力计算

1)弯矩计算

$$M=k_1Gl+k_2Pl\ (k\text{ 值可由附表 5-1 查得})$$

边跨：$Gl=69.85\times6.637=463.59\text{kN}$

$$Pl=120.1\times6.637=797.1\text{kN}$$

中跨：$Gl=69.85\times6.6=461.01\text{kN}$

$$Pl=120.1\times6.6=792.7\text{kN}$$

主梁弯矩计算见表 5-11。

2)剪力计算

$$V=k_3G+k_4P(k\text{ 值可由附表 5-1 查得})$$

剪力计算见表 5-12。

主梁弯矩及剪力包络图见图 5-32。

主梁弯矩计算　　表 5-11

项次	荷载简图	$\frac{k}{M_1}$	$\frac{k}{M_a}$	$\frac{k}{M_B}$	$\frac{k}{M_2}$	$\frac{k}{M_b}$	$\frac{k}{M_C}$
① 恒活载	G A 1 a B 2 b C a 1 D	$\frac{0.244}{113.1}$	71.7	$\frac{-0.267}{-123.4}$	$\frac{0.067}{30.9}$	$\frac{0.067}{30.9}$	$\frac{-0.267}{-123.4}$
② 活荷载	P	$\frac{0.289}{230.4}$	194.5	$\frac{-0.133}{-105.7}$	−105.7	−105.7	$\frac{-0.133}{-105.7}$
③ 活荷载	P	−35.6	−70.7	$\frac{-0.133}{-105.7}$	$\frac{0.200}{158.5}$	$\frac{0.200}{158.5}$	$\frac{-0.133}{-105.7}$
④ 活荷载	P	$\frac{0.229}{182.5}$	99.8	$\frac{-0.311}{-247.2}$	75.9	$\frac{0.170}{134.8}$	$\frac{-0.089}{-70.8}$
⑤ 活荷载	P	−23.9	−47.3	$\frac{-0.089}{-70.8}$	$\frac{0.170}{134.8}$	75.9	$\frac{-0.311}{-247.2}$
内力组合	①+②	343.5	266.2	−229.1	−74.8	−74.8	−229.1
	①+③	77.5	0.8	−229.1	189.4	189.4	−229.1
	①+④	295.6	171.5	−370.6	106.8	165.7	−194.2
	①+⑤	89.2	24.4	−194.2	165.7	106.8	−370.6
最不利内力	M_{min}组合项次	①+③	①+③	①+④	①+②	①+②	①+⑤
	M_{min}组合值(kN·m)	77.5	0.8	−370.6	−74.8	−74.8	−370.6
	M_{max}组合项次	①+②	①+②	①+⑤	①+③	①+③	①+④
	M_{max}组合值(kN·m)	343.5	266.2	−194.2	189.4	189.4	−194.2

(4)正截面强度计算

1)确定翼缘宽度

主梁跨中按 T 形截面计算。

边跨：$b_f'=l/3=6.637/3=2.2123\text{m}$

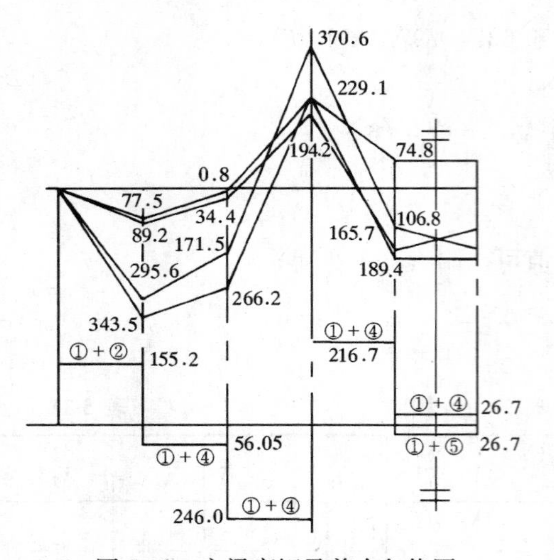

图 5-32 主梁弯矩及剪力包络图

$b'_f = b + S_n = 0.3 + 5.7 = 6.0\text{m}$

取 $b'_f = 2.2123\text{m}$

中间跨：$b'_f = l/3 = 6.6/3 = 2.2\text{m}$

$b'_f = b + S_n = 0.3 + 5.7 = 6.0\text{m}$

取 $b'_f = 2.2\text{m}$

支座截面仍按矩形截面计算。

2)判断截面类型

取 $h_0 = 640\text{mm}$(跨中)，

$h_0 = 610\text{mm}$(支座)

$$\alpha_1 f_c b'_f h'_f (h_0 - h'_f/2)$$
$$= 1.0 \times 11.9 \times 2212.3 \times 80 \times (640 - 80/2)$$
$$= 1263.67\text{kN} \cdot \text{m}$$

$$1263.67\text{kN} \cdot \text{m} > 343.5\text{kN} \cdot \text{m}(\text{AB 跨间})$$
$$1263.67\text{kN} \cdot \text{m} > 189.4\text{kN} \cdot \text{m}(\text{BC 跨间})$$

可知 AB 跨间、BC 跨间均属于第一类 T 形截面。

主梁剪力计算 **表 5-12**

项次		荷载简图	$\frac{k}{V_A}$	$\frac{k}{V_{BL}}$	$\frac{k}{V_{BR}}$
① 恒荷载		G 1 a B 2 b C a 1 A D	$\frac{0.733}{51.2}$	$\frac{-1.267}{-88.5}$	$\frac{1.000}{69.85}$
② 活荷载		P	$\frac{0.866}{104.0}$	$\frac{-1.134}{-136.2}$	$\frac{0}{0}$
③ 活荷载		P	$\frac{-0.133}{-16}$	$\frac{-0.133}{-16}$	$\frac{1.000}{120.1}$
④ 活荷载		P	$\frac{0.689}{82.7}$	$\frac{-1.311}{-157.5}$	$\frac{1.222}{146.8}$
⑤ 活荷载		P	$\frac{-0.089}{-10.7}$	$\frac{-0.089}{-10.7}$	$\frac{0.778}{93.4}$
V_{min}(kN)	组合项次		①+③	①+④	①+⑤
	组合值		35.2	−246.0	163.3
V_{max}(kN)	组合项次		①+②	①+⑤	①+④
	组合值		155.2	−99.2	216.7

3)截面强度计算

主梁正截面强度计算见表 5-13，表中按简支梁计算的支座剪力设计值为：

$$V_0 = G + P = 69.85 + 120.1 = 189.95\text{kN}$$

主梁正截面强度计算　表 5-13

截　面	边跨中	B支座	中间跨中	
M(kN·m)	343.5	−370.6	189.4	−74.8
$V_0\frac{b}{2}$(kN)	—	$189.95\times\frac{0.4}{2}=37.99$	—	—
$M-V_0\frac{b}{2}$(kN·m)	343.5	−332.61	189.4	−74.8
$b(b_f')$	2212	300	2200	2200
$\alpha_s=\frac{M}{\alpha_1 f_c b(b_f')h_0^2}$	0.032	0.250	0.018	0.007
$\gamma_s=0.5(1+\sqrt{1-2\alpha_s})$	0.984	0.853	0.991	0.997
$\xi=1-\sqrt{1-2\alpha_s}$	0.033<0.518	0.293<0.518	0.018<0.518	0.007<0.518
$A_s=\frac{M}{f_y\gamma_s h_0}$(mm²)	1515.4	1775.1	829.4	325.8
选用钢筋	2Φ22(直)+2Φ22(弯)	2Φ16(直)+2Φ20(直)2Φ22(弯)+1Φ20(弯)	2Φ18(直)+1Φ20(弯)	2Φ16(直)
实际配筋面积(mm²)	1520	2104	823	402

取中间跨中截面验算其承担负弯矩时的最小配筋率为：

$$\frac{A_s}{bh}=\frac{402}{300\times700}=0.191\%>\rho_{min}=0.45\times\frac{f_t}{f_y}=0.45\times\frac{1.27}{360}=0.16\%$$，符合要求。

(5)斜截面强度计算：

主梁斜截面强度计算见表5-14。

主梁斜截面强度计算　表 5-14

截　面	A支座	B支座左	B支座右
V(kN)	155.2	246.0	216.7
$0.25\beta_c f_c bh_0$(kN)	$0.25\times1.0\times11.9\times300\times610=544.425\text{kN}>V$ 截面满足要求		
$0.7f_t bh_0$(kN)	162.687kN>V 按构造配筋	$0.7\times1.27\times300\times610=162.687\text{kN}<V$ 按计算配箍	
箍筋直径和肢数	Φ8@200　双肢		
$V_{cs}=0.7f_t bh_0+f_{yv}\frac{A_{sv}}{s}h_0$	—	$0.7\times1.27\times300\times610+\frac{270\times100.6\times610}{200}=245.5\text{kN}\approx246.0\text{kN}$	
$A_{sb}=\frac{V-V_{cs}}{0.8f_y\sin\alpha_s}$(mm²)	—	$\frac{(246.0-209.3)\times1000}{0.8\times360\times0.707}=180.2$	$\frac{(216.7-209.3)\times1000}{0.8\times360\times0.707}=36.3$

(6) 主梁吊筋计算

由次梁传给主梁的集中荷载为：

$$F=1.2\times47.28+1.3\times92.4=176.86\text{kN}$$

$$A_{sv1}\geqslant\frac{F}{2f_y\sin45°}=\frac{176.86\times10^3}{2\times360\times0.707}=347.4\text{mm}^2$$

选用 2 Φ 16（402mm²）。

（7）主梁配筋图

根据计算结果及主梁的构造要求，绘主梁配筋图，见图 5-33。钢筋切断和延伸长度在实际施工中可精确至厘米。

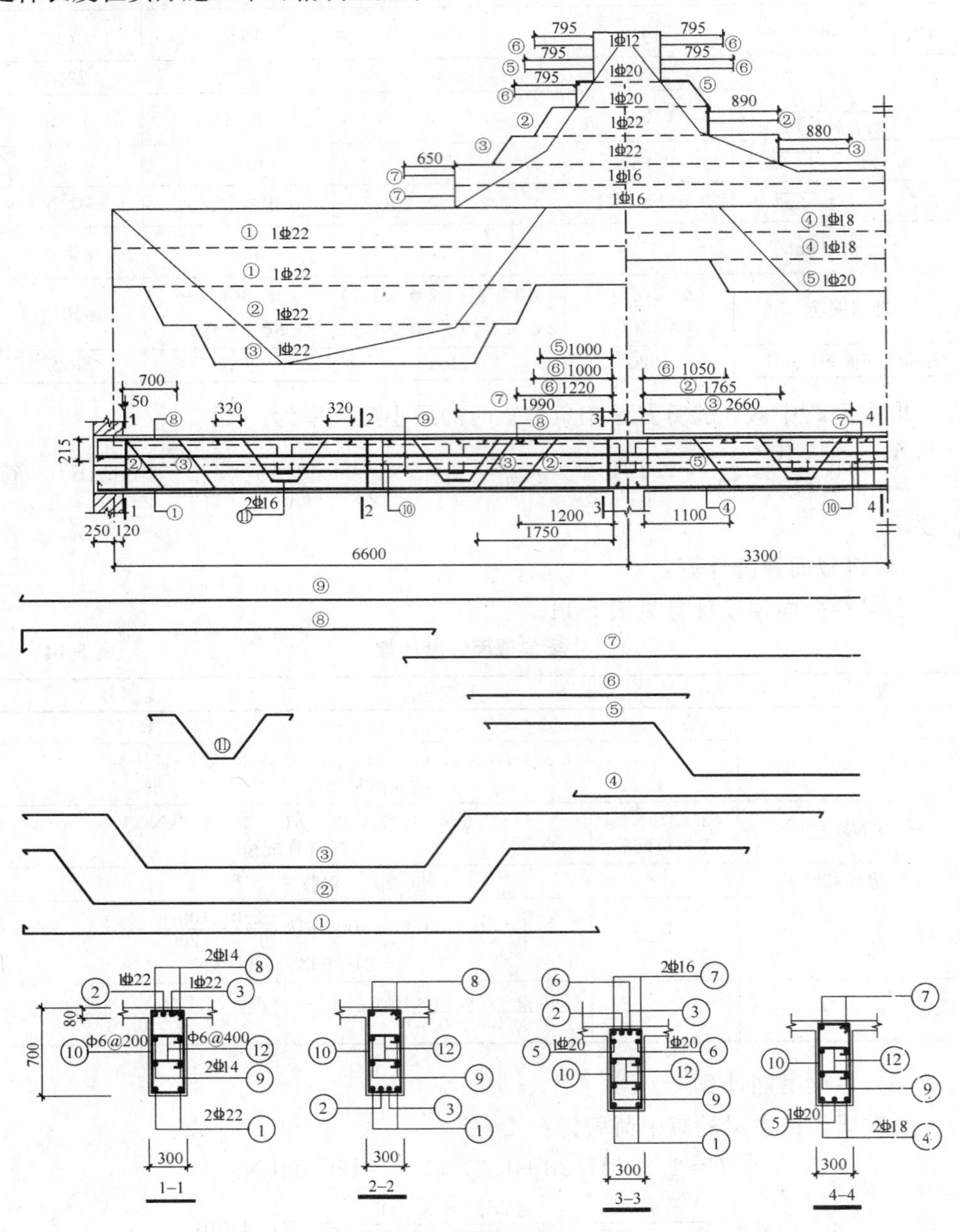

图 5-33 主梁抵抗弯矩图及配筋图

第三节　整体式双向板肋梁楼盖

一、按弹性理论方法计算内力

1. 单块（单区格）双向板的计算

双向板按弹性理论计算属弹性力学中的薄板弯曲问题，计算较复杂。对于常用的荷载分布及支承条件的单块（单区格）双向板，在设计手册中给出了弹性理论的计算结果，并制成图表，使用时可根据表中的系数，代入相应公式求得双向板的弯矩和挠度。在应用弹性理论求解双向板时，必须假定：

（1）钢筋混凝土板是匀质弹性体；

（2）板厚与板跨之比很小，可以认为是薄板。

在附表 5-2 中，列出了均布荷载作用下的六种支承情况的双向板的弯矩系数和挠度系数，可供计算时查用，即：四边简支；三边简支，一边固定；两对边简支，两对边固定；两邻边简支，两邻边固定；三边固定，一边简支；四边固定。若遇六种情况以外的情况，可查静力计算手册或其他计算手册。

$$\text{实用计算时：} m = \text{表中系数} \times ql^2 \tag{5-19}$$

式中　m——跨中或支座截面单位板宽内的弯矩；

q——单位面积上的均布荷载；

l——板的较小跨度。

表中系数，取材料泊松比 $\mu=0$。若 $\mu\neq0$，挠度和支座边上的弯矩计算不变，跨中弯矩计算如下式：

$$m_x^{(\mu)} = m_x + \mu m_y \tag{5-20}$$

$$m_y^{(\mu)} = m_y + \mu m_x \tag{5-21}$$

式中　m_x，m_y——$\mu=0$ 时的弯矩。

对混凝土材料，可取 $\mu=1/6$。

挠度计算的公式在附表 5-2 中给出。

2. 连续（多区格）双向板的计算

连续（多区格）双向板的弹性计算更为复杂，实用计算中，在对板上最不利活荷载布置进行调整的基础上，将多跨连续板化为单块板，然后利用上述单块板的计算方法进行计算，这种方法实用方便，能较好地符合实际。

这种方法是一种近似的方法，假定：板的支承梁抗弯刚度很大，其垂直变形可略去不计；板的支承梁抗扭刚度很小，支座可以转动。即可视支承梁为双向板的不动铰支座。同时规定同一方向相邻最小跨与最大跨之比不小于 0.75。

（1）跨中最大弯矩

当求某区格跨中最大弯矩时，活荷载不利位置为棋盘布置，实际各板沿周边为弹性嵌固，为利用已有的单区格板的计算表格，将活载 p 与恒载 g 分成 $g+\frac{p}{2}$ 与 $\pm\frac{p}{2}$ 两部分，分别作用于相应区格，叠加后即为恒载 g 满布，活载 p 棋盘布置，如图 5-34 所示。当 $g+\frac{p}{2}$ 作用时，内区格可近似视为四边固定的双向板；当 $\pm p/2$ 作用时，承受反对称荷载的连续板，中间支座弯矩为零，内区格跨中弯矩可按四边简支的双向板计算。边区格沿楼盖周边的支承条件可按实际情况考虑。最后将两部分荷载作用下的跨中弯矩叠加，即得各区格板的跨中最大弯矩。

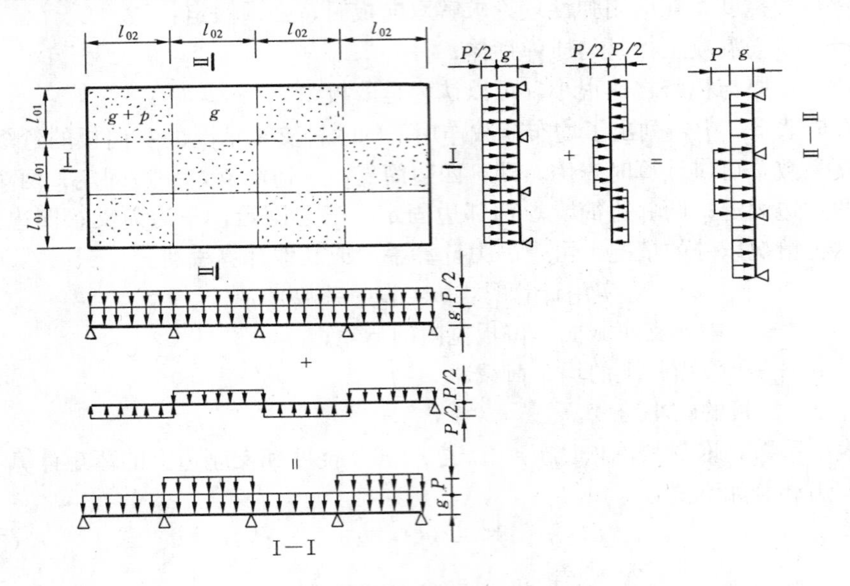

图 5-34　连续双向板的计算图示

（2）支座最大负弯矩

为简化计算，假定全板各区格均作用有 $g+p$，求支座最大弯矩。这样，内区格可按四边固定双向板计算支座弯矩。边区格沿楼盖周边的支承条件可按实际情况确定。

3. 双向板支承梁的计算

双向板上承受的荷载按最近的路径传给支座，因而可向板角作 45°线，将其分为四个区域分别将荷载传递给梁。长边梁承受梯形荷载，短边梁承受三角形荷载，如图 5-35 所示。三角形或梯形荷载可根据固端弯矩相等的原则，化为等效均布荷载 q_1，不同分布荷载的等效均布荷载 q_1 可查附表 5-3。在 q_1 作用下，支座弯矩可用结构力学方法求得，再取脱离体求梁跨中弯矩。

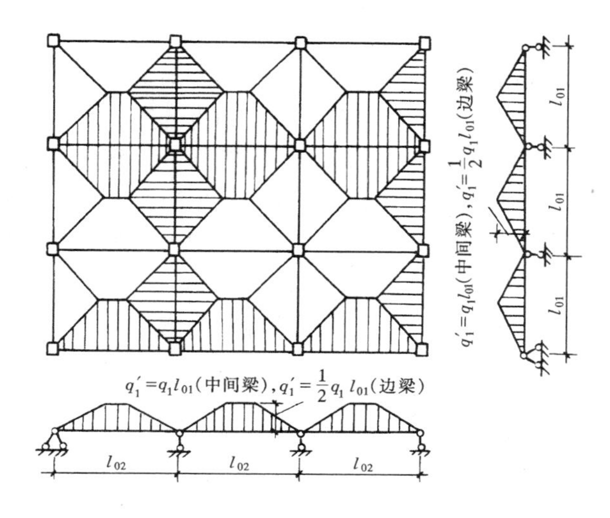

图 5-35　双向板支承梁上的荷载

二、按塑性理论方法计算内力

1. 板的破坏特点

均布荷载作用下四边简支板的试验表明，裂缝出现前，板基本处于弹性阶段工作，板中作用有双向弯矩和扭矩，以短跨方向为大。随荷载增大，板底平行于长边首先出现裂缝，裂缝沿 45°方向延伸。随荷载进一步加大，与裂缝相交处的钢筋相继屈服，将板化成四个板块。破坏前，板顶四角也出现呈圆形的裂缝，促使板底裂缝开展迅速，最后板块绕屈服线转动，形成机构，达到极限承载力而破坏。板的裂缝分布见图 5-36。

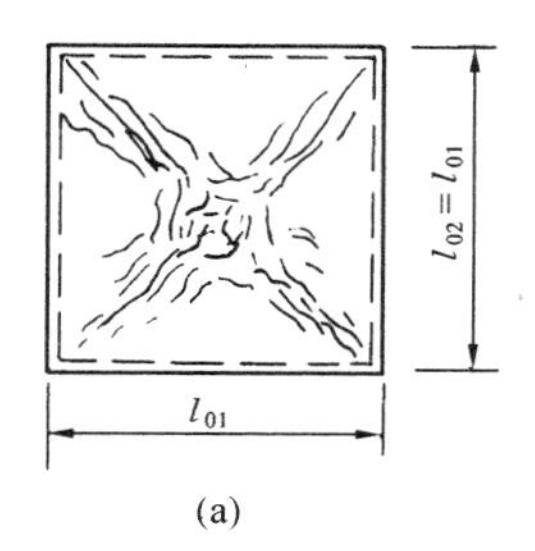

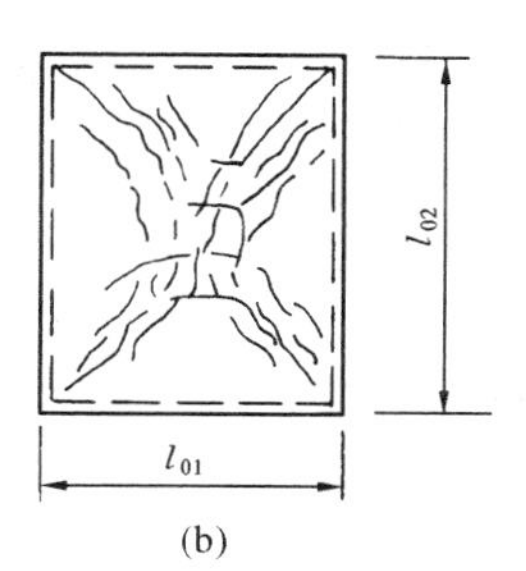

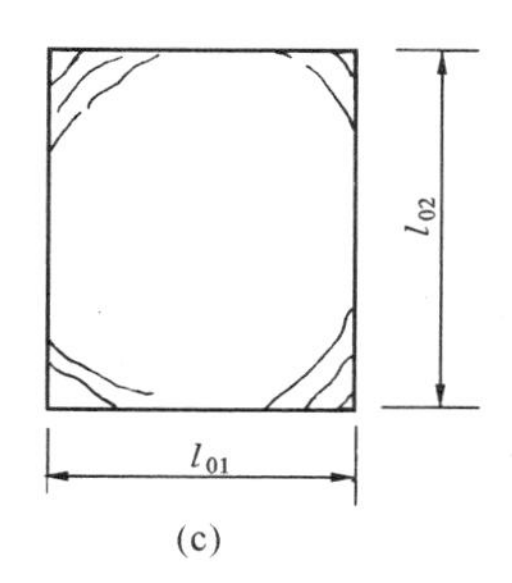

图 5-36　均布荷载下双向板的裂缝图

(a) 方形板板底裂缝；(b) 矩形板板底裂缝；(c) 矩形板板面裂缝

整个破坏过程反映钢筋混凝土板具有一定的塑性性质，破坏主要发生在屈服线上，此屈服线称为塑性铰线。正弯矩引起的称正塑性铰线，负弯矩引起的称负塑性铰线。在此破坏线上，所能承受的内力矩即为极限力矩。

2. 塑性铰线的确定

按塑性理论计算双向板时，许多方法都要预先知道板的破坏模式，即塑性铰线的位置。塑性铰线的位置与很多因素有关，如板的平面形状、边界条件、荷载类型、纵横方向跨中与支座配筋情况等，下列规律可供确定塑性铰线时参考：

（1）塑性铰线发生在弯矩最大的地方，整个板由塑性铰线划分成若干个板块；

（2）均布荷载下，塑性铰线一般呈直线；集中力作用下，塑性铰线一般呈扇形、环状分布（如图 5-37）；

（3）根据弹性理论得出的双向板短跨的跨中最大正弯矩的位置，可作为塑性铰线的起点；

（4）负弯矩塑性铰线往往发生在固定边界；

（5）塑性铰线通过相邻板块转动轴的交点。

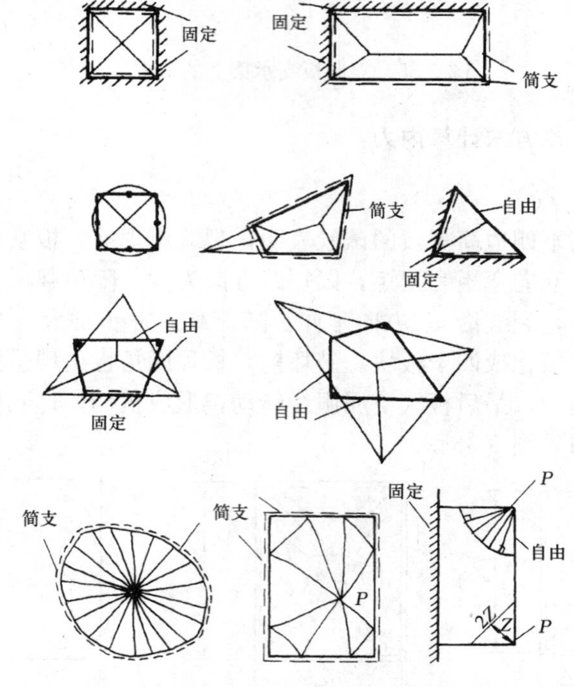

图 5-37 均布或集中荷载作用下典型的屈服线形式

塑性铰线有下列假定：

（1）板块本身的变形远小于塑性铰线处的变形，可视板块为刚性体，整个板的变形集中于塑性铰线上，破坏时，板块均绕塑性铰线转动；

（2）板的破坏图形可能不止一个，在所有可能的破坏图形中，最危险的是相应于极限荷载最小的塑性铰线破坏图形；

（3）在最危险的塑性铰线上，扭矩和剪力均极小，可视为零。外弯矩全部由塑性铰线截面上的极限弯矩来抵抗，板块在旋转过程中，假定极限弯矩为常数。

3. 按极限平衡法计算双向板

极限平衡法是塑性理论的上限解法。

塑性理论的极限分析计算有两类解法：一类是上限解法，一类是下限解法。上限解法满足板的机动条件和平衡条件，但不一定满足塑性弯矩条件，所求得的极限荷载总大于或等于真实的破坏荷载；下限解法满足板的塑性弯矩条件和平衡条件，但不一定满足机动条件，所求得的极限荷载总小于或等于真实的破坏荷载。如一个荷载既是荷载的上限，也是荷载的下限，则这个荷载一定是真实的极限荷载。

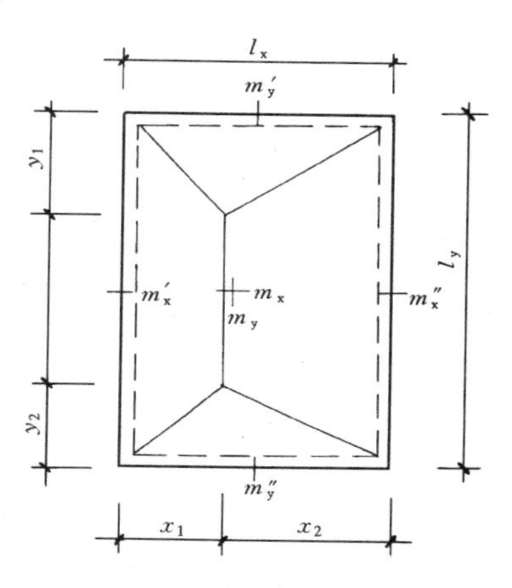

图 5-38　塑性铰线及极限弯矩示意

(1) 公式的推导

以四边固定的矩形板为例，由于各支座配筋及条件不同，应按如图 5-38 所示的塑性铰线位置推导公式，其中：m_x，m_y，m'_x，m'_y，m''_x，m''_y 均为不同塑性铰线上单位板宽内的极限弯矩。

实际工程中，对于承受均布荷载的四边简支或固定的双向板，可假定其塑性铰线对称分布，使建立公式更为简单，而误差不大，一般在 5%以内，个别情况达 10%，能满足一般工程的要求，简化后的塑性绞线分布如图 5-39 (a) 所示。

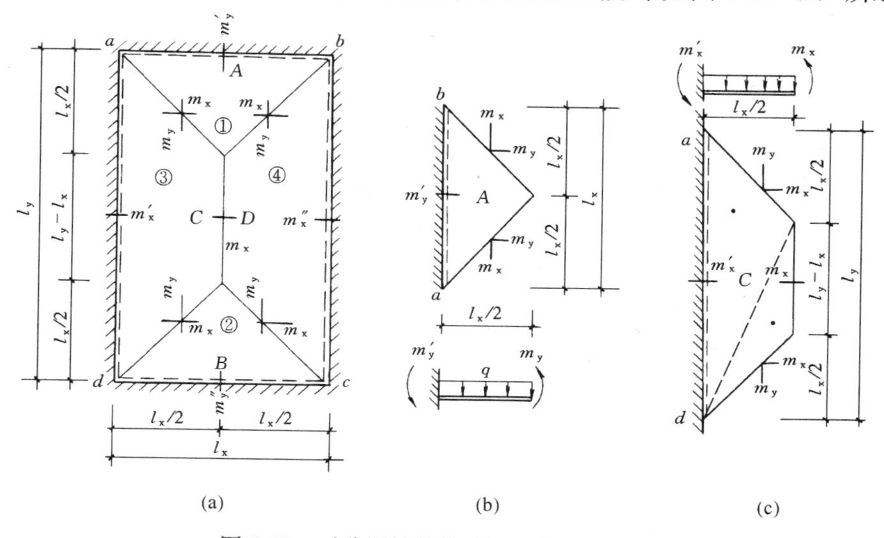

图 5-39　对称塑性铰线及极限弯矩示意图

(a) 对称塑性铰线；(b) 板块①脱离体；(c) 板块③脱离体

取板块①脱离体，对支座边缘取矩（图 5-39b）：

$$\Sigma M_{ab}=0,\ m'_y l_x+m_y l_x=\frac{1}{2}q_u l_x\frac{l_x}{2}\frac{1}{3}\frac{l_x}{2}$$

令 $M'_y=m'_y l_x$，$M_y=m_y l_x$

则上式为：

$$M'_y+M_y=\frac{q_u l_x^3}{24} \tag{a}$$

同理：取板块②脱离体，对支座边缘 dc 取矩，可得：

$$M''_y+M_y=\frac{q_u l_x^3}{24} \tag{b}$$

式中 $M''_y=m''_y l_x$

取板块③脱离体，对支座边缘 ad 取矩（图 5-39c）：

$$\Sigma M_{ad}=0,\text{则}$$

$$\begin{aligned}m'_x l_y+m_x l_y&=\frac{1}{2}q_u l_y\frac{l_x}{2}\frac{1}{3}\frac{l_x}{2}+\frac{1}{2}q_u(l_y-l_x)\frac{l_x}{2}\frac{2}{3}\frac{l_x}{2}\\&=\frac{q_u l_x^2 l_y}{24}+\frac{q_u l_x^2 l_y}{12}-\frac{q_u l_x^3}{12}\\&=\frac{q_u l_x^2(3l_y-2l_x)}{24}\end{aligned}$$

令 $m'_x l_y=M'_x;m_x l_y=M_x;m''_x l_y=M''_x$

上式成为：

$$M'_x+M_x=\frac{q_u l_x^2(3l_y-2l_x)}{24} \tag{c}$$

同理，对板块④取脱离体，对边缘 bc 取矩：

$$\Sigma M_{bc}=0,\quad M''_x+M_x=\frac{q_u l_x^2(3l_y-2l_x)}{24} \tag{d}$$

将式（a）、式（b）、式（c）、式（d）叠加，得：

$$\begin{aligned}&M''_y+M_y+M'_y+M_y+M'_x+M_x+M''_x+M_x\\&=\frac{q_u l_x^3}{24}+\frac{q_u l_x^3}{24}+\frac{q_u l_x^2(3l_y-2l_x)}{24}+\frac{q_u l_x^2(3l_y-2l_x)}{24}\end{aligned}$$

即 $$\begin{aligned}M''_y+M'_y+M''_x+M'_x+2M_x+2M_y&=\frac{q_u l_x^3}{12}+\frac{q_u l_x^2(3l_y-2l_x)}{12}\\&=\frac{q_u l_x^2(3l_y-l_x)}{12}\end{aligned} \tag{5-22}$$

（2）公式的应用

m_x，m_y，m'_x，m'_y，m''_x，m''_y 取决于板厚及板配筋的状况，如板的平面尺寸已知，板厚及配筋已知，由极限平衡法的计算公式可求得板所能承受的极限荷载 q_u。

例如板的平面尺寸及荷载已知，要利用式（5-22）求其配筋，需补充条件：

$$\alpha = m_y/m_x$$
$$\beta'_x = m'_x/m_x$$
$$\beta''_x = m''_x/m_x$$
$$\beta'_y = m'_y/m_y$$
$$\beta''_y = m''_y/m_y$$

即预先选好支座极限弯矩与跨中极限弯矩、x 方向和 y 方向的极限弯矩之间的比例，再代入方程求解。

β'_x，β''_x，β'_y，β''_y 宜在 1～2.5 之间变化，通常取 2。

α 的确定应尽量使板两个方向的弯矩值比值与弹性跨中两方向弯矩的比值接近或一致。

根据两个方向板带在跨中交点处挠度相等的条件，由四边简支板可求得：

$$f_x = a_x q_x l_x^4/EI_x$$
$$f_y = a_y q_y l_y^4/EI_y$$

a_x、a_y 是与支承条件有关的系数，如果忽略由于钢筋上下位置不同而产生的差异，则：$a_x=a_y$，$I_x=I_y$

由
$$f_x=f_y$$
得：
$$q_x l_x^4=q_y l_y^4$$
即：
$$\frac{q_x l_x^2}{8}l_x^2=\frac{q_y l_y^2}{8}l_y^2$$

令：$m_x=\dfrac{q_x l_x^2}{8}$，$m_y=\dfrac{q_y l_y^2}{8}$　（简支梁跨中弯矩）

即：
$$m_x l_x^2=m_y l_y^2$$
$$m_y/m_x=a=(l_x/l_y)^2 \tag{5-23}$$

式（5-23）可作为确定 a 值的依据。

如令 $M''_y=M'_y=M''_x=M'_x=0$，则式（5-22）为：

$$M_x+M_y=\frac{q_u l_x^2(3l_y-l_x)}{24}$$

即得到四边简支板按极限荷载的计算公式。

取 $l_y=2l_x$，由 $m_y/m_x=a=(l_x/l_y)^2=0.25$，得 $m_y=0.25m_x$

取 $l_y=3l_x$，由 $m_y/m_x=a=(l_x/l_y)^2=0.111$，得 $m_y=0.111m_x$

上式说明，按塑性理论计算双向板时，当 $l_y/l_x=2$ 时，沿长方向的弯矩 m_y 为短方向弯矩的 25%，当 $l_y/l_x=3$ 时，m_y 为 m_x 的 11%。

故按塑性理论计算时，双向板与单向板的分界通常取 $l_y/l_x=3$，而不是 l_y/l_x

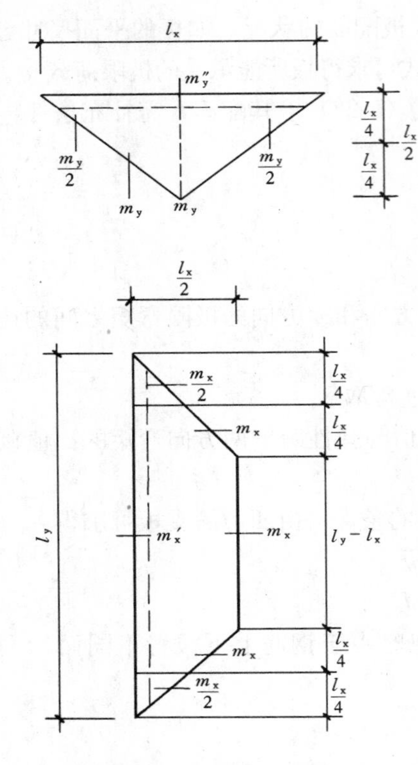

图 5-40 钢筋切断弯起的影响

=2。

(3) 钢筋切断和弯起的影响

上述塑性铰线的确立与公式的推导是建立在板内钢筋均匀布置，且在跨中不切断、不弯起，板中 m_x、m_y 在塑性铰线上的值不变的基础之上。实用设计中允许双向板跨中钢筋在离开支座边 $l_x/4$、$l_y/4$ 处隔一弯一或隔一断一，如果板中钢筋均匀布置，但跨中钢筋按构造弯起或切断，则弯起和切断的钢筋可能不通过塑性铰线，在 $l_x/4$、$l_y/4$ 的角隅部，相应的极限弯矩值应减少一半，对应的板块脱离体如图 5-40 所示，按前述同样方法可推导极限平衡法的公式为：

$$2m_x(l_y - l_x/4) + 2m_y(3l_x/4) + (m'_x + m''_x)l_y + (m'_y + m''_y)l_x = q_u l_x^2(3l_y - l_x)/12 \tag{5-24}$$

若将 $\alpha = \beta'_x = \beta''_x = \beta'_y = \beta''_y = 2$ 代入公式,公式中仅 m_x 为未知,可求解。

(4) 多跨连续双向板计算

与弹性理论计算相同，仍假定支承梁的抗弯刚度无穷大，竖向位移忽略，支承梁抗扭刚度很小，板在支座处可转动，内区格板按相应支承条件（四边固定或简支）的单块板计算，边角板按实际支承条件的单块板计算。计算时，可由中间区格开始，求出跨中支座的极限弯矩，将支座极限弯矩作为相邻板的已知支座弯矩，依次由内向外，使每一支座的弯矩都满足平衡条件。

三、截面设计及构造要求

1. 截面弯矩设计值

对于周边与梁整体连接的双向板，考虑到受荷载后，支座上部开裂，跨中下部开裂，板有效截面实际为拱形，板中存在穹顶作用，无论按弹性方法还是塑性方法计算，与单向板类似，板中弯矩值可以减少：

(1) 对中间区格的跨中截面及中间支座截面可减少 20%。

(2) 对边区格的跨中截面及第一内支座截面，当：

$l_b/l < 1.5$ 时，减少 20%；

$1.5 \leqslant l_b/l \leqslant 2$ 时，减少 10%；

$l_b/l>2$ 时，不折减。

式中　l_b——沿楼板边缘方向的计算跨度；

l——垂直于楼板边缘方向的计算跨度。

l_b、l 如图 5-41 所示，l_b/l 越小，穹顶作用越大，弯矩减少的越多。

(3) 楼板的角区格不应减少。

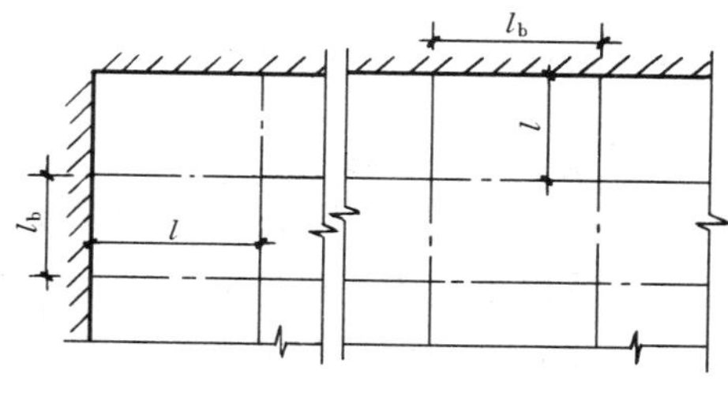

图 5-41　l_b、l 示意图

2. 截面的有效高度

双向板跨中钢筋纵横叠置，沿短跨方向的钢筋应争取较大的有效高度，即短跨方向的底筋放在板的外侧，纵横两个方向应分别取各自的有效高度：

短跨方向　$h_0=h-20\text{mm}$

长跨方向　$h_0=h-30\text{mm}$

式中　h——板厚度（mm）。

3. 钢筋配置

配筋形式和构造与单向板相同，有分离式和弯起式。

按弹性理论计算时，所求得的钢筋数量是板的中间板带部分所需要的量，靠近边缘的板带，弯矩已减小很多，可将整个板按纵横两个方向划分成两个宽为 $l/4$（l 为短跨）的边缘板带和各一个中间板带，如图 5-42 所示。在中间板带均匀布置按最大正弯矩求得的板底钢筋，边缘板带内则减少一半，但每米宽度内不得少于 3 根。在支座边界，板顶负钢筋要承受四角扭矩，钢筋沿全支座宽度均匀布置，即按最大支座负弯矩求得的配筋，在边缘板带内不减少。

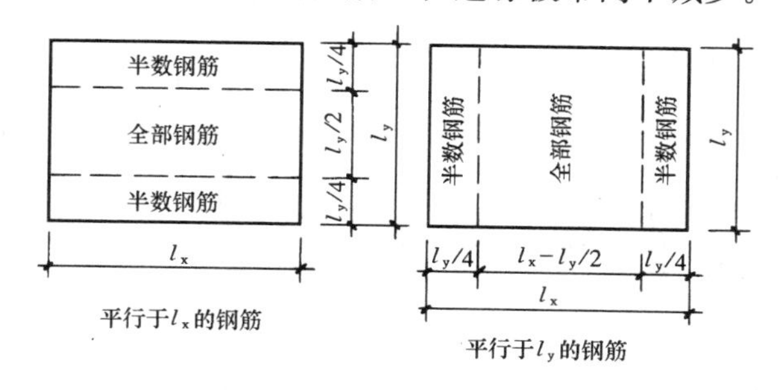

图 5-42　板带划分示意图

按塑性理论计算时，则根据设计假定，均匀布置钢筋，跨中钢筋可以部分弯起。

对简支双向板，考虑到实际结构的支座有嵌固作用，可将跨中钢筋弯起 1/3 伸入支座。对固定支座双向板或连续双向板，可将跨中钢筋弯起 1/3～1/2 作为支座截面负钢筋，不足再另加板顶负筋。沿墙边、墙角及板角内的构造钢筋与单向板要求相同。

第四节　无梁楼盖

一、概述

无梁楼盖是一种板柱结构，可用于仓库、商店、图书馆、书库等要求充分利用楼层空间的建筑，一般以等跨和跨度不超过 6m 经济效果较好。无梁楼盖与肋梁楼盖不同之处在于无梁楼盖的楼面荷载是直接通过柱传给基础，不设梁。其结构体系简单，传力途径短捷，可增加楼层的净高；但楼板较厚，混凝土与钢筋用量较多。当楼面荷载较大时，需设置柱帽，以提高板柱节点受冲切承载力并减小板的挠度。

无梁楼盖的四个周边可支承在边柱或边梁上，也可做成悬臂板，如图 5-43 所示。

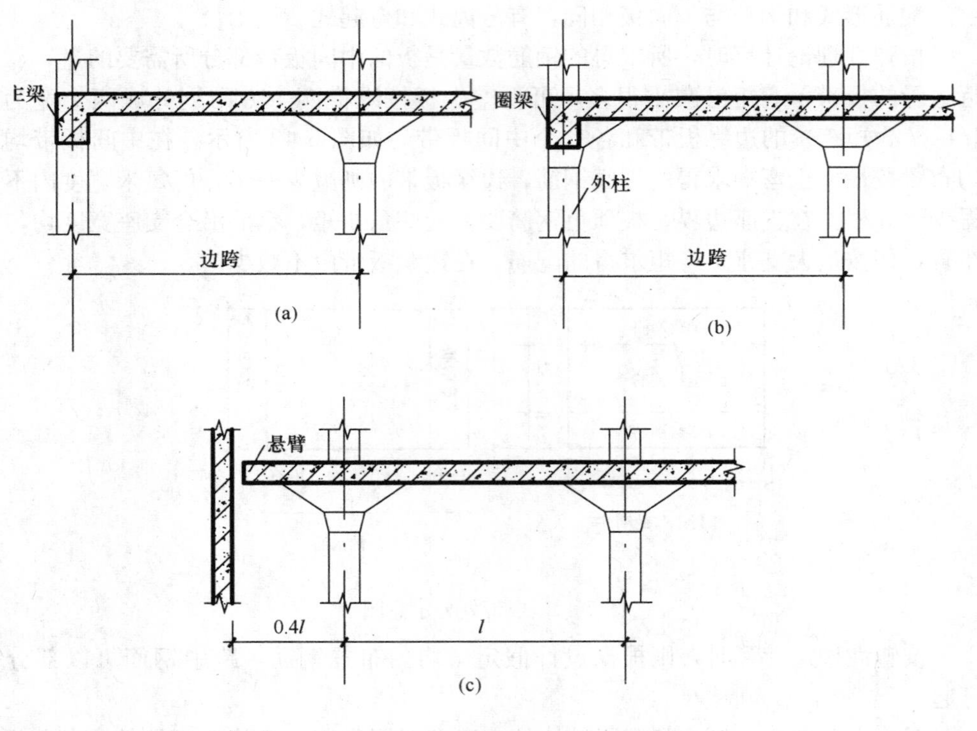

图 5-43　无梁楼盖边跨支承情况
(a) 支撑于边梁；(b) 支撑于边柱；(c) 悬臂

悬臂板可减少边跨跨中弯矩和柱的不平衡弯矩，减少柱帽类型，但由于造成狭道，给使用造成不便，只在冷库中使用较多。

无梁楼盖有各种类型，按楼面结构形式分为平板式和双向密肋式，后者在空隙内填轻质材料；按有无柱帽分为无柱帽轻型无梁楼盖和有柱帽楼盖；按施工方法分为现浇式和装配整体式楼盖；按平面布置可分为设置悬臂板和不设置悬臂板楼盖。

二、无梁楼盖的内力计算

1. 无梁楼盖的受力概念

无梁楼盖由柱中心线划分成矩形区格，如图 5-44（a）所示，分柱上板带和跨中板带。图 5-44（b）为均布荷载作用下中间区格的变形示意。由图可见，板在柱顶为峰形凸曲面，在区格中部为碗形凹曲面，柱顶处承受负弯矩，钢筋放在板的顶部；跨中区承受正弯矩，钢筋放在板的底部。

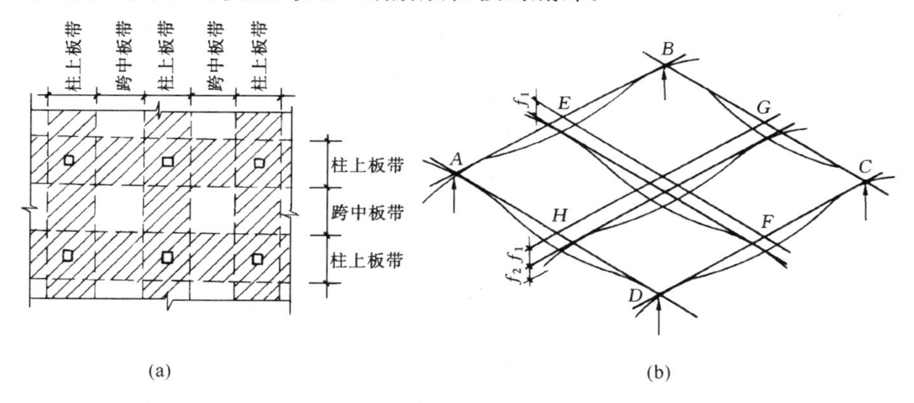

图 5-44　无梁楼盖的板带划分和变形示意
（a）板带划分；（b）变形示意

无梁楼盖的精确分析比较复杂，近似分析是在每一方向上假定板像“扁梁”一样与柱连接成框架，忽略板平面内轴力、剪力等薄膜力和扭矩影响，整个无梁楼盖和柱共同形成一个双向交叉的“板带-柱”框架体系。无梁楼盖中板的受力可视为支承在柱上的交叉“板带”体系，柱距中间宽度为 $l_x/2$（$l_y/2$）的板带称为跨中板带，柱中线两侧各 $l_x/4$（$l_y/4$）宽的板带称为柱上板带。跨中板带可视为支承在另一方向的柱上板带的连续梁。柱上板带可视为以柱为支点的连续梁（当柱的线刚度相对较小时，即柱对梁的约束很小，梁可以转动）或与柱形成连续框架。由于柱的存在，柱上板带的刚度比跨中板带的刚度大得多，柱上板带内的负弯矩比跨中板带的负弯矩大得多。

实际工程中，当无梁楼盖具有较规则的柱网时，可采用按弹性理论分析的近似方法，如等代框架法或经验系数法。另外，还有按塑性理论分析的方法。下面仅介绍弹性理论的近似方法。

2. 等代框架法

一般框架结构的梁宽略小于柱宽，可以认为柱和梁间可直接传递弯矩、剪力、轴力。无梁楼盖和柱作为等代框架则不同。由于扁梁的宽度大大超过柱宽，故仅有部分荷载（柱或柱帽宽度内）产生的弯矩可直接通过板传给柱，其余部分要通过扭矩传递，如图 5-45 所示，这时可假定柱两端与柱（柱帽）等宽的板为扭臂，柱宽以外部分荷载使扭臂受扭，扭臂将扭矩传给柱，使柱受弯。因此在等代框架中，应取柱的抗弯刚度和扭臂的抗扭刚度作为等代刚度。柱帽的存在加强了等代柱和等代梁，形成刚度极大的区域，对构件的跨度、刚度和用力矩分配法解框架时的传递系数都会产生影响。

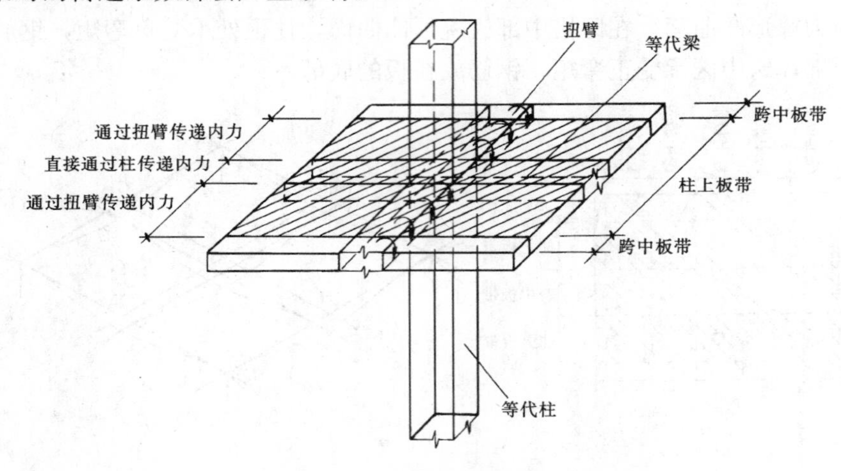

图 5-45 板柱内力传递示意

为简化计算，等代框架法作如下假定：

（1）将无梁楼盖结构分别沿纵横柱列方向划分为纵横两个方向的等代框架；

（2）等代框架的宽度取板跨中心线间的距离，等代梁的高度取板厚，等代梁的跨度取$\left(l_x-\frac{2c}{3}\right)$或$\left(l_y-\frac{2c}{3}\right)$，其中 c 为柱帽的计算宽度，圆形柱帽取直径，方形柱帽取宽度，无柱帽取柱截面的直径或边长；

（3）等代柱的截面取本身截面，等代柱的计算高度取层高减去柱帽高度，底层取基顶至板底的高度减去柱帽高度；

（4）当仅有竖向荷载时，等代框架的内力可采用分层计算法，即等代梁与上下相邻的柱组成框架，且柱的远端认为是固定的。

按等代框架计算时，应考虑活荷载不利组合，将最后算得的等代梁的弯矩值按表5-15分配给柱上板带和跨中板带。

等代梁的弯矩值分配表　　表 5-15

截面		柱上板带	跨中板带
内跨	支座截面负弯矩	0.75	0.25
	跨中截面正弯矩	0.55	0.45
边跨	第一内支座截面负弯矩	0.75	0.25
	边支座截面负弯矩	0.90	0.10
	跨中正弯矩	0.55	0.45

注：等代框架法适用于 $l_{长}/l_{短} \leqslant 2$ 的无梁楼盖。

3. 经验系数法

也称直接设计法，是在试验研究与实践经验的基础上提出的。它给出了一整套总弯矩分配系数，计算时，首先求出总弯矩，再根据分配系数将其分给柱上板带和跨中板带，计算过程简捷方便。

实际计算中不考虑活荷载不利布置，采用全部恒载+活荷载。应用经验系数法应满足下列条件：

（1）每个方向至少应有三个连续跨；

（2）同一方向最大跨度与最小跨度之比≤1.2，且两端跨的跨度不大于与其相邻的内跨；

（3）区格为矩形、长方形，区格 $l_{长}/l_{短} \leqslant 1.5$；

（4）活载不大于恒载的 3 倍；

（5）为保证无梁楼盖不承受水平荷载（如风、地震力），在该楼盖的结构体系中应设有抗侧支撑或剪力墙。

经验系数法的总弯矩为每一区格 X 方向（或 Y 方向）跨中弯矩和支座弯矩的总和，即总弯矩＝｜支座｜＋｜跨中｜，相当于简支梁最大弯矩，可用下式计算：

$$M_{0x} = \frac{1}{8}(ql_{y})l_{0x}^{2} = \frac{1}{8}ql_{y}\left(l_{x} - \frac{2c}{3}\right)^{2} \tag{5-25}$$

$$M_{0y} = \frac{1}{8}(ql_{x})l_{0y}^{2} = \frac{1}{8}ql_{x}\left(l_{y} - \frac{2c}{3}\right)^{2} \tag{5-26}$$

式中　q——板面均布荷载（kN/m^2）；

l_{0x}、l_{0y}——板在两个方向的计算跨度；

c——柱帽的计算宽度，见图 5-46；

M_{0x}、M_{0y}——x、y 方向的总弯矩。

求出总弯矩后将总弯矩值按等代框架法中等代梁的弯矩值分配表（见表 5-15）分配给柱上板带和跨中板带。然后再分别将柱上板带和跨中板带的弯矩分配

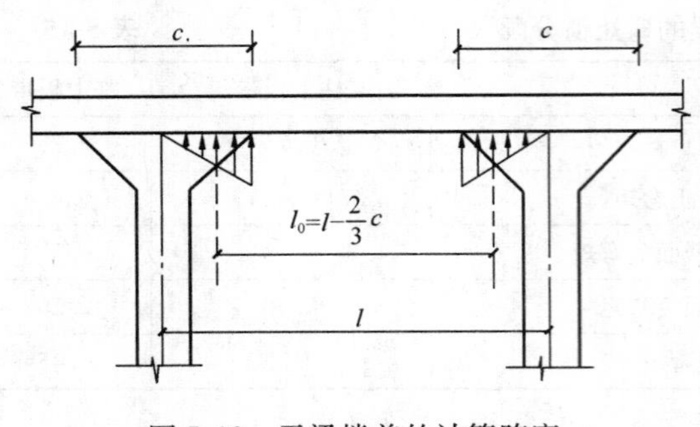

图 5-46 无梁楼盖的计算跨度

给跨中和支座截面，各截面的最终弯矩分配值见表 5-16。表 5-16 中各系数的计算说明如下。

对于无梁楼盖的中间区格板，在各跨均作用相同均布荷载的情况下，可假设支座转角为零，相当于两对边固定，于是总弯矩 M_0（M_{ox} 或 M_{oy}）分配给跨中截面 $\frac{1}{3}M_0$，分配给支座截面 $\frac{2}{3}M_0$，如图 5-47 所示，再按等代框架的分配系数（表 5-15）分配给柱上板带和跨中板带。

例，跨中弯矩为 $\frac{1}{3}M_0$，分给柱上板带 55%，跨中板带 45%，最终弯矩分配值分别为：

$$0.55\times\frac{1}{3}M_0=0.18M_0$$

$$0.45\times\frac{1}{3}M_0=0.15M_0$$

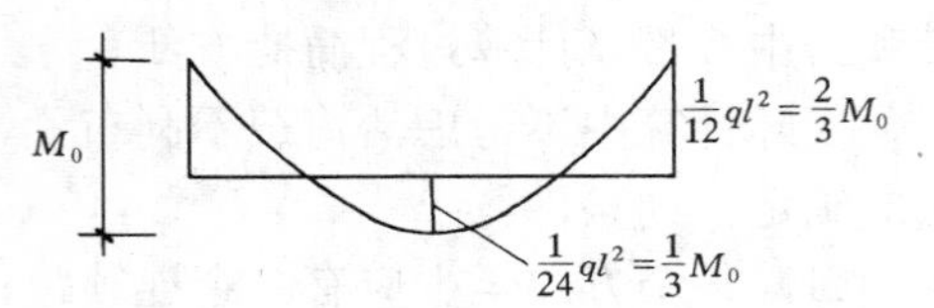

图 5-47 内区格弯矩示意图

支座弯矩为 $\frac{1}{3}M_0$，分给柱上板带 75%，跨中板带 25%，最终弯矩分配值分别为：

$$0.75\times\frac{2}{3}M_0=0.5M_0$$

$$0.25\times\frac{2}{3}M_0=0.17M_0$$

对于边区格考虑到边支座虽有边柱（柱帽）和圈梁，但和内支座相比，其抗弯刚度仍较弱，所以边支座弯矩系数应比固定支座的 $-\frac{1}{12}$ 略小，按经验取 $-\frac{1}{15}$，第一内支座仍为 $-\frac{1}{12}$，边跨跨中弯矩系数为 $\frac{1}{8}-\frac{1}{2}\times\left(\frac{1}{15}+\frac{1}{12}\right)=\frac{1}{20}$，则边支座分配到的总弯矩为：

$$\frac{\frac{1}{15}}{\frac{1}{8}}M_0=0.53M_0$$

边跨跨中为：

$$\frac{\frac{1}{20}}{\frac{1}{8}}M_0=0.4M_0$$

第一内支座截面仍为$\frac{2}{3}M_0$，即 $0.67M_0$，如图 5-48 所示。仍按等代框架的分配系数（表 5-15）分配给柱上板带和跨中板带。对于边支座，由于柱上板带有柱帽约束，刚度很大，跨中板带只有圈梁约束，刚度很小，故将边支座处截面负弯矩的 90%分给柱上板带，10%分给跨中板带。例，柱上板带边跨支座截面最终弯矩分配值为：

$$0.9\times0.53M_0=0.48M_0$$

同理可得表 5-16 中的其他弯矩分配值。当采用悬臂板时，上述系数不宜采用。对垂直荷载作用下有柱帽的板，考虑到板的穹顶作用，除边跨及边支座外，所有截面的设计弯矩均可降低 20%。

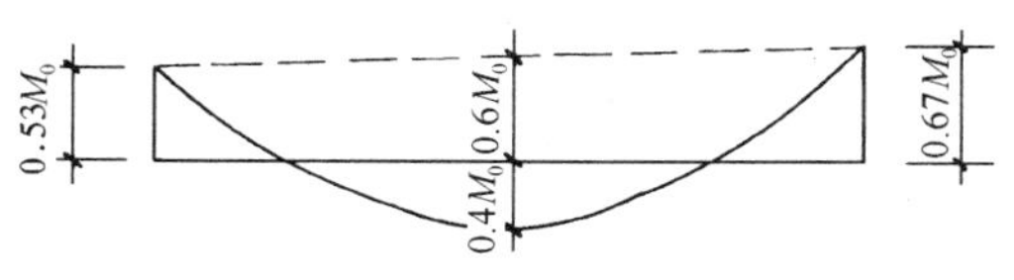

图 5-48 边区格弯矩示意图

各截面的弯矩分配值 **表 5-16**

截面		柱上板带	跨中板带
内跨	支座截面负弯矩	$0.75\times\frac{2}{3}M_0=0.5M_0$	$0.25\times\frac{2}{3}M_0=0.17M_0$
	跨中截面正弯矩	$0.55\times\frac{1}{3}M_0=0.18M_0$	$0.45\times\frac{1}{3}M_0=0.15M_0$
边跨	第一内支座截面负弯矩	$0.75\times0.67M_0=0.5M_0$	$0.25\times0.67M_0=0.17M_0$
	跨中截面正弯矩	$0.55\times0.4M_0=0.22M_0$	$0.45\times0.4M_0=0.18M_0$
	边支座截面负弯矩	$0.9\times0.53M_0=0.48M_0$	$0.1\times0.53M_0=0.05M_0$

三、节点设计

1. 节点破坏特征

由于板柱连接面的面积不大，而楼面荷载较大，无梁楼盖可能因板柱连接面抗剪能力不足而发生破坏。破坏现象是沿柱周边产生 45°方向的斜裂缝，板柱之间发生错位，这种破坏称为冲切破坏（如图 5-49 所示），《混凝土结构设计规范》(50010—2010) 规定设计中应进行抗冲切验算。

2. 冲切承载力计算

(1) 不配置箍筋或弯起钢筋时冲切承载力计算

在局部荷载或集中反力作用下，不配置箍筋或弯起钢筋的混凝土板，受冲切

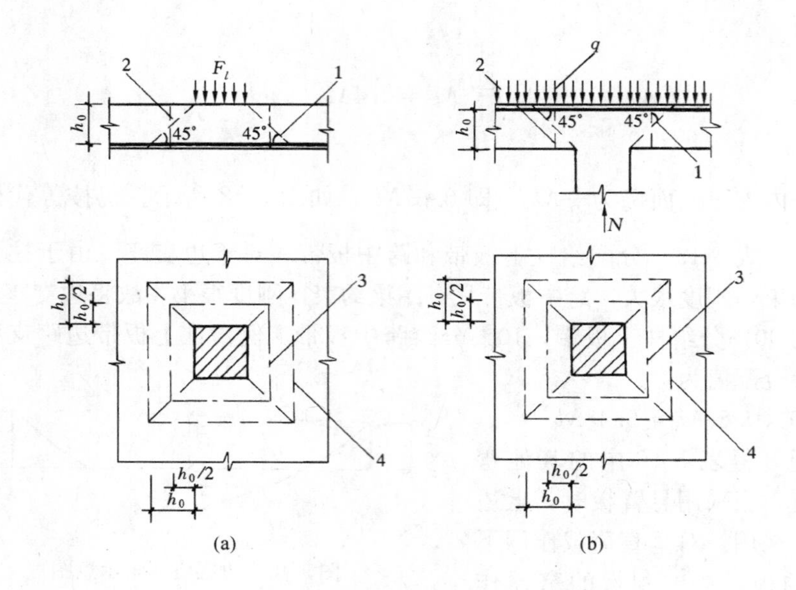

图 5-49 板受冲切承载力计算

(a) 局部荷载作用下；(b) 集中反力作用下

1—冲切破坏锥体的斜截面；2—计算截面；3—计算截面的周长；4—冲切破坏锥体的底面线

承载力按下式计算：

$$F_l \leqslant (0.7\beta_h f_t + 0.25\sigma_{pc,m})\eta u_m h_0 \tag{5-27}$$

式中 系数 η 应取 η_1 和 η_2 中的较小值

$$\eta_1 = 0.4 + \frac{1.2}{\beta_s} \tag{5-28}$$

$$\eta_2 = 0.5 + \frac{\alpha_s h_0}{4u_m} \tag{5-29}$$

式中 F_l——柱所承受的轴向压力设计值的层间差值减去柱顶冲切破坏锥体范围内板所承受的荷载设计值；

β_h——截面高度影响系数：当 $h \leqslant 800$mm 时，取 $\beta_h = 1.0$，当 $h \geqslant 2000$mm 时，$\beta_h = 0.9$，其间按线性内插法取用；

f_t——混凝土轴心抗拉强度设计值；

$\sigma_{pc,m}$——计算截面周长上两个方向混凝土有效预压应力按长度的加权平均值，其值宜控制在 1.0～3.5N/mm^2 范围内；

u_m——临界截面的周长：距离局部荷载或集中反力作用面积周边 $h_0/2$ 处板垂直截面的最不利周长；

h_0——截面有效高度，取两个配筋方向的截面有效高度的平均值；

η_1——局部荷载或集中反力作用面积形状的影响系数；

η_2——计算截面周长与板截面有效高度之比的影响系数；

β_s——局部荷载或集中反力作用面积为矩形时的长边与短边尺寸的比值，β_s 不宜大于 4；当 $\beta_s<2$ 时，取 $\beta_s=2$；当面积为圆形时，取 $\beta_s=2$；

α_s——板柱结构中柱位置影响系数：对中柱，取 $\alpha_s=40$；对边柱，取 $\alpha_s=30$；对角柱，取 $\alpha_s=20$。

（2）配置箍筋或弯起钢筋时冲切承载力的计算

在局部荷载或集中反力作用下，当受冲切承载力不满足式（5-27）的要求且板厚受限制时，可配置箍筋或弯起钢筋，但首先要满足条件：

$$F_l \leqslant 1.2 f_t \eta u_m h_0 \tag{5-30}$$

该条件是板的受冲切截面限制条件，试验表明，当抗冲切钢筋的数量达到一定程度时，板的受冲切承载力几乎不再增加，限制截面的条件相当于：配置抗冲切钢筋后的冲切承载力不大于不配置抗冲切钢筋的混凝土板抗冲切承载力的 1.2 倍。实际也是对抗冲切箍筋或弯起钢筋数量的限制，以避免钢筋不能发挥作用和使用阶段在局部荷载附近的斜裂缝过大。

配置箍筋、弯起钢筋的板，其受冲切承载力应符合下列规定：

$$F_l \leqslant (0.5f_t + 0.25\sigma_{pc,m})\eta u_m h_0 + 0.8 f_{yv} A_{svu} + 0.8 f_y A_{sbu} \sin\alpha \tag{5-31}$$

式中 A_{svu}——与呈 45°冲切破坏锥体斜截面相交的全部箍筋截面面积；

A_{sbu}——与呈 45°冲切破坏锥体斜截面相交的全部弯起钢筋截面面积；

α——弯起钢筋与板底面的夹角。

板中配置抗冲切箍筋或弯起钢筋时，尚应符合下列构造要求：

1）板的厚度不应小于 150mm；

2）按计算所需的钢筋及相应的架立钢筋应配置在与 45°冲切破坏锥面相交的范围内，且从集中荷载作用面或柱截面边缘向外的分布长度不应小于 $1.5h_0$（图 5-50a）；箍筋应做成封闭式，直径不应小于 6mm，间距不应大于 $h_0/3$ 且不应大于 100mm；

3）按计算所需弯起钢筋的弯起角度可根据板的厚度在 30°～45°之间选取；弯起钢筋的倾斜段应与冲切破坏锥面相交（图 5-50b），其交点应在集中荷载作用面或柱截面边缘以外（1/2～2/3）h 的范围内。弯起钢筋直径不宜小于 12mm，且每一方向不宜少于 3 根。

（3）板开洞对受冲切承载力的影响

当板开有孔洞且孔洞至局部荷载或集中反力作用面积边缘的距离不大于 $6h_0$ 时，受冲切承载力计算中取用的计算截面周长 u_m，应扣除局部荷载或反力作用面积中心至开孔外边画出两条切线之间所包含的长度，如图 5-51 所示，当图中 $l_1>l_2$ 时，孔洞边长 l_2 用 $\sqrt{l_1 l_2}$ 代替。

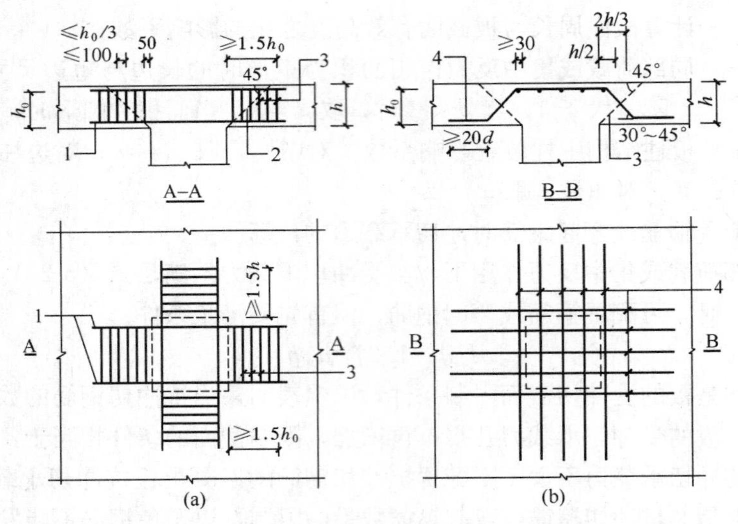

图 5-50 板中抗冲切钢筋布置（图中尺寸单位为 mm）

（a）用箍筋作抗冲切钢筋；（b）用弯起钢筋作抗冲切钢筋

1—架立钢筋；2—冲切破坏锥面；3—箍筋；4—弯起钢筋

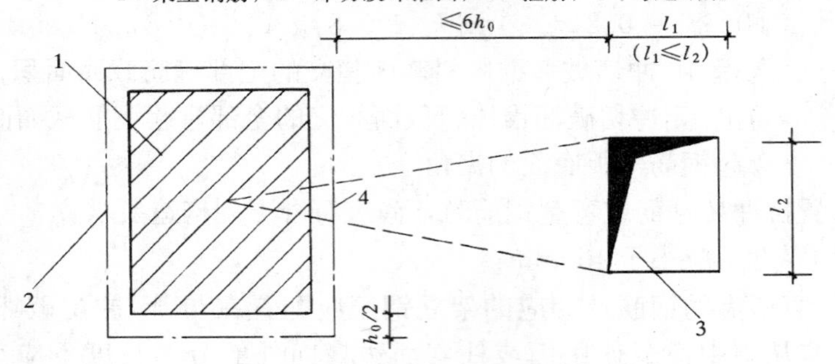

图 5-51 临近孔洞时的临界截面周长

1—局部荷载或集中反力作用面；2—计算截面周长；3—孔洞；4—应扣除的长度

3. 柱帽

为了增加板柱连接面的面积，提高抗冲切强度，在柱顶可设置柱帽。柱帽分为无顶板柱帽、折线形柱帽和有顶板柱帽，如图 5-52 所示。

柱帽可以加大板柱连接面，减少冲切力；减小板的计算跨度，并使楼板各部分合理承受板面荷载和分配内力；还可以增加楼面刚度。

设置柱帽后，仍应进行抗冲切验算。

四、无梁楼盖的构造要求

1. 板的厚度

影响楼盖挠度的因素有：板面荷载、板的厚度、区格长短边之比、区格长边

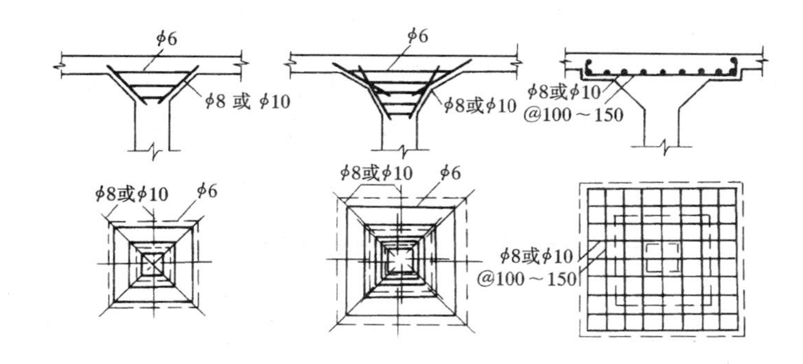

图 5-52 柱帽形式

(a) 无顶板柱帽；(b) 折线形柱帽；(c) 有顶板柱帽

的净跨、区格四边的连续性、有无柱帽及柱帽的形式等。精确计算其挠度较复杂，当板厚满足表 5-1 中的构造时，一般可不计算。

2. 板的配筋

板的配筋可分为三个区域，如图 5-53 所示。

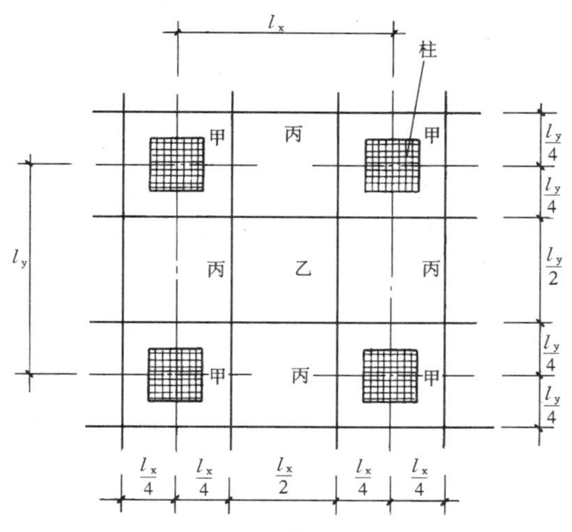

图 5-53 无梁楼盖板的分区

甲区：两个方向均为柱上板带，受荷后均产生负弯矩，两个方向的受力筋都布置在板顶部。

乙区：两个方向均为跨中板带，受荷后均产生正弯矩，两个方向受力筋都布置在板底部。

丙区：一个方向为柱上板带，另一个方向为跨中板带，受荷后在柱上板带方向产生正弯矩，受力钢筋布置在底部；在跨中板带方向产生负弯矩，受力筋布置在板的顶部。

配筋时，应按跨中和柱上板带截面弯矩求得所需钢筋面积，可用下式计算：

$$A_s = \frac{M}{f_y(0.9h_0)} \tag{5-32}$$

$$A_s = \frac{M}{f_y[0.9(h_0 - d)]} \tag{5-33}$$

算得的钢筋按纵横两个方向均匀分布于跨中和柱上板带。钢筋的直径和间距同一般双向板要求，承受负弯矩的钢筋直径 $d \geqslant 12$ 以保证施工时具有一定刚性。受力钢筋可以用钢筋网片，也可用单根钢筋组成（分离式、一端弯起式、切断弯起式）见图 5-54。

对于无支承端面的混凝土板，当板厚不小于 150mm 时，板配筋应向下弯折。采用焊接钢筋网片时，宜设置 U 形构造钢筋并与板顶、板底的网片钢筋搭接。

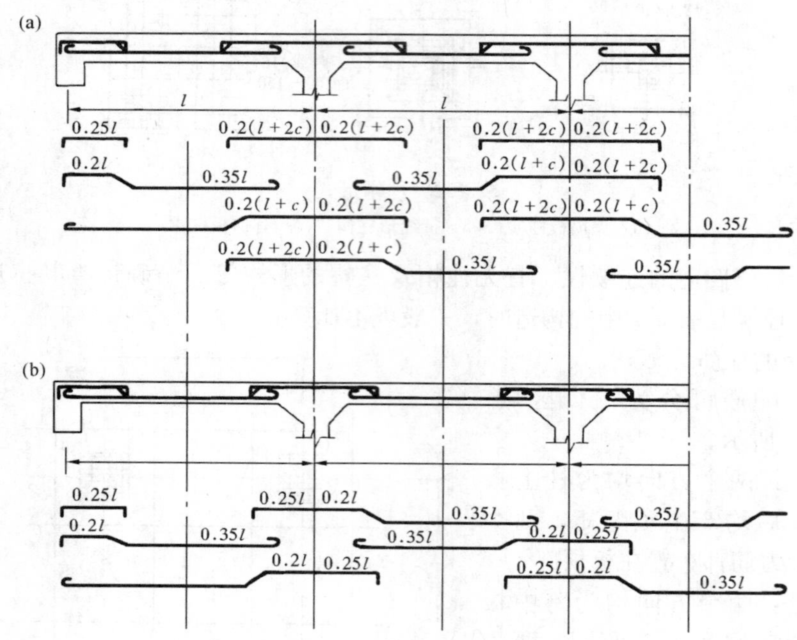

图 5-54 无梁楼板配筋构造

（a）柱上板带配筋；（b）跨中板带配筋

3. 圈梁

无梁楼盖的周边应设置圈梁，梁高不小于板厚的 2.5 倍，与板形成倒 L 形截面。圈梁除承受由半个柱上板带传来的荷载外，还承受由垂直于圈梁方向各板带传来的扭矩。所以应按弯扭构件进行设计计算。配置必要的抗扭纵筋和箍筋。

第五节 井式楼盖

一、概述

井式楼盖是平面楼盖的一种类型，是双向板和交叉梁系组成的楼盖，与双向板肋梁楼盖的区别在于，两个方向的交叉梁没有主次之分，相互协同工作。梁交叉点一般无柱，楼板是四边支承的双向板。交叉梁格支承在四边的大梁或墙上，整个楼盖就像一个四边支承的、双向带肋的大型双向板。井式楼盖也可以理解为在大跨度的肋梁楼盖或无梁楼盖的厚板中，从板底受拉区中有规则地挖空部分混凝土，未挖部分形成交叉梁肋，形成井式楼盖（见图 5-55）。

井式楼盖的交叉梁通常布置为正交正放或正交斜放（见图 5-56），网格边长一般为 2～3m。

若网格肋距小于 1.5m，也称为密肋楼盖，井字梁内力受两个方向梁的跨度比影响较大，一般应控制网格长短边之比不大于 1.5。梁高可取（1/18～1/16）l，l 为井字梁的短边尺寸。井字梁楼盖由两个方向的梁共同承担。梁高小于单向梁的梁高，有利于提高楼层的净高，增大结构的跨度。另外，井格的建筑效果较好，顶棚相当于中国古建筑中的藻井。

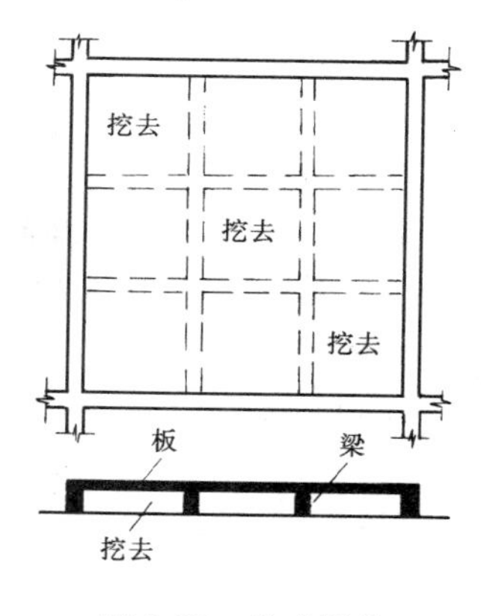

图 5-55　井式楼盖

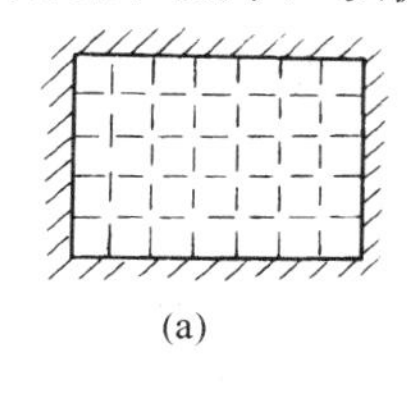

(a)

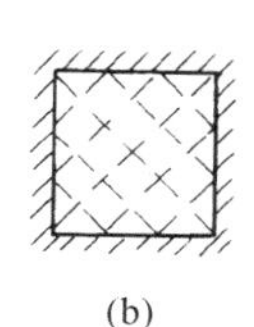

(b)

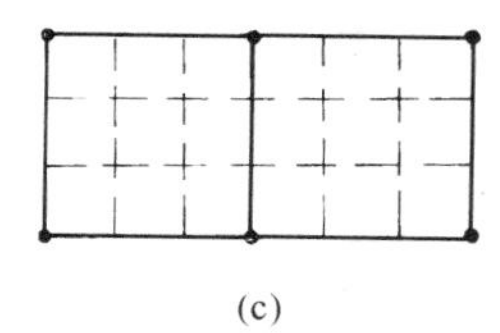

(c)

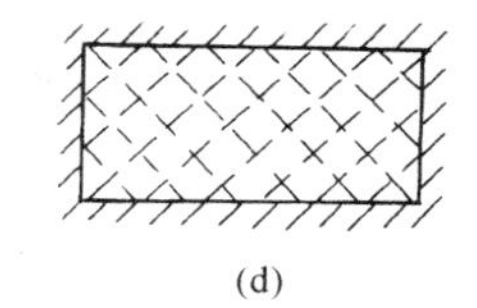

(d)

图 5-56　井式楼盖平面布置

二、井式楼盖的计算要点

1. 板的计算

板的计算与一般四边支承的双向板相同，不考虑支撑梁的变形对板内力的影响。

2. 交叉梁的计算

交叉梁承受本身自重和板传来的荷载，当板的边长相同时，交叉梁承受三角形荷载；当板的边长不相同时，则一个方向的梁承受三角形荷载，另一个方向的梁承受梯形荷载。井字梁是高次超静定结构，借助于计算机可以求得内力的精确解，否则，只能采用近似的方法计算内力。当井式楼盖的区格数少于 5×5 格时，可按交叉梁进行计算，忽略交叉点的扭矩影响，将梁荷载化为交叉点的集中荷载 P，将 P 分为 P_x、P_y 分别作用于两正交方向的梁上。利用两交叉梁节点挠度相等的条件，联立方程求出 P_x、P_y，进而求得两个方向梁的弯矩。其弯矩、剪力系数见附表 5-4。

当区格多于 5×5 格时，不宜忽略梁交叉点的扭矩，可近似按“拟板法”计算，“拟板法”是按截面抗弯刚度等价（按弹性分析即为截面惯性矩等价）的原则，将井字梁及其板面比拟为等厚的板来计算内力。

第六节 装配式楼盖

装配式楼盖主要由搁置在承重墙或梁上的预制钢筋混凝土板组成，也称装配式铺板楼盖。装配式楼盖有施工速度快、节约材料和劳动力、隔声性能较好、制作简单等优点。设计装配式楼盖主要应注意楼盖结构的布置，预制构件的选型以及构件间的连接问题。

一、预制板

常用的预制板有实心板、空心板、槽形板、T形板等，如图5-57所示。

实心板制作简单，上下表面平整，但自重较大，用料较多，适用于小跨度的盖板、走道板等。

空心板形式很多，截面有圆孔、方孔、矩形孔或椭圆形孔，板上下为平整表面，与实心板相比，自重较轻，隔声效果好。空心板应用范围很广，有预应力和非预应力空心板，板厚根据跨度不同，有120mm、180mm、240mm等。板宽有500mm、600mm、900mm等。板跨从2.1m到6.0m都很常见，一般以0.3m为增长模数。空心板的缺点是不能任意开洞。有各种空心板的标准图，可供设计选用。

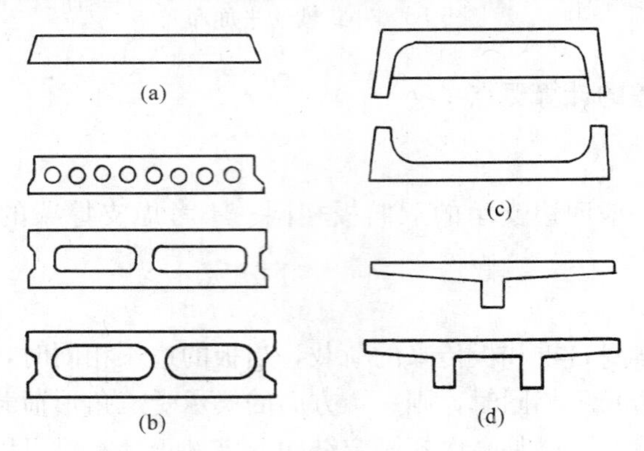

图5-57 预制铺板的截面形式

(a) 实心板；(b) 空心板；(c) 槽形板；(d) T形板

槽形板有肋在下和肋在上两种，计算简图、受力与空心板基本相同，只是将肋放在两边。板的上表面或下表面平整，另一面为槽形。槽形板比空心板更节约材料，板间开洞较方便，但隔声、保温效果较差，一般用于工业建筑的楼盖中。

二、预制梁

预制梁一般为简支梁或伸臂梁。有时也可以是连续梁。梁的形式有矩形、T

形、I形、倒T形、十字形、花篮梁等（见图5-58）。T形、I形截面相对自重较轻，十字形、花篮梁可将板搭在梁腰上，板面和梁面平齐，增加了房屋的净高。也可采用叠合梁工艺，使板梁整体性提高，节点刚度加大。梁的跨高比一般为1/8～1/14。

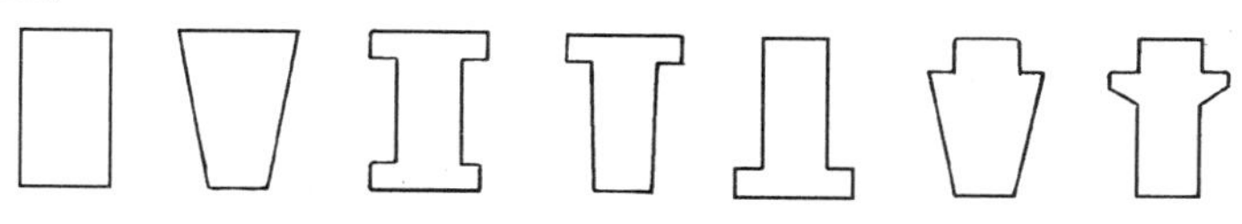

图5-58 预制梁截面形式

三、装配式楼盖的连接

装配式楼盖和现浇楼盖相比，整体性较差，因此设计装配式楼盖要特别注意构件之间的连接构造。

1. 板与板的连接

板与板的连接，一般采用不低于C15的细石混凝土或不低于M15的水泥砂浆灌缝。如图5-59（a）所示。整体性要求较高时，可在板缝内加纵横向拉结钢筋，如图5-59（b）所示，或在板面做钢筋混凝土整浇层。整浇层厚40～50mm。内配ϕ4@250的钢筋网。

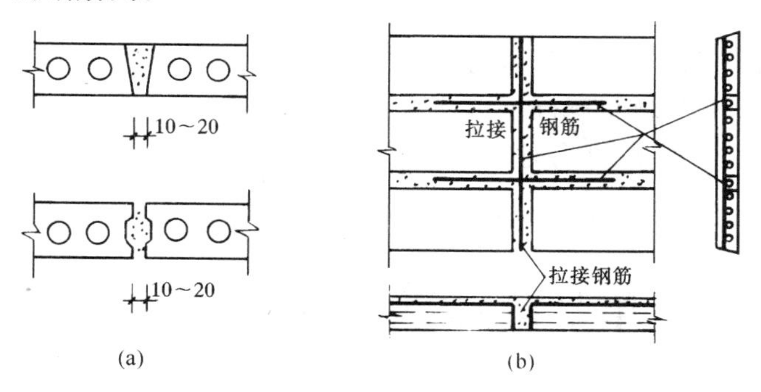

图5-59 板与板的连接构造

2. 板与墙或板与梁的连接

预制板搁置于墙或梁上时，板底应坐浆10～20mm厚。板在墙上的支承长度不应小于100mm。在梁上的支承长度不应小于80mm。板和非支承墙连接时，可采用细石混凝土灌缝（图5-60a）。当板跨≥4.8m时，配置锚拉钢筋加强连接（图5-60c）或将圈梁支于楼盖处（图5-60b）。

3. 梁与墙的连接

梁在墙上的支承长度，应满足梁内受力钢筋在支座的锚固要求，并满足支座处砌体局部承压的要求。支承长度不小于180mm，在支座处应坐浆10～20mm。

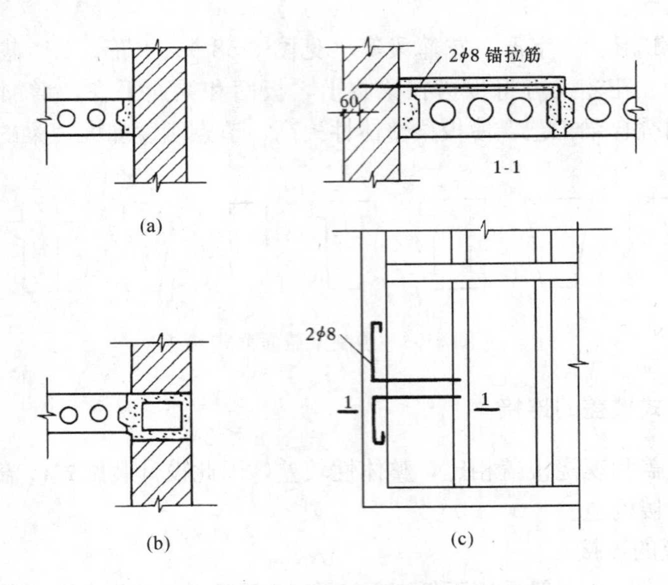

图 5-60 板与非支承墙的连接构造

四、装配式楼盖构件的计算要点

装配式楼盖的构件与现浇楼盖构件使用阶段的计算基本相同。但装配式构件与现浇式构件不同的是还要进行施工阶段的运输、吊装的验算。在运输、吊装阶段验算时，要根据实际情况确定构件的计算简图，构件自重应考虑 1.5 的动力系数，考虑到运输、吊装的临时性，结构的重要性系数降低一级，但不得低于三级。

第七节 楼梯与雨篷的设计

一、楼梯的结构形式

楼梯是多层及高层房屋的竖向通道，是房屋的重要组成部分。楼梯有多种形式：按施工方法可分为整体式楼梯和装配式楼梯；按平面布置可分为直跑楼梯、双跑楼梯、三跑楼梯、旋转楼梯、剪刀式楼梯等；按结构受力可分为板式楼梯、梁式楼梯、悬挑楼梯、螺旋楼梯等。不同形式的楼梯如图 5-61 所示。

螺旋梯、剪刀式悬挑梯为空间结构，一般用于建筑造型上有特殊要求的地方。板式，梁式楼梯可作为平面结构计算，是最广泛应用的楼梯形式，本节主要讨论现浇板式和梁式楼梯。

板式楼梯的梯段是一块斜放的板，板端支承在平台梁上，底层第一梯段可支

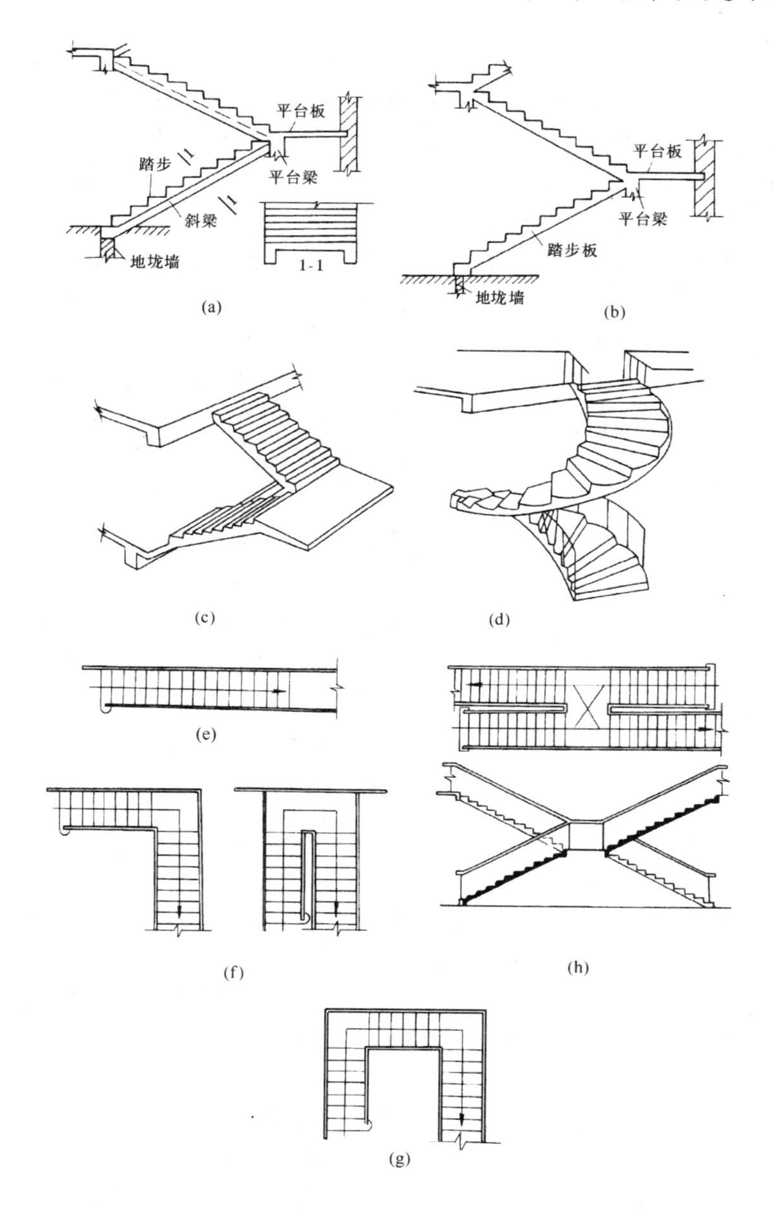

图 5-61　楼梯的形式

（a）梁式楼梯；（b）板式楼梯；（c）悬挑楼梯；（d）螺旋楼梯；
（e）直跑楼梯；（f）双跑楼梯；（g）三跑楼梯；（h）剪刀式楼梯

承在地垄墙上，楼梯的均布荷载作用在梯段上，由梯段直接传给平台梁或地垄墙。板式楼梯的优点是下表面平整，支模施工方便，外观轻巧美观，缺点是当斜板的跨度 l 较大时，板厚 h 较大［一般取 $h=$（1/30～1/25）l］，不够经济。当

板跨 l 在 3m 以内时，板式楼梯的经济指标较好。

梁式楼梯的踏步板支承在斜梁上，斜梁支承于平台梁上。作用在楼梯上的荷载，先由踏步板传给斜梁，再由斜梁传给平台梁。平台梁承受斜梁传来的集中荷载。当梯段较长时，梁式楼梯较为经济，但支模、施工复杂，外观显得笨重。梁式楼梯的斜梁一般放在踏步板两侧，采用钢筋混凝土栏板时，可利用栏板兼做斜梁，当梁式楼梯宽度较小时，可将梁设在踏步中间处，形成单梁式楼梯。在砌体结构中，也有将踏步板一侧直接支承于楼梯间的承重墙上，可节约一侧的斜梁。但砌体构造复杂，且踏步板对墙体有削弱，使用时应注意这些问题。

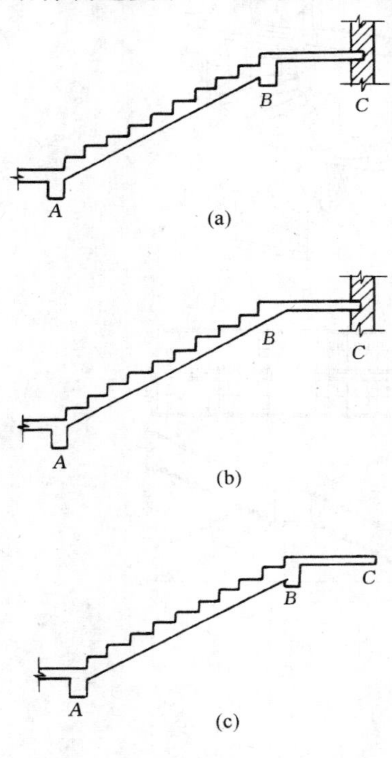

图 5-62 斜段平台的支承情况

无论梁式还是板式楼梯，斜段与平台的支承情况可形成以下几种简图（图 5-62）：

1. 梯段和平台 A、B、C，三处均有支承，这时梯段与平台的跨度较小，有利于节约材料，在砌体结构中应用较多，见图 5-62（a）。钢筋混凝土结构中，图 5-62（a）中的 C 支撑应为钢筋混凝土梁或钢筋混凝土墙。

2. 若 A、C 间距离不是太大，或 B 点下净高不够，不能布置平台梁，可取消 B 点支承，使板式楼梯的梯段板与平台板或梁式楼梯的斜梁与平台板边梁联成一体，形成折线形板或梁，直接支承于 A、C 两点，见图 5-62（b）。钢筋混凝土结构中，图 5-62（b）中的 C 支承应为钢筋混凝土梁或钢筋混凝土墙。

3. 若 C 点不宜或不能设支点（如 C 点下有较宽门洞，不宜给洞口上加大荷载），可做成悬挑平台，以 A、B 为支点，见图 5-62（c）。

当建筑物层高较大，楼梯进深不够时，也可设计成板式梁式混合型的三折式楼梯（如图 5-63a）。其中，TB_1 一端支承在 TL_2 上，另一端支承在 TL_3 上，为板式。TB_2 为梁式，其梁 TL_1、TL_2 均为折线形梁，折线形梁的配筋构造见图 5-63（b）。

二、板式楼梯的计算

1. 梯段板的计算

板式楼梯的梯段板可近似按简支单向板计算，上下平台梁是斜板的支座，板跨取平台梁中心至中心的斜长。沿斜板水平投影方向作用有竖向均布荷载，它包

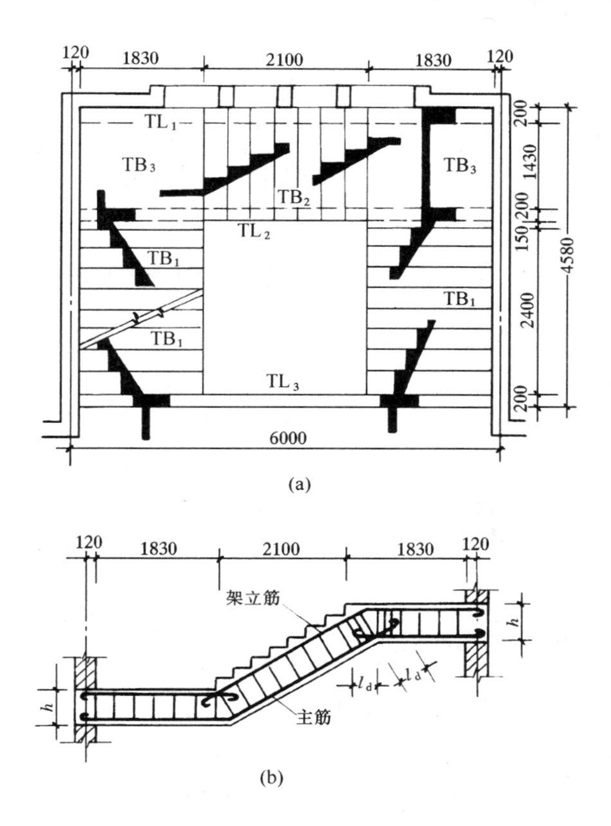

图 5-63 梁板式楼梯平面

(a) 平面图；(b) 折梁示意图

括踏步板自重和活荷载，大小为 q，斜板与水平方向夹角为 α，简支斜板的最大内力为（如图 5-64）：

$$M_{\max}=\frac{ql\cos\alpha}{l'}\cdot\frac{(l')^2}{8}=\frac{ql l'\cos\alpha}{8}=\frac{1}{8}ql^2$$

$$V_{\max}=\frac{ql\cos\alpha}{l'}\cdot\frac{l'}{2}=\frac{ql\cos\alpha}{2}$$

式中 l——斜板水平投影长度；

l'——斜板斜长。

竖向荷载 q 沿板轴向的分力 $ql\sin\alpha$ 使斜板受压，截面设计可不考虑此力。实际结构中，由于梯板支座处不是理想铰支，板端有一定的负弯矩，该负弯矩由构造钢筋抵抗。支座负弯矩的存在使得跨中正弯矩有所减少，根据经验，跨中最大正弯矩可取 $\frac{1}{10}ql^2$。

2. 平台梁和休息平台板计算

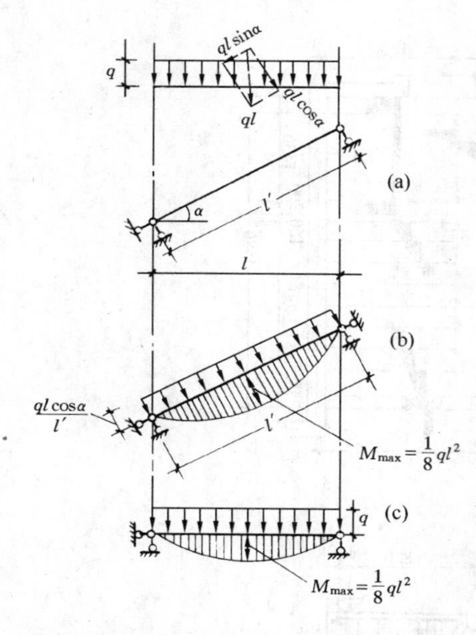

图 5-64 斜梁或斜板计算简图及弯矩图

平台梁是承受自重及斜板传来均布荷载的简支梁，休息平台板视支承条件不同，可以是两对边简支板或悬臂板，承受休息平台自重和活荷载。平台梁和休息平台板应按钢筋混凝土受弯构件进行设计。

三、梁式楼梯的计算

1. 踏步板的计算

梁式楼梯的踏步板近似按简支在斜梁上的单向板计算，一般取一个踏步作为计算单元，如图 5-65 所示。板厚取梯形踏步的平均高度。板按受弯构件正截面强度计算配筋，每个踏步内不小于 2 Φ 6 的钢筋，同时沿斜梁方向应配置不少于 3 Φ 6 的分布钢筋。

2. 斜梁计算

斜梁承受踏步板传来的均布荷载及自重，按简支受弯构件进行截面设计，梁中最大弯矩和剪力计算的方法同板式楼梯的斜板。若踏步板与斜梁整浇，计算时可考虑踏步板参与斜梁的工作，取斜梁截面为倒 L 形。

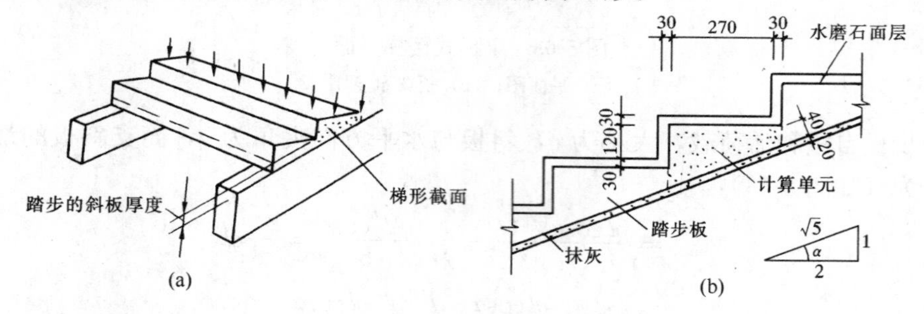

图 5-65 踏步计算单元

3. 平台梁与休息平台的计算

梁式楼梯的平台梁上作用由斜梁传来的集中荷载和自重，平台梁和休息平台板的计算同板式楼梯。

四、楼梯计算例题

已知：板式楼梯平面图如图 5-66 所示，踏步高 150mm，宽 300mm，踏步板厚 120mm，平台板厚 70mm，楼面面层为 20mm 厚水泥砂浆抹面，梁板的顶棚抹灰为15mm厚石灰砂浆，楼面活荷载标准值为$2.5kN/m^2$，混凝土采用C25，当钢筋直径$d<12mm$时，采用HPB300级钢筋，当$d\geqslant12mm$时，采用HRB335级钢筋。试设计此楼梯。

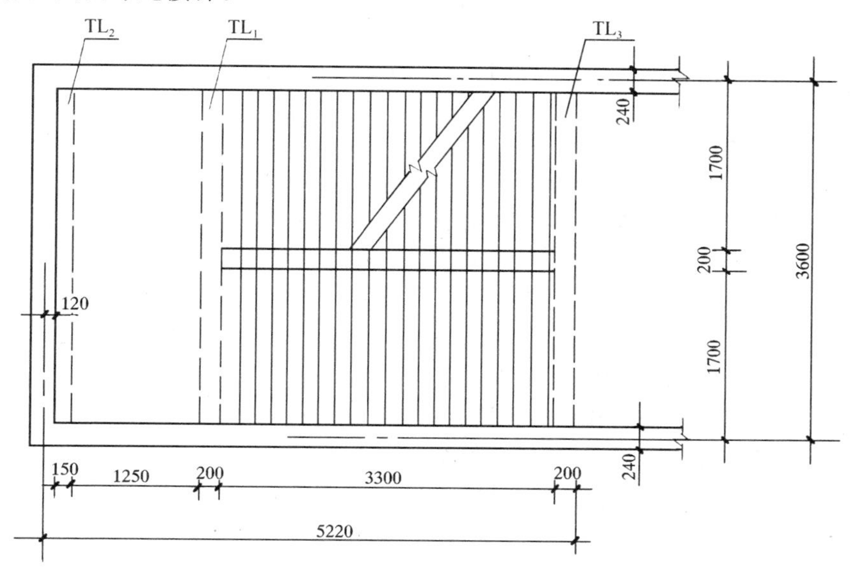

图5-66　板式楼梯平面图

1. 梯段板的计算

（1）荷载计算（取1m板宽计算）

依据踏步高150mm，宽300mm，得：

楼梯斜板的倾角：$\cos\alpha=\frac{2}{\sqrt{5}}=0.8944$

踏步重：$\frac{\frac{1}{2}\times1.0\times0.3\times0.15\times25}{0.3}=1.875kN/m$

斜板重：$\frac{0.12\times1.0\times25}{0.8944}=3.35kN/m$

面层重：$\frac{(0.3+0.15)\ \times1.0\times0.02\times20}{0.3}=0.6kN/m$

板底抹灰重：$\frac{0.015\times1.0\times1.7}{0.8944}=0.29kN/m$

恒荷载标准值：$g_k=1.875+3.35+0.6+0.29=6.12kN/m^2$

活荷载标准值：$p_k=2.5\times1.0=2.5kN/m$

按由可变荷载效应控制的组合：

$$q=1.2\times6.12+1.4\times2.5=10.844kN/m$$

按由永久荷载效应控制的组合：

$$q=1.35\times6.12+0.7\times1.4\times2.5=10.712\text{kN/m}<10.844\text{kN/m}$$

取 $q=10.884\text{kN/m}$

（2）内力计算：

跨中弯矩：$M=\frac{1}{10}Pl^2=\frac{10.844}{10}\times3.5^2=13.284\text{kN}\cdot\text{m}$

（3）配筋计算（$\gamma_0=1.0$）

$$\alpha_1=1.0\quad h_0=120-20=100\text{mm}$$

$$\alpha_s=\frac{\gamma_0 M}{\alpha_1 f_c b h_0^2}=\frac{1.0\times13.284\times10^6}{1.0\times11.9\times1000\times100^2}=0.116$$

$$\gamma_s=0.5(1+\sqrt{1-2\alpha_s})=0.941$$

$$A_s=\frac{\gamma_0 M}{f_y\gamma_s h_0}=\frac{1.0\times13.284\times10^6}{270\times0.941\times100}=522.85\text{mm}^2$$

纵向受力钢筋选用Φ 10@150（523mm²）；支座负筋选用Φ 10@200（393mm²）；分布筋选用Φ 8@200（251mm²），配筋见图 5-67。

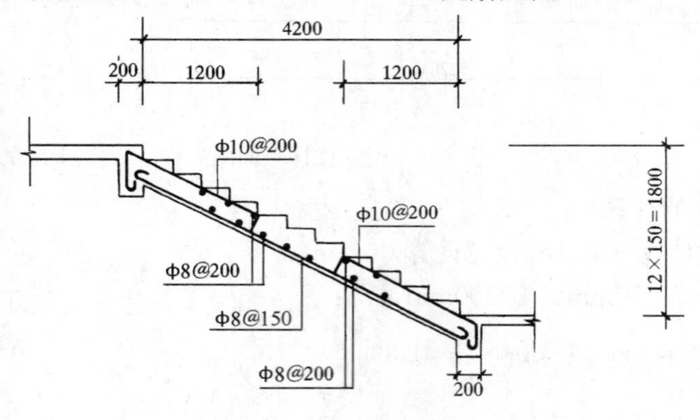

图 5-67 楼梯板的配筋图

2. 平台板的计算

（1）荷载计算（取 1m 板宽计算）

平台梁截面尺寸：TL_1 为 200mm×300mm，TL_2 为 150mm×200mm

平台板自重：$0.07\times1.0\times25=1.75\text{kN/m}$

面层重：$0.02\times1.0\times20=0.4\text{kN/m}$

板底抹灰重：$0.015\times1.0\times17=0.255\text{kN/m}$

恒载标准值：$g_k=1.75+0.4+0.255=2.41\text{kN/m}$

活载标准值：$p_k=2.5\times1.0=2.5\text{kN/m}$

按由可变荷载效应控制的组合：

$$q=1.2\times2.41+1.4\times2.5=6.392\ \text{kN/m}$$

由永久荷载效应控制的组合值小于 6.392kN/m。

（2）内力计算

计算跨度：平台板两边分别与 TL_1、TL_2 整浇，故

$$l=l_n=1.6-0.2-0.15=1.25m$$

板跨中弯矩：$M=\frac{1}{8}ql^2=\frac{6.392\times1.25^2}{8}=1.248kN\cdot m$

（3）配筋计算

$$\alpha_1=1.0 \quad h_0=70-15=55mm$$

$$\alpha_s=\frac{\gamma_0 M}{\alpha_1 f_c b h_0^2}=\frac{1.0\times1.248\times10^6}{1.0\times11.9\times1000\times55^2}=0.0347$$

$$\gamma_s=0.5(1+\sqrt{1-2\alpha_s})=0.982$$

$$A_s=\frac{\gamma_0 M}{f_y\gamma_s h_0}=\frac{1.0\times1.248\times10^6}{270\times0.982\times55}=85.58mm^2$$

选用钢筋Φ 6@200（141mm²），分布筋选用Φ 8@200（251mm²），配筋见图 5-68。

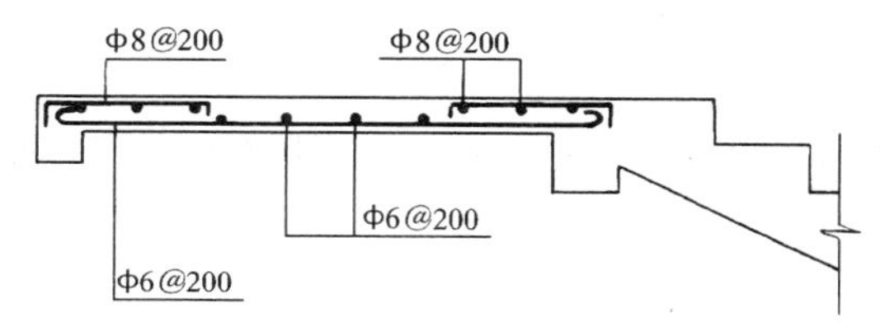

图 5-68 平台板的配筋图

3. 平台梁的计算（TL_1）

（1）荷载计算

梯段板传来的荷载：$10.844\times3.5/2=18.977$ kN/m

平台板传来荷载：$6.392\times(1.25/2+0.2)=5.273$ kN/m

梁自重：$0.2\times(0.3-0.07)\times25+0.02\times(0.3-0.07)\times17=1.228$ kN/m

荷载设计值为：$q=18.977+5.273+1.2\times1.228=25.724$ kN/m

（2）内力计算

计算跨度：$l=l_n+a=3.36+0.24=3.6m$

$$1.05l_n=1.05\times3.36=3.53m$$

取 $l=3.53m$

跨中弯矩：$M=\frac{1}{8}ql^2=\frac{25.724\times3.53^2}{8}=40.086kN\cdot m$

$V=\frac{1}{2}ql_n=\frac{25.724\times3.36}{2}=43.216kN$

4. 配筋计算（$\gamma_0=1.0$）

(1) 纵向钢筋计算（按倒 L 形截面）

翼缘宽度：

$$b'_f = l/6 = 3.53/6 = 0.588\text{m}$$

$$b'_f = b + \frac{S_0}{2} = \frac{0.2+1.25}{2} = 0.825\text{m}$$

取 $b'_f=0.588\text{m}$

判断截面类型

$$\alpha_1 f_c b'_f h'_f \left(h_0 - \frac{h'_f}{2}\right) = 1.0 \times 11.9 \times 588 \times 70 \times \left(265 - \frac{70}{2}\right)$$

$$= 112.65\text{kN}\cdot\text{m} > 43.02\text{kN}\cdot\text{m}$$

属于第一类 T 形截面

$$\alpha_s = \frac{\gamma_0 M}{\alpha_1 f_c b h_0^2} = \frac{1.0 \times 40.086 \times 10^6}{1.0 \times 11.9 \times 588 \times 265^2} = 0.0815$$

$$\gamma_s = 0.5(1+\sqrt{1-2\alpha_s}) = 0.957$$

$$A_s = \frac{\gamma_0 M}{f_y \gamma_s h_0} = \frac{1.0 \times 40.086 \times 10^6}{300 \times 0.957 \times 265} = 526.88\text{mm}^2$$

选用钢筋 2 Φ 16＋1 Φ 14（实配面积 402＋153.9＝555.9mm²）

(2) 腹筋计算

截面校核：

$$0.25\beta_c f_c b h_0 = 0.25 \times 1.0 \times 11.9 \times 20 \times 265 = 157.68\text{kN} > 43.216\text{kN}$$

截面尺寸满足要求。

$$0.7 f_t b h_0 = 0.7 \times 1.27 \times 200 \times 265 = 47.12\text{kN} > 43.216\text{kN}$$

不需按计算配置箍筋，根据构造配箍Φ 6@200。

平台梁的配筋图见图 5-69。

平台梁 TL_2、TL_3 的计算略。

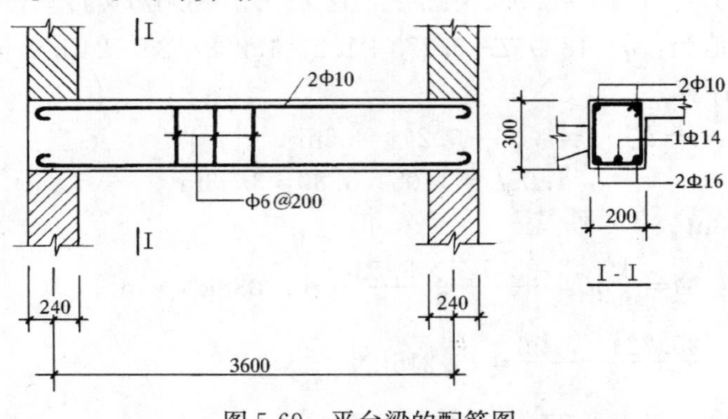

图 5-69　平台梁的配筋图

五、雨篷设计

雨篷由雨篷板和雨篷梁两部分组成（建筑中的外挑阳台、外挑走廊、屋顶檐口等构件和雨篷的设计基本相同），雨篷梁既是雨篷的支承，又可兼作洞口过梁。

1. 雨篷的荷载

雨篷一般取 1m 为计算单元，作用在雨篷板上的荷载，有恒荷载和活荷载，恒荷载为雨篷的自重 g，活荷载取均布雪荷载和屋面可变荷载中的较大值 q 加上板端每米集中荷载 $P=1.0\text{kN}$，考虑施工或检修时人和工具的重量。施工荷载与均布荷载不同时考虑，取最不利组合。

雨篷梁的荷载为：自重荷载、上部墙体荷载（与门窗过梁的荷载取法相同）、雨篷板传来的荷载。

2. 雨篷的设计

雨篷破坏有以下三种情况：

（1）雨篷板在支座处由于抗弯能力不足而发生正截面受弯破坏；

（2）雨篷梁由于受弯、剪、扭作用破坏；

（3）雨篷整体作为刚体倾覆，雨篷的倾覆验算可参见砌体结构设计的相关资料。

雨篷板为悬臂板，按受弯构件进行计算；雨篷梁是弯、剪、扭构件，按弯、剪、扭构件进行设计。

小　结

1. 楼盖设计中首先要解决的问题是选择合理的楼盖结构方案，梁板结构的结构形式、结构布置对整个建筑的安全性、合理性、经济性都有重要影响，因此各种楼盖的受力特点及不同结构布置对内力的影响是应重点解决的问题。

2. 楼盖结构中的连续梁、板、支座均假定为简支，实际支承条件与计算简图的误差引入折算荷载修正，当五跨以上连续梁板各跨荷载基本相同，跨差≤10%时，可按五跨连续梁板计算。

3. 单向板、双向板均有弹性理论的计算方法和塑性理论的计算方法，用弹性理论时，只要确定计算简图和作用荷载，即可采用结构力学和弹性力学的方法计算梁、板内力。塑性理论计算方法中涉及塑性铰、塑性铰线、内力重分布、弯矩调幅法、板的极限荷载等概念，是本章内容的难点所在。采用塑性理论计算时应注意，满足构件使用阶段裂缝和刚度的要求。

4. 梁板结构的设计步骤为：（1）结构选型与布置；（2）确定计算简图；（3）荷载的计算及活荷载的不利位置布置；（4）内力计算，绘制内力包络图；（5）根据包络图进行截面设计；（6）考虑构造要求，绘制施工图。

5. 无梁楼盖是一种板、柱体系，其受力与肋梁楼盖不同。根据其受力特点，将无梁楼盖板比拟为等代连续梁，将板柱体系等代为框架体系分析，根据工程经验，将板带划分成柱上板带和跨中板带区别配筋。无梁楼盖设计中要注意的另一个特殊点是：板、柱节点的抗冲切验算和柱帽的设计构造。

6. 井式楼盖可视为将大双向板再次用交叉梁划分为小双向板，板的计算同一般双向板，梁的计算视区格的多少和大小，分别采用拟板法和力法进行计算。采用力法不考虑交叉梁扭矩和剪力的影响，按交叉点位移相等的条件，列方程求解梁上荷载，进而求解梁内力。

7. 装配式楼盖设计时应注意预制构件的选择、构件的连接构造和构件的运输、吊装验算。

8. 楼梯设计中，不论梁式或板式结构，其组成构件：踏步板、斜梁、平台梁、平台板等，大多数情况都为受弯构件，可按受弯构件计算。特殊点在于斜板、斜梁的内力计算要注意荷载、板长等投影关系，另外考虑到板、梁简支假定与实际结构的差异，在支座处应配置构造负钢筋，同时也应注意折板、折梁的配筋构造。

9. 雨篷板是受弯构件，受力主筋应放在板受拉部位（往往是板的上方），雨篷梁是弯、剪、扭构件，若兼做过梁时，梁上墙体荷载的取法同过梁。

思考题

5-1 钢筋混凝土楼盖有哪几种类型？各自的特点、应用范围是什么？

5-2 按弹性理论计算现浇单向板肋梁楼盖的内力时，为什么要使用折算荷载？按塑性理论计算内力时，为什么不出现折算荷载？

5-3 思考题5-3图所示伸臂梁，承受恒载 g 和活载 p，欲求：B 支座 $-M_{max}$，跨中 M_{cmax}、$-M_{cmax}$、V_{Amax}、V_{Bmax}，荷载应如何布置？

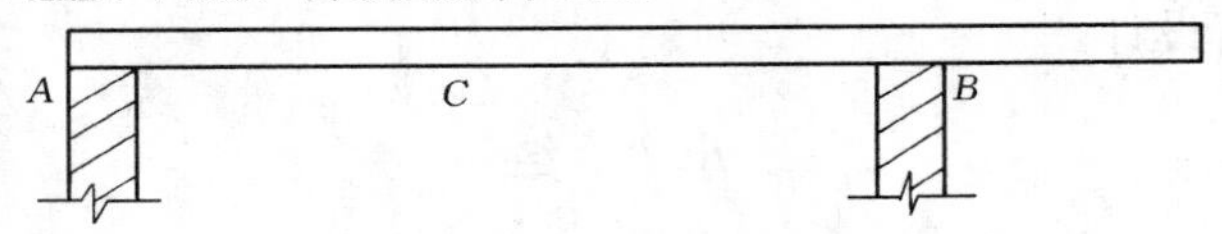

思考题5-3图

5-4 比较钢筋混凝土的塑性铰与理想铰的异同。

5-5 塑性理论计算的单向板肋梁楼盖的弯矩系数、剪力系数是如何确定的？

5-6 什么是钢筋混凝土超静定结构的塑性内力重分布？什么是充分的内力重分布？

5-7 什么是板的穹顶作用？什么情况下考虑穹顶作用？

5-8 弯矩调幅法的基本原则是什么？

5-9 试画出思考题5-9图所示各板在均布荷载作用下的塑性铰线位置。

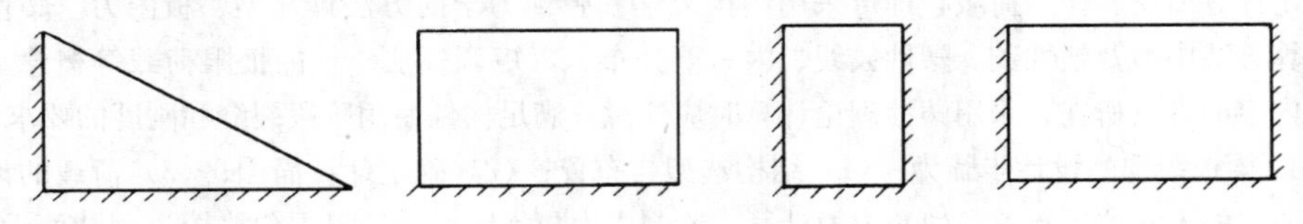

思考题5-9图

5-10 单向板的主梁、次梁，双向板的支承梁上的荷载是如何确定的？

5-11　单向连续板计算中的折算荷载 $g'=g+\frac{p}{2}$，$q'=\frac{p}{2}$ 和双向板弹性方法计算中的调整荷载 $g'=g+\frac{p}{2}$，$q'=\frac{p}{2}$ 意义是否相同？实际意义是什么？

5-12　单向板和双向板中各需布置哪些构造钢筋？其作用是什么？

5-13　无梁楼盖内力计算有哪些方法？

5-14　试述板式、梁式楼梯各自的优缺点，计算简图和传力路线。

习　题

5-1　习题 5-1 图所示 6 跨连续板，承受恒载设计值 $g=4\text{kN/m}^2$，活载设计值 $q=5.4\text{kN/m}^2$，混凝土为 C30，钢筋采用 HPB300 级，次梁截面 200mm×400mm，按考虑塑性内力重分布的方法设计此板。

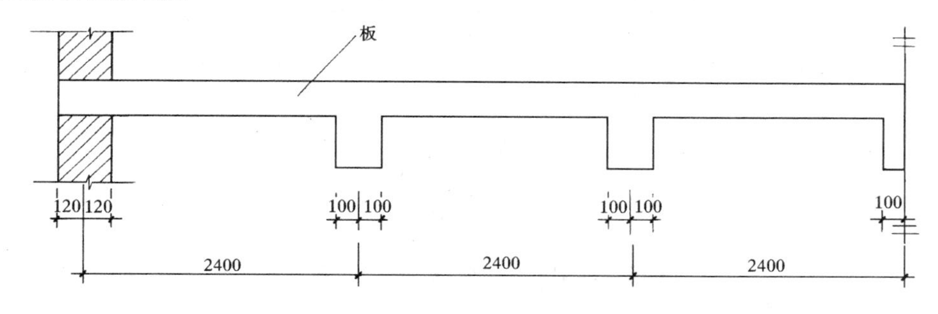

习题 5-1 图

5-2　如习题 5-2 图所示，两跨连续梁，承受集中恒载设计值 $G=22\text{kN}$，集中活载设计值 $Q=44\text{kN}$，梁截面尺寸 $b\times h=200\text{mm}\times 450\text{mm}$，混凝土为 C25，钢筋为 HRB335，（$f_y=300\text{N/mm}^2$）。

（1）绘出该梁的 M 和 V 包络图；

（2）计算支座和跨中的钢筋；

（3）如果考虑塑性内力重分布，按上述计算的配筋能承受多大的 G 和 Q，其调幅幅度是多少（$Q/G=2$）？

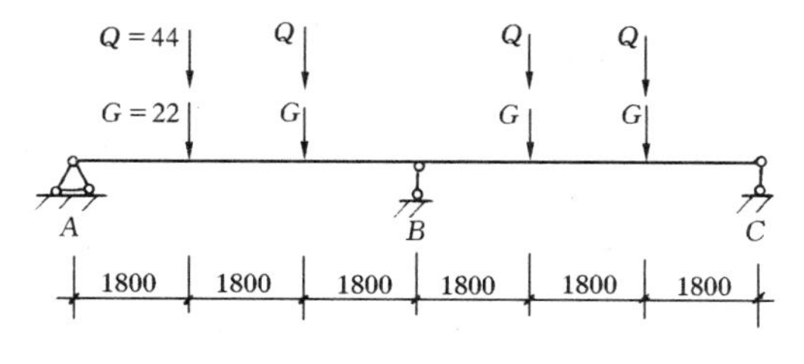

习题 5-2 图

5-3　如习题 5-3 图所示，整浇双向板肋梁楼盖，板厚 120mm，梁截面 $b\times h=250\text{mm}\times 600\text{mm}$，混凝土为 C30，承受永久荷载（包括自重）标准值 3.2kN/m^2，可变荷载标准值 4.5kN/m^2，周边支承在砖墙上，试用弹性理论分析板 A、B、C 的内力，并计算截面配筋，绘出配筋图。

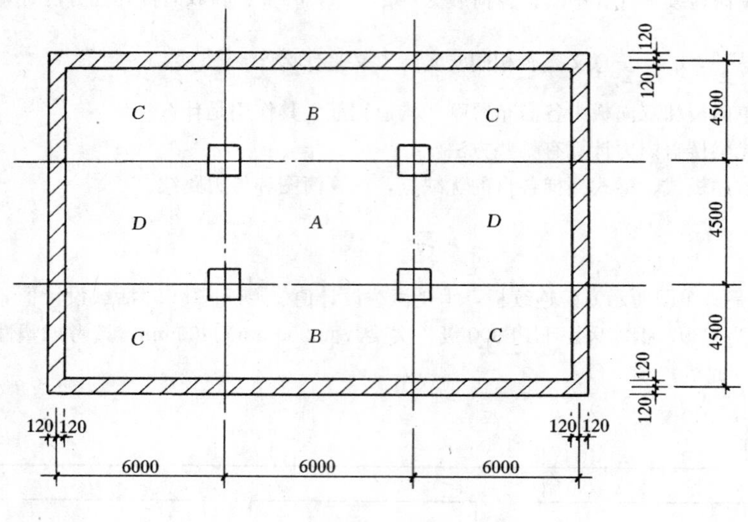

习题 5-3 图

附　　录

等截面等跨连续梁在常用荷载作用下的内力系数表　　附表 5-1

1. 在均布及三角形荷载作用下：

M=表中系数×ql^2

V=表中系数×ql

2. 在集中荷载作用下：

M=表中系数×Pl

V=表中系数×P

3. 内力正负号规定：

M——使截面上部受压、下部受拉为正；

V——对邻近截面所产生的力矩沿顺时针方向者为正。

两　跨　梁　　附表 5-1 (1)

荷载图	跨内最大弯矩		支座弯矩	剪力		
	M_1	M_2	M_B	V_A	V_{Bl} V_{Br}	V_c
(q; A B C; l l)	0.070	0.0703	−0.125	0.375	−0.625 0.625	−0.375

续表

荷载图	跨内最大弯矩		支座弯矩	剪力		
	M_1	M_2	M_B	V_A	V_{Bl} V_{Br}	V_c
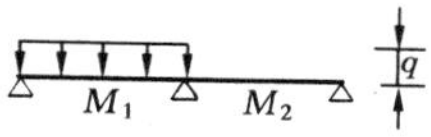	0.096	—	−0.063	0.437	−0.563 0.063	0.063
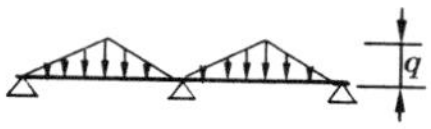	0.048	0.048	−0.078	0.172	−0.328 0.328	−0.172
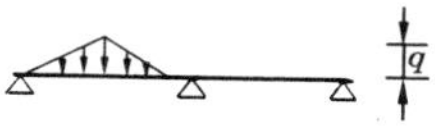	0.064	—	−0.039	0.211	−0.289 0.039	0.039
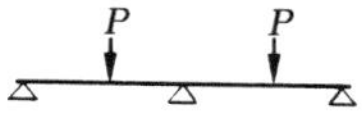	0.156	0.156	−0.188	0.312	−0.688 0.688	−0.312
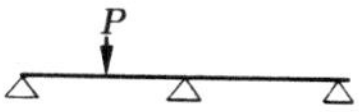	0.203	—	−0.094	0.406	−0.594 0.094	0.094
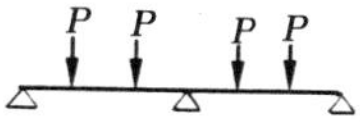	0.222	0.222	−0.333	0.667	−1.333 1.333	−0.667
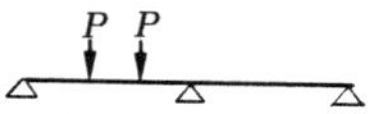	0.278	—	−0.167	0.833	−1.167 0.167	0.167

三 跨 梁 附表 5-1（2）

荷载图	跨内最大弯矩		支座弯矩		剪力			
	M_1	M_2	M_B	M_C	V_A	V_{Bl} V_{Br}	V_{Cl} V_{Cr}	V_D
q; A B C D; l l l	0.080	0.025	−0.100	−0.100	0.400	−0.600 0.500	−0.500 0.600	−0.400
q; M_1 M_2 M_3	0.101	—	−0.050	−0.050	0.450	−0.550 0	0 0.550	−0.450
q	—	0.075	−0.050	−0.050	0.050	−0.050 0.500	−0.500 0.050	0.050
q	0.073	0.054	−0.117	−0.033	0.383	−0.617 0.583	−0.417 0.033	0.033
q	0.094	—	−0.067	0.017	0.433	−0.567 0.083	0.083 −0.017	−0.017
q	0.054	0.021	−0.063	−0.063	0.183	−0.313 0.250	−0.250 0.313	−0.188
q	0.068	—	−0.031	−0.031	0.219	−0.281 0	0 0.281	−0.219
q	—	0.052	−0.031	−0.031	0.031	−0.031 0.250	−0.250 0.031	0.031

续表

荷　载　图	跨内最大弯矩		支　座　弯　矩		剪　　力			
	M_1	M_2	M_B	M_C	V_A	V_{Bl} V_{Br}	V_{Cl} V_{Cr}	V_D
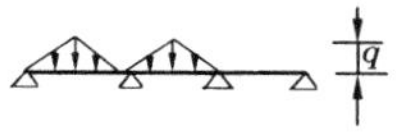	0.050	0.038	−0.073	−0.021	0.177	−0.323 0.302	−0.198 0.021	0.021
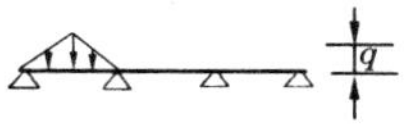	0.063	—	−0.042	0.010	0.208	−0.292 0.052	0.052 −0.010	−0.010
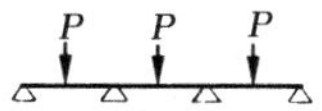	0.175	0.100	−0.150	−0.150	0.350	−0.650 0.500	−0.500 0.650	−0.350
	0.213	—	−0.075	−0.075	0.425	−0.575 0	0 0.575	0.425
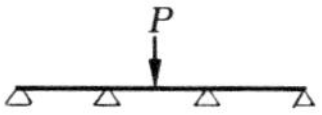	—	0.175	−0.075	−0.075	−0.075	−0.075 0.500	−0.500 0.075	0.075
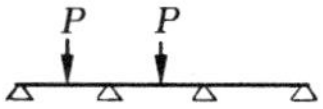	0.162	0.137	−0.175	−0.050	0.325	−0.675 0.625	−0.375 0.050	0.050
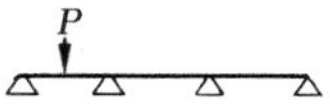	0.200	—	−0.100	0.025	0.400	−0.600 0.125	0.125 −0.025	−0.025
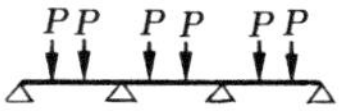	0.244	0.067	−0.267	−0.267	0.733	−1.267 1.000	−1.000 1.267	−0.733
	0.289	—	−0.133	−0.133	0.866	−1.134 0	0 1.134	−0.866
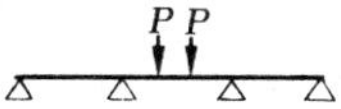	—	0.200	−0.133	−0.133	−0.133	−0.133 1.000	−1.000 0.133	0.133
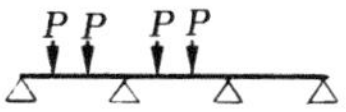	0.229	0.170	−0.311	−0.089	0.689	−1.311 1.222	−0.778 0.089	0.089
	0.274	—	0.178	0.044	0.822	−1.178 0.222	0.222 −0.044	−0.044

四 跨 梁

附表 5-1 (3)

荷载图	跨内最大弯矩				支座弯矩			剪力				
	M_1	M_2	M_3	M_4	M_B	M_C	M_D	V_A	V_{Bl} V_{Br}	V_{Cl} V_{Cr}	V_{Dl} V_{Dr}	V_B
q; A B C D E; l l l l	0.077	0.036	0.036	0.077	−0.107	−0.071	−0.107	0.393	−0.607 0.536	0.464 0.464	−0.536 0.607	−0.393
q; M_1 M_2 M_3 M_4	0.100	—	0.081	—	−0.054	−0.036	−0.054	0.446	−0.554 0.018	0.018 0.482	0.518 0.054	0.054
q	0.072	0.061	—	0.098	−0.121	−0.018	−0.058	0.380	−0.620 0.603	−0.397 −0.040	0.040 0.558	−0.442
q	—	0.056	0.056	—	−0.036	−0.107	−0.036	−0.036	−0.036 0.429	−0.571 0.571	0.429 0.036	0.036
q	0.094	—	—	—	−0.067	0.018	−0.004	0.433	−0.567 0.085	0.085 −0.022	0.022 0.004	0.004
q	—	0.071	—	—	−0.049	−0.054	0.013	−0.049	−0.049 0.496	−0.504 0.067	0.067 0.013	−0.013
q	0.052	0.028	0.028	0.052	−0.067	−0.045	−0.067	0.183	−0.317 0.272	−0.228 0.228	−0.272 0.317	−0.183
q	0.067	—	0.055	—	0.034	−0.022	−0.034	0.217	−0.284 0.011	0.011 0.239	−0.261 0.034	0.034

续表

荷载图	跨内最大弯矩				支座弯矩			剪力				
	M_1	M_2	M_3	M_4	M_B	M_C	M_D	V_A	V_{Bl} V_{Br}	V_{Cl} V_{Cr}	V_{Dl} V_{Dr}	V_B
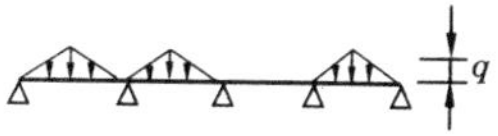	0.049	0.042	—	0.066	−0.075	−0.011	−0.036	0.175	−0.325 0.314	−0.186 −0.025	−0.025 0.286	−0.214
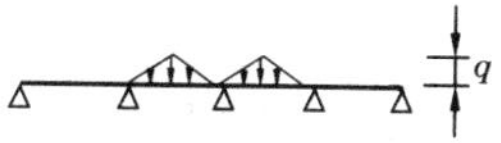	—	0.040	0.040	—	0.022	0.067	−0.022	−0.022	−0.022 0.205	−0.295 0.295	−0.205 0.022	0.022
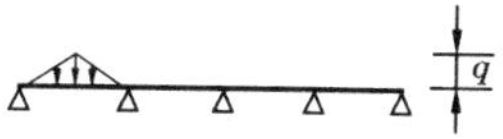	0.063	—	—	—	−0.042	0.011	−0.003	0.208	−0.292 0.053	0.053 −0.014	−0.014 0.003	0.003
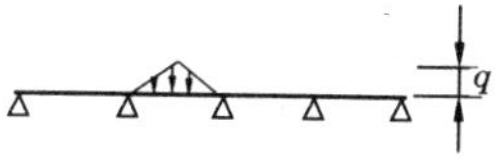	—	0.051	—	—	−0.031	−0.034	0.008	−0.031	−0.031 0.247	−0.253 0.042	0.042 −0.008	−0.008
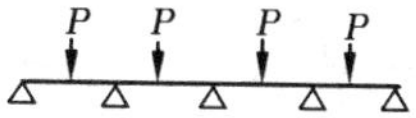	0.169	0.116	0.116	0.169	−0.161	−0.107	−0.161	0.339	−0.661 0.554	−0.446 0.446	−0.554 0.661	−0.339
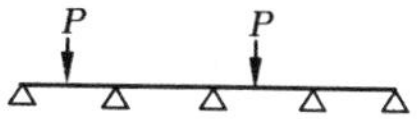	0.210	—	0.183	—	−0.080	−0.054	−0.080	0.420	−0.580 0.027	0.027 0.473	−0.527 0.080	0.080
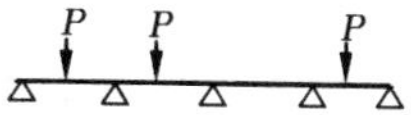	0.159	0.146	—	0.206	−0.181	−0.027	−0.087	0.319	−0.681 0.654	−0.346 −0.060	−0.060 0.587	−0.413
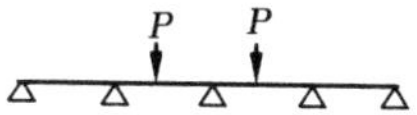	—	0.142	0.142	—	−0.054	−0.161	−0.054	0.054	−0.054 0.393	−0.607 0.607	−0.393 0.054	0.054

续表

荷载图	跨内最大弯矩				支座弯矩			剪力				
	M_1	M_2	M_3	M_4	M_B	M_C	M_D	V_A	V_{Bl} V_{Br}	V_{Cl} V_{Cr}	V_{Dl} V_{Dr}	V_B
	0.200	—	—	—	−0.100	0.027	−0.007	0.400	−0.600 0.127	0.127 −0.033	−0.033 0.007	0.007
	—	0.173	—	—	−0.074	−0.080	0.020	0.074	−0.074 0.493	−0.507 0.100	0.100 −0.020	−0.020
	0.238	0.111	0.111	0.238	−0.286	−0.191	−0.286	0.714	1.286 1.095	−0.905 0.905	−1.095 1.286	−0.714
	0.286	—	0.222	—	−0.143	−0.095	−0.143	0.857	−1.143 0.048	0.048 0.952	−1.048 0.143	0.143
	0.226	0.194	—	0.282	−0.321	−0.048	−0.155	0.679	−1.312 1.274	−0.726 −0.107	−0.107 1.155	−0.845
	—	0.175	0.175	—	−0.095	−0.286	−0.095	−0.095	0.095 0.810	−1.190 1.190	−0.810 0.095	0.095
	0.274	—	—	—	−0.178	0.048	−0.012	0.822	−1.178 0.226	0.226 −0.060	−0.060 0.012	0.012
	—	0.198	—	—	−0.131	−0.143	0.036	−0.131	−0.131 0.988	−1.012 0.178	0.178 −0.036	−0.036

五 跨 梁

附表 5-1（4）

荷载图	跨内最大弯矩			支座弯矩				剪力					
	M_1	M_2	M_3	M_B	M_C	M_D	M_E	V_A	V_{Bl} V_{Br}	V_{Cl} V_{Cr}	V_{Dl} V_{Dr}	V_{El} V_{Er}	V_F
A B C D E F; l l l l l; q	0.078	0.033	0.046	−0.105	−0.079	−0.079	−0.105	0.394	−0.606 0.526	−0.474 0.500	−0.500 0.474	−0.526 0.606	−0.394
M_1 M_2 M_3 M_4 M_5; q	0.100	—	0.085	−0.053	−0.040	−0.040	−0.053	0.447	−0.553 0.013	0.013 0.500	−0.500 −0.013	−0.013 0.553	0.447
q	—	0.079	—	−0.053	−0.040	−0.040	−0.053	−0.053	−0.053 0.513	−0.487 0	0 0.487	−0.513 0.053	0.053
q	0.073	②0.059 0.078	—	−0.119	−0.022	−0.044	−0.051	0.380	−0.620 0.598	−0.402 −0.023	−0.023 0.493	−0.507 0.052	0.052
q	①— 0.098	0.055	0.064	−0.035	−0.111	−0.020	−0.057	0.035	0.035 0.424	0.576 0.591	−0.409 −0.037	−0.037 0.557	−0.443
q	0.094	—	—	−0.067	0.018	−0.005	−0.001	0.433	0.567 0.085	0.085 0.023	0.023 0.006	0.006 −0.001	0.001
q	—	0.074	—	−0.049	−0.054	0.014	−0.004	0.019	−0.049 0.495	−0.505 0.068	0.068 −0.018	−0.018 0.004	0.004
q	—	—	0.072	0.013	−0.053	−0.053	−0.013	0.013	0.013 −0.066	−0.066 0.500	−0.500 0.066	0.066 −0.013	0.013

续表

荷载图	跨内最大弯矩			支座弯矩				剪力					
	M_1	M_2	M_3	M_B	M_C	M_D	M_E	V_A	V_{Bl} V_{Br}	V_{Cl} V_{Cr}	V_{Dl} V_{Dr}	V_{El} V_{Er}	V_F
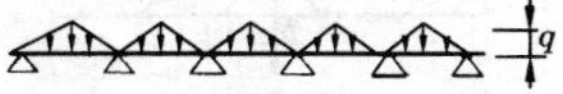	0.053	0.026	0.034	−0.066	−0.049	0.049	−0.066	0.184	−0.316 0.266	−0.234 0.250	−0.250 0.234	−0.266 0.316	0.184
	0.067	—	0.059	−0.033	−0.025	−0.025	0.033	0.217	0.283 0.008	0.008 0.250	−0.250 −0.008	−0.008 0.283	0.217
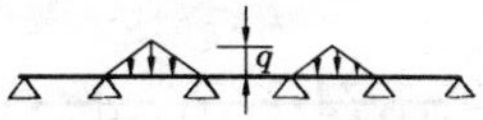	—	0.055	—	−0.033	−0.025	−0.025	−0.033	0.033	−0.033 0.258	−0.242 0	0 0.242	−0.258 0.033	0.033
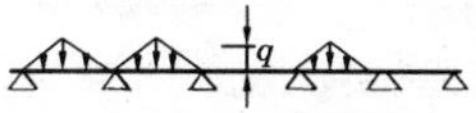	0.049	②0.041 0.053	—	−0.075	−0.014	−0.028	−0.032	0.175	0.325 0.311	−0.189 −0.014	−0.014 0.246	−0.255 0.032	0.032
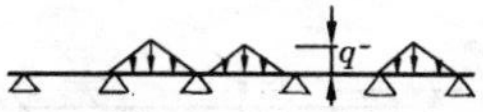	①— 0.066	0.039	0.044	−0.022	−0.070	−0.013	−0.036	−0.022	−0.022 0.202	−0.298 0.307	−0.193 −0.023	−0.023 0.286	−0.214
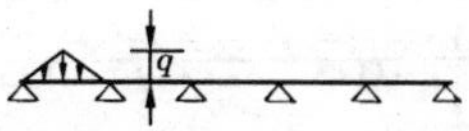	0.063	—	—	−0.042	0.011	−0.003	0.001	0.208	−0.292 0.053	0.053 −0.014	−0.014 0.004	0.004 −0.001	−0.001
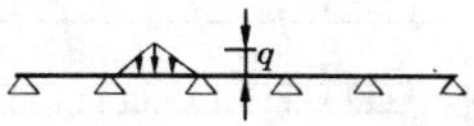	—	0.051	—	−0.031	−0.034	0.009	−0.002	−0.031	−0.031 0.247	−0.253 0.043	0.043 −0.011	−0.011 0.002	0.002
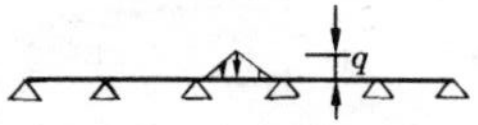	—	—	0.050	0.008	−0.033	−0.033	0.008	0.008	0.008 −0.041	−0.041 0.250	−0.250 0.041	0.041 −0.008	−0.008

续表

荷载图	跨内最大弯矩			支座弯矩				剪力					
	M_1	M_2	M_3	M_B	M_C	M_D	M_E	V_A	V_{Bl} V_{Br}	V_{Cl} V_{Cr}	V_{Dl} V_{Dr}	V_{El} V_{Er}	V_F
P P P P P	0.171	0.112	0.132	−0.158	−0.118	0.118	−0.158	0.342	−0.658 0.540	−0.460 0.500	−0.500 0.460	−0.540 0.658	−0.342
P P P	0.211	—	0.191	−0.079	−0.059	−0.059	−0.079	0.421	−0.579 0.020	0.020 0.500	−0.500 −0.020	−0.020 0.579	−0.421
P P	—	0.181	—	−0.079	−0.059	−0.059	−0.079	−0.079	−0.079 0.520	−0.480 0	0 0.480	−0.520 0.079	0.079
P P P	0.160	②0.144 0.178	—	−0.179	−0.032	−0.066	−0.077	0.321	−0.679 0.647	−0.353 −0.034	−0.034 0.489	−0.511 0.077	0.077
P P P	①— 0.207	0.140	0.151	−0.052	−0.167	−0.031	−0.086	−0.052	−0.052 0.385	−0.615 0.637	−0.363 −0.056	−0.056 0.586	−0.414
P	0.200	—	—	−0.100	0.027	−0.007	0.002	0.400	−0.600 0.127	0.127 −0.031	−0.034 0.009	0.009 −0.002	−0.002
P	—	0.173	—	−0.073	−0.081	0.022	−0.005	−0.073	−0.073 0.493	−0.507 0.102	0.102 −0.027	−0.027 0.005	0.005
P	—	—	0.171	0.020	−0.079	−0.079	0.020	0.020	0.020 −0.099	−0.099 0.500	−0.500 0.099	0.099 −0.020	−0.020

续表

荷载图	跨内最大弯矩			支座弯矩				剪力					
	M_1	M_2	M_3	M_B	M_C	M_D	M_E	V_A	V_{Bl} V_{Br}	V_{Cl} V_{Cr}	V_{Dl} V_{Dr}	V_{El} V_{Er}	V_F
PP PP PP PP PP	0.240	0.100	0.122	−0.281	−0.211	0.211	−0.281	0.719	−1.281 1.070	−0.930 1.000	−1.000 0.930	1.070 1.281	−0.719
PP PP PP	0.287	—	0.228	−0.140	−0.105	−0.105	−0.140	0.860	−1.140 0.035	0.035 1.000	1.000 −0.035	−0.035 1.140	−0.860
PP PP	—	0.216	—	−0.140	−0.105	−0.105	−0.140	−0.140	−0.140 1.035	−0.965 0	0.000 0.965	−1.035 0.140	0.140
PP PP PP	0.227	②0.189 / 0.209	—	−0.319	−0.057	−0.118	−0.137	0.681	−1.319 1.262	−0.738 −0.061	−0.061 0.981	−1.019 0.137	0.137
PP PP PP	①— / 0.282	0.172	0.198	−0.093	−0.297	−0.054	−0.153	−0.093	−0.093 0.796	−1.204 1.243	−0.757 −0.099	−0.099 1.153	−0.847
PP	0.274	—	—	−0.179	0.048	−0.013	0.003	0.821	−0.179 0.227	0.227 −0.061	−0.061 0.016	0.016 −0.003	−0.003
PP	—	0.198	—	−0.131	−0.144	−0.038	−0.010	−0.131	−0.131 0.987	−1.013 0.182	−0.182 0.048	−0.048 0.010	−0.010
PP	—	—	0.193	0.035	−0.140	−0.140	0.035	0.035	0.035 −0.175	−0.175 1.000	−1.000 0.175	0.175 −0.035	−0.035

表中：① 分子及分母分别为 M_1 及 M_5 的弯矩系数；

② 分子及分母分别为 M_2 及 M_4 的弯矩系数。

双向板计算数表

附表 5-2

$$B_C=\frac{Eh^3}{12(1-\mu^2)}$$

式中　E——弹性模量；

h——板厚；

μ——泊桑比。

符号说明

v、v_{max}——分别为板中心点的挠度和最大挠度；

v_{0x}、v_{0y}——分别为平行于 l_x 和 l_y 方向自由边的中点挠度；

M_x、M_{xmax}——分别为平行于 l_x方向板中心点单位板宽内的弯矩和板跨内最大弯矩；

M_y、M_{ymax}——分别为平行于 l_y方向板中心点单位板宽内的弯矩和板跨内最大弯矩；

M_x^0——固定边中点沿 l_x方向单位板宽内的弯矩；

M_{y0}——固定边中点沿 l_y方向单位板宽内的弯矩；

-------------代表简支边；

ШШШШ代表固定边。

正负号的规定：

弯矩——使板的受荷面受压者为正；

挠度——变位方向与荷载方向相同者为正。

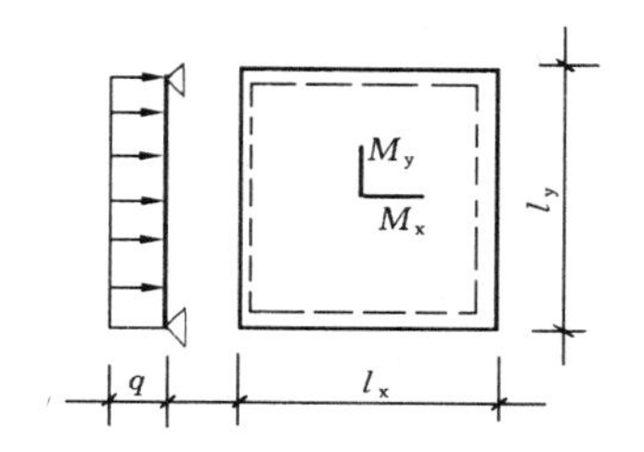

挠度＝表中系数×$\frac{ql^4}{B_c}$；

$\mu=0$，弯矩＝表中系数×ql^2。

式中 l 取用 l_x 和 l_y 中之较小者。

附表 5-2（1）

l_x/l_y	v	M_x	M_y	l_x/l_y	v	M_x	M_y
0.50	0.01013	0.0965	0.0174	0.80	0.00603	0.0561	0.0334
0.55	0.00940	0.0892	0.0210	0.85	0.00547	0.0506	0.0348
0.60	0.00867	0.0820	0.0242	0.90	0.00496	0.0456	0.0358
0.65	0.00796	0.0750	0.0271	0.95	0.00449	0.0410	0.0364
0.70	0.00727	0.0683	0.0296	1.00	0.00406	0.0368	0.0368
0.75	0.00663	0.0620	0.0317				

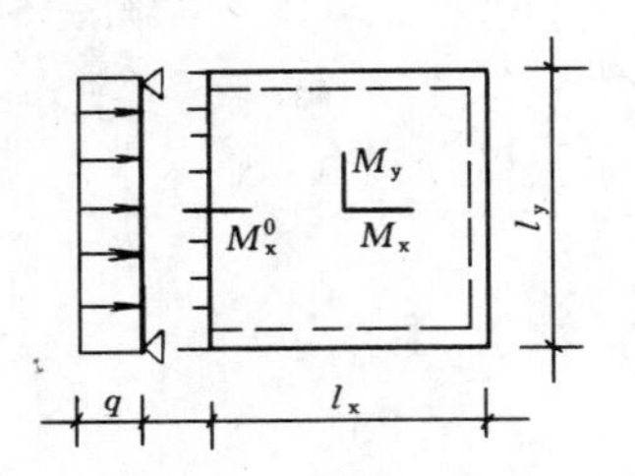

挠度＝表中系数× $\dfrac{ql^4}{B_c}$；

$\mu=0$，弯矩＝表中系数×ql^2。

式中 l 取用 l_x 和 l_y 中之较小者。

附表 5-2（2）

l_x/l	l_y/l_x	v	v_{max}	M_x	M_{xmax}	M_y	M_{ymax}	M_x^0
0.50		0.00488	0.00504	0.0583	0.0646	0.0060	0.0063	−0.1212
0.55		0.00471	0.00492	0.0563	0.0618	0.0081	0.0087	−0.1187
0.60		0.00453	0.00472	0.0539	0.0589	0.0104	0.0111	−0.1158
0.65		0.00432	0.00448	0.0513	0.0559	0.0126	0.0133	−0.1124
0.70		0.00410	0.00422	0.0485	0.0529	0.0148	0.0154	−0.1087
0.75		0.00388	0.00399	0.0457	0.0496	0.0168	0.0174	−0.1048
0.80		0.00365	0.00376	0.0428	0.0463	0.0187	0.0193	−0.1007
0.85		0.00343	0.00352	0.0400	0.0431	0.0204	0.0211	−0.0965
0.90		0.00321	0.00329	0.0372	0.0400	0.0219	0.0226	−0.0922
0.95		0.00299	0.00306	0.0345	0.0369	0.0232	0.0239	−0.0880
1.00	1.00	0.00279	0.00285	0.0319	0.0340	0.0243	0.0249	−0.0839
	0.95	0.00316	0.00324	0.0324	0.0345	0.0280	0.0278	0.0882
	0.90	0.00360	0.00368	0.0328	0.0347	0.0322	0.0330	0.0926
	0.85	0.00409	0.00417	0.0329	0.0347	0.0370	0.0378	0.0970
	0.80	0.00464	0.00473	0.0326	0.0343	0.0424	0.0433	−0.1014
	0.75	0.00526	0.00536	0.0319	0.0335	0.0485	0.0494	−0.1056
	0.70	0.00595	0.00605	0.0308	0.0323	0.0553	0.0562	−0.1096
	0.65	0.00670	0.00680	0.0291	0.0306	0.0627	0.0637	−0.1133
	0.60	0.00752	0.00762	0.0268	0.0289	0.0707	0.0717	−0.1166
	0.55	0.00838	0.00848	0.0239	0.0271	0.0792	0.0801	−0.1193
	0.50	0.00927	0.00953	0.0205	0.0249	0.0880	0.0888	−0.1215

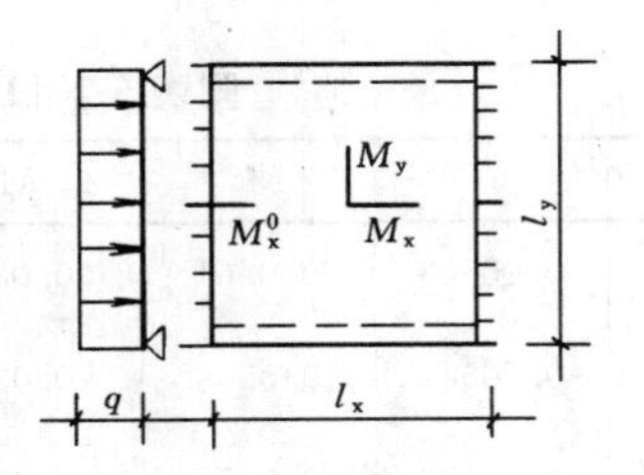

挠度＝表中系数× $\dfrac{ql^4}{B_c}$；

$\mu=0$，弯矩＝表中系数×ql^2。

式中 l 取用 l_x 和 l_y 中之较小者。

附表 5-2（3）

l_x/l_y	l_y/l_x	v	M_x	M_y	M_x^0
0.50		0.00261	0.0416	0.0017	−0.0843
0.55		0.00259	0.0410	0.0028	−0.0840
0.60		0.00255	0.0402	0.0042	−0.0834
0.65		0.00250	0.0392	0.0057	−0.0826
0.70		0.00243	0.0379	0.0072	−0.0814

续表

l_x/l_y	l_y/l_x	v	M_x	M_y	M_x^0
0.75		0.00236	0.0366	0.0088	−0.0799
0.80		0.00228	0.0351	0.0103	−0.0782
0.85		0.00220	0.0335	0.0118	−0.0763
0.90		0.00211	0.0319	0.0133	−0.0743
0.95		0.00201	0.0302	0.0146	−0.0721
1.00	1.00	0.00192	0.0285	0.0158	−0.0698
	0.95	0.00223	0.0296	0.0189	−0.0746
	0.90	0.00260	0.0306	0.0224	−0.0797
	0.85	0.00303	0.0314	0.0266	−0.0850
	0.80	0.00354	0.0319	0.0316	−0.0904
	0.75	0.00413	0.0321	0.0374	−0.0959
	0.70	0.00482	0.0318	0.0441	−0.01013
	0.65	0.00560	0.0308	0.0518	−0.1066
	0.60	0.00647	0.0292	0.0604	−0.1114
	0.55	0.00743	0.0267	0.0698	−0.1156
	0.50	0.00844	0.0234	0.0798	−0.1191

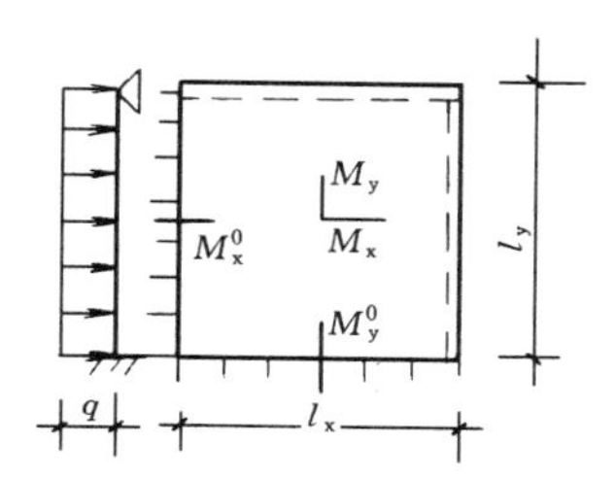

挠度＝表中系数×$\frac{ql^4}{B_c}$；

$\mu=0$，弯矩＝表中系数×ql^2。

式中 l 取用 l_x 和 l_y 中之较小者。

附表 5-2（4）

l_x/l_y	v	v_{max}	M_x	M_{xmax}	M_y	M_{ymax}	M_x^0	M_y^0
0.50	0.00468	0.00471	0.0559	0.0562	0.0079	0.0135	−0.1179	−0.0786
0.55	0.00445	0.00454	0.0529	0.0530	0.0104	0.0153	−0.1140	−0.0785
0.60	0.00419	0.00429	0.0496	0.0498	0.0129	0.0169	−0.1095	−0.0782
0.65	0.00391	0.00399	0.0461	0.0465	0.0151	0.0183	−0.1045	−0.0777
0.70	0.00363	0.00368	0.0426	0.0432	0.0172	0.0195	−0.0992	−0.0770
0.75	0.00335	0.00340	0.0390	0.0396	0.0189	0.0206	−0.0988	−0.0760
0.80	0.00308	0.00313	0.0356	0.0361	0.0204	0.0218	−0.0883	−0.0748
0.85	0.00281	0.00286	0.0322	0.0328	0.0215	0.0229	−0.0829	−0.0733
0.90	0.00256	0.00261	0.0291	0.0297	0.0224	0.0238	−0.0776	−0.0716
0.95	0.00232	0.00237	0.0261	0.0267	0.0230	0.0244	−0.0726	−0.0698
1.00	0.00210	0.00215	0.0234	0.0240	0.0234	0.0249	−0.0677	−0.0677

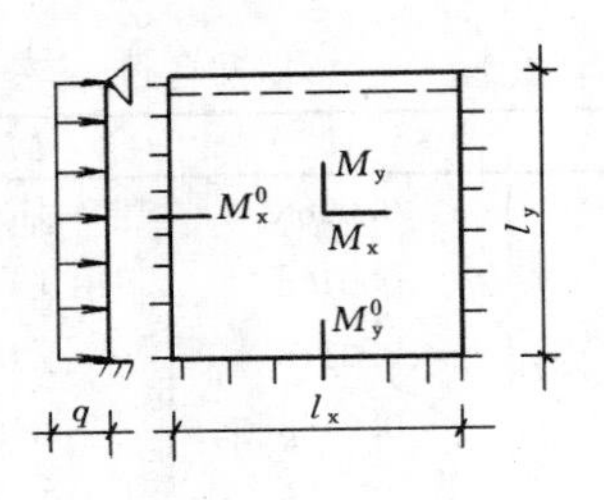

挠度=表中系数×$\frac{ql^4}{B_c}$；

$\mu=0$，弯矩=表中系数×ql^2。

式中 l 取用 l_x 和 l_y 中之较小者。

附表 5-2（5）

l_x/l_y	l_y/l_x	v	v_{max}	M_x	M_{xmax}	M_y	M_{ymax}	M_x^0	M_y^0
0.50		0.00257	0.00258	0.0408	0.0409	0.0028	0.0089	−0.0836	−0.0569
0.55		0.00252	0.00255	0.0398	0.0399	0.0042	0.0093	−0.0827	−0.0570
0.60		0.00245	0.00249	0.0384	0.0386	0.0059	0.0105	−0.0814	−0.0571
0.65		0.00237	0.00240	0.0368	0.0371	0.0076	0.0116	−0.0796	−0.0572
0.70		0.00227	0.00229	0.0350	0.0354	0.0093	0.0127	−0.0774	−0.0572
0.75		0.00216	0.00219	0.0331	0.0335	0.0109	0.0137	−0.0750	−0.0572
0.80		0.00205	0.00208	0.0310	0.0314	0.0124	0.0147	−0.0722	−0.0570
0.85		0.00193	0.00196	0.0289	0.0293	0.0138	0.0155	−0.0693	−0.0567
0.90		0.00121	0.00184	0.0268	0.0273	0.0159	0.0163	−0.0663	−0.0563
0.95		0.00169	0.00172	0.0247	0.0252	0.0160	0.0172	−0.0631	−0.0558
1.00	1.00	0.00157	0.00160	0.0227	0.0231	0.0168	0.0180	−0.0600	−0.0550
	0.95	0.00178	0.00182	0.0229	0.0234	0.0194	0.0207	−0.0629	−0.599
	0.90	0.00201	0.00206	0.0228	0.0234	0.0223	0.0238	−0.0656	−0.0653
	0.85	0.00227	0.00233	0.0225	0.0231	0.0255	0.0273	−0.0683	−0.0711
	0.80	0.00256	0.00262	0.0219	0.0224	0.0290	0.0311	−0.0707	−0.0772
	0.75	0.00286	0.00294	0.0208	0.0214	0.0329	0.0354	−0.0729	−0.0837
	0.70	0.00319	0.00327	0.0194	0.0200	0.0370	0.0400	−0.0748	−0.0903
	0.65	0.00352	0.00365	0.0175	0.0182	0.0412	0.0446	−0.0762	−0.0970
	0.60	0.00386	0.00403	0.0153	0.0160	0.0454	0.0493	−0.0773	−0.1033
	0.55	0.00419	0.00437	0.0127	0.0133	0.0496	0.0541	−0.0730	−0.1093
	0.50	0.00449	0.00463	0.0099	0.0103	0.0534	0.0588	−0.0784	−0.1146

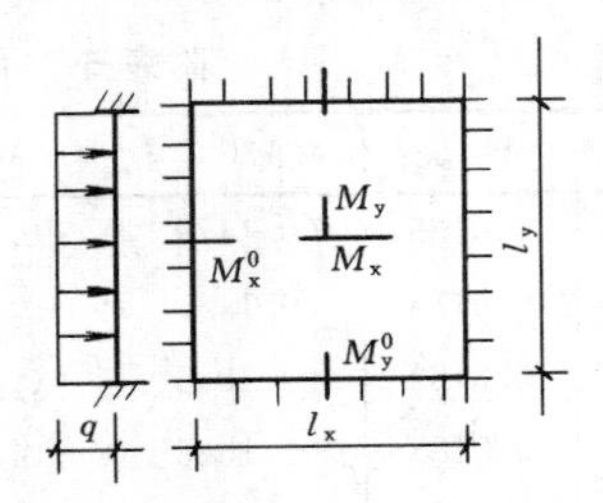

挠度=表中系数×$\frac{ql^4}{B_c}$；

$\mu=0$，弯矩=表中系数×ql^2。

式中 l 取用 l_x 和 l_y 中之较小者。

附表 5-2（6）

l_x/l_y	v	M_x	M_y	M_x^0	M_y^0
0.50	0.00253	0.0400	0.0038	−0.0829	−0.0570
0.55	0.00246	0.0385	0.0056	−0.0814	−0.0571
0.60	0.00236	0.0367	0.0076	−0.0793	−0.0571
0.65	0.00224	0.0345	0.0095	−0.0766	−0.0571
0.70	0.00211	0.0321	0.0113	−0.0735	−0.0569
0.75	0.00197	0.0296	0.0130	−0.0701	−0.0565
0.80	0.00182	0.0271	0.0144	−0.0664	−0.0559

续表

l_x/l_y	v	M_x	M_y	M_x^0	M_y^0
0.85	0.00168	0.0246	0.0156	−0.0626	−0.0551
0.90	0.00153	0.0221	0.0165	−0.0588	−0.0541
0.95	0.00140	0.0198	0.0172	−0.0550	−0.0528
1.00	0.00127	0.0176	0.0176	−0.0513	−0.0513

等效均布荷载 q　　**附表 5-3**

序号	荷载草图	q_1
1	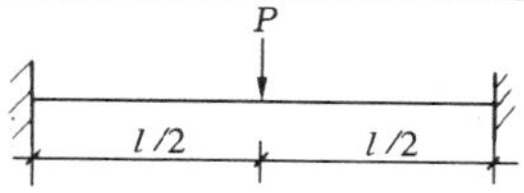 P; l/2, l/2	$\frac{3}{2}\frac{p}{l}$ 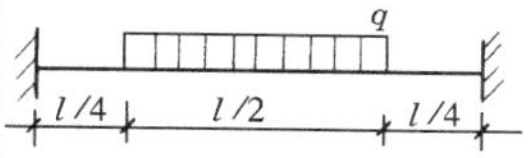
2	P P; l/3, l/3, l/3	$\frac{8}{3}\frac{p}{l}$
3	P P P; l/4, l/4, l/4, l/4	$\frac{15}{4}\frac{p}{l}$
4	P P P P; l/5, l/5, l/5, l/5, l/5	$\frac{24}{5}\frac{p}{l}$
5	a/2, a, a, a, a/2; P P P P; l = na	$\frac{n^2-1}{n}\frac{p}{l}$
6	P P; l/4, l/2, l/4	$\frac{9}{4}\frac{p}{l}$
7	P P P; l/6, l/3, l/3, l/6	$\frac{19}{6}\frac{p}{l}$
8	P P P P; l/8, l/4, l/4, l/4, l/8	$\frac{33}{8}\frac{p}{l}$
9	P P P P P; a, a, a, a, a, a; l = na	$\frac{(2n^2+1)}{2n}\frac{p}{l}$
10	b, a, b; a/l = α	$\frac{a(3-a^2)}{2}q$
11	q; l/4, l/2, l/4	$\frac{11}{16}q$
12	q, q; a, b, a; a/l = α, b/l = β	$\frac{2(2+\beta)a^3}{l^2}q$
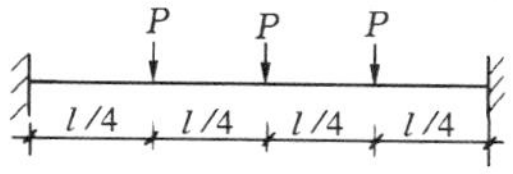 13	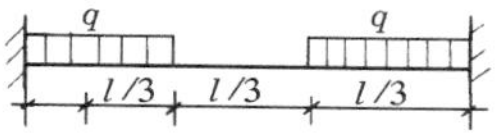 q, q; l/3, l/3, l/3	$\frac{14}{27}q$
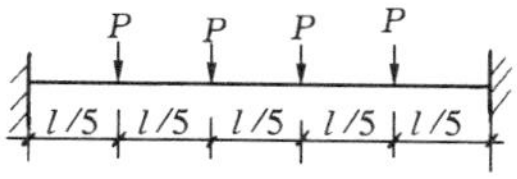 14	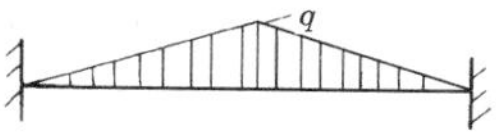 q	$\frac{5}{8}q$
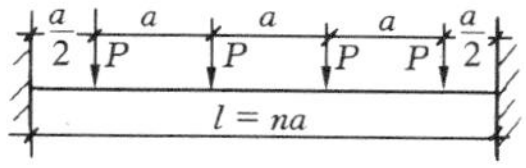 15	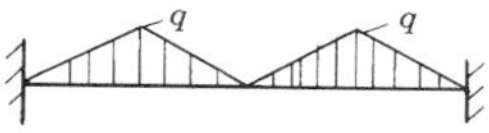 q, q	$\frac{17}{32}q$
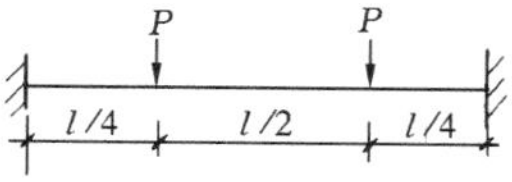 16	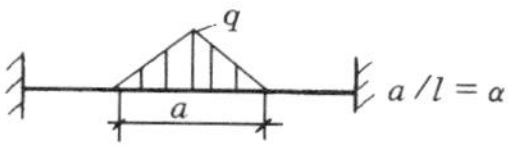 q; a; a/l = α	$\frac{a}{4}\left(3-\frac{a^2}{2}\right)q$
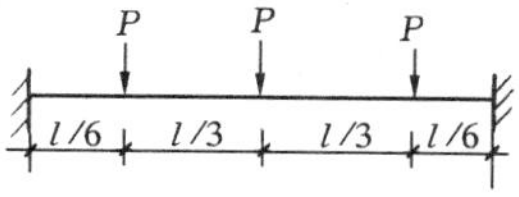 17	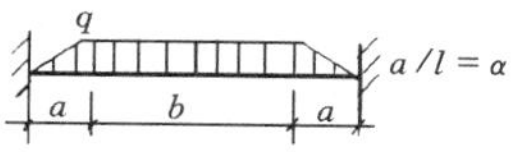 q; a, b, a; a/l = α	$(1-2a^2+a^3)q$
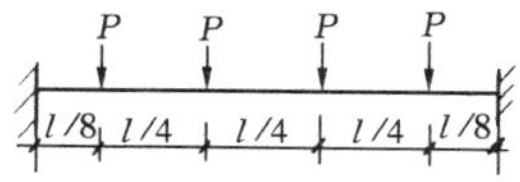 18	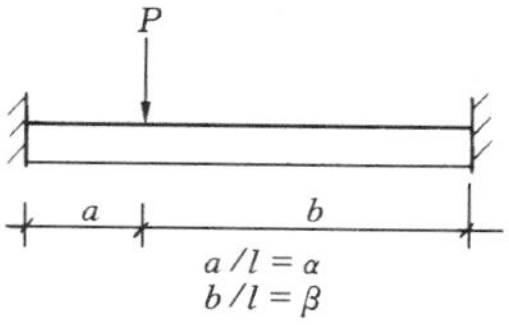 P; a, b; a/l = α, b/l = β	$q_{1左}=4\beta(1-\beta^2)\frac{p}{l}$ $q_{1右}=4a(1-a^2)\frac{p}{l}$

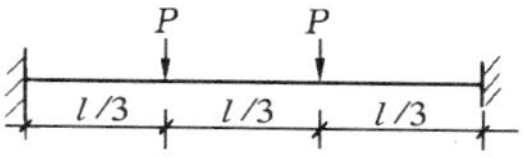

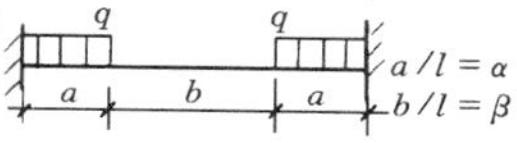

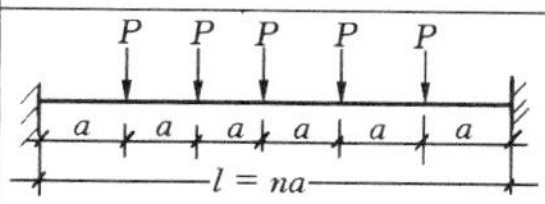

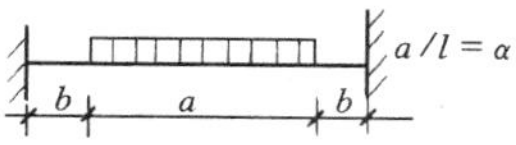

井字梁最大弯矩及剪力系数表 **附表 5-4**

b/a	A 梁		B 梁	
	M	V	M	V
0.6	0.480	0.730	0.040	0.290
0.8	0.455	0.705	0.090	0.340
1.0	0.420	0.670	0.160	0.410
1.2	0.370	0.620	0.260	0.510
1.4	0.325	0.575	0.350	0.600
1.6	0.275	0.525	0.350	0.700

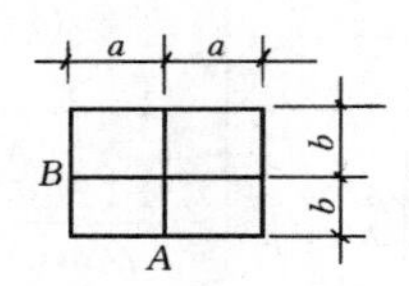

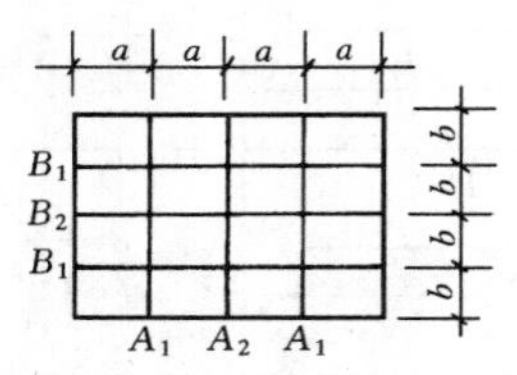

b/a	A 梁		B 梁		A_1 梁		A_2 梁		B_1 梁		B_2 梁	
	M	V	M	V	M	V	M	V	M	V	M	V
0.6	0.410	0.660	0.090	0.340	1.410	1.330	1.970	1.730	0.260	0.505	0.360	0.600
0.8	0.330	0.580	0.170	0.420	1.110	1.115	1.580	1.460	0.540	0.710	0.770	0.890
1.0	0.250	0.500	0.250	0.500	0.830	0.915	1.170	1.170	0.830	0.915	1.170	1.170
1.2	0.185	0.435	0.315	0.565	0.590	0.745	0.840	0.940	1.060	1.080	1.510	1.410
1.4	0.135	0.385	0.365	0.615	0.420	0.620	0.600	0.770	1.240	1.210	1.740	1.570
1.6	0.100	0.350	0.400	0.650	0.300	0.535	0.420	0.640	1.370	1.300	1.910	1.690

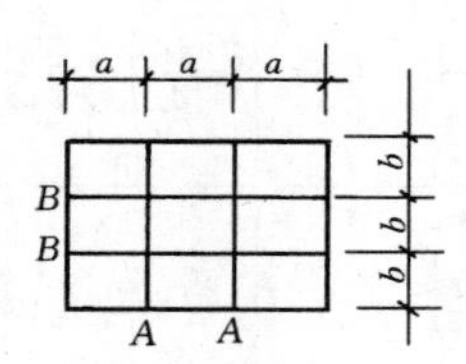

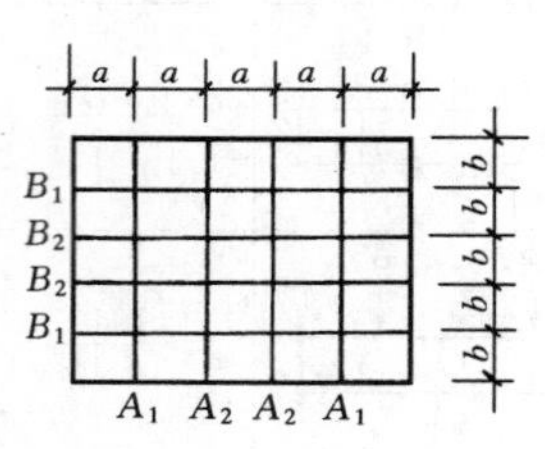

b/a	A 梁		B 梁		A_1 梁		A_2 梁		B_1 梁		B_2 梁	
	M	V	M	V	M	V	M	V	M	V	M	V
0.6	0.820	1.070	0.180	0.430	1.800	1.500	2.850	2.160	0.360	0.580	0.570	0.760
0.8	0.660	0.910	0.340	0.590	1.420	1.260	2.290	1.820	0.700	0.800	1.150	1.120
1.0	0.500	0.750	0.500	0.750	1.060	1.030	1.720	1.470	1.060	1.030	1.720	1.470
1.2	0.370	0.620	0.630	0.880	0.760	0.840	1.250	1.180	1.360	1.220	2.190	1.760
1.4	0.270	0.520	0.730	0.980	0.550	0.700	0.890	0.960	1.590	1.370	2.540	1.970
1.6	0.200	0.450	0.800	1.050	0.390	0.600	0.620	0.790	1.770	1.480	2.800	2.130

续表

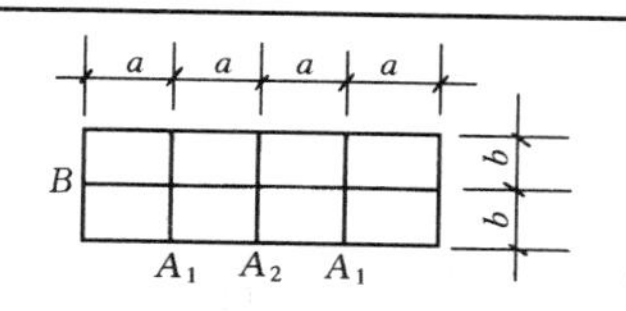

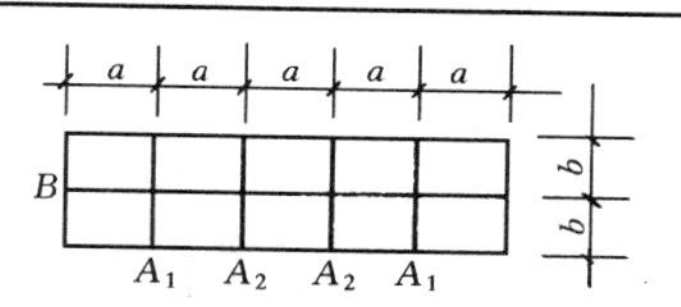

b/a	A_1 梁		A_2 梁		B 梁		A_1 梁		A_2 梁		B 梁	
	M	V	M	V	M	V	M	V	M	V	M	V
0.6	0.460	0.710	0.545	0.795	0.035	0.285	0.455	0.705	0.530	0.780	0.030	0.280
0.8	0.435	0.685	0.555	0.805	0.075	0.325	0.425	0.675	0.535	0.785	0.080	0.330
1.0	0.415	0.665	0.550	0.800	0.120	0.370	0.400	0.650	0.540	0.790	0.120	0.370
1.2	0.395	0.645	0.530	0.780	0.180	0.430	0.375	0.625	0.540	0.790	0.170	0.420
1.4	0.370	0.620	0.505	0.755	0.255	0.505	0.360	0.610	0.530	0.780	0.220	0.470
1.6	0.345	0.595	0.475	0.725	0.360	0.610	0.340	0.590	0.520	0.770	0.280	0.530

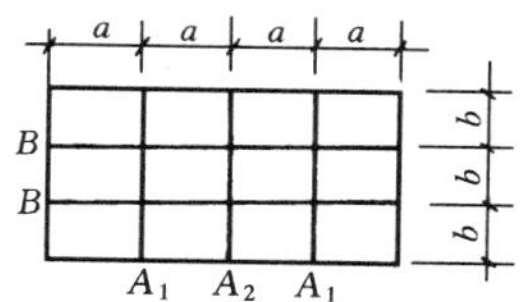

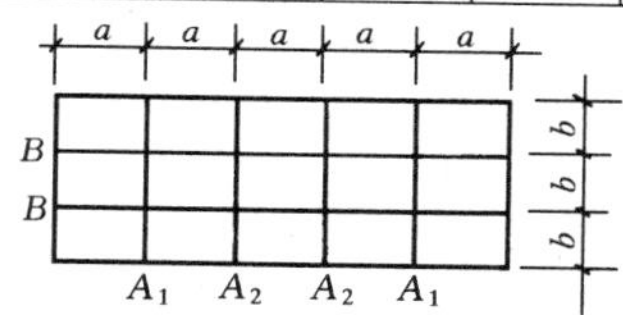

b/a	A_1 梁		A_2 梁		B 梁		A_1 梁		A_2 梁		B 梁	
	M	V	M	V	M	V	M	V	M	V	M	V
0.6	0.820	1.070	1.090	1.340	0.135	0.385	0.790	1.040	1.080	1.330	0.130	0.380
0.8	0.750	1.000	1.020	1.270	0.240	0.490	0.720	0.970	1.070	1.320	0.210	0.460
1.0	0.660	0.910	0.910	1.160	0.430	0.635	0.660	0.910	1.020	1.270	0.320	0.570
1.2	0.550	0.800	0.780	1.030	0.670	0.810	0.600	0.850	0.950	1.200	0.500	0.700
1.4	0.460	0.710	0.640	0.890	0.900	0.970	0.540	0.790	0.860	1.110	0.740	0.850
1.6	0.370	0.620	0.520	0.770	1.110	1.120	0.480	0.730	0.760	1.010	1.000	1.010

第六章 单 层 厂 房

学 习 要 点

1. 了解各结构构件在厂房结构中的作用以及各构件所承受的荷载和传递荷载的途径。

2. 掌握排架上荷载的计算和用剪力分配法对等高排架的内力分析。

3. 了解对排架柱的控制截面进行最不利内力组合的方法。

4. 掌握排架柱和独立杯形基础的设计方法。

5. 了解牛腿的计算和构造特点。

第一节 概 述

用于工业生产的厂房有单层和多层之分。单层厂房对各类型的工业生产有较大的适应性，应用范围比较广泛，主要用于冶金、机械、化工、纺织等工业厂房。

单层厂房依据其生产规模分为大型、中型和小型，依据其主要承重材料分为混合结构（由砖柱、钢筋混凝土屋架或轻钢屋架组成）、钢筋混凝土结构和钢结构等。一般，对于无吊车或吊车吨位≤5t，跨度＜15m，柱顶标高≤8m且无特殊工艺要求的小型厂房，可采用混合结构。对于有重型吊车（吨位＞250t，吊车工作级别为A4、A5级）跨度＞36m或有特殊工艺要求（如设有10t以上的锻锤或高温车间的特殊部位）的大型厂房，可采用全钢结构或由钢筋混凝土柱与钢屋架组成的结构。除上述情况以外的单厂可采用钢筋混凝土结构。而且除特殊情况之外，一般均采用装配式钢筋混凝土结构。

单层厂房的结构形式主要有排架结构和刚架结构两种。

排架结构由屋架（或屋面梁）、柱和基础组成，柱顶与屋架铰接，柱底与基础顶面刚接。根据生产工艺和使用要求的不同，排架结构可做成单跨或多跨、等高或不等高、锯齿形等多种形式，如图6-1所示。排架结构其跨度可超过30m，高度可达20～30m或者更高，吊车吨位可达150t甚至更大。排架结构传力明确，构造简单，施工方便。

刚架结构是由横梁、柱和基础组成，柱与横梁刚接成一个构件，柱与基础通常为铰接。当结构顶点也做成铰接时，即成为三铰刚架，如图6-2（a）所示。当

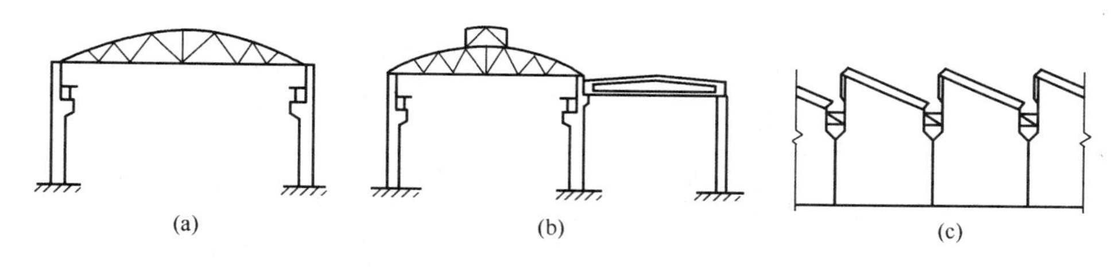

图 6-1　排架结构
（a）单跨排架；（b）不等高双跨排架；（c）锯齿形排架

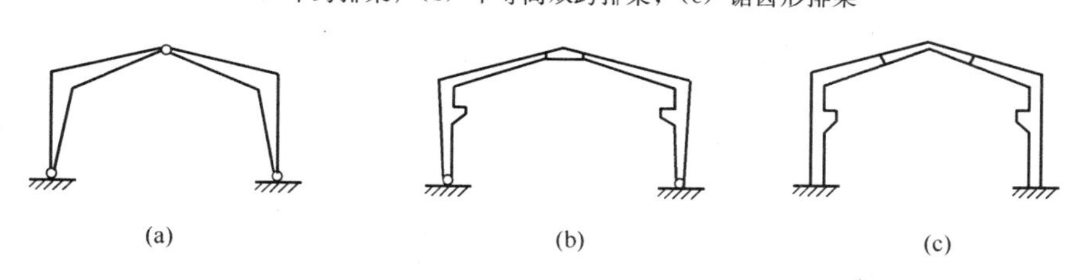

图 6-2　门式刚架结构
（a）三铰刚架；（b）二铰刚架；（c）柱与基础刚接的刚架

结构顶点也做成刚接时，即成为二铰刚架，如图 6-2（b）所示。柱与基础有时也采用刚接，当刚架跨度较大时，为便于运输和吊装，通常将整个门架做成三段，在横梁弯矩较小的截面处设置接头，用焊接或螺栓连接成整体，如图 6-2（c）所示。刚架的优点是梁柱合一，构件种类少，制作较简单，且结构轻巧。当跨度和高度较小时，其经济指标稍优于排架结构。刚架的缺点是刚度较差，承载后会产生跨变，梁柱转角处易产生早期裂缝，所以对于有较大吨位吊车的厂房，刚架的应用受到一定的限制。刚架结构一般适用于屋盖较轻的无吊车或吊车吨位≤10t、跨度≤18m、檐口高度≤10m 的中、小型单厂或仓库等。有些公共建筑（如礼堂、食堂、体育馆等）也可采用刚架结构。

第二节　单层厂房结构的组成和布置

一、结构的组成

如图 6-3 所示单层厂房结构通常由下列各种结构构件所组成。

1. 屋盖结构

位于厂房的顶部，可分为无檩和有檩两种体系。无檩体系屋盖结构由大型屋面板、屋架或屋面梁和屋盖的支撑体系所组成。有檩体系屋盖结构则由小型屋面板、檩条、屋架和屋盖的支撑体系所组成。由于有檩体系屋盖的刚度和整体性较无檩体系差，同时其构造和荷载传递也相对复杂，因此，目前在单层厂房中较少

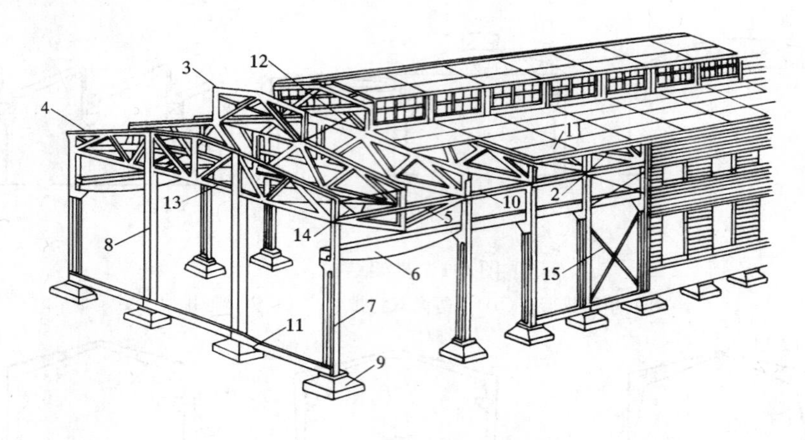

图 6-3 单层厂房结构

1—屋面板；2—天沟板；3—天窗架；4—屋架；5—托架；6—吊车梁；7—排架柱；
8—抗风柱；9—基础；10—连系梁；11—基础梁；12—天窗架垂直支撑；
13—屋架下玄横向水平支撑；14—屋架端部垂直支撑；15—柱间支撑

采用，多采用无檩体系屋盖。有时为了采光和通风的需要，屋盖结构中还设有天窗架及其支撑；当工艺要求抽柱时，还应设托架。

屋盖结构的主要作用是承受屋盖荷载，并将其传给排架柱，同时还有维护作用。组成屋盖结构的各种构件的作用分别为：

屋面板：承受屋面各构造层（防水层、保温层、找平层等）自重，屋面板自重，屋面上的雪荷载或施工荷载及积灰荷载等，并把它们传给屋架。屋面板也是维护结构的一部分。

天窗架：支承在屋架上，形成天窗，以便采光和通风。天窗架用以承受屋面板传给的荷载，天窗架自重及作用于天窗上的荷载，并将它们传给屋架。

天沟板：屋面排水用。承受屋面积水及天沟板上构造自重，并将其传给屋架。

屋架（屋面梁）：连接两侧的柱，形成横向平面排架，承受屋盖上的全部荷载，并将它们传给柱子或托架。

托架：当柱距发生变化时，用托架支撑两个柱子之间的屋架，承受该屋架传来的屋盖荷载，将其传给柱子。

屋盖支撑：其作用是加强厂房屋盖结构的空间刚度，保证屋架安装和使用时的稳定，将荷载、地震荷载传至排架结构。

檩条：用于有檩体系屋盖，支撑小型屋面板，承受屋面板传来的荷载，并将它们传给屋架。

2. 吊车梁

简支于柱牛腿上，主要承受吊车竖向轮压和水平制动力，并将它们传给排架结构。

3. 柱子

厂房的柱子可分为排架柱和抗风柱，排架柱多设有柱间支撑。

排架柱：承受屋架（屋面梁）、吊车梁、外墙和支撑传来的竖向和水平荷载，并将它们传给基础。

抗风柱：承受山墙传来的风荷载，并将其传给屋盖结构和基础。抗风柱也是维护结构的一部分。

柱间支撑：增强厂房的纵向刚度，承受纵向风荷载、吊车纵向水平制动力及纵向地震力等，并将它们传给基础。

4. 维护结构

包括外纵墙、山墙、连系梁和基础梁等。

外纵墙和山墙：承受风荷载，并将其传给柱子。

连系梁：是纵向柱列的连系构件，承受梁上墙体重量，并将其传给柱子。

基础梁：承受墙体重量，并将其传给基础。

5. 基础

承受柱子和基础梁传来的荷载，并将它们传给地基。

单层厂房的柱子和基础，一般需要通过计算确定，屋面板、屋架（屋面梁）、吊车梁及其他大部分组成构件均有标准图或通用图，可供设计时选用。

二、柱网布置与变形缝

（一）柱网布置

厂房承重柱的纵向和横向定位轴线，在平面上形成的网格，称为柱网。柱网布置就是确定柱子纵向定位轴线之间的距离（跨度）和横向定位轴线之间的距离（柱距）。确定柱网尺寸，既可确定柱的位置，同时也可确定屋面板的位置、屋架和吊车梁等构件的跨度及厂房结构构件的布置、柱网布置恰当与否，与生产使用密切相关，并直接影响厂房结构的经济合理性和先进性。

柱网布置的一般原则为：符合生产工艺和使用要求；建筑平面和结构方案经济合理；在施工方法上具有先进性和合理性；符合厂房建筑统一化基本规则的有关规定；适应生产发展和技术革新的要求。

《厂房建筑模数协调标准》（GB/T 50006—2010）规定：厂房跨度在18m以下时，应采用3m的倍数；跨度在18m以上时，应采用6m的倍数。但某些厂房当工艺布置有明显优越性时，也允许采用21m、27m、33m跨度。厂房柱距应采用6m或6m的倍数，个别也有取9m柱距的。

目前，单层厂房多采用6m柱距，因为从经济指标、材料消耗、施工条件等方面来衡量，一般厂房采用6m柱距比12m柱距更优越。但从现代工业发展趋势来看，采用扩大的柱距，对增加车间的有效面积、提高设备和工艺布置的灵活性、减少结构构件的数量和加快施工进度等都是有利的。当采用12m柱距时，可布置托架，仍然利用6m的屋面板系统；也可以在条件具备时直接采用托架的12m屋面板系统。

（二）变形缝

变形缝包括伸缩缝、沉降缝和防震缝。

1. 伸缩缝

当温度变化时，房屋各构件中将产生附加的温度内力和变形，且埋在地下部分与暴露在地上部分的结构变形不一致，因此，当房屋长度或宽度过大时，构件中将产生较大的温度内力和变形，严重的可造成墙面、屋面的拉裂，影响使用。为了避免在过长的单层厂房中出现上述情况，通常沿厂房的横向及纵向在一定长度内设置伸缩缝。

当厂房长度很大时，需将厂房分成几个温度区段，即每隔一定距离设置横向伸缩缝。一般的做法是：从基础顶面开始，将两个温度区段的上部完全分开，伸缩缝处采用双柱、双屋架，纵墙和各构件间留出一定宽度的缝隙，当温度变化时，上部结构在水平方向可以较自由的变形，基础不分开做成双杯口。

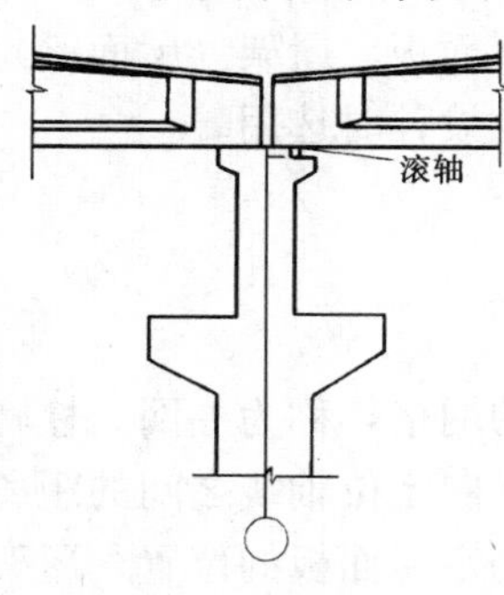

图6-4 单层厂房伸缩缝做法

在多跨厂房中，当厂房宽度很大时，需设置纵向伸缩缝。一般做法是：将伸缩缝一边的屋架用滚轴支座与柱相连，使屋架在水平方向能自由变形，如图6-4所示。

设置伸缩缝时，温度区段的形状应力求简单，并应使伸缩缝的数量尽可能少。温度区段的长度（伸缩缝之间的距离）取决于结构类别和所处的环境条件。对于钢筋混凝土装配式排架结构，其伸缩缝的最大距离，室内或土中时为100m，露天时为70m。对于下列情况可适当减小伸缩缝的最大间距：从基础顶面算起柱高低于8m时；位于气候干燥地区，夏季炎热且暴雨频繁地区的结构或经常处于高温作用下的结构；室内结构施工外露时间较长时。

2. 沉降缝

单层排架结构对地基不均匀沉降的适应能力较好，在一般单层厂房中可不做沉降缝。但当遇到下列特殊情况时，应考虑设置沉降缝：如相邻厂房高度差大于10m时、厂房相邻跨吊车起重量相差悬殊时、厂房所在地的地基土压缩性有显著差异处、厂房上部结构或基础类型有明显差异处、分期建造而施工时间相隔很长的房屋交界处，应考虑设置沉降缝。

沉降缝的做法是将缝两侧厂房结构的全部构件，从屋顶到基础全部分开，使缝两边发生不同沉降时不至于损坏整个建筑物。沉降缝可兼作伸缩缝，宽度不得小于50mm，如图6-5所示。

3. 防震缝

防震缝是为了减轻厂房震害而采取的措施。处于地震区的单层钢筋混凝土柱厂房，当其体型复杂或有贴建房屋时，宜设防震缝将厂房分割成规则的结构单元；防震缝的宽度在厂房纵横跨交接处可采用100～150mm，其他情况可采用50～90mm。

当厂房有抗震设防要求时，其伸缩缝和沉降缝均应符合防震缝的要求。

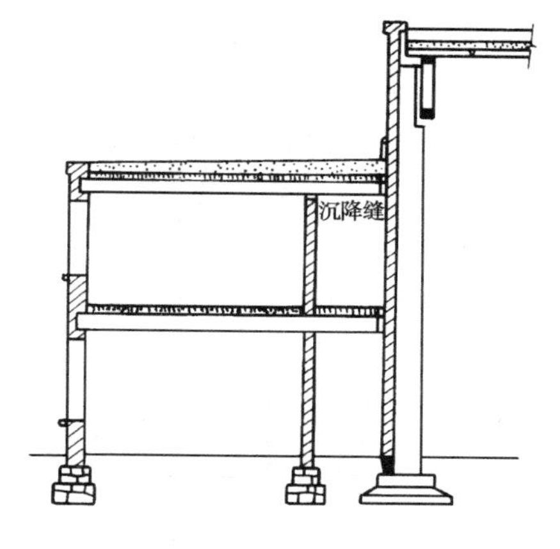

图6-5　单层厂房沉降缝的设置

三、支撑的作用和布置原则

在装配式钢筋混凝土单层厂房结构中，支撑是连接屋架、柱等主要构件构成整体的重要组成部分。支撑设置的合理，不仅可以加强厂房整体性和总刚度，而且还可以使厂房的水平荷载以最合理的途径传至基础。实践证明，支撑布置不当，不仅会影响厂房的正常使用，甚至可能引起工程事故，所以对支撑的布置应予以足够的重视。

单层厂房支撑体系包括屋盖支撑和柱间支撑两大部分，下面仅介绍它们各自的作用和布置原则，至于具体布置方案、杆件详图及与其他构件的连接构造，可参阅有关标准图集。

（一）屋盖支撑

屋盖支撑包括设置在屋架（屋面梁）间的垂直支撑、水平系杆，设置在上、下弦平面内的横向支撑和设置在下弦平面内的纵向支撑。

1. 屋架（屋面梁）间的垂直支撑及水平系杆

垂直支撑一般是由角钢杆件与屋架中的直腹杆组成的垂直桁架，可做成十字交叉形或W形，视屋架高度而异。水平系杆一般为钢筋混凝土或钢杆件。

垂直支撑和下弦水平系杆的作用是保证屋架在施工和使用中的整体稳定，防止在吊车工作时（或有其他振动时）屋架下弦发生侧向颤动。上弦水平系杆则用以保证屋架上弦或屋面梁受压翼缘的侧向稳定，防止局部失稳。垂直支撑还可以传递纵向水平力。

在下列情况下应考虑设置屋架间的垂直支撑和纵向水平系杆：

（1）当厂房的跨度$L>18$m时，应在伸缩缝区两端第一或第二柱间的跨中，设置一道垂直支撑，并在各跨跨中的下弦设置一道通长的水平系杆（图6-6a）。

当厂房跨度 $L>30\text{m}$ 时，则须增设一道垂直支撑和纵向水平系杆（图 6-6b）。

（2）当采用梯形屋架时，除按上述要求处理外，还应在伸缩缝区段两端第一或第二柱间内，屋架支座处设置端部垂直支撑和纵向水平系杆（图 6-6b）。

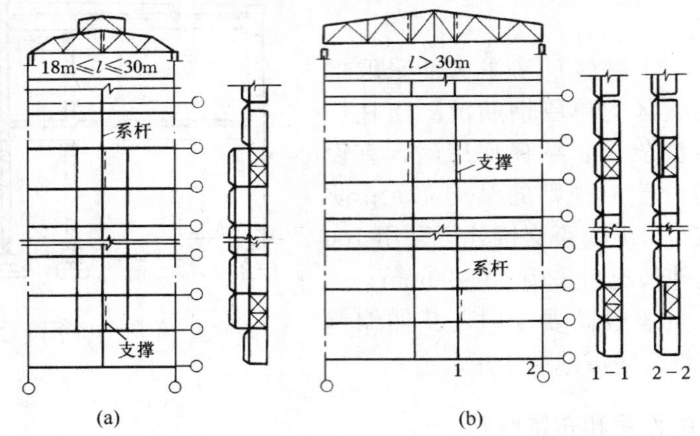

图 6-6 屋架间垂直支撑和水平支撑

（a）$18\text{m}\leqslant l\leqslant 30\text{m}$；（b）$l>30\text{m}$

（3）当屋架下弦设有悬挂吊车时，在悬挂吊车所在节点处，设置屋架间垂直支撑（图 6-7）。

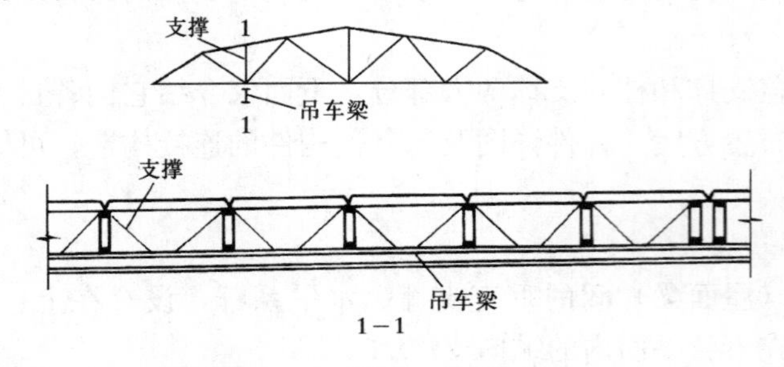

图 6-7 悬挂吊车节点处垂直支撑

2. 屋架（屋面梁）间的横向水平支撑

横向水平支撑是由交叉角钢与屋架上弦和下弦组成的水平桁架，分别称为上弦横向水平支撑和下弦横向水平支撑。

上弦横向水平支撑的作用是：增强屋盖的整体刚度，保证屋架上弦或屋面梁上翼缘的侧向稳定，同时可将抗风柱传来的风荷载传递到纵向排架柱顶。

当屋面为大型屋面板，并与屋架或屋面梁保证有三点焊牢，且屋面板纵肋间的空隙用 C15 或 C20 细石混凝土灌实时，屋面板可起到上弦横向水平支撑的作用，不必再设置上弦横向水平支撑。

当屋盖为有檩体系，或虽为无檩体系但屋面板与屋架的连接质量不能保证，且山墙抗风柱将风荷载传至屋架上弦时，应在每一伸缩缝区段端部第一或第二柱间布置上弦横向水平支撑（图 6-8a）。当厂房设有天窗，且天窗通到厂房端部的第二柱间或通过伸缩缝时，应在第一或第二柱间的天窗架范围内设置上弦横向水平支撑，并应在天窗范围内沿纵向设置1～3道通长的钢筋混凝土受压水平系杆，将天窗范围内各榀屋架与上弦横向水平支撑连系起来（图6-8b）。

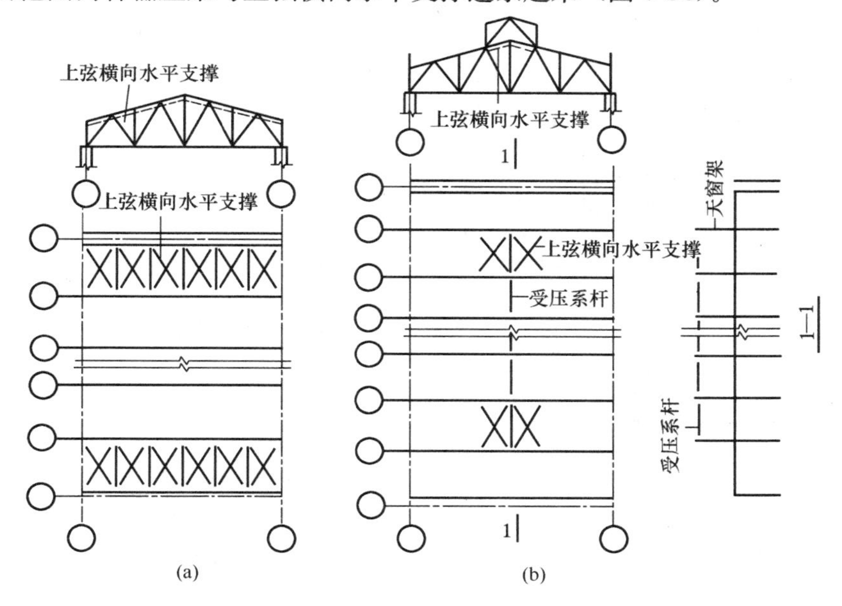

图6-8　屋架上弦横向水平支撑

（a）无天窗；（b）有天窗

下弦横向水平支撑的作用是：传递山墙抗风柱传来的风荷载及其他纵向水平荷载至纵向排架柱顶，还可以防止屋架下弦颤动，因此，当屋架下弦设有悬挂吊车或厂房有振动设备，或山墙抗风柱与屋架下弦连接传递纵向水平力时，应设置下弦横向水平支撑，一般宜设置在厂房端部及伸缩缝处的第一柱间。

3. 屋架（屋面梁）间的纵向水平支撑

纵向水平支撑一般是由交叉角钢等钢杆构件与屋架下弦第一节间组成的水平桁架，其作用是：增强厂房的刚度，保证横向水平力的纵向分布，加强排架的空间工作，当设有托架时还可以保证托架上弦的平面外稳定。

设计时应根据厂房跨度、跨数和高度，屋盖承受结构方案，吊车起重量及工作制等因素，考虑纵向水平支撑的设置。

当采用有檩体系屋盖，且吊车起重量较大时，或任何情况下，设有托架支撑屋盖时，均应在屋架下弦端点间，沿纵向设置通长的水平支撑（图6-9b）。如果只在部分柱间设置托架，则必须在设有托架的柱间和两端相邻的一个柱间设置纵向水平支撑（图6-9c）。当下弦尚设有横向水平支撑时，则纵向水平支撑应尽可能形成封闭的支撑体系（图6-9a）。

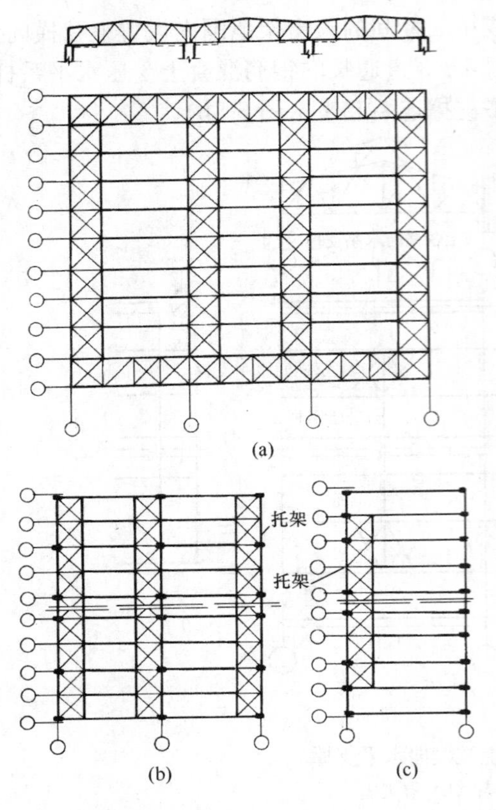

图 6-9 纵向水平支撑

4. 天窗架间的支撑

天窗架间的支撑包括天窗横向水平支撑和天窗端部垂直支撑，其作用是增加天窗系统的空间刚度，并将天窗端壁所受的风力（或纵向地震作用）传递给屋盖系统。

当屋盖为有檩体系或虽为无檩体系但大型屋面板与天窗架的连接不符合要求时，应设置天窗架上弦横向水平支撑于天窗范围两端。此外，在天窗两端的第一柱间天窗架两侧均应设置垂直支撑。天窗架支撑与屋架上弦支撑应尽可能布置在同一柱间。天窗架间的支撑如图 6-10 所示。

（二）柱间支撑

柱间支撑一般由交叉钢斜杆组成，交叉倾角 α 在 35°～55°之间。对于有吊车厂房，柱间支撑分为上部和下部柱间支撑，前者位于吊车梁上部，后者位于吊车梁下部（图 6-11a）。当柱间因交通、设备布置或柱距大而不能采用交叉式支撑时可采用门架式支撑（图 6-11b）。

柱间支撑的主要作用是提高厂房的纵向刚度和稳定性。上部柱间支撑用以承受由屋盖及山墙传来的纵向水平荷载；下部柱间支撑用以承受上部柱间支撑传来的纵向水平力以及吊车梁传来的吊车纵向水平制动力或纵向地震作用，并把它们传至柱基础。

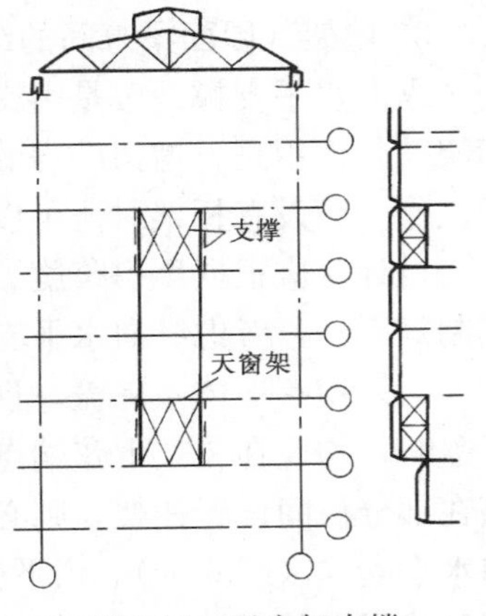

图 6-10 天窗架支撑

设置柱间支撑时，一般上部柱间支撑设置在温度区段两侧与屋盖横向水平支撑相对应的柱间以及温度区段中央或临近中央的柱间；下部柱间支撑设置在温度区段中部与上部柱间支撑相应的位置。这样布置纵向水平力传递路线较短，当温度变化或混凝土收缩时，可减少厂房的纵向变形，而不致发生较大的温度和收缩应力。柱间支撑的设置与传力路线如图 6-12 所示。

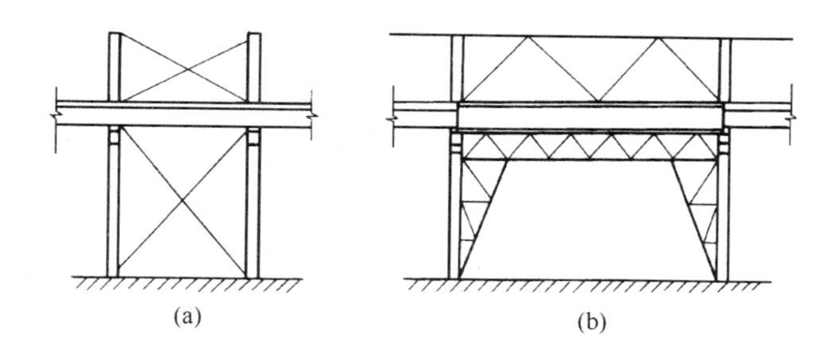

图 6-11 柱间支撑
（a）交叉式柱间支撑；（b）门架式柱间支撑

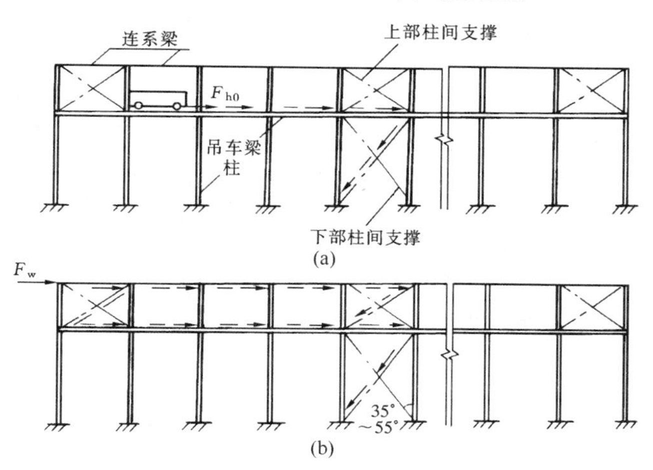

图 6-12 柱间支撑作用示意图

当单层厂房属下列情况之一时，应设置柱间支撑：

（1）有悬臂式吊车或起重量 $Q \geqslant 30$kN 的悬挂吊车；

（2）设有工作级别为 $A_6 \sim A_8$ 的吊车，或 $A_1 \sim A_5$ 的吊车起重量 $Q \geqslant 100$kN 时；

（3）厂房跨度 $L \geqslant 18$m，或柱高在 8m 以上时；

（4）纵向柱的总数每排在 7 根以下时；

（5）露天吊车的柱列。

当柱间设有承载力和稳定性足够的墙体，且其与柱连接紧密能起整体作用时，该墙可以代替柱间支撑。

第三节 排 架 计 算

单层厂房结构是一个空间受力体系，设计时为了简化计算，一般按纵向及横向的平面结构分析。

厂房的横向由屋架与柱子相连接，构成一个横向平面排架受力体系，厂房的各种荷载都是通过排架的柱子传递到基础和地基中。

厂房的纵向结构体系由纵向柱列及基础通过吊车梁、连系梁、柱间支撑等纵向构件连系而成。由于厂房的纵向柱子较多，其纵向水平刚度较大，使每根柱分担的水平力不大，因而往往不进行计算。仅当厂房很短、柱较少、柱的刚度较差或需要考虑地震荷载及温度应力时才进行计算。这样，厂房结构计算主要归结于横向平面结构体系即横向平面排架的计算。

一、排架计算简图

横向排架计算，是从厂房平面图中相邻柱距的中轴线之间，取出一个典型区段作为计算单元（图 6-13 中阴影部分）。

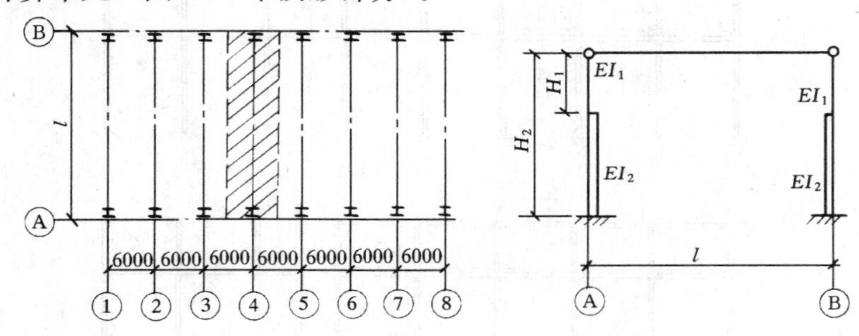

图 6-13　单跨排架计算单元与计算简图

(a) 计算单元；(b) 计算简图

在确定排架计算简图时，根据实践经验，作如下假定：

(1) 柱上端与横梁（或屋架）铰接，柱下端固接于基础顶面。由于预制的屋架或屋面梁搁置于柱顶，通过预埋钢板焊接或采用螺栓连接，计算中只考虑传递竖向力和水平剪力的作用，所以假定为铰接。而柱下端插入杯形基础口内有一定的深度，并用细石混凝土和基础浇成一体，对于一般土质的地基，基础的转动不大，因此这样的假定较为符合实际；但对于一些土质较差的地基，当它变形较大或有较大的地面荷载时，则应考虑基础的位移或转动对排架的影响。

(2) 横梁（或屋架）为没有轴向变形的刚性杆。对于屋面梁或大多数下弦杆刚度较大的屋架，受力后的轴向变形很小，可以忽略不计，即排架受力后，横梁两端柱顶位移相等。而对于组合屋架、两铰或三铰拱屋架，由于其刚度较小，则应考虑横梁轴向变形对排架内力的影响。

柱高的确定：

上柱高度 H_1＝柱顶标高－轨顶标高＋轨道高度＋吊车梁高度

柱的总高 H_2＝柱顶标高＋基础底面标高的绝对值－基础高度

上柱和下柱的截面抗弯刚度 EI_1、EI_2 可由预先假定的截面形状和尺寸来确定。

二、排架荷载计算

作用在排架上的荷载分永久荷载和可变荷载两种，屋盖荷载在柱上的作用点如图 6-14 所示。

（一）永久荷载

（1）屋面恒荷载：包括屋面板及板上构造层、屋架、托架、天窗架及支撑等自重，荷载通过屋架作用于柱顶，如图 6-15 中 G_1 所示。

（2）柱自重：可分为上柱自重 G_2 及下柱自重 G_3，分别沿上、下柱中心线作用。

（3）吊车梁及轨道自重：作用在柱子的牛腿顶面 G_4，沿吊车梁中心线作用。

（4）悬墙自重：由柱牛腿上连系梁传来悬墙自重 G_5，沿连系梁中心线作用于牛腿顶面。

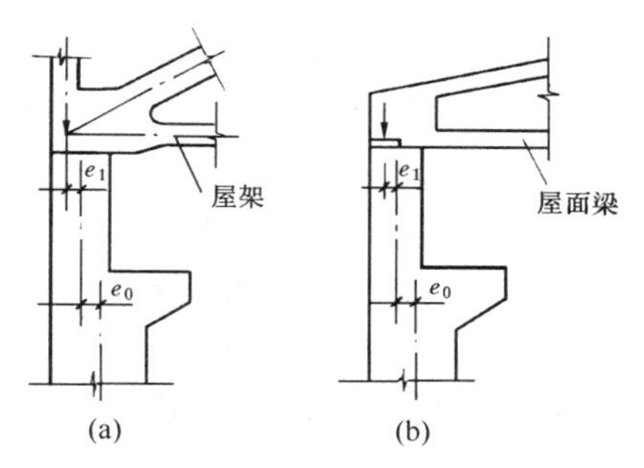

图 6-14 屋盖荷载作用点

（a）屋架；（b）屋面梁

标准构件自重可以从标准图上直接查得，其他永久荷载的数值可根据几何尺寸、材料的重度等计算求得。

为了利用图表进行排架内力计算，须将对于柱子计算轴线偏心的竖向外力换算成轴力和弯矩。如屋面恒载 G_1，可换算成在上柱和下柱内产生轴力的 $G_1'=G_1''=G_1$，以及作用在排架上的外力矩 M_1 和 M_1'（图 6-15）。对于任何屋架（或屋面梁）以及任何形式的柱均位于厂房纵向定位轴线内侧 150mm 处，若上柱截面高度为 400mm，则偏心距 $e_1=50$mm。

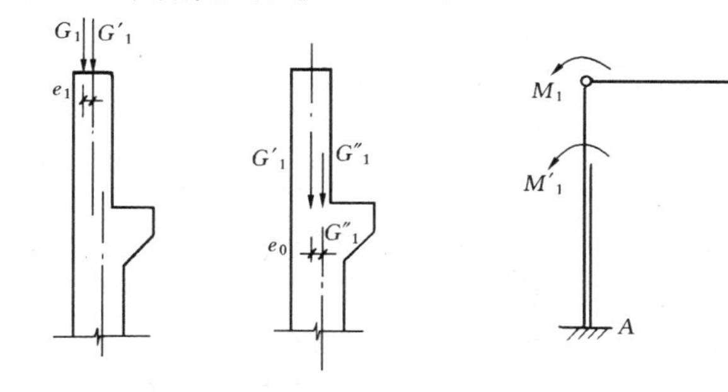

图 6-15 作用在柱上的荷载

（二）可变荷载

1. 屋面活荷载 Q_1

屋面活荷载包括屋面均布活荷载、雪荷载和积灰荷载三种，均按屋面的水平投影计算。

（1）屋面均布活荷载：其值根据不上人屋面和上人屋面两种情况，按《建筑结构荷载规范》（GB 50009—2001）表 4.3.1 采用。

（2）雪荷载：屋面水平投影上的雪荷载标准值 s_k 按下式计算：

$$s_k = \mu_r s_0 (\mathrm{kN/m^2}) \quad (6\text{-}1)$$

式中 s_0——基本雪压，是以一般空旷平坦地面上统计所得 50 年一遇最大积雪的自重确定，其值可由《建筑结构荷载规范》中全国基本雪压分布图查得；

μ——屋面积雪分布系数，根据不同类别的屋面形式，按《建筑结构荷载规范》中表 6.2.1 采用。

（3）积灰荷载：对于在生产中有大量排灰的厂房及其邻近建筑，在设计时应考虑屋面的积灰荷载，具体按《建筑结构荷载规范》中表 4.4.1-1 及表 4.4.1-2 规定采用。

在排架计算时，屋面均布活荷载不应与雪荷载同时考虑，仅取两者中较大值。考虑积灰荷载时，积灰荷载应与雪荷载或屋面均布活荷载两者中较大值同时考虑。

2. 吊车荷载

选用的吊车是按其工作的繁重程度来分级的，这不仅对吊车本身的设计有直接的意义，也和厂房结构的设计有关。在考虑吊车繁重程度时，它区分了吊车的利用次数和荷载大小两个因素。按吊车在使用期内要求的总工作循环次数分成 10 个利用等级，又按吊车荷载达到其额定值的频繁程度分成 4 个荷载状态（轻、中、重、特重）。根据要求的利用等级和荷载状态，确定吊车的工作级别，共分 8 个级别作为吊车设计的依据，见表 6-1。

吊车的工作等级与工作级别的对应关系 **表 6-1**

工作制等级	轻级	中级	重级	超重级
工作级别	A1～A3	A4、A5	A6、A7	A8

桥式吊车由大车（桥架）和小车组成。大车在吊车梁的轨道上沿纵向行驶，带有吊钩的小车在大车的轨道上沿厂房横向运动。

桥式吊车对于排架的作用有竖向荷载和水平荷载两种。

（1）吊车竖向荷载 D_{max}、D_{min}：吊车竖向荷载通过轮压作用在吊车梁上，再由吊车梁传给排架柱。当吊车满载，卷扬机小车运行到大车一侧极限位置时，这一侧每个大车的垂直轮压为最大轮压 P_{max}，而另一侧每个大车轮压的垂直轮压为最小轮压 P_{min}，二者同时出现（图 6-16）。

P_{max}、P_{min}以及小车重、吊车总重、吊车最大宽度 B、吊车轮距 K 等参数可根据吊车的规格（额定起重量 Q，跨度 L_k 及工作制）由产品目录或有关手册查得。对于四轮吊车，P_{min}也可由下式计算：

$$P_{min} = \frac{G+g+Q}{2} - P_{max} \quad (6\text{-}2)$$

式中 G——大车自重标准值；

g——小车自重标准值。

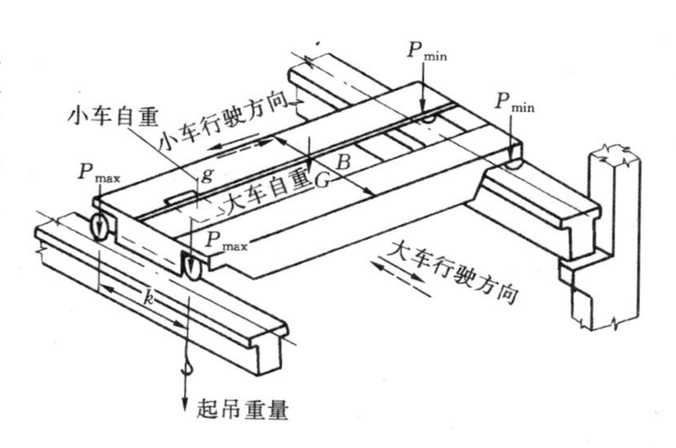

图 6-16 最大轮压与最小轮压

吊车是移动的，当大车在轨道上行驶到一定位置时，由 P_{max}与 P_{min}对排架柱所产生的最大与最小竖向荷载即为 D_{max}、D_{min}。

在厂房中同一跨内可能有多台吊车，当计算由吊车作用在排架上所产生的竖向荷载时，《建筑结构荷载规范》规定：对于单跨厂房一般按不多于两台吊车考虑；对于多跨厂房一般按不多于四台吊车考虑。

吊车轮压是一组移动荷载，通过吊车传给柱子的吊车竖向荷载将随吊车位置的移动而变化。因此，须利用吊车梁的支座竖向反力影响线来求出 P_{max}产生的支座最大竖向反力及由 P_{min}产生的支座最小竖向反力，即 D_{max}、D_{min}。考虑两台吊车完全相同时，计算 D_{max}的吊车位置及反力影响线如图 6-17 所示。

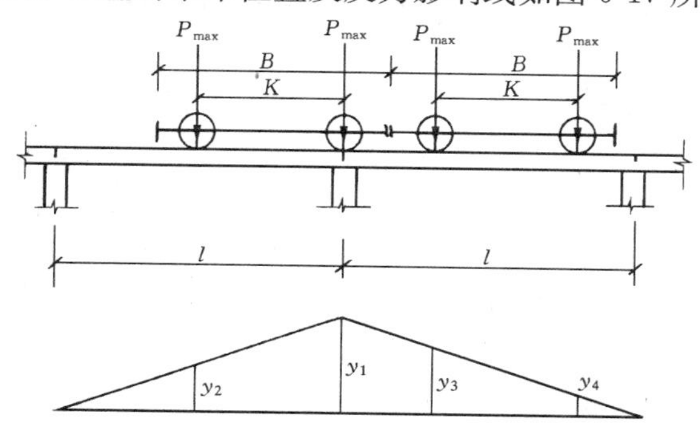

图 6-17 吊车梁支反力影响线

由于多台吊车同时满载，且小车同时处于极限位置的情况很少出现，因此，计算中应考虑多台吊车的荷载折减系数 ψ_c（表 6-2）。这样，利用支座反力影响线可按下式求出 D_{max}、D_{min}：

$$D_{max} = \gamma_Q \psi_c P_{max} \Sigma y_i \quad (6\text{-}3)$$

$$D_{min} = \gamma_Q \psi_c P_{min} \Sigma y_i = \frac{D_{max} P_{min}}{P_{max}} \quad (6\text{-}4)$$

式中 γ_Q——可变荷载分项系数，$\gamma_Q = 1.4$；

Σy_i——吊车各轮子下反力影响线的坐标总和。与吊车各轮子相对应的反力影响线的坐标可按几何关系求得。

多台吊车的荷载折减系数 ψ_c 值表　　表 6-2

参与组合的吊车台数	吊车工作级别	
	轻级和中级（A1～A5）	重级和超重级（A6～A8）
2	0.9	0.95
3	0.85	0.90
4	0.8	0.85

计算排架内力时，D_{max}、D_{min}应换算成作用于下柱顶面的轴力和外力矩，如图 6-18 所示。

其中，外力矩值为：

$$M_{max}=D_{max}e_4, M_{min}=D_{min}e_4 \tag{6-5}$$

式中　e_4——吊车梁支座钢板中心线至下柱轴线的距离。

（2）吊车水平荷载：吊车的水平荷载分为横向水平荷载和纵向水平荷载两种。

吊车的横向水平荷载是当小车沿厂房横向运动时，突然刹车引起的水平惯性力，通过小车制动轮与桥架上轨道之间的摩擦传给大车，由两侧大车轮均匀传给大车轨道和吊车梁，再由吊车梁与上柱的连接钢板传给两侧柱（图 6-19），并作用在吊车梁顶面处。

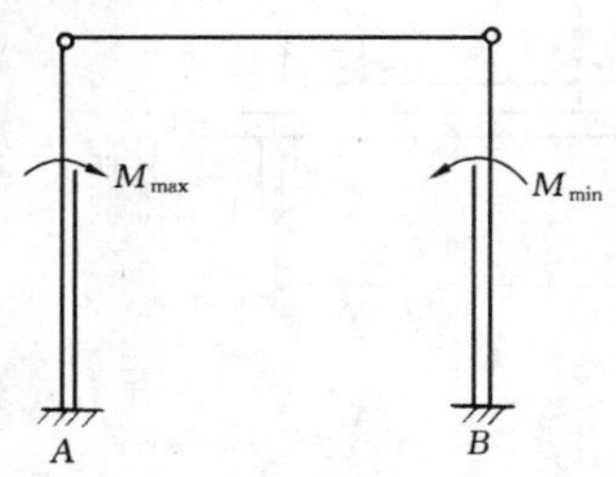

图 6-18　吊车竖向荷载作用下计算简图

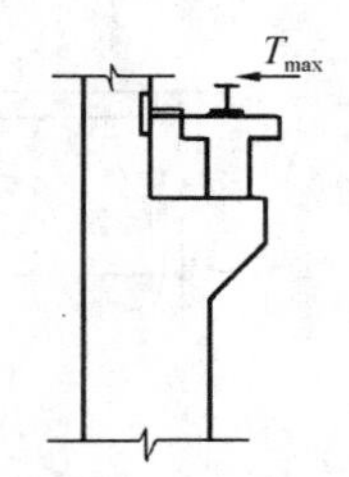

图 6-19　横向水平荷载的传递

四轮吊车满载运行时，大车每个轮子传递的横向水平荷载设计值 T 按下式确定：

$$T=\gamma_Q\frac{\alpha}{4}(Q+g) \tag{6-6}$$

式中　α——横向水平荷载动力系数，按以下规定取值：

软钩吊车：当 $Q\leqslant100$kN 时，$\alpha=0.12$

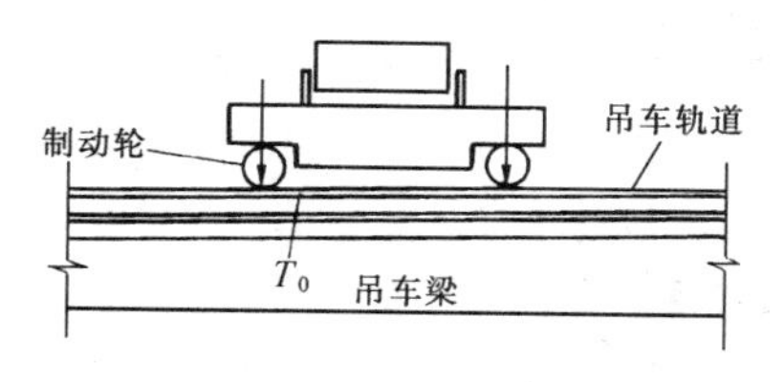

图 6-20 吊车纵向水平荷载

当 Q=150～500kN 时，α=0.10

当 $Q\geqslant$750kN 时，α=0.08

硬钩吊车：α=0.20

吊车每个轮子横向水平荷载 T 对排架柱所产生的最大横向水平荷载 T_{max} 值，可用计算吊车竖向荷载 D_{max}、D_{min} 的方法进行计算。按《建筑结构荷载规范》规定，考虑多台吊车水平荷载时，无论单跨还是多跨厂房，最多考虑两台吊车同时刹车，并考虑正反两个方面的刹车可能性。计算时，同样考虑多台吊车的荷载折算系数 ψ_c。由图 6-21 可算吊车最大横向水平荷载为

$$T_{max}=\psi_c T\Sigma y_i \tag{6-7}$$

或写作

$$T_{max}=\frac{1}{\gamma_Q}T\frac{D_{max}}{P_{max}}=T_k\frac{D_{max}}{P_{max}} \tag{6-7a}$$

式中 T_k——吊车每个轮子横向水平荷载的标准值。

排架在 T_{max} 作用下的计算简图如图 6-22 所示。

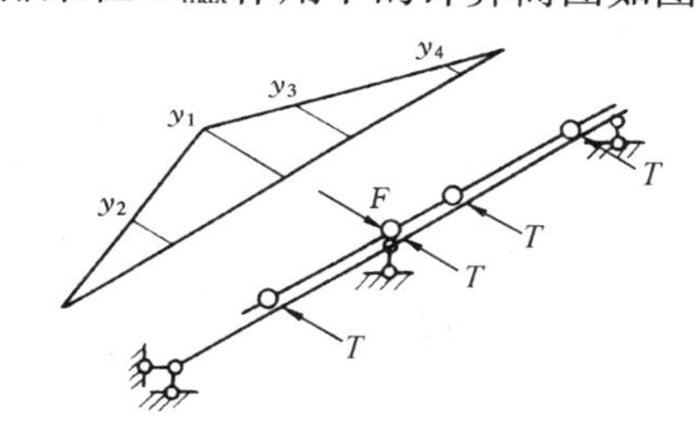

图 6-21 吊车横向水平荷载

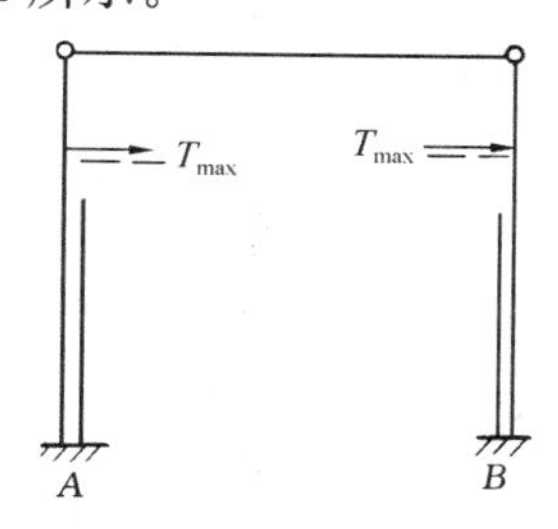

图 6-22 吊车横向水平荷载计算简图

吊车纵向水平荷载是由吊车的大车突然启动或制动引起的纵向水平惯性力，由大车每侧的刹车轮传给轨道、吊车梁，再传给纵向排架，一般可不作计算。需计算时，可按下式确定：

$$T_0=\gamma_Q\frac{nP_{max}}{10} \tag{6-8}$$

式中 n——吊车每侧的刹车轮数，一般刹车轮数为每侧总轮数的二分之一，故对于四轮吊车 n=1。

在计算 T_0 时，无论是单跨或多跨厂房，一侧的整个纵向排架最多只能考虑两台吊车。当设有柱间支撑时，T_0 由柱间支撑承担；当无柱间支撑时，T_0 由同一伸缩缝区段内所有柱共同承担，并按各柱沿厂房纵向的抗侧移刚度大小分配。T_0 的作用位置如图 6-20 所示。

【例 6-1】 已知某单层单跨厂房，跨度为 18m，柱距为 6m，设有两台中级

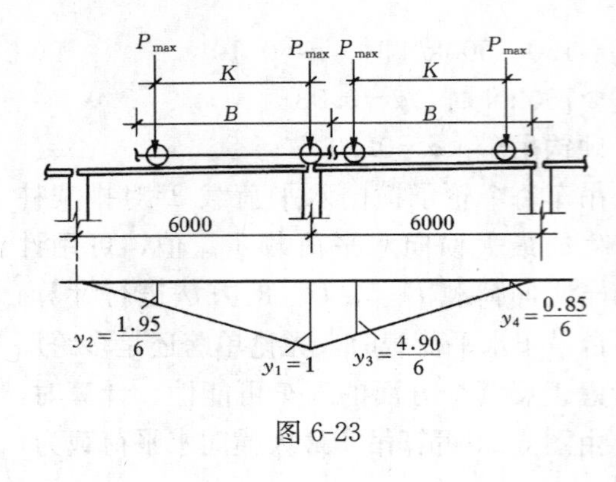

图 6-23

工作制桥式吊车，软钩，起重量为100kN，吊车桥架跨度 $L_k=16.5$m，求 D_{max}、D_{min} 及 T_{max}。

【解】　由电动桥式吊车数据表查得（附表 6-1），桥架宽度 $B=$ 5150mm，轮距 $K=4050$mm，小车自重 $g=39.0$kN，吊车最大及最小轮压 $P_{max}=117$kN，$P_{min}=26$kN，吊车总重量 $G+g=186$kN。

根据图 6-23 所示的反力影响线可得：

$$D_{max}=\gamma_Q\psi_c P_{max}\Sigma y_i=0.9\times1.4\times117\times\left[1+\frac{1.95+4.9+0.85}{6}\right]=336.61\text{kN}$$

$$D_{min}=\frac{D_{max}P_{min}}{P_{max}}=336.61\times\frac{26}{117}=74.80\text{kN},Q=100\text{kN 时},\alpha=0.12$$

$$T_k=\frac{\alpha}{4}(Q+g)=\frac{0.12}{4}\times(100+39)=4.17\text{kN}$$

$$T_{max}=T_k\frac{D_{max}}{P_{max}}=4.17\times\frac{336.61}{117}=12.0\text{kN}$$

3. 风荷载

（1）风荷载垂直作用于单层厂房的外表面，其标准值与厂房的高度、体型和尺寸有关。

垂直作用在厂房表面上的风荷载标准值按下式计算：

$$w_k=\beta_z\mu_s\mu_z w_0 \tag{6-9}$$

式中　w_0——基本风压（kN/m²），系以当地比较空旷平坦地面上离地 10m 高统计所得的 50 年一遇 10min 平均最大风速 v_0（m/s）为标准，按 $w_0=v_0^2/1600$ 确定的风压值；设计时，w_0 可按《建筑结构荷载规范》中全国基本风压分布图的规定采用，但不得小于 0.3kN/m²；

β_z——高度 z 处的风振系数，是考虑风压脉动影响的风载增大系数，对于单层厂房，其高度一般在 30m 以内，且高度比不大于 1.5，可不考虑风振的影响，可取 $\beta_z=1.0$；

μ_s——风荷载体型系数，正值表示压力，负值表示吸力，可由《建筑结构荷载规范》查得，如图 6-24 所示；

μ_z——风压高度变化系数，即不同高度处的风压值与离地 10m 高度处的风压值的比值，按《建筑结构荷载规范》的规定确定。

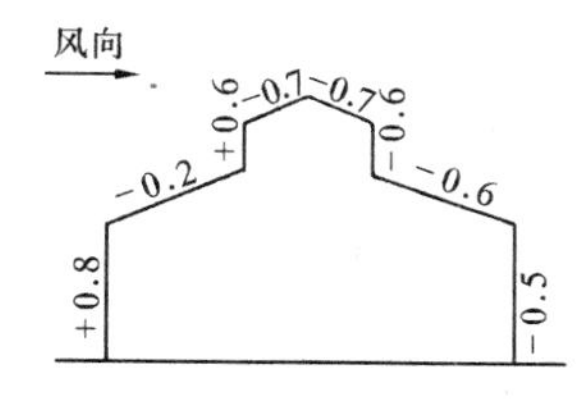

图 6-24 风荷载体型系数

（2）作用在横向排架的风荷载。垂直作用在厂房外表上的风荷载是通过外墙和屋面传递到排架柱上。

计算排架时，作用于屋架下弦高度以上的风荷载，通过屋架以集中力 F_w 形式施加于排架柱顶，其值为计算单元中屋面风荷载合力的水平力和屋架高度范围内墙体风荷载的总和。F_w 可按下式计算：

$$F_w = \gamma_Q \cdot (\Sigma \mu_{si} \mu_{zi} h_i) \cdot w_0 B \qquad (6\text{-}10)$$

式中 μ_{si}——屋盖 i 部分风荷载体型系数；

μ_{zi}——屋盖 i 部分风荷载高度变化系数；

h_i——屋盖 i 部分垂直高度；

B——计算单元宽度。

计算排架时，作用于柱顶以下风荷载，近似地按沿边柱高度均布荷载考虑，其风压高度变化系数按柱顶距室外地面高度取值。沿柱高迎风面和背风面均布荷载的设计值 q_1、q_2 按下式计算：

$$q = \gamma_Q \cdot w_k \cdot B \qquad (6\text{-}11)$$

【例 6-2】 某厂房处于大城市郊区，各部尺寸如图 6-25 所示，纵向柱距为 6m，基本风压 $w_0 = 0.55\text{kN/m}^2$，求作用于排架上的风荷载设计值。

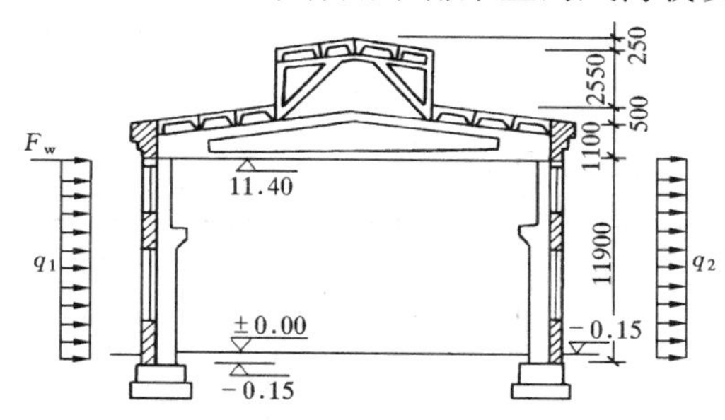

图 6-25 厂房剖面图尺寸

【解】 风荷载体型系数如图 6-24 所示。

风荷载高度变化系数，由《建筑结构荷载规范》按 B 类地面粗糙度确定。

柱顶处（标高 11.4m 处）$\mu_z = 1 + (1.14 - 1) \times \dfrac{11.55 - 10}{15 - 10} = 1.043$

屋顶(标高 12.5m 处) $\mu_z = 1.074$

(标高 13.0m 处) $\mu_z = 1.088$

(标高 15.8m 处) $\mu_z = 1.61$

垂直作用在纵墙上的风荷载标准值：

迎风面 $w_{1k} = \mu_{s1} \mu_z w_0 = 0.8 \times 1.043 \times 0.55 = 0.459\text{kN/m}^2$

背风面 $w_{2k} = \mu_{s2} \mu_z w_0 = 0.5 \times 1.043 \times 0.55 = 0.287\text{kN/m}^2$

排架边柱上作用的均布风荷载设计值：

迎风面 $q_1=\gamma_Q w_{1k}B=1.4\times0.459\times6=3.86\text{kN/m}$

背风面 $q_2=\gamma_Q w_{2k}B=1.4\times0.287\times6=2.41\text{kN/m}$

作用在柱顶的集中风荷载的设计值：

$$F_w=\gamma_Q\cdot(\Sigma\mu_{si}\mu_{zi}h_i)\cdot w_0B$$
$$=1.4\times[(0.8+0.5)\times1.074\times1.10+(0.2+0.6)\times1.088\times0.5+(0.6+0.6)\times1.161\times2.55]\times0.55\times6=24.5\text{kN}$$

三、排架内力计算

（一）等高排架内力计算

等高排架的特点是当排架发生水平侧移时，各柱顶位移相同。等高排架一般采用剪力分配法求解，荷载对排架的作用分为两类，即排架柱顶作用水平集中力和排架在任意荷载作用下两种情况。

1. 柱顶水平集中力作用下等高排架内力计算

图 6-26 为柱顶作用一水平集中力 F 的多跨等高排架。

集中力由 n 根柱子共同承担，如能确定各柱分担的柱顶剪力，则可按悬臂柱求解内力，问题归结于如何求出各柱顶剪力。各柱顶剪力的大小取决于柱的“抗剪刚度”。

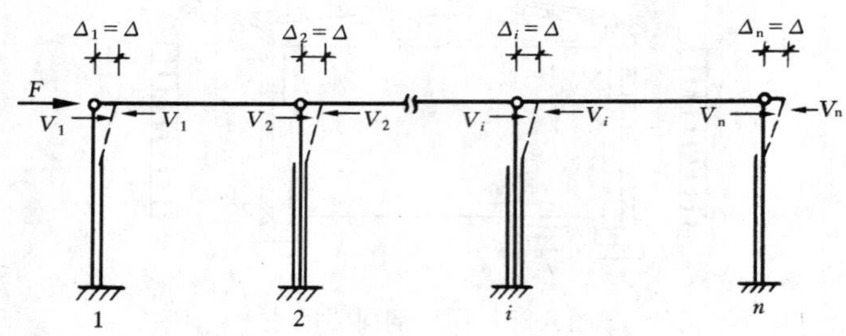

图 6-26 多跨等高排架计算简图

由结构力学可知，单阶悬臂柱单位水平力作用于柱顶时，柱顶水平位移为 δ（图 6-27）：

$$\delta=H_2^3/3EI_2[1+\lambda^3(1/n-1)]=H_2^3/EI_2C_0 \tag{6-12}$$

式中 $\lambda=H_1/H_2$，$n=I_1/I_2$，$C_0=3/[1+\lambda^3(1/n-1)]$；

C_0 可由附图表 6-1 查得。

所谓柱的“抗剪刚度”就是使柱顶产生单位水平位移时，需在柱顶施加的剪力，即 $1/\delta$（图 6-27）。材料相同时，若柱截面越大，则柱顶产生单位水平位移所施加的柱顶剪力越大，可见，$1/\delta$ 反映柱的抗侧移能力。

每根柱子分担的柱顶剪力 V 可由平衡条件和变形条件求得（图 6-26）。

由假定可知：

$$\Delta_1 = \Delta_2 = \cdots = \Delta_i \cdots = \Delta_n = \Delta \tag{6-13}$$

由平衡条件：

$$F = V_1 + V_2 + \cdots + V_i \cdots + V_n = \sum_{i=1}^{n} V_i \tag{6-14}$$

由图 6-27 可知，单阶柱的柱顶产生单位位移时所需剪力应为：

$$V_i = \frac{1}{\delta_i}\Delta_i = \frac{1}{\delta_i}\Delta \tag{6-15}$$

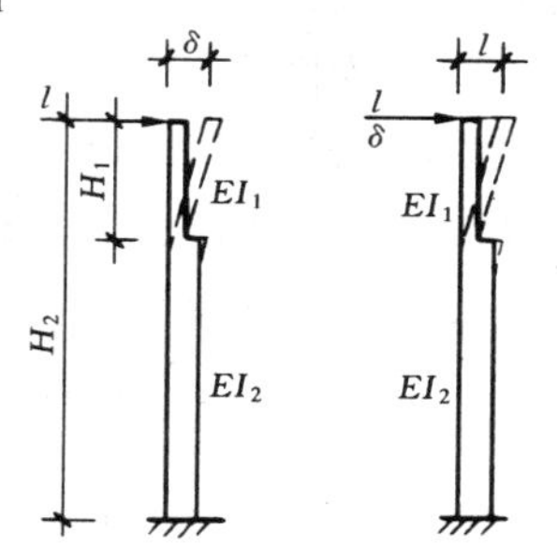

图 6-27　柱的抗剪刚度

将式（6-15）代入式（6-14）可得：

$$\begin{aligned} F &= V_1 + V_2 + \cdots + V_i \cdots + V_n \\ &= (1/\delta_1 + 1/\delta_2 \cdots + 1/\delta_i \cdots + 1/\delta_n)\Delta \\ &= \Delta \sum_{i=1}^{n} (1/\delta_i) \end{aligned}$$

则得

$$\Delta = \frac{1}{\sum_{i=1}^{n}\left(\frac{1}{\delta_i}\right)} F \tag{6-16}$$

将上式代入式（6-15），得：

$$V_i = \frac{\frac{1}{\delta_i}}{\sum_{i}^{n}\left(\frac{1}{\delta_i}\right)} F = \mu_i F \tag{6-17}$$

式中　μ_i——第 i 根柱的剪力分配系数，见下式：

$$\mu_i = \frac{\frac{1}{\delta_i}}{\sum_{i=1}^{n}\left(\frac{1}{\delta_i}\right)} \tag{6-18}$$

求出各柱柱顶的剪力之后，各柱内力便容易求得。

2. 任意荷载作用下等高排架内力计算

当任意荷载作用于排架柱时（图 6-28a），则可利用上述剪力分配系数，将计

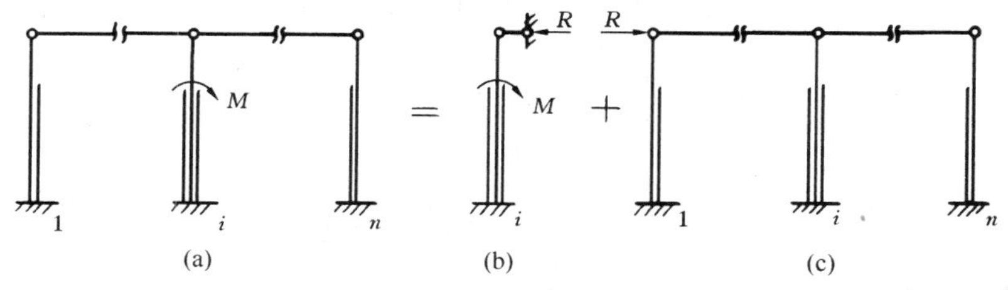

图 6-28　多跨排架柱在任意荷载下的计算简图

算过程分两个步骤进行：先将作用有荷载的排架柱柱顶加不动铰支座，求出其支座反力 R（图 6-28b）；然后将 R 反向作用于排架柱顶（图 6-28c），即撤除不动铰支座，以恢复到原来结构的受力情况。这样，将上述两种情形所求得的内力相叠加，即为排架的实际内力。在各种荷载作用下的排架，当柱顶为不动铰支座时，可由附图表 6-3 查得其不动铰支座反力系数，从而求得其反力 R 值。

【例 6-3】 如图 6-29 所示，已知某双跨等高排架，作用其上的风荷载计算值 $F_w=3.88\text{kN}$，$q_1=3.21\text{kN/m}$，$q_2=1.60\text{kN/m}$；A 柱与 C 柱截面尺寸相同，$I_1=2.31\times10^9\text{mm}^4$，$I_2=11.67\times10^9\text{mm}^4$，B 柱 $I_1=4.17\times10^9\text{mm}^4$，$I_2=11.67\times10^9\text{mm}^4$；上柱高度 $H_1=3.0\text{m}$，柱总高 $H_2=12.2\text{m}$。试计算各排架柱内力。

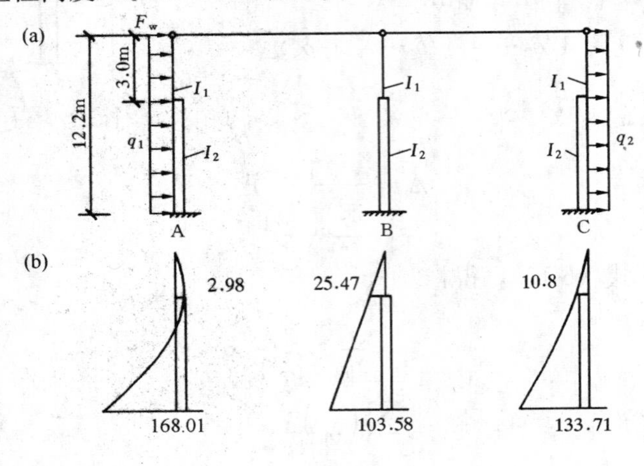

图 6-29

【解】 （1）求各柱的剪力分配图

$$\lambda=\frac{H_1}{H_2}=\frac{3.0}{12.2}=0.246$$

A、C 柱：
$$n=\frac{I_1}{I_2}=\frac{2.13\times10^9}{11.67\times10^9}=0.183$$

B 柱：
$$n=\frac{I_1}{I_2}=\frac{4.17\times10^9}{11.67\times10^9}=0.357$$

C_0 可由公式 $C_0=\dfrac{3}{1+\lambda^3\left(\dfrac{1}{n-1}\right)}$求得或由附表查得。

对 A、C 柱，$C_0=2.813$

$$\delta_A=\delta_C=\frac{H_2^3}{EI_2C_0}=\frac{(12.2\times1000)^3}{2.831E\times11.67\times10^9}=55.31\left(\frac{1}{E}\right)\text{mm}$$

对 B 柱，$C_0=2.922$

$$\delta_B = \frac{H_2^3}{EI_2C_0} = \frac{(12.2\times1000)^3}{2.922E\times11.67\times10^9} = 53.25\left(\frac{1}{E}\right)\text{mm}$$

剪力分配系数

$$\mu_A = \mu_C = \frac{\frac{1}{\delta_A}}{2\frac{1}{\delta_A}+\frac{1}{\delta_B}} = \frac{\frac{1}{55.31}}{2\times\frac{1}{55.31}+\frac{1}{53.25}} = 0.329$$

$$\mu_B = \frac{\frac{1}{\delta_B}}{2\frac{1}{\delta_A}+\frac{1}{\delta_B}} = \frac{\frac{1}{53.25}}{2\times\frac{1}{55.31}+\frac{1}{53.25}} = 0.342$$

（2）求各柱顶剪力

将风荷载分成 F_w、q_1、q_2 三种情况，分别求出在各柱顶产生的剪力，再叠加，即得柱顶的总剪力。

q_1 作用时，查附图表 6-8 得 $C_{11}=0.357$，则柱顶不动铰支座反力为：

$$R_A = C_{11}q_1H_2 = 0.357\times3.21\times12.2 = 13.98\text{kN}$$

q_2 作用时，其柱顶不动铰支座反力为：

$$R_C = R_A\frac{q_2}{q_1} = 13.98\times\frac{1.6}{3.21} = 6.97\text{kN}$$

各柱顶的总剪力

$$V_A = \mu_A(F_w+R_A+R_C)-R_A$$
$$= 0.392\times(3.88+13.98+6.97)-13.98 = -5.81\text{kN}(\leftarrow)$$
$$V_B = \mu_B(F_w+R_A+R_C)$$
$$= 0.342\times(3.88+13.98+6.97) = 8.49\text{kN}(\rightarrow)$$
$$V_C = \mu_C(F_w+R_A+R_C)-R_C$$
$$= 0.392\times(3.88+13.98+6.97)-6.97 = 1.2\text{kN}(\rightarrow)$$

（3）绘制柱的弯矩图

柱的弯矩图如图 6-29（b）所示。

（二）不等高排架内力计算

不等高排架的特点是相邻两跨的横梁在不同的标高上，因而在荷载作用下高跨柱与低跨柱的柱顶位移不等，一般采用力法进行分析，也可借助附图表 6 使计算简化。

图 6-30（a）所示为两跨不等高排架，在排架的柱顶作用一水平集中力 F，则其计算方法为：假定横梁刚度 $EA=\infty$，切断横梁以未知力 X_1、X_2 代替其作用，则其结构基本体系如图 6-30（b）所示。按力法列出其方程式为：

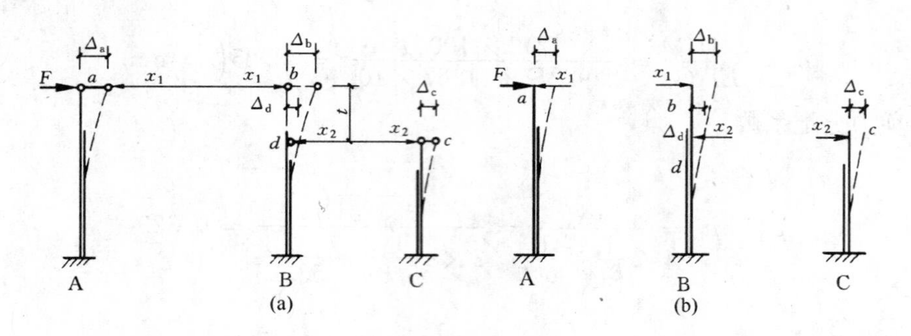

图 6-30 两跨不等高排架

$$\begin{cases}\delta_{11}X_1+\delta_{12}X_2+\Delta_{1F}=0\\ \delta_{21}X_1+\delta_{22}X_2+\Delta_{2F}=0\end{cases} \tag{6-19}$$

式中 δ_{11}——基本体系在 $X_1=1$ 作用下，在 X_1 作用点沿 X_1 的方向所产生的位移；

δ_{22}——基本体系在 $X_2=1$ 作用下，在 X_2 作用点沿 X_2 的方向所产生的位移；

δ_{12}——基本体系在 $X_2=1$ 作用下，在 X_1 作用点沿 X_1 的方向所产生的位移（$\delta_{21}=\delta_{12}$）；

Δ_{1F}（Δ_{2F}）——基本体系在外载作用下，在 X_1（或 X_2）作用点，沿 X_1（或 X_2）的方向所产生的位移。

在上述位移 δ、Δ 下面的角标，第一个表示位移的方向，第二个表示位移的原因。

这样，式（6-19）的力学意义为：由于假定横梁刚度为无限大，即认为横梁本身不变形，则该公式的第一式表示横梁 ab 在内、外力作用下，其相对位移为零，即 $\Delta_a=\Delta_b$；第二式表示横梁 dc 在内、外力作用下，其相对位移为零，即 $\Delta_c=\Delta_d$。

在计算时，上述的 δ_{11}、δ_{21}、Δ_{1F}、Δ_{2F} 等值，可查附图表 6-1 而得。但应注意，在图 6-30 中，X_1 是作用于两个柱，所以 δ_1 是由两部分（$\delta_{11左}+\delta_{11右}$）组成的，其值为：

对 A 柱 $$\delta_{11左}=\frac{H_2^3}{EI_2C_0}$$

对 B 柱 $$\delta_{11右}=\frac{H_2^3}{EI_2C_0}$$

此外，对 δ_{12}、δ_{21} 值可应用图乘法求出，如图 6-31 所示。

对 δ_{12}（$=\delta_{21}$）的求法为：

$$\delta_{12}=\delta_{21}=-\frac{1}{EI_2}\times\frac{(H_2-H_1)^2}{2}\times\left[H_2+\frac{2}{3}(H_2-H_1)\right]$$

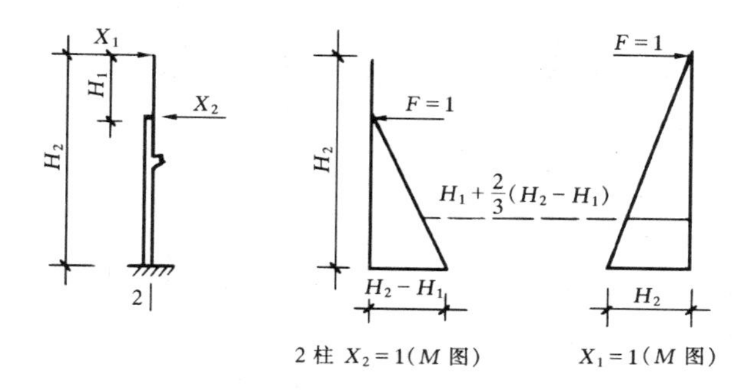

图 6-31 用图乘法求排架柱位移

$$=-\frac{1}{EI_2}\times\left(\frac{H_2^3-H_1^3}{3}-H_1\times\frac{H_2^2-H_1^2}{2}\right) \tag{6-20}$$

由于 X_2 的作用产生的位移与 X_1 的方向相反，故上式取负号。

最后，由式（6-19），可求出 X_1、X_2 值，从而作出各柱相应截面的内力图。

【例 6-4】 图 6-32 所示两跨不等高排架，A 柱 $I_1=2.13\times10^9\text{mm}^4$，$I_2=5.96\times10^9\text{mm}^4$，B 柱与 C 柱截面尺寸相同 $I_1=2.13\times10^9\text{mm}^4$，$I_2=15.8\times10^9\text{mm}^4$，各柱高度如图 6-32 所示；若作用在 A 柱牛腿标高处外荷载 $M=92.7\text{kN}\cdot\text{m}$，试求各柱的柱顶反力 X_1、X_2 值。

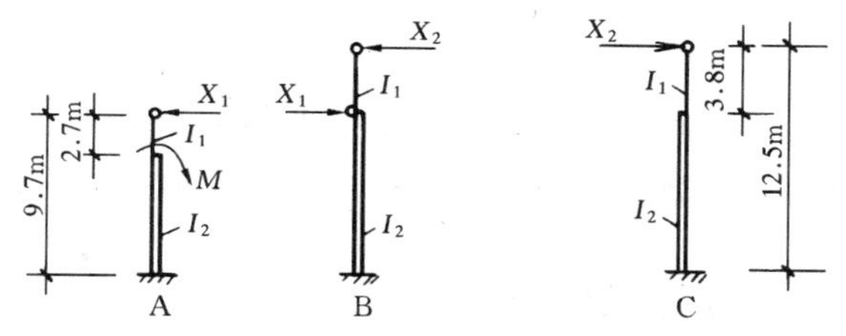

图 6-32 不等高排架内力计算例题

【解】 根据式（6-19）的力法方程求解，其中计算系数为：

A 柱：$\lambda=\frac{H_1}{H_2}=\frac{2.7}{9.7}=0.278$，$n=\frac{I_1}{I_2}=\frac{2.13\times10^9}{5.96\times10^9}=0.357$

查附表 6-1 得：$C_0=2.888$；$C_3=1.333$

故 $\delta_{11左}=\frac{H_2^3}{EI_2C_0}=\frac{(9.7\times10^3)^3}{E\times2.888\times5.96\times10^9}=\frac{53}{E}\text{mm}$

$$\Delta_{1F}=-M\times\delta\times\frac{C_3}{H}=-92.7\times\frac{53}{E}\times(1.333\times9.7)=-\frac{675}{E}\text{mm}$$

B 柱：$\lambda=\frac{H_1}{H_2}=\frac{3.8}{12.5}=0.304$，$n=\frac{I_1}{I_2}=\frac{2.13\times10^9}{15.8\times10^9}=0.135$

查附表 6-1 得：$C_0=2.543$

故 $\delta_{22左}=\delta_{22右}=\frac{(12.5\times10^3)^3}{E\times2.543\times15.8\times10^9}=\frac{48.6}{E}\text{mm}$

$$\delta_{11右}=\frac{H_2^3}{EI_2C_0}=\frac{(9.7\times10^3)^3}{3E\times15.8\times10^9}=\frac{19.3}{E}\text{mm}$$

用式（6-20）计算 δ_{12}、δ_{21}，得

$$\delta_{12}=\delta_{21}=-\frac{1}{E\times15.8\times10^9}\times\left[\frac{(12.5^3-3.8^3)\times10^9}{3}-\frac{3.8\times10^3\times(12.5^2-3.8^2)\times10^9}{2}\right]=-\frac{23}{E}$$

则得 $\delta_{11}=\delta_{11左}+\delta_{11右}=\frac{53}{E}+\frac{19.3}{E}=\frac{72.3}{E}$

$$\delta_{22}=\delta_{22左}+\delta_{22右}=2\times\frac{48.6}{E}=\frac{97.2}{E}$$

将以上系数代入基本方程式得：

$$\frac{72.3}{E}X_1-\frac{23}{E}X_2-\frac{675}{E}=0$$

$$\frac{-23}{E}X_1+\frac{97.2}{E}X_2=0$$

解上式得 $X_1=10.10\text{kN}$，$X_2=2.39\text{kN}$

（三）考虑厂房整体空间工作的排架内力计算

1. 厂房整体空间工作的概念

单层厂房是由许多横向平面排架通过屋盖系统、山墙、吊车梁及连系梁等构件联系起来的空间结构，在前面所述的排架内力分析方法中，没有考虑厂房纵向的联系，孤立的取出一榀横向平面排架进行计的。这种近似分析方法，在一些情况下误差较大。

若考虑平面排架的纵向联系，在荷载作用下，各榀排架、屋盖、山墙等不能单独变形，而是形成一个互相制约的整体。这种排架与排架、排架与屋盖、山墙之间相互关联的整体作用，称为厂房的整体空间作用。

在吊车等局部荷载的作用下，厂房的整体空间作用十分明显。通过厂房的整体性能把局部荷载分散开，使直接受荷排架减轻负担。图 6-33（a）表示一单跨厂房在某一柱柱顶集中力作用下整体空间工作的情况。在集中力的作用下，直接受荷排架所负担的外力和产生的侧移显然比其他排架大，其他排架所负担的外力和产生的侧移从受荷排架向左右两侧依次减小。

屋盖对厂房的整体性影响较大。在分析厂房整体空间作用时，可以将屋盖视为支撑在柱顶水平方向的弹性地基梁，各柱顶可以分别看作该梁在水平方向的弹性支座。在集中荷载作用下，若屋盖在平面内的抗弯和抗剪刚度很大，可近似认为趋于无穷大，排架各柱顶将产生相同的侧移（图 6-33b），各柱顶共同抵抗外荷载，外力在各柱顶可按其侧移刚度的大小加以分配。若屋盖在平面内的抗弯和抗剪刚度很小，可近似认为趋于零，只有直接受荷排架产生侧移，外力由直接受

荷排架单独承担（图 6-33d）。实际上，厂房屋盖的水平刚度既不趋近于无穷又不趋近于零，而是介于两者之间，其变形分布如图 6-33（c）所示。

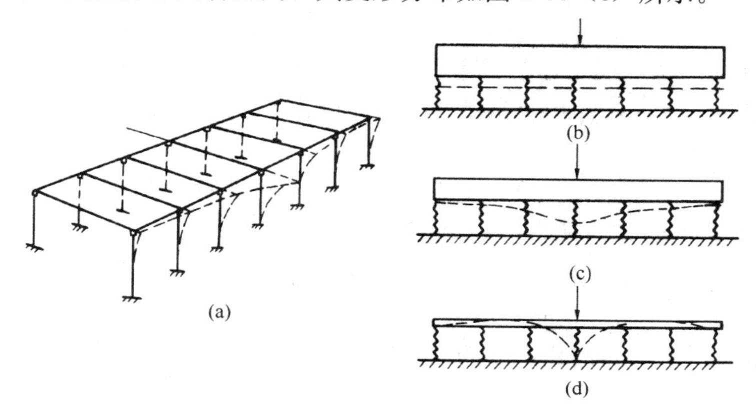

图 6-33　厂房在柱顶集中荷载下的整体空间作用

厂房的整体空间程度除了受到屋盖在平面内的刚度的明显影响外，还与厂房两端有无山墙、厂房的长度及跨度等因素有关。厂房两端无山墙时，厂房越长，协助直接受荷排架工作的排架越多，则直接受荷排架侧移越小，所承担的荷载越小，说明整体空间作用越大。厂房两端有山墙时，由于山墙平面内抗侧移刚度很大，在水平集中荷载或均布荷载作用下，该处的水平位移甚小，对其他排架形成不同程度的约束作用，直接受荷排架受到的空间工作情况如图 6-34 所示。

综上所述，可以得出：在有纵向联系构件的单层厂房内，只要沿厂房纵向结构不同或者承受的外载不同时，就会产生厂房的整体空间作用。一般说来，厂房的整体空间作用无檩屋盖比有檩屋盖、局部荷载比均布荷载、有山墙比无山墙相对地大一些。

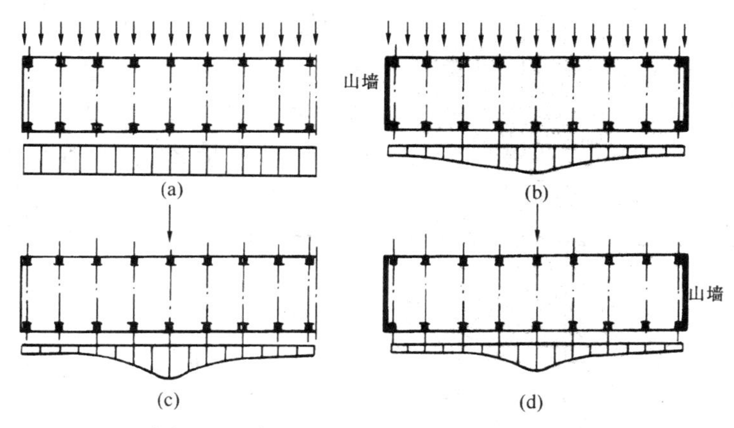

图 6-34　各种不同情况下厂房的空间作用

由于厂房在局部荷载作用下的整体空间作用比在均布荷载作用下更明显，而且研究得较深入，因此，目前排架内力计算中，仅对吊车荷载作用下的情况考虑整体空间作用，而在其他荷载作用下的排架内力计算不考虑整体空间作用。

2. 在吊车荷载作用下考虑厂房整体空间作用的排架内力计算

考虑厂房整体空间作用进行排架内力计算时，整体空间作用的大小，可以通过空间作用分配系数来反映。

（1）单跨厂房空间作用分配系数。以单跨厂房排架柱顶作用一集中荷载 F 的情况来说明空间作用分配系数的概念。

当按平面排架计算时，集中力 F 全部由该平面排架承担，其柱顶位移为 Δ（图 6-35a），如果考虑厂房整体空间作用，则相邻排架会不同程度协助受力，使直接受荷排架柱顶位移与作用力的大小成正比，则有

$$\mu=\frac{\Delta'}{\Delta}=\frac{F'}{F}<1 \tag{6-21}$$

显然，μ 值越小，则整体空间作用越大。

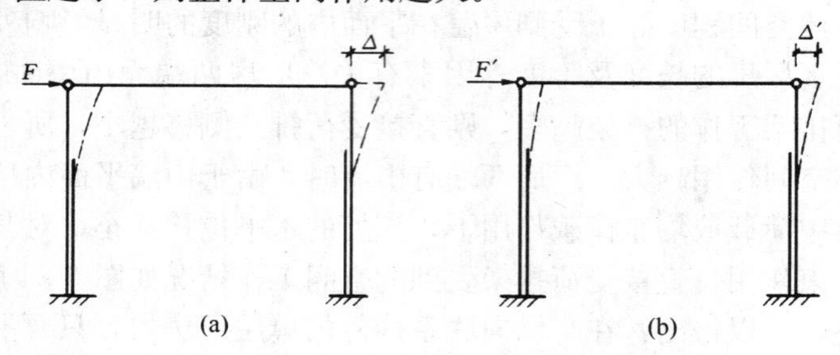

图 6-35 厂房空间作用分配系数

（a）平面排架；（b）考虑空间作用

（2）吊车荷载作用下考虑空间作用的排架内力计算。在吊车竖向荷载与横向水平荷载作用下，直接受荷排架的内力可按与剪力分配法相似的方法和步骤来计算。即首先在直接受荷柱顶加一不动铰支座，求出柱顶反力与相应剪力；再把柱顶反力乘以空间作用分配系数后反向加于原排架上进行剪力分配，求出各柱的柱顶剪力；最后将两种情况所得的柱顶剪力叠加，即考虑整体空间作用时的柱顶剪力，如图 6-36 所示。

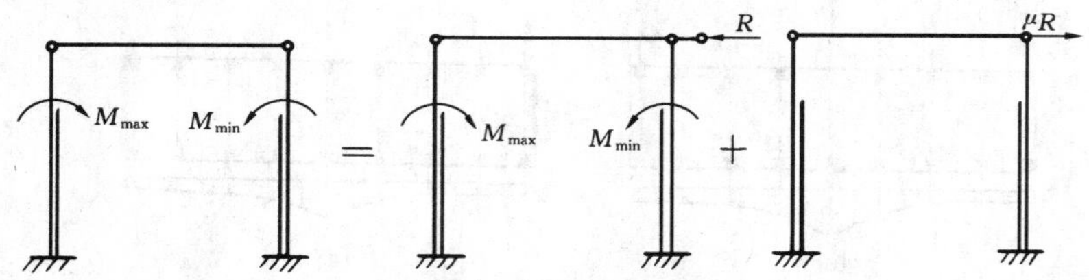

图 6-36 排架考虑空间作用时的计算简图

单跨厂房空间作用分配系数 μ 的取值，见表 6-3 和表 6-4。

无檩屋盖的单跨厂房空间作用分配系数 μ **表 6-3**

厂房情况	吊车起重量（kN）	厂房跨度（m）			
		≤60		>60	
		厂房跨度（m）			
		12～27	>27	12～27	>27
两端无山墙及一端有山墙	≤750	0.90	0.85	0.85	0.80
两端有山墙	≤750	0.80			

有檩屋盖的单跨空间作用分配系数 μ **表 6-4**

厂 房 情 况	吊车起重量（kN）	厂 房 长 度（m）	
		≤60	>60
两端无山墙及一端有山墙	≤300	0.90	0.85
两端有山墙	≤300	0.85	

（3）厂房山墙应为实心墙，如山墙开有孔洞时，其在山墙水平截面的削弱面积，不应大于山墙全部水平截面面积的 50%，否则应视为无山墙情况；对将来扩建时拆除山墙的厂房，亦应按无山墙情况考虑。

（4）当厂房设有伸缩缝时，表中的厂房长度应按一个伸缩缝区段为单元进行考虑，此时应将伸缩缝处视为无山墙情况。

对于多跨厂房，排架计算时的空间作用分配系数值，不能直接按表 6-3 和表 6-4 采用，应根据其各跨跨度、各跨之间的高度差及屋盖情况的不同，按下列方法确定。

对于等高多跨厂房，其空间作用分配系数可按下式计算：

$$\frac{1}{\mu}=\frac{1}{n}\left(\frac{1}{\mu'_1}+\frac{1}{\mu'_2}+\cdots+\frac{1}{\mu'_{\mathrm{n}}}\right)=\frac{1}{n}\sum_{i=1}^{n}\left(\frac{1}{\mu'_i}\right) \tag{6-22}$$

式中 μ——等高多跨厂房的空间作用分配系数；

n——排架跨数；

μ'_i——第 i 跨按单跨考虑的空间作用分配系数，按表 6-3 和表 6-4 采用。

对于不等高多跨厂房，其空间作用分配系数可按下式计算（图 6-37）：

$$\frac{1}{\mu_i}=\frac{1}{1+C_i+C_{i+1}}\left(\frac{1}{\mu'_i}+C_i\frac{1}{\mu'_{i-1}}+C_{i+1}\frac{1}{\mu'_{i+1}}\right) \tag{6-23}$$

式中 μ'_{i}——不等高多跨厂房第 i 跨的空间作用分配系数；

C_i——柱高差系数，$C_i=\left(\frac{h_i}{H_i}\right)^4$，其中 h_i 为 i 柱从基础顶面至低跨屋架（或梁）下表面的高度，H_i 为从基础顶面算起的第 i

柱全高；

μ'_{i-1}、μ'_{i}、μ'_{i+1}——第 $i-1$、i、$i+1$ 跨的单跨空间作用分配系数，按表 6-3 和表 6-4 采用。

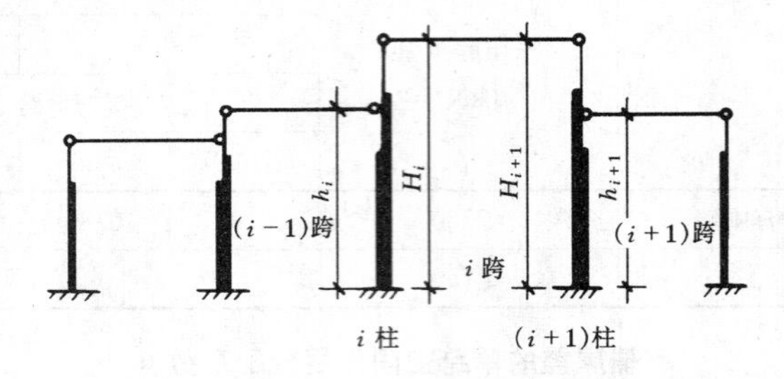

图 6-37 不等高多跨厂房简图

经验表明，两端有山墙的多跨无檩体系厂房，屋盖在平面内的刚度很大，当吊车起重量 $Q<300\text{kN}$ 时，由吊车荷载引起的柱顶侧移很小，忽略柱顶侧移对排架内力的甚微影响。为了简化计算，对此类厂房的排架内力计算可按柱顶为不动铰支座支承进行。

在下列情况下，排架内力计算不考虑空间作用（即取 $\mu=1.0$）：

(1) 当厂房一端有山墙或两端均无山墙，且厂房长度小于 36m 时；

(2) 天窗跨度大于厂房跨度的二分之一，或者天窗布置使厂房屋盖沿纵向不连续时；

(3) 厂房柱距大于 12m 时（包括一般柱距小于 12m，但有个别柱距不等且最大柱距超过 12m 的情况）；

(4) 当屋架下弦为柔性拉杆时。

（四）内力组合

排架结构的内力组合是将排架柱在各种单项荷载作用下的内力，按同时出现的可能，经过综合分析进行组合，求出柱控制截面处可能产生的最不利内力，作为柱及基础截面设计的依据。

1. 控制截面

控制截面是指对柱内配筋量计算起控制作用的截面。

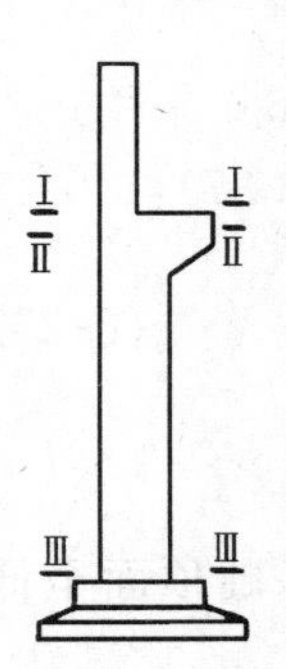

图 6-38

对于一般单阶柱，上柱底部Ⅰ-Ⅰ截面的内力比上柱其他截面大，故取该截面作为上柱的控制截面。

对于下柱，在牛腿顶面Ⅱ-Ⅱ截面及下柱底部基础顶面处的Ⅲ-Ⅲ截面内力较大，故取Ⅱ-Ⅱ，Ⅲ-Ⅲ截面作为下柱的控制截面（图 6-38）。Ⅲ-Ⅲ截面的内力同时也是设计柱下基础的依据。

2. 荷载组合

在排架分析中，当分别算出了各种荷载单独作用下的内力后，为了将这些内力组合起来，就必须考虑各种荷载同时作用时出现最不利内力的可能性，即考虑荷载组合问题。

实践证明，多种荷载同时出现的情况是可能的，但多种活荷载同时都达到最大的概率较小。例如发生 50 年一遇大风时，吊车正好满载且急刹车，同时又发生了大地震，这种情况发生的概率极低。通常将这些荷载作用下的内力乘以组合系数，予以适当折减。具体组合系数见《建筑结构荷载规范》（GB 50009—2001）。

3. 内力组合

内力组合可以得到柱子各控制截面最不利的弯矩 M，轴向力 N 和剪力 V 等内力值，为柱截面配筋和基础设计提供依据。一般情况，排架实腹柱的剪力对柱的配筋影响较小，计算时可不考虑剪力的影响。

排架柱在各种不同的永久荷载和可变荷载作用下，可以产生各种的弯矩 M 和轴力 N 的组合。通常由于 M 及 N 的同时存在，很难直接看出哪一种组合对柱截面配筋最不利，因此，一般总是先确定几种可能最不利内力组合值，经过计算比较，从中选择其配筋较大者，作为最后的计算值。

在弯矩 M 和轴力 N 共同作用下，可以形成大偏心受压或小偏心受压状态。由于轴力 N 的增加，对大偏压状态的配筋有利，而对小偏压状态的配筋不利，要寻找最不利配筋的内力通常根据设计经验，考虑以下四种内力组合：

（1）$+M_{max}$及相应的 N、V；

（2）$-M_{max}$及相应的 N、V；

（3）N_{max}及相应的 M、V；

（4）N_{min}及相应的 M、V。

在以上的四种内力组合中，第（1）、（2）、（4）组合主要是考虑构件可能出现大偏心受压破坏的情况；第（3）组合考虑构件可能出现小偏心受压破坏的情况，从而使柱子能够避免任何一种形式的破坏。

在计算基础时，可根据柱子底部Ⅲ-Ⅲ截面的内力，求得基础底面处的内力进行设计，通常采用第（3）种的内力组合进行计算。在计算时，Ⅲ-Ⅲ截面的剪力 V 对基础底面产生的附加弯矩较大不能忽略；此外，基础梁传来的墙体荷载，计算时应考虑。

在内力组合时必须注意以下原则：

（1）任何一种内力组合，必须考虑永久荷载产生的内力。

（2）对于可变荷载，只能以一种内力组合的目标决定其取舍。例如，当考虑第（1）种内力组合时，就必须以得到$+M_{max}$为目标，然后求出与其对应的 N、V 值。

（3）当以 N_{max}和 N_{min}为组合目标时应使相应的 M 尽可能地最大。

（4）风荷载向左、向右作用的两种情况，只能取一种情况的内力参加组合。

(5) D_{max}作用在左柱与D_{max}作用在该跨的右柱两种情况不可能同时出现，只能选择一种情况的内力参加组合。

(6) 吊车水平荷载向左、向右作用两种情况，只能选择一种情况的内力参加组合。吊车的横向水平荷载不可能脱离其竖向荷载单独存在，因此，当取用T_{max}所产生的内力时，应把同跨内D_{max}或D_{min}作用产生的内力组合进去，反之，当组合D_{max}或D_{min}时，可以不考虑T_{max}。

(7) 由于多台吊车同时满载的可能性较小，所以当多台吊车组合时乘以表6-2规定的折减系数。

第四节 柱的设计

一、柱的形式

单层厂房中普遍使用的柱的形式，有下列几种（图6-39）：

(1) 矩形柱（图6-39a）。构件截面尺寸为：高度$h=400\sim800$mm，宽度$b=300\sim400$mm，一般用于吊车起重量$Q\leqslant50$kN，轨顶标高在7.5m以内。其主要优点为外形简单、施工方便，但自重大，费材料，经济指标差，主要用于$h\leqslant700$mm的柱。

(2) 工字形柱（图6-39b）。通常吊车起重量在$Q\leqslant300$kN，轨顶标高在20m以下，柱截面高度$h\geqslant600$mm时采用。其主要优点为截面形式合理，适用范围比较广泛。但若截面尺寸较大（如$h>1600$mm），吊装将比较困难。

(3) 双肢柱（图6-39c）。双肢柱可分为平腹杆和斜腹杆两种形式。平腹杆双肢柱构造简单，制造方便，通常吊车的竖向荷载沿其中一肢的轴线传递，构件主要承受轴向压力，受力性能合理，适用吊车起重量较大的厂房；此外，其腹部的矩形孔整齐，便于厂房的工艺管道布置。斜腹杆双肢柱的斜腹杆与肢杆斜高呈桁架式，两者主要承受轴向压力和拉力，所产生的弯矩较小，因而能节约材料。斜腹杆双肢柱的特点是构件刚度比平腹杆双肢柱好，能承受较大的水平荷载，但节点构造复杂，施工较为不便。

双肢柱一般应用在吊车起重量较大（$Q\geqslant500$kN）的厂房，与工字形柱相比，自重轻，受力性能合理，但其整体刚度较差，构造钢筋布置复杂，用钢量稍多。

(4) 管柱（图6-39d）。截面形式有圆管和方管，可在制管机上成型或钢管抽芯成型，可做成单肢、双肢或四肢柱，形式亦可做成平腹杆和斜腹杆两种。管柱的主要优点是可用离心法产生，机械化程度高，强度高（离心后的混凝土强度可提高20%～30%），自重轻，可减小现场施工的工作量，符合建筑工业化的方向。其缺点是在生产时需要有专业设备（离心机和管模等），尚难普遍推广；同时柱的节点构造较复杂，钢筋用量较多，造价比工字形柱子高；此外，柱体与墙连接比较困难。根据国外经验，在地震区中管柱破坏较为严重，在采用时应慎重。

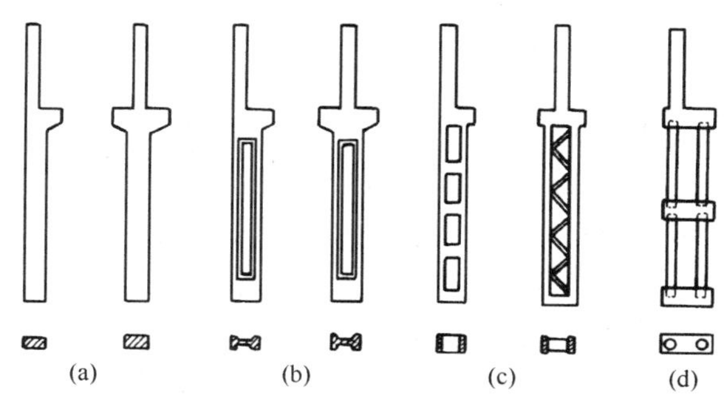

图6-39 柱的形式
(a) 矩形柱；(b) 工字形柱；(c) 双肢柱；(d) 管柱

总之，选择柱的形式时，应力求受力合理、截面刚度大、自重轻、节约材料、维护简便；要考虑有无吊车及吊车规格、柱高和柱距等因素；同时要考虑制作、运输、吊装及材料供应等具体情况。在同一工程中，柱型、规格不宜过多，为施工工厂化、机械化创造条件。

对柱的截面高度 h 可参考以下界限选用：

当 $h \leqslant 500$mm 时，采用矩形；

当 $h=600 \sim 800$mm 时，采用矩形或工字形；

当 $h=900 \sim 1200$mm 时，采用工字形；

当 $h=1300 \sim 1500$mm 时，采用工字形或双肢柱；

当 $h \geqslant 1600$mm 时，采用双肢柱。

二、矩形、工字形截面柱的设计

（一）截面尺寸

柱的截面尺寸应满足构件承载力的要求、刚度要求、经济配筋率要求等。为此，根据刚度要求，柱距为6m的厂房和露天吊车栈桥矩形和工形柱的最小截面尺寸限值，可参考表6-5确定。

根据工程经验，单层厂房柱常用的截面尺寸，可参考表6-6确定。

工字形截面柱的腹板和翼缘厚度可参考表6-7确定，当柱处于高湿度或侵蚀性介质条件时，腹板和翼缘的尺寸均应适当加大。

对柱子在支承屋架和吊车梁的局部处，应做成矩形截面；柱子下端插入基础杯口部分，根据施工要求，一般做成矩形截面。

柱距 6m 矩形及工字形柱截面尺寸限值 表 6-5

项次	柱的类型	截面尺寸			
		b	h		
			$Q\leqslant 100kN$	$100kN<Q<300kN$	$300kN\leqslant Q\leqslant 500kN$
1	有吊车厂房下柱	$\geqslant H_L/25$	$\geqslant H_L/14$	$\geqslant H_L/12$	$\geqslant H_L/10$
2	露天吊车柱	$\geqslant H_L/25$	$\geqslant H_L/10$	$\geqslant H_L/8$	$\geqslant H_L/7$
3	单跨无吊车厂房	$\geqslant H/30$	$\geqslant 1.5H/25$		
4	多跨无吊车厂房	$\geqslant H/30$	$\geqslant 1.25H/25$		
5	山墙柱（仅受风荷载及自重）	$\geqslant H_b/40$	$\geqslant H_L/25$		
6	山墙（同时承受由连系梁传来的墙重）	$\geqslant H_b/30$	$\geqslant H_L/25$		

注：表中符号为：

H_L—从基础顶面至装配式吊车梁底面或现浇式吊车梁顶面的柱下部高度；

H—从基础顶面算起的柱全高；

H_b—山墙柱基础顶面至柱平面外（柱宽 b 方向）支撑点的距离。

柱距 6m 中级工作制吊车单层厂房柱截面形式及尺寸参考表（mm） 表 6-6

吊车起重量（kN）	轨顶标高（m）	边柱		中柱	
		上柱	下柱	上柱	下柱
无吊车	4～5.4	□ 400×400（或 350×400）		□ 400×500（或 350×500）	
	6～8	Ⅰ 400×600×100		Ⅰ 400×600×100	
≤50	5～8	□400×400	Ⅰ400×600×100	□400×400	Ⅰ400×600×100
100	8	□400×400	Ⅰ400×700×100	□400×600	Ⅰ400×800×150
	10	□400×400	Ⅰ400×800×150	□400×600	Ⅰ400×800×150
150～200	8	□400×400	Ⅰ400×800×150	□400×600	Ⅰ400×800×150
	10	□400×400	Ⅰ400×900×150	□400×600	Ⅰ400×1000×150
	12	□500×400	Ⅰ400×1000×200	□400×600	Ⅰ500×1200×200
300	8	□400×400	Ⅰ400×1000×150	□400×600	Ⅰ400×1000×150
	10	□400×500	Ⅰ400×1000×150	□500×600	Ⅰ500×1200×200
	12	□500×500	Ⅰ500×1000×200	□500×600	Ⅰ500×1200×200
	14	□600×500	Ⅰ600×1200×200	□600×600	Ⅰ600×1200×200
500	10	□500×500	Ⅰ500×1200×200	□500×700	双 500×1600×300
	12	□500×600	Ⅰ500×1400×200	□500×700	双 500×1600×300
	10	□600×600	Ⅰ600×1400×200	□600×700	双 600×1800×300

注：□—矩形截面 $b\times h$；Ⅰ—工字形截面 $b_f\times h\times h_f$；双—双肢柱 $b\times h\times h_c$。

工字形截面柱的腹板和翼缘厚度参考表（mm） 表 6-7

截面高度 h	500～700	700～1000	1000～1500	1500～2000	附 图
翼缘宽度 b_f	300～400	400	500	600	
翼缘厚度 h_f	100	150～200	150～200	200～250	
腹板厚度 b $b/h'=1/14\sim1/10$	80	80～100	100～120	120～150	

（二）截面设计

根据排架计算求得柱子控制截面最不利组合的内力 M 和 N，按偏压构件进行截面配筋计算。偏压构件计算在本书第三章已详细介绍，下面仅对单层厂房柱的计算长度及柱子施工吊装验算作补充说明。

1. 柱子计算长度的确定

在进行偏心受压构件承载力的计算时，必须知道该构件的计算长度。在材料力学中，柱的计算长度按两端铰支、一端固定一端自由、一端固定一端铰支或两端为固定等不同支承情况而异。单层厂房柱的实际支承情况更复杂，如屋盖与柱顶实际属于弹性支承，也可认为是可动铰支座支承；柱下端支承也并非理想的固定端。因此，确切地确定柱子的计算长度比较复杂。根据单层厂房柱的实际计算特点，结合工程经验，《混凝土结构设计规范》给出了如表 6-8 所示的柱的计算长度 l_0 值，供设计采用。

采用刚性屋盖的单层工业厂房排架柱、露天吊车柱和栈桥柱的计算长度 l_0

表 6-8

项次	柱的类型		排架方向	垂直排架方向	
				有柱间支撑	无柱间支撑
1	无吊车厂房柱	单跨	$1.5H$	$1.0H$	$1.2H$
		两跨及多跨	$1.25H$	$1.0H$	$1.2H$
2	有吊车厂房柱	上柱	$2.0H_u$	$1.25H_u$	$1.5H_u$
		下柱	$1.0H_L$	$0.8H_L$	$1.0H_L$
3	露天吊车栈桥柱		$2.0H_L$	$1.0H_L$	—

注：1. 表中 H、H_L 符号意义见表 6-5 注；
2. H_u—从装配式吊车梁底面或从现浇式吊车梁顶面算起的柱子上部高度；
3. 表中有吊车厂房排架柱的计算长度，当计算中不考虑吊车荷载时，可按无吊车厂房采用；但上柱的计算长度仍按有吊车厂房采用；
4. 表中有吊车厂房排架柱的上柱在排架方向的计算长度，仅适用于 $H_u/H_L\geqslant0.3$ 的情况；当 $H_u/H_L<0.3$ 时，宜采用 $2.5H_u$。

2. 柱吊装验算

柱施工阶段的吊装，其受力状态与使用阶段不同，因此应进行柱吊装阶段的验算。预制柱的吊装有平吊和翻身吊两种形式，柱子的吊点一般设在牛腿的下边缘。起吊方法、计算简图和吊装时柱的弯矩图如图 6-40 所示。吊装验算应满足承载力和裂缝宽度要求。平吊施工方便，当采用平吊不满足承载力或裂缝宽度限值要求时，宜考虑采用翻身吊。当采用翻身吊时，其截面的受力方向与使用阶段的受力方向一致，其承载力和裂缝宽度一般可以满足要求。当采用平吊时截面受力方向是柱子的平面外方向，对工字形截面的腹板作用可以忽略不计，工形截面可简化为宽度为 $2h_f$，高度为 b_f 的矩形截面，纵向受力钢筋只考虑两翼缘上下最外边的一排钢筋参与工作。柱吊装验算应考虑起吊时的动力作用，其荷载须乘以动力系数 1.5；柱自重荷载分项系数应取 1.35，同时考虑到施工荷载的临时性，结构构件的重要性系数 γ_0 降低一级采用。

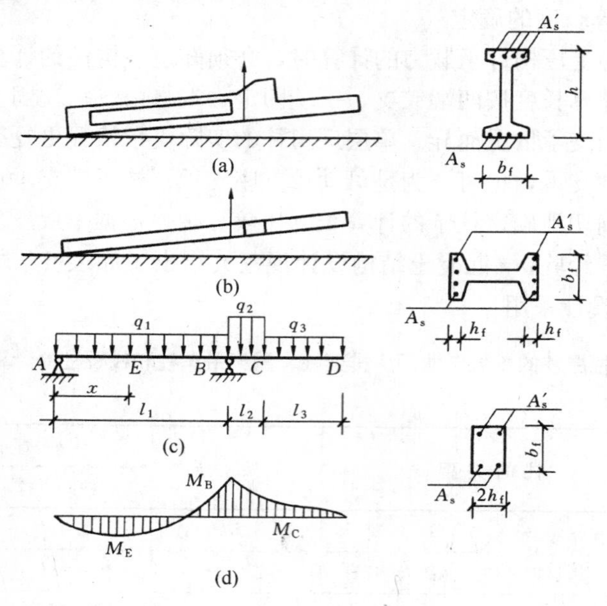

图 6-40　柱吊装验算

(a) 翻身吊；(b) 平吊；(c) 计算简图；(d) M 图

柱吊装验算取图 6-40（c）中上柱根部截面 C、牛腿根部截面 B 和 AB 跨最大弯矩截面 E 三个控制截面进行。

钢筋混凝土柱在吊装阶段的裂缝宽度验算，《混凝土结构设计规范》未作专门的规定，一般可按该构件在使用阶段允许出现裂缝的控制等级进行吊装阶段的裂缝宽度验算。

$$w_{max}=\alpha_{cr}\psi\frac{\sigma_{sk}}{E_s}\left(1.9c_s+0.08\frac{d_{eq}}{\rho_{te}}\right)\leqslant w_{lim} \tag{6-24}$$

$$\sigma_s=\frac{M_k}{0.87A_sh_0}$$

式中　M_k——吊装阶段构件中最大弯矩标准值。

$$\rho_{te}=\frac{A_s}{A_{te}}$$

有效受拉混凝土截面面积 A_{te} 对受弯构件按下列规定取用：

平吊时：$A_{te}=0.5b_f\times2h_f=b_fh_f$

翻身吊：$A_{te}=0.5bh+(b_f-b)h_f$

计算中，当 $\rho_{te}<0.01$ 时，取 $\rho_{te}=0.01$。

【例 6-5】　已知某厂房排架柱，柱的各部分尺寸和截面配筋如图 6-41 所示，混凝土的强度等级用 C20，若采用一点起吊，试进行吊装验算。

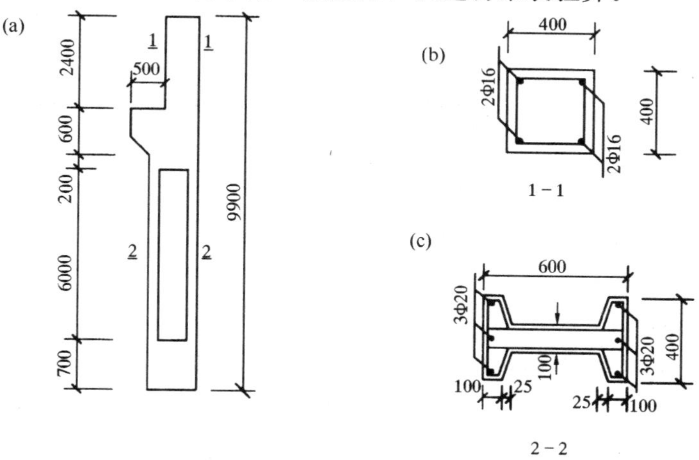

图 6-41

【解】（1）荷载计算

上柱矩形截面面积 $0.16m^2$

下柱矩形截面面积 $0.24m^2$

下柱工字形截面面积 $0.1275m^2$

上柱线荷载 $q_{3k}=0.16\times25=4kN/m$

下柱平均线荷载：

$$q_{1k}=\frac{0.24\times(0.7+0.2)+0.1275\times6.0}{6.9}\times25=3.56kN/m$$

牛腿部分线荷载：

$$q_{2k}=\left[0.24+0.4\times\frac{(0.3\times0.3+0.5\times0.3\times0.3)}{0.6}\right]\times25=8.25kN/m$$

(2) 弯矩计算

如图 6-40 及图 6-41 所示，有

$$L_1=0.7+6.0+0.2=6.9\text{m},\ L_2=0.6\text{m},\ L_3=2.4\text{m}$$

则得：$M_{Ck}=-\left(\frac{1}{2}\right)\times 4\times 2.4^2=-11.52\text{kN}\cdot\text{m}$

$$M_{Bk}=-4\times 2.4\times[0.6+\left(\frac{1}{2}\right)\times 2.4]-\left(\frac{1}{2}\right)\times 8.25\times 0.6^2$$

$$=-18.77\text{kN}\cdot\text{m}$$

求 AB 跨最大弯矩，先求反力 R_A：

$$\Sigma M_B=0$$

$$R_A=\frac{\frac{1}{2}\times 3.56\times 6.9^2-18.77}{6.9}=9.56\text{kN}$$

故 AB 跨最大弯矩为：

令
$$V=R_A-q_{1x}=0$$

$$x=\frac{R_A}{q_1}=\frac{9.56}{3.56}=2.69\text{m}$$

$$M_{AB}=9.56\times 2.69-\frac{1}{2}\times 3.56\times 2.69^2=12.84\text{kN}\cdot\text{m}$$

故最不利截面为 B 及 C 截面。

(3) 配筋计算

1) B 截面

先按平吊考虑，荷载各项系数为 1.35，动力系数为 1.5，结构重要性系数为 0.9，则

$$M_B=-1.35\times 1.5\times 0.9\times 18.77=-34.21\text{kN}\cdot\text{m}$$

受拉钢筋的面积（为偏于安全，下柱取工字形截面计算）为：

$$\alpha_s=\frac{M}{\alpha_1 f_c b h_0^2}=\frac{34.21\times 10^6}{1.0\times 9.6\times 200\times 360^2}=0.137$$

查得 $\gamma_s=0.926$，则

$$A_s=\frac{M}{f_y\gamma_s h_0}=\frac{34.21\times 10^6}{300\times 0.926\times 360}=342\text{mm}^2$$

下柱原配筋为 2Φ20（$A_s=628\text{mm}^2$），故安全。

2) C 截面

$$M_C=-1.35\times 1.5\times 0.9\times 11.52=21.00\text{kN}\cdot\text{m}$$

$$\alpha_s=\frac{21.00\times 10^6}{9.6\times 400\times 360^2}=0.042$$

查表得
$$\gamma_s=0.979$$

$$A_s = \frac{21.00 \times 10^6}{300 \times 0.979 \times 360} = 199\text{mm}^2$$

上柱原配筋为 2 Φ 16（A_s=402mm²），故安全。

（4）裂缝宽度验算

B 截面

弯矩标准值为：

$$M_{BK} = -1.5 \times 18.77 = 28.16\text{kN} \cdot \text{m}$$

$$\sigma_s = \frac{M_k}{0.87 \times A_s h_0} = \frac{28.16 \times 10^6}{0.87 \times 628 \times 365} = 141\text{N/mm}^2$$

$$A_{te} = b_f h_f = 400 \times 100 = 40000\text{mm}^2$$

$$\rho_{te} = \frac{A_s}{A_{te}} = \frac{628}{400 \times 100} = 0.016$$

$$\psi = 1.1 - \frac{0.65 f_{tk}}{\rho_{te}\sigma_{sk}} = 1.1 - \frac{0.65 \times 1.54}{0.016 \times 141} = 0.656$$

$$w_{max} = \alpha_{cr}\psi \frac{\sigma_{sk}}{E_s}\left(1.9c_s + 0.08\frac{d_{eq}}{\rho_{te}}\right)$$

$$= 1.9 \times 0.656 \times \frac{141}{2 \times 10^5} \times (1.9 \times 30 + 0.08 \times 20/0.016)$$

$$= 0.138\text{mm} < w_{lim} = 0.2\text{mm}$$

裂缝宽度满足要求。

三、牛腿设计

在单层厂房钢筋混凝土柱中，通常采用柱侧伸出的牛腿来支撑屋架、吊车梁、连系梁等构件。设置牛腿可以在不增大柱子截面的情况下，加大构件的支承面积，保证构件间的可靠连接和力的传递。牛腿承受荷载较大，应力状态复杂，是排架柱重要的组成部分，在设计中应予以足够的重视。

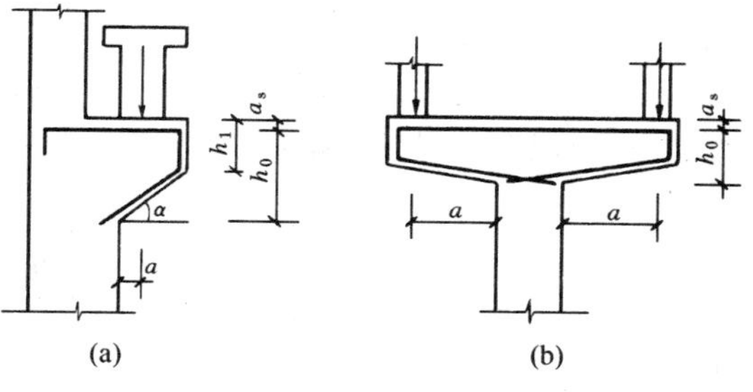

图 6-42　牛腿类型

根据牛腿的竖向荷载作用线到牛腿根部的水平距离 a 的长短，将牛腿分为两类：

当 $a \leqslant h_0$ 时，为短牛腿（图 6-42a）；

当 $a > h_0$ 时，为长牛腿（图 6-42b）。

式中　h_0——牛腿与下柱交接处垂直截面的有效高度。即牛腿上部受力钢筋重心至牛腿根部的垂直距离。

长牛腿的受力特点与悬臂梁相似，故可按悬臂梁设计。支承吊车等构件的牛腿，一般是短牛腿，常做成实腹式。实腹短牛腿是变截面短悬臂深梁，其受力性能与普通悬臂梁不同。下面介绍实腹短牛腿的破坏形态和设计方法。

（一）牛腿的破坏形态

1. 牛腿斜裂缝的出现与开展

试验表明：当加载到极限荷载的 20%～40%时相继出现垂直裂缝①（图 6-43a），但它开展较慢，裂缝宽度较小，对牛腿的受力性能影响不大。当加载到极限荷载的 40%～60%时，在支座加载板内侧附近出现斜裂缝②（图 6-43b）；随着荷载的增加，裂缝延伸，此阶段几乎不再出现第二条斜裂缝。

当继续加荷载到极限荷载的大约 80%及以上时，在斜裂缝②的外侧，出现了斜裂缝③。裂缝③的出现标志着牛腿即将破坏。随着 a/h_0 值的不同，牛腿的裂缝也会有不同的形态。

2. 破坏形态

根据实验观察，随 a/h_0 值的不同，牛腿的破坏形态主要有如下三种：

（1）剪切破坏：当 a/h_0 值很小（$a/h_0<1$）或 a/h_0 值虽很大而自由边高度 h_1 较小时，可能发生沿加载板内侧接近垂直截面处出现一系列短斜裂缝，最后使牛腿沿此裂缝从柱边切下而发生剪切破坏（图 6-44a）。

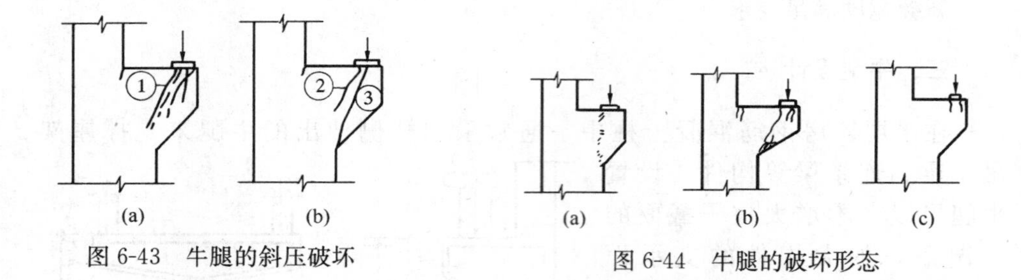

图 6-43 牛腿的斜压破坏

图 6-44 牛腿的破坏形态

（a）剪切破坏；（b）弯压破坏；（c）局压破坏

（2）斜压破坏：当 $a/h_0=0.1\sim0.75$ 的范围内，一般发生斜压破坏。其特点是当出现斜裂缝后，再继续加载到极限荷载的 70%～80%时在斜裂缝的外侧出现大量的短小斜裂缝，并逐渐互相贯通形成斜裂缝，此时混凝土表面开始剥落，导致牛腿破坏（图 6-43）。

（3）弯压破坏：当 $a/h_0>0.75$ 或纵筋的配筋率较低时，一般发生弯压破坏。其特点是当出现斜裂缝后，随着荷载的增加，裂缝不断向受压区延伸，纵筋应力不断增加并逐渐达到屈服强度，此时斜裂缝外侧部分绕牛腿下部与柱交接点处转动，致使受压区混凝土被压碎而引起破坏（图 6-44b）。

此外，还有由于加载板过小导致加载板下混凝土局部压碎破坏（图 6-44c）

或由于纵筋锚固不良拔出导致破坏。

（二）牛腿的设计

1. 截面尺寸的确定

由于牛腿截面宽度与柱宽相等，因此只需确定其截面高度即可。牛腿截面高度一般以斜截面抗裂度为控制条件，即控制其在使用阶段不出现斜裂缝或仅出现细微裂缝时的荷载值。试验表明，影响牛腿开裂的因素除了截面尺寸和混凝土的抗拉强度标准值 f_{tk} 外，还与剪跨比 a/h_0 及牛腿顶面作用的水平拉力的大小有关。当截面尺寸和 f_{tk} 一定时，显然，随着 a/h_0 值的增加，出现斜裂缝的竖向荷载将会不断减小。因此，《混凝土结构设计规范》要求，对 $a\leqslant h_0$ 的牛腿截面尺寸应符合下列裂缝控制要求（图 6-45）：

$$F_{vk}\leqslant\beta\left(1-\frac{0.5F_{hk}}{F_{vk}}\right)\cdot\frac{f_{tk}bh_0}{0.5+\dfrac{a}{h_0}} \tag{6-25}$$

式中 F_{vk}——作用于牛腿顶部的竖向荷载标准值；

F_{hk}——作用于牛腿顶部的水平荷载标准值；

β——裂缝控制系数；对支承吊车梁的牛腿，取 0.65；对其他牛腿，取 0.8；

a——竖向力的作用点至下柱边缘的水平距离，此时，应考虑安装偏差 20mm；竖向力的作用点位于下柱截面以内时，取 $a=0$；

b——牛腿宽度；

h_0——牛腿与下柱高度处的垂直截面有效高度，取 $h_0=h_1-a_s+c\cdot\tan\alpha$，当 $\alpha>45°$时，取 $\alpha=45°$。

为了防止牛腿沿加载板内侧发生非根部受拉破坏，牛腿的外边缘高度 h_1 不能太小，《混凝土结构设计规范》规定 $h_1\geqslant h/3$，且不应小于 200mm。

牛腿下边缘的倾角 α 过大，会加重牛腿下边缘与柱交接处的应力集中，且导致牛腿外缘高度过小，因此，一般取 $\alpha\leqslant45°$。

吊车梁至牛腿端部的水平距离 c_1，通常取为 70～100mm，以免造成牛腿外缘混凝土保护层剥落及垫板下混凝土的局压承载力降低。

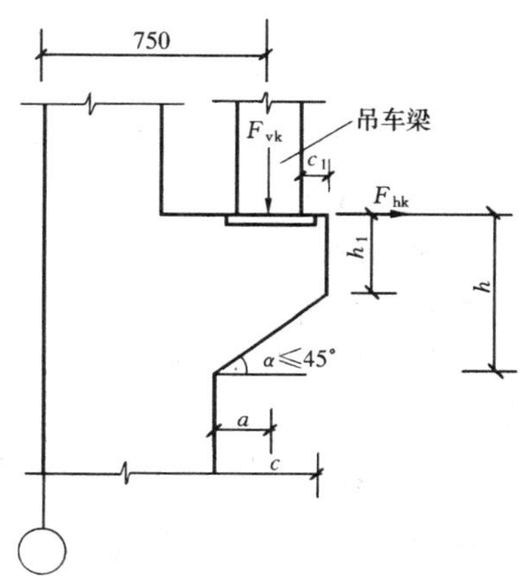

图 6-45 牛腿几何尺寸的确定

设计中，可先按构件要求取 $h_0=h_1-a_s+c\cdot\tan\alpha$，然后按式（6-25）进行验算，直到满足为止。

2. 牛腿承载力计算

(1) 正截面承载力

由试验可知，常见的破坏形态为斜压破坏的牛腿，当牛腿纵筋的配筋率不大，在破坏时一般可达到屈服强度，混凝土在斜裂缝的外侧形成一个很宽的斜压条带，在斜压条带内，近似认为混凝土的斜压应力分布均匀，破坏时能达到轴心抗压强度。因而牛腿的计算简图可简化为一个纵筋为拉杆，混凝土斜压条带为压杆的三角形桁架（图 6-46）。

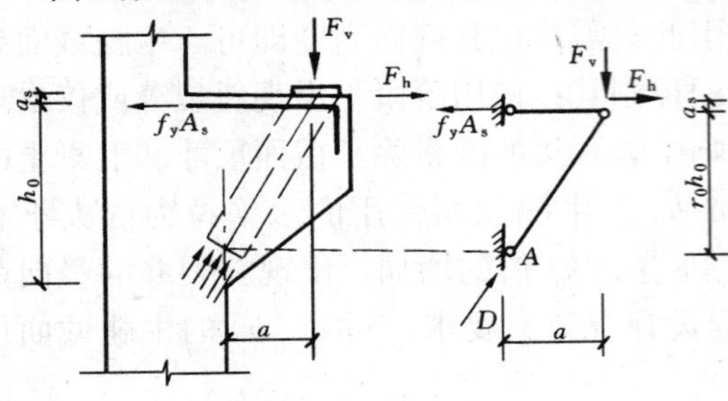

图 6-46 牛腿计算简图

由平衡条件 $\Sigma M_A=0$ 得：

$$F_va+F_h(\gamma_0h_0+a_s)\leqslant f_yA_s\gamma_0h_0$$

取内力臂系数 $\gamma_0=0.85$，则

$$\frac{\gamma_0h_0+a_s}{\gamma_0h_0}=1+\frac{a_s}{\gamma_0h_0}=1.2$$

则牛腿中纵向受力钢筋的截面面积为：

$$A_s=\frac{F_va}{0.85f_yh_0}+1.2\frac{F_h}{f_y} \tag{6-26}$$

当 $a<0.3h_0$ 时，取 $a=0.3$。

式中 F_v——作用在牛腿顶部的竖向力设计值，当牛腿承受吊车荷载时，有

$$F_v=D_{max}+G_4$$

G_4——吊车梁及轨道自重；

F_h——作用在牛腿顶部的水平力设计值。

(2) 斜截面的承载力

牛腿的斜截面承载力和深梁的受力性能相似，主要取决于混凝土的作用。在进行牛腿设计时，一般是根据抗裂控制要求选择截面尺寸，然后进行承载力计算。分析表明，当牛腿的箍筋和弯起筋满足一定的构造要求后，牛腿的受剪承载力可以得到保证。因此，牛腿斜截面承载力由构造保证。

(3) 局部受压承载力

垫板下混凝土的局部受压承载力按下式进行验算：

$$\sigma_l=\frac{F_{vk}}{A_l}\leqslant 0.75f_c \tag{6-27}$$

式中 A_l——局部受压面积，即垫板面积。

当不满足式（6-27）要求时，应加大垫板尺寸，或提高混凝土的强度等级以

及在牛腿中加设钢筋网等措施加以解决。

3. 牛腿配筋的构造要求

（1）牛腿的纵向受力筋宜采用 HRB400 级或 HRB500 级热轧带肋钢筋，其锚固长度应符合受拉钢筋锚固长度 l_a 的要求，并应通过上柱中线；当其在节点内水平锚固长度不足 l_a 时，可沿柱外边缘向下弯折，但弯折前的水平锚固长度不应小于 $0.4l_a$，弯折后的垂直长度不应小于 $15d$（d 为纵筋直径）（图 6-47a）。

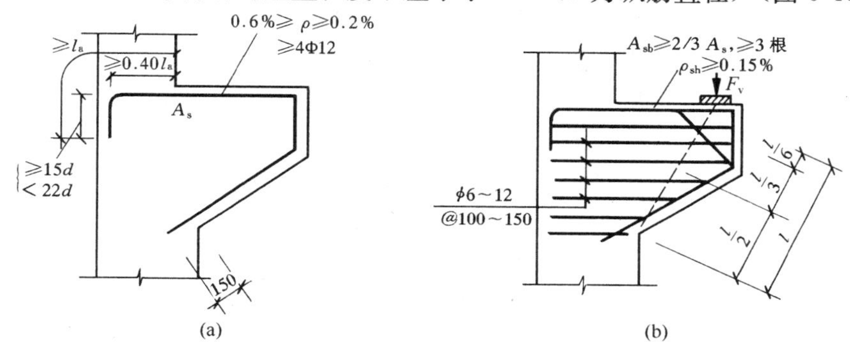

图 6-47 牛腿配筋的构造要求

由于牛腿顶部边缘的拉力沿长度方向分布比较均匀，所以纵筋不可兼作弯起钢筋。

承受竖向力所需的纵向受拉钢筋的配筋率，按全截面计算不应小于 0.2%及 $0.45f_t/f_y$，也不宜大于 0.6%，且根数不宜少于 4 Φ 12。

（2）水平箍筋和弯筋的设置（图 6-47b）。水平箍筋的直径取 6～12mm，间距为 100～150mm，且上部 $\frac{2}{3}h_0$ 范围内水平箍筋总面积不应小于承受竖向力的受拉钢筋截面面积的二分之一。

当牛腿的剪跨比 $\frac{a}{h_0}\geqslant 0.3$ 时，应设置弯起钢筋，弯起钢筋宜采用 HRB400 级或 HRB500 级热轧带肋钢筋，并宜设置在牛腿上部 $\frac{1}{6}$～$\frac{1}{2}$ 的范围内，其截面面积不应少于承受竖向力的受拉钢筋截面面积的二分之一（图 6-47b），其根数不少于 2 根，直径不应小于 12mm。

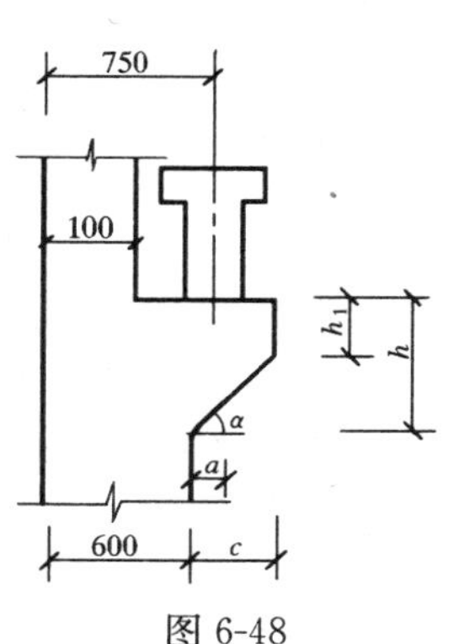

图 6-48

【例 6-6】 某单层厂房，跨度 18m，设两台 $Q=$ 100kN 软钩，A4 级工作制吊车。上柱截面为 400mm×400mm，下柱截面为 400mm×600mm（图 6-48）。牛腿上作用有吊车竖向荷载 $D_{max,k}=230$kN，水平荷载 $F_{hk}=$

8.94kN，吊车梁及轨道重 $G_{4k}=33$kN。混凝土的强度等级为 C30，纵筋及弯起钢筋采用 HRB400 级钢，箍筋采用 HPB300 级钢筋。试确定牛腿的尺寸及配筋。

【解】 (1) 验算牛腿截面尺寸

牛腿的外行尺寸为：$h_1=250$mm，$C=400$mm，$\alpha=45°$，$h=650$mm

牛腿截面有效高度：$h_0=650-40=610$mm

考虑安装偏差后，取：$\alpha=750-600+20=170$mm

$$f_{tk}=2.0\text{N/mm}^2,\ f_y=360\text{N/mm}^2$$

牛腿顶部作用的竖向荷载

$$F_{vk}=D_{max,k}+G_4=230+33=263\text{kN}$$

$$\beta=0.7$$

则
$$\beta\left(1-0.5\frac{F_{hk}}{F_{vk}}\right)\frac{f_{tk}bh_0}{0.5+\dfrac{a}{h_0}}$$

$$=0.7\times\left(1-0.5\times\frac{8.94}{263}\right)\times\frac{2.0\times400\times610}{0.5+\dfrac{170}{610}}=431\text{kN}>F_{vk}$$

牛腿尺寸满足要求。

(2) 配筋计算

纵筋截面面积为：

$$F_v=1.4\times230+1.2\times33=361.6\text{kN}$$

$$F_h=1.4\times8.94=12.52\text{kN}$$

$$A_s=\frac{F_v\cdot a}{0.85f_yh_0}+1.2\frac{F_h}{f_y}=\frac{361.6\times10^3\times170}{0.85\times300\times610}+1.2\times\frac{12.52\times10^3}{300}=371\text{mm}^2$$

$$\rho=\frac{A_s}{bh_0}=\frac{371}{400\times610}=0.15\%<0.2\%$$

选用 4 Φ 14（$A_s=615\text{mm}^2$），此时 $\rho=0.25\%$。

箍筋选用 ϕ6@100，则在上部 $2/3h_0$ 范围内箍筋总截面面积为：

$$\frac{57}{100}\times\frac{2}{3}\times615=233.7\text{mm}^2>\frac{A_S}{2}=221\text{mm}^2$$

符合要求。

弯起钢筋：因 $a/h_0<0.3$，故牛腿中可不设弯起钢筋。

第五节 柱下独立基础

一、概述

柱下独立基础按受力性能不同可分为：轴心受压基础和偏心受压基础两类。

在单层厂房中，其柱下基础通常为偏压基础。

柱下钢筋混凝土独立基础的形式有阶梯形和锥形两种（图 6-49a、b），因为它与预制柱连接部分做成杯口，故又称杯形基础。当基础由于地质条件限制或是附近有较深的设备基础或地坑需要深埋时，为了不使预制柱过长，可将杯口位置提高到和其他柱基相同的标高处，以便使预制柱长度一致，称为带短柱的基础，亦称高杯基础，其短柱系指杯口以下基础顶面以上的部分（图 6-49c）。

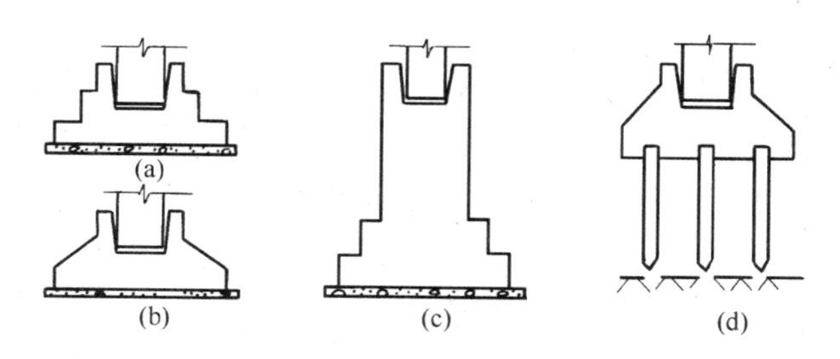

图 6-49　常用柱下独立基础形式

当上部结构的荷载较大，地基的土质差，对基础不均匀沉降要求较严格的厂房，可采用桩基础（图 6-49d）。

二、独立基础设计

杯形基础虽然在构造上与现浇基础有所不同，但当杯口灌缝混凝土达到设计要求的强度后，其受力性能和现浇柱基础一致，所以柱下独立基础均按现浇柱基础计算。在确定了持力层和基础埋深的基础上，柱下独立基础设计的主要内容为确定基础底面尺寸，验算基础高度，计算底板钢筋，进行构造处理。

（一）基础底面尺寸

对于可不做变形计算的建筑物地基，可按满足承载力的要求来确定基础底面尺寸。

1. 轴心受压基础

轴心荷载作用时，假定基础底面处的压力均匀分布（图 6-50），设计应满足：

$$P_k = \frac{F_k + G_k}{A} \leqslant f_a \qquad (6\text{-}28)$$

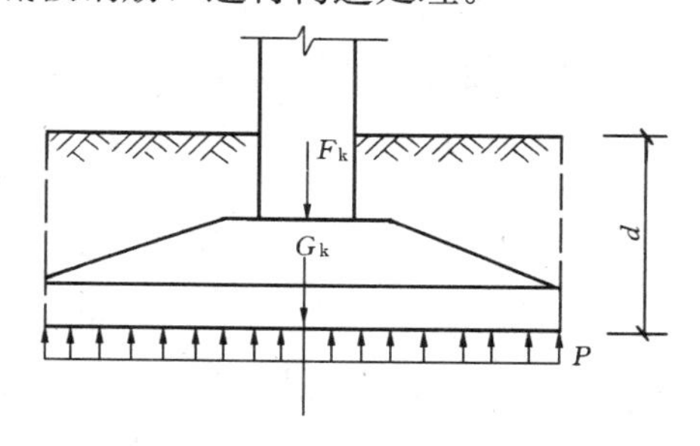

图 6-50　轴心受压基础计算简图

式中　P_k——相应于荷载效应标准组合时，基础底面处的平均压应力值；

F_k——相应于荷载效应标准组合时，上部结构传至基础顶面的竖向力值；

G_k——基础自重和基础上的土重；

A——基础底面面积，$A=lb$，b 为基础底面的长度，l 为基础底面的宽度；

f_a——修正后的地基承载力特征值，按《建筑地基基础规范》取值。

设计时，可近似取基础及其上回填土的平均重度 $\gamma_G=20\text{kN/m}^3$，若基础埋深为 d（一般自室外地面标高算起），则 $G_k=\gamma_G dA$，将其代入式（6-28），可得：

$$A \geqslant \frac{F_k}{f_a-\gamma_G d} \tag{6-29}$$

轴心基础一般采用正方形底面，也可采用长度比较接近的矩形底面，在求得基础底面积后，可确定底面尺寸。

设计时应首先对地基承载力特征值作深度修正，然后利用其确定基础底面积及底面边长，当基础边长大于 3m 时，还应对地基承载力特征值作宽度修正，再重新确定基础底面尺寸。通常要通过几次反复计算才可最终确定基础的底面尺寸。

2. 偏心受压基础

假定基础底面处的压力按线性非均匀分布（图 6-51），当基础底面尺寸已知

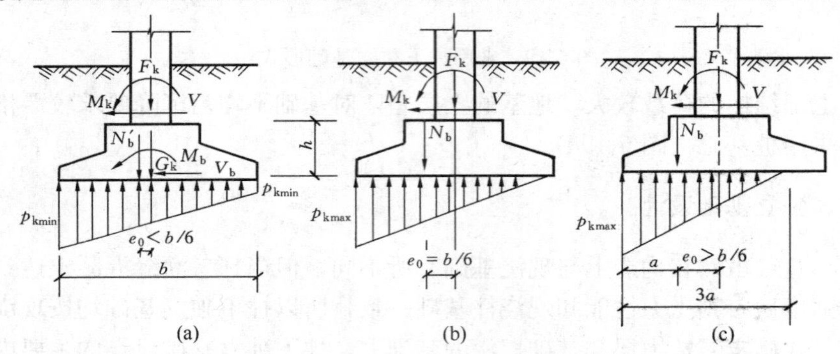

图 6-51 偏心受压基础底面压应力分布

时，基础底面边缘的最大和最小压应力设计值可按下式计算：

$$P_{kmin}^{kmax}=\frac{N_{bk}}{A}\pm\frac{M_{bk}}{W} \tag{6-30a}$$

$$N_{bk}=F_k+G_k \tag{6-30b}$$

$$M_{bk}=M_k+V_k h \tag{6-30c}$$

式中 N_{bk}、M_{bk}——相应于荷载效应标准组合时，作用于基础底面的竖向压力值和弯矩值；

F_k、M_k、V_k——按荷载效应标准组合时，作用于基础顶面的轴力、弯矩和剪力值；

W——基础底面的抵抗矩，$W=\frac{lb^2}{6}$；

h——按经验初步拟定的基础高度；

P_{kmax}——相应于荷载效应标准组合时，基础边缘的最大压力值；

P_{kmin}——相应于荷载效应标准组合时，基础边缘的最小压力值。

在计算基底压应力时，对基础地面形心的偏心距 $e_0=\frac{M_{bk}}{N_{bk}}$，将 $W=\frac{lb^2}{6}$ 代入式（6-30）可得：

$$P_{kmin}^{kmax}=\frac{N_{bk}}{lb}\left(1\pm\frac{6e_0}{b}\right) \tag{6-31}$$

从上式可知：当 $e_0<\frac{b}{6}$ 时，基础底面全部受压，$P_{kmim}>0$，地基反力图为梯形（图 6-51a）；$e_0=\frac{b}{6}$ 时，其顶面亦为全部受压，$P_{kmim}=0$，地基反力图为三角形（图 6-51b）。

当 $e_0<\frac{b}{6}$ 时，这时基础底面积的一部分受拉应力，但实际上基础与土的接触面是不可能受拉的，这说明其底边压应力需进行调整，受承压应力的基础底面积不是 $l\cdot b$ 而是 $3al$（图 6-51c），此时计算地基底面的反力，应按下式计算：

$$P_{kmax}=\frac{2N_{bk}}{3al} \tag{6-32}$$

式中 a——基础底面竖向压力 N_{bk} 作用点至基础底面最大压力边缘的距离，$a=\frac{b}{2}-e_0$；

l——垂直于力矩作用方向的基础底边边长；

b——力矩作用方向的基础底边边长。

在确定偏心受压基础底面尺寸时，基础底面平均应力应不超过地基承载力的设计值，即

$$P_k=\frac{P_{kmax}+P_{kmin}}{2}\leqslant f_a \tag{6-33}$$

同时尚应符合

$$P_{kmax}\leqslant 1.2f_a \tag{6-34}$$

为了避免在不均匀压力作用下，基础发生较大倾斜，影响厂房正常使用，对基础底面压力的分布还应做如下限制：对于有吊车的厂房，应使用基础底面全部与地基接触，即要求 $P_{kmin}>0\left(e_0\leqslant\frac{b}{6}\right)$；对于无吊车厂房，当考虑风荷载组合时，允许基础底面部分与地基接触，即允许 $e_0\leqslant\frac{b}{6}$，但要求接触部分长度与基础底面长度之比 $3\frac{a}{b}\geqslant 7.5$，亦即 $e_0\leqslant\frac{b}{6}$，以免基础倾斜过大。

在确定偏心荷载下基础底面尺寸时，一般采用试算法：设计时一般先按轴心

受压基础计算，并考虑偏心的影响，基础底面积再增加 20%～40%，估算出其基础底面积，初步确定长短边尺寸 b 和 l $\left(\text{一般}\frac{b}{l}\leqslant 2\text{，常取 1.5 左右}\right)$，然后验算是否满足要求，如不满足要求，则应调整其基础底面积尺寸重做验算直至满足为止。

（二）基础高度确定

基础高度是根据柱与基础交接处混凝土抗冲切承载力的要求而确定的。对于阶梯形基础，还应对基础变阶处混凝土的抗冲切能力进行验算，确保基础变阶处有足够的高度。

试验表明：基础在承受柱传来的荷载时，如果沿柱周边（或变阶处）的高度不够，就会发生如图 6-52 所示的由于冲切承载力不足而导致角椎体斜裂面破坏，即所谓冲切破坏。冲切破坏类似于斜拉破坏，其所形成的角椎体斜裂面与水平线大致呈 45°的倾角，是一种脆性破坏。为了保证不发生冲切破坏，必须使冲切面以外的地基反力所产生的冲切力不超过冲切面处混凝土的抗冲切能力。据此，基础抗冲切承载可按如下公式计算（图 6-53）：

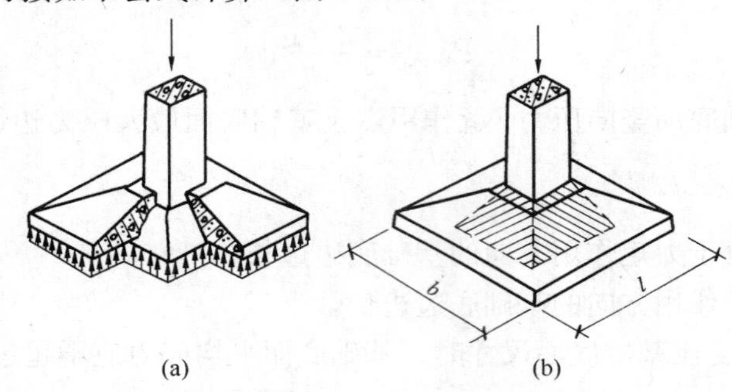

图 6-52 冲切破坏

$$F_l = P_n A_l \leqslant 0.7\beta_h f_t l_m h_0 \tag{6-35}$$

式中 F_l——冲切力设计值；

β_h——高度影响系数；

P_n——在荷载设计值作用下，基础底面单位面积上的土壤净反力（扣除基础自及其上的土重），当为轴心荷载时，$P_n=\frac{N}{A}$；当为偏心荷载时，可近似取用最大的单位面积净反力值，即 $P_n=P_{n\max}$；

A_l——考虑冲切力计算时，取用的多边形面积，图 6-53 为偏心荷载作用的情况，其中阴影面积 $ABCDEF$ 即为 A_l；

l_m——冲切破坏椎体最不利一侧斜截面的上边长 l_t 和下边长 l_b 的平均值，即 $l_m=\frac{l_t+l_b}{2}$，当计算柱与基础交接处的抗冲切承载力时，l_t 取柱宽，l_b 取柱宽加两倍的基础有效高度；当计算基础变阶处的抗冲切承载力时，l_t 取上阶宽，l_b 取上阶宽加两倍该处的基础有效高度；

0.7——由冲切试验得到的并考虑一定安全储备后采取的经验系数。

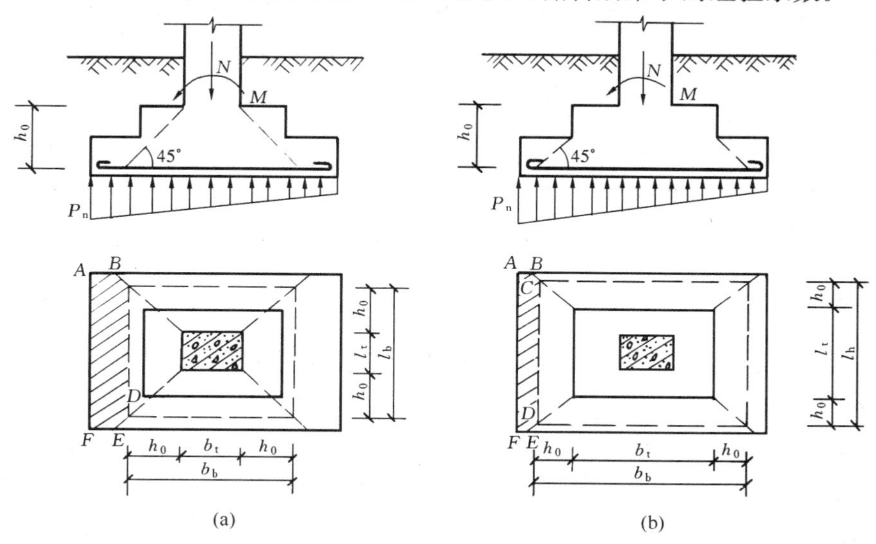

图 6-53　基础底面冲切面积

在矩形基础中，对 A_l 的计算可采用下列公式：

当 $l \geqslant l_t + 2h_0$ 时，冲切破坏椎体底面全部落在基础底面范围内，则有：

$$A_l = \left(\frac{b}{2} + \frac{b_t}{2} - h_0\right)l - \left(\frac{l}{2} - \frac{l_t}{2} - h_0\right)^2 \tag{6-36}$$

当 $l < l_t + 2h_0$ 时，冲切破坏椎体底面一小部分落在基础底面范围以外，取 $l_b = l$，则有：

$$A_l = \left(\frac{b}{2} + \frac{b_t}{2} - h_0\right)l \tag{6-37}$$

在设计时，一般是根据构造要求初步确定出基础高度，然后按式（6-35）进行验算，如果不满足要求，则应增大基础高度再进行验算，直至满足为止。

（三）基础底面配筋计算

基础在上部结构传来的荷载和地基净反力 P_n 的共同作用下，可以将其倒过来看做一均布荷载作用下支承于柱上的悬臂板，其计算简图如图 6-54 所示。其底板配筋计算的方法为：

对于轴心荷载作用下的基础，沿长边 b 方向的截面Ⅰ-Ⅰ处的弯矩设计值 M_{I} 等于作用在梯形面积 $ABCD$ 上的总地基净反力乘以该面积形心至柱边截面的距

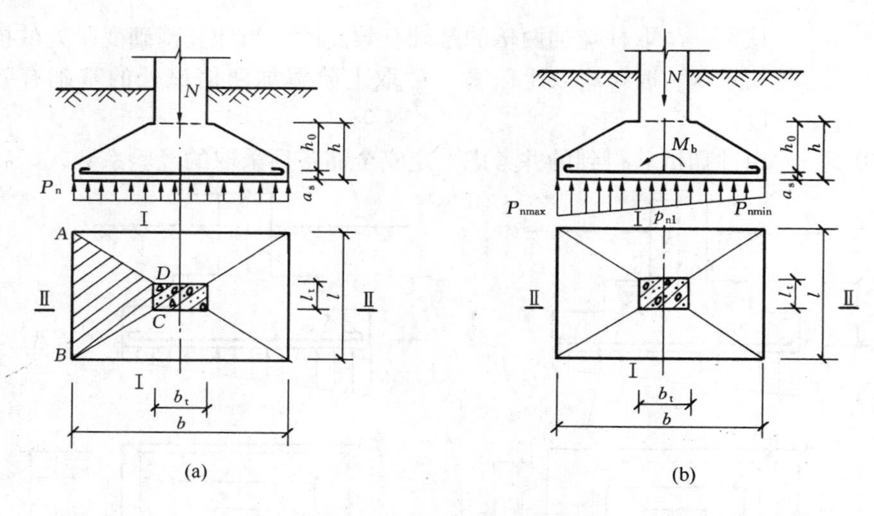

图 6-54 基础底板配筋计算简图

离，即

$$M_{\mathrm{I}} = \frac{P_n}{24}(b-b_t)^2(2l+l_t) \tag{6-38}$$

则沿长边 b 方向分布的截面Ⅰ-Ⅰ处受力钢筋截面面积 $A_{s\mathrm{I}}$ 可按下列近似公式计算：

$$A_{s\mathrm{I}} = \frac{M_{\mathrm{I}}}{0.9h_0 f_y} \tag{6-39}$$

式中 h_0——根据经验确定的受弯截面的内力臂，h_0 为截面Ⅰ-Ⅰ处底板有效高度。

沿短边 l 方向的危险截面Ⅱ-Ⅱ处的弯矩设计值 M_{II} 同理可得，即

$$M_{\mathrm{II}} = \frac{P_n}{24}(l-l_t)^2(2b+b_t) \tag{6-40}$$

如果在底板两个方向受力钢筋直径相同，则截面Ⅱ-Ⅱ的有效高度应为 h_0-d，故沿短边 l 方向的受力钢筋截面面积为：

$$A_{s\mathrm{II}} = \frac{M_{\mathrm{II}}}{0.9(h_0-d)f_y} \tag{6-41}$$

对于偏心受压基础，沿弯矩作用方向在柱边截面Ⅰ-Ⅰ处的弯矩设计值 M_{I} 及垂直弯矩作用方向柱边截面Ⅱ-Ⅱ处的设计值 M_{II}，可按下列公式计算：

$$M_{\mathrm{I}} = \frac{1}{48}(b-b_t)^2 \cdot [(2l+l_t)\cdot(P_{nmax}+P_{n\mathrm{I}})+(P_{nmax}-P_{n\mathrm{I}})\cdot l] \tag{6-42}$$

$$M_{\mathrm{II}}=\frac{1}{48}(l-l_{t})^{2}\cdot(2b+b_{t})\cdot(P_{\mathrm{nmax}}+P_{\mathrm{nmin}}) \tag{6-43}$$

式中　P_{nmax}、P_{nmin}——基础底面边缘的最大和最小单位面积净反力设计值；

P_{nI}——柱边截面处基础底面单位面积净反力设计值。

上述求出弯矩设计值 M_{I}、M_{II} 后，其相应的基础底板受力钢筋截面面积可近似按式（6-39）和式（6-41）进行计算。

对于阶形基础，尚应进行变阶截面处的配筋计算，并比较由上述所计算的配筋及变阶截面处的配筋，取二者较大者作为基础底板的最后配筋。

（四）构造要求

1. 材料：基础的混凝土强度不宜低于 C20，基础底面下常做 100mm 厚素混凝土垫层，其强度等级可采用 C10，基础底部的受力筋一般采用 HPB300 级钢筋，也可以根据实际情况采用 HRB335 级钢。

2. 基础的台高：锥体基础边缘高度，不宜小于 200mm；阶形基础的每阶高度，宜为 300～500mm。

3. 基底受力钢筋：直径不宜小于 8mm；间距不宜大于 200mm，也不宜小于 100mm。当基础底面尺寸大于或等于 3mm 时，为了节约钢材，受力钢筋的长度可缩短 10%，且应交错放置。当基础下设有垫层时，钢筋保护层厚度不宜小于 40mm；当基础设于土质较好、且干燥土层上时，可不做垫层，此时，钢筋保护层的厚度不宜小于 70mm。

4. 对于现浇柱基础，如与柱不同时浇灌，其插筋的数目及直径应与柱内纵向受力钢筋相同，插筋的锚固及与柱的纵向受力钢筋的搭接长度应分别满足钢筋锚固长度、搭接长度的要求。

5. 预制钢筋混凝土柱与杯口基础的连接，应符合下列要求（图 6-55）：

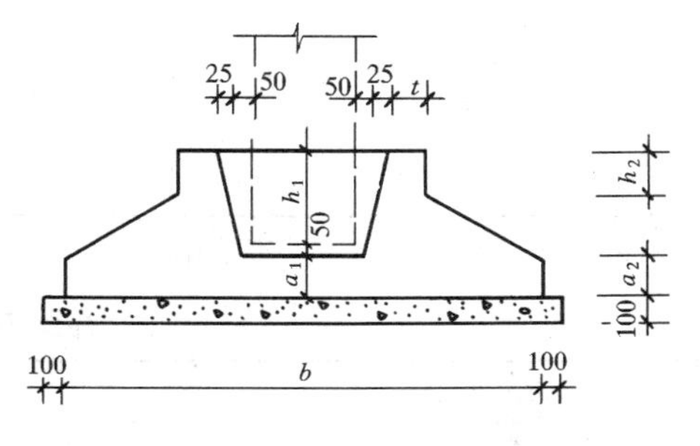

图 6-55　柱与独立基础连接

（1）柱的插入深度 h_1。为了能使预制柱嵌固在基础中，柱子深入杯口必须有足够插入深度 h_1，一般情况下，可按表 6-9 选用。此外，h_1 还应满足柱内受力钢筋锚固长度的要求，并应考虑吊装时柱的稳定性，即 h_1 不小于吊装时柱长的 0.05 倍。确定了柱的插入深度后，杯口深度为（h_1+50）mm，50mm 为杯底预留尺寸，作为吊装柱时铺设细石混凝土找平层用。为了加强预制柱和基础的连接，柱子插入杯口部分的表面应凿毛，柱子与杯口之间的空隙，应用比混凝土强度等级高一级的细石混凝土充填密实。

柱的插入深度 h_1（mm） 表 6-9

矩形或工字形				单肢管柱	双肢柱
$h<500$	$500\leqslant h<800$	$800\leqslant h<1000$	$h>1000$		
$h\sim1.2h$	h	$0.9h$，$\geqslant800$	$0.8h$，$\geqslant1000$	$1.5d$，$\geqslant500$	$(1/3\sim2/3)\ h_a$ $(1.5\sim1.8)\ h_b$

注：1. h 为柱的截面长边尺寸；d 为管柱的外直径；h_a 为双肢柱整个截面长边尺寸；h_b 为双肢柱整个截面短边尺寸；

2. 柱为轴心受压或小偏心受压时，h_1 可适当减小，偏心距大于 $2h$（或 $2d$）时，h_1 可适当加大。

(2) 基础的杯底厚度 a_1 和杯壁厚度 t。杯底应有足够的厚度，以抵抗在吊装过程中柱对杯底的冲击。为了保证杯壁在安装和使用阶段具有足够的强度，杯壁也应有足够的厚度，当有基础梁时，基础梁下的杯壁厚度，还应满足其支承宽度的要求。基础的杯底厚度和杯壁厚度，可按表 6-10 选用。

(3) 杯壁配筋。当柱为轴心受压或小偏心受压且 $t/h_2\geqslant0.65$ 时，或者大偏心受压且 $t/h_2\geqslant0.75$ 时，杯壁内可不配钢筋；当柱为轴心受压或小偏心受压且 $0.5\leqslant t/h_2<0.65$ 时，杯壁可按表 6-11 构造配筋；其他情况下，应按计算配筋。

基础的杯厚度和杯壁厚度 表 6-10

柱截面长边尺寸 h（mm）	杯底厚度 a_1（mm）	杯壁厚度 t（mm）
$h<500$	$\geqslant500$	150～200
$500\leqslant h<800$	$\geqslant200$	$\geqslant200$
$800\leqslant h<1000$	$\geqslant200$	$\geqslant300$
$1000\leqslant h<1500$	$\geqslant250$	$\geqslant350$
$1500\leqslant h<2000$	$\geqslant300$	$\geqslant400$

注：双肢柱的杯底厚度值，可适当加大。

杯壁构造配筋 表 6-11

柱截面长边尺寸（mm）	$h<1000$	$1000\leqslant h<1500$	$1500\leqslant h\leqslant2000$
钢筋直径（mm）	8～10	10～12	12～16

注：表中钢筋置于杯口顶部，每边两根，做成焊接网或钢箍。

三、带短柱的独立基础设计要点

当柱基础由于局部地质条件的变化而需要深埋时，或者柱基础与较深的设备靠近，其间距和基底高差比不满足要求时，可采用带短柱的独立基础。

预制柱下带短柱的独立基础包括基础台阶部分、台阶以上的短柱（从阶顶到杯底）及短柱以上的杯口三部分。由于深埋的基础通过设置短柱使杯底升高到与一般柱下独立基础杯底相同的高度，使上部预制柱的规格有所减少，方便施工。凡基础台阶以上高度 $H>(h_1+t+125)$ mm时，均可视为高杯口基础。

带短柱的独立基础底面积、台阶高度和底面配筋计算方法以及柱与杯口的连接构造等均与一般杯形基础相同。

短柱部分可取短柱与基础底部台阶交接处的横截面为最不利截面，一般可按素混凝土偏心受压构件计算。当承载力不满足要求时，可加大短柱截面尺寸或提高混凝土的强度等级，或者改为按钢筋混凝土偏心受压构件计算。当计算截面处竖向力的偏心距 $e_0>0.45h_3$ 时，（h_3 为短柱截面的高度），可按大偏心受压钢筋混凝土构件计算配筋。

一般情况下，短柱钢筋可按图6-56所示的构造要求配置。对于杯壁配筋，当满足下列要求时，也可按图6-56的构造要求进行设计：

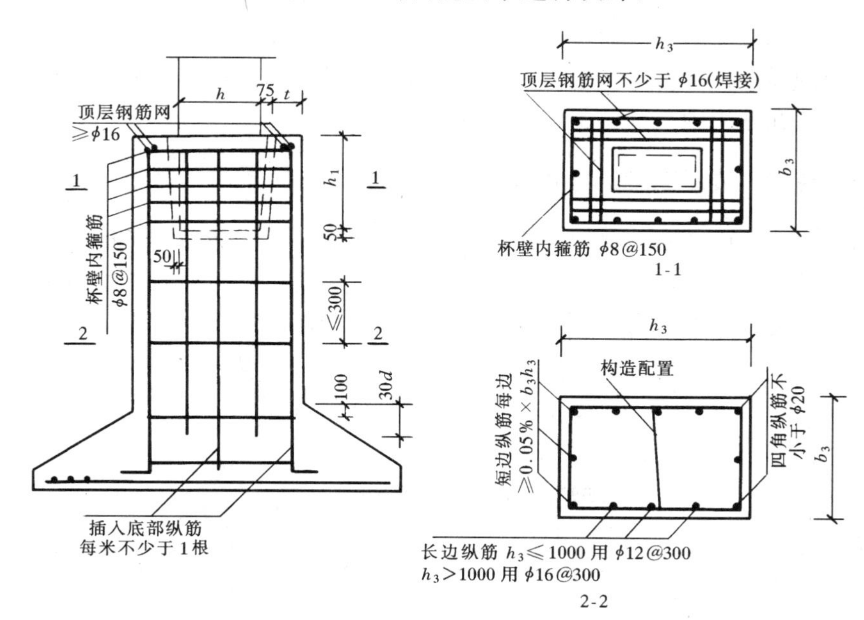

图6-56　高杯口基础构造配筋

（1）吊车在750kN以下，轨顶标高在14m以下，基本风压小于0.5kN/m²的工业厂房；

（2）基础短柱的高度不大于5m；

（3）杯壁厚度符合表6-12的规定。

高杯口基础的杯壁厚度 t 表 6-12

h（mm）	t（mm）	h（mm）	t（mm）
600＜h≤800	≥250	1000＜h≤1400	≥350
800＜h≤1000	≥300	1400＜h≤1600	≥400

第六节　单层厂房各构件与柱的连接

单层厂房的各组成构件，必须通过彼此间可靠的连接，才能使厂房结构形成一个整体。同时，构件的连接构造还关系构件设计时的计算简图，也关系工程质量和施工进度。由于连接构件所需的预埋件用钢量占钢筋混凝土厂房结构总用钢量的13%～17%，因此，连接构造对厂房的经济指标也有一定影响。

柱子是厂房结构中的主要承重构件，厂房中的其他构件，如屋架、吊车梁、连系梁、柱间支撑等都要通过预埋件与柱子相连，并将各构件上作用的竖向荷载和水平荷载通过柱子传给基础。因此，各构件与柱的可靠连接十分重要，无论在设计中还是在施工中，都应予以足够的重视。

一、屋架（或屋面梁）与柱的连接

屋架（或屋面梁）与柱顶的连接是通过连接垫板与屋架端部预埋件之间的焊接来实现的。垫板的尺寸和位置应保证屋架（或屋面梁）对柱顶作用的压力的顺利传递，并使压力的合力作用线通过垫板的中心（图 6-57）。

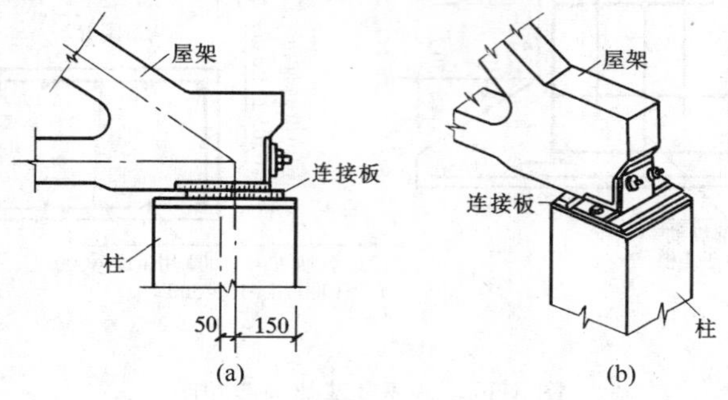

图 6-57　屋架与柱子的连接

图 6-57（b）的连接方式是考虑到屋架（或屋面梁）安装后不能及时施焊的情况，此时，柱顶的预埋螺栓可用来临时固定屋架（或屋面梁）的位置，并提高其安装过程中的稳定性。这种做法施工较麻烦，且屋架（或屋面梁）吊装就位

时，易与螺栓相碰，因此，一般只用于高度和跨度较大的屋架。

二、吊车梁与柱的连接

吊车梁与柱在垂直方向及水平方向都应有可靠的连接，以承受由吊车梁传来的竖向及水平荷载。

吊车梁端底面通过连接钢板与牛腿顶面处所设预埋件焊接；吊车梁端顶面通过连接角钢（或钢板）与上柱侧面预埋件焊接。为了改善吊车梁支点在水平荷载作用下的受力条件，梁、柱间宜用 C20 细石混凝土填实（图 6-58）。

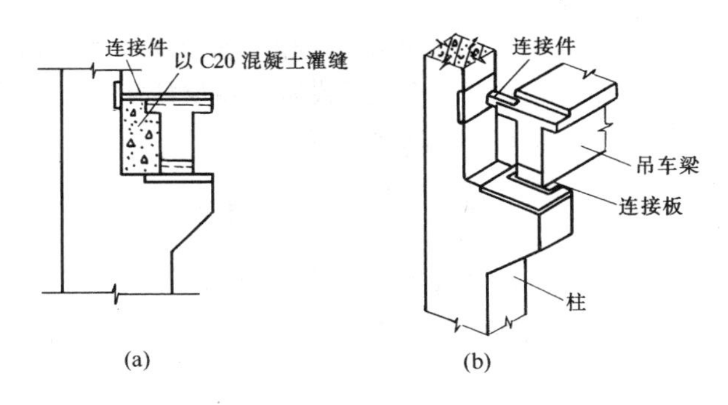

图 6-58　吊车梁与柱子连接

（a）立面图；（b）立体图

三、墙与柱的连接

为了保证墙体的稳定，并可靠地传递风压力或风吸力给柱，自承重墙与柱应有所连接。根据墙体的传力特点，墙与柱的连接只考虑水平方向拉结，通常是在钢筋混凝土柱按高度方向每隔 500～600mm 伸出钢筋，砌墙时将该钢筋砌在砖缝中（图 6-59）。

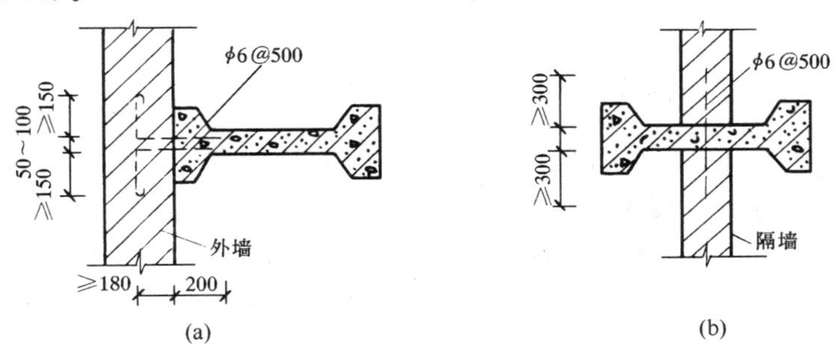

图 6-59　墙与柱子连接

当墙体采用挂墙板时，多将墙板与柱焊接，具体构造见有关标准图。

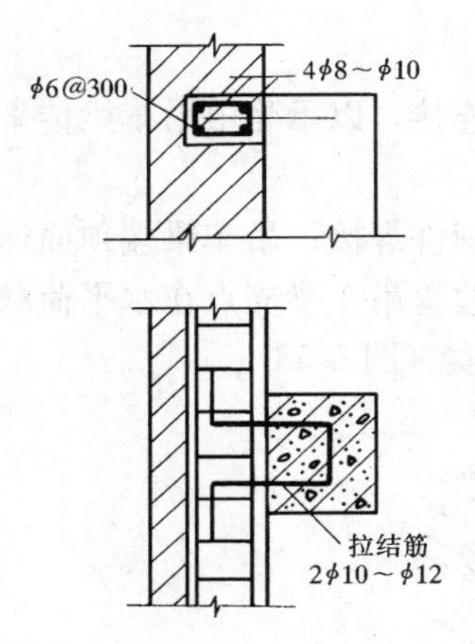

图 6-60 圈梁与柱连接

四、圈梁与柱的连接

当厂房的围护墙为砖墙时，一般要设置圈梁，以加强厂房整体刚度，防止由于地基的不均匀沉降或较大振动荷载对厂房的不利影响。圈梁设置于墙体内，一般为现浇，与柱子的连接是通过在柱中预留的拉结钢筋与圈梁混凝土浇在一起来实现的，仅起拉结作用（图 6-60）。

圈梁一般设于檐口或窗顶标高处，对于有电动桥式吊车或较大振动设备的单层厂房，尚宜于在吊车梁标高处或其他适当位置增设。

五、连系梁与柱的连接

连系梁通常是预制的，两端搁置在由柱伸出的牛腿上，与柱间可通过连接钢板焊连（图 6-61a），也可以通过拉结螺栓连接（图 6-61b）。

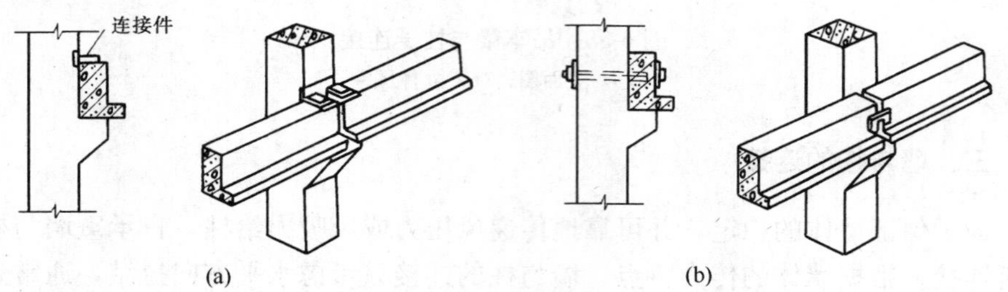

图 6-61 连系梁与柱子连接

（a）连接钢板焊连；（b）拉结螺栓连接

六、屋架（或屋面梁）与山墙抗风柱的连接

屋架（或屋面梁）与抗风柱之间，一般采用竖向可以移动、水平方向又具有一定刚度的弹簧板连接，且弹簧板多设于抗风柱顶与屋架上弦（或屋面梁上翼缘）之间（图 6-62）。这种连接构造既可以有效地传递水平荷载，又允许在垂直方向两者之间有一定的相对位移，以免厂房与抗风柱沉降不均匀造成不利影响。

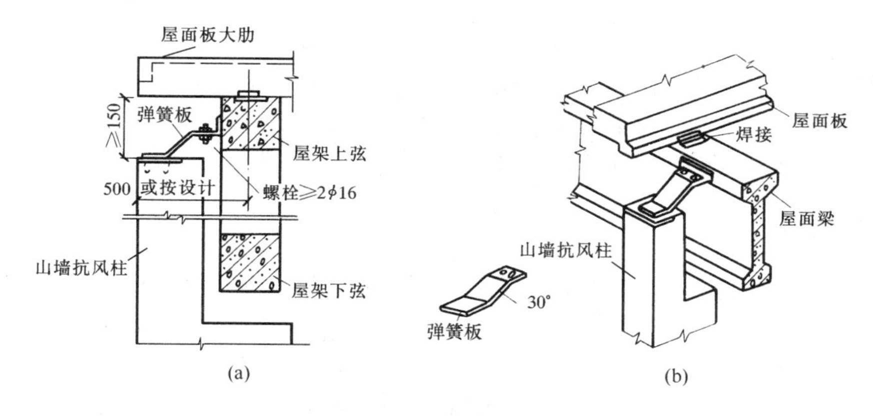

图 6-62 屋架（或屋面梁）与抗风柱的连接

第七节 单层厂房结构构件

一、屋面结构

（一）屋面板

屋面结构一般具有承重、防水和保温作用。目前在无檩屋盖结构中，广泛采用 1.5m×6m 的预应力混凝土屋面板（习称大型屋面板），预应力混凝土屋面板的配筋构造及其屋架（或屋面梁）的连接，可参阅全国通用图集 G410 和 G411。

（二）檩条

檩条在有檩屋盖结构中起支撑上部小型屋面板或瓦材，并传递屋面荷载给屋架（或屋面梁）的作用。

根据厂房柱距的不同，檩条长度一般为 4m 或 6m，目前应用较多的为钢筋混凝土 Γ 形檩条，也有采用上弦为钢筋混凝土，腹杆及下弦杆为钢材的组合式檩条。

二、屋面梁和屋架

在单层厂房中，屋面梁和屋架是屋盖的主要承重结构，它承受全部的屋面荷载。有时还常安装悬挂吊车、管道及其他工艺设备等。此外，屋面梁、屋架、柱子和屋面板等连接在一起，将厂房构成一个空间体系，对保证厂房的整体性和刚度起了很大的作用。

对屋面梁和屋架的选择，应根据厂房的生产使用条件、技术经济指标以及当地使用经验等因素确定。根据国内工程实践经验，建议如下：

厂房跨度在 15m 以下，吊车起重量 $Q \leqslant 100$kN，且无大的振动荷载时，可选用钢筋混凝土的组合式屋架、两铰或三铰拱屋架；当吊车起重量 $Q > 100$kN 时，可选用预应力工字形屋面梁或钢筋混凝土折线形屋架。

厂房跨度在 18m 及以上时，一般宜选用预应力混凝土折线形屋架，当缺乏预应力设备时亦可选用钢筋混凝土折线形屋架；对于冶金厂房的热车间，设有振动较大的锻锤基础的锻工车间，以及当厂房跨度大于 36m 时，宜选用钢屋架。

三、天窗架

单层厂房根据采光和通风的要求，有时需要设置天窗，通常是用天窗支承屋面构件，将其上的全部荷载传给屋架（或屋面梁）。屋面设置天窗架后，不仅增加了屋面构件，而且削弱了屋盖的整体刚度，增加了受风面积，同时天窗耸立于屋面之上，即使过去按抗震设防设计建造的天窗架，地震时也往往易遭破坏，因此尽量避免设置，必要时可采用下沉式、井式或其他形式的天窗。

天窗架的形式有钢筋混凝土“三铰刚架式”、“Π 形刚架式”及组合式（图 6-63）。天窗架的跨度有 6m、9m 及 12m。

设计时天窗架上的荷载应包括作用其上的由屋面构件传来的全部荷载、天窗架侧板和窗扇重量以及天窗侧面的风荷载等；在进行内力分析时，其计算简图为三铰平面刚架。

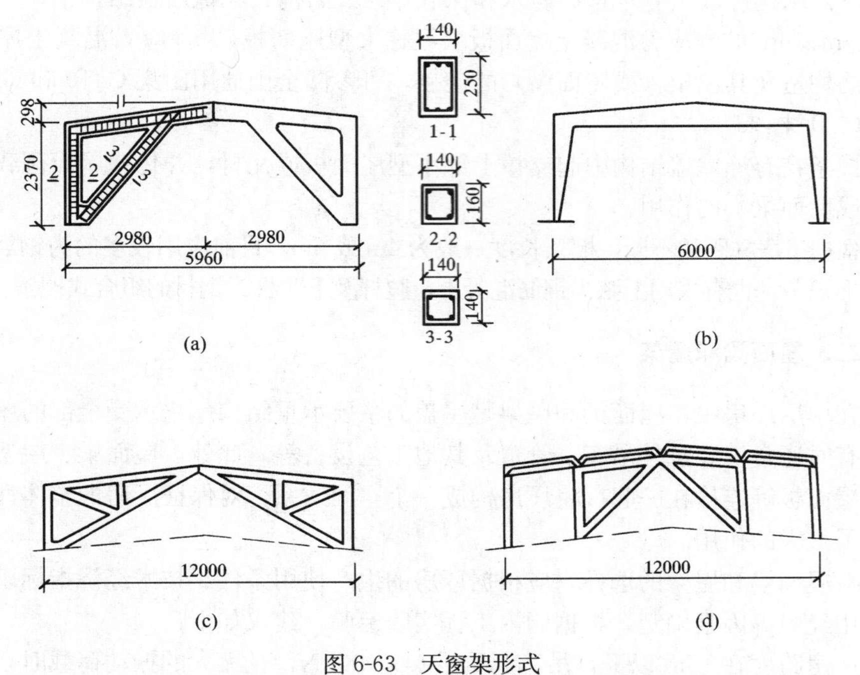

图 6-63 天窗架形式

(a) 三铰刚架式天窗架；(b) 门形刚架式天窗架；(c) 格构式；(d) 组合式

四、托架

当柱距大于大型屋面板或檩条跨度时，常沿纵向柱列设置托架，以支撑中间屋面梁和屋架，并由它将屋面梁或屋架的力传至柱。

托架在竖向节点荷载（即屋架竖向反力）作用下各杆件的轴向力可按铰接桁架计算。托架上弦除由上述节点荷载产生的内力外，还应考虑由山墙传来的纵向水平力（即山墙传来的风荷载）。一般情况下，当托架承受的竖向荷载≤400kN时，可取用纵向水平力为80kN；当竖向荷载≥550kN时，可取120kN。

屋架竖向反力与托架中心线之间往往有偏心距，或当托架两侧都有屋架时，应考虑相邻两侧荷载之差，及吊装时一侧屋面已吊装而另一侧未吊装使托架产生扭矩，并考虑可能出现的不利安装时偏移值20mm。计算各杆件扭矩时，一般考虑托架的整体性能，根据支座为刚接，上下弦节点处各杆扭转角度相等的条件，按抗扭刚度比进行扭矩分配，并按使用和安装两个阶段分别计算。

由于托架端部支座反力点偏离托架弦杆轴线交点而在杆件内引起的弯矩，对承载力有一定影响，计算时一般应予以考虑。这时可按刚架计算。此外，托架还应进行吊装扶直验算及托架整体挠度验算（其允许挠度值为l/500）。

托架的配筋构造及其与柱、屋架的连接构造，可参阅全国标准图集G433。

五、吊车梁

（一）吊车梁的形式

吊车梁是厂房主要构件之一，它直接承受吊车起重、运输时产生的各种移动荷载。同时，它又是厂房的纵向构件，对于传递作用在山墙上的风力、加强厂房纵向刚度、连接各横向平面排架、保证厂房结构的空间工作起着重要作用。此外，吊车梁的用钢量亦较大，约占总量的20%～32%，设计时必须予以足够的重视。目前常用的吊车梁形式有以下几种：

1. 钢筋混凝土等截面吊车梁

这种吊车梁的截面形式为T形，外形简单，施工方便，但腹板较厚，自重大，技术经济指标较差。用于柱距为4m和6m的T形截面吊车梁（图6-64a），分别见全国通用图集G234和G323；后者适用于跨度为12～30m，吊车起重量30～500kN、工作等级A1～A3级，起重量30～300kN、工作等级A4、A5级，起重量50～200kN、工作等级A6、A7级情况的厂房。

2. 预应力混凝土等截面吊车梁

其截面形式有T形和工字形（图6-64b），可分为先张法和后张法施工，分别见全国通用图集G425和G426，前者适用于6m柱距，吊车起重量为50～750kN、A4、A5级工作制，吊车起重量为50～500kN、A6、A7级工作制的情况；后者适用于6m柱距，吊车起重量为50～500kN、A4、A5级工作制，吊车起重量为50～300kN、A6、A7级工作制。预应力混凝土等截面吊车梁的工作性能、技术指标都较钢筋混凝土吊车梁好，应优先采用，特别是对于起重量A8级工作制的吊车。

3. 变截面吊车梁

有鱼腹式和折线式两种，均为预应力的（图6-64c、d、e），6m后张法预应力混凝土鱼腹式吊车梁见图集G427，适用于厂房跨度12～33m，吊车起重量100～1200kN、A4、A5级工作制，吊车起重量100～750kN、A6、A7级工作制。

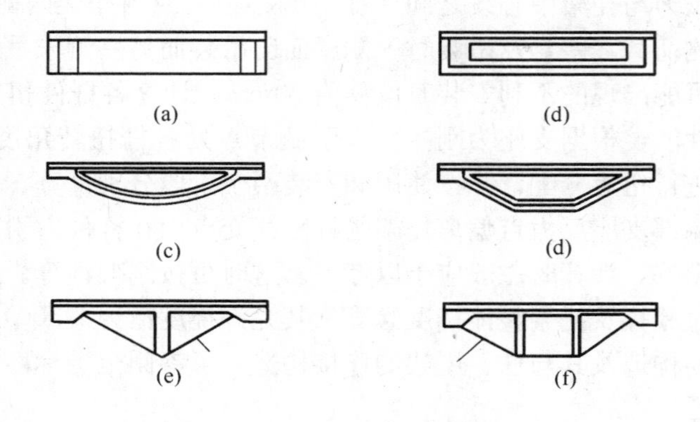

图6-64 吊车梁的形式

(a) 钢筋混凝土等截面梁；(b) 预应力混凝土等截面梁；
(c) 变截面雨腹式梁之一；(d) 变截面雨腹式梁之二；
(e) 组合式梁之一；(f) 组合式梁之二

4. 组合式吊车梁的上弦为T形钢筋混凝土梁（压弯杆），下弦腹杆一般采用钢材（受压竖杆也有采用混凝土的）（图6-64f）。这种结构自重轻、构造简单、运输方便，适用于起重量为30～50kN的A1～A5级工作制，且无侵蚀性气体和无防火要求的小型厂房。

吊车梁的构造、轨道与吊车梁以及吊车梁与柱的连接构造可详见有关标准值图集。

（二）吊车梁的设计要点

吊车梁直接承受吊车荷载，是单层厂房中主要的承重构件之一，对吊车的正常运行和保证厂房的纵向刚度等都起着重要的作用。

装配式吊车梁是支撑在柱上的简支梁，其受力特点取决于吊车荷载的特性，主要有以下四点：

(1) 吊车荷载是两组移动的集中荷载：一组是移动的竖向荷载，另一组是移动的横向水平荷载。因此，要分别进行这两组移动荷载作用下的正截面受弯和斜截面受剪承载力计算（纵向水平制动力由吊车梁传给柱间支撑，对吊车梁自身设计不起控制作用）。

（2）吊车荷载是重复荷载，因此，要对吊车梁相应截面进行疲劳强度验算。

（3）吊车荷载具有冲击和振动作用，因此，对吊车竖向荷载要考虑到动力系数，但这种冲击和振动作用在计算排架结构内力时不需考虑。

（4）吊车的横向水平制动力和吊车轨道安装偏差引起的竖向力使吊车梁产生扭矩，为此，要验算吊车梁的扭曲截面承载力。

小　结

1. 单层厂房屋盖结构的类型

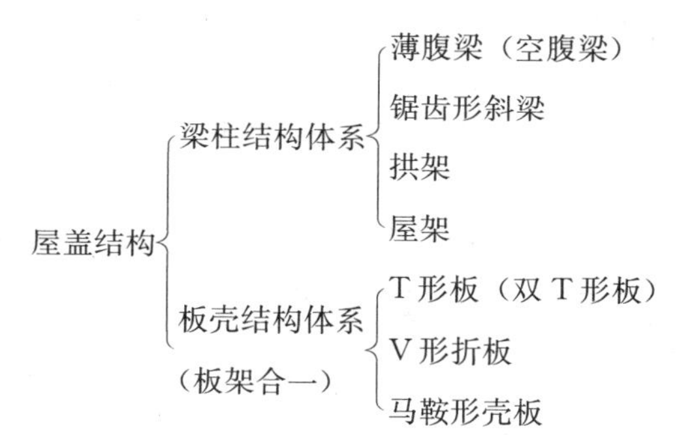

2. 单层厂房排架结构上的荷载

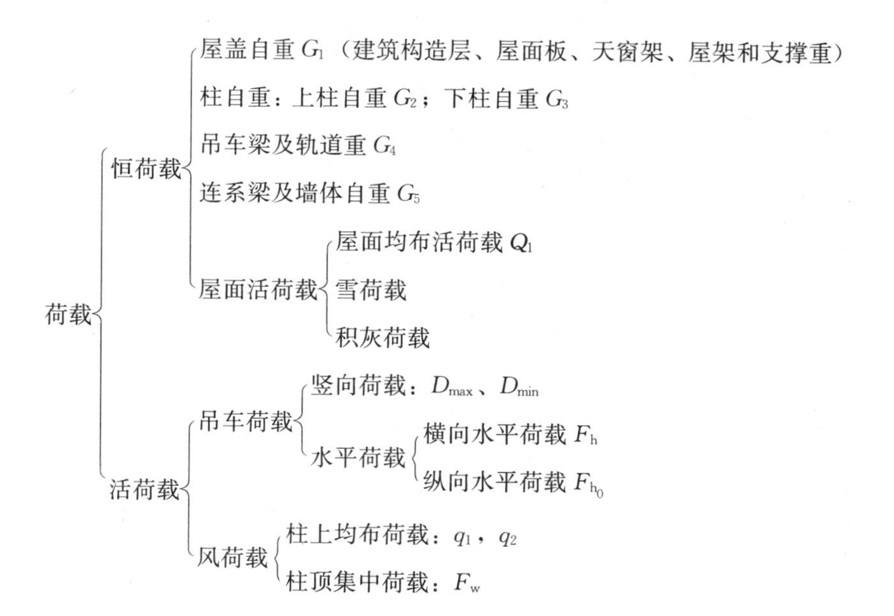

3. 排架内力分析步骤

(1) 确定计算单元和计算简图：根据厂房平、剖面图选取一榀中间横向排架，初选柱的形式和尺寸，画出计算简图。

(2) 荷载计算：确定单元范围内的屋面恒载、活载（雪、积灰等）、风荷载；根据吊车规格及台数计算吊车荷载。注意竖向内力在排架柱上的传力位置，不能忽视力的偏心影响。

(3) 在各种荷载作用下，分别进行排架内力分析。等高排架用剪力分配法；不等高排架可用力法。

(4) 进行柱控制截面的最不利内力组合：根据偏压构件（大、小偏压）特点和荷载效应组合原则列表进行。

4. 单层厂房竖向荷载和水平荷载传递力的途径如图 6-65 所示。

5. 柱下独立基础设计的主要内容为：

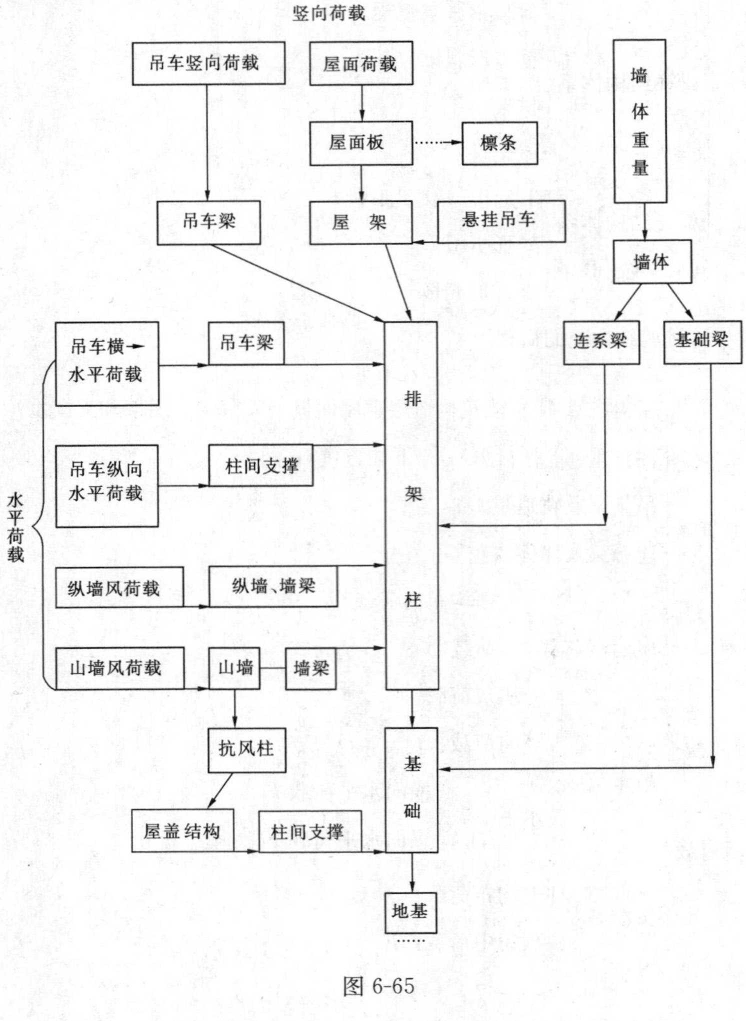

竖向荷载

吊车竖向荷载　屋面荷载　墙体重量

屋面板　檩条

吊车梁　屋　架　悬挂吊车　墙体

连系梁　基础梁

水平荷载

吊车横水平荷载　吊车梁

吊车纵向水平荷载　柱间支撑

纵墙风荷载　纵墙、墙梁

山墙风荷载　山墙　墙梁

排架柱

抗风柱

基础

屋盖结构　柱间支撑

地基

……

图 6-65

（1）根据地基承载力要求，确定基底尺寸；

（2）根据受冲切承载力要求，确定基础高度；

（3）根据弯承载力要求，计算基础底板配筋；

（4）注意满足有关尺寸、配筋等构造要求。

思考题

6-1　单层厂房通常由哪些构件组成？

6-2　屋盖系统一般要设置哪些支撑？如何设置？各有什么作用？

6-3　柱间支撑的作用有哪些？如何设置？

6-4　变形缝分哪几种？分别在什么情况下设置，做法上各有什么特点？

6-5　确定排架计算简图有哪些基本假定？

6-6　排架上作用有哪些永久荷载？屋盖荷载对排架柱的作用点如何确定？

6-7　屋面活荷载有哪几种？设计中如何考虑？

6-8　什么是最大轮压和最小轮压？如何确定吊车竖向荷载 D_{max} 和 D_{min}？如何确定吊车横向水平荷载 F_h？

6-9　风荷载计算表达式中各参数的含义是什么？

6-10　试绘出每种荷载单独作用下排架计算简图？

6-11　什么是柱的抗剪刚度？如何求解等高排架的内力？

6-12　对不等高排架如何进行内力分析？

6-13　何谓单层厂房的整体空间作用？哪些荷载作用下厂房整体空间作用最明显？影响单层厂房整体空间作用程度的因素有哪些？

6-14　考虑厂房整体空间作用时，如何求解排架？

6-15　什么是排架柱的控制截面？单阶柱的控制截面在哪些部位？

6-16　荷载组合的原则是什么？荷载组合中为什么要引入荷载组合系数？

6-17　在进行内力组合时，应考虑哪几种内力组合？为什么？内力组合时，应注意哪些问题？

6-18　绘出柱吊装验算的计算简图，吊装验算应满足那些要求？如不满足要求，有哪些处理办法？

8-19　牛腿可能有哪几种破坏形态？牛腿设计时，需要进行哪些计算？牛腿斜截面抗剪承载力是如何保证的？

6-20　如何确定柱下独立基础的底面尺寸、基础高度和基底配筋？在确定基础高度和基底配筋时为什么采用地基净反力的设计值？

习　题

6-1　已知某单层单跨厂房，跨度为18m，柱距为6m，内设两台A4、A5级工作制吊车，软钩桥式吊车的起重量为150/30kN，吊车桥架跨度为 $L_k=16.5$m，求 D_{max} 和 D_{min} 及 F_h。

6-2　已知单层厂房柱距为6m，所在地区基本风压 $w_0=0.40\text{kN/m}^2$，地面粗糙度为B类。体形系数和外形尺寸如习题6-2图所示，求作用在排架上的风荷载。

6-3 如习题 6-3 图所示的两跨排架中 A 柱牛腿顶面处作用的力矩 $M_{max}=129\text{kN}\cdot\text{m}$，在 B 柱牛腿顶面处作用的力矩 $M_{min}=83.3\text{kN}\cdot\text{m}$。上柱高 $H_1=3.9\text{m}$，全柱高 $H_2=13.2\text{m}$。A、C 柱尺寸完全相同，$I_{1A}=I_{1C}=2.13\times10\text{mm}^4$，$I_{2A}=I_{2C}=19.5\times10\text{mm}^4$；$I_{1B}=7.2\times10\text{mm}^4$，$I_{2B}=25.6\times10\text{mm}^4$，求排架内力。

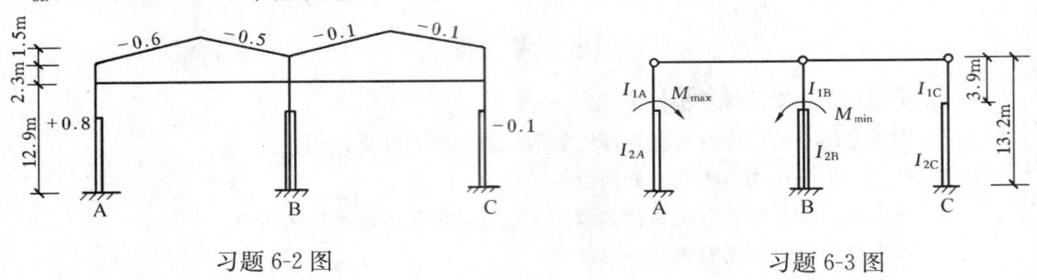

习题 6-2 图　　　　习题 6-3 图

6-4 已知某双跨等高排架，作用在其上的风荷载计算值 $F_W=11.54\text{kN}$，$q_1=3.23\text{kN/m}$，$q_2=1.62\text{kN/m}$。上柱高 $H_1=3.8\text{m}$，全柱高 $H_2=12.9\text{m}$。A、C 柱尺寸完全相同，$I_{1A}=I_{1C}=2.13\times10\text{mm}^4$，$I_{2A}=I_{2C}=14.52\times10\text{mm}^4$；$I_{1B}=5.21\times10\text{mm}^4$，$I_{2B}=17.76\times10\text{mm}^4$，试计算各排架柱内力。

附录　单层厂房排架柱柱顶反力与位移

柱顶单位集中荷载作用下系数 C_0　　**附图表 6-1**

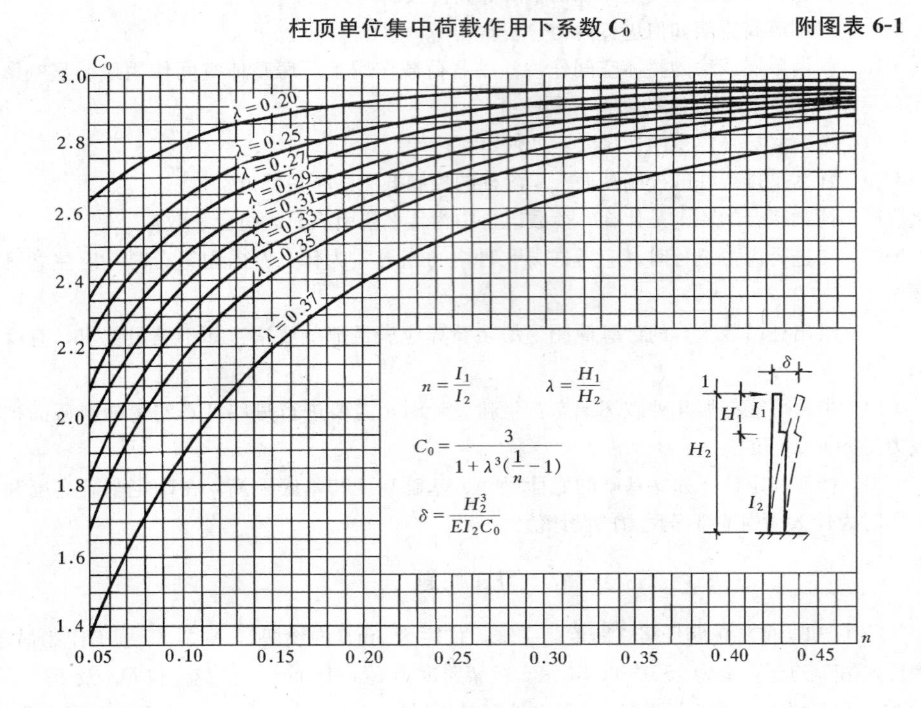

柱顶力矩 M 作用下系数 C_1　　　　附图表 6-2

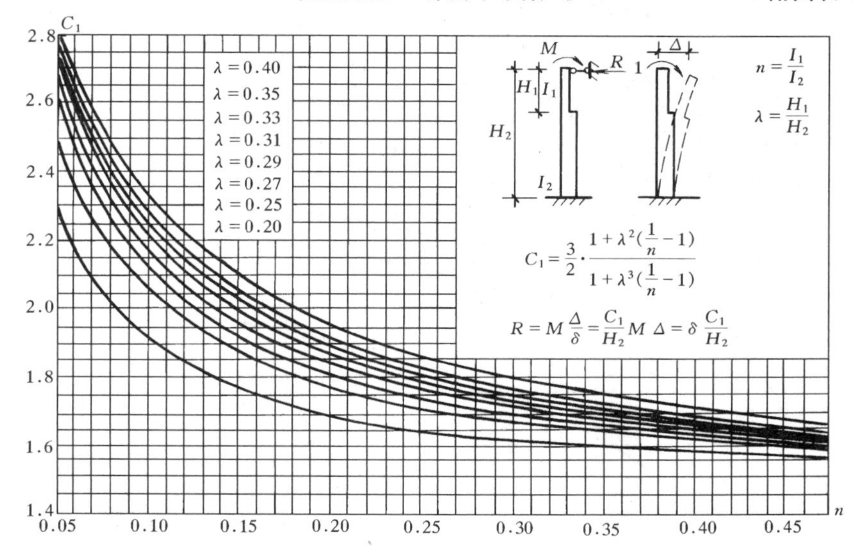

牛腿顶面处力矩 M 作用下系数 C_3　　　　附图表 6-3

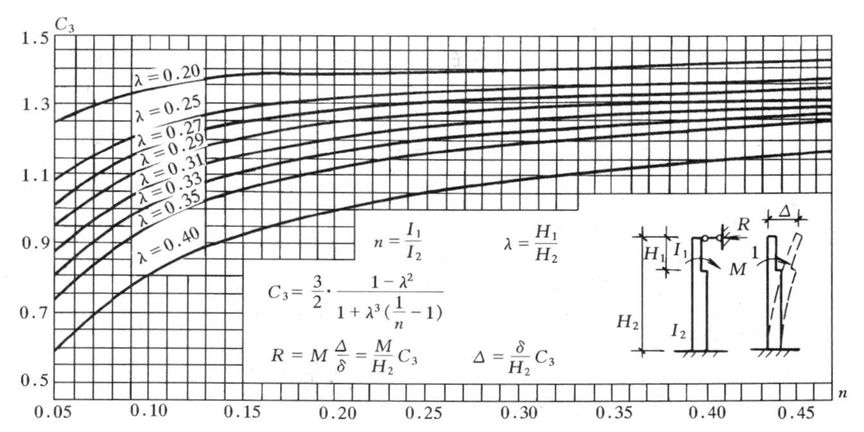

水平集中力荷载 F_h 作用在上柱（$y=0.6H_i$）系数 C_5 附图表 6-4

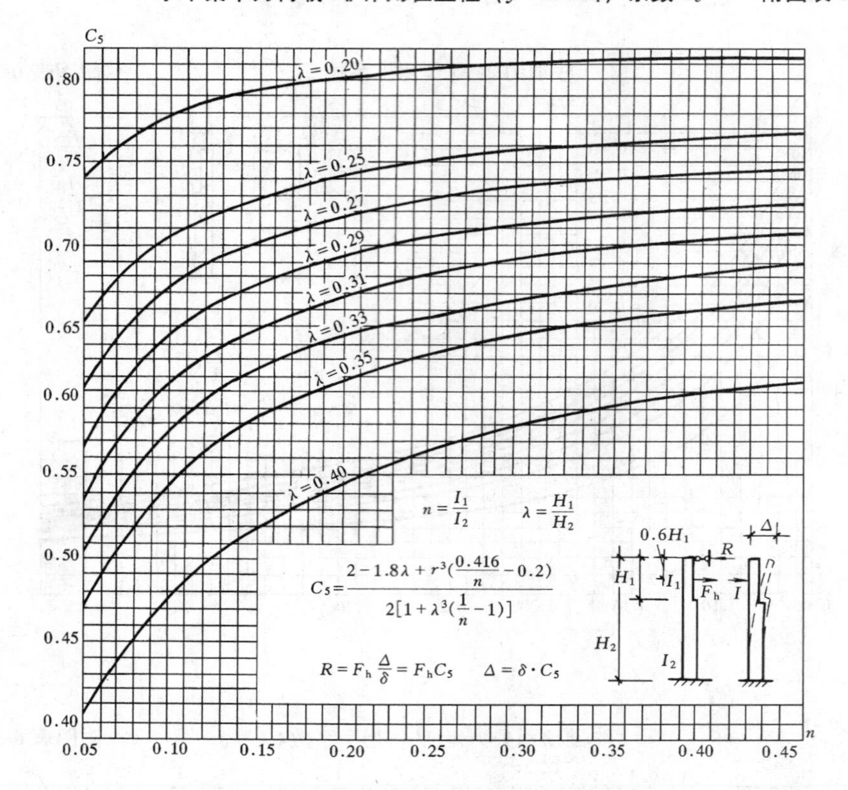

水平集中力荷载 F_h 作用在上柱（$y=0.7H_i$）系数 C_5 附图表 6-5

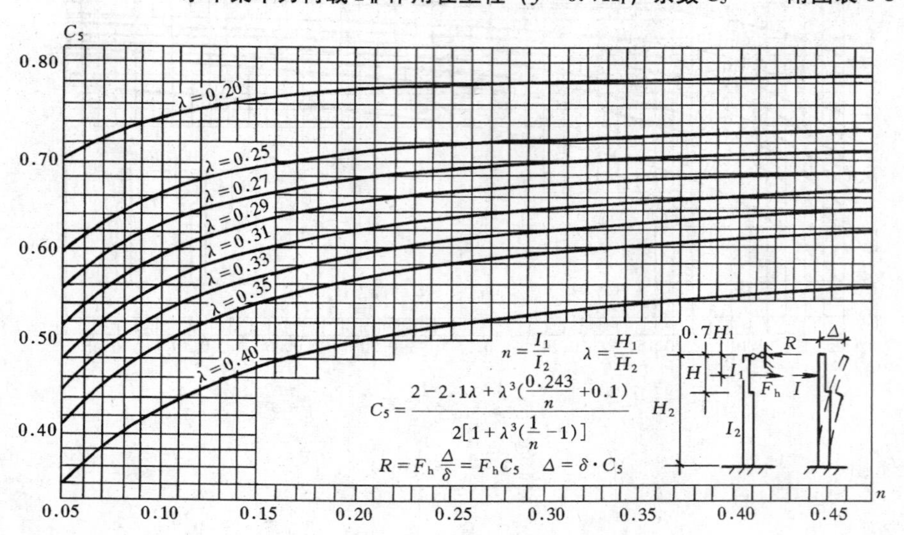

水平集中力荷载 F_h 作用在上柱（$y=0.8H_1$）系数 C_5　　附图表 6-6

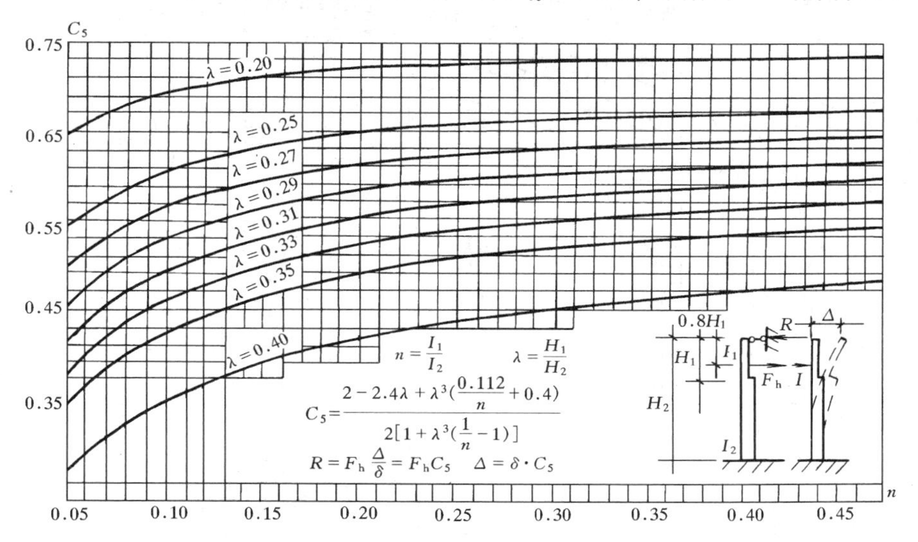

水平均布荷载作用在上柱系数 C_9　　附图表 6-7

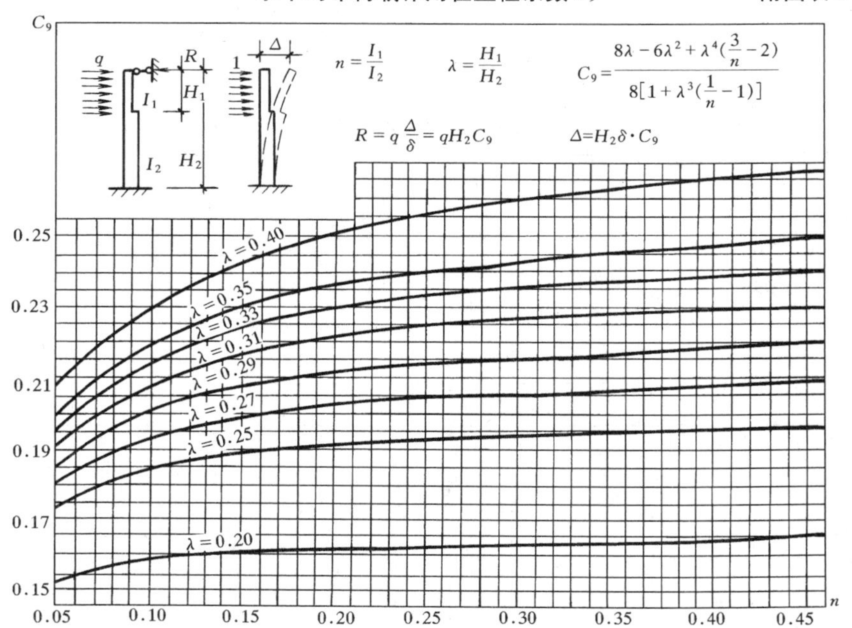

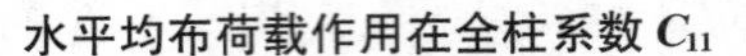

附图表 6-8

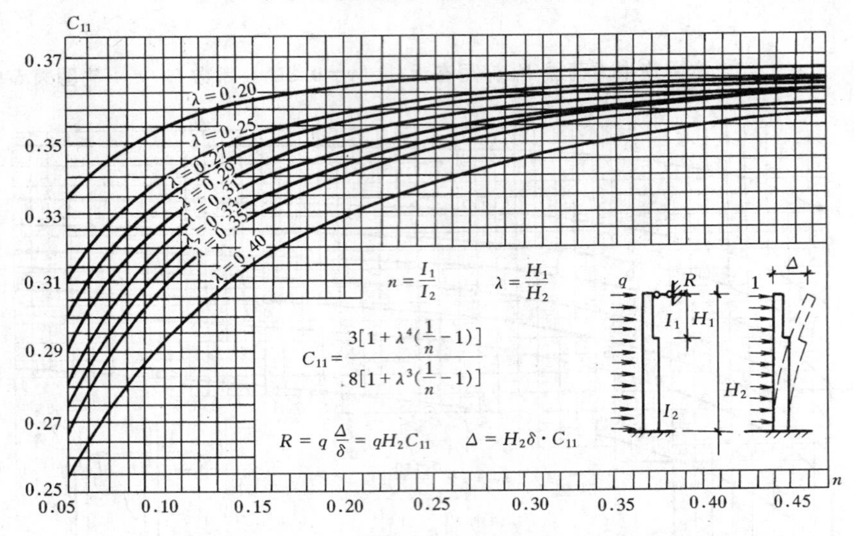

附表 电动桥式吊车（大连起重机车）数据表

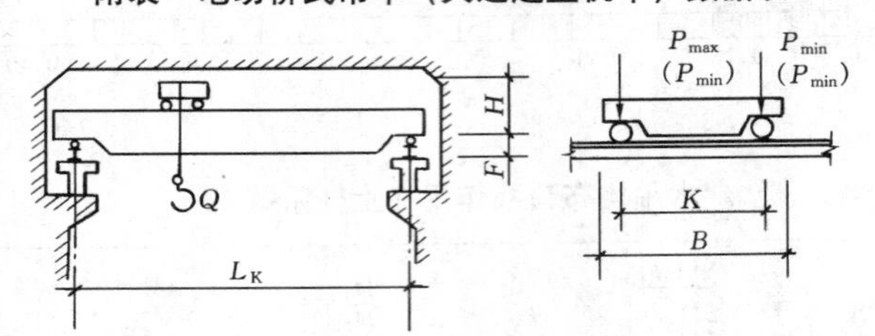

电动单钩桥式吊车数据表 **附表 6-1**

起重量 Q	跨度 L_x	起升高度	工作级别 A4、A5 P_{max}	P_{min}	小车重 g	吊车总重	主要尺寸（mm） 吊车最大宽度 B	大车轮距 K	大车底面至轨道顶面的距离 F	轨道顶面至吊车顶面的距离 H	轨道中心至吊车外缘的距离 B_1	操纵室底面至主梁底面的距离 h_3	荐用大车轨道
(kN)	m	m	kN	kN	kN	kN	mm	mm	mm	mm	mm	mm	kN/m
50	10.5	12	64	19	19.9	116	4500	3400	−24	1753.5	230	2350	0.38
	13.5		70	22		134			126			2195	
	16.5		76	27.5		157			226			2170	
	22.5		90	41		212	4660	3550	526			2180	
100	10.5	12	103	18.5	39.9	143	5150	4050	−24	1677	230	2350	0.43
	13.5		109	22		162			126			2195	
	16.5		117	26		186			226			2170	
	22.5		133	37		240	5290	4050	526			2180	

电动双钩桥式吊车数据表　　附表 6-2

起重量 Q	跨度 L_x	起升高度	工作级别 A4、A5				主要尺寸（mm）						荐用大车轨道
			P_{max}	P_{min}	小车重 g	吊车总重	吊车最大宽度 B	大车轮距 K	大车底面至轨道顶面的距离 F	轨道顶面至吊车顶面的距离 H	轨道中心至吊车外缘的距离 B_1	操纵室底面至主梁底面的距离 h_3	
（kN）	m	m	kN	kN	kN	kN	mm	mm	mm	mm	mm	mm	kN/m
$\frac{150}{30}$	10.5	$\frac{12}{14}$	136		73.2	203	5600	4400	80	2047	230	2280	0.43
	13.5		145			220			80			2280	
	16.5		155			244			180			2170	
	22.5		176			312			390	2137		2180	
$\frac{200}{50}$	10.5		158		77.2	209	5600	4400	80	2046	230	2280	0.43
	13.5		169			228			84			2280	
	16.5		180			253			184			2170	
	22.5		202			324			392	2136	260	2180	

第七章　多层框架结构

基本要求

1. 掌握框架结构的受力特性及其布置要点。
2. 掌握如何确定框架的计算简图。
3. 掌握如何用分层法和反弯点法求出多层框架的内力。
4. 了解整体框架节点的构造要求。

第一节　多层框架的结构布置

一、框架结构的组成

框架结构体系是指用柱和梁连接而成的房屋承重结构体系。普通框架结构的柱梁连接处一般为刚性连接，框架柱通常与基础固接。有时考虑到屋面排水等情况，屋面梁及板可以做成斜梁及斜板，即“结构找坡”。有时由于建筑造型或其他使用功能的要求，框架结构也可以做成内收、外挑、抽梁、抽柱或其他一些变化。框架结构的形式见图 7-1。

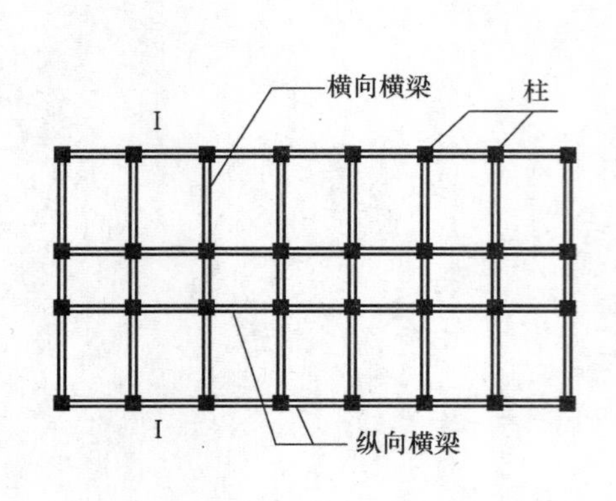

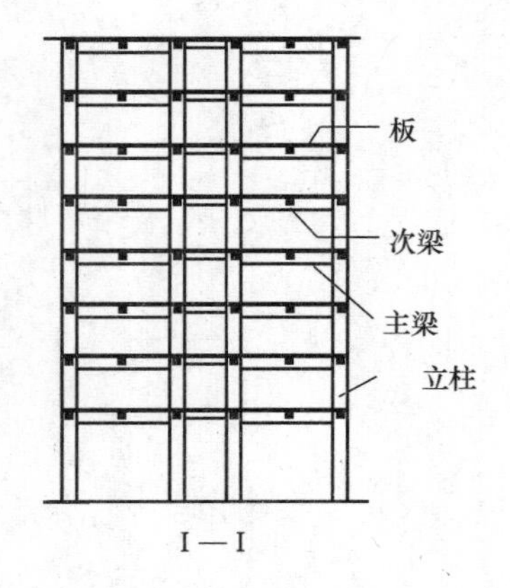

图 7-1　框架结构简图

框架结构的梁和柱是主要受力构件。使框架结构具有良好的受力性能，框架梁宜拉通，对直，框架柱宜上下对中，梁柱轴线宜在同一平面内。

框架结构的墙体一般起维护作用。通常采用较轻质的材料砌成，以减轻房屋的重量，减少地震作用，墙体与柱和梁有必要的连接以增加墙体的整体性和抗震性。

二、框架结构的布置

（一）柱网布置

在平面内，柱子与柱子之间所形成的网格称为柱网。柱网布置的是否合理是框架结构成功与否的关键之一。柱网布置时一般考虑以下几方面内容：首先满足生产工艺和使用功能的要求；其次满足建筑平面功能的要求；再次是使构件受力合理，同时方便施工。在满足以上各要求的情况下，力求简单明了，降低造价。

（二）承重框架布置方案

框架结构是用梁把柱网连接起来而形成的空间受力体系。其传力的途径一般为：楼面的竖向荷载首先传给楼板，再由楼板传给梁，再由梁传给柱子，柱子传到基础，基础传到地基。为了计算方便，把空间框架分解成两种平面框架。沿短边方向的框架称为横向框架，沿长方向的框架称为纵向框架。按楼板布置方式的不同，框架结构的承重方案分为以下几种：

1. 横向框架承重方案

横向框架承重方案是在横向上设置主梁，在纵向上设置连系梁。如图 7-2（a）所示，楼板支承在横向框架上，楼面竖向荷载传给横向框架主梁。由于横向框架跨数较少，主梁沿横向布置有利于增加房屋横向抗侧移刚度。由于竖向荷载主要沿横向传递，所以纵向连系梁截面尺寸较小，这样有利于建筑物的通风和采光。其不利的一面是由于主梁截面尺寸较大，当房屋需要大空间时，其净空较小。

2. 纵向框架承重方案

纵向框架承重方案是在纵向上布置框架主梁，在横向布置连系梁。如图 7-2（b）所示，楼面的竖向荷载主要沿纵向传递。横向连系梁尺寸较小，对大空间房屋，其净空较大，房间布置灵活。其不利的方面是房屋的横向刚度较小，同时进深尺寸受到长度的限制。

3. 纵横向荷载承重方案

框架在纵横向均布置主梁。楼板的竖向荷载沿两个方向传递。如图 7-2（c）所示，柱网较大的现浇楼盖，通常布置成图 7-2（d）所示形式，柱网较小的现浇楼盖，楼板可以不设井字梁直接支承在框架梁上。

由于这种方案是沿两个方向传力的，因此各杆件受力均匀，整体性也好，通常按空间框架体系进行内力分析。

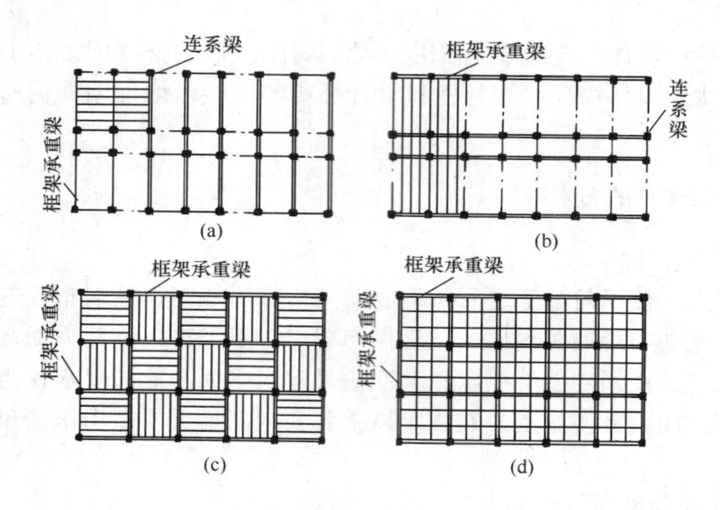

图 7-2 框架结构承重方案

（三）变形缝的设置

变形缝分为伸缩缝和沉降缝，在地震区还需按规定设置抗震缝。

伸缩缝是为了避免温度应力和混凝土收缩应力使房屋产生裂缝而设置的。钢筋混凝土框架结构的伸缩缝最大间距见表 7-1。

钢筋混凝土结构伸缩缝最大间距（m） **表 7-1**

结构类别		室内或土中	露天
框架结构	装配式	75	50
	现浇式	55	35
抗震墙结构	装配式	65	40
	现浇式	45	30

沉降缝是为了避免地基不均匀沉降在房屋构件中产生裂缝而设置的。沉降缝一般发生在下述部位：（1）土层变化较大处；（2）地基基础处理方法不同处；（3）房屋平面形状变化的凹角处；（4）房屋高度、重量、刚度有较大变化处；（5）新建部分与原有建筑结合处等。

针对上述情况，在必要时须设置沉降缝将建筑物从屋顶到基础全部分开，形成各自独立的结构单元。沉降缝可利用挑梁或搁置的简支板、预制梁等方法形成（图 7-3）。

在既需设置伸缩缝又需设置沉降缝时，伸缩缝应与沉降缝合并设置，以使整个房屋的缝数减少。其缝宽与地质条件和房屋的高度有关，一般不小于 50mm，当房屋高度超过 10m 时，缝宽应不小于 70mm。

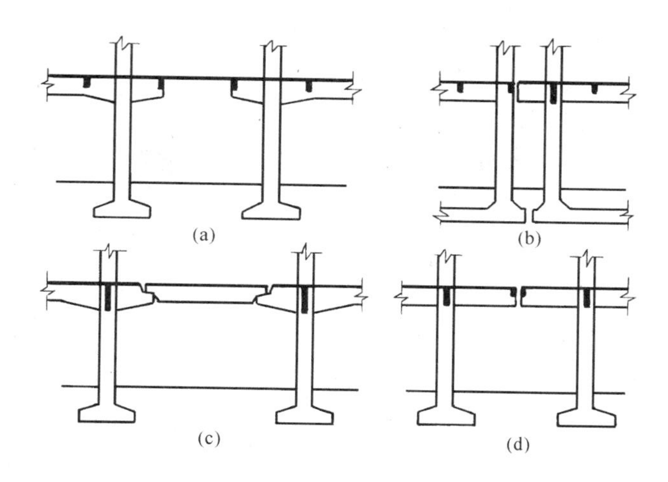

图 7-3　沉降缝构造

（a）简支板式；（b）简支梁式；（c）单悬挑式；（d）双悬挑式

防震缝宽度应分别符合下列要求：框架结构（包括设置少量抗震墙的框架结构）房屋的防震缝宽度，当高度不超过 15m 时不应小于 100mm；高度超过 15m 时，6 度、7 度、8 度和 9 度分别每增加高度 5m、4m、3m 和 2m，宜加宽 20mm。

当房屋施工周期长，相邻房屋层高相差较大时，为了能解决混凝土板收缩及温度应力以及地基不均匀沉降的问题，也可采用后浇带的方法。即在相应与变形缝位置的基础及楼（屋）盖结构的梁板不断开，钢筋连续通过，而在该处预留约 800mm 宽不浇灌混凝土，待主体结构完成后，再浇灌该处的混凝土，使结构连成整体，故称为后浇带。沿竖向各层后浇带一般设置在同一位置上。

第二节　框架结构的计算简图及荷载

一、框架结构的计算简图

1. 计算单元的确定

在框架体系房屋中，各榀承重框架之间是以连系梁和楼板连系起来的。为了计算方便，我们把空间框架体系分解成纵向和横向两种平面框架，纵向和横向平面框架计算简图的选取过程见图 7-4。设计时，通常选一种或几种有代表性的框架进行内力分析，以减少计算和设计工作量。

2. 节点的简化

在现浇框架结构体系中，由于梁和柱的纵向受力钢筋都穿过节点或留有足够

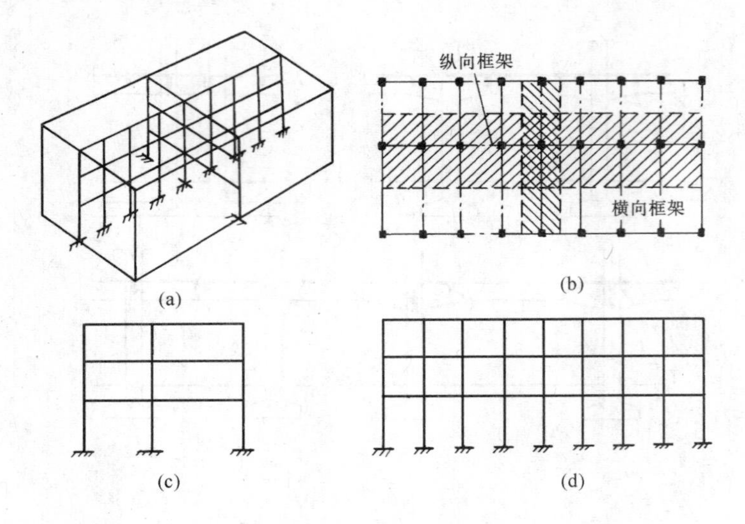

图 7-4　计算简图的选取

的锚固长度，且现浇混凝土整体性和刚度较好，所以，一般将其简化为刚接节点。框架柱与基础一般采用整体现浇混凝土连接，故简化为刚接节点。

二、构件截面尺寸的选取

1. 框架梁

对于主要承受竖向荷载的框架横梁，一般梁高选为 $h=(1/12\sim1/8)L$，其中 L 为梁的跨度；悬臂梁 $h=(1/8\sim1/6)L$；梁的截面宽度 $b=(1/3\sim1/2)h$。

2. 框架柱

柱的截面宽度与高一般取 1/20～1/15 的层高，同时满足轴压比的限制要求。

3. 框架梁的抗弯刚度

框架结构是超静定结构，必须先知道各杆件的抗弯刚度才能算出结构的内力和变形。在初步确定梁、柱截面尺寸后，可按材料力学方法计算截面惯性矩。但是，在计算框架梁截面惯性矩 I 时应考虑到楼板的影响。一般情况下，框架梁跨中承受正弯矩，楼板处于受压区，楼板对梁的影响较大；而在节点附近，梁承受负弯矩，楼板受拉，则楼板对框架梁刚度影响较小。通常假定截面惯性矩 I 沿轴线不变，计算如下（图 7-5）：

（1）对现浇楼盖，中框架 $I=2.0I_0$，边框架 $I=1.5I_0$，见图 7-5 (a)。

（2）对装配整体式楼盖，中框架 $I=1.5I_0$，边框架 $I=1.2I_0$，见图 7-5 (b)。

（3）对装配式楼盖，取 $I=I_0$，I_0 为矩形截面梁的截面惯性矩，见图7-5 (c)。

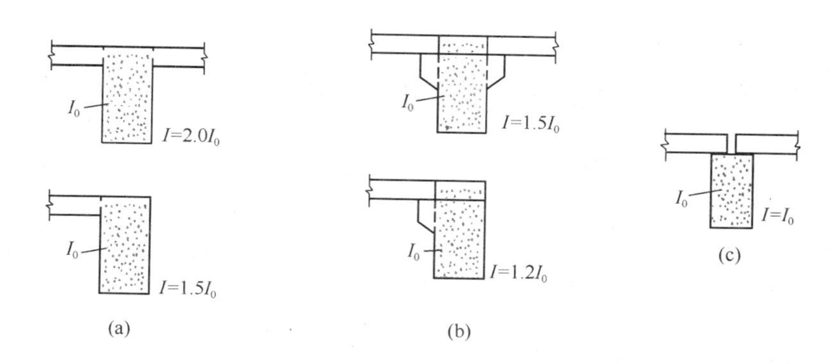

图 7-5　梁截面惯性矩的选取

（a）现浇整体式梁板结构；（b）装配整体梁板结构；

（c）装配式梁板结构

三、框架结构荷载

框架结构的荷载主要有竖向的永久荷载和可变荷载，水平的风荷载以及地震作用等。

（一）楼面可变荷载

楼面的可变荷载要根据房屋的建筑功能，由建筑结构荷载规范中标准值确定。但不同楼层可变荷载同时满载布置出现的可能性较小，因此在结构设计时，要考虑楼面可变荷载的折减。对于墙、柱、基础设计时，应根据计算截面以上楼层的多少乘以规定的折减系数，见表 7-2。

活荷载按楼层数的折减系数　　**表 7-2**

墙、柱、基础计算截面以上的层数	1	2～3	4～5	6～8	9～20	＞20
计算截面以上各楼层活荷载总和的折减系数	1.00 (0.9)	0.85	0.70	0.65	0.60	0.55

注：当楼面梁的从属面积超过 25m² 时，应采用括号内系数。

（二）风荷载

多层框架结构的风荷载是主要荷载之一，一般将风荷载简化成集中力，作用在框架节点上。风荷载的计算方法与单层厂房中所述基本相同。

（三）地震作用

对于多层框架结构，一般考虑纵向、横向两种水平地震作用。当房屋的高度不超过 40m，且质量和刚度沿高度分布比较均匀时，可采用底部剪力法进行计算水平地震作用，具体计算详见《建筑抗震设计规范》。

第三节　框架结构内力和位移的近似计算方法

多层多跨框架结构的内力（M、N、V）及侧移手算时，一般采用近似方法。如求竖向荷载作用下的内力时，有分层法、力矩分配法、迭代法等；求水平荷载作用下的内力时，有反弯点法、修正反弯点法（D 值法）。这些方法采用的假设不同，计算结构有所差异，但一般都能满足工程设计要求的精度。

一、竖向荷载作用下的分层法

在竖向荷载作用下，多层多跨框架的受力特点是侧移对内力的影响较小；此外，如果在框架的某一层施加外荷载，在整体框架中只有直接受荷的梁及与它相连的上、下层柱弯矩较大，其他各层梁柱的弯矩均很小，尤其是梁的线刚度大于柱的线刚度时，这一特点更加明显。因此，如果在内力计算中，忽略这些较小的内力，则可使计算大为简化。

基于以上分析，分层法作如下假定：

(1) 在竖向荷载作用下，多层多跨框架的侧移忽略不计；

(2) 各层梁上的荷载对其他各层梁的影响忽略不计。

根据这两个假定，可将框架的各层及其上、下柱作为独立的计算单元分层进行计算（图 7-6）。分层计算所得的梁内弯矩即为梁在该荷载下最后弯矩；而每一柱的柱端弯矩则取上下两层计算所得弯矩之和。

在分层的计算中，假定上下柱的远端为固定端，而实际上是弹性嵌固（有转角）。

为了减少计算误差，除底层柱外，其他层各柱的线刚度均乘以折减系数 0.9，并取相应的传递系数 1/3（底层柱不折减，传递系数仍为 1/2）。

由于分层法计算的近似性，框架节点处的最终弯矩不平衡，但通常不会很大。如需进一步修正，可对节点的不平衡弯矩再进行一次分配。

二、计算步骤

用分层法计算竖向荷载下框架内力的步骤如下：

(1) 画出框架计算简图（标准荷载、轴线尺寸、节点编号等）；

(2) 按规定计算梁、柱的线刚度及相对线刚度；

(3) 除底层柱外，其他各层柱的线刚度（或相对线刚度）应乘以系数 0.9；

(4) 计算各节点处的弯矩分配系数，用弯矩分配法从上至下分层计算各个计算单元（每层横梁及相应的上下柱组成一个计算单元）的杆端弯矩，计算可从不平衡弯矩较大的节点开始，一般每个节点分配 1～2 次即可；

(5) 叠加有关杆端弯矩，得出最后弯矩图（如节点弯矩不平衡值较大，可在节点重新分配一次，但不进行传递)；

(6) 按静力平衡条件求出框架的其他内力图（轴力及剪力图）。

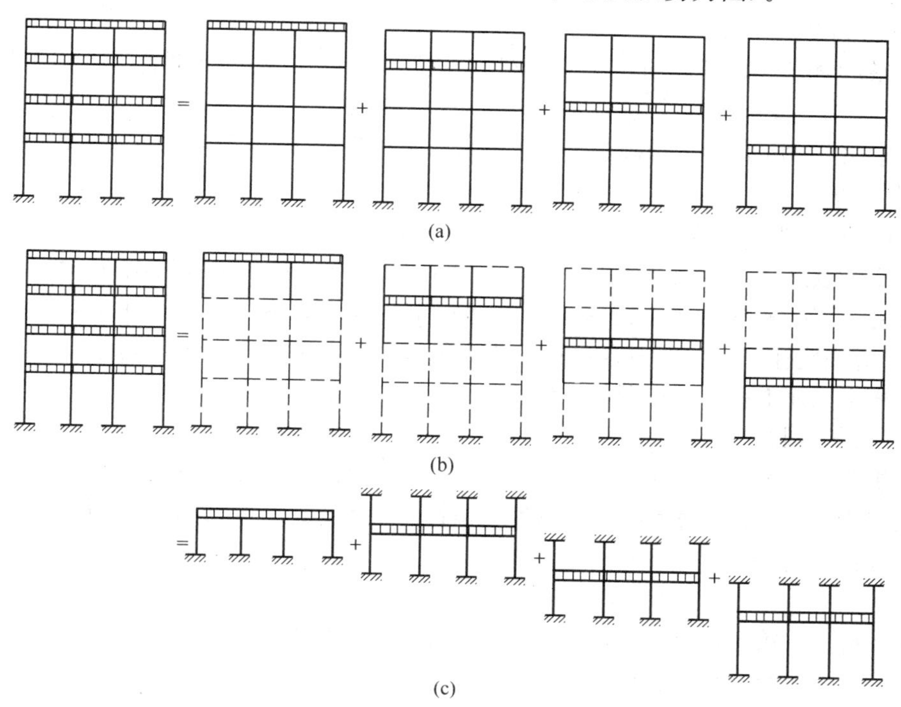

图 7-6　分层法的计算单元

三、水平荷载作用下的反弯点法

框架结构所受的水平荷载是风荷载或地震作用。这两种荷载一般简化成作用于框架上的水平节点力。因此，各杆的弯矩图都是直线，各杆都有一个零弯矩点即反弯点（图 7-7）。

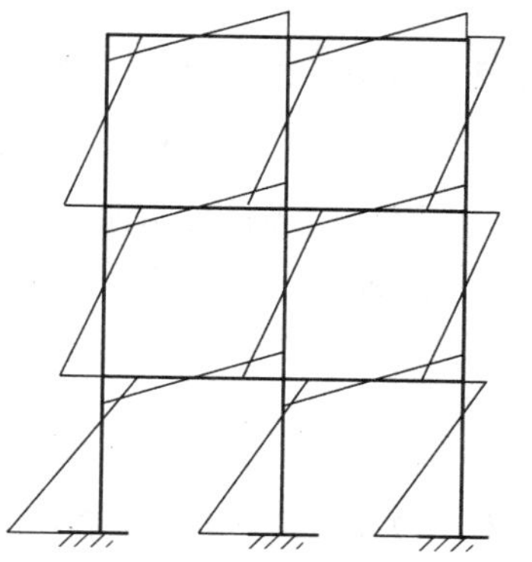

图 7-7　水平荷载作用下的框架弯矩图

如果能够求出各柱反弯点处的剪力及反弯点位置，则框架的内力图就可很容易的绘出。反弯点法适用于各层结构比较均匀（各层高度变化不大，梁的线刚度变化不大），节点梁柱线刚度比 $\Sigma i_b / \Sigma i_c \geqslant 5$ 的各层框架。

（一）基本假定

为了方便求得弯点位置和该处的剪力，在上述适用条件下可作如下假定：

(1) 在进行各柱间的剪力分配时，认为梁与柱的线刚度之比为无限大；

(2) 在确定各柱反弯点位置时，认为除底层外的其余各层柱，受力后上下两端的转角相等；

(3) 梁端弯矩可由节点平衡条件（中间节点尚须考虑梁的变形协调条件）求出。

按照上述假定，不难确定反弯点高度、抗侧移刚度、反弯点处剪力以及杆端弯矩。

（二）反弯点高度 y

反弯点高度 y 指反弯点处至该层柱下端的距离。对上层各柱，根据假定 2，各柱的上下端转角相等，则柱上下端弯矩也相等，故反弯点在柱中央，即 $y=h/2$；对底层柱，当柱端固定时柱下端转角为零，上端弯矩比下端弯矩小，反弯点偏离中央而上移，根据分析可取 $y=2h_1/3$（h_1 为底层柱高）。

（三）抗侧移刚度 D

抗侧移刚度 D 表示柱上下两端发生单位侧向位移时在柱中产生的剪力。按照假定 1，横梁刚度为无限大，则各柱端转角为零，由位移方程可求得柱的抗侧移刚度：

$$D_{\mathrm{n}} = 12i_{\mathrm{c}}/h_{\mathrm{n}}^2 \tag{7-1}$$

式中 h_{n}——第 n 层某柱的柱高；

i_{c}——第 n 层某柱的线刚度。

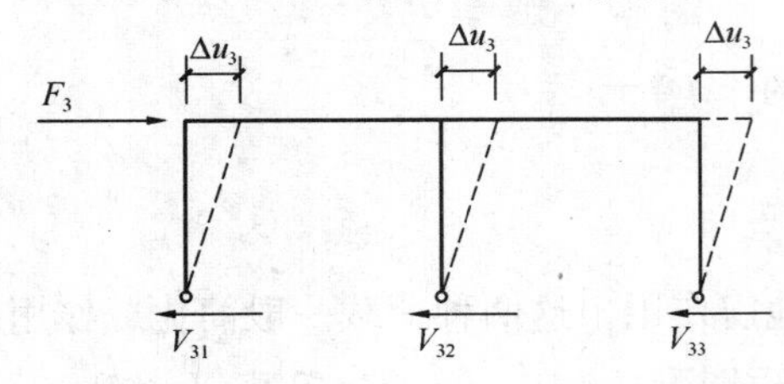

图 7-8 反弯点法求框架水平荷载下剪力

（四）同层各柱的剪力

根据反弯点位置和柱的抗侧移刚度，可求得同层各柱的剪力。

以图 7-7 的框架为例，在求框架顶层各柱的剪力时，将框架沿该层各柱的反弯点切开，设各柱剪力分别为 V_{31}、V_{32}、V_{33}（图 7-8），由水平力的平衡，有

$$V_{31}+V_{32}+V_{33}=F_3$$

由于同层各柱柱端水平位移相等（假定横梁刚度无限大），均为 Δu_3，故按照抗侧移刚度定义，有：

$$V_{31}=D_{31}\Delta u_3$$
$$V_{32}=D_{32}\Delta u_3$$
$$V_{33}=D_{33}\Delta u_3$$

式中，D_{31}、D_{32}、D_{33} 为第三层各柱的抗侧移刚度。则有：

$$\begin{aligned}\Delta u_3 &= F_3/(D_{31}+D_{32}+D_{33})\\ &= F_3/\Sigma D_3\end{aligned}$$

其中，D_3 为为第三层各柱的抗侧移刚度总和。故可得：

$$V_{31}=D_{31}\cdot(F_3/\Sigma D_3)=(D_{31}/\Sigma D_3)\cdot F_3$$
$$V_{32}=D_{32}.(F_3/\Sigma D_3)=(D_{32}/\Sigma D_3)\cdot F_3$$
$$V_{33}=D_{33}\cdot(F_3/\Sigma D_3)=(D_{33}/\Sigma D_3)\cdot F_3$$

同理，在求第二层各柱剪力时，沿第二层各柱的反弯点切开，并考虑上部隔离体的水平力平衡，可得：

$$V_{21}=(D_{21}/\Sigma D_2)(F_3+F_2)$$
$$V_{22}=(D_{22}/\Sigma D_2)(F_3+F_2)$$
$$V_{23}=(D_{23}/\Sigma D_2)(F_3+F_2)$$

式中　D_{21}、D_{22}、D_{23}——第二层各柱的抗侧移刚度。

$$\Sigma D_2=D_{21}+D_{22}+D_{23}$$

在一般情况下，有：

$$V_i=(D_i/\Sigma D)\Sigma F \tag{7-2}$$

式中　D_i——计算层第 i 柱的抗侧移刚度；

ΣD——计算层各柱的抗侧移刚度总和；

ΣF——计算层以上所有水平荷载总和；

V_i——计算层第 i 柱的剪力。

可见，水平荷载下框架每层各柱剪力仅与该层各柱间的抗侧移刚度比有关。

（五）柱端及梁端弯矩

柱反弯点位置及该点的剪力确定后，即可求出柱端弯矩：

$$\left.\begin{aligned}M_{i下}&=V_iy_i\\M_{i上}&=V_i(h_i-y_i)\end{aligned}\right\} \tag{7-3}$$

式中　$M_{i下}$、$M_{i上}$——分别为柱下端弯矩和上端弯矩；

y_i——某层 i 柱的反弯点高度；

h_i——该层 i 柱的高度；

V_i——该层 i 柱的剪力。

根据节点平衡，可以求出梁端弯矩（图 7-9）。

对边柱节点，有：

$$M_b=M_{c1}+M_{c2} \tag{7-4a}$$

对中柱节点，有：

$$\left.\begin{aligned}M_{b1}&=[i_{b1}/(i_{b1}+i_{b2})]\cdot(M_{c1}+M_{c2})\\M_{b2}&=[i_{b2}/(i_{b1}+i_{b2})]\cdot(M_{c1}+M_{c2})\end{aligned}\right\} \tag{7-4b}$$

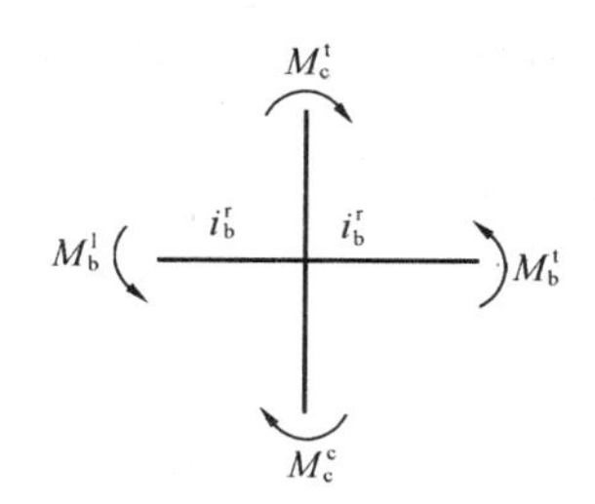

图 7-9　节点平衡法求梁端弯矩

式中 M_{c1}、M_{c2} ——节点上、下柱端弯矩；

M_{b1}、M_{b2} ——节点左、右（线刚度为 i_{b1} 及 i_{b2}）梁端弯矩；

M_{b} ——边节点梁端弯矩。

综上所述，反弯点法计算的要点是：直接确定反弯高度 y；计算各柱的抗侧移刚度 D（当同层各柱的高度相等时，D 还可以直接用柱的线刚度表示）；各柱剪力按该层各柱的抗侧移刚度比例分配；按节点力的平衡条件及梁线刚度求梁端弯矩。

四、水平荷载作用下的 D 值法（修正反弯点法）

当框架柱的线刚度大、上下层的层高变化大、上下层梁的线刚度变化大时，用反弯点法计算框架在水平荷载作用下的内力将产生较大的误差。因而提出了对框架柱的抗侧移刚度（$12i_c/h_2$）和反弯点高度进行修正的方法，称为“修正反弯点法”或“D 值法”（D 值法的名称是由于修正后的柱抗侧移刚度用 D 来表示）。下面介绍 D 值法的主要内容和计算方法。

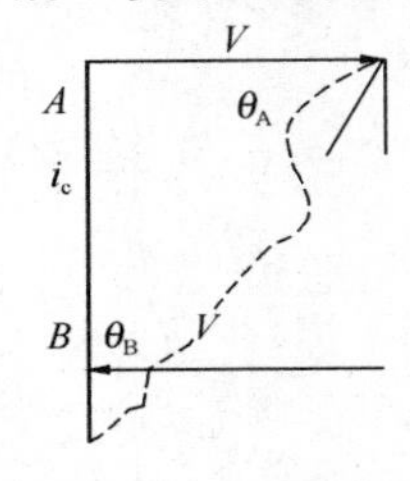

图 7-10 框架柱剪力计算图式

（一）修正后的柱抗侧移刚度 D

如图 7-10 所示，从框架中任意取一柱 AB，其两端转角为 θ_A 和 θ_B，相对水平位移为 Δu。根据转角位移方程，其两端剪力 V（即反力）为：

$$V=(12i_c/h_2)\cdot\Delta u-(6i_c/h)\cdot(\theta_A+\theta_B) \tag{7-5}$$

则柱抗侧移刚度 $D(=V/\Delta u)$ 值，不仅与柱本身的刚度有关，而且与柱上下两端的转动约束即与 θ_A 和 θ_B 有关，因而影响转角 θ_A 和 θ_B 的因素，也都对 D 值产生影响。这些因素主要有：(1) 柱的线刚度 i_c；(2) 上下梁的线刚度 i_b；(3) 上、下层的高度；(4) 柱所在层的位置；(5) 上、下层剪力（水平荷载分布）情况。由于计算 D 值的目的主要是用于分配剪力，对于同层各柱而言，上述(3)～(5)项影响因素相同，对剪力的分配影响不大。因此确定 D 值时，主要考虑柱本身刚度和上下层刚度的影响。

由式（7-5）可知，节点的转动会降低柱的抗侧移能力。此时，柱的抗侧移刚度为：

$$D=\alpha_c(12i_c/h_2) \tag{7-6}$$

式中 α_c——节点转动影响系数，或称两端嵌固时柱的抗侧移刚度（$12i_c/h_2$）的修正系数。

根据柱所在位置及支承条件以及 D 值法的计算假定（柱两端转角相等，即图 7-10 中 $\theta_A=\theta_B=\theta$；与该柱相连的各柱远端转角也相等，均为 θ；与该柱相连的上下柱线刚度与该柱相同），则由转角位移方程可导出 α_c 的表达式，见表 7-3。

节点转动影响系数　　表 7-3

位置		简图	k	α_c
一般层		i_1, i_2, i_c, i_3, i_4	$k=(i_1+i_2+i_3+i_4)/2i_c$	$\alpha_c=k/(2+k)$
底层	固接	i_5, i_6, i_c	$k=(i_5+i_6)/i_c$	$\alpha_c=0.5+k/(2+k)$
底层	铰接	i_5, i_6, i_c	$k=(i_5+i_6)/i_c$	$\alpha_c=0.5+k/(1+2k)$

注：当为边柱时，取 i_1、i_3、i_5（或 i_2、i_4、i_6）为零即可。

由表 7-3 求出 α_c 后，代入式（7-6）即可求得柱的抗侧移刚度 D。

（二）柱的反弯点高度

当横梁线刚度与柱线刚度之比不很大时，柱的两端转角相差较大，尤其是最上层和最下几层更是如此，因此其反弯点不一定在柱的中点，它取决于柱上、下两端转角：当上端转角不大于下端转角时，反弯点偏于柱下端；反之，则偏于柱上端。

各层反弯点高度可用同样的公式计算：

$$y=y_h=(y_0+y_1+y_2+y_3)\cdot h \tag{7-7}$$

式中　y——反弯点高度，即反弯点到柱下端的距离；

h——柱高；

y_0——标准反弯点高度比，见附表 7-1、附表 7-2；

y_1——考虑上下横梁高度不同的修正，见附表 7-3；

y_2、y_3——考虑上下层层高变化的修正，见附表 7-4。

以下对 y_0～y_3 进行简单说明。

1. 标准反弯点高度比 y_0

标准反弯点高度比 y_0 主要考虑柱线刚度比及楼层位置的影响，它可根据梁柱相对线刚度比 k（表 7-3）、框架总层数 m、该柱所在层数 n、荷载作用形式由附表 7-1 或附表 7-2 查得。y_0h 称为标准反弯点高度，它表示各层梁线刚度相同、各层柱线刚度及层高都相同的规则框架的反弯点位置。

2. 上下横梁线刚度不同时的修正值 y_1

当某层柱上下横梁线刚度不同时，反弯点位置将相对于标准反弯点发生移动。其修正值为 y_1h。y_1 可根据上下层横梁线刚度比 α_c 及 k 由附表查出。对底层柱，当无基础梁时，可不考虑这项修正。

3. 上下层高变化修正值 y_2 和 y_3

当柱所在楼层的上下层高有变化时，反弯点也将偏移标准反弯点位置。若上层较高，反弯点将从标准反弯点上移 y_2h；若下层较高，反弯点则向下移动 y_3h（此时取为 y_3 负值）。y_2 及 y_3 可由附表 7-4 查得。

对顶层柱不考虑 y_2 的修正项，对底层柱不考虑 y_3 的修正项。

求得各柱的反弯点位置 yh 及柱的抗侧移刚度 D 后，框架在水平荷载作用下的内力计算与反弯点法完全相同。

五、框架结构侧移的计算和限值

框架结构在水平荷载作用下的变形由两部分组成：总体剪切变形和总体弯曲变形。总体剪切变形是由梁、柱弯曲变形所导致的框架总体变形，如图 7-11 (b)所示。由于框架结构越靠近底层，柱所受剪力越大，所以越靠近底层，层间侧移越大，其侧移曲线与悬臂梁的剪切变形曲线相一致，固称其为总体剪切变形。总体变形是由于柱在轴力作用下伸长或缩短造成的，其规律与悬臂梁的弯曲变形相一致，固称为总体弯曲变形，见图 7-11 (c)所示。

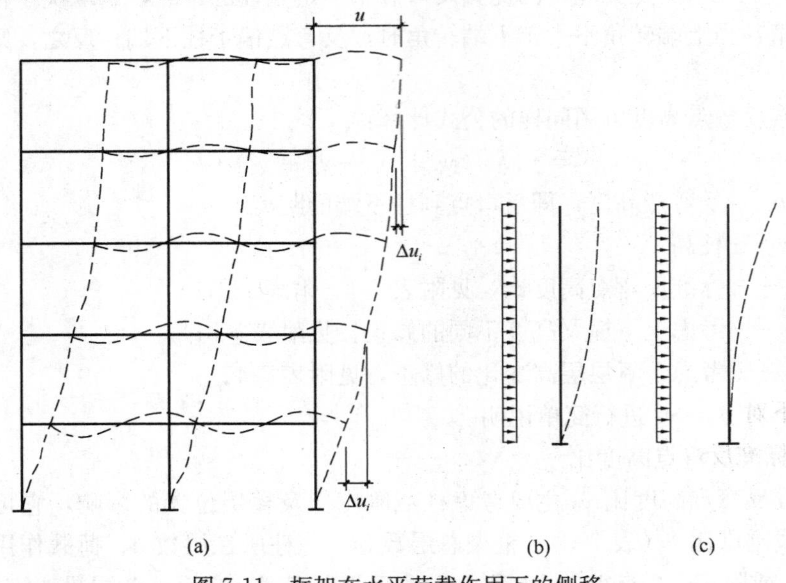

图 7-11 框架在水平荷载作用下的侧移

框架的总体侧移根据力学原理可按下式计算：

$$\Delta = \Sigma\int L(M_1 \cdot M/(EI))\mathrm{d}L + \Sigma\int L(N_1 \cdot N/(EA))\mathrm{d}L + \mu\Sigma\int L(V_1 \cdot V/(GA))\mathrm{d}L \tag{7-8}$$

式中　M、N、V——外荷载在框架各杆件中引起的弯矩、轴力和剪力；

M_1，N_1，V_1——框架顶点作用单位水平力时框架各杆中的内力。

工程中采用式（7-8）进行内力计算较繁，一般采用简化计算方法。D 值法就是常用的近似方法之一。

1. D 值法

由 D 值法求解框架内力的基本原理可知，所分析的层间位移计算如下：

$$\Delta_j = V_{\mathrm{F}j}/\Sigma D_{j\mathrm{k}} \tag{7-9a}$$

式中　$V_{\mathrm{F}j}$——所分析层的层间总剪力；

D_{jk}——所分析第 j 层、第 k 根柱的抗侧移刚度；

m——第 j 层的总柱数。

框架顶点总位移 Δ 可以通过逐层相加层间位移 Δ_j 来求得：

$$\Delta = \Sigma\Delta_j \tag{7-9b}$$

式中　n——框架总层数。

2. 框架弹性侧移的限值

框架结构在保证足够的强度以外，还要满足刚度的要求，即保证结构正常使用。一般是通过限制框架层间弹性位移的方法来保证，即

$$\Delta_j/h \leqslant [\theta_{\mathrm{e}}] \tag{7-10}$$

式中　Δ_j——按弹性方法计算第 j 层楼层层间水平位移；

h——层高。

钢筋混凝土框架结构的弹性层间位移角限值 $[\theta_{\mathrm{e}}]$ 为 1/550。

第四节　内　力　组　合

一、控制截面

框架结构的计算简图是以梁、柱的轴线为基准提取出来的，所以框架的内力也相应地计算到轴线的位置。但由于梁、柱本身有一定的尺寸，故此梁柱的不利截面不是发生在梁、柱轴线处，而常常在梁、柱的端部或中部。对于框架梁，在水平和竖向力的共同作用下，剪力沿梁轴线是线性变化的（在竖向均布荷载作用下），弯矩则成抛物线形式变化，一般取两梁端和跨间最大弯矩为控制截面。而对于柱来说，通常无柱间荷载，轴力和剪力沿柱高是线性变化的，因此取各层柱

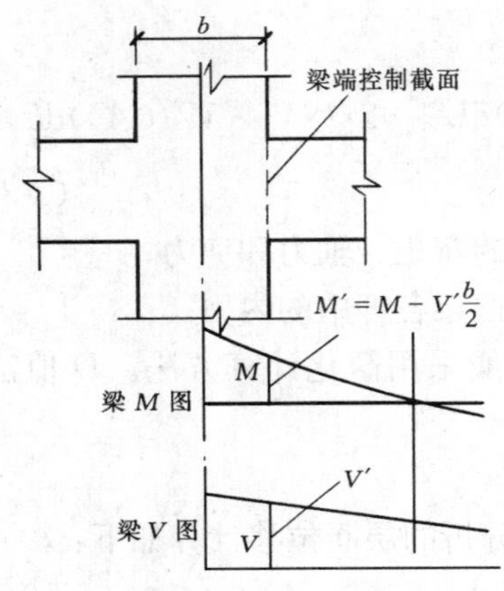

图 7-12 梁端控制截面弯矩及剪力

上、下两端截面为控制截面。

在对梁进行截面配筋时应采用构件端部的内力值，而不是取轴线处的内力值，见图 7-12。

$$V' = V - (g + p)(b/2) \qquad (7\text{-}11a)$$

$$M' = M - V'(b/2) \qquad (7\text{-}11b)$$

式中 V'、M'——柱边截面的剪力和弯矩；

V、M——轴线处的剪力和弯矩；

g、p——作用在梁上的竖向永久荷载和可变荷载。

为了简化计算，当计算水平荷载或竖向集中荷载产生的内力时，通常认为梁是按简支梁的形式传递剪力的，即取 $V'=V_0$。

二、荷载效应组合

作用在框架上的荷载有很多个。前面已讲过计算在每一种荷载作用下框架内力的方法。在结构设计中，并不是把每一组荷载作用下的内力简单迭加起来，而是考虑不同荷载同时出现的可能性，按一定的规律来考虑可能承受的最不利荷载。这种考虑荷载的方式通常称为荷载组合。具体组合见《建筑结构荷载规范》。

三、最不例内力组合

最不利内力组合就是使得所分析杆件的控制截面产生最不利内力组合，通常是指对截面配筋起控制作用的内力组合。对于同一个控制截面可能有好几组最不利内力组合。对于框架梁，梁端和跨间最不利弯矩处为两个主要控制截面。梁端的最大正弯矩组合 $+M_{max}$，用于确定梁端正受力钢筋的数量，最大负弯矩组合 $-M_{min}$（绝对值最大）用于确定该截面负受力钢筋的数量，最大剪力组合 V_{max} 用于梁端截面受剪承载力的计算。对于跨间最大弯矩处截面的内力组合也是如此。对于框架柱的最不利内力组合与单层工业厂房排架柱的内力组合方式一样进行。这样，对于框架结构梁、柱某个控制截面的内力组合有：

梁端截面：$+M_{max}$、$-M_{min}$、V_{max}；

梁跨中截面：$+M_{max}$；

柱端截面：$|M|_{max}$ 及相应的 N、V；

N_{max} 及相应的 M、V；

N_{min} 及相应的 M、V。

有了最不利内力组合值，就可以利用它进行截面的配筋计算。

最不利荷载组合和最不利内力组合是容易混淆的两个概念。后者是我们要达到的目的，而前者是为了达到该目的而采用的手段。即在可能的几组荷载组合中，找到一组（或几组）使构件的某控制截面产生某一种最不利内力组合，这个过程就是内力组合的过程。

四、竖向可变荷载的最不利位置

总体上说，框架结构的竖向荷载包括永久荷载和可变荷载两种。永久荷载基本上是不随时间而改变的，组合过程中必须给予考虑；而可变荷载要考虑其最不利的位置。框架结构某控制截面最不利内力的取得，通常采用以下几种方法布置可变荷载。

1. 逐跨施荷组合法

该方法是将楼面可变荷载逐跨单独地作用在各跨上，然后计算在这一跨荷载作用下框架的内力。因此对于一个多层多跨框架，共有（跨数×层数）种不同的可变荷载布置方式（见图 7-13）。再根据某个控制截面内力的正负（方向）进行内力组合，从而得到该控制截面的控制内力。这种方法的思路比较清晰，但计算量较大，多用于计算机解框架内力的情况。

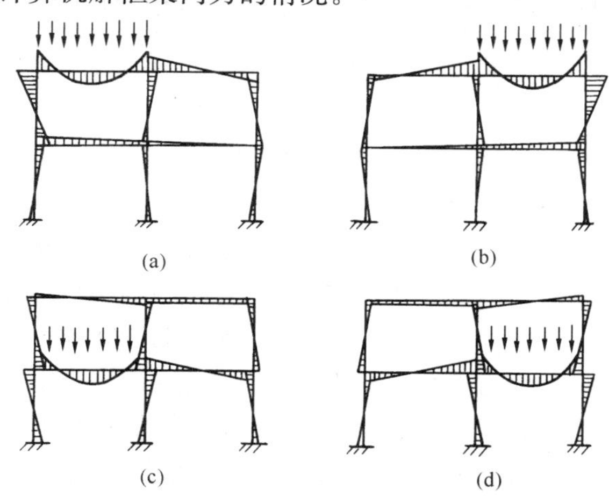

图 7-13 逐跨施荷法荷载布置情况

2. 最不利荷载位置法

这种方法首先在结构体系中确定若干个计算截面，然后按对这些截面可能形成的最不利内力去布置竖向可变荷载，最后再计算框架的内力。可以利用位移影响线的方法，直接确定产生此最不利内力的可变荷载的布置方式，见图 7-14。

为求梁跨中最大弯矩，则须在图 7-14 (a)中，凡使截面 A 产生正向虚位移的跨间均布置可变荷载。即在该跨布置可变荷载以外，其他各跨的可变荷载应相间布置成棋盘形状。显然该跨间达到最大弯矩时，也正好使其他布置可变荷载的跨间截面弯矩达到最大值。因此，只要进行两次棋盘式布置，就可求得整个框架中所有梁的跨间最大正弯矩。

梁端最大负弯矩和柱端弯矩，也可以利用影响线的方法布置竖向可变荷载，从而求出内力。其可变荷载的布置规律为：在本层，与连续梁一样，邻跨布置再隔跨布置；对相邻层，与该梁同跨的梁及远的邻跨的梁都应布置，然后再隔跨布置，凡上下层没有布置的应布置，上下层已布置了的就不再布置了，见图 7-14 (b)。

柱最大轴力最不利可变荷载布置，是在该柱以上的各层中，与该柱相邻的梁内都布置可变荷载。

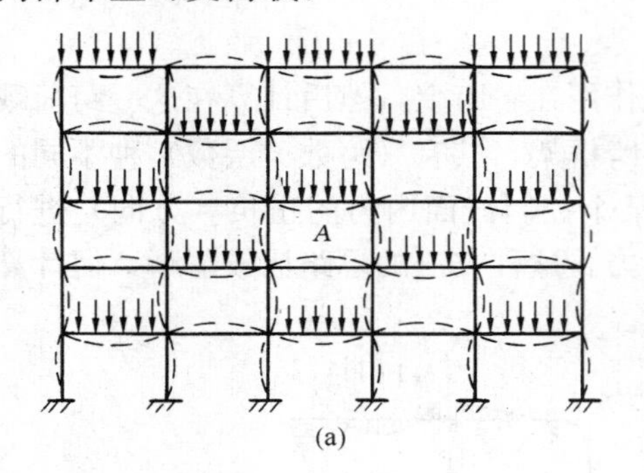

(a)

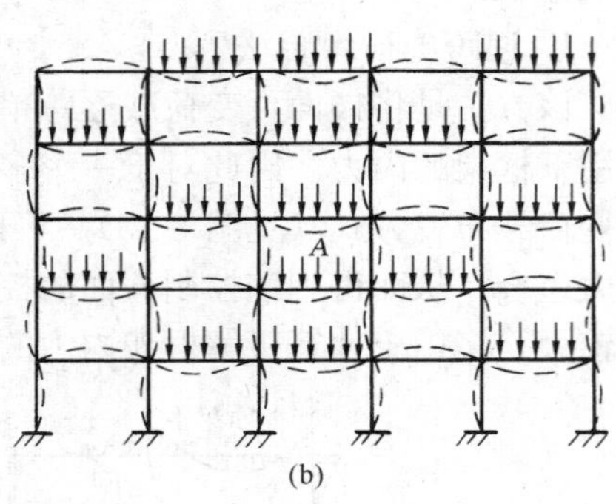

(b)

图 7-14　竖向可变荷载最不利布置

3. 满布荷载法

用以上两种方法求各计算截面的最不利内力，计算工作量较大。而满布荷载法把可变竖向荷载同时作用在框架的所有梁上，即不考虑可变荷载的不利分布，计算工作量大为简化。这样求得的内力在支座处与按最不利荷载位置法求的内力很接近，可以直接进行内力组合。但跨中弯矩却比最不利荷载位置法计算结构明显偏低，用此法时常对跨中弯矩乘以 1.1～1.2 的调整系数予以提高。当可变竖向荷载产生的内力远小于永久荷载及水平荷载产生的内力时，此法计算精度较好。经验表明，对楼面活荷载标准值不超过 5.0kN/m^2 的一般工业与民用多层框架结构，此法的计算精度可以满足工程需要。

五、梁端负弯矩调幅

梁端负弯矩调幅就是把竖向荷载作用下的梁端负弯矩按一定的比例下调的过程。梁端弯矩的调幅原因有以下几方面：强柱弱梁是框架结构的基本设计要求，在梁端首先出现塑性铰是允许的；为了施工方便，也往往希望节点处梁的负钢筋放的少些；对于装配式或装配整体式框架，可以通过对梁端负弯矩进行调幅的方法，人为地减小梁端负弯矩，减小节点附近梁顶面的配筋量。

设某框架梁 AB 在竖向荷载作用下，梁端的最大负弯矩分别为 M_A，M_B，梁跨中最大正弯矩为 M_C，则调幅以后梁端弯矩 M'_A，M'_B 可取：

$$\left.\begin{aligned} M'_A &= \beta \cdot M_A \\ M'_B &= \beta \cdot M_B \end{aligned}\right\} \tag{7-12}$$

式中：β——弯矩调幅系数。对于现浇框架，可取 $\beta=0.8\sim0.9$；对于装配整体式框架，可取 $\beta=0.7\sim0.8$。

梁端弯矩调幅后，梁跨中的正弯矩会有所增加，增加后的弯矩可以由该梁的静力平衡条件算出，即调幅后梁端弯矩 M'_A，M'_B 的平均值与跨中最大正弯矩 M'_C 之和应不小于按简支梁计算的跨中弯矩，见图 7-15。

$$|(M'_A + M'_B)/2| + M'_C \geqslant M_0 \tag{7-13}$$

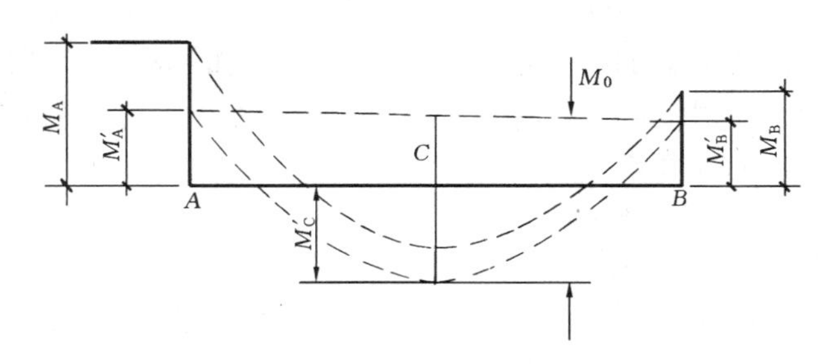

图 7-15　梁端负弯矩调幅

梁端弯矩的调幅只对竖向荷载作用下的内力进行，即水平作用下产生的弯矩不参加调幅。因此，弯矩的调幅应在内力组合之前进行。为了使跨中正钢筋的数量不至于过少，通常在梁截面设计时采用跨中设计弯矩值不应小于按简支梁计算的跨中弯矩值的一半。

第五节　框架结构构件设计

一、一般要求

由于框架结构的梁、柱尺寸较小，混凝土宜采用较高的强度等级，以保证框架有较高的承载能力和延性，同时更好地满足建筑功能的要求。

抗震等级为一、二、三级的框架和斜撑构件（含梯段），其纵向受力钢筋采用普通钢筋时，钢筋的抗拉强度实测值与屈服强度实测值的比值不应小于 1.25；钢筋的屈服强度实测值与屈服强度标准值的比值不应大于 1.30；钢筋最大拉力下的总伸长率不应小于 9%。

二、框架柱设计

（一）柱子的计算长度 L_0

由力学知识可知，柱子的计算长度是指柱子上两反弯点之间的距离。《混凝土结构设计规范》规定，对于梁与柱为刚接的钢筋混凝土框架柱，其计算长度按下列规定取用：

(1) 一般多层房屋的钢筋混凝土框架柱

现浇楼盖：底层柱　　$L_0=1.0H$；

其他层柱　　$L_0=1.25H$。

（这里 H 为柱所在层的框架结构层高）

装配式楼盖：底层柱　　$L_0=1.25H$；

其余各层柱　　$L_0=1.5H$。

(2) 可按无侧移考虑的钢筋混凝土框架结构，如具有非轻质隔墙的多层房屋，当为三跨及三跨以上或为两跨且房屋的总宽度不小于房屋总高度的三分之一时，其各层框架柱的计算长度：

现浇楼盖：　$L_0=0.7H$；

装配式楼盖：$L_0=1.0H$；

(3) 不设楼板或楼板上开口较大的多层钢筋混凝土框架柱以及无抗侧向力刚性墙体的单跨钢筋混凝土框架柱的计算长度，应根据可靠设计经验或按计算确定。

（二）柱子的截面尺寸

框架柱的截面尺寸由以下三个条件决定：最小构造尺寸、轴压比要求、抗剪截面最小尺寸。

框架柱的截面尺寸宜符合下列要求：矩形截面柱，抗震等级为四级或层数不超过 2 层时，其最小截面尺寸不宜小于 300mm，一、二、三级抗震等级且层数超过 2 层时不宜小于 400mm；圆柱的截面直径，抗震等级为四级或层数不超过 2 层时不宜小于 350mm，一、二、三级抗震等级且层数超过 2 层时不宜小于 450mm。柱的剪跨比宜大于 2。柱截面长边与短边的边长比不宜大于 3。

（三）承载能力计算

框架柱为偏心受压、偏心受拉构件，其承载能力按第三章有关内容进行，即按《混凝土结构设计规范》进行。地震作用下柱承载能力计算可按《建筑抗震设计规范》进行，这里不再论述。

（四）配筋构造要求

(1) 纵向钢筋

框架柱宜采用对称配筋以适应水平荷载和地震作用正反两个方向的要求。

钢筋混凝土结构构件中纵向受力钢筋的配筋百分率不应小于附表 3-6 规定的数值。

框架柱和框支柱中全部纵向受力钢筋的配筋百分率不应小于表 7-4 规定的数值，同时，每一侧的配筋百分率不应小于 0.2%；对Ⅳ类场地上较高的高层建筑，最小配筋百分率应增加 0.1%。

柱截面全部纵向受力钢筋最小配筋百分率（%）　表 7-4

柱类型	抗震等级			
	一级	二级	三级	四级
中柱、边柱	0.9(1.0)	0.7(0.8)	0.6(0.7)	0.5(0.6)
角柱、框支柱	1.1	0.9	0.8	0.7

注：1. 表中括号内数值用于框架结构的柱；
2. 采用 335MPa 级、400MPa 级纵向受力钢筋时，应分别按表中数值增加 0.1 和 0.05 采用；
3. 当混凝土强度等级为 C60 及以上时，应按表中数值加 0.1。

柱中纵向钢筋的配置应符合下列规定：

1）纵向受力钢筋直径不宜小于 12mm；全部纵向钢筋的配筋率不宜大于 5%；

2）柱中纵向钢筋的净间距不应小于 50mm，且不宜大于 300mm；

3）偏心受压柱的截面高度不小于 600mm 时，在柱的侧面上应设置直径不小于 10mm 的纵向构造钢筋，并相应设置复合箍筋或拉筋；

4）圆柱中纵向钢筋不宜少于 8 根，不应少于 6 根，且宜沿周边均匀布置；

5）在偏心受压柱中，垂直于弯矩作用平面的侧面上的纵向受力钢筋以及轴心受压柱中各边的纵向受力钢筋，其中距不宜大于 300mm。

现浇框架柱纵向钢筋的接头和锚固十分重要。纵向受力钢筋宜采用焊接，也可以采用搭接。柱纵向钢筋在节点处的锚固见图 7-16 和图 7-17。

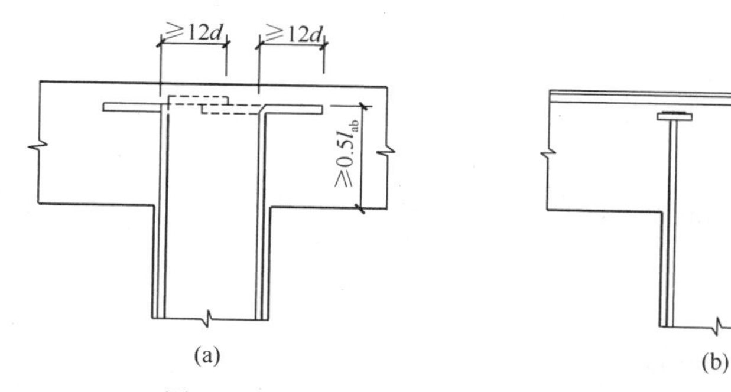

图 7-16　顶层节点中柱纵向钢筋在节点内的锚固

（a）柱纵向钢筋 90°弯折锚固；（b）柱纵向钢筋端头加锚固板

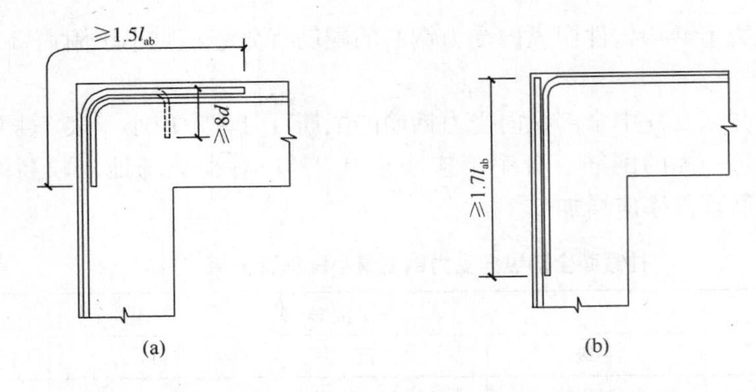

图 7-17 顶层端节点梁、柱纵向钢筋在节点内的锚固与搭接

（a）搭接接头沿顶层端节点外侧及梁端顶部布置；（b）搭接接头沿节点外侧直线布置

（2）箍筋

箍筋对框架结构的抗震能力至关重要。箍筋过细、间距太大是框架柱破坏的重要原因。

柱中箍筋应符合下列规定：箍筋直径不应小于 0.25d，且不应小于 6mm，d 为纵向钢筋的最大直径；箍筋间距不应大于 400mm 及构件截面的短边尺寸 b，且不应大于 15d，d 为纵向钢筋的最小直径；柱及其他受压构件中的周边箍筋应做成封闭式；对圆柱中的箍筋，搭接长度不应小于规范规定的受拉钢筋的基本锚固长度，且末端应做成 135°弯钩，弯钩末端平直段长度不应小于 5d，d 为箍筋直径；当柱截面短边尺寸大于 400mm 且各边纵向钢筋多于 3 根时，或当柱截面短边尺寸不大于 400mm 但各边纵向钢筋多于 4 根时，应设置复合箍筋，见图 7-18；柱中全部纵向受力钢筋的配筋率大于 3%时，箍筋直径不应小于 8mm，间距不应大于 10d，且不应大于 200mm；箍筋末端应做成 135°弯钩，且弯钩末端平直段长度不应小于 10d，d 为纵向受力钢筋的最小直径；箍筋也可焊接成封闭环式；在配有螺旋式或焊接环式间接钢筋的柱中，如计算中考虑间接钢筋的作用，则间接钢筋的间距不应大于 80mm 及 $d_{cor}/5$，且不宜小于 40mm，d_{cor} 为按间接钢筋内表面确定的核心截面直径。

框架柱和框支柱上、下两端箍筋应加密，加密区的箍筋最大间距和箍筋最小直径应符合表 7-5 的规定。对于框支柱和剪跨比不大于 2 的框架柱应在柱全高范围内加密箍筋，且箍筋间距应符合表 7-5 中对一级抗震等级的要求。二级抗震等级的框架柱，当箍筋肢距不大于 200mm、直径不小于 10mm 时，除柱根外，箍筋间距应允许采用 150mm；四级抗震等级框架柱剪跨比不大于 2 时，箍筋直径不应小于 8mm。框架柱的箍筋加密区长度，应取柱截面长边尺寸（或圆形截面直径）、柱净高的 1/6 和 500mm 中的最大值；一、二级抗震等级的角柱应沿柱全高加密箍筋。底层柱根箍筋加密区长度应取不小于该层柱净高的 1/3；当有刚

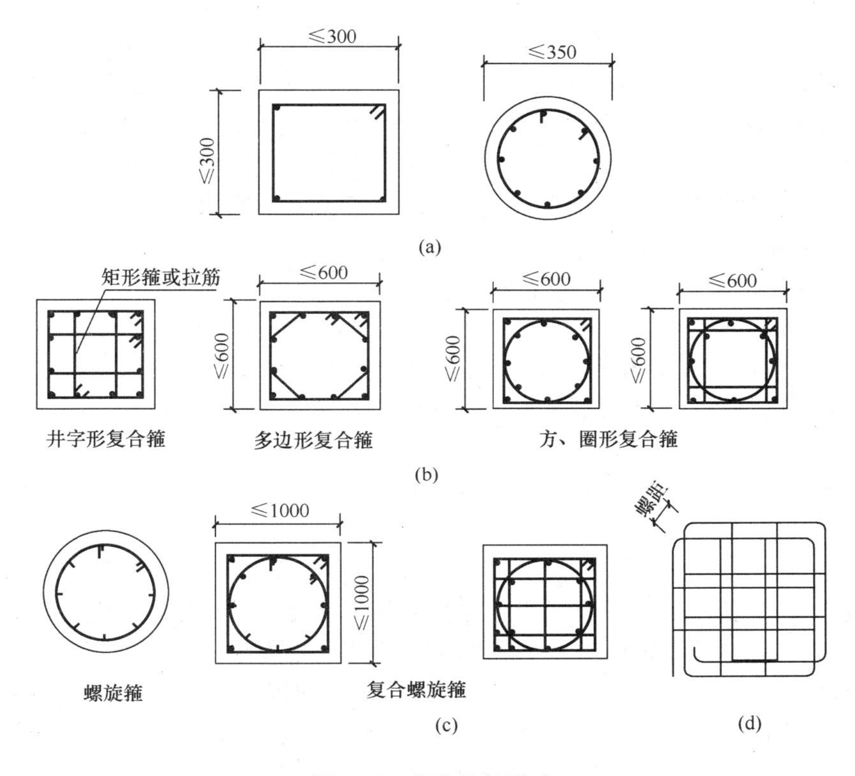

图 7-18　柱箍筋的形式

(a) 普通箍；(b) 复合箍；(c) 螺旋箍；(d) 连续复合螺肇箍（用于矩形截面柱）

性地面时，除柱端箍筋加密区外尚应在刚性地面上、下各 500mm 的高度范围内加密箍筋。

柱端箍筋加密区的构造要求　表 7-5

抗震等级	箍筋最大间距（mm）	箍筋最小直径（mm）
一级	纵向钢筋直径的 6 倍和 100 中的较值	10
二级	纵向钢筋直径的 8 倍和 100 中的较小值	8
三级	纵向钢筋直径的 8 倍和 150（柱根 100）中的较小值	8
四级	纵向钢筋直径的 8 倍和 150（柱根 100）中的较小值	6（柱根 8）

注：1. 底层柱的柱根系指地下室的顶面或无地下室情况的基础顶面；

2. 在纵向钢筋搭接接头处，在搭接长度范围内的箍筋间距应不大于 $5d$ 和 100mm。

三、框架梁设计

(一) 梁的截面尺寸

框架梁的截面尺寸由以下三个条件决定：最小构造截面尺寸的要求、抗剪的要求、受压区高度限制的要求。

框架的截面高度 h_b 可取（1/12～1/8）L_0，L_0 为梁的计算跨度，且 h_b 不宜大于 $L/4$ 梁净跨。梁截面宽度不宜小于 $h_b/4$ 及 $b_c/2$（b_c 为柱宽），也不宜小于200mm。同时梁的最小截面尺寸应满足竖向荷载作用下的刚度要求。

为保证框架梁具有一定的抗剪能力，对于矩形、T形和I字形截面框架梁，其截面应满足抗剪能力的要求，即：

当 $h_w/b\leqslant 4$ 时，$V\leqslant 0.25\beta_c f_c b h_0$ （7-14a）

当 $h_w/b\geqslant 6$ 时，$V\leqslant 0.20\beta_c f_c b h_0$ （7-14b）

如果梁截面尺寸不满足式（7-14）的要求，则应当增大梁的截面尺寸或提高混凝土的强度等级。同时，梁的受压区高度应满足以下要求：

$$x\leqslant \zeta_b\cdot h_0 \tag{7-15}$$

如果 x 不能满足式（7-15）的要求，应增加梁的截面尺寸。

（二）框架梁的构造要求

1. 纵向钢筋配置的要求

地震区的框架应满足有关构造要求，对于非地震区应满足以下构造要求：

（1）纵向受拉钢筋的最小配筋百分率，支座处不应小于0.25%和 $0.55f_t/f_y$ 中的较大值，跨中不应小于0.2%和 $0.45f_t/f_y$ 中的较大值；

（2）梁端纵向受拉钢筋的配筋率不宜大于2.5%。沿梁全长顶面和底面至少应各配置两根通长的纵向钢筋，钢筋直径不应小于12mm；

（3）梁上部纵向钢筋伸入节点的锚固：

1）当采用直线锚固形式时，锚固长度不应小于 l_a，且应伸过柱中心线，伸过的长度不宜小于 $5d$，d 为梁上部纵向钢筋的直径；

2）当柱截面尺寸不满足直线锚固要求时，梁上部纵向钢筋可采用钢筋端部加机械锚头的锚固方式，梁上部纵向钢筋宜伸至柱外侧纵向钢筋内边，包括机械锚头在内的水平投影锚固长度不应小于 $0.4l_{ab}$，见图7-1（a）；

3）梁上部纵向钢筋也可采用90°弯折锚固的方式，此时梁上部纵向钢筋应伸至柱外侧纵向钢筋内边并向节点内弯折，其包含弯弧在内的水平投影长度不应小于 $0.4l_{ab}$，弯折钢筋在弯折平面内包含弯弧段的投影长度不应小于 $15d$，见图7-17（b）；

（4）框架梁下部纵向钢筋伸入端节点的锚固，当计算中充分利用该钢筋的抗拉强度时，钢筋可采用直线方式锚固在节点或支座内，锚固长度不应小于钢筋的受拉锚固长度 l_a，见图7-10（c）；当计算中不利用该钢筋的强度，其伸入节点或支座的锚固长度对带肋钢筋不小于 $12d$，对光面钢筋不小于 $15d$，d 为钢筋的最大直径；当计算中充分利用钢筋的抗压强度时，钢筋应按受压钢筋锚固在中间节点或中间支座内，其直线锚固长度不应小于 $0.7l_a$；钢筋可在节点或支座外梁中

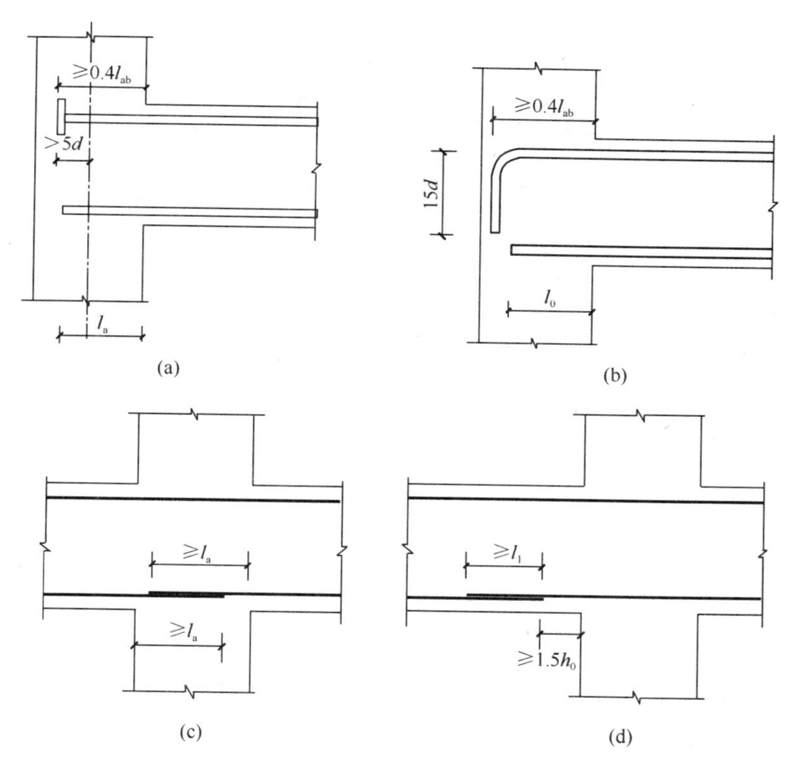

图 7-19 非抗震设计时梁纵向钢筋的锚固

（a）上部纵筋钢筋端部加锚头锚固；（b）上部纵筋钢筋末端 90°弯折锚固（c）下部纵向钢筋在节点中直线锚固；（d）下部纵筋在节点或支座范围外搭接

弯矩较小处设置搭接接头，搭接长度的起始点至节点或支座边缘的距离不应小于 $1.5h_0$，见图 7-19(d)。

2. 箍筋的配置要求

在非地震区一般满足以下要求：

（1）沿梁全长的箍筋面积配筋率 ρ_{sv} 不应小于 $0.24f_t/f_{yv}$；

（2）箍筋间距应满足表 7-6 的要求，h 为截面高度。

非抗震设计时框架箍筋最大间距（mm） **表 7-6**

h \ V_b	$V>0.7f_tbh_0$	$V\leqslant0.7f_tbh_0$
150mm<h≤300mm	150	200
300mm<h≤500mm	200	300
500mm<h≤800mm	250	350
h>800mm	300	400

四、框架节点的构造要求

框架结构节点的设计应满足安全可靠、经济合理且便于施工的特点。在非地震区，框架节点的承载能力一般通过采取适当的构造措施来保证。框架节点区混凝土的强度等级，不应低于柱的混凝土强度等级。节点内的箍筋很重要，应使节点区箍筋不少于柱端加密区实际配置的箍筋。

现浇框架的节点一般均做成刚接节点。梁柱钢筋在节点处的锚固应满足本节前面所述的要求。

小　　结

在这一章中，主要介绍了设计多层多跨框架的步骤、方法及应注意的问题。

多层多跨框架的布置，关键在于柱网尺寸和框架横梁的布置方向。布置的合理与否，关系到整个建筑的能否合理使用以及造价高低的问题，必须慎重对待。结构布置确定后就可以分别在竖向荷载和水平荷载下的内力计算，求出各杆的弯矩、轴力、剪力，进行内力的不利组合，然后再进行配筋计算，确定各杆的用钢量。

思 考 题

7-1　框架结构布置的原则是什么？框架结构有哪几种布置形式？各有何优缺点？

7-2　如何确定结构的计算简图？

7-3　框架梁、柱的主要内力有哪些？框架内力有哪些常用的近似计算方法？各在什么情况下采用？

7-4　分层法、反弯点法在计算中各采用哪些假定？有哪些主要计算步骤？

7-5　修正反弯点法与反弯点法的异同点是什么？D值法的意义是什么？

7-6　如何计算框架在水平荷载作用下的侧移？

7-7　框架梁、柱的纵向钢筋和箍筋应满足哪些构造要求？如何处理框架梁与柱、柱与柱的节点构造？

7-8　框架结构的侧移变形是怎样形成的？设计中如何对待侧移的各组成部分？

习　　题

7-1　有一榀三层三跨的整体式框架，几何尺寸如习题 7-1 图所示。各层横梁均承受均布设计荷载 25kN/m。横梁的截面尺寸为 $b\times h=250\text{mm}\times 600\text{mm}$；各层柱子的尺寸为 $b\times h=400\text{mm}\times 400\text{mm}$。试用分层法求该框架各杆的内力（弯矩、剪力及轴力）。

7-2　同习题 7-1 题的框架，承受水平荷载如习题 7-2 图所示。试用反弯点法和修正反弯点法分别求各杆的内力（弯矩、剪力及轴力）。

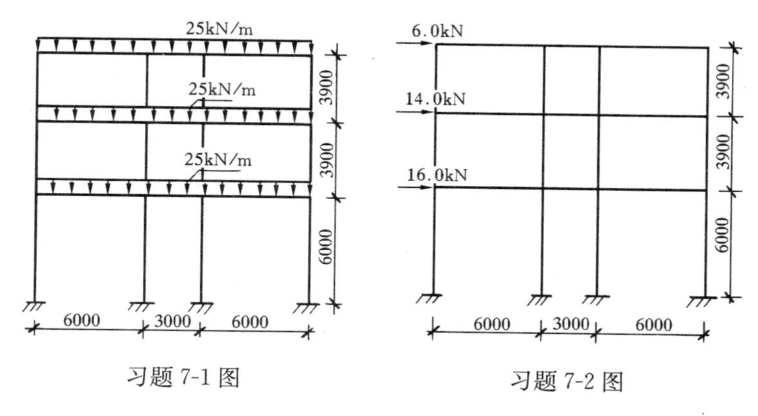

习题 7-1 图　　　　习题 7-2 图

附　　录

规则框架承受均布水平力作用时标准反弯点的高度比 y_0 值　　附表 7-1

m	n \ $\bar{k}$	0.1	0.2	0.3	0.4	0.5	0.6	0.7	0.8	0.9	1.0	2.0	3.0	4.0	5.0
1	1	0.80	0.75	0.70	0.65	0.65	0.60	0.60	0.60	0.60	0.55	0.55	0.55	0.55	0.55
2	2	0.45	0.40	0.35	0.35	0.35	0.35	0.40	0.40	0.40	0.40	0.45	0.45	0.45	0.45
	1	0.95	0.80	0.70	0.75	0.65	0.65	0.65	0.60	0.60	0.60	0.55	0.55	0.55	0.50
3	3	0.15	0.20	0.20	0.25	0.30	0.30	0.30	0.35	0.35	0.35	0.40	0.45	0.45	0.45
	2	0.55	0.50	0.45	0.45	0.45	0.45	0.45	0.45	0.45	0.45	0.45	0.50	0.50	0.50
	1	1.00	0.85	0.80	0.75	0.70	0.70	0.65	0.65	0.65	0.60	0.55	0.55	0.45	0.65
4	4	−0.05	0.05	0.15	0.20	0.25	0.30	0.30	0.35	0.35	0.35	0.40	0.45	0.45	0.45
	3	0.25	0.30	0.30	0.35	0.35	0.40	0.40	0.40	0.45	0.45	0.45	0.50	0.50	0.50
	2	0.65	0.55	0.60	0.50	0.45	0.45	0.45	0.45	0.45	0.45	0.50	0.50	0.50	0.50
	1	1.10	0.90	0.80	0.75	0.70	0.70	0.65	0.65	0.65	0.60	0.55	0.55	0.55	0.55
5	5	−0.20	0.00	0.15	0.20	0.25	0.30	0.30	0.30	0.35	0.35	0.40	0.45	0.45	0.45
	4	0.10	0.20	0.25	0.30	0.35	0.35	0.40	0.40	0.40	0.40	0.45	0.45	0.50	0.50
	3	0.40	0.40	0.40	0.40	0.40	0.45	0.45	0.45	0.45	0.45	0.50	0.50	0.50	0.50
	2	0.65	0.55	0.50	0.50	0.50	0.50	0.50	0.50	0.50	0.50	0.50	0.50	0.50	0.50
	1	1.20	0.95	0.80	0.75	0.75	0.70	0.70	0.65	0.65	0.65	0.55	0.55	0.55	0.55
6	6	−0.30	0.00	0.10	0.20	0.25	0.25	0.30	0.30	0.35	0.30	0.40	0.45	0.45	0.45
	5	0.00	0.20	0.25	0.30	0.35	0.35	0.40	0.40	0.40	0.40	0.45	0.45	0.50	0.50
	4	0.20	0.30	0.35	0.35	0.40	0.40	0.40	0.45	0.45	0.45	0.45	0.50	0.50	0.50
	3	0.40	0.40	0.40	0.45	0.45	0.45	0.45	0.45	0.45	0.45	0.50	0.50	0.50	0.50
	2	0.70	0.60	0.55	0.50	0.50	0.50	0.50	0.50	0.50	0.50	0.50	0.50	0.50	0.50
	1	1.20	0.95	0.85	0.80	0.75	0.70	0.70	0.65	0.65	0.65	0.55	0.55	0.55	0.55
7	7	−0.35	−0.05	0.10	0.20	0.20	0.25	0.30	0.30	0.35	0.35	0.40	0.45	0.45	0.45
	6	−0.10	0.15	0.25	0.30	0.35	0.25	0.35	0.40	0.40	0.40	0.45	0.45	0.50	0.50
	5	0.10	0.25	0.30	0.35	0.40	0.40	0.40	0.45	0.45	0.45	0.45	0.50	0.50	0.50
	4	0.30	0.35	0.40	0.40	0.40	0.45	0.45	0.45	0.45	0.45	0.50	0.50	0.50	0.50
	3	0.50	0.45	0.45	0.45	0.45	0.45	0.45	0.45	0.45	0.45	0.50	0.50	0.50	0.50
	2	0.75	0.60	0.55	0.50	0.50	0.50	0.50	0.50	0.50	0.50	0.50	0.50	0.50	0.50
	1	1.20	0.95	0.85	0.80	0.75	0.70	0.70	0.65	0.65	0.65	0.55	0.55	0.55	0.55

续表

m	n \ $\bar{k}$	0.1	0.2	0.3	0.4	0.5	0.6	0.7	0.8	0.9	1.0	2.0	3.0	4.0	5.0
8	8	−0.35	−0.15	0.10	0.15	0.25	0.25	0.30	0.30	0.35	0.35	0.40	0.45	0.45	0.45
	7	−0.10	0.15	0.25	0.30	0.35	0.35	0.40	0.40	0.40	0.40	0.45	0.50	0.50	0.50
	6	0.05	0.25	0.30	0.35	0.40	0.40	0.40	0.45	0.45	0.45	0.45	0.50	0.50	0.50
	5	0.20	0.30	0.35	0.40	0.40	0.45	0.45	0.45	0.45	0.45	0.50	0.50	0.50	0.50
	4	0.35	0.40	0.40	0.45	0.45	0.45	0.45	0.45	0.45	0.45	0.50	0.50	0.50	0.50
	3	0.50	0.45	0.45	0.45	0.45	0.45	0.45	0.45	0.50	0.50	0.50	0.50	0.50	0.50
	2	0.75	0.60	0.55	0.55	0.50	0.50	0.50	0.50	0.50	0.50	0.50	0.50	0.50	0.50
	1	1.20	1.00	0.85	0.80	0.75	0.70	0.70	0.65	0.65	0.65	0.55	0.55	0.55	0.55

注：m—总层数；n—所在楼层的位置。

规则框架承受倒三角形分布水平力作用时标准反弯点的高度比 y_0 值 附表 7-2

m	n \ $\bar{k}$	0.1	0.2	0.3	0.4	0.5	0.6	0.7	0.8	0.9	1.0	2.0	3.0	4.0	5.0
1	1	0.80	0.75	0.70	0.65	0.65	0.60	0.60	0.60	0.60	0.55	0.55	0.55	0.55	0.55
2	2	0.50	0.45	0.40	0.40	0.40	0.40	0.40	0.40	0.40	0.45	0.45	0.45	0.45	0.50
	1	1.00	0.85	0.75	0.70	0.70	0.65	0.65	0.65	0.60	0.60	0.55	0.55	0.55	0.55
3	3	0.25	0.25	0.25	0.30	0.30	0.35	0.35	0.35	0.40	0.40	0.45	0.45	0.45	0.50
	2	0.60	0.50	0.50	0.50	0.50	0.45	0.45	0.45	0.45	0.45	0.50	0.50	0.50	0.50
	1	1.15	0.90	0.80	0.75	0.75	0.70	0.70	0.65	0.65	0.65	0.60	0.55	0.55	0.55
4	4	0.10	0.15	0.20	0.25	0.30	0.30	0.35	0.35	0.35	0.40	0.45	0.45	0.45	0.45
	3	0.35	0.35	0.35	0.40	0.40	0.40	0.40	0.45	0.45	0.45	0.45	0.50	0.50	0.50
	2	0.70	0.60	0.55	0.50	0.50	0.50	0.50	0.50	0.50	0.50	0.50	0.50	0.50	0.50
	1	1.20	0.95	0.85	0.80	0.75	0.70	0.70	0.70	0.65	0.65	0.55	0.55	0.55	0.55
5	5	−0.05	0.10	0.20	0.25	0.30	0.30	0.35	0.35	0.35	0.35	0.40	0.45	0.45	0.45
	4	0.20	0.25	0.35	0.35	0.40	0.40	0.40	0.40	0.40	0.45	0.45	0.50	0.50	0.50
	3	0.45	0.40	0.45	0.45	0.45	0.45	0.45	0.45	0.45	0.45	0.50	0.50	0.50	0.50
	2	0.75	0.60	0.55	0.55	0.50	0.50	0.50	0.50	0.50	0.50	0.50	0.50	0.50	0.50
	1	1.30	1.00	0.85	0.80	0.75	0.70	0.70	0.65	0.65	0.65	0.65	0.55	0.55	0.55
6	6	−0.15	0.05	0.15	0.20	0.25	0.30	0.30	0.35	0.35	0.35	0.40	0.45	0.45	0.45
	5	0.10	0.25	0.30	0.35	0.35	0.40	0.40	0.40	0.45	0.45	0.45	0.50	0.50	0.50
	4	0.30	0.35	0.40	0.40	0.45	0.45	0.45	0.45	0.45	0.45	0.50	0.50	0.50	0.50
	3	0.50	0.45	0.45	0.45	0.45	0.45	0.45	0.45	0.45	0.50	0.50	0.50	0.50	0.50
	2	0.80	0.65	0.55	0.55	0.55	0.55	0.50	0.50	0.50	0.50	0.50	0.50	0.50	0.50
	1	1.30	1.00	0.85	0.80	0.75	0.70	0.70	0.65	0.65	0.65	0.60	0.55	0.55	0.55
7	7	−0.20	0.05	0.15	0.20	0.25	0.30	0.30	0.35	0.35	0.35	0.45	0.45	0.45	0.45
	6	−0.05	0.20	0.30	0.35	0.35	0.40	0.40	0.40	0.40	0.45	0.45	0.50	0.50	0.50
	5	0.20	0.30	0.35	0.40	0.40	0.45	0.45	0.45	0.45	0.45	0.50	0.50	0.50	0.50
	4	0.35	0.40	0.40	0.45	0.45	0.45	0.45	0.45	0.45	0.45	0.50	0.50	0.50	0.50
	3	0.55	0.50	0.50	0.50	0.50	0.50	0.50	0.50	0.50	0.50	0.50	0.50	0.50	0.50
	2	0.80	0.65	0.60	0.55	0.55	0.55	0.50	0.50	0.50	0.50	0.50	0.50	0.50	0.50
	1	1.30	1.00	0.90	0.80	0.75	0.70	0.70	0.70	0.65	0.65	0.60	0.55	0.55	0.55

续表

m	$\bar{k}$ / n	0.1	0.2	0.3	0.4	0.5	0.6	0.7	0.8	0.9	1.0	2.0	3.0	4.0	5.0
8	8	−0.20	−0.05	0.15	0.20	0.25	0.30	0.30	0.35	0.35	0.35	0.45	0.45	0.45	0.45
	7	0.00	0.20	0.30	0.35	0.35	0.40	0.40	0.40	0.40	0.45	0.45	0.50	0.50	0.50
	6	0.15	0.30	0.35	0.40	0.40	0.45	0.45	0.45	0.45	0.45	0.50	0.50	0.50	0.50
	5	0.30	0.45	0.40	0.45	0.45	0.45	0.45	0.45	0.45	0.45	0.50	0.50	0.50	0.50
	4	0.40	0.45	0.4	0.45	0.45	0.45	0.45	0.50	0.50	0.50	0.50	0.50	0.50	0.50
	3	0.60	0.50	0.50	0.50	0.50	0.50	0.50	0.50	0.50	0.50	0.50	0.50	0.50	0.50
	2	0.85	0.65	0.60	0.55	0.55	0.55	0.50	0.50	0.50	0.50	0.50	0.50	0.50	0.50
	1	1.30	1.00	0.90	0.80	0.75	0.70	0.70	0.70	0.65	0.65	0.60	0.55	0.55	0.55

注：m—总层数；n—所在楼层的位置。

上下层横梁线刚度比 α_1 对 y_0 的修正值 y_1　　附表 7-3

$\bar{k}$ / α_1	0.1	0.2	0.3	0.4	0.5	0.6	0.7	0.8	0.9	1.0	2.0	3.0	4.0	5.0
0.4	0.55	0.40	0.30	0.25	0.20	0.20	0.20	0.15	0.15	0.15	0.05	0.05	0.05	0.05
0.5	0.45	0.30	0.20	0.20	0.15	0.15	0.15	0.10	0.10	0.10	0.05	0.05	0.05	0.05
0.6	0.30	0.20	0.15	0.15	0.10	0.10	0.10	0.10	0.05	0.05	0.05	0.05	0	0
0.7	0.20	0.15	0.10	0.10	0.10	0.10	0.05	0.05	0.05	0.05	0.05	0	0	0
0.8	0.15	0.10	0.05	0.05	0.05	0.05	0.05	0.05	0.05	0	0	0	0	0
0.9	0.05	0.05	0.05	0.05	0	0	0	0	0	0	0	0	0	0

上下层高变化对 y_0 的修正值 y_2 和 y_3　　附表 7-4

α_2	$\bar{k}$ / α_3	0.1	0.2	0.3	0.4	0.5	0.6	0.7	0.8	0.9	1.0	2.0	3.0	4.0	5.0
2.0		0.25	0.15	0.15	0.10	0.10	0.10	0.10	0.10	0.05	0.05	0.05	0.05	0	0
1.8		0.20	0.15	0.10	0.10	0.10	0.05	0.05	0.05	0.05	0.05	0.05	0	0	0
1.6	0.4	0.15	0.10	0.10	0.05	0.05	0.05	0.05	0.05	0.05	0.05	0.05	0	0	0
1.4	0.6	0.10	0.05	0.05	0.05	0.05	0.05	0.05	0.05	0.05	0	0	0	0	0
1.2	0.8	0.05	0.05	0.05	0	0	0	0	0	0	0	0	0	0	0
1.0	1.0	0	0	0	0	0	0	0	0	0	0	0	0	0	0
0.8	1.2	−0.05	−0.05	−0.05	0	0	0	0	0	0	0	0	0	0	0
0.6	1.4	−0.10	−0.05	−0.05	−0.05	−0.05	−0.05	−0.05	−0.05	−0.05	0	0	0	0	0
0.4	1.6	−0.10	−0.10	−0.10	−0.05	−0.05	−0.05	−0.05	−0.05	−0.05	−0.05	0	0	0	0
	1.8	−0.20	−0.10	−0.10	−0.10	−0.10	−0.05	−0.05	−0.05	−0.05	0.05	0.05	0	0	0
	2.0	−0.25	−0.15	−0.15	−0.10	−0.10	−0.10	−0.10	−0.10	−0.05	−0.05	−0.05	−0.05	0	0

注：1. y_2 按 α_2 查表求得，层高较高时为正值，最上层不考虑 y_2，α_2 为上层柱高与计算层柱高之比。

2. y_3 按 α_3 查表求得，对于底层柱不考虑 y_3，α_3 为下层柱高与计算层柱高之比。

第八章 砌体结构

基本要点

1. 了解砌体结构砌筑块材、砂浆种类，并了解砌体抗压强度受力特点及影响因素；

2. 掌握砌体构件受压承载力及局部受压承载力计算方法；并了解砌体轴心受拉、受弯及受剪承载力的计算方法；

3. 了解混合结构房屋的结构类型、墙体布置及荷载作用下的受力特点，熟悉确定静力计算方案的原则，了解混合结构房屋的空间工作性能和构造措施，掌握刚性方案房屋墙、柱内力计算以及混合结构的计算方法；

4. 熟悉过梁、挑梁、墙梁的受力特点、荷载确定方法、承载力计算方法以及构造要求；掌握混合结构房屋设计步骤。

第一节 砌体材料力学性能及设计原则

砌体是由块材（砖、砌块、石材）和砂浆由人工砌筑而成的一种建筑材料。砌体结构是由块材（砖、砌块、石材）和砂浆砌筑而成的墙、柱作为建筑物主要受力构件的结构。

一、块材和砂浆

（一）砖

按《砌体结构设计规范》（GB 50003—2011）砖分为：

1. 烧结普通砖、烧结多孔砖，由黏土、煤矸石、页岩或粉煤灰为主要原料焙烧而成的烧结黏土砖、烧结煤矸石砖、烧结页岩砖和烧结粉煤灰砖；由上述主要原料经焙烧而成的承重多孔砖称为烧结多孔砖；强度等级分为 MU30、MU25、MU20、MU15 和 MU10 五级。

2. 蒸压灰砂普通砖、蒸压粉煤灰普通砖，以石灰和砂为主要原料或以粉煤灰和石灰为主要原料并掺加适量石膏和集料经蒸压养护而成的灰砂砖和粉煤灰砖。标准尺寸为 240mm × 115mm × 53mm，强度等级分为 MU25、MU20、MU15。

3. 混凝土普通砖、混凝土多孔砖，以水泥为胶结材料，以砂、石等为主要集料，加水搅拌、成型、养护制成的一种多孔的混凝土半盲孔砖或实心砖。多孔砖的主规格尺寸为 240mm×115mm×90mm、240mm×190mm×90mm、190mm×190mm×90mm 等，实心砖的主规格尺寸为 240mm×15mm×53mm、240mm×115mm×90mm 等。强度等级分为：MU30、MU25、MU20、MU15。

（二）混凝土小型空心砌块

由普通混凝土或轻集料混凝土制成，主规格尺寸为 390mm×190mm×190mm，空心率为 25%～50%，强度等级分为 MU20、MU15、MU10、MU7.5 和 MU5 五级。

（三）石材

石材有毛石和料石两种，料石又分为细料石、半细料石、粗料石和毛料石，其强度等级分为 MU100、MU80、MU60、MU50、MU40、MU30 和 MU20 七级。

（四）砂浆

按其成分有水泥砂浆、水泥混合砂浆、非水泥砂浆以及专门用于混凝土砌块砌筑的专用砂浆。

烧结普通砖和烧结多孔砖砌体采用的砂浆强度等级：M15、M10、M7.5、M5、M2.5。

混凝土普通砖、混凝土多孔砖、单排孔混凝土砌块和煤矸石混凝土砌块砌体采用砂浆的强度等级：Mb20、Mb15、Mb10、Mb7.5、Mb5。

孔洞率不大于 35%的双排孔或多排孔轻集料混凝土砌块砌体采用砌筑砂浆的强度等级：Mb10、Mb7.5、Mb5。

蒸压灰砂普通砖、蒸压粉煤灰普通砖砌体采用的专用砌筑砂浆强度等级：Ms15、Ms10、Ms7.5、Ms5。

毛料石、毛石砌体采用砂浆的强度等级：M7.5、M5、M2.5。

当验算施工阶段砂浆尚未硬化的新砌砌体强度时，砂浆强度取为零。

二、砌体结构的类型

砌体结构按材料分为：

（1）砖砌体：由烧结普通砖、烧结多孔砖、混凝土普通砖、混凝土多孔砖、蒸压灰砂普通砖、蒸压粉煤灰普通砖和砂浆砌筑而成的砌体。

（2）砌块砌体：由混凝土小型空心砌块和砂浆砌筑而成的砌体。

（3）石材砌体：由天然石材和砂浆砌筑而成的砌体。

（4）配筋砌体：在砌体内配置适量钢筋形成的砌体，根据块材的不同可分为配筋砖砌体和配筋砌块砌体。

（5）组合砌体：在砌体的受拉和受压区用钢筋混凝土（或钢筋砂浆）代替部

分砌体并与原砌体共同工作，形成组合砌体。

三、无筋砌体受压特性

砌体是由单块块材（如砖、混凝土砌块或石材等材料）通过砂浆粘结为整体，两种材料的力学性能差异构成砌体的非匀质特性。由于砂浆厚度和密实性的不均匀以及块材和砂浆的交互作用，导致砌体的抗压强度较多地低于块材的抗压强度。下面以轴心受压砖砌体的受力和破坏过程为例来分析这一现象。

（一）砌体受压的破坏过程

如图 8-1 所示，砖砌体轴心受压时，从开始加载至破坏大致经历以下三个阶段。

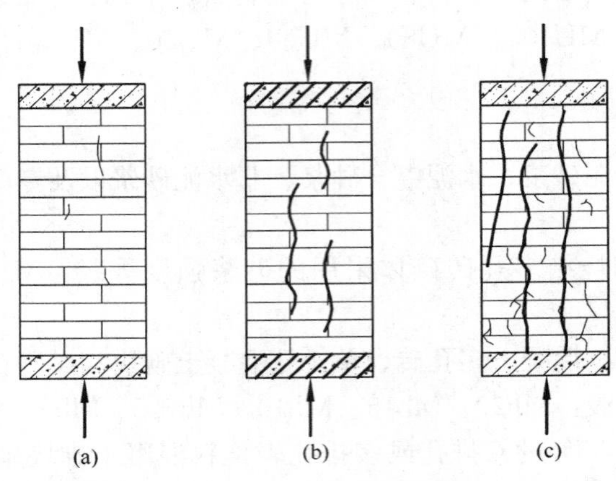

图 8-1 砖砌体的受压破坏

第一阶段：加载初期荷载很小时，砌体未出现裂缝处于整体工作阶段；当加载至大约极限荷载的 50%～70%时，在单块砖中出现细小裂缝，裂缝多呈垂直或略偏斜向，形成不立即贯通的短裂缝（图 8-1a）。这是由于砖块本身形状不规则或砂浆层的不均匀致使砖块受弯、受剪而形成。若不再增加荷载，裂缝不再发展。

第二阶段：继续增加荷载，细小裂缝向上、下发展，形成贯通数皮块材的竖向裂缝，同时不断产生新的裂缝（图 8-1b）。此时，即使不再增加荷载，裂缝也会继续发展，砌体处于即将破坏的危险状态。

第三阶段：继续增加荷载，当加载至极限荷载的 80%～90%时，转入第三阶段。此时砌体中的竖向裂缝随荷载增大而急剧扩展，连成几条贯通裂缝，将砌体分割为若干受力不均匀的小立柱（图 8-1c），砌体明显向外鼓出，最后因小立柱被压碎或失稳而导致整个砌体破坏。

（二）砌体受压应力状态分析

上述破坏现象表明，单块砖的抗压强度在砌体中并未得到充分发挥，其原因在于砖开裂后，砌体中竖向裂缝扩展连通将砌体分割成小立柱，造成了砌体的最终破坏，而砌体内单块砖的过早开裂是基于以下原因：

1. 由于砂浆厚度和密实性的不均匀，砌体内单块砖并非均匀受压，而是支承于凸凹不平的砂浆层上，使单块砖既有压应力，又有弯、剪应力（图 8-2a）。由于砖的脆性使其抵抗复合应力的能力很差，导致砖过早开裂。

2. 砌体横向变形时砖和砂浆的交互作用。在受压砌体中由于砖和砂浆的弹性模量和横向变形系数不同，砖的横向变形小于砂浆，当砌体受压时两者的横向变形相互约束，使砂浆受横向压力、砖受横向拉力作用（图 8-2b），加快了砖的开裂。

3. 竖向灰缝处的应力集中。砌体内竖向灰缝往往不饱满、不密实，将导致砌体的不连续和砖块在竖向灰缝处应力集中，致使砌体强度降低。

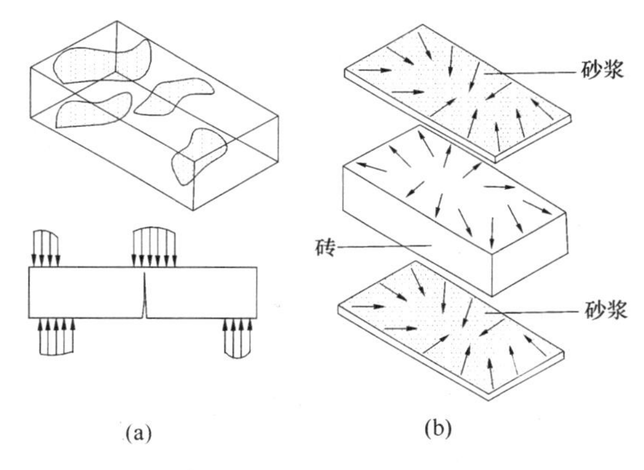

图 8-2　砌体内砖的复杂受力状态

（三）影响砌体抗压强度的主要因素

1. 块材和砂浆的强度

块材的强度等级、砂浆的强度等级愈高，砌体的强度也愈高。

2. 砂浆的和易性

砂浆的和易性好，灰缝的厚度和密实性都较好，块材受力越均匀，砌体的强度相对较高。

3. 砌筑质量

砌筑质量主要表现在灰缝的质量上，灰缝均匀、饱满，可减少砌体中块材的附加拉、弯、剪应力的影响，从而提高砌体的强度。

4. 块材的形状

块材形状平整规则，尺寸准确或块材高度愈大，均可使灰缝均匀饱满或减少灰缝数量，达到减小块材附加应力的影响，从而提高砌体强度。

四、砌体强度平均值

（一）砌体的轴心抗压强度平均值

1.《砌体结构设计规范》（GB 50003—2011）根据大量试验资料及统计分析，提出了适于各类砌体一般情况下抗压强度平均值计算公式：

$$f_{\mathrm{m}} = k_1 f_1^{\alpha}(1 + 0.07 f_2)k_2 \tag{8-1}$$

式中　f_{m}——砌体轴心抗压强度平均值（MPa）；

f_1——块材（砖、石、混凝土砌块）的抗压强度等级值或平均值（MPa）；

f_2——砂浆的抗压强度平均值（MPa）；

k_2——砂浆强度对砌体抗压强度影响的修正系数；

k_1、α——与砌体种类有关的系数。

k_1、k_2、α 的取值见表 8-1。

各类砌体轴心抗压强度平均值计算式中的系数　　表 8-1

砌体种类	k_1	α	k_2
混凝土普通砖、混凝土多孔砖烧结普通砖、烧结多孔砖、蒸压灰砂普通砖、蒸压粉煤灰普通砖	0.78	0.5	当 $f_2<1$ 时，$k_2=0.6+0.4f_2$
混凝土砌块、轻集料混凝土砌块	0.46	0.9	当 $f_2=0$ 时，$k_2=0.8$
毛料石	0.79	0.5	当 $f_2<1$ 时，$k_2=0.6+0.4f_2$
毛　石	0.22	0.5	当 $f_2<2.5$ 时，$k_2=0.4+0.24f_2$

注：表中所列条件以外时 k_2 均等于 1。

2. 对混凝土砌块砌体的轴心抗压强度平均值，当 $f_2>10$MPa 时：

$$f_m=0.46f_1^{0.9}(1+0.07f_2)(1.1-0.01f_2) \tag{8-2}$$

3. 当混凝土砌块砌体强度等级为 MU20 时，其轴心抗压强度平均值应取 $0.95f_m$，并满足 $f_1\geqslant f_2$，$f_1\leqslant 20$MPa。

式（8-1）表明，块材的抗压强度 f_1 是影响砌体轴心抗压强度的重要因素，其次是砂浆强度的影响。

（二）砌体的轴心抗拉、弯曲抗拉和抗剪强度平均值

试验表明，砌体的抗拉、抗弯和抗剪强度，主要取决于灰缝与块材的粘结强度，一般情况破坏发生在二者的界面上。如砌体的受拉破坏主要有齿缝受拉破坏（图 8-3a）和沿块材和竖向灰缝的破坏（图 8-3b）。

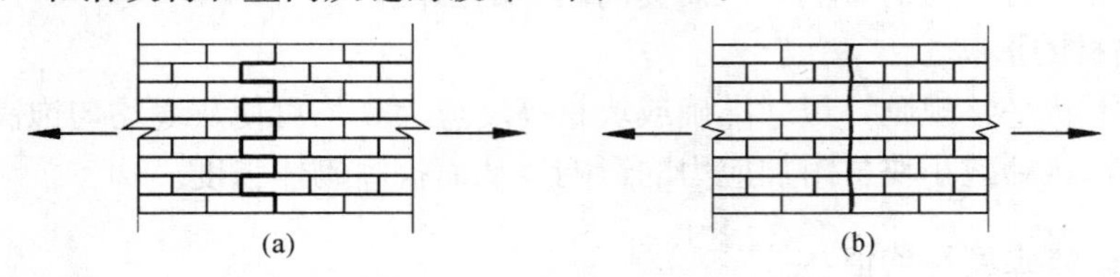

图 8-3　砌体轴心受拉破坏

砌体的受弯和受剪破坏形式分别如图 8-4、图 8-5 所示。

《砌体结构设计规范》（GB 50003—2011）对抗拉、抗弯和抗剪强度采用统一的经验公式计算：

（1）砌体轴心抗拉强度平均值 $f_{t,m}$（MPa）：

$$f_{t,m}=k_3\sqrt{f_2} \tag{8-3}$$

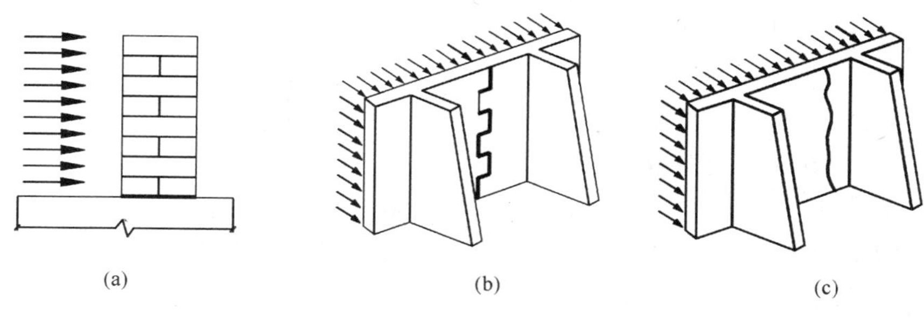

图 8-4 砌体弯曲破坏

(a) 沿通缝破坏；(b) 沿齿缝破坏；(c) 沿块材和竖向灰缝破坏

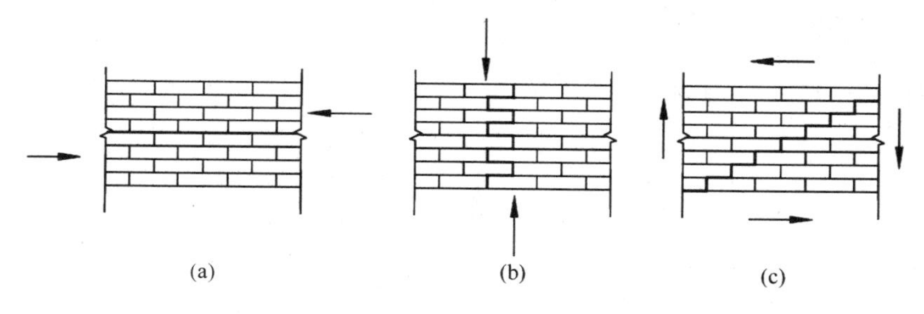

图 8-5 砌体剪切破坏

(a) 沿通缝破坏；(b) 沿齿缝破坏；(c) 沿阶梯缝破坏

（2）砌体弯曲抗拉强度平均值 $f_{tm,m}$（MPa）：
$$f_{tm,m}=k_4\sqrt{f_2} \tag{8-4}$$

（3）砌体抗剪强度平均值 $f_{v,m}$（MPa）：
$$f_{v,m}=k_5\sqrt{f_2} \tag{8-5}$$

式中参数 k_3、k_4、k_5 的取值见表 8-2。

砌体抗拉、抗弯和抗剪强度平均值计算式中的系数　　表 8-2

砌体种类	k_3	k_4		k_5
		沿齿缝	沿通缝	
混凝土普通砖、混凝土多孔砖、烧结普通砖、烧结多孔砖	0.141	0.250	0.125	0.125
蒸压灰砂普通砖、蒸压粉煤灰普通砖	0.09	0.18	0.09	0.09
混凝土砌块	0.069	0.081	0.056	0.069
毛石	0.075	0.113	—	0.188

五、砌体的强度标准值

砌体强度标准值取其强度分布的 95%下分位值，于是强度标准值与强度平均值的关系可写成：

$$f_k = f_m - 1.645\sigma_f = f_m(1 - 1.645\delta_f) \tag{8-6}$$

式中　f_k——砌体的强度标准值，见附表 8-1；

f_m——砌体的强度平均值；

σ_f——砌体强度的标准差；

δ_f——砌体强度变异系数见表 8-3。

砌体强度变异系数 δ_f　　**表 8-3**

砌体类别	砌体抗压强度	砌体抗拉、抗弯、抗剪强度
砖、砌块砌体	0.17	0.20
毛料石砌体	0.24	0.26

六、砌体的强度设计值

砌体的强度设计值为

$$f=\frac{f_k}{\gamma_f}=\frac{f_m(1-1.645\delta_f)}{\gamma_f} \tag{8-7}$$

式中　γ_f——砌体结构的材料性能分项系数，一般情况下，宜按施工控制等级为 B 级考虑，取 $\gamma_f=1.6$；当施工控制等级为 C 级时，取 $\gamma_f=1.8$。

（一）砌体抗压强度设计值

龄期为 28d，以毛截面计算的各类砌体的抗压强度设计值，当施工质量控制等级为 B 级时，应根据块体和砂浆的强度等级分别按下列规定采用：

1. 烧结普通砖和烧结多孔砖砌体的抗压强度设计值，应按表 8-4 采用。

烧结普通砖和烧结多孔砖砌体的抗压强度设计值 f（MPa）　　**表 8-4**

砖强度等级	砂浆强度等级					砂浆强度
	M15	M10	M7.5	M5	M2.5	0
MU30	3.94	3.27	2.93	2.59	2.26	1.15
MU25	3.60	2.98	2.68	2.37	2.06	1.05
MU20	3.22	2.67	2.39	2.12	1.84	0.94
MU15	2.79	2.31	2.07	1.83	1.60	0.82
MU10	—	1.89	1.69	1.50	1.30	0.67

注：当烧结多孔砖的孔洞率大于 30%时，表中数值应乘以 0.9。

2. 混凝土普通砖和混凝土多孔砖砌体的抗压强度设计值，应按表 8-5 采用。

混凝土普通砖和混凝土多孔砖砌体的抗压强度设计值 f（MPa）　　**表 8-5**

砖强度等级	砂浆强度等级					砂浆强度
	Mb20	Mb15	Mb10	Mb7.5	Mb5	0
MU30	4.61	3.94	3.27	2.93	2.59	1.15
MU25	4.21	3.60	2.98	2.68	2.37	1.05

续表

砖强度等级	砂浆强度等级					砂浆强度
	Mb20	Mb15	Mb10	Mb7.5	Mb5	0
MU20	3.77	3.22	2.67	2.39	2.12	0.94
MU15	—	2.79	2.31	2.07	1.83	0.82

3. 蒸压灰砂普通砖和蒸压粉煤灰普通砖砌体的抗压强度设计值，应按表 8-6 采用。

蒸压灰砂砖和蒸压粉煤灰砖砌体的抗压强度设计值 f（MPa）　　表 8-6

砖强度等级	砂浆强度等级				砂浆强度
	Mb15	Mb10	Mb7.5	Mb5	0
MU25	3.60	2.98	2.68	2.37	1.05
MU20	3.22	2.67	2.39	2.12	0.94
MU15	2.79	2.31	2.07	1.83	0.82

4. 单排孔混凝土和轻集料混凝土砌块对孔砌体的抗压强度设计值，应按表 8-7 采用。

单排孔混凝土砌块和轻集料混凝土砌块对孔砌筑砌体的抗压强度设计值 f（MPa）　　表 8-7

小砌块强度等级	砂浆强度等级					砂浆强度
	Mb20	Mb15	Mb10	Mb7.5	Mb5	0
MU20	6.30	5.68	4.95	4.44	3.94	2.33
MU15	—	4.61	4.02	3.61	3.20	1.89
MU10	—	—	2.79	1.50	2.22	1.31
MU7.5	—	—	—	1.93	1.71	1.01
MU5		—	—	—	1.19	0.70

注：1. 对独立柱或厚度为双排组砌的砌块砌体，应按表中数值乘以 0.7；
2. 对 T 形截面墙体、柱，应按表中数值乘以 0.85。

5. 单排孔混凝土砌块对孔砌筑时，灌孔砌体的抗压强度设计值 f_g，应按下列方法确定：

（1）混凝土砌块砌体的灌孔混凝土强度等级不应低于 Cb20，且也不应低于 1.5 倍的块体强度等级。（灌孔混凝土强度指标取同强度等级混凝土强度指标）。

（2）灌孔混凝土砌块砌体的抗压强度设计值 f_g，应按下列公式计算：

$$f_g = f + 0.6\alpha f_c \tag{8-8}$$

$$\alpha = \delta\rho \tag{8-9}$$

式中 f_g——灌孔砌体的抗压强度设计值，并不应大于未灌孔砌体抗压强度设计值的2倍；

f——未灌孔砌体的抗压强度设计值，应按表8-7采用；

f_c——灌孔混凝土的轴心抗压强度设计值；

α——砌块砌体中灌孔混凝土面积和砌体毛面积的比值；

δ——混凝土砌块的孔洞率；

ρ——混凝土砌块砌体的灌孔率，系截面灌孔混凝土面积和截面孔洞面积的比值，灌孔率应根据受力或施工条件确定，且ρ不应小于33%。

6. 孔洞率不大于35%的双排孔或多排孔轻集料混凝土砌块砌体的抗压强度设计值，应按表8-8采用。

对厚度方向为双排组砌的轻集料混凝土砌块砌体的抗压强度设计值，表8-8中数值应乘以0.8。

双排孔或多排孔轻集料混凝土砌块砌体的抗压强度设计值 f（MPa） 表8-8

砌块强度等级	砂浆强度等级			砂浆强度
	Mb10	Mb7.5	Mb5	0
MU10	3.08	2.76	2.45	1.44
MU7.5	—	2.13	1.88	1.12
MU5	—	—	1.31	0.78
MU3.5	—	—	0.95	0.56

注：表中的砌块为火山渣、浮石和陶粒轻集料混凝土砌块。

7. 块体高度为180～350mm的毛料石砌体的抗压强度设计值，应按表8-9采用。

毛料石砌体的抗压强度设计值 f（MPa） 表8-9

毛料石砌体强度等级	砂浆强度等级			砂浆强度
	M7.5	M5	M2.5	0
MU100	5.42	4.80	4.18	2.13
MU80	4.85	4.29	3.73	1.91
MU60	4.2	3.71	3.23	1.65
MU50	3.83	3.39	2.95	1.51
MU40	3.43	3.04	2.64	1.35

续表

毛料石砌体强度等级	砂浆强度等级			砂浆强度
	M7.5	M5	M2.5	0
MU30	2.97	2.63	2.29	1.17
MU20	2.42	2.15	1.87	0.95

注：对下列各类料石砌体，应按表 8-9 中数值分别乘以下列系数：

细料石砌体 1.4

粗料石砌体 1.2

干砌勾缝石砌体 0.8

8. 毛石砌体的抗压强度设计值，应按表 8-10 采用。

毛石砌体的抗压强度设计值 f（MPa）　表 8-10

毛石砌体强度等级	砂浆强度等级			砂浆强度
	M7.5	M5	M2.5	0
MU100	1.27	1.12	0.98	0.34
MU80	1.13	1.00	0.87	0.30
MU60	0.98	0.87	0.76	0.26
MU50	0.90	0.80	0.69	0.23
MU40	0.80	0.71	0.62	0.21
MU30	0.69	0.61	0.53	0.18
MU20	0.56	0.51	0.44	0.15

（二）砌体的抗拉、抗弯和抗剪强度设计值

1. 龄期为 28d，以毛截面计算的各类砌体的轴心抗拉强度设计值，弯曲抗拉强度设计值和抗剪强度设计值，当施工控制等级为 B 级时，应按表 8-11 采用。

沿砌体灰缝截面破坏时砌体的轴心抗拉强度设计值 f_t、弯曲抗拉强度设计值 f_{tm} 和抗剪强度设计值 f_v（MPa）　表 8-11

强度类别	破坏特征及砌体种类		砂浆强度等级			
			≥M10	M7.5	M5	M2.5
轴心抗拉	沿齿缝	烧结普通砖、烧结多孔砖	0.19	0.16	0.13	0.09
		混凝土普通砖、混凝土多孔砖	0.19	0.16	0.13	—
		蒸压灰砂砖、蒸压粉煤灰砖	0.12	0.10	0.08	—
		混凝土和轻集料混凝土砌块	0.09	0.08	0.07	—
		毛石	0.08	0.07	0.06	0.04

续表

强度类别	破坏特征	砌体种类	≥M10	M7.5	M5	M2.5
			砂浆强度等级			
弯曲抗拉	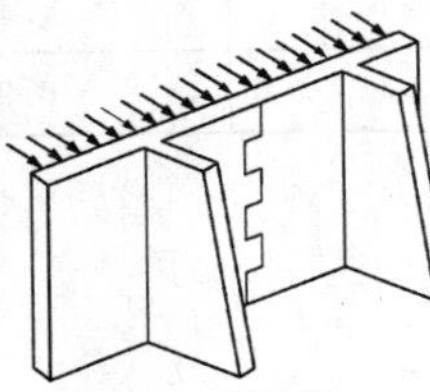 沿齿缝	烧结普通砖、烧结多孔砖	0.33	0.29	0.23	0.17
		混凝土普通砖、混凝土多孔砖	0.33	0.29	0.23	—
		蒸压灰砂普通砖、蒸压粉煤灰普通砖	0.24	0.20	0.16	—
		混凝土和轻集料混凝土砌块	0.11	0.09	0.08	—
		毛石	—	0.11	0.09	0.07
	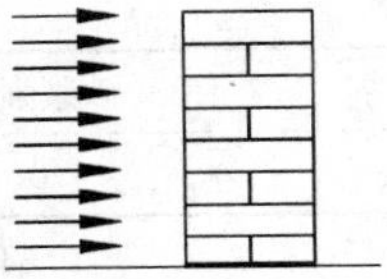 沿通缝	烧结普通砖、烧结多孔砖	0.17	0.14	0.11	0.08
		混凝土普通砖、混凝土多孔砖	0.17	0.14	0.11	—
		蒸压灰砂普通砖、蒸压粉煤灰普通砖	0.12	0.10	0.08	—
		混凝土砌块	0.08	0.06	0.05	—
抗剪		烧结普通砖、烧结多孔砖	0.17	0.14	0.11	0.08
		混凝土普通砖、混凝土多孔砖	0.17	0.14	0.11	—
		蒸压灰砂普通砖、蒸压粉煤灰普通砖	0.12	0.10	0.08	—
		混凝土和轻集料混凝土砌块	0.09	0.08	0.06	—
		毛石	—	0.19	0.16	0.11

注：1. 对于用形状规则的块体砌筑的砌体，当搭接长度与块体高度的比值小于1时，其轴心抗拉强度设计值 f_t 和弯曲抗拉强度设计值 f_{tm} 应按表8-11中数值乘以搭接长度与块体高度比值后采用；
2. 对蒸压灰砂普通砖、蒸压粉煤灰普通砖砌体，当有可靠的试验数据时，表8-11中抗剪强度设计值，按相应普通砂强度等级砌筑的烧结普通砖砌体采用；
3. 对混凝土普通砖、混凝土多孔砖、混凝土和轻集料混凝土砌块砌体，表中的砂浆强度等级分别为：≥Mb10、Mb7.5及Mb5。

2. 单排孔混凝土砌块对孔砌筑时，灌孔砌体的抗剪强度设计值 f_{vg}，应按下列公式计算：

$$f_{vg} = 0.2 f_g^{0.55} \tag{8-10}$$

式中 f_g——灌孔砌体的抗压强度设计值（MPa）。

（三）砌体强度设计值的调整

按规范规定，下列情况下的各类砌体，其砌体强度设计值应乘以调整系数 r_a：

1. 对无筋砌体构件，其截面面积 $A<0.3\text{m}^2$ 时，$r_a=A+0.7$；对配筋砌体

构件，当其截面面积 $A<0.2\text{m}^2$ 时，$r_a=A+0.8$；

2. 当砌体用强度等级小于 M5.0 的水泥砂浆砌筑时，对表 8-4～表 8-10 中的数值，$r_a=0.9$；对表 8-11 中数值，$r_a=0.8$；

3. 当验算施工中房屋的构件时，$r_a=1.1$。

施工阶段砂浆尚未硬化的新砌砌体的强度和稳定性，可按砂浆强度为零进行验算。

对于冬期施工采用掺盐砂浆法施工的砌体（配筋砌体不得用掺盐砂浆施工），砂浆强度等级按常温施工的强度等级提高一级时，砌体强度和稳定性可不验算。

七、砌体的弹性模量、剪变模量、线膨胀系数、收缩系数和摩擦系数

1. 砌体的弹性模量

（1）各类砌体的弹性模量均可按表 8-12 采用。

砌体的弹性模量 **表 8-12**

砌体种类	砂浆强度等级			
	≥M10	M7.5	M5	M2.5
烧结普通砖、烧结多孔砖	$1600f$	$1600f$	$1600f$	$1390f$
混凝土普通砖、混凝土多孔砖砌体	$1600f$	$1600f$	$1600f$	—
蒸压灰砂普通砖、蒸压粉煤灰普通砖	$1060f$	$1060f$	$1060f$	—
非灌孔混凝土砌块砌体	$1700f$	$1600f$	$1500f$	—
粗料石、毛料石、毛石砌体	—	5650	4000	2250
细料石砌体	—	17000	12000	6750

注：轻集料混凝土砌块砌体的弹性模量，可按表 8-12 中混凝土砌块砌体的弹性模量采用；
表中砌体抗压强度设计值无需考虑调整。

（2）单排孔且对孔砌筑的混凝土砌块灌孔砌体的弹性模量，按下列公式计算：

$$E=2000f_g \tag{8-11}$$

式中 f_g——灌孔砌体的抗压强度设计值。

2. 砌体的剪变模量

砌体的剪变模量可按砌体弹性模量的 0.4 倍采用。烧结普通砖砌体的泊松系数可取 0.15。

3. 砌体的线膨胀系数和收缩系数可按表 8-13 采用。

砌体的线膨胀系数和收缩率 表 8-13

砌体类别	线膨胀系数（10⁻⁶/℃）	收缩率（mm/m）
烧结普通砖、烧结多孔砖砌体	5	−0.1
蒸压灰砂普通砖、蒸压粉煤灰普通砖砌体	8	−0.2
混凝土普通砖、混凝土多孔砖、混凝土砌块砌体	10	−0.2
轻集料混凝土砌块砌体	10	−0.3
料石和毛石砌体	8	—

注：表中的收缩率系由达到收缩允许标准的块体砌筑 28d 的砌体收缩率，当地有可靠的砌体收缩试验数据时，亦可采用当地的试验数据。

4. 砌体的摩擦系数

可按表 8-14 采用。

摩擦系数 表 8-14

材料类别	摩擦面情况	
	干燥的	潮湿的
砌体沿砌体或混凝土滑动	0.70	0.60
砌体沿木材滑动	0.60	0.50
砌体沿钢滑动	0.45	0.35
砌体沿砂或卵石滑动	0.60	0.50
砌体沿粉土滑动	0.55	0.40
砌体沿黏性土滑动	0.50	0.30

八、砌体结构设计原则

砌体结构的设计方法和其他材料结构一样，按照国家《建筑结构可靠度设计统计标准》GB 50068，采取以概率理论为基础的极限状态设计方法。砌体结构的可靠度指标及结构安全等级的划分可见本书第二章。砌体结构承载能力极限状态的设计表达式，按下列公式的最不利组合进行：

$$\gamma_0\left(1.2S_{Gk}+1.4\gamma_L S_{Q1k}+\gamma_L\sum_{i=2}^{n}\gamma_{Qi}\psi_{ci}S_{Qik}\right)\leqslant R(f,a_k\cdots\cdots) \tag{8-12}$$

$$\gamma_0\left(1.35S_{Gk}+1.4\gamma_L\sum_{i=1}^{n}\psi_{ci}S_{Qik}\right)\leqslant R(f,a_k\cdots\cdots) \tag{8-13}$$

式中 γ_L——结构构件抗力模型不定性系数，对静力设计，考虑结构设计使用年限的荷载调整系数，设计使用年限为 50a，取 1.0；设计使用年限为 100a，取 1.1；

ψ_{ci}——第 i 个可变荷载的组合值系数。一般情况 $\psi_{ci}=0.7$；对书库、档案库、储藏室或通风机房、电梯机房 $\psi_{ci}=0.9$。

当砌体结构作为一个刚体，需验算整体稳定性时，如倾覆、滑移、漂浮等，则按下式验算：

$$\gamma_0\left(1.2S_{G2k}+1.4\gamma_L S_{Q1k}+\gamma_L\sum_{i=2}^{n}S_{Qik}\right)\leqslant 0.8S_{G1k} \tag{8-14}$$

$$\gamma_0\left(1.35S_{G2k}+1.4\gamma_L\sum_{i=1}^{n}\psi_{ci}S_{Qik}\right)\leqslant 0.8S_{G1k} \tag{8-15}$$

式中　S_{G1k}——起有利作用的永久荷载标准值的效应；

S_{G2k}——起不利作用的永久荷载标准值的效应。

其余各项符号含义均与本书第二章的公式中相同，此处不再重复。

第二节　砌体结构构件的设计计算

一、砌体墙、柱高厚比验算

砌体结构房屋中的受压构件墙、柱，必须具有足够的稳定性和刚度，以避免构件承压过程中发生失稳破坏或出现过大的侧向挠曲。进行墙、柱高厚比验算正是基于此目的。

墙、柱高厚比的定义为计算高度 H_0 与相应方向边长 h 的比值，即 $\beta=H_0/h$。

（一）允许高厚比 [β]

允许高厚比即为墙、柱高厚比的限值，用 [β] 表示，按表 8-15 采用。在工程设计中，影响墙、柱允许高厚比的因素主要有：砂浆强度等级；砌体类型；构件支承条件；横墙间距；砌体截面形式和构件的重要性程度。

墙、柱允许高厚比 [β] 值　　表 8-15

砂浆强度等级	墙	柱
M2.5	22	15
M5.0 或 Mb5.0、Ms5.0	24	16
≥M7.5 或 Mb7.5、Ms7.5	26	17
配筋砌块砌体	30	21

注：1. 毛石墙、柱允许高厚比应按表中数值降低 20%；

2. 带有混凝土或砂浆面层的组合砖砌体构件的允许高厚比，可按表中数值提高 20%，但不得大于 28；

3. 验算施工阶段砂浆尚未硬化的新砌砌体高厚比时，允许高厚比对墙取 14，对柱取 11。

受压构件的计算高度 H_0 表 8-16

<table>
<tr><th colspan="3" rowspan="2">房屋类别</th><th colspan="2">柱</th><th colspan="3">带壁柱墙或周边拉结的墙</th></tr>
<tr><th>排架方向</th><th>垂直排架方向</th><th>$s>2H$</th><th>$2H\geqslant s>H$</th><th>$s\leqslant H$</th></tr>
<tr><td rowspan="3">有吊车的单层房屋</td><td rowspan="2">变截面柱上段</td><td>弹性方案</td><td>$2.5H_u$</td><td>$1.25H_u$</td><td colspan="3">$2.5H_u$</td></tr>
<tr><td>刚性、刚弹性方案</td><td>$2.0H_u$</td><td>$1.25H_u$</td><td colspan="3">$2.0H_u$</td></tr>
<tr><td colspan="2">变截面柱下段</td><td>$1.0H_l$</td><td>$0.8H_l$</td><td colspan="3">$1.0H_l$</td></tr>
<tr><td rowspan="5">无吊车的单层和多层房屋</td><td rowspan="2">单跨</td><td>弹性方案</td><td>$1.5H$</td><td>$1.0H$</td><td colspan="3">$1.5H$</td></tr>
<tr><td>刚弹性方案</td><td>$1.2H$</td><td>$1.0H$</td><td colspan="3">$1.2H$</td></tr>
<tr><td rowspan="2">多跨</td><td>弹性方案</td><td>$1.25H$</td><td>$1.0H$</td><td colspan="3">$1.25H$</td></tr>
<tr><td>刚弹性方案</td><td>$1.10H$</td><td>$1.0H$</td><td colspan="3">$1.1H$</td></tr>
<tr><td colspan="2">刚性方案</td><td>$1.0H$</td><td>$1.0H$</td><td>$1.0H$</td><td>$0.4s+0.2H$</td><td>$0.6s$</td></tr>
</table>

注：1. 表中符号：H_u——变截面柱的上段高度。

H_l——变截面柱的下段高度。

s——房屋横墙间距。

H——构件高度，在房屋底层，为楼板顶面到构件下端支点的距离，下端支点的位置，可取在基础顶面；当埋置较深且有刚性地坪时，可取室外地面下500mm处；在房屋其他层次，为楼板或其他水平支点间的距离；对于无壁柱的山墙，可取层高加山墙尖高度的1/2；对于带壁柱的山墙可取壁柱处的山墙高度；

2. 对于上端为自由端的构件，$H_0=2H$。

3. 独立砖柱，当无柱间支撑时，柱在垂直排架方向的 H_0 应按表中数值乘以1.25后采用。

4. 自承重墙的计算高度应根据周边支承或拉接条件确定。

对有吊车的房屋，当荷载组合不考虑吊车作用时，变截面柱上段的计算高度可按表8-16规定采用；变截面柱下段的计算高度可按下列规定采用：

（1）当 $H_u/H\leqslant 1/3$ 时，取无吊车房屋的 H_0；

（2）当 $1/3<H_u/H<1/2$ 时，取无吊车房屋的 H_0 乘以修正系数 μ：

$$\mu=1.3-0.3I_u/I_l$$

式中 I_u——变截面柱上段的惯性矩；

I_l——变截面柱下段的惯性矩；

（3）当 $H_u/H\geqslant 1/2$ 时，取无吊车房屋的 H_0。但在确定 β 值时，应采用上柱截面。

上述规定也适用于无吊车房屋的变截面柱。

（二）高厚比验算

1. 矩形截面墙、柱高厚比按下式验算：

$$\beta = H_0/h \leqslant \mu_1\mu_2[\beta] \quad (8\text{-}16)$$

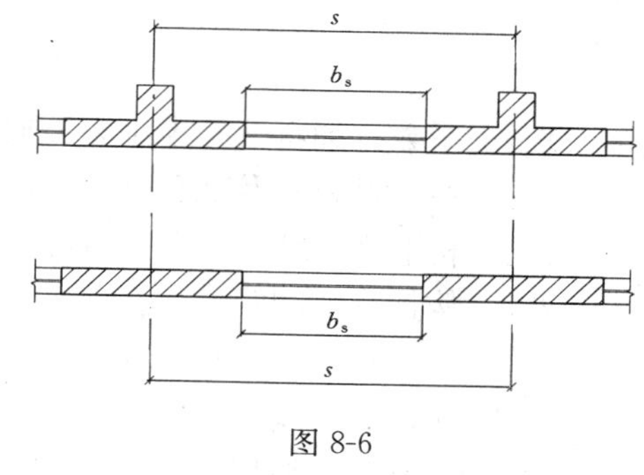

图 8-6

式中　H_0——墙、柱的计算高度，按表 8-16 采用；

h——墙厚或矩形截面柱与 H_0 相对应的边长；

μ_1——自承重墙允许高厚比的修正系数，可按下规定采用：

当 h=240mm 时，μ_1=1.2；

当 h=90mm 时，μ_2=1.5；

当 240mm>h>90mm 时，μ_1 按插入法取值。

两种特殊情况下的 u_1 值：

（1）上端为自由端的墙其［β］值除按上述规定提高外还可再提高 30%，即：取(30%+1)μ_1；

（2）对厚度小于 90mm 的墙，当双面采用不小于 M10 强度等级的水泥砂浆抹面，其墙厚加抹面层厚不小于 90mm 时，可按 h=90mm 考虑。

μ_2——有门窗洞口墙允许高厚比的修正系数，可按下式计算：

$$\mu_2 = 1 - 0.4\frac{b_s}{s} \quad (8\text{-}17)$$

式中　b_s——在宽度 s 范围内的门窗洞口总宽度；

s——相邻窗间墙或壁柱之间的距离如图 8-6 所示。

当按式（8-17）算得的 μ_2 值小于 0.7 时，取 μ_2=0.7；当门、窗洞口的高度等于或小于墙高的 1/5 时，取 μ_2=1.0。

在确定计算高度 H_0 及允许高厚比［β］时，尚应注意以下各点：

（1）当与墙连接的相邻两横墙间距离 $s \leqslant \mu_1\mu_2[\beta]h$ 时，可不进行高厚比验算；

（2）变截面柱的高厚比可按上、下截面分别验算，验算上柱高厚比时，允许高厚比［β］按表 8-15 的数值乘以 1.3 采用。

2. 带壁柱墙和带构造柱墙的高厚比验算

（1）整片墙的高厚比验算

对带壁柱墙：
$$\beta \leqslant H_0/h_T \leqslant \mu_1\mu_2[\beta] \quad (8\text{-}18a)$$

式中　h_T——带壁柱墙截面的折算厚度，h_T=3.5i；

i——带壁柱墙截面的回转半径。

对带构造柱墙：
$$\beta \leqslant H_0/h \leqslant \mu_1\mu_2[\beta] \quad (8\text{-}18b)$$

式中　h——取墙厚。

此时［β］可乘以提高系数 μ_c：

$$\mu_c = 1 + \gamma \frac{b_c}{l} \tag{8-19}$$

式中 γ——系数，细料石、半细料石砌体，$\gamma=0$；混凝土砌块、多孔砖、粗料石、毛料石及毛石砌体，$\gamma=1.0$；其他砌体，$\gamma=1.5$；

b_c——构造柱沿墙长方向的宽度；

l——构造柱的间距。

当 $b_c/l>0.25$ 时，取 $b_c/l=0.25$；

$b_c/l<0.05$ 时，取 $b_c/l=0$。

无论是确定带壁柱墙或是带构造柱墙计算高度 H_0 时，s 均取相邻横墙间的距离。

（2）壁柱间墙或构造柱间墙的高厚比验算

均按式（8-16）进行验算。在确定计算高度 H_0 时，s 取相邻壁柱间或相邻构造柱间的距离。

对于设有钢筋混凝土圈梁的带壁柱墙或带构造柱墙，当 $b/s \geqslant 1/30$ 时（b 为圈梁的宽度），可视圈梁为壁柱间墙或构造柱间墙的不动铰支点。当 $b/s<1/30$ 时，可按墙体平面外刚度相等的原则增加圈梁高度，以满足壁柱间墙或构造柱间墙不动铰支点的要求。

【例 8-1】 某刚性方案的办公楼平面布置如图 8-7 所示；采用钢筋混凝土空心楼板，外墙厚 370mm，内纵墙及横墙厚 240mm，底层墙高 4.8m（从楼板至基础顶面）；隔墙厚 120mm，高 3.6m；墙体 MU10 烧结普通砖，M5 混合砂浆砌筑，纵墙上窗宽 1800mm，门宽 1000mm。试验算各墙高厚比。

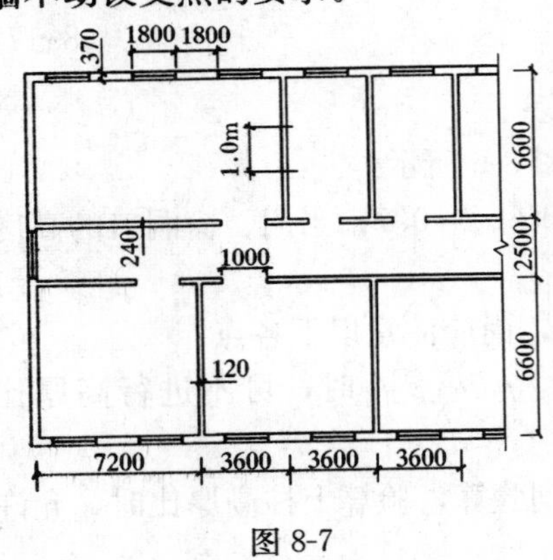

图 8-7

1. 求 $[\beta]$

【解】 查表 8-15 得 $[\beta]=24$

2. 纵墙高厚比验算

西北角房间横墙间距较大，故取此处两道纵墙验算

$$H=4.8\text{m},\ s>2H=9.6\text{m}$$

查表 8-16，$H_0=1.0H=4.8\text{m}$

外纵墙：$s=3.6\text{m}$，$b_s=1.8\text{m}$

$$\mu_2 = 1-0.4b_s/s = 1-0.4\times\frac{1.8}{3.6} = 0.8$$

$$\beta = H_0/h = 4.8/0.37 = 13 < \mu_2[\beta]$$

$$=0.8\times24=19.2$$

满足要求。

内纵墙：
$$b_s=1.0,\ s=10.8\text{m}$$
$$\mu_2=1-0.4\times1.0/10.8=0.96$$
$$\beta=H_0/h=4.8/0.24=20<\mu_2\ [\beta]$$
$$=0.96\times24=23$$

满足要求。

3. 横墙高厚比验算

$$s=6.6\text{m},\ H<s<2H$$
$$H_0=0.4s+0.2H=0.4\times6.6+0.2\times4.8=3.6\text{m}$$
$$\beta=H_0/h=3.6/0.24=15<[\beta]=24$$

满足要求。

由于横墙厚度、墙体高度、砌筑砂浆均与内纵墙相同，且横墙上无洞口，又比内纵墙短，计算高度也小，故可不验算。

4. 非承重墙高厚比验算

隔墙一般是后砌在地面垫层上，上端砌筑时用斜放立砖顶住楼面梁，故可按不动铰支承考虑；因两侧与纵墙拉结不好，按两侧无拉结考虑。则

$$H_0=H=3.6\text{m}$$
$$\mu_1=1.2+(1.5-1.2)\times\frac{240-120}{240-90}=1.44$$
$$\beta=H_0/h=3.6/0.12=30<\mu_1[\beta]=1.44\times24=34.56$$

满足要求。

二、无筋砌体受压构件

（一）受压构件截面应力分析

实际工程中，砌体结构最普遍的受力形式是受压。砌体受压构件随纵向压力 N 的作用位置不同而存在砌体的轴心受压和偏心受压两种情况（包括轴力 N 和弯矩 M 共同作用情况）；同时由于砌体构件高厚比的大小不同而存在受压短柱和长柱。偏心距 e 的大小直接影响砌体受压构件受力状况。

图 8-8 表明砌体受压构件截面应力分布规律及纵向承载力随 e 的大小而变化。当 $e=0$ 时，砌体破坏截面的应力是均匀分布的，截面所能承受的最大压应力为砌体的轴心抗压强度 f（图 8-8a）。当 $e>0$ 时，截面压应力分布出现不均匀，离纵向压力作用近的一侧压应力及压应变比轴心受压时略有增加（图 8-8b）。随着偏心距进一步增大，受压区面积逐渐减小，受压边的压应力增大，受压构件破坏时截面所能承担的轴向压力明显下降。（图 8-8b、c、d）截面由全截

面受压转变为大部分截面甚至小部分截面受压，e越大，截面受压区越小，当砌体构件受拉边的拉应力达到并超过通缝抗拉承载力时出现水平裂缝，受压边砌体压碎导致构件破坏。

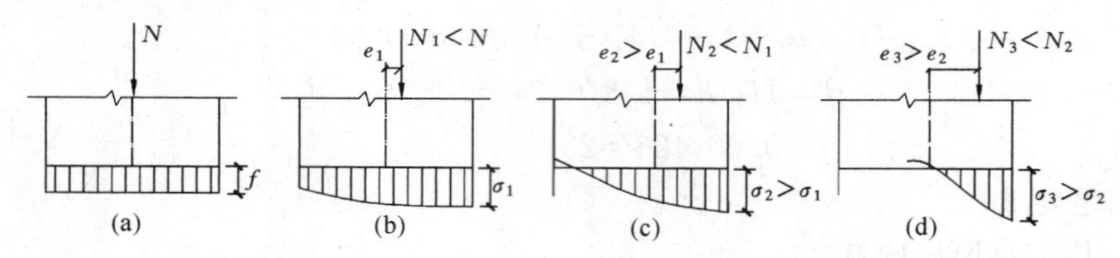

图 8-8 砌体受压时截面应力变化

（二）无筋砌体受压承载力计算

砌体受压构件的承载力，除受截面尺寸、材料强度、偏心距e大小影响外，还和受压构件的高厚比β有关。综合考虑高厚比β和轴向力偏心距e的影响，砌体受压构件的承载力可按下式计算：

$$N \leqslant \varphi f A \tag{8-20}$$

式中　N——轴向力设计值；

ψ——高厚比β和轴向力的偏心距e对受压构件承载力的影响系数；

f——砌体抗压强度设计值，按表 8-4～表 8-10 选用；

A——砌体截面面积，对各类砌体均按毛截面面积计算。

对带壁柱墙的计算截面翼缘宽度b_f，可按下列规定采用：

（1）多层房屋，有门窗洞口时，可取窗间墙宽度；无门窗洞口时，可取壁柱高度的 1/3；

（2）单层房屋可取壁柱宽加 2/3 墙高，但不大于窗间墙宽度和相邻壁柱间距离；

砌体受压构件的高厚比β按下列公式计算：

矩形截面　$$\beta = \gamma_\beta \frac{H_0}{h} \tag{8-21a}$$

T 形截面　$$\beta = \gamma_\beta \frac{H_0}{h_T} \tag{8-21b}$$

式中　γ_β——不同砌体材料的高厚比修正系数，对烧结普通砖、烧结多孔砖、灌孔混凝土砌块砌体$\gamma_\beta = 1.0$；对混凝土普通砖、混凝土多孔砖、混凝土及轻骨料混凝土砌块砌体$\gamma_\beta = 1.1$；对蒸压灰砂砖、蒸压粉煤灰砖、细料石、半细料石砌体$\gamma_\beta = 1.2$；对粗料石、毛石砌体$\gamma_\beta = 1.5$；

h——矩形截面轴向力偏心方向的边长，当轴心受压时为截面的短边；

h_T——T 形截面的折算厚度，可近似取$h_T = 3.5i$；

i——截面回转半径；

H_0——受压构件的计算高度，按表 8-16 确定。

1. 轴心受压构件承载力计算

当 $e=0$ 时，式（8-20）中的 $\psi=\psi_0$，此时轴心受压构件的承载力计算公式为：

$$N \leqslant N_u = \varphi_0 f A \tag{8-22}$$

式中　φ_0——轴心受压稳定系数，按下式计算：

$$\varphi_0 = \frac{1}{1+\alpha\beta^2} \tag{8-23}$$

式中　α——与砂浆强度等级有关的系数，其值按表 8-17 采用。

α 系数　**表 8-17**

砂浆强度等级	≥M5	M2.5	0
α	0.0015	0.002	0.009

试验表明，当构件的高厚比 $\beta \leqslant 3$ 时，受压砌体不会因整体失稳而影响承载力，故称为短柱。对轴心受压短柱 $\varphi_0=1$；而当 $\beta>3$ 时为长柱，需要考虑构件纵向弯曲 φ_0 的影响。

2. 单向偏心受压构件承载力计算

正如前面图 8-8 指出，当纵向压力的偏心距较大时，构件的抗压承载力将随着偏心距的增大和受压区高度的减小而明显降低。此外，当偏心距过大时，受拉区水平灰缝也会过早开裂。因此设计规范建议无筋砌体单向偏心受压构件的偏心距 e 不应超过 $0.6y$，其中 y 为构件截面重心到轴向力所在偏心方向截面受压边缘的距离。

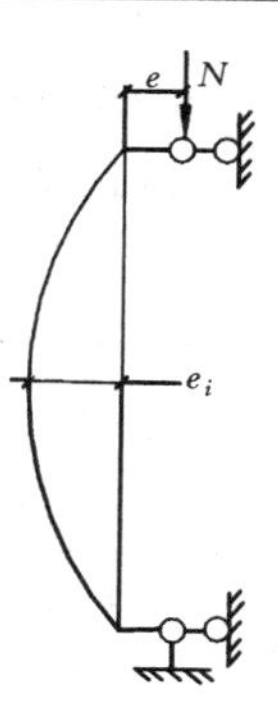

图 8-9　单向偏心受压长柱附加偏心距

（1）当 $e \leqslant 0.6y$ 时单向偏心受压承载力计算采用式（8-20）。

这里影响系数 φ 应考虑受压长柱（$\beta>3$）在单向偏心压力作用下，由于纵向弯曲引起长柱附加弯矩 Ne_i 的作用，故承载力计算中应考虑附加偏心距 e_i，如图 8-9 所示。

对任意截面的单向偏心受压长柱有 $e'=e+e_i$，影响系数：

$$\varphi = \frac{1}{1+\left(\dfrac{e+e_i}{i}\right)^2} \tag{8-24a}$$

对矩形截面单向偏心受压短柱（$\beta \leqslant 3$），可不考虑附加偏心距 e_i，则

$$\varphi = \frac{1}{1+12\left(\dfrac{e}{h}\right)^2} \tag{8-24b}$$

对矩形截面单向偏心受压长柱（$\beta>3$），尚应考虑附加偏心距 e_i，则

$$\varphi=\frac{1}{1+12\left(\frac{e+e_i}{h}\right)^2} \tag{8-25}$$

式（8-25）中，当 $e=0$ 时，应有 $\varphi=\varphi_0$ 的轴心受压构件长柱情况，将 $\varphi=\varphi_0$ 以及矩形截面 $i=\frac{h}{\sqrt{12}}$ 代入式（8-25），推得 $e_i=\frac{h}{\sqrt{12}}\sqrt{\frac{1}{\varphi_0}-1}$。

因此影响系数的计算公式为：

$$\varphi=\frac{1}{1+12\left[\frac{e}{h}+\sqrt{\frac{1}{12}\left(\frac{1}{\varphi_0}-1\right)}\right]^2} \tag{8-26}$$

对任意截面单向偏心受压构件的 φ 值，只需将式（8-26）中的 h 用 h_T 替换即可。$h_T=3.5i$，i 为任意截面的回转半径。

单向偏心受压构件的影响系数 φ 可按式（8-26）计算，也可直接查表 8-18～表 8-20 取值。

影响系数 φ（砂浆强度等级≥M5） **表 8-18**

β	$\frac{e}{h}$ 或 $\frac{e}{h_T}$												
	0	0.025	0.05	0.075	0.1	0.125	0.15	0.175	0.2	0.225	0.25	0.275	0.3
≤3	1	0.99	0.97	0.94	0.89	0.84	0.79	0.73	0.68	0.62	0.57	0.52	0.48
4	0.98	0.95	0.90	0.85	0.80	0.74	0.69	0.64	0.58	0.53	0.49	0.45	0.41
6	0.95	0.91	0.86	0.81	0.75	0.69	0.64	0.59	0.54	0.49	0.45	0.42	0.38
8	0.91	0.86	0.81	0.76	0.70	0.64	0.59	0.54	0.50	0.46	0.42	0.39	0.36
10	0.87	0.82	0.76	0.71	0.65	0.60	0.55	0.50	0.46	0.42	0.39	0.36	0.33
12	0.82	0.77	0.71	0.66	0.60	0.55	0.51	0.47	0.43	0.39	0.36	0.33	0.31
14	0.77	0.72	0.66	0.61	0.56	0.51	0.47	0.43	0.40	0.36	0.34	0.31	0.29
16	0.72	0.67	0.61	0.56	0.52	0.47	0.44	0.40	0.37	0.34	0.31	0.29	0.27
18	0.67	0.62	0.57	0.52	0.48	0.44	0.40	0.37	0.34	0.31	0.29	0.27	0.25
20	0.62	0.57	0.53	0.48	0.44	0.40	0.37	0.34	0.32	0.29	0.27	0.25	0.23
22	0.58	0.53	0.49	0.45	0.41	0.38	0.35	0.32	0.30	0.27	0.25	0.24	0.22
24	0.54	0.49	0.45	0.41	0.38	0.35	0.32	0.30	0.28	0.26	0.24	0.22	0.21
26	0.50	0.46	0.42	0.38	0.35	0.33	0.30	0.28	0.26	0.24	0.22	0.21	0.19
28	0.46	0.42	0.39	0.36	0.33	0.30	0.28	0.26	0.24	0.22	0.21	0.19	0.18
30	0.42	0.39	0.36	0.33	0.31	0.28	0.26	0.24	0.22	0.21	0.20	0.18	0.17

影响系数 φ（砂浆强度等级 M2.5）　表 8-19

β	$\frac{e}{h}$或$\frac{e}{h_T}$												
	0	0.025	0.05	0.075	0.1	0.125	0.15	0.175	0.2	0.225	0.25	0.275	0.3
≤3	1	0.99	0.97	0.94	0.89	0.84	0.79	0.73	0.68	0.62	0.57	0.52	0.48
4	0.97	0.94	0.89	0.84	0.78	0.73	0.67	0.62	0.57	0.52	0.48	0.44	0.40
6	0.93	0.89	0.84	0.78	0.73	0.67	0.62	0.57	0.52	0.48	0.44	0.40	0.37
8	0.89	0.84	0.78	0.72	0.67	0.62	0.57	0.52	0.48	0.44	0.40	0.37	0.34
10	0.83	0.78	0.72	0.67	0.61	0.56	0.52	0.47	0.43	0.40	0.37	0.34	0.31
12	0.78	0.72	0.67	0.61	0.56	0.52	0.47	0.43	0.40	0.37	0.34	0.31	0.29
14	0.72	0.66	0.61	0.56	0.51	0.47	0.43	0.40	0.36	0.34	0.31	0.29	0.27
16	0.66	0.61	0.56	0.51	0.47	0.43	0.40	0.36	0.34	0.31	0.29	0.26	0.25
18	0.61	0.56	0.51	0.47	0.43	0.40	0.36	0.33	0.31	0.29	0.26	0.24	0.23
20	0.56	0.51	0.47	0.43	0.39	0.36	0.33	0.31	0.28	0.26	0.24	0.23	0.21
22	0.51	0.47	0.43	0.39	0.36	0.33	0.31	0.28	0.26	0.24	0.23	0.21	0.20
24	0.46	0.43	0.39	0.36	0.33	0.31	0.28	0.26	0.24	0.23	0.21	0.20	0.18
26	0.42	0.39	0.36	0.33	0.31	0.28	0.26	0.24	0.22	0.21	0.20	0.18	0.17
28	0.39	0.36	0.33	0.30	0.28	0.26	0.24	0.22	0.21	0.20	0.18	0.17	0.16
30	0.36	0.33	0.30	0.28	0.26	0.24	0.22	0.21	0.20	0.18	0.17	0.16	0.15

影响系数 φ（砂浆强度等级 M2.5）　表 8-20

β	$\frac{e}{h}$或$\frac{e}{h_T}$												
	0	0.025	0.05	0.075	0.1	0.125	0.15	0.175	0.2	0.225	0.25	0.275	0.3
≤3	1	0.99	0.97	0.94	0.89	0.84	0.79	0.73	0.68	0.62	0.57	0.52	0.48
4	0.87	0.82	0.77	0.71	0.66	0.60	0.55	0.51	0.46	0.43	0.39	0.36	0.33
6	0.76	0.70	0.65	0.59	0.54	0.50	0.46	0.42	0.39	0.36	0.33	0.30	0.28
8	0.63	0.58	0.54	0.49	0.45	0.41	0.38	035	0.32	0.30	0.28	0.25	0.24
10	0.53	0.48	0.44	0.41	0.37	0.34	0.32	0.29	0.27	0.25	0.23	0.22	0.20
12	0.44	0.40	0.37	0.34	0.31	0.29	0.27	0.25	0.23	0.21	0.20	0.19	0.17
14	0.36	0.33	0.31	0.28	0.26	0.24	0.23	0.21	0.20	0.18	0.17	0.16	0.15
16	0.30	0.28	0.26	0.24	0.22	0.21	0.19	0.18	0.17	0.16	0.15	0.14	0.13
18	0.26	0.24	0.22	0.21	0.19	0.18	0.17	0.16	0.15	0.14	0.13	0.12	0.12
20	0.22	0.20	0.19	0.18	0.17	0.16	0.15	0.14	0.13	0.12	0.12	0.11	0.10
22	0.19	0.18	0.16	0.15	0.14	0.14	0.13	0.12	0.12	0.11	0.10	0.10	0.09
24	0.16	0.15	0.14	0.13	0.13	0.12	0.11	0.11	0.10	0.10	0.09	0.09	0.08
26	0.14	0.13	0.13	0.12	0.11	0.11	0.10	0.10	0.09	0.09	0.08	0.08	0.07
28	0.12	0.12	0.11	0.11	0.10	0.10	0.09	0.09	0.08	0.08	0.08	0.07	0.07
30	0.11	0.10	0.10	0.09	0.09	0.09	0.08	0.08	0.07	0.07	0.07	0.07	0.06

(2) 当 $0.6y<e\leqslant 0.95y$ 时

单向偏心受压构件承载力除按式（8-19）进行计算外，为了防止受拉区水平裂缝过早出现和裂缝开展较宽，尚应按下式进行正常使用极限状态的裂缝控制验算：

$$N_{k}\leqslant \frac{Af_{tm,k}}{\frac{Ae_{k}}{W}-1} \tag{8-27}$$

(3) 当 $e>0.95y$ 时

由于偏心距 e 很大，截面一旦开裂，构件很快破坏，因此，构件承载力按通缝弯曲抗拉强度来计算：

$$N\leqslant \frac{Af_{tm}}{\frac{Ae}{W}-1} \tag{8-28}$$

式(8-27)、式(8-28)中 N_K、N——分别为轴向力标准值和设计值；

$f_{tm,k}$、f_{tm}——分别为砌体沿通缝截面的弯曲抗拉强度的标准值和设计值；

A、W——分别为砌体截面面积和抵抗矩，$W=\frac{I}{y}$；

e、e_k——分别按荷载设计值和标准值算得的轴向力偏心距。

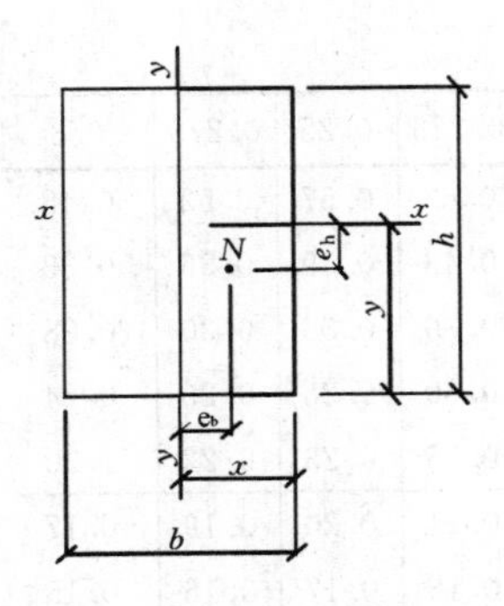

图 8-10 双向偏心受压

对矩形截面构件，当轴向力偏心方向的截面边长大于另一方向的边长时，除按上述几种偏心受压情况计算外，还应对较小边长方向按轴心受压进行验算。

3. 矩形截面双向偏心受压构件承载力计算

承载力计算公式仍采用式（8-19）计算，但其承载力影响系数 φ 则应修正。

对无筋砌体矩形截面双向偏心受压构件（图 8-10）承载力的影响系数，可按下式计算：

$$\varphi=\frac{1}{1+12\left[\left(\frac{e_{b}+e_{ib}}{b}\right)^{2}+\left(\frac{e_{h}+e_{ih}}{h}\right)^{2}\right]} \tag{8-29}$$

式中 e_b、e_h——轴向力在截面重心 x 轴、y 轴方向的偏心距，e_b、e_h 宜分别不大于 $0.5x$ 和 $0.5y$；

x、y——自截面重心沿 x 轴、y 轴至轴向力所在偏心方向截面边缘的距离；

e_{ib}、e_{ih}——轴向力在截面重心 x 轴、y 轴方向的附加偏心距；

$$e_{ib}=\frac{b}{\sqrt{12}}\sqrt{\frac{1}{\varphi_0}-1}\left[\frac{\frac{e_b}{b}}{\frac{e_b}{b}+\frac{e_h}{h}}\right],\ e_{ih}=\frac{h}{\sqrt{12}}\sqrt{\frac{1}{\varphi_0}-1}\left[\frac{\frac{e_h}{h}}{\frac{e_b}{b}+\frac{e_h}{h}}\right]$$

当一个方向的偏心率（e_b/b 或 e_h/h）不大于另一个方向的偏心率的5%时，可简化按另一个方向的单向偏心受压的规定确定承载力的影响系数。

4. 计算实例

【例 8-2】 某六层混凝土空心小型砌块住宅底层的承重内横墙，采用孔洞率为35%的双排孔混凝土砌块，墙厚240mm，用MU10砌块积Mb5砂浆砌筑，层高2.8m，基础顶面在室内地面下0.5m，墙顶承受轴向力设计值为180kN/m，纵墙间距4.8m，砌块墙双面粉刷，重为4800N/mm^2，试验算其受压承载力。

【解】 取底层墙进行验算：

$$H=2.8+0.5=3.3\text{m}<s=4.8\text{m}<2H=6.6\text{m}$$

查表8-16，计算高度取

$$H_0=0.4s+0.2H=2.58\text{m}$$

底层墙体自重：

$$3.3\times4800=15840\text{N/m}=15.84\text{kN/m}$$

墙体承受荷载设计值：

$$N=1.2\times18.84+180=202.6\text{kN/m}$$

查表得砌体抗压强度设计值：

$$f=2.45\text{N/mm}^2$$

$$\beta=\gamma_\beta\frac{H_0}{h}=1.1\times\frac{2.58}{0.2}=14.19<[\beta]=24$$

$\beta>3$ 考虑纵向弯曲的影响：

$$\alpha=0.002$$

$$\varphi_0=\frac{1}{1+\alpha\beta^2}=\frac{1}{1+0.002\times14.2^2}=0.712$$

$\varphi_0 fA=0.712\times2.45\times0.19\times1\times10^3=331.4\text{kN/m}>N=202.6\text{kN/m}$

满足要求。

【例 8-3】 某截面尺寸为490mm×490mm的砖柱，柱两端为不动铰支承，$H_0=H=4.80\text{m}$，采用强度等级为MU10的烧结普通砖及M2.5的混合砂浆砌筑，柱顶作用轴心压力 $N=195\text{kN}$，试验算该柱的承载力是否足够？

【解】 本题基本参数：由表8-4查得 $f=1.30\text{N/mm}^2$，则

$$\gamma_\beta=1.0,\ \alpha=0.002$$

$$A=0.49\times0.49=0.24\text{m}^2<0.3\text{m}^2,\ \gamma_a=0.24+0.7=0.94$$

$$\beta=\gamma_\beta\frac{H_0}{h}=1.0\times\frac{4.8}{0.49}=9.8<[\beta]=15$$

$\beta>3$，应考虑附加偏心距影响，由式（8-22）计算：

$$\varphi_0=\frac{1}{1+\alpha\beta^2}=\frac{1}{1+0.002\times9.8^2}=0.839$$

若用查表法可查得：$\varphi_0=\varphi=0.83$，与计算值基本一致。

考虑砖柱自重以柱底截面的轴心压力最大，故应对柱底截面进行验算。当砖砌体重度为 $19kN/m^3$ 时，柱底截面设计轴力为：

$$\begin{aligned}N&=195+\gamma_G G_k\\&=195+1.2\times0.49\times0.49\times19\times4.8\\&=195+26.28=221.28kN\end{aligned}$$

由式（8-19）得：

$$\begin{aligned}\varphi\gamma_a fA&=0.83\times0.94\times1.30\times0.24\times10^3\\&=243.4kN>N=221.28kN\end{aligned}$$

该柱满足承载力要求。

【例 8-4】 某混凝土砌块柱，截面尺寸为 390mm×590mm，采用 MU10 单排孔砌块、Mb5 砌块专用砂浆砌筑，单排孔砌块孔洞率为 45%，空心部位用 Cb20 细石混凝土灌实，灌孔率 $\rho=50\%$，柱子的计算高度 $H_0=6.0m$，承受荷载设计值 $N=270kN$，荷载作用偏心距 $e=89mm$。试验算该混凝土砌块柱子承载力。

【解】 1. 验算偏心受压方向

MU10 混凝土砌块、Mb5 砌块砂浆，查表（8-7）得 $f=2.22N/mm^2$，乘以独立柱 f 值调整系数 0.7 后，$f=1.55N/mm^2$，已知 $\delta=0.45$，$\rho=0.5$，Cb20 细石混凝土 $f_c=9.6N/mm^2$。

灌孔砌体的抗压强度为：

$$\begin{aligned}f_g&=f+0.6\delta\rho f_c\\&=1.55+0.6\times0.45\times0.5\times9.6\\&=1.55+1.30=2.85N/mm^2<2f=3.1N/mm^2\end{aligned}$$

柱截面面积为：

$$A=0.39\times0.59=0.23m^2<0.3m^2$$

调整系数为

$$\gamma_a=0.7+A=0.7+0.23=0.93$$

对灌孔混凝土砌块：

$$\gamma_\beta=1.0$$

$$\beta=\gamma_B\frac{H_0}{h}=1.0\times\frac{6.0}{0.59}=10.2<[\beta]=16$$

$$e = 89\text{mm} < 0.6y = 0.6 \times 590/2 = 177\text{mm}$$

$$e/h = \frac{89}{590} = 0.15$$

根据β和e/h查表 8-18 得$\varphi=0.54$。

承载力验算：

$$\varphi\gamma_a f_g A = 0.54 \times 0.93 \times 2.85 \times 0.23 \times 10^3 = 329\text{kN} > 270\text{kN}$$

满足要求。

2. 验算轴心受压方向

$$\beta = \frac{H_0}{b} = \frac{6000}{390} = 15.38 < [\beta] = 16$$

查表$\varphi=0.699$

$$\varphi\gamma_a f_g A = 0.699 \times 0.93 \times 2.85 \times 0.23 \times 10^3 = 426.1\text{kN} > 270\text{kN}$$

满足要求。

【例 8-5】 某单层单跨无吊车工业厂房带壁柱窗间墙，截面尺寸如图 8-11 所示，柱高$H=8.1$m，计算高度$H_0=1.2\times8.1=9.72$m，用 MU10 烧结普通砖及 M2.5 混合砂浆砌筑。若该控制截面（柱底截面）承受的设计轴向压力$N=332$kN，设计弯矩$M=39.44$kN·m，验算该柱是否安全？

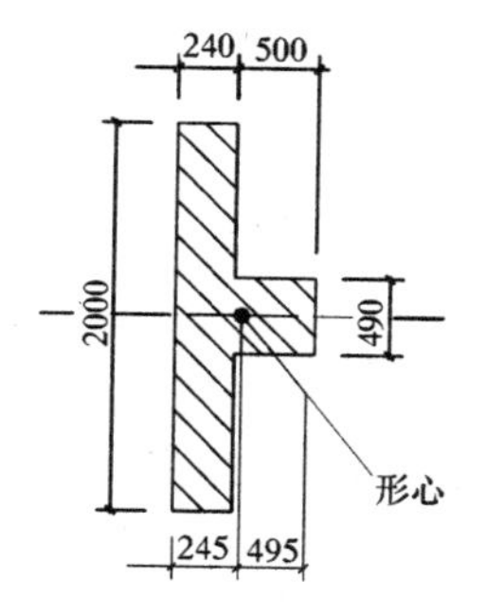

图 8-11　[例 8-5]

【解】 1. 计算截面几何参数

截面面积为：

$$A = 2 \times 0.24 + 0.49 \times 0.5 = 0.725\text{m}^2$$

形心到截面边缘的距离为：

$$y_1 = \frac{2 \times 0.24 \times 0.12 + 0.49 \times 0.5 \times 0.49}{0.725} = 0.245\text{m}$$

$$y_2 = 0.5 + 0.24 - 0.245 = 0.495\text{m}$$

截面惯性矩为：

$$I = \frac{2 \times 0.24^3}{12} + 2 \times 0.24 \times (0.245 - 0.12)^2 + \frac{0.49 \times 0.5^3}{12} + 0.49 \times 0.5 \times (0.495 - 0.25)^2 = 0.096\text{m}^4$$

回转半径为：

$$i = \sqrt{\frac{I}{A}} = \sqrt{\frac{0.296}{0.725}} = 0.202\text{m}$$

折算厚度为：

$$h_T = 3.5i = 3.5 \times 0.202 = 0.707\text{m}$$

2. 确定偏心距

$$e=\frac{M}{N}=\frac{39.44}{332}=0.119\text{m}$$

$$e/y_1=0.119/0.245=0.485<0.6$$

符合要求。

纵向弯曲引起的附加偏心距为：

$$\beta=\gamma_\beta\frac{H_0}{h_T}=1.0\times\frac{9.72}{0.707}=13.75$$

$$e/h_T=0.119/0.707=0.168$$

由式（8-26）计算 φ，本题 $\alpha=0.002$，则

$$\varphi_0=\frac{1}{1+\alpha\beta^2}=\frac{1}{1+0.002\times13.75^2}=0.726$$

$$\varphi=\frac{1}{1+12\left[\frac{e}{h_T}+\sqrt{\frac{1}{12}\left(\frac{1}{\varphi_0}-1\right)}\right]^2}$$

$$=\frac{1}{1+12\left[\frac{0.119}{0.707}+\sqrt{\frac{1}{12}\left(\frac{1}{0.726}-1\right)}\right]^2}$$

$$=0.411$$

查表得 $\varphi=0.411$，与计算值一致。

由表 4-4 查得：

$$f=1.30\text{N/mm}^2,\ \gamma_a=1.0$$

$$\varphi\gamma_a fA=0.411\times1.0\times1.30\times0.725\times10^3$$

$$=387\text{kN}>N=332\text{kN}$$

该柱承载力安全。

【例 8-6】 截面尺寸及计算高度同［例 8-5］，但用 MU10 烧结普通砖和 M5 水泥砂浆砌筑。若作用的轴向压力 $N=68.4\text{kN}$，$N_K=52.6\text{kN}$，弯矩 $M=26.88\text{kN}\cdot\text{m}$，$M_K=20.68\text{kN}\cdot\text{m}$，偏心压力偏向腹板一侧，验算该柱截面是否足够。

【解】 荷载偏心距

$$e=\frac{M}{N}=\frac{26.88}{68.4}=0.393\text{m}$$

$$e/y_2=\frac{0.393}{0.495}=0.794\begin{matrix}>0.6\\<0.95\end{matrix}$$

故除去承载力控制外还必须满足裂缝宽度控制条件，计算如下：

1. 承载力计算

$$e/h_T=\frac{0.393}{0.707}=0.556$$

$$\beta = 13.75$$

查得 $\alpha=0.0015$，则

$$\varphi_0 = \frac{1}{1+\alpha\beta^2} = \frac{1}{1+0.0015\times 13.75^2} = 0.779$$

$$\varphi = \frac{1}{1+12\left[\frac{e}{h_T}+\sqrt{\frac{1}{12}\left(\frac{1}{\varphi_0}-1\right)}\right]^2}$$

$$= \frac{1}{1+12\left[\frac{0.393}{0.707}+\sqrt{\frac{1}{12}\left(\frac{1}{0.779}-1\right)}\right]^2}$$

$$= 0.142$$

查表 8-4 得 $f=1.50\text{N/mm}^2$，当采用水泥砂浆时 $\gamma_a=0.9$，则

$$\varphi\gamma_a fA = 0.142\times 0.9\times 1.50\times 0.725\times 10^3$$
$$= 139\text{kN} > N = 68.4\text{kN}$$

满足要求。

2. 裂缝宽度控制计算

$$e_k = \frac{M_k}{N_k} = \frac{20.68}{52.6} = 0.393$$

查附表 8-5 弯曲抗拉强度标准值为：

$$f_{tmk} = 0.19\text{N/mm}^2$$

代入式（8-27）即得：

$$\frac{Af_{tmk}}{\frac{Ae_k}{W}-1} = \frac{0.725\times 0.19\times 10^3}{\frac{0.725\times 0.393\times 0.245}{0.0296}-1} = 101.4\text{kN} > N_k = 52.6\text{kN}$$

满足要求。

三、局部受压

砌体局部受压是实际工程中常见的受力状态。如支承上部的屋架、梁、墙、柱时，支承处砌体受到局部压力作用，其局部压力必将扩散到未直接承受压力较大范围的砌体上，从而提高了局部受压砌体的抗压强度。一般而言，砌体局部受压有局部均匀受压和非均匀受压两种情况。砌体局部受压有三种破坏形态。

（1）因竖向裂缝的发展而破坏

当构件截面上影响砌体局部抗压强度的计算面积 A_0 与局部受压面积 A_l 的比值 A_0/A_l 不太大时，在局部受压作用面下一段距离出现竖向裂缝，并随局部压力的增加而上下发展最后导致破坏（图 8-12b）。

(2) 劈裂破坏

当 A_0/A_l 较大时，构件受荷后变形不大，随局部压力的增加，一旦横向拉应力达到砌体的抗拉强度，即出现竖向劈裂裂缝致构件开裂破坏（图 8-12c）。

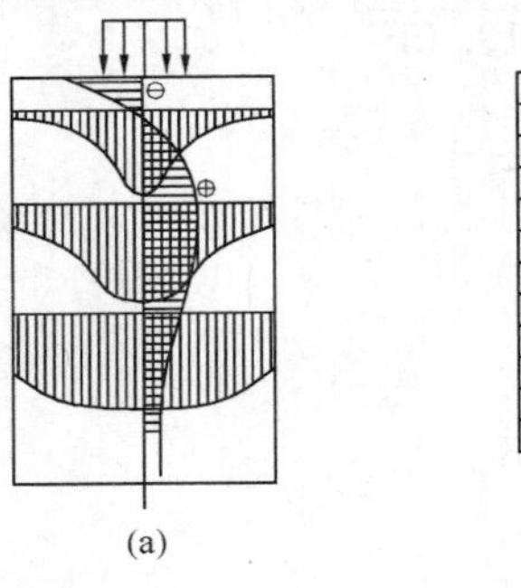
(a)

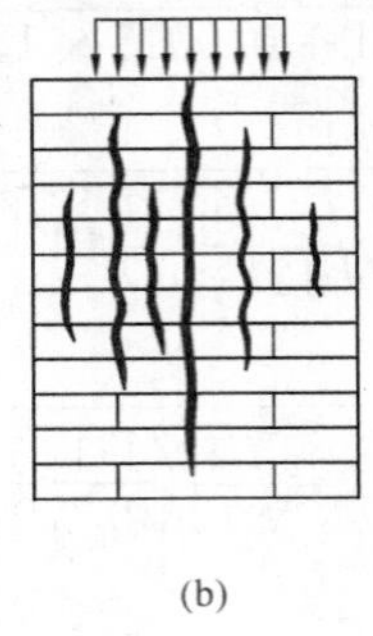
(b)

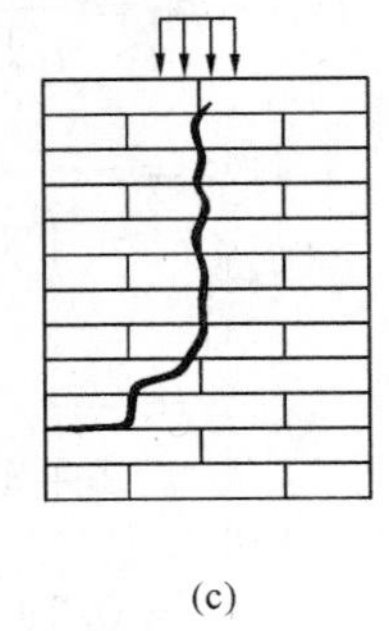
(c)

图 8-12　砌体局部受压破坏形态

(3) 局部受压面积下砌体的压碎破坏

当局部受压砌体强度较低，在局部压力作用下，A_l 范围内砌体被压碎而致破坏。

上述三种破坏现象可用“先裂后坏”、“一裂就坏”和“未裂先坏”来概述。

(一) 局部均匀受压承载力计算

当砌体截面的局部受压面积上受均匀分布的轴向压力作用时，其承载力按下式计算：

$$N_l \leqslant \gamma f A_l \tag{8-30}$$

式中　N_l——作用在局部受压面积上的轴向力设计值；

f——砌体的抗压强度设计值，按表 8-4～表 8-10 采用，强度调整系数可取 $r_a=1.0$；

A_l——局部受压面积；

γ——砌体局部抗压强度提高系数，按下式计算：

$$\gamma = 1 + 0.35\sqrt{\frac{A_0}{A_l} - 1} \tag{8-31}$$

式中　A_0——影响砌体局部抗压强度的计算面积，按图 8-13 确定。

在图 8-13 中　a、b——矩形局部受压面积 A_l 的边长；

h、h_1——墙厚或柱的较小边长；

c——矩形局部受压面积的外边缘至构件边缘的较小距离，当 $c>$h 时，取 h。

为了避免 A_0/A_l 过大时出现劈裂破坏，计算所得 γ 值应符合下列规定：

在图 8-13(a)情况下，$\gamma\leqslant2.5$；在图 8-13(c)情况下，$\gamma\leqslant1.5$；

在图 8-13(b)情况下，$\gamma\leqslant2.0$；在图 8-13(d)情况下，$\gamma\leqslant1.25$。

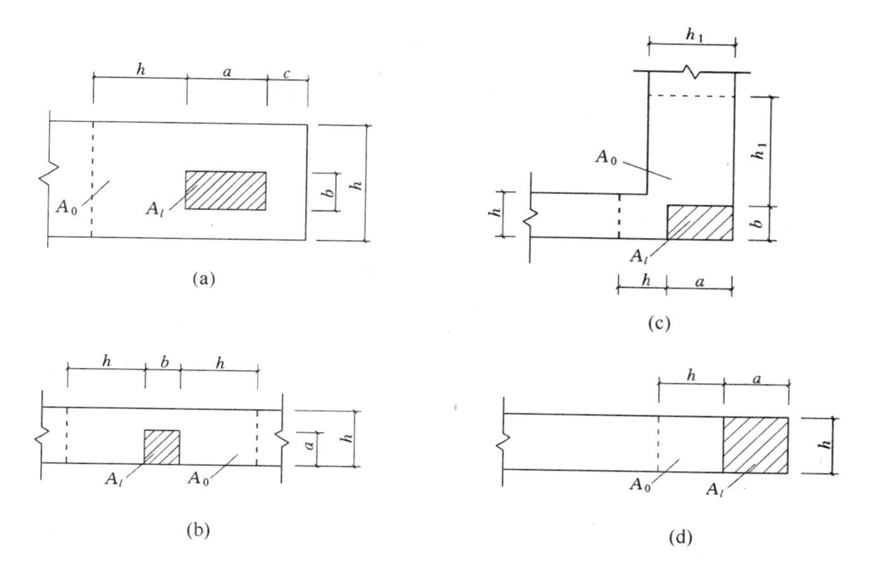

图 8-13　影响局部抗压强度的面积 A_0

(a) $A_0=(a+c+h)h$；(b) $A_0=(a+2h)h$；(c) $A_0=(a+h)+(b+h_1-h)h_1$；(d) $A_0=(a+h)h$

对灌孔混凝土砌块砌体，图 8-13(a)、(b)、(c)情况下，尚应符合 $\gamma\leqslant 1.5$；未灌孔混凝土砌块砌体，$\gamma=1.0$；对多孔砖砌体孔洞难以灌实时，应按 $\gamma=1.0$ 取用；或设混凝土垫块时，按垫块下局压计算。

（二）梁端支承处砌体局部非均匀受压

当梁直接支承在砌体上时接触部位的砌体处于局部受压受力状态。由于梁在荷载作用下产生挠曲变形，梁端产生转角 θ，梁端有脱开砌体的趋势，如图 8-14 所示，梁端有效支承长度小于实际支承长度从而使梁端支承面上的压应力不均匀。

此外，作用在梁端砌体上的轴向力，除了梁端支承压力外，还可能受到由上部传来的轴向力作用。试验表明，当上部传来的压力不过大且 A_0/A_l 较大时，由于梁端底部砌体的压缩变形，梁端顶面砌体与梁顶逐渐脱开，使梁顶的上部荷载卸至两边砌体，形成"内拱卸荷作用"。但随着上部压应力的增大 A_0/A_l 减小，"内拱卸 荷作用"逐渐减弱，因此，一般情况支承面的局部受压荷载由梁的

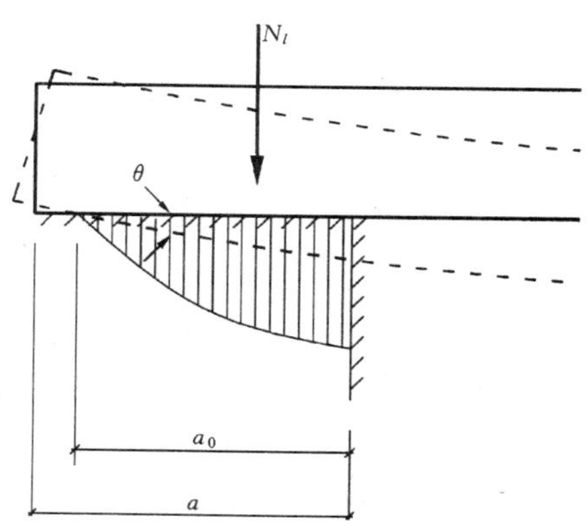

图 8-14　梁端非均匀局部受压

支承压力和上部压力形成如图 8-15 所示。

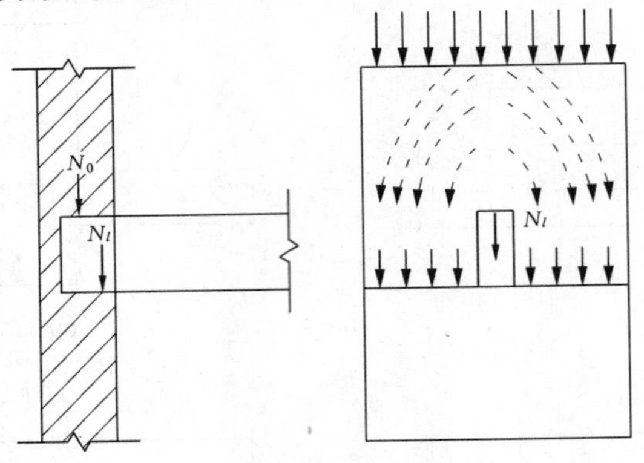

图 8-15　内拱卸荷作用

梁端支承处砌体的局部受压承载力按下式计算：

$$\psi N_0 + N_l \leqslant \eta\gamma f A_l \tag{8-32}$$

式中　ψ——上部荷载的折减系数；

$$\psi = 1.5 - 0.5\frac{A_0}{A_l}, \text{当}\frac{A_0}{A_l} \geqslant 3 \text{ 时，取 } \psi = 0;$$

N_0——局部受压面积内上部轴向力设计值（N），$N_0 = \sigma_0 A_l$，

σ_0——上部平均压应力设计值（N/mm^2）；

N_l——梁端支承压力设计值（N）；

η——梁端底面压应力图形的完整系数，一般取 $\eta=0.7$，对于过梁和墙梁 $\eta=1.0$；

A_l——梁下局部受压面积，$A_l=a_0 b$，b 为梁的截面宽度（mm）；a_0 为梁端有效支承长度（mm），其值按下式计算：

$$a_0 = 10\sqrt{\frac{h_c}{f}} \tag{8-33}$$

h_c——梁的截面高度（mm）；

f——砌体的抗压强度设计值（N/mm^2）。

当 $a_0 > a$ 时，取 $a_0 = a$，a 是梁端实际支承长度（mm）。

（三）梁端设有刚性垫块的砌体局部受压

当梁端下砌体局部受压承载力不满足设计要求时，可在梁端设置钢筋混凝土刚性垫块，其作用是扩大梁端下部砌体的局部受压面积，避免砌体因局部受压而破坏。

刚性垫块的厚度 $t_b \geqslant 180$mm，且自梁边算起的垫块挑出长度$\leqslant t_b$，由于垫块面积比梁的端部大得多，内拱卸荷作用不显著，因此轴向力按应力叠加，垫块面

积以下仍提供有利影响。

梁端下设有刚性垫块的砌体局部受压承载力应按下式计算：

$$N_0 + N_l \leqslant \varphi \gamma_1 f A_b \tag{8-34}$$

式中　N_0——垫块面积 A_b 内上部轴向力设计值，$N_0 = \sigma_0 A_b$；

φ——垫块面积 N_0 及 N_l 合力的影响系数，按式（8-25）计算或按 $\beta \leqslant 3$ 时查表求得；

γ_1——垫块外砌体面积的有利影响系数，$\gamma_1 = 0.8\gamma$ 且≥1.0；

γ——砌体局部抗压强度提高系数，此时 $\gamma = 1 + 0.35\sqrt{\frac{A_0}{A_b} - 1}$；

A_b——垫块面积，$A_b = a_b b_b$，a_b 为垫块伸入墙内的长度，b_b 为垫块的宽度。

在带壁柱墙的壁柱内设刚性垫块时（图 8-16），由于翼墙多数位于压应力较小边，翼缘参加工作的程度有限，所以计算面积 A_0 应取壁柱范围内面积，而不计翼缘部分，同时壁柱上垫块伸入翼墙内的长度不应小于 120mm。

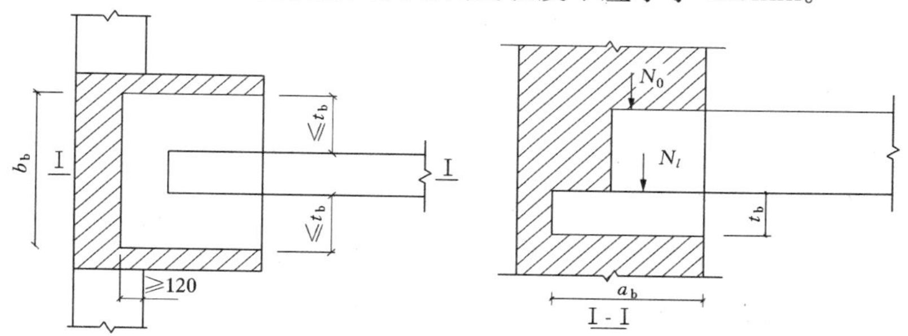

图 8-16　壁柱上设有垫块时梁端局部受压

此外，当现浇刚性垫块与梁端整体浇筑时，垫块可在梁高范围内设置，其局部受压与预制刚性垫块情况有所不同，但为简化计算，也可采用式（8-34）计算，但 $A_l = a_b b_b$。梁端设有刚性垫块时，梁端有效支承长度 a_0 应按下式确定：

$$a_0 = \delta_1 \sqrt{\frac{h}{f}} \tag{8-35}$$

式中　δ_1——刚性垫块的影响系数，可按表 8-21 采用。

系数 δ_1 值　　**表 8-21**

σ_0/f	0	0.2	0.4	0.6	0.8
δ_1	5.4	5.7	6.0	6.9	7.8

刚性垫块上 N_l 作用点的位置可取 $0.4a_0$ 处。

（四）梁端下设有垫梁时的局部受压

当梁或屋架端部支承在连续钢筋混凝土圈梁上时，该圈梁即为垫梁。垫梁上受梁端局部荷载 N_l 和上部墙体传来的均布荷载 N_0 作用，由于垫梁下砌体的竖向压应力的分布范围为 πh_0，如图 8-17 所示。对于长度大于 πh_0 的柔性垫梁，可视其为承受集中荷载的弹性地基梁，其垫梁下的砌体局部受压承载力按下列公式计算：

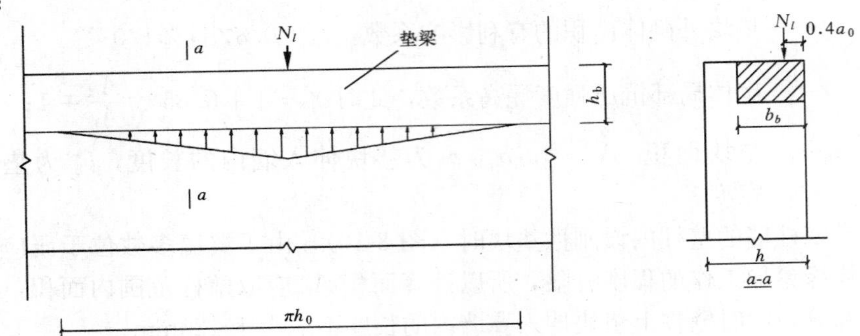

图 8-17 垫梁局部受压

$$N_0 + N_l \leqslant 2.4\delta_2 f b_b h_0 \tag{8-36}$$

式中 N_0——垫梁上部轴向力设计值，$N_0 = \pi b_b h_0 \sigma_0 / 2$；

b_b——垫梁在墙厚方向的宽度；

δ_2——柔性垫梁下不均匀局部受压修正系数：

当荷载沿墙厚方向均匀分布时，取 $\delta_2 = 1$；

当荷载沿墙厚方向不均匀分布时，取 $\delta_2 = 0.8$；

h_0——垫梁折算高度，$h_0 = 2\sqrt[3]{\dfrac{E_b I_b}{E_h}}$；

E_b、I_b——分别为垫梁的混凝土弹性模量和截面惯性矩；

h_b——垫梁的高度；

E——砌体的弹性模量；

h———墙厚。

垫梁上梁端的有效支承长度 a_0 可按式（8-33）计算。

【例 8-7】 某跨度为 6m 的现浇钢筋混凝土简支梁，$b \times h = 200\text{mm} \times 500\text{mm}$，搁置在带壁柱墙上，支承长度 $a = 190\text{mm}$，壁柱载面为 $390\text{mm} \times 390\text{mm}$，（图 8-18）梁支承压力设计值 $N_l = 110\text{kN}$，标准值 $N_{lk} = 80\text{kN}$，上层传来平均压应力设计值 $\sigma_0 = 0.5\text{N/mm}^2$。标准值 $\sigma_K = 0.3\text{N/mm}^2$，墙厚 190mm，窗间墙宽 1200mm，墙体用 MU10 双排孔混凝土砌块，砌块孔洞率 45%，用 Mb5 砂浆砌筑，梁下壁柱用 Cb20 混凝土灌实三皮砌块，试验算支承

处局部受压承载力。

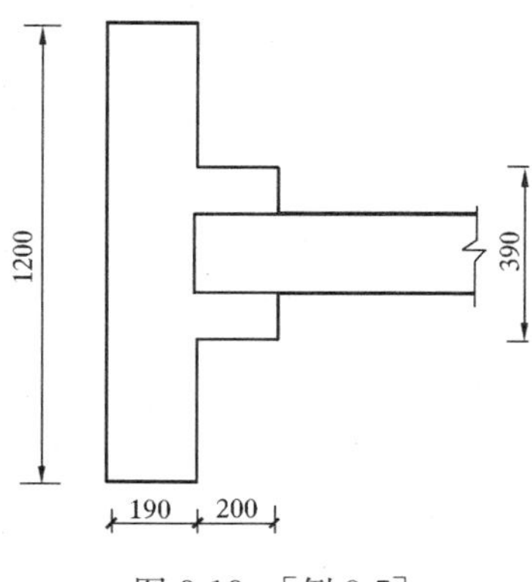

图 8-18 ［例 8-7］

【解】 由 MU10 砌块及 Mb5 砂浆，查得 $f=2.22\mathrm{N/mm^2}$，则梁有效支承长度为：

$$a_0 = 10\sqrt{\frac{h_c}{f}} = 10\sqrt{\frac{550}{2.22}}$$
$$= 157\mathrm{mm} < a = 190\mathrm{mm}$$

$$A_l = a_0 b = 157 \times 200 = 31400\mathrm{mm^2} = 0.03\mathrm{m^2}$$

计算面积：

$$A_0 = 390 \times 390 = 152100\mathrm{mm^2} = 0.1521\mathrm{m^2}$$

$$A_0/A_l = \frac{152100}{31400} = 4.84 > 3$$

$$\psi = 0$$

不考虑上部荷载取：

$$\psi N_0 + N_l = N_l$$

$$\gamma = 1 + 0.35\sqrt{\frac{A_0}{A_l} - 1} = 1 + 0.35\sqrt{\frac{152100}{31400}} = 1.686 < 2.0$$

$$\eta\gamma A_l f = 0.7 \times 1.686 \times 31400 \times 2.22 = 82279.6\mathrm{N}$$
$$= 82.3\mathrm{kN} < N_l = 120\mathrm{kN}$$

不满足要求，在梁端下设预制钢筋混凝土刚性垫块，垫块尺寸：

$$a_b b_b = 390\mathrm{mm} \times 390\mathrm{mm}, \text{厚度 } t_b = 190\mathrm{mm}$$

$$A_b = 152100\mathrm{mm^2}, \frac{A_0}{A_b} = 1, \text{取 } \gamma_1 = 1$$

N_l 对垫块重心的偏心距：

$$\sigma_0/f = \frac{0.65}{2.22} = 0.29, \text{查表 } \delta_1 = 5.84$$

$$a_0 = \delta_1\sqrt{\frac{h_c}{f}} = 5.84\sqrt{\frac{550}{2.22}} = 91.92\mathrm{mm}$$

$$e_l = \frac{a_b}{2} - 0.4a_0 = \frac{390}{2} - 0.4 \times 91.92 = 158\mathrm{mm}$$

N_{0K} 作用于垫块截面重心，则

$$N_{0K} = \sigma_K A_b = 0.3 \times 152100 = 45630\mathrm{N} = 45.63\mathrm{kN}$$

$$N_{lk} = 80\mathrm{kN}$$

$$e = \frac{N_{lk} e_l}{N_{0k} + N_{lk}} = \frac{80 \times 158}{45.63 + 80} = 100\text{mm}$$

$$\frac{e}{a_b} = \frac{100}{390} = 0.25\text{，查表得 } \varphi = 0.57$$

$$\varphi \gamma_1 f A_b = 0.57 \times 1 \times 2.22 \times 152100 = 192\text{kN}$$

$$N_0 + N_l = 0.5 \times 152100 + 110 \times 10^3 = 186.05\text{kN}$$

$$\varphi \gamma_1 f A_b > N_0 + N_l$$

满足要求。

四、配筋砖砌体构件

网状配筋砖砌体构件承载力计算

1. 受力性能

当砖砌体受压承载力不足，而构件截面尺寸或材料强度等级受到限制时，可采用网状配筋砌体。网状配筋砌体是在一定间距的水平灰缝内放置横向方格钢筋网或连弯式钢筋网（图 8-19）。试验表明，网状配筋砖砌体的破坏形态与无筋砖砌体有很大不同。前者砖块开裂荷载与破坏荷载之比略高于后者；开裂后的裂缝发展比后者缓慢且裂缝细小；破坏时的抗压强度大于后者。这是由于网状钢筋的存在，约束了砖和砂浆的横向变形，阻止了竖向裂缝的上下贯通，避免了砌体中独立小立柱的压碎和失稳破坏。

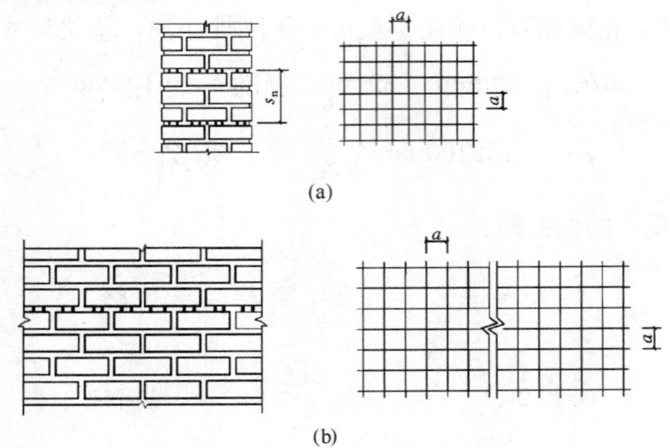

图 8-19 网状配筋砌体

(a) 用方格网配筋的砖柱；(b) 钢筋连弯用方格网配筋的砖墙

2. 承载力计算

网状配筋砖砌体矩形截面单向偏心受压构件的承载力应按下列公式计算：

$$N \leqslant \varphi_n f_n A \tag{8-37}$$

式中　N——轴向力设计值；

A——截面面积；

φ_n——高厚比β和配筋率ρ以及轴向力的偏心距e对网状配筋砖砌体受压构件承载力的影响系数，可按下式计算：

$$\varphi_n = \frac{1}{1+12\left[\frac{e}{h}+\sqrt{\frac{1}{12}\left(\frac{1}{\varphi_{0n}}-1\right)}\right]^2} \tag{8-38}$$

φ_{0n}——网状配筋砖砌体轴心受压构件的稳定系数，按下列经验公式确定：

$$\varphi_{0n} = \frac{1}{1+(0.0015+0.45\rho)\beta^2} \tag{8-39}$$

ρ——体积配筋率，$\rho=V_s/V$，式中V_s、V分别为钢筋和砌体的体积；当采用截面面积为A_s的钢筋组成的方格网时，$\rho=\frac{(a+b)A_s}{abs_n}$；

f_n——网状配筋砖砌体的抗压强度设计值，按下式确定：

$$f_n = f + 2\left(1-\frac{2e}{y}\right)\rho f_y \tag{8-40}$$

e——轴向力的偏心距；

f_y——钢筋抗拉强度设计值，当$f_y > 320\text{N/mm}^2$时，取$f_y = 320\text{N/mm}^2$。

偏心受压构件随偏心距e的增大，横向钢筋的约束作用随之减小；构件高厚比过大，纵向弯曲也将降低横向钢筋作用，因此，为设计合理，《规范》规定：偏心距超过截面核心范围，对矩形截面即$e/h > 0.17$或$\beta > 16$时，不宜采用网状配筋砖砌体构件。

当网状配筋砖砌体构件下端与无筋砌体交接时，应验算交接处无筋砌体的局部受压承载力。

3. 构造要求

网状配筋砖砌体构件的构造应符合下列规定：

（1）网状配筋砖砌体中的体积配筋率，不应小于0.1%，并不应大于1%；

（2）采用钢筋网时，钢筋的直径宜采用3～4mm；

（3）钢筋网的间距，不应大于120mm，并不应小于30mm；

（4）钢筋网的竖向间距，不应大于五皮砖，并不应大于400mm；

(5) 网状配筋砖砌体所用的砂浆强度等级不应低于 M7.5；钢筋网应设置在砌体的水平灰缝中，灰缝厚度应保证钢筋上下至少各有 2mm 厚的砂浆层。

【例 8-8】 某烧结多孔砖柱，计算高度 $H_0=4\text{m}$，上下端为不动铰支承，采用 MU10 砖和 M5 混合砂浆，截面尺寸限定为 $b\times h=50\text{mm}\times500\text{mm}$，承受荷载设计值产生的轴心压力 $N=500\text{kN}$，试设计该柱。

【解】 由 MU10 砖和 M5 混合砂浆，查表得 $f=1.5\text{N/mm}^2$

柱的面积 $A=0.5\times0.5=0.25\text{mm}^2<0.3\text{m}^2$

$$\gamma_a=0.7+A=0.7+0.25=0.95$$

柱的高厚比 $\beta=\gamma_\beta\dfrac{H_0}{h}=1.0\times\dfrac{4}{0.5}=8<[\beta]=16$

查表 8-18，$\varphi=0.91$，则

$\psi\gamma_a fA=0.91\times0.5\times0.5\times0.95\times1.5\times10^3=324\text{kN}<500\text{kN}$

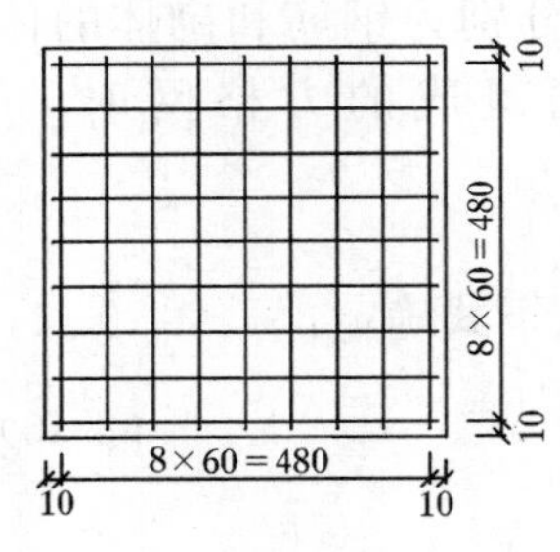

图 8-20

该柱受压承载力不满足要求。

由于该柱截面受限制不能增大，现采用配置网状钢筋来提高其受压承载力。钢筋网由直径为 4mm 的乙级冷拔低碳钢丝点焊制成，网格尺寸 60mm×60mm（图 8-20）间距为 3 皮砖，$s_n=3\times90=270\text{mm}$。砂浆强度改为 M7.5，($f=1.69\text{N/mm}^2$)。

$$\gamma_a f=0.95\times1.69=1.6\text{N/mm}^2$$

钢筋截面面积 $A_s=12.6\text{mm}^2$

钢筋抗拉强度 $f_y=320\text{N/mm}^2$

体积配筋率

$$\rho=\frac{2A_s}{as_n}=\frac{2\times12.6}{60\times270}=0.00156\begin{matrix}>0.1\%\\<1.0\%\end{matrix}$$

网状配筋砌体的抗压强度设计值

$$f_n=f+2\left(1-\frac{2e}{y}\right)\rho f_y$$

$$=1.6+2\times0.00156\times320=2.6\text{N/mm}^2$$

$$\varphi_n=\varphi_{0n}=\frac{1}{1+(0.0015+0.459)\beta^2}$$

$$=\frac{1}{1+(0.0015+0.45\times0.00156)8^2}=0.876$$

$$\varphi_n f_n A=0.876\times0.5\times0.5\times2.6\times10^3=569.4\text{kN}>500\text{kN}$$

该柱满足要求。

五、组合砖砌体构件

(一) 砖砌体和钢筋混凝土面层或钢筋砂浆面层的组合砌体构件

当轴向力的偏心距较大($e>0.6y$),无筋砖砌体承载力不足而截面尺寸又受到限制时,宜采用砖砌体和钢筋混凝土面层或钢筋砂浆面层组成的组合砖砌体构件(图 8-21)。

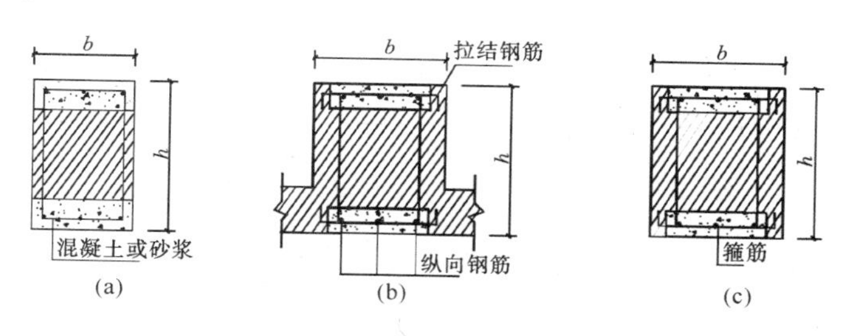

图 8-21 组合砖砌体构件截面

对于砖墙与组合砌体一同砌筑的 T 形截面构件(图 8-21b),可按矩形截面组合砌体构件计算(图 8-21c)。

1. 轴心受压

组合砖砌体轴心受压构件的承载力按下式计算:

$$N \leqslant \varphi_{com}(fA + f_c A_c + \eta_s f'_y A'_s) \tag{8-41}$$

式中 φ_{com}——组合砖砌体构件的稳定系数,可按表 8-22 采用;

A——砖砌体的截面面积;

f_c——混凝土或面层水泥砂浆的轴心抗压强度设计值,砂浆的轴心抗压强度设计值可取同强度等级混凝土的轴心抗压强度设计值的 70%:当砂浆强度为 M15 时,取 5.0MPa;当砂浆强度为 M10 时,取 3.4MPa;当砂浆强度为 M7.5 时,取 2.5MPa;

A_c——混凝土或砂浆面层的截面面积;

η_s——受压钢筋的强度系数,当为混凝土面层时 $\eta_s=1.0$;当为砂浆面层时 $\eta_s=0.9$;

f'_y——钢筋的抗压强度设计值;

A'_s——受压钢筋截面面积。

组合砖砌体构件的稳定系数 φ_{com} **表 8-22**

高厚比 β	配筋率 ρ (%)					
	0	0.2	0.4	0.6	0.8	≥1.0
8	0.91	0.93	0.95	0.97	0.99	1.00

续表

高厚比 β	配筋率 ρ（%）					
	0	0.2	0.4	0.6	0.8	≥1.0
10	0.87	0.90	0.92	0.94	0.96	0.98
12	0.82	0.85	0.88	0.91	0.93	0.95
14	0.77	0.80	0.83	0.86	0.89	0.92
16	0.72	0.75	0.78	0.81	0.84	0.87
18	0.67	0.70	0.73	0.76	0.79	0.81
20	0.62	0.65	0.68	0.71	0.73	0.75
22	0.58	0.61	0.64	0.66	0.68	0.70
24	0.54	0.57	0.59	0.61	0.63	0.65
26	0.50	0.52	0.54	0.56	0.58	0.60
28	0.46	0.48	0.50	0.52	0.54	0.56

注：组合砖砌体构件截面的配筋率 $\rho = A'_s/bh$。

2. 偏心受压

组合砖砌体偏心受压构件的承载力按下式计算：

$$N \leqslant fA' + f_c A'_c + \eta_s f'_y A'_s - \sigma_s A_s \tag{8-42}$$

或

$$Ne_N \leqslant fS_s + f_c S_{c,s} + \eta_s f'_y A'_s (h_0 - a'_s) \tag{8-43}$$

此时受压区的高度力可按下列公式确定：

$$fS_N + f_c S_{c,N} + \eta_s f'_y A'_s e_N - \sigma_s A_s e_N = 0 \tag{8-44}$$

式中 σ_s——钢筋 A_s 的应力；

A_s——距轴向力 N 较远侧钢筋的截面面积；

A'——砖砌体受压部分的面积；

A'_c——混凝土或砂浆面层受压部分的面积；

S_s——砖砌体受压部分的面积对钢筋 A_s 重心的面积矩；

$S_{c,s}$——混凝土或砂浆面层受压部分的面积对钢筋 A_s 重心的面积矩；

S_N——砖砌体受压部分的面积对轴向力 N 作用点的面积矩；

$S_{c,N}$——混凝土或砂浆面层受压部分的面积对钢筋 A_s 重心的面积矩；

e_N，e'_N——分别为钢筋 A_s 和 A'_s 重心至轴向力 N 作用点的距离（图 8-22）；

$e_N = e + e_a + (h/2 - a_s)$，$e'_N = e + e_a - (h/2 - a'_s)$

e——轴各力的初始偏心距，按荷载设计值取，当 $e < 0.05h$ 时，取 $e = 0.05h$；

e_a——组合砖砌体构件在轴向力作用下的附加偏心距：$e_a = \dfrac{\beta^2 h}{2200}(1 - 0.022\beta)$；

h_0——组合砖砌体构件截面的有效高度，取 $h_0=h-a_s$；

a_s，a'_s——分别为钢筋 A_s 和 A'_s 重心至截面较近边的距离。

组合砖砌体偏心受压构件也分为大偏心受压和小偏心受压两种破坏形态（图 8-22）。组合砖砌体距轴向力较远一侧钢筋 A_s 的应力 σ_s（单位 MPa，正值为拉应力，负值为压应力）按下列规定计算：

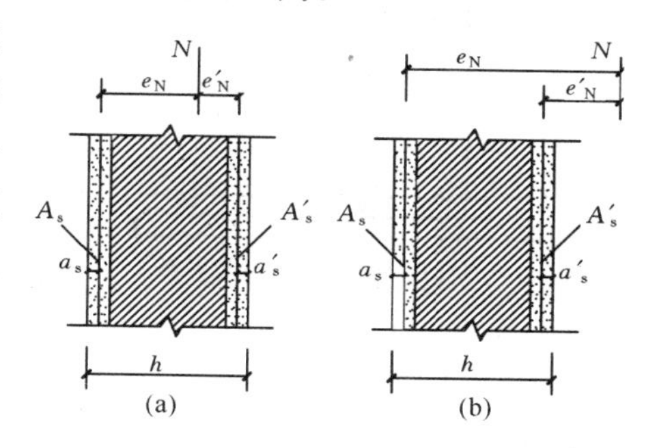

图 8-22　组合砖砌体偏心受压构件

大偏心受压（$\xi \leqslant \xi_b$）时：

$$\sigma_s = f_y$$

小偏心受压（$\xi > \xi_b$）时：

$$\sigma_s = 650 - 800\xi \tag{8-45}$$

且

$$-f'_y \leqslant \sigma_s \leqslant f_y$$

式中　ξ——组合砖砌体构件截面相对受压区高度，$\xi = x/h_0$；

f_y——钢筋的抗拉强度设计值；

ξ_b——组合砖砌体构件相对受压区高度的界限值 ξ_b，对于 HRB400 级钢筋，ξ_b＝0.36；对于 HRB335 级钢筋，ξ_b＝0.44；对于 HPB300 级钢筋，应取 0.47。

当纵向力偏心方向的截面边长大于另一方向边长时，同样应对较小边按轴心受压验算。

3. 构造要求

组合砖砌体构件的构造应符合下列规定：

（1）面层混凝强度等级宜采用 C20。面层水泥砂浆强度等级不宜低于 M10。砌筑砂浆的强度等级不宜低于 M7.5。

（2）砂浆面层的厚度，可采用 30～45mm。当面层厚度大于 45mm 时，其面层宜采用混凝土。

（3）竖向受力钢筋宜采用 HPB300 级钢筋，对于混凝土面层，亦可采用 HRB335 级钢筋。受压钢筋一侧的配筋率，对砂浆面层，不宜小于 0.1%，对混凝土面层，不宜小于 0.2%。受拉钢筋的配筋率，不应小于 0.1%。竖向受力钢筋的直径，不应小于 8mm，钢筋的净间距，不应小于 30mm。

（4）箍筋的直径，不宜小于 4mm 及 0.2 倍的受压钢筋直径，并不宜大于 6mm。箍筋的间距，不应大于 20 倍受压钢筋的直径及 500mm，并不应小于 120mm。

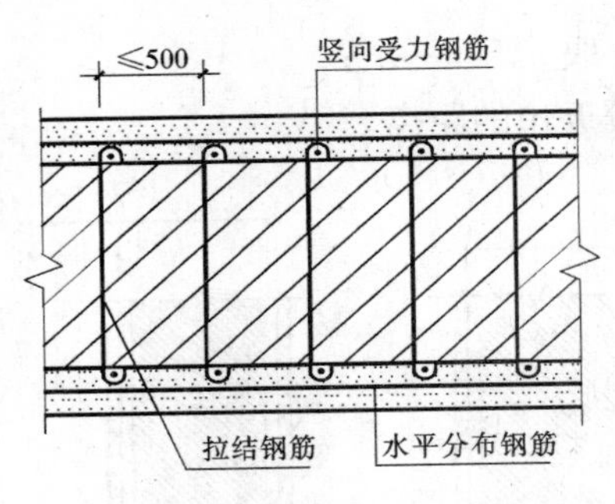

图 8-23 混凝土或砂浆面层组合墙

(5) 当组合砖砌体构件一侧的竖向受力钢筋多于4根时，应设置附加箍筋或拉结钢筋。

(6) 对于截面长短边相差较大的构件如墙体等，应采用穿通墙体的拉结钢筋作为箍筋，同时设置水平分布钢筋。水平分布钢筋的竖向间距及拉结钢筋的水平间距，均不应大于500mm（图 8-23）。

(7) 组合砖砌体构件的顶部及底部，以及牛腿部位，必须设置钢筋混凝土垫块。竖向受力钢筋伸入垫块的长度，必须满足锚固要求。

4. 计算实例

【例 8-9】 一刚性方案房屋组合砖砌体柱（图 8-24），截面 $b\times h=490\text{mm}\times620\text{mm}$，柱计算高度 $H_0=6\text{m}$，采用MU10砖，M5混合砂浆，混凝土面层采用C20，钢筋HPB300。试求该组合砖柱所能承受的轴心压力设计值。

【解】

$$A=490\times620-2\times250\times120=243.8\times10^3\text{mm}^2$$

$$A_c=2\times250\times120=60\times10^3\text{mm}^2$$

查表 $f=1.5\text{N/mm}^2$ $f_c=9.6\text{N/mm}^2$

$$f'_y=270\text{N/mm}^2$$

$$A'_s=924\text{mm}^2\ (6\Phi14)$$

$$\rho=\frac{A_s}{bh}=\frac{924}{490\times620}=0.304\%$$

$$\beta=H_0/b=6/0.49=12.24$$

查表得：$\varphi_{com}=0.863$，$\eta_s=1.0$

$$N=\varphi_{com}(fA+f_cA_c+\eta_s f'_yA'_s)$$

$$=0.863\times(1.5\times243.8\times10^3+9.6\times60\times10^3+1.0\times270\times924)$$

$$=1028\text{kN}$$

【例 8-10】 某组合砖砌体柱，采用对称配筋（图 8-25），承受轴向力设计值 $N=350\text{kN}$，弯矩设计值 $M=126\text{kN}\cdot\text{m}$（沿长边），其他条件同上例，求 A_s 及 A'_s。

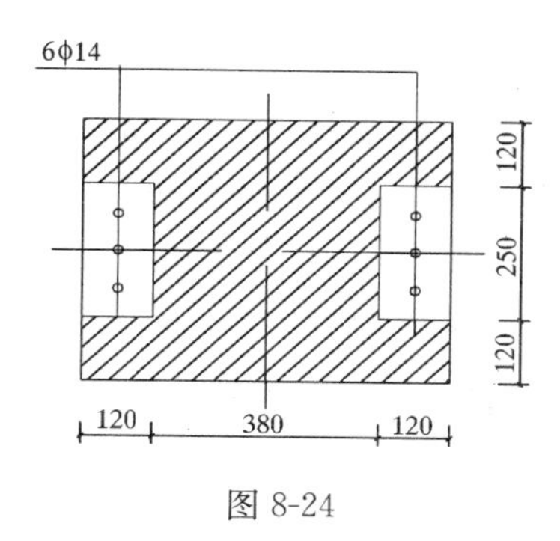

图 8-24

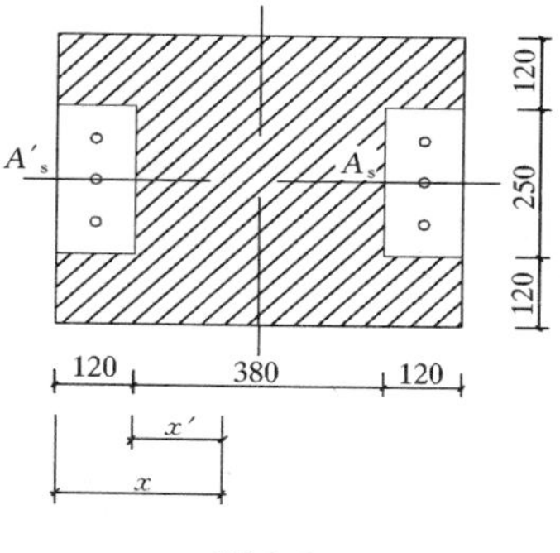

图 8-25

【解】　偏心距　　$e=\frac{M}{N}=\frac{126}{350}=0.36\text{m}=360\text{mm}$

高厚比　　$\beta=6/0.62=9.68$

附加偏心距　$e_a=\frac{\beta^2 h}{2200}(1-0.022\beta)$

$=\frac{9.68^2\times620}{2200}\times(1-0.022\times9.68)$

$=21\text{mm}$

$e_N=e+e_a+h/2-a_s=360+21+620/2-35=656\text{mm}$

查表得：$f=1.5\text{N/mm}^2$，$f_c=9.6\text{N/mm}^2$，$f_y=f'_y=270\text{N/mm}^2$

先假定为大偏心受压则　$\sigma_s=f_y=270\text{N/mm}^2$

因对称配筋和采用混凝土面层　$N=fA'+f_cA'_c$

即：$350\times10^3=1.5\times(2\times120\times120+490x')+9.6\times250\times120$

$x'=83.4\text{mm}$

$x=120+83.4=203.4\text{mm}$

$\xi=x/h_0=203.4/585=0.35<\xi_b=0.55$

属于大偏心受压构件。

$S_s=2\times120\times120\times(620-60-35)+490\times(270-120)\times(500-45-35)$

$=33642\times10^3\text{mm}^3$

$S_{c,s}=250\times120\times(620-60-35)=15750\times10^3\text{mm}^3$

代入公式　$Ne_N\leqslant fS_s+f_cS_{c,s}+\eta_s f'_yA'_s(h_0-a'_s)$ 得：

$350\times10^3\times656=1.5\times33642\times10^3+9.6\times15750\times10^3+270A'_s(585-35)$

得 $A'_s=242\text{mm}^2$

A_s、A'_s均选用 3 Φ 12，$A_s = A'_s = 339\text{mm}^2$

（二）砖砌体和钢筋混凝土构造柱组合墙

在荷载作用下，由于构造柱和砖墙的刚度不同，以及内力重分布的结果，构造柱也分担墙体上的荷载，形成砖砌体和钢筋混凝土构造柱组成的组合墙，如图 8-26 所示。

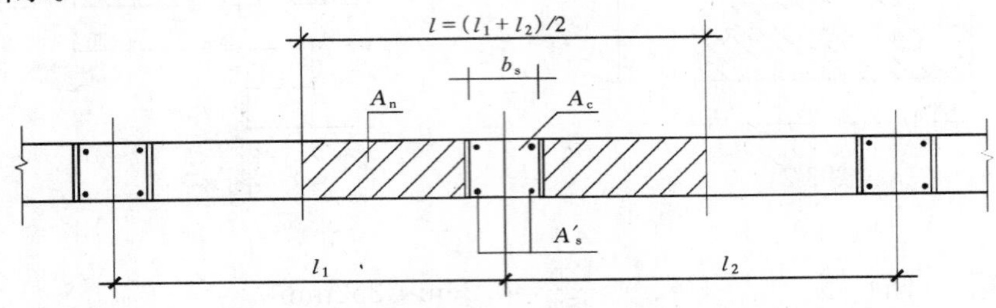

图 8-26　砖砌体和构造柱组合墙截面

1. 轴心受压承载力

轴心受压承载力按下列公式计算：

$$N \leqslant \varphi_{com}[fA_n + \eta(f_c A_c + f'_y A'_s)] \tag{8-46}$$

式中　φ_{com}——组合砖墙的稳定系数，可按表 8-22 采用；

η——强度系数，$\eta = \left[\dfrac{1}{\dfrac{l}{b_c} - 3}\right]^{\frac{1}{4}}$；当 $l/b_c < 4$ 时，取 $l/b_c = 4$；

l——沿墙长方向构造柱的间距；

b_c——沿墙长方向构造柱的宽度；

A_n——砖砌体的净截面面积；

A_c——构造柱的截面面积。

2. 组合砖墙的构造要求

组合砖墙的材料和构造应符合下列规定：

（1）砂浆的强度等级不应低于 M5，构造柱的混凝土强度等级不宜低于 C20。

（2）柱内竖向受力钢筋的混凝土保护层厚度，应符合表 8-23 的规定。

（3）构造柱的截面尺寸不宜小于 240mm×240mm，其厚度不应小于墙厚，边柱、角柱的截面宽度宜适当加大。柱内竖向受力钢筋，对于中柱，不宜少于 4 Φ 12；对于边柱、角柱，不宜少于 4 Φ 14。构造柱的竖向受力钢筋的直径也不宜大于 16mm。其箍筋，一般部位宜采用Φ 6、间距 200mm，楼层上下 500mm 范围内宜采用Φ 6、间距 100mm。构造柱的竖向受力钢筋应在基础梁和楼层圈梁中锚固，并应符合受拉钢筋的锚固要求。

（4）组合砖墙砌体结构房屋，应在纵横墙交接处、墙端部和较大洞口的洞边设置构造柱，其间距不宜大于 4m。各层洞口宜设置在相应位置，并宜上下对齐。

(5) 组合砖墙砌体结构房屋应在基础顶面、有组合墙的楼层处设置现浇钢筋混凝土圈梁。圈梁的截面高度不宜小于 240mm；纵向钢筋不宜小于 4 Φ 12，纵向钢筋应伸入构造柱内，并应符合受拉钢筋的锚固要求；圈梁的箍筋宜采用Φ 6、间距 200mm。

(6) 砖砌体与构造柱的连接处应砌成马牙槎，并应沿墙高每隔 500mm 设 2 Φ 6拉结钢筋，且每边伸入墙内不宜小于 600mm。

(7) 组合砖墙的施工程序应为先砌墙后浇混凝土构造柱。

(8) 构造柱可不单独设置基础，应伸入室外地坪 7.500mm，或与埋深小于 500mm 的基础梁相连。

六、配筋砌块砌体构件

配筋砌块砌体结构是由混凝土空心砌块、砂浆、芯柱混凝土和钢筋四种材料组成，其内力分别按轴心受压、偏心受压或偏心受拉构件进行正截面承载力和斜截面承载力计算。

(一) 正截面受压承载力计算

1. 基本假定

(1) 平截面假定：配筋砌块砌体受力变形后，其截面应变仍然保持平面；

(2) 竖向钢筋与其毗邻的砌体和灌孔混凝土的应变相同；

(3) 不考虑砌体和灌孔混凝土的抗拉强度；

(4) 砌体和灌孔混凝土的极限压应变当轴心受压时为 0.002，偏心受压时为 0.003；钢筋的极限拉应变不超过 0.01。

2. 轴心受压

水平分布钢筋的配筋砌体剪力墙、柱，其轴心受压正截面承载力按下式计算：

$$N \leqslant \varphi_{0g}(f_g A + 0.8 f'_y A'_s) \tag{8-47}$$

式中　N——轴向力设计值；

f_g——灌孔砌体的抗压强度设计值，按式 (8-8) 采用；

f'_y——钢筋的抗压强度设计值；

A——剪力墙及砌体柱的毛截面面积；

A'_s——砌体内全部竖向钢筋的截面面积；

φ_{0g}——轴心受压构件的稳定系数，按下式计算：

$$\varphi_{0g} = \frac{1}{1 + 0.001\beta^2} \tag{8-48}$$

β——构件的高厚比（计算高度 H_0 取层高）。

未设箍筋或水平分布钢筋的剪力墙或柱，其轴心受压正截面承载力按下式计算：

$$N \leqslant \varphi_{0g} f_g A \tag{8-49}$$

式（8-49）也适用于竖向钢筋仅配在配筋砌块砌体剪力墙中间时的平面外偏心受压承载力计算。

3. 偏心受压

（1）矩形截面偏心受压构件

矩形截面偏心受压配筋砌块砌体剪力墙存在大偏心受压和小偏心受压两种破坏形态。

当 $x \leqslant \xi_b h_0$ 时，为大偏心受压；

当 $x > \xi_b h_0$ 时，为小偏心受压。

其中 ξ_b 为大小偏心受压界限的相对受压高度，对 HPB300 级钢筋 $\xi_b = 0.57$，HRB335 级钢筋 $\xi_b = 0.55$，HRB400 级钢筋 $\xi_b = 0.52$。

大偏压受压破坏和小偏心受压破坏的计算简图如图 8-27 所示。

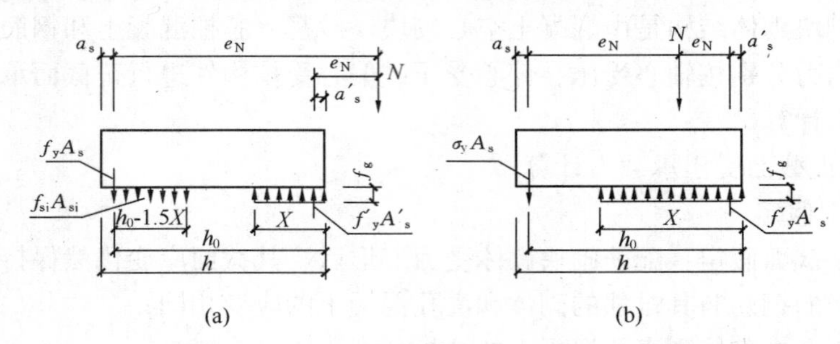

图 8-27 矩形截面偏心受压正截面承载力计算简图

（a）大偏心受压；（b）小偏心受压

1）大偏心受压承载力计算公式（图 8-27a）：

$$N \leqslant f_g bx + f'_y A'_s - f_y A_s - \Sigma f_{si} A_{si} \tag{8-50}$$

$$Ne_N \leqslant f_g bx\left(h_0 - \frac{x}{2}\right) + f'_y A'_s (h_0 - a'_s) - \Sigma f_{si} s_{si} \tag{8-51}$$

式中 N——轴向力设计值；

f_g——灌孔砌体的抗压强度设计值；

f_y、f'_y——竖向受拉、受压主筋的强度设计值；

b——截面宽度；

f_{si}——竖向分布钢筋的抗拉强度设计值；

A_s、A'_s——竖向受拉、受压主筋的截面面积；

A_{si}——单根竖向分布钢筋的截面面积；

s_{si}——第 i 根竖向分布钢筋对竖向受拉主筋的面积矩；

e_N——轴向力作用点到竖向受拉主筋合力点之间的距离，$e_N = e + e_a + (h/2 - a_s)$。

当 $x<a'_s$ 时，正截面承载力近似按下式计算：

$$Ne'_N \leqslant f_y A_s (h_0 - a'_s) \tag{8-52}$$

式中　e'_N——轴向力作用点到竖向受压主筋合力点之间的距离，$e'_N = e + e_a - (h/2 - d'_s)$。

2）小偏心受压承载力计算公式（图 8-27b）

$$N \leqslant f_g bx + f'_y A'_s - \sigma_s A_s \tag{8-53}$$

$$Ne_N \leqslant f_g bx(h_0 - x/2) + f'_y A_s (h_0 - a'_s) \tag{8-54}$$

$$\sigma_s = \frac{f_y}{\xi_b - 0.8}\left(\frac{x}{h_0} - 0.8\right) \tag{8-55}$$

当受压区竖向受压主筋无箍筋或无水平钢筋约束时，可不考虑竖向主筋的作用，则式（8-53）和式（8-54）为：

$$N \leqslant f_g bx - \sigma_s A_s \tag{8-56}$$

$$Ne_N \leqslant f_g bx\left(h_0 - \frac{x}{2}\right) \tag{8-57}$$

3）矩形截面对称配筋砌块砌体剪力墙小偏心受压时，也可近似按下式计算钢筋截面面积：

$$A_s = A'_s = \frac{Ne_N - \xi(1 - 0.5\xi) f_g bh_0^2}{f'_y (h_0 - a'_s)} \tag{8-58}$$

此时

$$\xi = \frac{x}{h_0} = \frac{N - \xi_b f_g bh_0^2}{\dfrac{Ne_N - 0.43 f_g bh_0^2}{(0.8 - \xi_b)(h_0 - a'_s)} + f_g bh_0} + \xi_b \tag{8-59}$$

（2）T 形、倒 L 形截面偏心受压构件

T 形、倒 L 形截面偏心受压构件，当翼缘和腹板的相交处采用错缝搭接砌筑和同时设置中距不大于 1.2m 的配筋带（截面高≥60mm，钢筋≥2ϕ12）时，可考虑翼缘的共同工作，其正截面受压承载力计算公式应区分 $x \leqslant h'_f$ 或 $x > h'_f$ 两种情况：

1）当 $x \leqslant h'_f$ 时，按 $b = b'_f$ 的矩形截面计算；

2）当 $x > h'_f$ 时，考虑腹板的受压作用，计算公式如下：

大偏心受压（图 8-28）：

$$N \leqslant f_g[bx + (b'_f - b)h'_f] + f'_y A'_s - f_y A_s - \Sigma f_{si} A_{si} \tag{8-60}$$

$$Ne_N \leqslant f_g[bx(h_0 - x/2) + (b'_f - b)h'_f(h_0 - h'_f/2)]$$

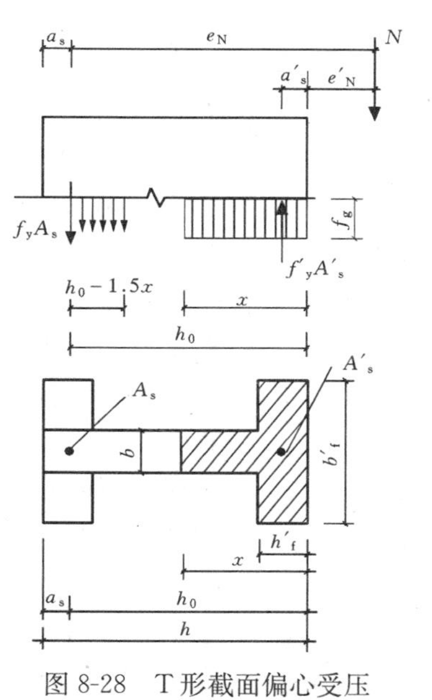

图 8-28　T 形截面偏心受压

$$+f'_yA'_s(h_0-a'_s)-\Sigma f_{si}S_{si} \quad (8\text{-}61)$$

式中 h'_f、b'_f——分别为T形或倒L形截面受压区翼缘高度和翼缘计算宽度，b'_f按表8-23中最小值采用。

T形、倒L形截面偏心受压构件翼缘计算度 b'_f **表8-23**

考虑情况	T形截面	倒L形截面
按构件计算高度 H_0	$H_0/3$	$H_0/6$
按腹板间距 L 考虑	L	$L/2$
按翼缘厚度 h'_f 考虑	$b+12h'_f$	$b+6h'_f$
按翼缘的实际宽度 b'_f 考虑	b'_f	b'_f

注：构件的计算高度 H_0 可取层高。

小偏心受压：

$$N\leqslant f_g[bx+(b'_f-b)h'_f]+f'_yA'_s-\sigma_sA_s \quad (8\text{-}62)$$

$$Ne_N\leqslant f_g[bx(h_0-x/2)+(b'_f-b)h'_f(h_0-h'_f/2)]+f'_yA'_s(h_0-a'_s) \quad (8\text{-}63)$$

（二）斜截面受剪承载力计算

偏心受压和偏心受拉配筋砌块砌体剪力墙，截面尺寸应满足下式要求：

$$V\leqslant 0.25f_gbh_0 \quad (8\text{-}64)$$

式中 V——剪力墙的剪力设计值；

b——剪力墙截面宽度或T形、倒L形截面腹板宽度；

h_0——剪力墙的截面有效高度。

1. 偏心受压

剪力墙在偏心受压时的斜截面受剪承载力计算：

$$V\leqslant\frac{1}{\lambda-0.5}\left(0.6f_{vg}bh_0+0.12N\frac{A_W}{A}\right)+0.9f_{yh}\frac{A_{sh}}{s}h_0 \quad (8\text{-}65)$$

式中 f_{vg}——灌孔砌体抗剪强度设计值，按式（8-10）采用；

M、N、V——计算截面的弯矩、轴力和剪力设计值，当 $N>0.25f_gbh$ 时，取 $N=0.25f_\gamma bh$；

A——剪力墙截面面积；

A_W——T形或倒L形截面腹板的截面面积，对矩形截面 $A_W=A$；

λ——计算截面剪跨比，$\lambda=M/Vh_0$，$1.5\leqslant\lambda\leqslant2.2$；

h_0——剪力墙截面的有效高度；

A_{sh}——配置在同一截面的水平分布钢筋的全部截面面积；

s——水平分布钢筋的竖向间距；

f_{yh}——水平钢筋的抗拉强度设计值。

2. 偏心受拉

剪力墙在偏心受拉时的斜截面受剪承载力应按下式计算：

$$V \leqslant \frac{1}{\lambda - 0.5}\left(0.6 f_{vg} b h_0 - 0.22 N \frac{A_W}{A}\right) + 0.9 f_{yh} \frac{A_{sh}}{s} h_0 \quad (8\text{-}66)$$

（三）配筋砌块砌体剪力墙连梁的斜截面承载力计算

1. 钢筋混凝土连梁的设计可按《混凝土设计规范》（GB 50010—2010）相关规定。

2. 配筋砌块砌体连梁

（1）连梁截面尺寸应符合：

$$V_b \leqslant 0.25 f_g b h_0 \quad (8\text{-}67)$$

（2）连梁斜截面受剪承载力计算：

$$V_b \leqslant 0.8 f_{vg} b h_0 + f_{yv} \frac{A_{sv}}{s} h_0 \quad (8\text{-}68)$$

式中　V_b——连梁剪力设计值；

b——连梁截面宽度；

h_0——连梁截面有效高度；

A_{sv}——配置在同一截面内箍筋各肢的全部截面面积；

f_{yv}——箍筋的抗拉强度设计值；

s——沿构件长度方向箍筋的间距。

注：连梁的正截面受弯承载力应按现行国家标准《混凝土结构设计规范》（GB 50010—2010）受弯构件的有关规定计算，当采用配筋砌块砌体时，应采用其相应的计算参数和指标。

（四）配筋砌块砌体剪力墙构造规定

1. 钢筋

钢筋的直径不宜大于 25mm，当设置在灰缝中时不应小于 4mm，在其他部位不应小于 10mm；配置在孔洞或空腔中的钢筋面积不应大于孔洞或空腔面积的 6%。

设置在灰缝中钢筋的直径不宜大于灰缝厚度的 1/2；两平行的水平钢筋间的净距不应小于 50mm；柱和壁柱中的竖向钢筋的净距不宜小于 40mm（包括接头处钢筋间的净距）。

钢筋在灌孔混凝土中的锚固应符合下列规定：

（1）当计算中充分利用竖向受拉钢筋强度时，其锚固长度 L_a，对 HRB335 级钢筋不宜小于 $30d$；对 HRB400 和 RRB400 级钢筋不宜小于 $35d$；在任何情况下钢筋（包括钢筋网片）锚固长度不应小于 300mm。

（2）竖向受拉钢筋不应在受拉区截断。如必须截断时，应延伸至按正截面受弯承载力计算不需要该钢筋的截面以外，延伸的长度不应小于 $20d$。

（3）竖向受压钢筋在跨中截断时，必须伸至按计算不需要该钢筋的截面以外，延伸的长度不应小于 $20d$；对绑扎骨架中末端无弯钩的钢筋，不应小于 $25d$。

（4）钢筋骨架中的受力光面钢筋，应在钢筋末端作弯钩，在焊接骨架、焊接网以及轴心受压构件中，可不作弯钩；绑扎骨架中的受力变形钢筋，在钢筋的末端可不作弯钩。

关于钢筋的接头：钢筋的直径大于 22mm 时宜采用机械连接接头，接头的质量应符合有关标准、规范的规定；其他直径的钢筋可采用搭接接头，并符合钢筋的接头位置宜设置在受力较小处；受拉钢筋的搭接接头长度不应小于 $1.1L_a$，受压钢筋的搭接接头长度不应小于 $0.7L_a$，且不小于 300mm；当相邻钢筋的间距不大于 75mm 时，其搭接长度应为 $1.2L_a$。当钢筋间的接头错开 $20d$ 时，搭接长度可不增加。

水平受力钢筋（网片）的锚固和搭接长度应符合下列规定：

（1）在凹槽砌块混凝土带中钢筋的锚固长度不宜小于 $30d$，且其水平或垂直弯折段的长度不宜小于 $15d$ 和 200mm；钢筋的搭接长度不宜小于 $35d$。

（2）在砌体水平灰缝中，钢筋的锚固长度不宜小于 $50d$，且其水平或垂直弯折段的长度不宜小于 $20d$ 和 250mm；钢筋的搭接长度不宜小于 $55d$。

（3）在隔皮或错缝搭接的灰缝中为 $55d+2h$，d 为灰缝中的受力钢筋的直径；h 为水平灰缝的间距。

2. 配筋砌块砌体剪力墙、连梁

配筋砌块砌体剪力墙、连梁的砌体材料强度等级：砌块不应低于 MU10；砌筑砂浆不应低于 Mb7.5；灌孔混凝土不应低于 Cb20。

注：对安全等级为一级或设计使用年限大于 50 年的配筋砌块砌体房屋，所用的材料最低强度等级应至少提高一级。

配筋砌块砌体剪力墙厚度、连梁截面宽度不应小于 190mm。

配筋砌块砌体剪力墙的构造配筋应符合下列规定：

（1）应在墙的转角、端部和孔洞的两侧配置竖向连续的钢筋，钢筋直径不应小于 12mm。

（2）应在洞口的底部和顶部设置不小于 2Φ10 的水平钢筋，其伸入墙内的长度不应小于 $40d$ 和 600mm。

（3）应在楼（屋）盖的所有纵横墙处设置现浇钢筋混凝土圈梁，圈梁的宽度和高度宜等于墙厚和块高，圈梁主筋不应少于 4Φ10，圈梁的混凝土强度等级不应低于同层混凝土块体强度等级的 2 倍，或该层灌孔混凝土的强度等级，也不应低于C20。

(4) 剪力墙其他部位的竖向和水平钢筋的间距不应大于墙长、墙高的1/3，也不应大于900mm。

(5) 剪力墙沿竖向和水平方向的构造钢筋配筋率均不应小于0.07%。

按壁式框架设计的配筋砌块窗间墙，墙截面宽度不应小于800mm；墙净高与墙宽之比不宜大于5。窗间墙中的竖向钢筋，每片窗间墙中沿全高不应少于4根钢筋；沿墙的全截面应配置足够的抗弯钢筋；窗间墙的竖向钢筋的含钢率不宜小于0.2%，也不宜大于0.8%。窗间墙中的水平分布钢筋，应在墙端部纵筋处向下弯折90°，弯折长度不小于15d和150mm；水平分布钢筋的间距，在距梁边1倍墙宽范围内不应大于1/4墙长，其余部位不应大于1/2墙长；水平分布钢筋的配筋率不宜小于0.15%。

配筋砌块砌体剪力墙应按下列情况设置边缘构件，应在一字墙的端部至少3倍墙厚范围内的孔中设置不小于Φ12通长竖向钢筋；应在L、T或十字形墙交接处3或4个孔中设置不小于Φ12通长竖向钢筋；当剪力墙的轴压比大于0.6f_g时，除按上述规定设置竖向钢筋外，尚应设置间距不大于200mm、直径不小于6mm的钢箍。

当在剪力墙墙端设置混凝土柱作为边缘构件时应符合：柱的截面宽度宜不小于墙厚，柱的截面长度宜为1～2倍的墙厚，并不应小于200mm；柱的混凝土强度等级不宜低于该墙体块体强度等级的2倍，或不低于该墙体灌孔混凝土的强度等级，也不应低于Cb20；柱的竖向钢筋不宜小于4Φ12，箍筋不宜小于Φ6、间距不宜大于200mm；墙体中的水平钢筋应在柱中锚固，并应满足钢筋的锚固要求；柱的施工顺序宜为先砌砌块墙体，后浇捣混凝土。

配筋砌块砌体剪力墙中当连梁采用钢筋混凝土时，连梁混凝土的强度等级不宜低于同层墙体块体强度等级的2倍，或同层墙体灌孔混凝土的强度等级，也不应低于C20；其他构造尚应符合现行国家标准《混凝土结构设计规范》(GB 50010—2010)的有关规定要求。

配筋砌块砌体剪力墙中当连梁采用配筋砌块砌体时，连梁的截面高度不应小于两皮砌块的高度和400mm；连梁应采用H形砌块或凹槽砌块组砌，孔洞应全部浇灌混凝土。

连梁的水平钢筋宜符合：

连梁上、下水平受力钢筋宜对称、通长设置，在灌孔砌体内的锚固长度不宜小于40d和600mm；连梁水平受力钢筋的含钢率不宜小于0.2%，也不宜大于0.8%。

连梁的箍筋直径不应小于6mm；箍筋的间距不宜大于1/2梁高和600mm；在距支座等于梁高范围内的箍筋间距不应大于1/4梁高，距支座表面第一根箍筋的间距不应大于100mm；箍筋的面积配筋率不宜小于0.15%；箍筋宜为封闭式，双肢箍末端弯钩为135°；单肢箍末端的弯钩为180°，或弯90°加12倍箍筋直径的延长段。

3. 配筋砌块砌体柱

配筋砌块砌体柱应符合：

（1）柱截面边长不宜小于400mm，柱高度与截面短边之比不宜大于30；

（2）柱的纵向钢筋的直径不宜小于12mm，数量不应小于4根，全部纵向受力钢筋的配筋率不宜小于0.2%；

（3）柱中箍筋的设置应根据下列情况确定：

当纵向钢筋的配筋率大于0.25%，且柱承受的轴向力大于受压承载力设计值的25%时，柱应设箍筋；当配筋率≤0.25%时，或柱承受的轴向力小于受压承载力设计值的25%时，柱中可不设置箍筋；箍筋直径不宜小于6mm；箍筋的间距不应大于16倍的纵向钢筋直径、48倍箍筋直径及柱截面短边尺寸中较小者；箍筋应封闭，端部应弯钩或绕纵筋水平弯折90°，弯折段长度不小于$10d$；箍筋应设置在灰缝或灌孔混凝土中。

七、轴心受拉、受弯和受剪构件

（一）轴心受拉

轴心受拉构件的承载力，应按下式计算：

$$N_t \leqslant f_t A \tag{8-69}$$

式中 N_t——轴心拉力设计值；

f_t——砌体轴心抗拉强度设计值，按表8-11采用；

A——砌体截面面积。

（二）受弯构件

1. 受弯构件的承载力按下列公式计算

$$M \leqslant f_{tm} W \tag{8-70}$$

式中 M——弯矩设计值；

f_{tw}——砌体弯曲抗拉强度设计值，按表8-11采用；

W——截面抵抗矩，对矩形截面$W=\dfrac{bh^2}{6}$。

2. 受弯构件的受剪承载力，按下式计算

$$V \leqslant f_v b Z \tag{8-71}$$

式中 V——剪力设计值；

f_v——砌体的抗剪强度设计值，按表 8-11 采用；

Z——内力臂，$Z=I/S$，I 为截面惯性矩；S 为截面面积矩；对矩形截面 $Z=\frac{2}{3}h$；

b、h——分别为截面宽度和高度。

（三）受剪构件

当砌体沿通缝或沿阶梯形截面破坏时，受剪构件的承载力按下式计算：

$$V \leqslant (f_v + \alpha\mu\sigma_0)A \tag{8-72}$$

式中　V——截面剪力设计值；

A——水平截面面积，当有孔洞时，取净截面面积；

f_v——砌体抗剪强度设计值，对灌孔的混凝土砌块砌体取 f_{vg}；

α——修正系数：

当 $\gamma_G=1.2$ 时，砖（含多孔砖）砌体 $\alpha=0.60$，混凝土砌块砌体 $\alpha=0.64$；

当 $\gamma_G=1.35$ 时，砖（含多孔砖）砌体 $\alpha=0.64$，混凝土砌块砌体 $\alpha=0.66$；

μ——剪压复合受力影响系数：

当 $\gamma_G=1.2$ 时，$\mu=0.26-0.082\frac{\sigma_0}{f}$；

当 $\gamma_G=1.35$ 时，$\mu=0.23-0.065\frac{\sigma_0}{f}$；

σ_0——永久荷载设计值产生的水平截面平均压应力，其值不应大于 $0.8f$；

f——砌体的抗压强度设计值。

第三节　混合结构房屋设计

混合结构房屋指主要承重构件由不同材料组成的房屋，如楼（屋）盖采用钢筋混凝土材料，而墙、柱采用砌体材料的房屋。

一、房屋的承重体系

混合结构房屋按结构承重体系和竖向荷载传递路线，可分为下列几种不同的承重体系：横墙承重体系、纵墙承重体系、纵横墙承重体系、内框架承重体系和底框承重体系。

（一）横墙承重体系

图 8-29（a）所示为横墙承重的结构平面布置。横墙承受楼面荷载及自身墙重，因此是承重墙，而纵墙为非承重墙，仅承受自身墙重。其荷载的传递路线

是：楼（屋）面荷载→板→横墙→基础→地基。

横墙承重体系的特点是：

1. 横墙是主要的承重墙，不能随意拆除；纵墙起围护、隔断和与横墙的拉结作用。

2. 横墙间距较小，墙体较多，又有纵墙拉结，故房屋的空间刚度较大，整体性好，对抗风、抗震及调整地基不均匀沉降有利。

3. 结构简单、施工方便，节省楼面结构材料，但墙体材料用量较多。

横墙承重体系一般适于小开间、面积较小的建筑。

（二）纵墙承重体系

图 8-29（b）所示为纵墙承重的结构平面布置。楼（屋）面板可直接搁置在内外纵墙上，或楼（屋）盖大梁搁置在纵墙上，再放置楼（屋）面板。荷载的传递路线是：楼（屋）面荷载→板→（横向大梁）→纵墙→基础→地基。

纵墙承重体系的特点：

1. 纵墙是承重墙，横墙是非承重墙，室内空间较大，利于使用上灵活布置。

2. 纵墙荷载较大，纵墙上设置门窗洞口的宽度和大小受限制。

3. 横墙间距大、数量少、房屋横向刚度、整体性、抗震性能较差，重要建筑如中小学校舍不宜采用。

4. 墙体用料较少，楼（屋）盖材料用量较多。

纵墙承重体系一般适用于要求有较大空间的房屋。

（三）纵横墙承重体系

将纵墙和横墙混合承受楼（屋）面荷载，即形成如图 8-29（c）所示纵横墙承重体系。纵横墙承重体系具有结构布置较灵活、空间刚度较好的特点。其荷载传递路线为：

楼（屋）面荷载 → 横墙 / 纵墙 → 地基 → 地基

（四）内框架承重体系

图 8-29（d）所示，内部是钢筋混凝土柱承重，外部是砌体材料组成的墙体承重，形成内框架承重体系。其荷载传递路线是：

楼（屋）面荷载 → 梁 → 柱 → 柱基础 → 地基
楼（屋）面荷载 → 外纵墙 → 纵墙基础 → 地基

内框架承重体系的特点是：

1. 墙、柱为主要承重构件，房屋开间大、平面布置灵活。

2. 横墙较少，空间刚度较差，抗震能力较弱。

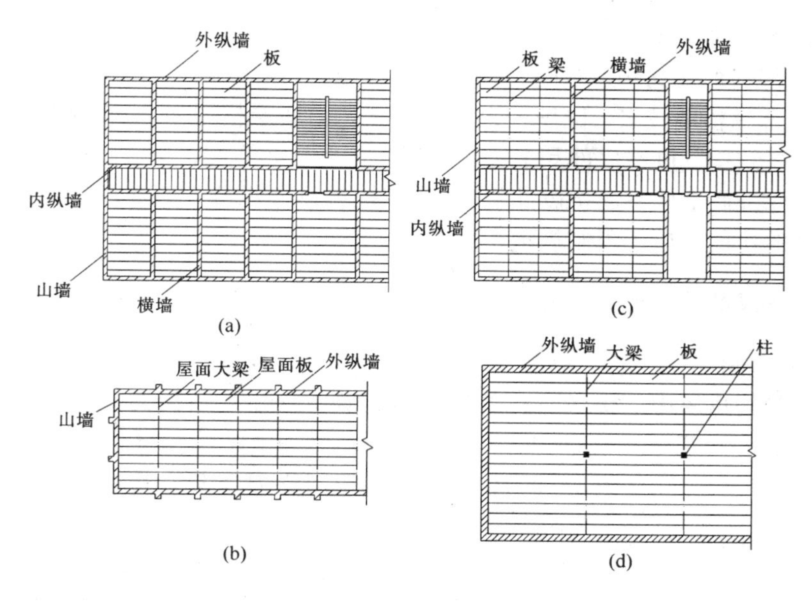

图 8-29　房屋承重体系平面布置

3. 竖向承重材料不同，两者压缩性能不同，柱下和墙下基础的沉降量差别较大，从而引起较大的附加内力，抗震能力较弱。

（五）底部框架承重体系

图 8-30 所示为底框承重体系。底层为钢筋混凝土框架和砌体剪力墙组成，上部各层由砌体承重墙组成。底框承重体系一般适合于底部需要大空间的建筑，如底层设有商店的临街建筑。底框体系的荷载传递路线是：楼（屋）面荷载→板→横墙→托梁→框架柱→基础→地基。

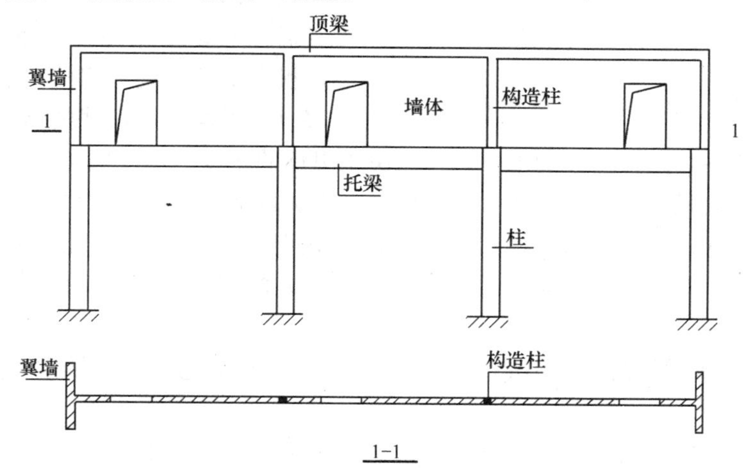

图 8-30　底框承重体系

底框体系的特点是：

1. 底部为框架结构，空间大，布置灵活；

2. 上部纵横墙较多，刚度较大，重量大，而底层框架-抗震墙刚度小，上刚下柔，房屋结构刚度在底部和上一层之间发生突变，不利于抗震。

为了保证底框体系的抗震性能，《建筑抗震设计规范》对底框房屋上、下层侧移刚度的比值作出了限制规定。

二、房屋的静力计算方案

（一）空间工作性能

混合结构房屋中，楼（屋）盖、纵墙、横墙及柱等结构构件组成的承重体系，是一个结构整体，在荷载作用下是空间受力体系。其特点是当房屋结构受到局部荷载作用时，不仅直接承受荷载的构件承担外力，非直接受荷构件也将不同程度地参与工作，从而使直接受荷构件的内力和侧移减小。这种直接受荷构件与非直接受荷构件间，相互支承且共同承担荷载的协同工作，即房屋的空间工作性能。任何一种房屋结构体系必须同时承担竖向荷载和水平荷载，其空间工作性能好坏取决于房屋的空间刚度大小。

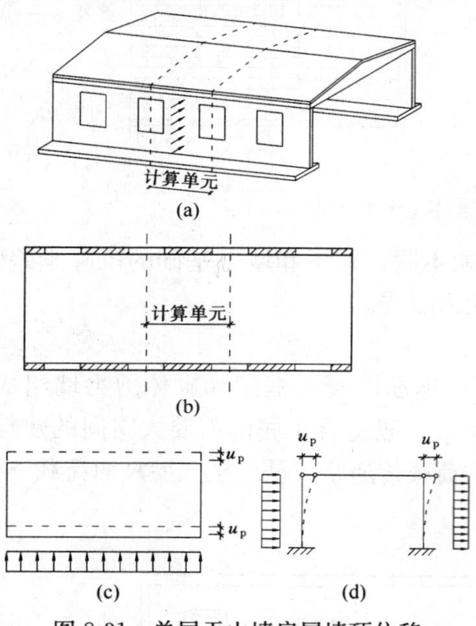

图 8-31　单层无山墙房屋墙顶位移

图 8-31 所示为一单层单跨房屋，外纵墙承重，屋盖为预制钢筋混凝土屋面板和屋面大梁，房屋中间无横墙，两端也无山墙，风荷载的传递路线是：风载→纵墙→基础，墙顶的水平位移取决于纵墙的刚度。当外墙上的洞口均匀布置，计算时取开间中线部分作为计算单元。视纵墙上端与屋盖铰接，下端与基础固接的排架柱，屋盖为水平横梁。水平风荷载作用下排架柱顶端的水平位移 u_p 是相同的图 8-31（c），计算单元的受力状况与整个房屋的受力状况一样，属于平面受力体系。

图 8-32 所示为两端有山墙的单层房屋，屋盖两端支承在山墙上，山墙为竖向悬壁构件。

由于两端山墙的约束作用，屋盖与山墙形成具有一定水平刚度的抗侧体系，作用于纵墙上的风荷载一部分通过屋盖结构传至山墙，从而改变了水平荷载的传递路线：

风荷载 → 纵墙 → 屋盖结构 → 山墙 → 山墙基础
　　　　　　　 → 纵墙基础

风荷载通过屋盖山墙和纵墙组成的空间受力体系进行传递。由于山墙的存在，纵墙顶上的水平位移沿纵向是变化的，两端小，中间大，房屋纵墙顶部的最大水平位移在中间排架，其值为 $u_s = u_{max} + f_{max}$，f_{max} 为楼盖平面内产生的弯曲变形（图 8-32b）。

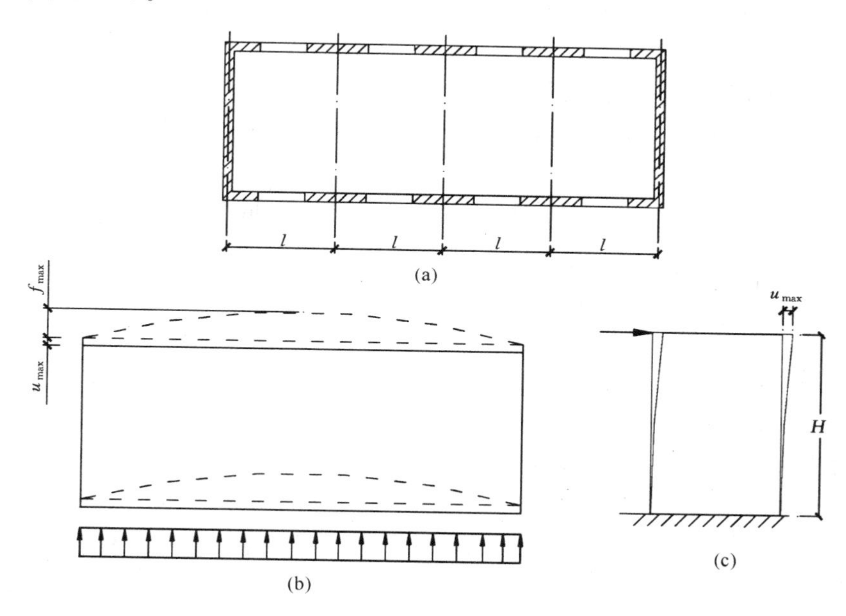

图 8-32　单层有山墙房屋墙顶位移

无山墙房屋侧移 u_p 的大小取决于纵墙本身的刚度。有山墙房屋侧移 u_s 的大小除与纵墙刚度有关外，还与屋盖刚度、山墙间距离和刚度有关。屋盖刚度越大，两山墙的距离越近，山墙刚度越大，房屋的空间刚度越大，空间性能越好，u_s 越小。房屋的空间工作作用的大小用空间性能影响系数 η 来反映：

$$\eta = u_s / u_p$$

η 值愈大，表示整体房屋的位移与平面排架的位移越接近，房屋空间刚度越差；η 值愈小，房屋空间刚度愈好。房屋空间刚度的大小是划分房屋静力计算方案的依据。表 8-24 给出了房屋各层空间性能影响系数 η_i 值。

房屋各层的空间性能影响系数 η_i 表 8-24

屋盖或楼盖类别	横墙间距 s (m)														
	16	20	24	28	32	36	40	44	48	52	56	60	64	68	72
1	—	—	—	—	0.33	0.39	0.45	0.50	0.55	0.60	0.64	0.68	0.71	074	0.77
2	—	0.35	0.45	0.54	0.61	0.68	0.73	0.78	0.82	—	—	—	—	—	—
3	0.37	0.49	0.60	0.68	0.75	0.81	—	—	—	—	—	—	—	—	—

注：i 取 $1\sim n$，n 为房屋的屋数。

（二）房屋的静力计算方案

按房屋空间刚度的大小，静力计算方案可分为三种：

1. 刚性方案

$\eta<0.33$ 时，墙顶的水平位移 u_s 很小，房屋的空间刚度很大。这时楼（屋）盖可作为纵墙上端的不动铰支座，在荷载作用下，墙、柱内力可按上端有不动铰支承的竖向构件计算，称为刚性方案房屋。

2. 弹性方案

$\eta>0.77$ 时，虽然房屋仍是空间受力体系，但墙顶的最大水平位移接近平面结构体系，房屋的空间刚度很小。在荷载作用下，墙、柱内力按不考虑空间工作的平面排架或框架计算，称为弹性方案房屋。

3. 刚弹性方案

$0.33<\eta<0.77$ 时，房屋的空间刚度介于上述两种方案之间。在荷载作用下，纵墙顶端的相对水平位移较弹性方案房屋小，但又不可以忽略。因此，墙、柱内力按考虑空间工作的平面排架或框架计算，称为刚弹性方案。

《规范》将房屋按楼（屋）盖的刚度及横墙间距作为混合结构设计中房屋静力计算方案划分的主要因素，见表 8-25。

房屋的静力计算方案 表 8-25

序号	屋盖或楼盖类别	刚性方案	刚弹性方案	弹性方案
1	整体式、装配整体和装配式无檩体系钢筋混凝土屋盖或钢筋混凝土楼盖	$s<32$	$32\leqslant s\leqslant 72$	$s>72$
2	装配式有檩体系钢筋混凝土屋盖、轻钢屋盖和有密铺望板的木屋盖或木楼盖	$s<20$	$20\leqslant s\leqslant 48$	$s>48$
3	瓦材屋面的木屋盖和轻钢屋盖	$s<16$	$16\leqslant s\leqslant 36$	$s>36$

注：1. 表中 s 为房屋横墙间距，其长度单位为 m；
2. 对无山墙或伸缩缝处无横墙的房屋，应按弹性方案考虑。

（三）刚性和刚弹性方案房屋的横墙

横墙刚度是决定房屋静力计算方案的重要因素。作为刚性和刚弹性方案房屋的横墙，必须具有很大的刚度，以保证楼（屋）盖支座位移不致过大的要求。《规范》规定，刚性和刚弹性房屋的横墙必须符合下列条件：

1. 横墙中开有洞口时，洞口的水平截面面积不超过横墙截面面积的 50%；

2. 横墙厚度不宜小于 180mm；

3. 单层房屋的横墙长度不宜小于其高度，多层房屋的横墙长度不宜小于 $H/2$（H 为横墙总高度）。

当横墙不能同时符合上述 1、2、3 项的要求时，应对横墙的刚度进行验算。如其最大水平位移值 $u_{max}\leqslant H/4000$ 时（H 为横墙高度），该横墙仍可视作刚性或刚弹性方案房屋的横墙。凡符合上述刚度要求的一段横墙或其他结构构件（如框架等），也可视为刚性和刚弹性方案房屋的横墙。

单层房屋横墙在水平集中力 P_1 作用下的最大水平位移 u_{max}，由弯曲变形和剪切变形两部分组成。当门窗洞口的水平截面面积不超过全截面面积的 75%时，u_{max}可近似按下式计算：

$$u_{max}=\frac{nP_1H^3}{6EI}+\frac{2nP_1H}{EA} \tag{8-73}$$

式中 P_1——作用于横墙顶端的集中水平荷载，$P_1=\frac{n}{2}P, P=W+R$；

n——与该横墙相邻的两横墙的开间数（图 8-33）；

W——由屋面风荷载折算为每个开间柱顶处的水平集中风荷载；

R——假定排架无侧移时，每开间柱顶反力；

H——横墙的高度；

E——砌体的弹性模量；

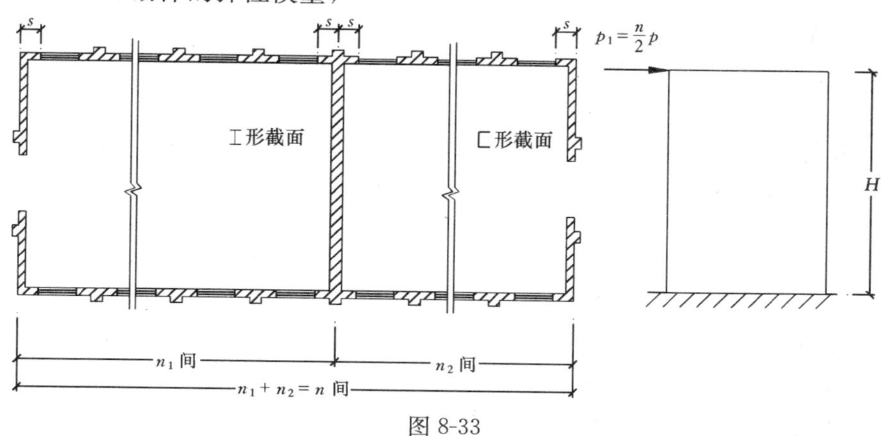

图 8-33

I——横墙毛截面的惯性矩；

A——横墙毛截面面积。

多层房屋横墙的水平位移可按下式计算：

$$u_{\max}=\frac{n}{6EI}\sum_{i=1}^{m}P_iH_i^3+\frac{2n}{EA}\sum_{i=1}^{m}P_iH_i \tag{8-74}$$

式中　m——房屋总层数；

P_i——假定每开间框架各层均为不动铰支座时，第 i 层的支座反力；

H_i——第 i 层楼面至基础顶面的高度。

三、房屋墙、柱承载力计算

（一）单层混合结构房屋

1. 荷载和计算简图

（1）荷载

单层混合结构房屋多为纵墙承重，一般取一个开间作为计算单元。计算荷载分为竖向荷载（屋盖荷载及墙体自重）和水平荷载（风荷载）。

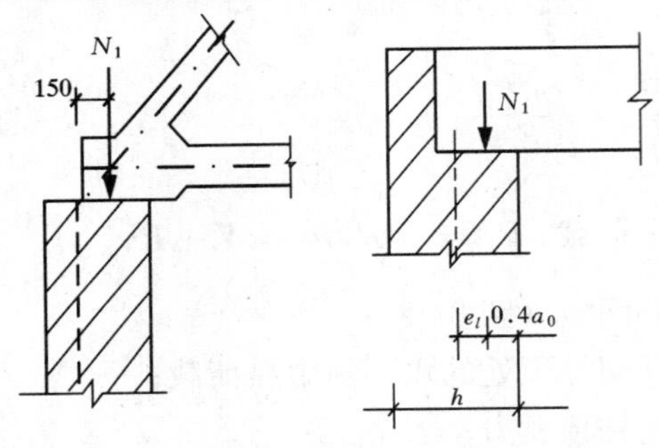

图 8-34　屋面荷载作用点

屋盖荷载（包括活载和恒载），以集中力的形式通过屋架或屋面梁作用于墙体或柱顶部，其对墙体中心线的偏心距 e_l：对屋架 $e_l=150\text{mm}$；对屋面梁 $e_l=\frac{h}{2}-0.4a_0$（a_0 为梁端有效支承长度），如图 8-34 所示。

风荷载作用于屋面和墙面。屋面风荷载可简化为作用于墙、柱顶端的集中力，迎（背）风墙面风荷载可按沿高度均布的线荷载。

墙体自重作用于截面形心，对等截面墙、柱，不产生截面附加弯矩；对阶形墙，上阶自重对下阶各截面的偏心距为上、下阶中心线间的距离。

（2）计算简图

单层房屋承重纵墙，计算简图的共同特点为：下端与基础固接，上端与屋架（或屋面梁）铰接，且不考虑屋架（或屋面梁）轴向变形的单跨铰接排架。

对刚性方案，空间刚度很大，屋盖可视为排架上端的不动铰支承（图 8-35a）；

对刚弹性方案，具有一定的空间刚度，屋盖可视为排架上端的弹性支座（图 8-35b）；

对弹性方案，不考虑空间工作，为有侧移铰接排架（图 8-35c）。

2. 内力分析

（1）竖向荷载作用

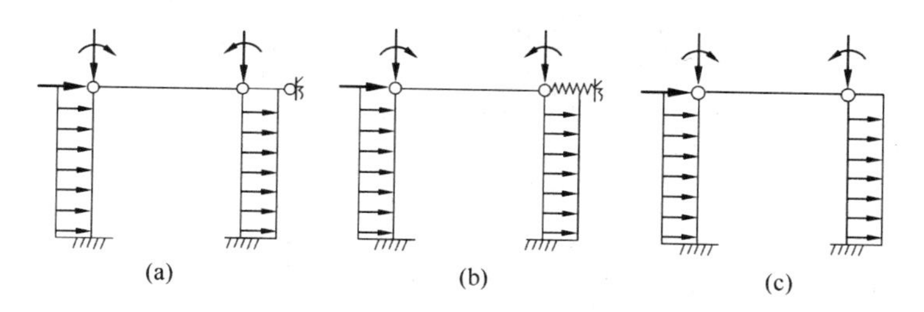

图 8-35 单层房屋计算简图
(a) 刚性方案；(b) 刚弹性方案；(c) 弹性方案

当结构对称及竖向荷载对称时，无论刚性、刚弹性还是弹性方案房屋，均可取无侧移排架计算简图，按一次超静定梁求解（图 8-36），结果如下：

$$\left.\begin{aligned} R_{\mathrm{A}} &=-R_{\mathrm{B}}=-\frac{3M}{2H} \\ M_{\mathrm{A}} &=M \\ M_{\mathrm{B}} &=-\frac{M}{2} \\ M_{\mathrm{x}} &=\frac{M}{2}\left(2-3\frac{x}{H}\right) \end{aligned}\right\} \tag{8-75}$$

其中 $M=N_le_l$。

(2) 风荷载作用

单跨刚性方案房屋，为无侧移排架，

按一次超静定竖梁求解（图 8-37）结果如下：

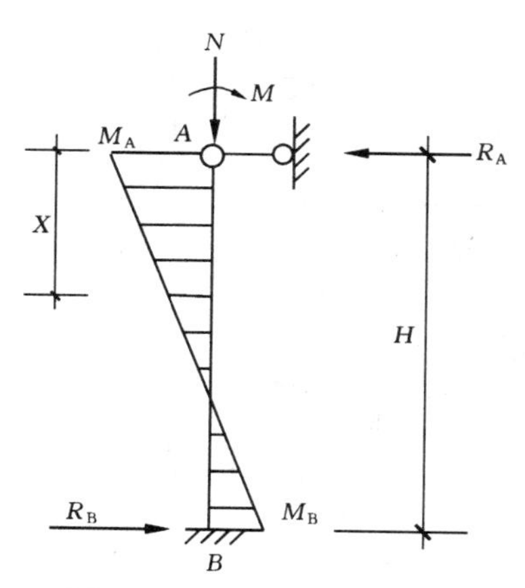

图 8-36 竖向荷载下内力图

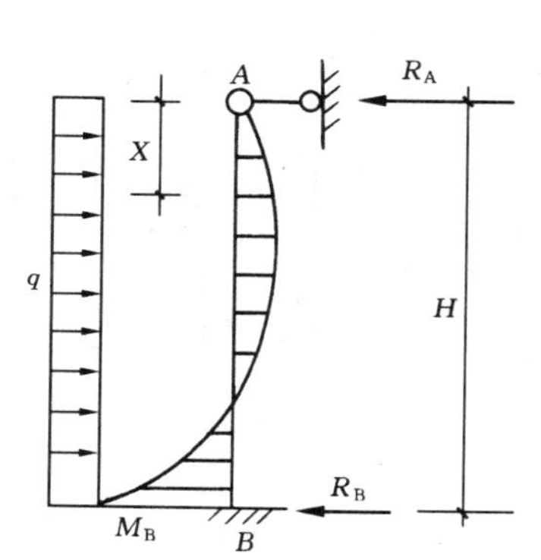

图 8-37 刚性方案房屋风荷载作用下的内力图

$$\left.\begin{aligned} R_{A} &= \frac{3}{8}qH \\ R_{B} &= \frac{5}{8}qH \\ M_{B} &= \frac{1}{8}qH^{2} \\ M_{x} &= -\frac{1}{8}qHx\left(3-4\frac{x}{H}\right) \end{aligned}\right\} \tag{8-76}$$

当 $x=\frac{3}{8}H$ 时，$M_{max}=-\frac{9}{128}qH^{2}$

单跨弹性方案，按有侧移排架内力分析，方法同单层钢筋混凝土铰接排架。

单跨刚弹性方案，考虑空间工作的影响，其柱顶水平侧移 $u_{s}=\eta\mu_{p}$ 比弹性方案小，可由结构力学位移与力成正比的关系，得出弹性支座反力为 $(1-\eta)R$。内力分析思路为：先在排架柱顶加一不动铰支座，求出反力 R，由于 $R-(1-\eta)R=\eta R$，只需直接将反力 R 乘以 η 反向作用于排架柱顶，即得刚弹性方案在水平荷载作用下的内力图。

下面以图 8-38 为例，对三种静力计算方案在一侧有均布风荷载时的墙体弯

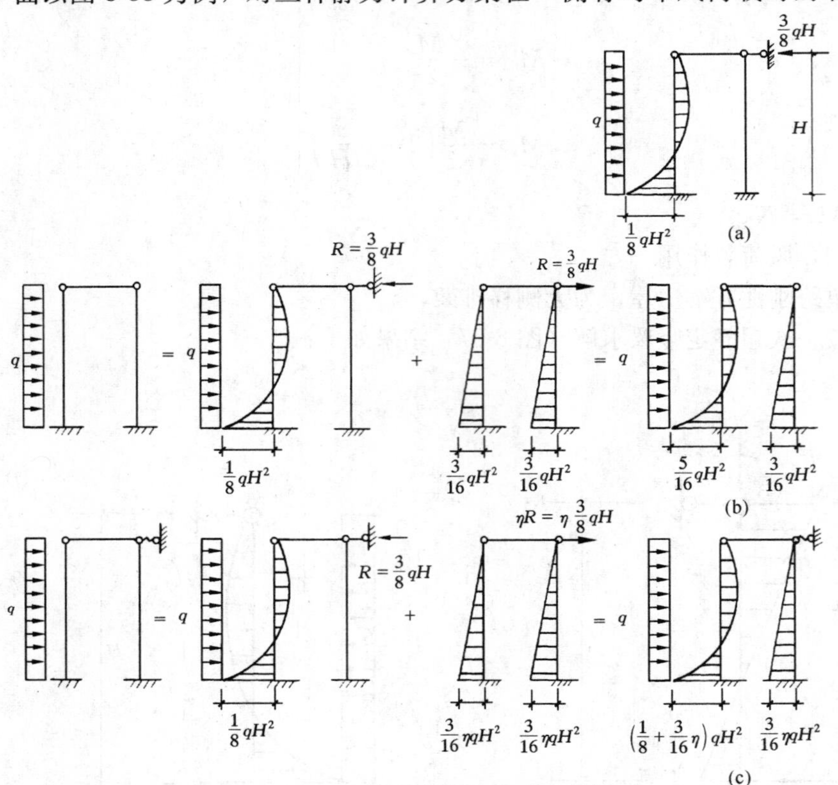

图 8-38　三种静力计算方案内力分析

(a) 刚性方案；(b) 弹性方案；(c) 刚弹性方案

矩图进行比较。

由图可见，弹性方案时墙体截面弯矩最大，刚性方案时最小，刚弹性方案介于两者之间。

3. 验算截面及内力组合

承载力验算时，墙体的截面宽度取窗间墙宽度。其控制截面如图 8-39 所示：墙、柱上端截面Ⅰ-Ⅰ，下端截面Ⅱ-Ⅱ和水平均布荷载作用下最大弯矩截面Ⅲ-Ⅲ。三个截面除有竖向力外，还有弯矩作用，故均为偏心受压构件。截面Ⅰ-Ⅰ还要进行局部受压承载力验算。

内力组合先进行荷载组合，需把各种荷载单独产生的内力加以组合，混合结构单层房屋的荷载组合有三种：

（1）恒载＋0.85（风荷载＋其他可变荷载）；

（2）恒载＋风荷载；

（3）恒载＋活载。

内力组合，对承重墙（柱）

（1）N_{max}及相应的M；

（2）$+M_{max}$及相应的N；

（3）$-M_{max}$及相应的N。

（二）多层刚性方案房屋承重纵墙

1. 竖向荷载作用下的计算

混合结构纵墙一般较长，设计时从中截取一段有代表性的一个单元开间宽度作为计算单元（图 8-40）。

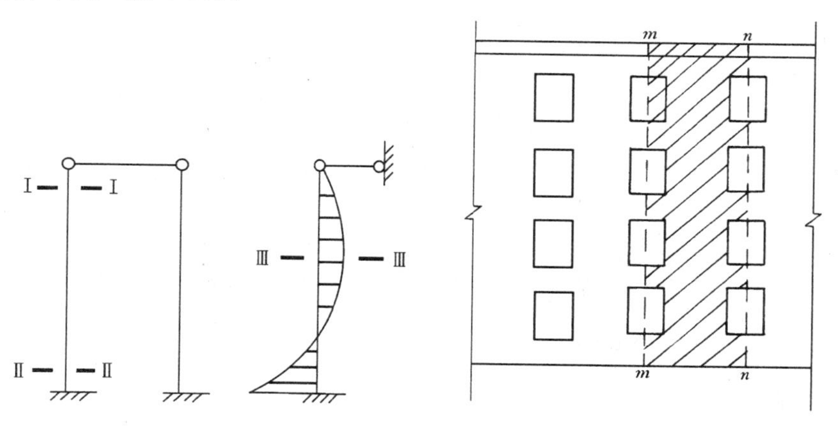

图 8-39　验算截面位置　　图 8-40　多层刚度方案房屋计算单元

在竖向荷载作用下，多层房屋的墙柱在每层层高范围内可视为两端不动铰支承的竖向构件。这是由于作为墙体支承点的楼盖是嵌砌在纵墙内的，墙体在被嵌入部位截面削弱，影响了墙体上下层的连续性。被楼盖削弱的墙体截面能传递的弯矩很小。因此，为简化计算，假定墙体在楼盖处为铰接。在基础顶面，由于轴向压力较大，弯矩相对较小，弯矩引起轴压力的偏心也很小，为简化计算，墙体在基础顶面处也可假定为铰接。这样多层刚性方案房屋承重纵墙，就可以分层计算，每层墙体均为一两端不动铰支承的简支竖向构件。该构件的跨度，底层为底层层高至基础顶面距离；其余各层取各层层高（图 8-41）。

各层墙体所承受的竖向荷载有：

①计算层以上各层楼（屋）盖传来的竖向荷载的合力 N_u，作用在上一楼层墙、柱截面重心、当上、下层墙厚不同时，N_u 对计算层墙产生偏心作用；

②直接作用于本层的楼面荷载 N_l，应考虑对墙、柱的实际偏心影响，当梁支承于墙上时，梁端支承压力 N_l 到墙内边的距离，取 $0.4a_0$（a_0 为梁端有效支承长度），如图 8-42 所示；

③本层自重 N_d 作用在本层墙、柱截面重心上。

现以图 8-42 所示的三层房屋中的第二层和第一层墙体为例，说明其内力的计算方法。

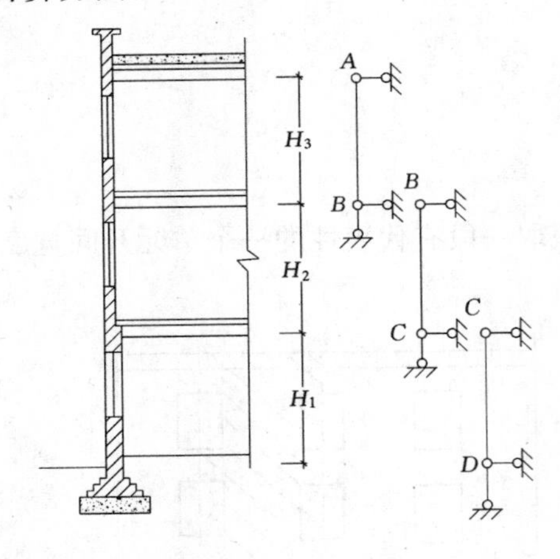

图 8-41 多层刚性方案房屋承重纵墙计算简图

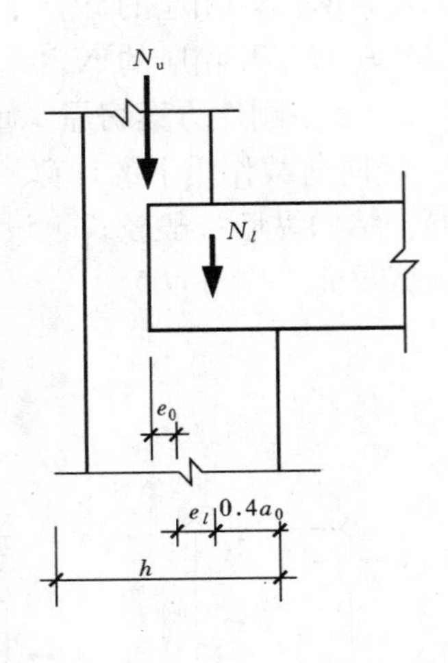

图 8-42 N_u，N_l 作用位置

对第二层墙（图 8-43a）

Ⅰ-Ⅰ截面 $N_{\text{I}}=N_u+N_l$

$M_{\text{I}}=N_l e_l$

Ⅱ-Ⅱ截面 $N_{\text{II}}=N_u+N_l+N_d=N_{\text{I}}+N_d$

$M_{\text{II}}=0$

对底层墙，墙体内侧加厚，由于上、下层墙厚不同，产生偏心 e_u，故上层传来的竖向荷载 N_u 对下层墙体产生弯矩（图 8-43b），这时

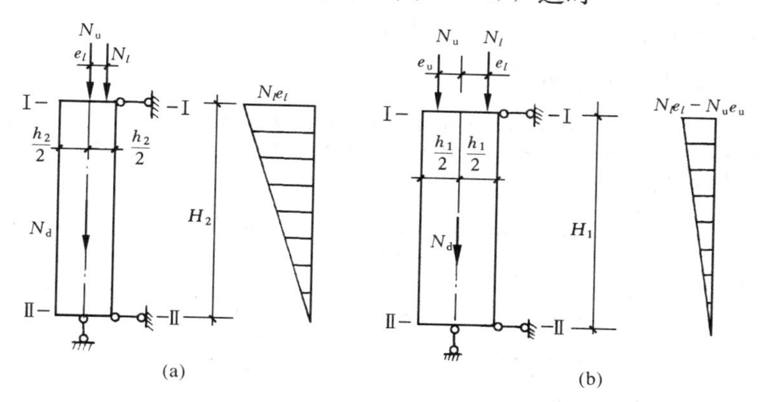

图 8-43　墙体内力计算

Ⅰ-Ⅰ截面　　$N_{\text{Ⅰ}}=N_u+N_l$

$M_{\text{Ⅰ}}=N_le_l-N_ue_u$

Ⅱ-Ⅱ截面　　$N_{\text{Ⅱ}}=N_{\text{Ⅰ}}+N_d$

$M_{\text{Ⅱ}}=0$

式中　N_l——本层墙顶楼面荷载；

e_l——N_l 对本层墙重心轴的偏心距，$e_l=\frac{h}{2}-0.4a_0$；

N_u——上层传来的竖向荷载合力；

e_u——计算层与上层墙重心轴的偏心距，$e_u=\frac{1}{2}(h_1-h_2)$；

N_d——计算层墙体自重（包括内外粉刷和门窗自重等）。

2. 水平荷载作用下的计算

在水平风荷载作用下，墙体计算简图为一竖向连续梁。为简化计算，连续梁各层的支座和跨中弯矩可近似取：

$$M=\frac{1}{12}qH_i^2 \tag{8-77}$$

式中　q——计算单元沿墙体高度的均布风荷载设计值；

H_i——第 i 层层高。

计算时应考虑两种风向。在对外墙墙体进行承载力验算时，要考虑竖向荷载和风荷载组合后的最不利情况。对于多层砌块房屋 190mm 厚的外墙，当层高不大于 2.8m，总高不大于 19.6m，基本风压不大于 0.7kN/m² 时可不考虑风荷载的影响。

对多层刚性方案房屋的外墙当满足下列要求时，可不考虑风荷载的影响。

(1) 洞口水平截面面积不超过全截面面积的 2/3；

(2) 层高和总高不超过表 8-26 的规定；

(3) 屋面自重不小于 0.8kN/m²。

外墙不考虑风荷载影响时的最大高度　　表 8-26

基本风压值 (kN/m²)	层　高 (m)	总　高 (m)
0.4	4.0	28
0.5	4.0	24
0.6	4.0	18
0.7	3.5	18

一般刚性方案房屋大多能满足上述条件。通常只需计算竖向荷载作用下的内力而无需与风荷载组合。

3. 验算截面及承载力验算

刚性方案多层承重纵墙，每层墙体可取两个验算截面。上截面可取墙体顶部大梁（或板）底的砌体截面Ⅰ-Ⅰ，该截面弯矩 M 最大。Ⅰ-Ⅰ截面应进行偏心受压和梁下局部受压承载力验算。下部截面可取墙体下部大梁（或板）底稍上的Ⅱ-Ⅱ截面（对底层墙体取基础顶面），Ⅱ-Ⅱ截面弯矩 M 为零，但 N 最大，应按轴心受压承载力验算。若几层墙体的截面和砂浆强度等级相同，只需验算内力最大的一层；否则应取墙体截面或材料强度等级变化层进行验算。

（三）多层房屋承重横墙

以横墙承重的多层房屋，横墙间距一般较小，房屋空间刚度大，可按刚性方案房屋计算，楼（屋）盖视为横墙的不动铰支座，计算简图与刚性方案承重纵墙相同（图 8-44）。

在横墙计算中，楼（屋）盖传给横墙大多为均布荷载，通常沿横墙长度取 1m 作为计算单元。对于各层层高的取值和纵墙相同，但对坡屋顶的顶层，层高取至山墙山尖高度一半处。

横墙所受荷载，为计算单元相邻两侧各 1/2 开间范围内本层楼面传来的轴向力 N_{ll}、N_{lr}，作用于墙边 $0.4a_0$ 处；以及上层 N_u 和本层墙体自重 N_d，如图 8-45。

承重横墙的控制截面，一般取该层墙体的底部截面Ⅱ-Ⅱ，此处轴力最大。若相邻两开间不等或楼面荷载不相等时，顶部截面Ⅰ-Ⅰ将存在弯矩，需验算此截面的偏心受压承载力。当墙支承楼面梁时，还需验算梁底砌体的局部承压。

对墙承重的多层砌体房屋，当楼盖设有跨度大于 9m 的梁时，在按上述方法

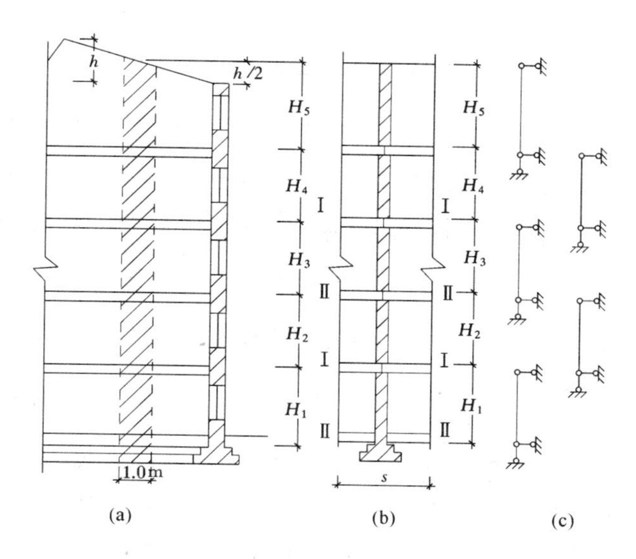

图 8-44 横墙计算简图

计算墙体承载力时，应考虑梁端约束弯矩对墙体受力的影响，即需按梁两端固结计算梁端弯矩，将其值乘以修正系数 γ 后，按墙体线性刚度分到上层墙底部和下层墙顶部。修正系数 γ 可按下式计算：

$$\gamma = 0.2\sqrt{\frac{a}{h}} \tag{8-78}$$

式中 a——梁端实际支承长度；

h——支承墙体的厚度，当上下墙厚不同时取下部墙厚，当有壁柱时取 h_T。

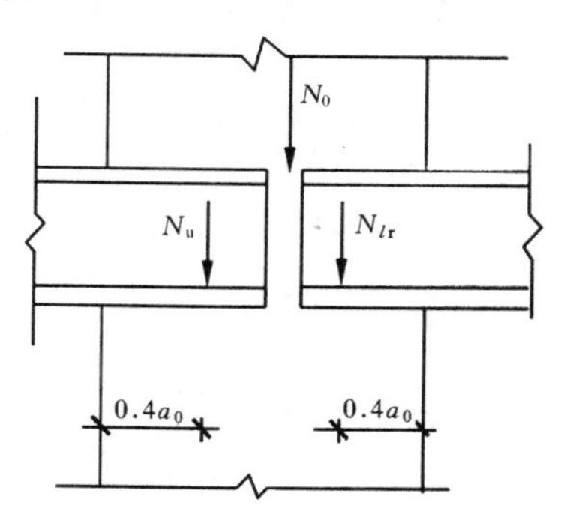

图 8-45 横墙上荷载

（四）多层刚弹性方案房屋

多层刚弹性方案房屋由楼（屋）盖、纵墙和横墙组成空间承重体系，除了在纵向各开间与单层房屋相同的空间作用外，各层之间也有相互约束的空间作用。

在水平风荷载作用下，多层刚弹性方案房屋墙、柱的内力，可仿照单层刚弹性方案房屋按如下两步进行如图 8-46 所示：

1. 选取一开间作为计算单元，在平面计算简图中，各层楼盖与墙连接处加不动水平铰支杆，计算出水平风荷载作用下无侧移时的内力与各支杆的反力 R_i。

2. 将各支杆反力 R_i 乘以相应层的空间性能影响系数 η_i，并反向施加于各层楼盖处，再算得墙体内力。

将上述两步内力叠加，即得墙体最后内力。

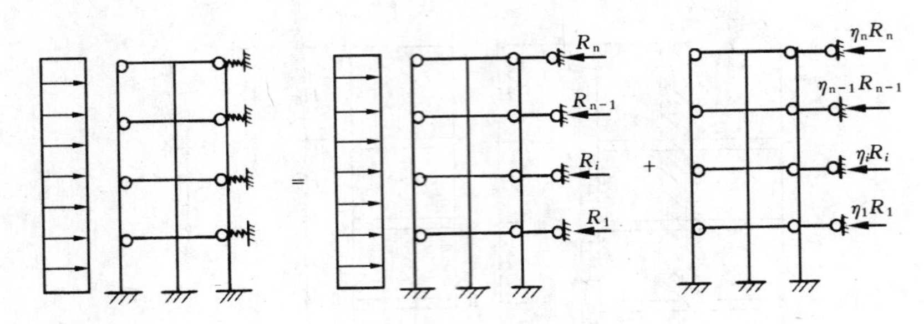

图 8-46 多层刚弹性方案房屋计算简图

四、设计实例

【例 8-11】 某三层教学楼，楼（屋）盖采用装配式钢筋混凝土梁板结构（图 8-47）。大梁截面尺寸 $b \times h = 200\text{mm} \times 500\text{mm}$，外墙厚 370mm，其余墙厚 240mm，均双面粉刷。墙体采用 MU10 烧结普通砖，混合砂浆 M2.5，门窗为钢门窗，验算外纵墙的承载力。

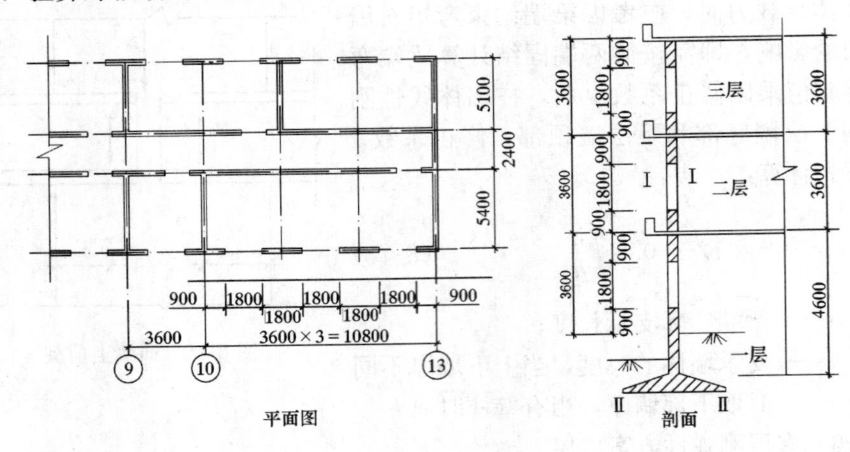

图 8-47 例 8-11 图

【解】 1. 荷载

（1）屋面荷载

三毡四油铺小石子	0.4kN/m^2
20mm 厚水泥砂浆找平层	$0.20 \times 20 = 0.4\text{kN/m}^2$
20mm 厚加气混凝土	$0.2 \times 6.5 = 1.3\text{kN/m}^2$
120mm 厚空心板（包括灌缝）	2.20kN/m^2
20mm 厚板底抹灰	$0.2 \times 1.7 = 3.4\text{kN/m}^2$
屋面恒载合计	4.64kN/m^2

屋面活载（不上人） 0.7kN/m^2

屋面梁自重 $0.2\times0.5\times25=2.5$kN/m

天沟自重 2.0kN/m

（2）楼面荷载

30mm 厚细石混凝土面层 0.75kN/m^2

120mm 厚空心板 2.20kN/m^2

20mm 厚抹灰 0.34kN/m^2

楼面恒载 3.29kN/m^2

楼面梁自重 $0.2\times0.5\times25=2.5$kN/m

楼面活荷载（不折减） 2.0kN/m^2

（3）墙体、窗荷载

双面粉刷 240mm 厚砖墙 5.24kN/m^2

双面粉刷 370mm 厚砖墙 7.78kN/m^2

钢框玻璃窗 0.45kN/m^2

（4）风荷载

基本风压 $w_0=0.4$kN/m^2。由于本建筑层高 3.6m<4m，总高<28m，屋面自重 4.64kN/m^2>0.8kN/m^2，故可不考虑风荷载的影响。

2. 确定静力计算方案

根据楼（屋）盖类型及横墙间距，查表 8-27，该房屋属于刚性方案房屋。

3. 纵墙高厚比验算

外墙高度取室外地坪以下 500mm 处至一层楼板底面间的距离，则

$$H=0.5+0.45+(3.6-0.03-0.12)=4.4\text{m}$$

$$S=3\times3.6=10.8\text{m}>2H=2\times4.4=8.8\text{m}$$

查表 8-16 得 $H_0=1.0H=4.4$m

混合砂浆 M2.5，$[\beta]=22$，$\mu_1=1.0$，$\mu_2=1-0.4b_s/s=1-0.4\times\dfrac{1.8\times3}{10.8}=0.8$

$$\beta=\frac{H_0}{h}=\frac{4.4}{0.37}=11.90<\mu_1\mu_2\ [\beta]=0.8\times22=17.6$$

高厚比满足要求。

4. 外纵墙承载力验算

（1）计算单元

外纵墙取一个开间为计算单元，受荷范围为 $3.6\times2.7=9.72$m^2。

由于外纵墙厚 370mm，均采用 MU10 砖，M2.5 砂浆，故仅验算底层墙的顶部Ⅰ-Ⅰ和底部Ⅱ-Ⅱ截面。

（2）基本参数

查表得 $f=1.30\text{N/mm}^2$。

窗间墙截面面积 $A=0.37\times1.8=0.666\text{m}^2$ $\gamma_a=1.0$

$$a_0=10\sqrt{\frac{h_c}{f}}=10\times\sqrt{\frac{500}{1.3}}=196.12\text{mm}$$

$$e_l=\frac{h}{2}-0.4a_0=\frac{370}{2}-0.4\times196.12=106.55\text{mm}$$

$$y=\frac{h}{2}=185\text{mm}$$

(3) 荷载计算

此教学楼为一般民用建筑物，安全等级为二级，取 $\gamma_0=1.0$。

考虑以自重为主，取 $\gamma_G=1.35$，$\gamma_Q=1.4$。

按一个计算单元负荷范围内纵墙计算：

三层荷载

屋盖恒载标准值 $4.64\times9.72+(2.5+2.0)\times2.7=57.25\text{kN}$

屋盖活载标准值 $0.7\times9.72=6.80\text{kN}$

墙体自重标准值

$(3.6\times3.6-1.8\times1.8)7.78+1.8\times1.8\times0.45=77.08\text{kN}$

屋盖荷载设计值 $57.25\times1.35+6.80\times1.4=86.81\text{kN}$

墙体自重设计值 $77.08\times1.35=104.06\text{kN}$

设计值合计 190.87kN

二层

楼盖恒载标准值 $3.29\times9.72+2.5\times2.7=38.73\text{kN}$

楼盖活载标准值 $2.0\times9.72=19.44\text{kN}$

楼盖荷载设计值 $38.73\times1.35+19.44\times1.4=79.50\text{kN}$

墙体荷载设计值（同三层） 104.06kN

设计值合计 183.56kN

一层

楼盖荷载设设计（同二层） 79.50kN

墙体荷载设计值

$[(4.4\times3.6-1.8\times1.8)\times7.78+1.8\times1.8\times0.45]\times1.35=134.30\text{kN}$

设计值合计 213.80kN

(4) 控制截面内力计算及承载力验算

底层Ⅰ-Ⅰ截面

上部墙体传来轴向力设计值 $N_u=190.87+183.56=374.43\text{kN}$

本层楼盖传来压力 $N_l=79.50\text{kN}$

Ⅰ-Ⅰ截面轴力　$N=N_u+N_l=453.93\text{kN}$

Ⅰ-Ⅰ截面矩　　$M_l=N_l\cdot e_l=79.50\times106.55\times10^{-3}=8.47\text{kN}\cdot\text{m}$

N_u 与 N_l 合力的偏心距：

$$e=\frac{M_l}{N_u+N_l}=\frac{8.47\times10^3}{453.93}=18.7\text{mm}<0.6y=111\text{mm}$$

$$e/h=\frac{18.7}{370}=0.051$$

$$\varphi_0=\frac{1}{1+\alpha\beta^2}=-\frac{1}{1+0.002\times11.9^2}=0.779$$

$$\varphi=\frac{1}{1+12\left[\frac{e}{h}+\sqrt{\frac{1}{12}\left(\frac{1}{\varphi_0}-1\right)}\right]^2}=\frac{1}{1+12\left[0.051+\sqrt{\frac{1}{12}\left(\frac{1}{0.779}-1\right)}\right]^2}=0.67$$

$$\varphi fA=0.67\times1.30\times0.666\times10^3=580.09\text{kN}>N=453.93\text{kN}$$

满足承载要求。

Ⅱ-Ⅱ截面

$$N=190.87+183.56+213.80=588.23\text{kN}$$

按轴心受压计算

$$\varphi_0=0.779$$

$$\varphi_0 fA=0.779\times1.30\times0.666\times10^3=674.46\text{kN}>N=588.23\text{kN}$$

承载力满足要求。

（5）底层Ⅰ-Ⅰ截面局部受压承载力验算

本层梁传来　$N_l=79.50\text{kN}$

$$A_0=(b+2h)\,h=(200+2\times370)\times370=347800\text{mm}^2$$

$$a_0=196.12\text{mm}$$

$$A_l=a_0b=196.12\times200=39224\text{mm}^2$$

$$A_0/A_l=\frac{347800}{39224}=8.87>3\text{，取 }\psi=0$$

$$\gamma=1+0.35\sqrt{\frac{A_0}{A_l}-1}=1+0.35\sqrt{8.87-1}=1.98<2.0$$

取 $\eta=0.7$，则

$$\eta\gamma A_l f=0.7\times1.98\times39224\times1.3\times10^{-3}=70.67\text{kN}<N_l=79.50\text{kN}$$

局部受压承载力不满足。

在梁端设置尺寸为 $a_b\times b_b\times t_b=370\times500\times370$ 的预制刚性垫块。

$$A_b=a_bb_b=0.37\times0.5=0.185\text{m}^2$$

$$\sigma_0=\frac{(86.81+79.50+104.06\times2)\times10^3}{0.37\times1.8\times10^6}=0.56\text{kN/m}^2$$

$$N_0=\sigma_0A_b=0.56\times0.37\times0.5\times10^3=103.6\text{kN}$$

$$N_0+N_l=103.6+79.5=183.1\text{kN}$$

$$e_l=\frac{h}{2}-0.4a_0=\frac{370}{2}-0.4\times196.12=106.6\text{mm}$$

$$e=\frac{N_le_l}{N_0+N_l}=\frac{79.5\times106.6}{103.6+79.5}=46.28\text{mm}=0.046\text{m}$$

$e/h=\dfrac{0.046}{0.37}=0.124$，按$\beta\leqslant3$，查表$\varphi=0.84$。

$$A_0=(0.5+2\times0.37)\times0.37=0.4588$$

$$\frac{A_0}{A_\text{b}}=\frac{0.4588}{0.185}=2.48$$

$$\gamma_1=0.8\gamma=0.8\left(1+0.35\sqrt{\frac{A_0}{A_\text{b}}-1}\right)=0.8(1+0.35\times\sqrt{2.48-1})=1.14$$

$$\varphi\gamma_1A_\text{b}f=0.84\times1.14\times1.3\times0.158\times10^3=196.7\text{kN}>N_0+N_l=183.1\text{kN}$$

满足要求。

第四节 砌体结构的构造要求

在各种结构中，砌体结构受力较为复杂，在房屋的设计中，除进行墙、柱承载力和高厚比验算外，砌体结构的墙、柱和楼（屋）盖之间必须有可靠的拉结，以保证砌体结构房屋的空间刚度和整体性。

一、一般构造要求

1. 对安全等级为一级或设计使用年限大于50年的房屋、受震动或层高大于6m的墙、柱所用的材料的最低强度等级应比表8-33的规定至少提高一级。

2. 预制钢筋混凝土板在混凝土圈梁上的支承长度不小于80mm，板端伸出的钢筋应与圈梁可靠连接，且同时浇筑；预制钢筋混凝土板在墙上的支承长度不应小于100mm，并应按下列方法进行连接：

（1）布置在内墙上的板中钢筋应伸出进行相互可靠对接，板端钢筋伸出的长度不应少于70mm，且与支座处沿墙配置的纵筋绑扎，并用混凝土浇筑成板带，混凝土强度不应低于C25。

（2）布置在外墙上板中钢筋应伸出进行相互可靠连接，板端钢筋伸出长度不应少于100mm，且与支座处沿墙配置的纵筋绑扎，并用混凝土浇筑成板带，混凝土强度不应低于C25。

（3）与现浇板对接时，预制钢筋混凝土板端钢筋应伸入现浇板中进行可靠连接后，再浇筑现浇板。

3. 墙体转角处和纵横墙交接处宜沿竖向每隔400～500mm设拉结钢筋，其数量为每120mm墙厚不少于1Φ6或焊接钢筋网片，埋入长度从墙的转角或交接处算起，对实心砖墙每边不小于500mm，对多孔砖和砌块墙不小于700mm。

4. 填充墙、隔墙应分别采取措施与周边主体结构构件可靠连接，连接构造和嵌缝材料应能满足传力、变形和防护要求。

5. 在砌体中留槽洞及埋设管道时，应遵守下列规定：

（1）不应在截面长边小于500mm的承重墙体、独立柱内埋设管线；

（2）不宜在墙体中穿行暗线或预留、开凿沟槽，当无法避免时应采取必要的措施或按削弱后的截面验算墙体的承载力。

注：对受力较小或未灌孔的砌块砌体，允许在墙体的竖向孔洞中设置管线。

6. 承重的独立砖柱，截面尺寸不应小于240mm×370mm。毛石墙的厚度不宜小于350mm，毛料石柱较小边长不宜小于400mm。当有振动荷载时，墙、柱不宜采用毛石砌体。

7. 跨度大于6.0m的屋架和跨度大于：4.8m的砖砌体、4.2m的砌块和料石砌体、3.9m的毛石砌体上的梁，应在支承处砌体上设置混凝土或钢筋混凝土垫块，当墙中设有圈梁时，垫块与圈梁宜浇成整体。

8. 当梁跨$l \geqslant 6$m（砖墙厚240mm）或4.8m（砖墙厚180mm以及砌块、料石墙），其支承处宜加设壁柱或采取其他措施对墙体予以加强。

9. 支承在墙、柱上的吊车梁、屋架及跨度$l \geqslant 9$m（支承在砖砌体）或7.2m（支承在砌块和料石砌体上）的预制梁端部应采用锚固件与墙、柱上的垫块锚固。

10. 山墙处的壁柱或构造柱应砌至山墙顶部，且屋面构件应与山墙可靠拉结。

11. 砌块砌体应分皮错缝搭砌，上下皮搭砌长度不得小于90mm。当搭砌长度不满足上述要求时，应在水平灰缝内设置不少于2Φ4的焊接钢筋网片（横向钢筋的间距不宜大于200mm），网片每端均应超过该垂直缝，其长度不得小于300mm。

砌块墙与后砌隔墙交接处，应沿墙高每400mm在水平灰缝内设置不少于2Φ4、横筋间距不大于200mm的焊接钢筋网片（图8-48）。

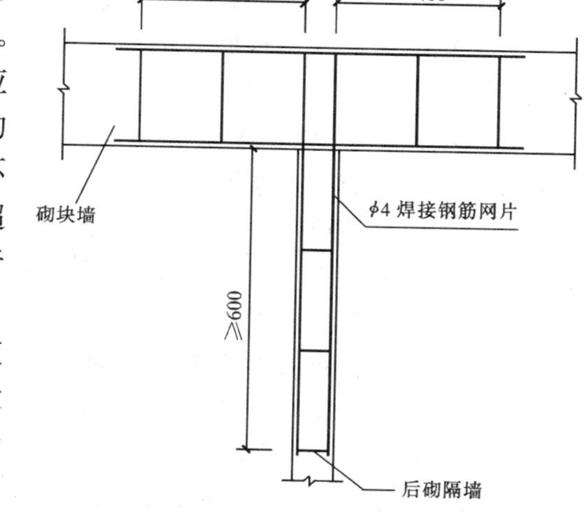

图8-48　砌块墙与后砌隔墙交接处钢筋网片

12. 混凝土砌块房屋，宜将纵横墙交接处、距墙中心线每边不小于300mm范围内的孔洞，采用不低于Cb20灌孔混凝土灌实，灌实高度应为墙身全高。

13. 混凝土砌块墙体的下列部位，如未设圈梁或混凝土垫块，应采用不低于 Cb20 灌孔混凝土将孔洞灌实：

（1）搁栅、檩条和钢筋混凝土楼板的支承面下，高度不应小于 200mm 的砌体；

（2）屋架、梁等构件的支承面下，高度不应小于 600mm，长度不应小于 600mm 的砌体；

（3）挑梁支承面下，距墙中心线每边不应小于 300mm，高度不应小于 600mm 的砌体。

二、夹心复合墙

1. 夹心复合墙应符合下列规定

（1）外叶墙的砖及混凝土砌块的强度等级不应低于 MU10；

（2）夹心复合墙的夹层厚度不宜大于 120mm；

（3）夹心复合墙的有效厚度可取内外叶墙（层）厚度的平方和开方（$h_1 = \sqrt{h_1^2 + h_2^2}$）；

（4）夹心复合墙的有效面积应取承重或主页墙的面积；

（5）夹心复合墙外叶墙的最大横向支承间距，设防烈度为 6 度时不宜大于 9m，7 度时不宜大于 6m；8、9 度时不宜大于 3m。

2. 夹心复合墙叶墙间的连接，应符合下列规定：

（1）叶墙的拉接件或钢筋网片应进行防腐处理，当采用热镀锌时，其镀层厚度不应小于 290g/m^2，或采用具有等效防腐性能的其他材料涂层。

（2）当采用环形拉结件时，钢筋直径不应小于 4mm，当为 Z 形拉结件时，钢筋直径不应小于 6mm。拉结件应沿竖向梅花形布置，接结件的水平和竖向最大间距分别不宜大于 800mm 和 600mm；对有振动或有抗震设防要求时，其水平和竖向最大间距分别不宜大于 800m 和 400m。

（3）当采用可调拉接件时，钢筋直径不应小于 4mm，拉接件的水平和竖向最大间距均不宜大于 400mm。叶墙间灰缝的高差不大于 3.2mm，可调拉接件中孔眼和扣钉间的公差不大于 1.6mm。

（4）当采用钢筋网片作为拉接件时，网片横向钢筋的直径不应小于 4mm；其间距不应大于 400mm；网片的竖向间距不宜大于 600mm；对有振动或抗震设防要求时，不宜大于 400mm。

（5）拉接件在叶墙上的搁置长度，不应小于叶墙厚度的 2/3，并不应小于 60mm。

（6）门窗洞口周边 300mm 范围内应附加间距不大于 600mm 的拉接件。

（7）对安全等级为一级或设计使用年限大于 50 年的房屋，夹心墙叶墙间宜采用不锈钢拉结件。

3. 夹心复合墙拉接件或网片的选择，应符合下列规定：

(1) 非抗震设防地区的多层房屋，或风荷载较小地区的高层的夹心复合墙可采用环形或 Z 形拉结件；风荷载较大地区的高层建筑房屋宜采用焊接钢筋网片。

(2) 抗震设防地区的砌体房屋（含高层建筑房屋）夹心复合墙应采用焊接钢筋网片作为拉接件。焊接网应沿夹心复合墙连续通长设置，外叶墙至少有一根纵向钢筋。钢筋网片可计入内叶墙的配筋率，其搭接与锚固长度应符合相关规范的规定。

(3) 可调查节拉接件宜用于多层房屋的夹心复合墙，其竖向和水平间距均不应大于 400mm。

三、框架填充墙

1. 填充墙除应满足稳定和自承重外，尚应考虑水平风荷载及地震作用。

2. 填充墙应选用轻质的砌体材料，墙体厚度不宜小于 90mm。

3. 填充墙砌筑砂浆强度等级不宜低于 M5（Mb5、Ms5）。

4. 应根据房屋的高度、建筑体型、结构的层间变形、墙体自身抗侧力的利用等因素，选择采用填充墙与框架柱、梁不脱开方法或填充墙与框架柱、梁脱开方法。

5. 填充墙与框架柱、梁脱开时，宜符合下列要求：

(1) 填充墙两端与框架柱、填充墙顶面与框架梁宜留出不小于 20mm 的间隙。

(2) 填充墙端部应设置构造柱，柱间距宜不大于 20 倍墙厚且不大于 4000mm，柱宽度不小于 100mm。柱顶与框架梁（板）应预留不小于 15mm 的缝隙，用硅酮胶或其他弹性密封材料封缝。

(3) 填充墙高不宜大于 6m，超过 4m 时宜在墙高中部设置与柱连通的水平系梁，水平系梁的截面高度不小于 60mm。

(4) 填充墙与框架柱、梁的缝隙可采用聚苯乙烯泡沫塑料板板条或聚氨酯发泡充填，并用硅酮或其他弹性密封材料封缝。

6. 填充墙与框架柱、梁不脱开时，宜符合下列要求：

(1) 沿柱高每隔 500mm 配置 2Φ6 拉接钢筋（墙厚大于 240mm 时配置 3Φ6），钢筋伸入填充墙长度不宜小于 700mm，且拉接钢筋应错开截断，相距不宜小于 200mm。填充墙墙顶应与框架梁紧密结合。顶面与上部结构接触处宜用一皮砖或配砖斜砌楔紧。

(2) 当填充墙有洞口时，宜在窗洞口的上端或下端、门洞口的上端设置钢筋混凝土带，钢筋混凝土带应与过梁的混凝土同时浇筑，其过梁的断面及配筋由设计确定。钢筋混凝土带的混凝土强度等级不小于C20。当有洞口的填充墙尽端至门窗洞口边距离小于240mm时，宜采用钢筋混凝土门窗框。

(3) 当填充墙长度超过5m或墙长大于2倍层高时，墙顶与梁应有拉接措施，中间应加设构造柱；墙高超过4m时，宜在墙高中部设置与柱连接的通长钢筋混凝土带；墙高超过6m时，宜沿墙高每2m设置与柱连接的断面高度不小于60mm的通长钢筋混凝土带。

四、防止或减轻墙体开裂的主要措施

由于砌体墙的抗裂性差，温度变化、墙体收缩和地基不均匀沉降都可使混合结构建筑物的墙体产生各种裂缝，降低房屋的整体刚度，影响建筑物的适用性、耐久性甚至危及结构的安全。因此在混合结构房屋设计中，应采取有效措施尽可能防止或减少墙体开裂。

1. 为了防止或减轻房屋在正常使用条件下，由温差和砌体干缩引起的墙体竖向裂缝，应在墙体中设置伸缩缝。伸缩缝应设在因温度和收缩变形可能引起应力集中、砌体产生裂缝可能性最大的地方。伸缩缝的间距可按表8-27采用。

砌体房屋伸缩缝的最大间距（m） 表8-27

屋盖或楼盖类别		间距
整体式或装配整体式钢筋混凝土结构	有保温层或隔热层的屋盖、楼盖	50
	无保温层或隔热层的屋盖	40
装配式无檩体系钢筋混凝土结构	有保温层或隔热层的屋盖、楼盖	60
	无保温层或隔热层的屋盖	50
装配式有檩体系钢筋混凝土结构	有保温层或隔热层的屋盖	75
	无保温层或隔热层的屋盖	60
瓦材屋盖、木屋盖或楼盖、轻钢屋盖		100

注：1. 对烧结普通砖、多孔砖、配筋砌块砌体房屋取表中数值；对石砌体、蒸压灰砂普通砖、蒸压粉煤灰普通砖和混凝土砌块、混凝土普通砖和混凝土多孔砖房屋取表中数值乘以0.8的系数；当墙体有可靠外保温措施时，其间距可取表中数值；
2. 在钢筋混凝土屋面上挂瓦的屋盖应按钢筋混凝土屋盖采用；
3. 层高大于5m的烧结普通砖、烧结多孔砖、配筋砌块砌体结构单层房屋，其伸缩缝间距可按表中数值乘以1.3；
4. 温差较大且变化频繁地区和严寒地区不采暖的房屋及构筑物墙体的伸缩缝的最大间距，应按表中数值予以适当减小；
5. 墙体的伸缩缝应与结构的其他变形缝相重合，在进行立面处理时，必须保证缝隙的伸缩作用。

2. 为了防止或减轻房屋顶层墙体的裂缝，可根据情况采取下列措施：

（1）屋面应设置保温、隔热层；

（2）屋面保温（隔热）层或屋面刚性面层及砂浆找平层应设置分隔缝，分隔缝间距不宜大于 6m，并与女儿墙隔开，其缝宽不小于 30mm；

（3）采用装配式有檩体系钢筋混凝土屋盖和瓦材屋盖；

（4）顶层屋面板下设置现浇钢筋混凝土圈梁，并沿内外墙拉通，房屋两端圈梁下的墙体内宜适当设置水平钢筋；

（5）顶层墙体有门窗等洞口时，在过梁上的水平灰缝内设置 2～3 道焊接钢筋网片或 2Φ6 钢筋，并应伸入过梁两端墙内不小于 600mm；

（6）顶层及女儿墙砂浆强度等级不低于 M7.5（Mb7.5、Ms7.5）；

（7）女儿墙应设置构造柱，构造柱间距不宜大于 4m，构造柱应伸至女儿墙顶并与现浇钢筋混凝土压顶整浇在一起；

（8）对顶层墙体施加竖向预应力。

3. 为防止或减轻房屋底层墙体裂缝，可根据情况采取下列措施：

（1）增大基础圈梁的刚度；

（2）在底层的窗台下墙体灰缝内设置 3 道焊接钢筋网片或 2Φ6 钢筋，并伸入两边窗间墙内不小于 600mm。

4. 宜在各层门、窗过梁上方的水平灰缝内及窗台下的第一和第二道水平灰缝内设置焊接的钢筋网片或 2Φ6 的钢筋，焊接钢筋网片或钢筋应伸入两边窗间墙内不小于 600mm。

当墙长大于 5m 时，宜在每层墙高度中部设置 2～3 道焊接钢筋网片或 3Φ6 的通长水平钢筋，竖向间距为 500mm。

5. 房屋两端和底层第一、第二开间门窗洞口处，可采取下列措施：

（1）在门窗洞口两边的墙体的水平灰缝中，设置长度不小于 900mm、竖向间距为 400mm 的 2Φ4 的焊接钢筋网片。

（2）在顶层和底层设置通长钢筋混凝土窗台梁，窗台梁高宜为块高的模数，梁内纵筋不少于 4Φ10，箍筋为Φ6@200，采用不低于 C20 的混凝土。

（3）在混凝土砌块房屋门窗洞口两侧不少于一个孔洞中设置不小于 1Φ12 竖向钢筋，钢筋应在楼层圈梁或基础内锚固，并采用不低于 Cb20 混凝土灌实。

6. 填充墙砌体与梁、柱或混凝土墙体结合的界面处（包括内处墙），应在粉刷前设置钢丝网片（网片宽 400mm，沿界面缝两侧各延伸 200mm），或采取其他有效的防列措施。

7. 当房屋刚度较大时，可在窗台下或窗台角处墙体内、在墙体高度或厚度突然变化处设置竖向控制缝以减少墙体裂缝。

竖向控制缝宽度不应小于 25mm，缝内填充压缩性能好的填充材料，且外部用密封材料密封（如聚氨酯、硅酮等密封膏），并采用不吸水的、闭孔发泡聚乙烯实心圆棒（背衬）作为密封膏的隔离物。

8. 夹心复合墙的外叶墙宜在建筑墙体的适当部位设置控制缝，其间距控制在6～8m，控制缝应采用硅酮胶或其他密封胶嵌缝，控制缝的构造和嵌缝材料应满足墙体平面外传力及伸缩变形和防护的要求。

五、耐久性规定

1. 砌体结构的耐久性应根据表8-28的环境类别和设计使用年限进行设计。

砌体结构的环境类别 表8-28

环境类别	条件
1	正常居住及办公建筑的内部干燥环境，包括夹心墙的内叶墙
2	潮湿的室内或室外环境，包括与无侵蚀性土和水接触的环境
3	严寒和使用化冰盐的潮湿环境（室内或室外）
4	与海水直接接触的环境，或处于滨海地区的盐饱和的气体环境
5	有化学侵蚀的气体、液体或固态形式的环境，包括有侵蚀性土壤的环境

2. 设计使用年限为50年，砌体中钢筋的耐久性选择应符合表8-29的规定。对填实的夹心墙或特别的墙体构造，选用表8-30中钢筋的最小保护层，并应符合下列要求：

（1）用于环境类别1时，应取20mm砂浆或灌孔混凝土与钢筋直径较大者；

（2）用于环境类别2时，应取20mm厚灌孔混凝土与钢筋直径较大者；

（3）采用热镀锌钢筋时，应取20mm厚砂浆或灌孔混凝土与钢筋直径较大者；

（4）采用不锈钢筋时，应取钢筋的直径。

砌体中钢筋耐久性选择 表8-29

环境类别	钢筋种类和最少保护等级	
	位于砂浆中的钢筋	位于灌孔混凝土中的钢筋
1	普通钢筋	普通钢筋
2	重镀锌或有等效保护的钢筋	普通钢筋；当用砂浆灌孔时应为重镀锌或有等效保护的钢筋
3	不锈钢或有等效保护的钢筋	重镀锌或有等效保护的钢筋
4和5	不锈钢或等效保护的钢筋	不锈钢或等效保护的钢筋

注：1. 对夹心墙的外叶墙应采用重镀锌或有等效保护的钢筋；
2. 表中的钢筋即为国家现行标准《钢筋混凝土结构设计规范》（GB 50010—2010）和《冷轧带肋钢筋混凝土结构技术规程》JGJ 95等规范规定的普通钢筋或非预应力钢筋。

3. 砌体中钢筋的保护层厚度，应符合下列规定：

(1) 配筋砌体中钢筋的最小混凝土保护层应符合表 8-30 的规定；

(2) 灰缝中钢筋外露砂浆保护层的厚度不应小于 15mm；

(3) 所有钢筋端部均应有与对应钢筋的环境类别条件相同的保护层厚度。

钢筋的最小保护层厚度　表 8-30

环境类别	C20	C25	C30	C35
	最低水泥含量（kg/m³）			
	260	280	300	320
1	20	20	20	20
2	—	25	25	25
3	—	40	40	30
4	—	—	40	40
5	—	—	—	40

注：1. 材料中最大氯离子含量和最大碱含量应符合国家现行标准《钢筋混凝土结构设计规范》（GB 50010—2010）的规定；
2. 当采用防渗砌体块体和防渗砂浆时，可以考虑部分砌体（含抹灰层）的厚度作为保护层，但对环境类别 1、2、3，其混凝土保护层厚度不应小于 10mm、15mm 和 20mm；
3. 钢筋砂浆面层的组合砌体构件的钢筋保护层厚度宜比表 8-30 规定的数值增加 5～10mm；
4. 有防护措施的钢筋的保护层应符合本部分第 2 条的规定；
5. 对安全等级为一级或设计使用年限为 50 年以上的砌体结构，钢筋的保护层的厚度应至少增加 10mm。

4. 处于环境类别 2 的夹心墙的钢筋连接件或钢筋网片、连接钢板、锚固螺栓或钢筋，应采用热镀锌或等效的防护涂层，镀锌层的厚度不应小于 290g/m²，当采用环氧涂层时，灰缝钢筋涂层厚度不应小于 290g/m²，其余部件涂层厚度不应小于 450g/m²。

5. 砌体材料的耐久性应符合下列规定：

(1) 地面以下或防潮层以下的砌体、潮湿房间的墙或环境类别 2 的砌体，所用材料的最低强度等级应符合表 8-31 的要求。

地面以下或防潮层以下的砌体、潮湿房间的墙所用材料的最低强度等级　表 8-31

潮湿程度	烧结普通砖、蒸压普通砖	混凝土普通砖	混凝土砌块	石材	水泥砂浆
稍潮湿的	MU15	MU15	MU7.5	MU30	M5
很潮湿的	MU20	MU15	MU10	MU30	M7.5
含水饱和的	MU20	MU20	MU15	MU40	M10

注：1. 在冻胀地区，地面以下或防潮层以下的砌体，不宜采用多孔砖，如采用时，其孔洞应用不低于 M10 的水泥砂浆灌实；当采用混凝土砌体时，其孔洞应采用强度等级不低于 Cb20 的混凝土灌实；
2. 对安全等级为一级或设计使用年限大于 50 年的房屋，表中材料强度等级应至少提高一级。

(2) 处于环境类别3～5等有侵蚀性介质的砌体材料应符合下列要求：

1) 应采用实心砖，砖的强度等级不应低于MU20，水泥砂浆的强度等级不应低于M10；

2) 混凝土砌块的强度等级不应低于MU15，灌孔混凝土强度等级不应低于Cb30，砂浆的强度等级不应低于Mb10；

3) 根据环境条件对砌体材料的抗冻指标、耐酸、碱性能提出要求，或符合有关规范的要求；

4) 不应采用蒸压灰砂普通砖、蒸压粉煤灰普通砖。

第五节 过梁、墙梁、挑梁及圈梁

一、过梁

(一) 过梁的分类与构造

过梁是混合结构房屋中门窗洞口上的常用构件，主要用于承受洞口上部砌体重量和上部楼面梁板传来的荷载。过梁有砖砌平拱、砖砌弧拱、钢筋砖过梁（图8-49）和钢筋混凝土过梁等几种不同形式。

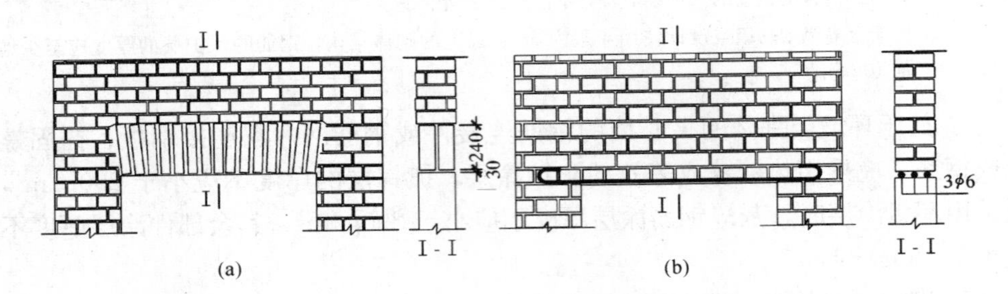

图8-49 砖砌过梁的形式

砖砌平拱、弧拱和钢筋砖过梁均属于砖砌过梁，通常要求砖砌过梁截面计算高度内的砂浆不低于M5，砖砌平拱竖砖砌筑部分的高度不应小于240mm，跨度不应超过1.2m。钢筋砖过梁是由在过梁底部水平灰缝中配置直径不小于5mm，间距不大于120mm的纵向受力钢筋而形成的过梁，钢筋伸入支座砌体内的长度不小于240mm，砂浆层厚度不小于30mm，钢筋砖过梁跨度不超过1.5m。

砖砌过梁的整体性差，对有较大振动荷载或可能产生不均匀沉降的房屋应采用钢筋混凝土过梁。

(二) 过梁的荷载

过梁承受的荷载主要有上部墙体荷载和梁、板荷载。这些荷载的取值与过梁上墙体的高度有关。应按下列规定采用：

1. 梁、板荷载

对砖和小型砌块砌体，当梁、板下的墙体高度 $h_w<l_n$ 时（h_w 为梁板下墙体高度，l_n 为过梁的净跨），应计入上部梁、板传来的荷载。当梁板下的墙体高度 $h_w \geqslant l_n$ 时，可不考虑梁板荷载（图 8-50）。

2. 墙体荷载

（1）对砖砌体，当过梁上的墙体高度 $h_w<\frac{l_n}{3}$ 时，按全部墙体的均布自重采用。当墙体高度 $h_w \geqslant l_n/3$ 时，则按高度为 $l_n/3$ 墙体的均布自重采用；

（2）对混凝土砌块砌体，当过梁上的墙体高度 $h_w<l_n/2$，按全部墙体的均布自重采用。当墙体高度 $h_w>\frac{ln}{2}$ 时，则按高度为 $l_n/2$ 墙体的均布自重采用（图 8-50b、c）。

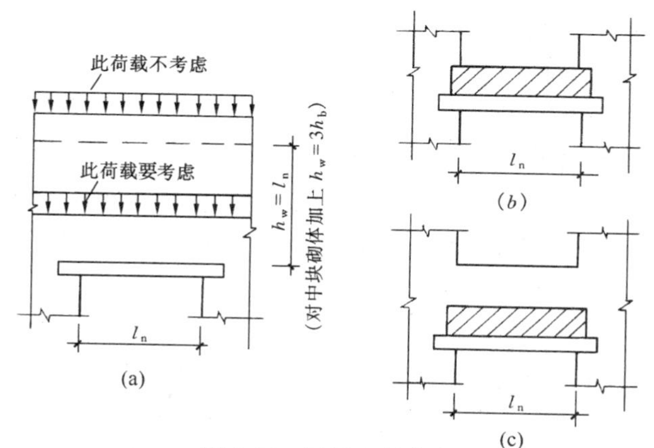

图 8-50 过梁上的荷载

（三）过梁的计算

过梁受荷载以后，和一般受弯构件一样，上部受压，下部受拉。随着荷载的增大，将先后在跨中受拉区出现垂直裂缝，在靠近支座处出现阶梯形斜裂缝。其可能发生的破坏有：

1. 过梁跨中截面受弯承载力不足的破坏；

2. 过梁支座附近斜截面受剪承载力不足使阶梯的裂缝不断扩展而破坏；

3. 过梁支座处水平灰缝因受剪承载力不足而发生支座滑动破坏。

为防止过梁发生上述破坏，需进行如下承载力计算：

1. 砖砌平拱的计算

砖砌平拱过梁应按式（8-70）和式（8-71）进行跨中正截面受弯承载力和支座斜截面受剪承载力计算。过梁的截面计算高度取过梁底面以上的墙体高度，但

不大于 $l_n/3$。考虑到支座水平推力的存在，将延缓过梁垂直裂缝的开展，从而提高砌体沿通缝的弯曲抗拉强度。因此《规范》规定，计算中采用沿齿缝截面的弯曲抗拉强度或抗剪强度设计值。

2. 钢筋砖过梁的计算

跨中正截面受弯承载力按下式计算：

$$M \leqslant 0.85 h_0 f_y A_s \tag{8-79}$$

式中 M——按简支梁计算的由荷载设计值产生的跨中最大弯矩；

f_y——钢筋的抗拉强度设计值；

A_s——受拉钢筋的截面面积；

h_0——过梁截面的有效高度，$h_0=h-a_s$；

a_s——受拉钢筋重心至截面下边缘的距离；

h——过梁的截面计算高度，取过梁底面以上的墙体高度，但不大于 $l_n/3$；当考虑梁、板传来的荷载时，则按梁板下的高度采用。

钢筋砖过梁的受剪承载力，按式（8-71）进行。

3. 钢筋混凝土过梁的计算

钢筋混凝土过梁可采用上述荷载取值，按钢筋混凝土受弯构件计算。但在验算梁端支承处砌体局部受压时，可不考虑上层荷载的影响，即取 $\psi=0$；此外，由于过梁与其上部砌体共同工作，构成刚度极大的组合深梁，变形极小，可取应力图形完整系数 $\eta=1$，有效支承长度 $a_0=a$，但不应大于墙厚。

二、墙梁

由钢筋混凝土托梁和托梁以上计算高度范围内的砌体墙所组成的组合构件，称为墙梁。根据支承情况，有简支墙梁、连续墙梁和框支墙梁（图 8-51）。只承受托梁自重和托梁顶面以上墙自重的墙梁称为非承重墙梁。如果托梁还承受由屋盖和楼盖传来的荷载时，称为承重墙梁。墙梁可以做成无洞口墙梁或有洞口墙梁。

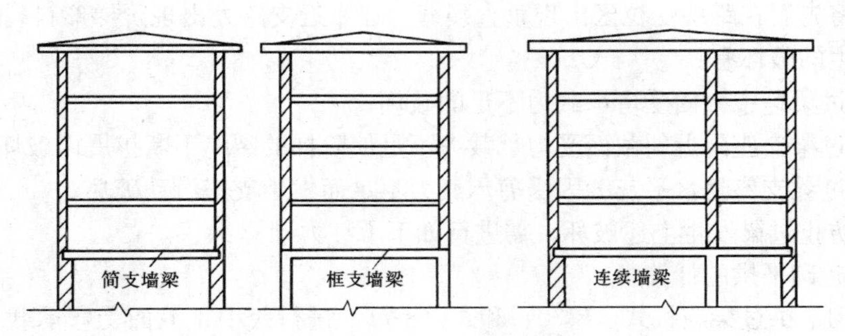

图 8-51 多层砌体房屋墙梁

（一）墙梁的一般规定

采用烧结普通砖和烧结多孔砖砌体、混凝土砖砌体、混凝土砌块砌体和配筋砌体的墙梁设计应符合表 8-32 的规定。此外，应符合以下要求：

1. 墙梁计算高度范围内每跨只允许设置一个洞口，洞口边至支座中心的距离 a_i，距边支座不应小于 $0.15l_{0i}$，距中支座不应小于 $0.07l_{0i}$。

2. 对多层房屋的墙梁、各层洞口宜设置在相同位置，并宜上、下对齐。

3. 对自承重墙梁，洞口至边支座中心的距离不小于 $0.1l_{0i}$，门窗洞上口至墙顶的距离不小于 0.5m。

4. 托梁高跨比 h_b/l_{0i} 对无洞口墙梁不宜大于 1/7，对靠近支座有洞口的墙梁不宜大于 1/6。配筋砌块砌体墙梁的托梁高跨比可适当放宽，但不宜小于 1/14，当墙梁上的墙体均为配筋砌块砌体时，墙体总高度可不受限值。

墙梁的一般规定　　表 8-32

墙梁类别	墙体总高度（m）	跨度（m）	墙高 h_w/l_{0i}	托梁高 h_b/l_{0i}	洞宽 b_h/l_{0i}	洞高 h_h
承重墙梁	≤18	≤9	≥0.4	≥1/10	≤0.3	$\leqslant 5h_w/6$ 且 $h_w-h_h\geqslant 0.4$m
自承重墙梁	≤18	≤12	≥1/3	≥1/15	≤0.8	

注：墙体总高度指托梁顶面到檐口的高度，带阁楼的坡屋面应算到山尖墙 1/2 高度处；
表中符号：h_w——墙体计算高度；
h_b——托梁截面高度；
l_{0i}——墙梁计算跨度；
b_h——洞口宽度；
h_h——洞口高度，对窗洞取洞顶至托梁顶面距离。

（二）墙梁受力特点与破坏形态

无洞口墙梁在均布荷载作用下未出现裂缝前的受力性能与深梁类似，如图 8-52（a）、（b）、（c）。在正截面有水平正应力 σ_x，竖向正应力 σ_y，剪应力 τ_{xy}，以及相应的主应力轨迹线。

应力分布特点：σ_x 沿墙体截面大部分受压，托梁全部或大部分受拉；σ_y 的分布越靠近墙顶越均匀，越靠近墙底越向托梁支座处集中，τ_{xy} 在托梁与墙体交界面上变化较大，并形成托梁和墙体共承担剪力的组合作用。应力分布及主应力轨迹线表明，托梁截面处于偏心受拉状态，墙体截面处于偏心受压状态，墙梁在支座附近存在较大的主拉应力和主压应力。

无洞口墙体在均布荷载作用下大体形成以支座上方斜向砌体为拱肋，以托梁为拉杆的组合拱受力体系（图 8-52d）。其可能发生的破坏形式有：

1. 弯曲破坏

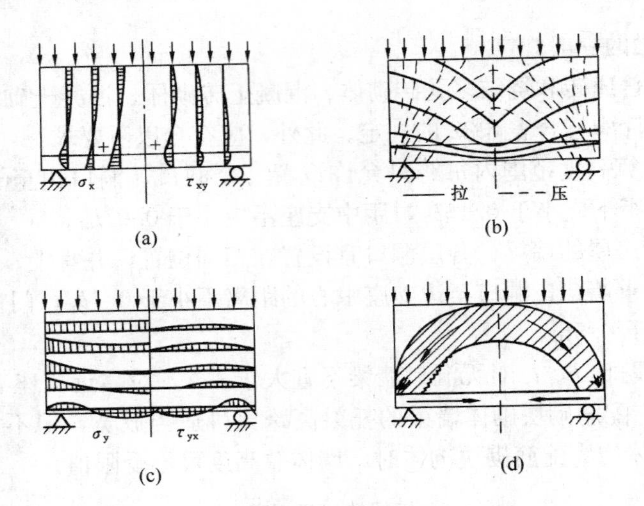

图 8-52　墙梁在均布荷载作用下的应力状态

（a）σ_x 及 τ_{xy}分布；（b）σ_y 及 τ_{yx}分布；（c）主应力轨迹线；

（d）拉杆拱受力机构

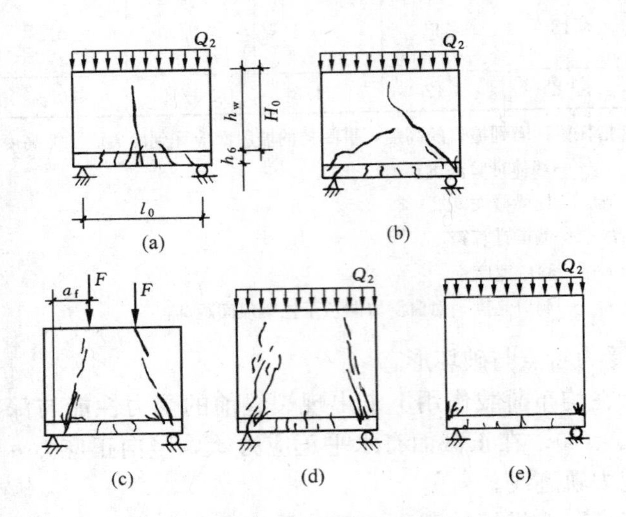

图 8-53　墙梁破坏形态

当托梁配筋不足，砌体强度较高时，发生正截面受弯破坏。对无洞口墙梁、破坏发生在跨中最大弯矩截面。托梁受拉开裂后，随荷载增加，钢筋应力增大，裂缝向上发展进入墙体。当托梁的上、下纵筋均达屈服后，裂缝发展较宽，墙梁丧失承载力（图 8-53a）。

2. 剪切破坏

当托梁纵筋配筋较强，砌体强度相对较弱时，如果墙梁高跨比 h_w/l_0 适中。

可能由于剪力引起的主拉应力较大而出现斜向裂缝。裂缝一般出现在支座上面的砌体中并沿斜向上、下发展，发生剪切破坏。当墙梁高度跨比较小，$h_w/l_0<0.4$，砂浆强度等级较低，发生斜拉破坏（图 8-53b），当 $h_w/l_0>0.4$，发生斜压破坏（图 8-53c）；在集中荷载作用在墙梁顶面的深梁，开裂荷载和破坏荷载接近，发生劈裂破坏（图 8-53d）。

3. 局压破坏

当墙梁的砌体强度不高，$h_w/l_0>0.75$，托梁的配筋又比较强时，支座上部托梁以上的墙体则可能在墙梁破坏之前发生局压破坏（图 8-53e）。

（三）墙梁的计算

考虑托梁与墙体共同作用，墙梁应分别进行托梁使用阶段正截面承载力、斜截面受剪承载力、墙体受剪承载力和托梁支座上部砌体局部受压承载力计算，以及施工阶段的托梁承载力验算。

1. 计算简图

墙梁的计算简图如图 8-54 所示。

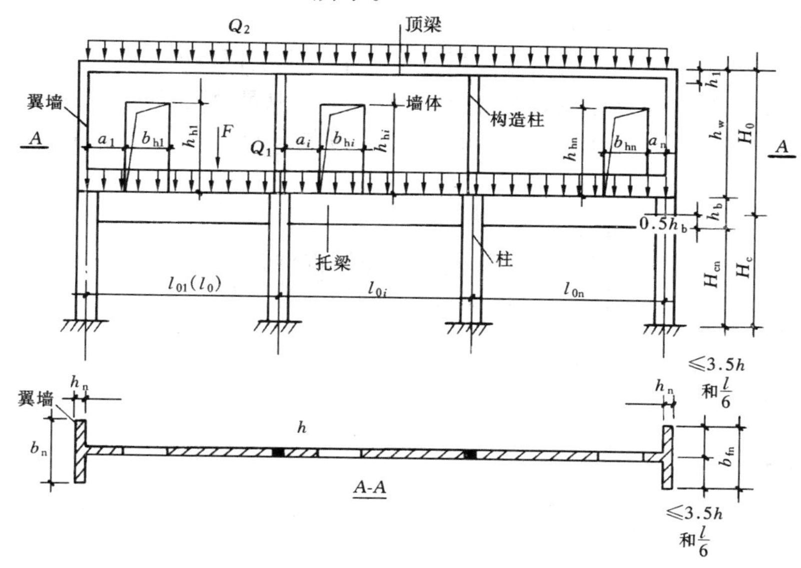

图 8-54　墙梁计算简图

计算简图中参数按下列规定采用：

l_0（l_{0i}）——墙梁计算跨度，对简支墙梁和连续墙梁取 $1.1l_n$（$1.1l_{ni}$）或 l_c（l_{ci}）两者的较小值；l_n（l_{ni}）为净跨，l_c（l_{ci}）为支座中心线距离；对框支墙梁，取框架柱中心线间的距离 l_c（l_{ci}）；

h_w——墙体计算高度，取托梁顶面上一层墙体高度，当 $h_w>l_0$ 时，取 $h_w=l_0$（对连续墙梁和多跨框支墙梁，l_0 取各跨的平均值）；

H_0——墙梁跨中截面计算高度，取 $H_0=h_w+0.5h_b$；

b_f——翼墙计算宽度，取窗间墙宽度或横墙间距的 2/3，且每边不大于 $3.5h$（h 为墙厚）和 $l_0/6$；

H_c——框架柱计算高度，取 $H_c=H_{cn}+0.5h_b$；H_{cn} 为框架柱的净高，取基础顶面至托梁底面的距离。

2. 荷载计算

(1) 使用阶段墙梁上的荷载分为：

对承重墙梁：托梁顶面的荷载设计值 Q_1、F_1，包括托梁自重及本层楼盖的恒载和活荷载。

墙梁顶面的荷载设计值 Q_2，包括托梁以上各层墙体自重，以及墙梁顶面以上各层楼（屋）盖的恒荷载和活荷载；集中荷载可沿作用的跨度近似化为均布荷载。

对非承重墙梁：墙梁顶面的荷载设计值 Q_2，取托梁自重及托梁以上墙体自重。

(2) 施工阶段托梁上的荷载

施工阶段作用于托梁上的荷载包括托梁自重、本层楼盖的恒荷载和施工荷载以及墙体自重，对于托梁上的墙体自重，无洞口时取高度为 $l_{0max}/3$ 的墙体自重（l_{0max}为各计算跨度的最大值），有洞口时尚应按洞顶以下实际分布的墙体自重复核。

3. 墙梁的托梁正截面承载力计算

(1) 托梁跨中截面应按钢筋混凝土偏心受拉构件计算，其弯矩 M_{bi} 及轴心拉力 N_{bti} 可按下列公式计算：

$$M_{bi}=M_{1i}+\alpha_M M_{2i} \tag{8-80}$$

$$N_{bti}=\eta_N\frac{M_{2i}}{H_0} \tag{8-81}$$

对简支墙梁，

$$\alpha_M=\psi_M\left(1.7\frac{h_b}{l_0}-0.03\right) \tag{8-82}$$

$$\psi_M=4.5-10\frac{a}{l_0} \tag{8-83}$$

$$\eta_N=0.44+2.1\frac{h_w}{l_0} \tag{8-84}$$

对连续墙梁和框支墙梁，

$$\alpha_M=\psi_N\left(2.7\frac{h_b}{l_{0i}}-0.08\right) \tag{8-85}$$

$$\psi_M=3.8-8\frac{a_i}{l_{0i}} \tag{8-86}$$

$$\eta_{\mathrm{N}}=0.8+2.6\frac{h_{\mathrm{w}}}{l_{0i}} \tag{8-87}$$

式中 M_{1i}——荷载设计值 Q_1、F_1 作用下的简支梁跨中弯矩或按连续梁或框架分析的托梁各跨跨中最大弯矩；

M_{2i}——荷载设计值 Q_2 作用下的简支梁跨中弯矩或按连续梁或框架分析的托梁各跨跨中弯矩中的最大值；

α_{M}——考虑墙梁组合作用的托梁跨中弯矩系数，可按式（8-82）或式（8-85）计算，但对自承重简支墙梁应乘以 0.8；当式（8-82）中的$\frac{h_{\mathrm{b}}}{l_0}>\frac{1}{6}$时，取$\frac{h_{\mathrm{b}}}{l_0}=\frac{1}{6}$；当式（8-85）中的$\frac{h_{\mathrm{b}}}{l_{0i}}>\frac{1}{7}$时，取$\frac{h_{\mathrm{b}}}{l_{0i}}=\frac{1}{7}$；

η_{N}——考虑墙梁组合作用的托梁跨中轴力系数，可按式（8-84）或式（8-87）计算，但对自承重简支墙梁应乘以 0.8；式中，当$\frac{h_{\mathrm{w}}}{l_{0i}}>1$时，取$\frac{h_{\mathrm{w}}}{l_{0i}}=1$；

ψ_{M}——洞口对托梁弯矩的影响系数，对无洞口墙梁取 1.0，对有洞口墙梁可按式（8-83）或式（8-86）计算；

a_i——洞口边至墙梁最近支座的距离，当 $a_i>0.35l_{0i}$时，取 $a_i=0.35l_{0i}$。

（2）托梁支座截面应按钢筋混凝土受弯构件计算，其弯矩 $M_{\mathrm{b}j}$可按下列公式计算：

$$M_{\mathrm{b}j}=M_{1j}+\alpha_{\mathrm{M}}M_{2j} \tag{8-88}$$

$$\alpha_{\mathrm{M}}=0.75-\frac{a_i}{l_{0i}} \tag{8-89}$$

式中 M_{1j}——荷载设计值 Q_1、F_1 作用下按连续梁或框架分析的托梁支座弯矩；

M_{2j}——荷载设计值 Q_2 作用下按连续梁或框架分析的托梁支座弯矩；

α_{M}——考虑组合作用的托梁支座弯矩系数，无洞口墙梁取 0.4，有洞口墙梁可按式（8-89）计算，当支座两边的墙体均有洞口时，a_i 取较小值。

对在墙梁顶面荷载 Q_2 作用下的多跨框支墙梁的框支柱，当边柱的轴力不利时，应乘以修正系数 1.2。

4. 墙梁的托梁斜截面受剪承载力计算

墙梁的托梁斜截面受剪承载力应按钢筋混凝土受弯构件计算，其剪力 $V_{\mathrm{b}j}$可按下式计算：

$$V_{\mathrm{b}j}=V_{1j}+\beta_{\mathrm{v}}V_{2j} \tag{8-90}$$

式中 V_{1j}——荷载设计值 Q_1、F_1 作用下按连续梁或框架分析的托梁支座边剪力或简支梁支座边剪力；

V_{2j}——荷载设计值 Q_2 作用下按连续梁或框架分析的托梁支座边剪力或简支梁支座边剪力；

β_v——考虑组合作用的托梁剪力系数，无洞口墙梁边支座取 0.6，中支座取 0.7；有洞口墙梁边支座取 0.7，中支座取 0.8。对自承重墙梁，无洞口时取 0.45，有洞口时取 0.5。

5. 墙梁的墙体受剪承载力计算

墙梁的墙体受剪承载力，应按下列公式计算：

$$V_2 \leqslant \xi_1 \xi_2 \left(0.2 + \frac{h_b}{l_{0i}} + \frac{h_t}{l_{0i}}\right) f h h_w \tag{8-91}$$

式中 V_2——在荷载设计值 Q_2 作用下墙梁支座边剪力的最大值；

ξ_1——翼墙或构造柱影响系数，对单层墙梁取 1.0，对多层墙梁，当 $\frac{b_f}{h}=3$ 时取 1.3，当 $\frac{b_f}{h}=7$ 或设置构造柱时取 1.5，当 $3<\frac{b_f}{h}<7$ 时，按线性插入取值；

ξ_2——洞口影响系数，无洞口墙梁取 1.0，多层有洞口墙梁取 0.9，单层有洞口墙梁取 0.6；

h_t——墙梁顶面圈梁截面高度。

6. 托梁支座上部砌体局压承载力

托梁支座上部砌体局部受压承载力应按下列公式计算：

$$Q_2 \leqslant \zeta f h \tag{8-92}$$

$$\zeta = 0.25 + 0.08 \frac{b_f}{h} \tag{8-93}$$

式中 ζ——局压系数，当 $\zeta>0.81$ 时，取 $\zeta=0.81$。

当 $b_f/h \geqslant 5$ 或墙梁支座处设置上、下贯通的落地构造柱时可不验算局部受压承载力。

7. 施工阶段托梁的承载力验算

托梁按混凝土受弯构件进行施工阶段的受弯、受剪承载力验算。施工阶段托梁上的荷载为：

（1）托梁自重及本层楼盖恒载；

（2）本层楼盖的施工荷载；

（3）墙体自重，无洞口时取高度为 $l_{0max}/3$ 的墙体自重（l_{0max} 为各计算跨度的最大值），有洞口时尚应按洞顶以下实际分布的墙体自重复核。

（四）墙梁的构造要求

1. 材料

托梁的混凝土强度等级不应低于 C30；纵向钢筋宜采用 HRB335、

HRBF335、HRB400、HRB500、HRBF400、HRBF500或RRB400级钢筋；承重墙梁的块体强度等级不应低于MU10，计算高度范围内墙体的砂浆强度等级不应低于M10（Mb10）。

2. 墙体

（1）框支墙梁的上部砌体房屋，以及设有承重的简支墙梁或连续墙梁的房屋，应满足刚性方案房屋的要求；

（2）墙梁的计算高度范围内的墙体厚度，对砖砌体不应小于240mm，对混凝土小型砌块砌体不应小于190mm；

（3）墙梁洞口上方应设置混凝土过梁，其支承长度不应小于240mm；洞口范围内不应施加集中荷载；

（4）承重墙梁的支座处应设置落地翼墙，翼墙厚度，对砖砌体不应小于240mm，对混凝土砌块砌体不应小于190mm，翼墙宽度不应小于墙梁墙体厚度的3倍，并与墙梁墙体同时砌筑。当不能设置翼墙时，应设置落地且上、下贯通的构造柱；

（5）当墙梁墙体在靠近支座$\frac{1}{3}$跨度范围内开洞时，支座处应设置落地且上、下贯通的构造柱，并应与每层圈梁连接；

（6）墙梁计算高度范围内的墙体，每天可砌高度不应超过1.5m，否则，应加设临时支撑。

3. 托梁

（1）有墙梁的房屋的托梁两边各一个开间及相邻开间处应采用现浇混凝土楼盖，楼板厚度不宜小于120mm，当楼板厚度大于150mm时，宜采用双层双向钢筋网，楼板上应少开洞，洞口尺寸大于800mm时应设洞边梁；

（2）托梁每跨底部的纵向受力钢筋应通长设置，不得在跨中段弯起或截断；钢筋接长应采用机械连接或焊接；

（3）墙梁的托梁跨中截面纵向受力钢筋总配筋率不应小于0.6%；

（4）托梁距边支座边$l_0/4$范围内，上部纵向钢筋面积不应小于跨中下部纵向钢筋面积的1/3。连续墙梁或多跨框支墙梁的托梁中支座上部附加纵向钢筋从支座边算起每边延伸不少于$l_0/4$；

（5）承重墙梁的托梁在砌体墙、柱上的支承长度不应小于350mm。纵向受力钢筋伸入支座应符合受拉钢筋的锚固要求；

（6）当托梁高度$h_b \geqslant 500$mm时，应沿梁高设置通长水平腰筋，直径不应小于12mm，间距不应大于200mm；

（7）墙梁偏开洞口的宽度及两侧各一个梁高h_b范围内直至靠近洞口的支座边的托梁箍筋直径不宜小于8mm，间距不应大于100mm。

三、挑梁

挑梁是埋设在墙体中的悬挑钢筋混凝土构件，如雨篷、阳台、悬挑楼梯等。

（一）挑梁的受力特点及破坏形式

在多层砌体房屋中，挑梁与砌体共同工作。挑梁一般的嵌固方式是埋入墙体内一定长度，埋入长度内的上方砌体竖向压力可以平衡挑梁挑出端承受的荷载。在挑出端施加集中荷载，墙边支座截面，将产生弯矩和剪力，埋入端将发生弯曲变形。由于挑梁受到上部和下部墙体的约束，其变形与墙体和挑梁埋入端的刚度有关。随着挑出端荷载的增加，埋入端下部砌体压缩变形增加，挑梁与墙体的上界面出现水平裂缝，继而在埋入端尾部下方也出现水平裂缝，挑梁在墙边及埋入端尾部分别与上部墙体和下部墙体脱开。若挑梁本身的强度足够，挑梁与周围墙体可能发生两种破坏：

1. 挑梁倾覆破坏

当挑梁埋入端砌体强度足够，埋入段长度较小时，可能在埋入段尾部上方砌体中产生斜裂缝，随着裂缝的发展和贯通墙体，抗倾覆荷载不足以抵抗挑梁的倾覆时，挑梁即发生倾覆破坏（图 8-55a）。

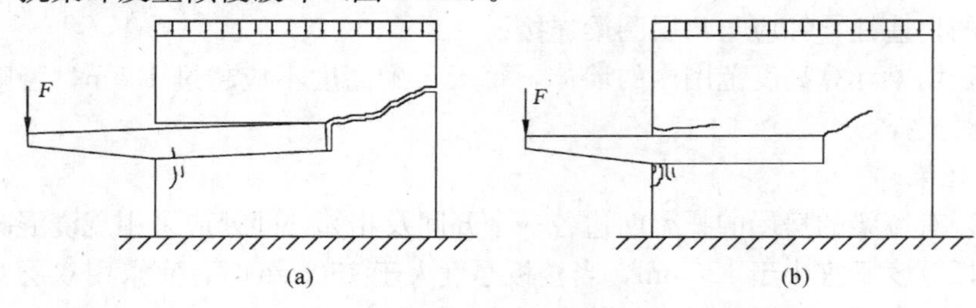

图 8-55　挑梁的受力及破坏

2. 挑梁下砌体局部受压破坏

当挑梁埋入段较长且砌体强度较低，在挑梁倾覆前，由于挑梁下面砌体的压应力随荷载增加而不断增大，埋入段前部砌体压碎发生局部受压破坏（图 8-55b）。

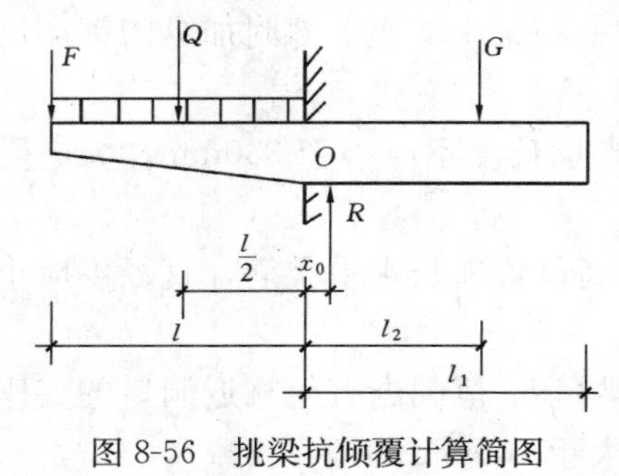

图 8-56　挑梁抗倾覆计算简图

（二）挑梁的计算

挑梁的计算包括：抗倾覆验算、局部受压验算及挑梁本身的强度计算。

1. 挑梁抗倾覆验算

计算简图如图 8-56 所示。O 点为挑梁丧失稳定时的计算倾覆点。砌体墙中钢筋混凝土挑梁的抗倾覆应按下式验算：

$$M_{0v} \leqslant M_r \tag{8-94}$$

式中 M_{0v}——挑梁的荷载设计值对计算倾覆点产生的倾覆力矩；

M_r——挑梁的抗倾覆力矩设计值，按下式计算；

$$M_r = 0.8G_r(l_2 - x_0) \tag{8-95}$$

l_2——G_r 作用点至墙外边缘的距离；

x_0——计算倾覆点至墙外边缘的距离，按下列规定采用：

当 $l_1 \geqslant 2.2h_b$ 时，$x_0 = 0.3h_b$，且 $x_0 \leqslant 0.13l_1$；

当 $l_1 < 2.2h_b$ 时，$x_0 = 0.13l_1$；

其中，l_1 为挑梁埋入砌体的长度（mm）；h_b 为挑梁截面高度（mm）；

当挑梁下设有构造柱或垫梁时，计算倾覆位置取 $0.5x_0$；

G_r——挑梁的抗倾覆荷载，为挑梁尾端上部 45°扩展角的阴影范围（其水平投影长度为 l_3）内本层的砌体与楼面恒载标准值之和，如图 8-57 所示。

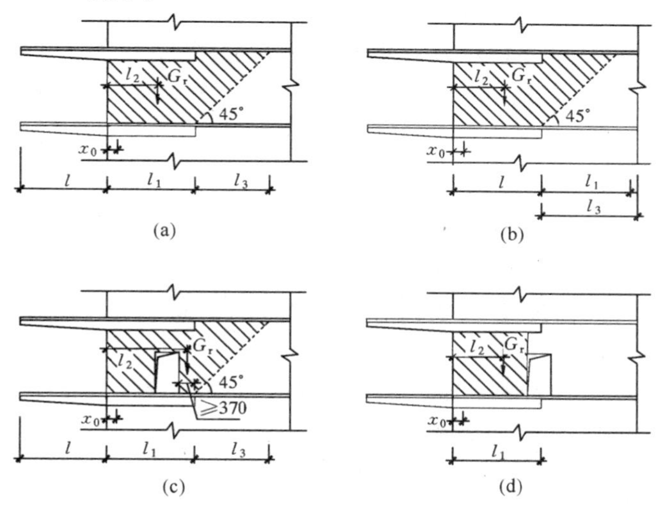

图 8-57 挑梁的抗倾覆荷载

对雨篷等悬挑构件，抗倾覆荷载 G_r 可按图 8-58 确定，图中 G_r 至墙外边缘的距离为 $l_2 = l_1/2$，$l_3 = l_n/2$。

2. 挑梁下砌体局部受压承载力验算

挑梁下砌体局部受压承载力可按下式验算：

$$N_l \leqslant \eta\gamma f A_l \tag{8-96}$$

式中 N_l——挑梁下的支承压力，可取 $N_l = 2R$，R 为挑梁的倾覆荷载设计值；

η——梁端底面压应力图形的完整系数，$\eta = 0.7$；

γ——砌体局部抗压强度提高系数：

对挑梁下为矩形截面墙段（一字墙）时，取 $\gamma=1.25$；

挑梁下为T形截面墙段（丁字墙）时，取 $\gamma=1.5$；

A_l——挑梁下砌体局部受压面积，可取 $A_l=1.2bh_b$，b 为挑梁的截面宽度，h_b 为挑梁的截面高度。

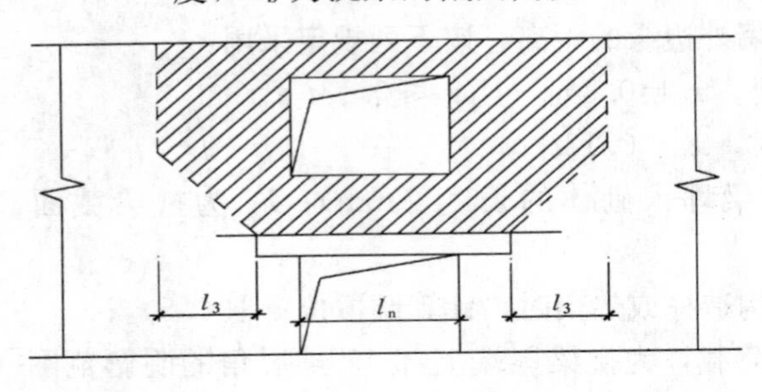

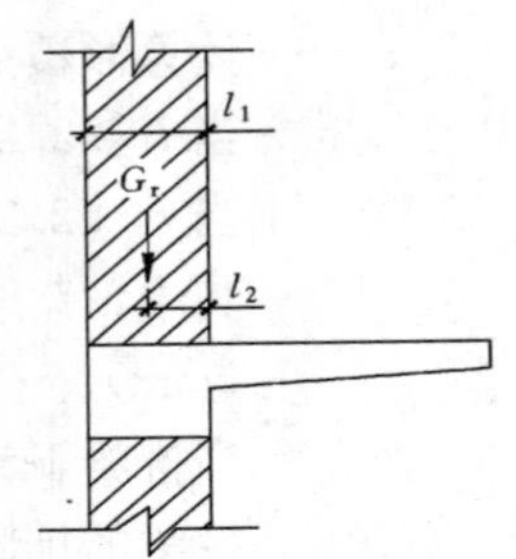

图 8-58　雨篷抗倾覆荷载

3. 挑梁承载力计算

挑梁受弯承载力和受剪承载力计算与一般钢筋混凝土梁相同，但其承受的最大弯矩 M_{max} 在接近 x_0 处，最大剪力 V_{max} 在墙边，分别按下式计算：

$$M_{max}=M_{0v} \tag{8-97}$$

$$V_{max}=V_0 \tag{8-98}$$

式中　M_{max}——挑梁最大弯矩设计值；

V_{max}——挑梁最大剪力设计值；

V_0——挑梁的荷载设计值在挑梁的墙外边缘截面产生的剪力。

（三）挑梁的构造要求

挑梁设计除应符合现行国家标准《混凝土结构设计规范》（GB 50010—2010）的有关规定外，尚应满足下列要求：

1. 纵向受力钢筋至少应有1/2的钢筋面积伸入梁尾端，且不少于2Φ12；其余钢筋伸入支座的长度不应小于 $2l_1/3$；

2. 挑梁埋入砌体长度 l_1 与挑出长度 l 之比宜大于1.2；当挑梁上无砌体时，l_1 与 l 之比宜大于2。

四、设计实例

【例 8-12】　某混合结构房屋中挑梁，如图 8-59 所示，截面尺寸 250mm×350mm。墙体由砖 MU10 和砂浆 M2.5 砌筑（$f=1.30$MPa），墙厚 240mm。开间 3.4m，有翼墙。作用于挑梁的荷载标准值为：

$g_{1k}=9.8$kN/m，$q_{1k}=8.5$kN/m

$F_k=4.1\text{kN}$

挑梁自重标准值为：

1.05kN/m，

$g_{2k}=10.2\text{kN/m}$，$q_{2k}=5.1\text{kN/m}$

挑梁自重标准值2.1kN/m，240mm墙体自重标准值为5.32kN/m²。

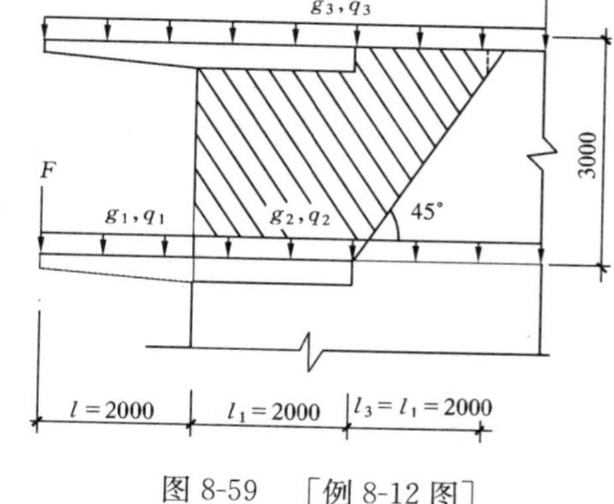

图8-59 ［例8-12图］

【解】 1. 挑梁抗倾覆验算

（1）计算倾覆点

因 $l_1=2\text{m}>2.2h_b=2.2\times0.35=0.77\text{mm}$，确定计算倾覆点：

$x_0=0.3h_b=0.3\times350=105\text{mm}$

（2）倾覆力矩

挑梁的荷载设计值对计算倾覆点的力矩，由 F、g_1、q_1 和挑梁自重产生，即

$$M_{ov}=1.2\times4.1\times2.105+\frac{1}{2}\times[1.2(105+9.8)+1.4\times8.5]\times2.1^2=65.3\text{kN}\cdot\text{m}$$

（3）抗倾覆力矩

挑梁的抗倾覆力矩，由挑梁尾端上中45°扩散角范围内的墙体、楼面和挑梁的恒荷载标准值产生。

$$M_r=0.8\times\left[(10.2+2.1)\times2\times(1-0.1)+5.32\times4\times3\times\left(\frac{4}{2}-0.1\right)-\frac{1}{2}\times5.32\times2\times2\times\left(2+\frac{4}{3}-0.1\right)\right]=87.23\text{kN}\cdot\text{m}$$

根据以上计算结果，$M_r>M_{ov}$，挑梁抗倾覆满足要求。

2. 挑梁下砌体局部受压承载力验算

挑梁下的支承压力为

$$N_l=2R=2\times\{1.2\times4.1+[1.2\times(1.05+9.8)+1.4\times8.5]\times2.1\}=114.5\text{kN}$$

$$\gamma A_l f=0.7\times1.5\times1.2\times0.24\times0.35\times1.3\times10^3=137.6\text{kN}>N_l$$

满足要求。

3. 挑梁承载力计算

挑梁的最大弯矩：

$$M_{max}=M_{ov}=65.3\text{kN}\cdot\text{m}$$

挑梁的最大剪力：

$V_{max}=V_0=1.2\times4.1+1.2\times(1.05+9.8)\times2+1.4\times8.5\times2=54.76\text{kN}$

按钢筋混凝土受弯构件计算挑梁的正截面和斜截面承载力，采用混凝土C20，HRB335级钢筋配筋。

由
$$\alpha_s=\frac{M_{max}}{\alpha_1 f_c b h_0^2}=\frac{65.3\times10^6}{1.0\times9.6\times240\times315^2}=0.286$$

得
$$\gamma_s=0.827$$

$$A_s=\frac{M_{max}}{\gamma_s h_0 f_y}=\frac{65.3\times10^6}{0.827\times315\times300}=836\text{mm}^2$$

选用3Φ18（763mm^2）。

因$0.7f_t b h_0=0.7\times1.1\times240\times315\times10^{-3}=58.2\text{kN}>V=54.76\text{kN}$，故可按构造要求配置箍筋$\phi6@250$。

五、圈梁

圈梁为砌体结构房屋沿楼层位置设置的封闭现浇钢筋混凝土梁式构件。圈梁可以增强砌体房屋的整体刚度，防止由于地基的不均匀沉降或较大振动荷载等对房屋引起的不利影响。

《规范》规定，圈梁应按下列要求设置：

1. 厂房、仓库、食堂等空旷单层房屋应按下列规定设置圈梁：

(1) 砖砌体房屋，檐口标高为5～8m时，应在檐口标高处设置圈梁一道，檐口标高大于8m时，应增加设置数量；

(2) 砌块及料石砌体房屋，檐口标高为4～5m时，应在檐口标高处设置圈梁一道，檐口标高大于5m时，应增加设置数量；

(3) 对有吊车或较大振动设备的单层工业房屋，当未采取有效的隔振措施时，除在檐口或窗顶标高处设置现浇钢筋混凝土圈梁外，尚应增加设置数量。

2. 住宅、办公楼等多层砌体民用房屋，且层数为3～4层时，应在底层和檐口标高处各设置圈梁一道。当层数超过4层时，除应在底层和檐口标高处各设置一道圈梁外，至少应在所有纵、横墙上隔层设置。

多层砌体工业房屋，应每层设置现浇钢筋混凝土圈梁。

设置墙梁的多层砌体结构房屋，应在每层的所有纵、横墙上设置现浇钢筋混凝土圈梁。

砌体结构的圈梁应符合下列构造要求：

1. 圈梁宜连续地设在同一水平面上，并形成封闭状；当圈梁被门窗洞口截断时，应在洞口上部增设相同截面的附加圈梁。附加圈梁与圈梁的搭接长度不应小于其中到中垂直间距的二倍，且不得小于1m；

2. 纵横墙交接处的圈梁应有可靠的连接，刚弹性和弹性方案房屋，圈梁应与屋架、大梁等构件可靠连接；

3. 钢筋混凝土圈梁的宽度宜与墙厚相同，当墙厚 $h\geqslant240$mm 时，其宽度不宜小于 $2h/3$。圈梁高度不应小于 120mm。纵向钢筋不应少于 4 Φ 10，绑扎接头的搭接长度按受拉钢筋考虑，箍筋间距不应大于 300mm；

4. 圈梁兼作过梁时，过梁部分的钢筋应按计算用量另行增配。

采用现浇钢筋混凝土楼（屋）盖的多层砌体结构房屋，当层数超过 5 层时，除在檐口标高处设置一道圈梁外，可隔层设置圈梁，并与楼（屋）面板一起现浇。未设置圈梁的楼面板嵌入墙内的长度不应小于 120mm，并沿墙长配置不少于 2 Φ 10 的纵向钢筋。

采用装配式楼（屋）盖或的装配整体式楼（屋）盖的多层砌体结构房屋的圈梁应留出钢筋与楼（屋）盖拉结。

小　结

1. 砌体结构包括了砖砌体、砌块砌体、石材砌体、配筋砌体和组合砌体。砌体轴心受压时，从加载至破坏经历了三个阶段，最后因砌体中的纵向裂缝将砌体分割成若干小立柱，小立柱失稳和压碎导致构件破坏。砌体中单个块材处于复杂应力状态，使砌体的抗压强度低于块材的抗压强度。

2. 砌体结构构件受压承载力计算，在综合考虑了偏心距、长柱效应后采用统一的影响系数 φ，使受压砌体可按统一公式进行承载力计算。弄清统一公式中各符号的意义和主要影响因素，注意偏心受压构件中对偏心距的限制条件。当偏心距超过限制条件时，还应考虑裂缝宽度控制。局部受压承载力计算分为局部均匀受压和非均匀受压，局部受压有三种破坏形态，承载力计算中，可采用局部抗压强度提高系数来考虑“套箍强化”作用的有利影响。当砌体局部受压承载力不足时，可采用设置垫块的方法来满足承载力的要求。当砌体受压构件截面尺寸受限制时可采用配筋砌体、组合砌体等。

3. 混合结构房屋设计根据竖向荷载传递路线可分为横墙承重、纵墙承重、纵横墙承重以及内框架承重体系。房屋空间刚度的大小、用空间性能系数 η 来反映。房屋的静力计算方案可分为刚性方案、刚弹性方案以及弹性方案，确定单层和多层刚性方案计算简图，楼（屋）盖可视为墙、柱的不动铰支座。刚性和刚弹性方案横墙应符合规范规定。墙柱高厚比验算可保证其在施工和使用阶段的稳定性。为防止墙体开裂、保证房屋的整体性和耐久性，应重视墙体的构造措施。

4. 过梁分为钢筋混凝土过梁和砖砌过梁，计算一般按简支梁，但其上荷载的取值方法与一般构件不同，应考虑仅有墙体荷载和即有墙体荷载又有楼面荷载两种情况。墙梁是由支承墙体的钢筋混凝土托梁及其以上墙体共同组成的组合构件。墙梁的受力如同一个带拉杆拱的受力结构，托梁因墙梁内拱作用，受拉、弯、剪作用，是偏心受拉构件。挑梁是常见的悬挑构件，其承载力计算包括抗倾覆验算、局部受压以及自身承载力计算，注意支承点位置及抗倾覆的荷载取值。圈梁的设置和构造有助于提高砌体房屋的整体性、抗震性、抗倒塌能力和抵抗不均匀沉降的能力。

思考题

8-1　为什么砌体的抗压强度会低于块材的抗压强度？简要说明影响砌体抗压强度的主要因素。

8-2　说明砌体的抗压强度平均值 f_m，砌体抗压强度标准值 f_k 与设计值 f 的定义及三者的关系。

8-3　说明受压构件中 φ_0 与 φ 分别与哪些因素有关？

8-4　砌体偏心受压构件有几种破坏形态？偏心距 e 为什么不宜过大？

8-5　为什么要验算墙体的高厚比？高厚比限值与哪些因素有关？

8-6　局部受压有哪几种破坏形态？它与哪些因素有关？

8-7　砌体局部受压提高系数与什么因素有关？为什么对其规定限值？

8-8　什么情况下需设置垫梁？刚性垫梁有何构造要求？预制刚性垫梁下砌体局压承载力计算公式影响系数 φ 怎样确定？

8-9　网状配筋砌体为什么能提高砌体抗压强度？

8-10　试比较配筋砌体 φ_n 与无筋砌体 φ 的差别。

8-11　房屋静力计算方案有哪几种？

8-12　试说明空间性能影响系数 η 的物理意义？

8-13　刚性、刚弹性方案横墙应具备何条件？

8-14　高厚比验算时，H_0 如何取值？高厚比不满足时可采取哪些措施？

8-15　简述过梁的种类，过梁上的荷载如何确定？

8-16　简述墙梁的受力特点及破坏形态。

8-17　挑梁的倾覆点和抗倾覆荷载如何确定？

8-18　圈梁的作用是什么？设置圈梁时有哪些规定？

习题

8-1　某房屋墙体采用蒸压灰砂砖，其块体的抗压强度平均值为 8.86MPa，砂浆抗压强度平均值为 3.7MPa。试计算砌体的抗压强度平均值。

（参考答案：2.92MPa）

8-2　截面尺寸为 390mm×590mm 的空心混凝土小型砌块柱，用 MU10 砌块，Mb5 砂浆砌筑，砌块空心率为 45%，灌孔率 50%，空心部位用 C20 细石混凝土灌实，柱的计算高度 H_0=5.5m，承受荷载设计值 N=200kN，e=190mm，试验算该柱的承载力。

（参考答案：该柱承载力不满足要求）

8-3　截面尺寸如图 8-60 所示的小砌块墙，用 MU7.5 混凝土砌块，Mb5 砂浆砌筑，H_0=4.0m，承受弯矩 M=7.4kN·m，轴向力设计值 N=370kN，轴向力偏心翼缘，验算该墙的高厚比和墙体承载力。

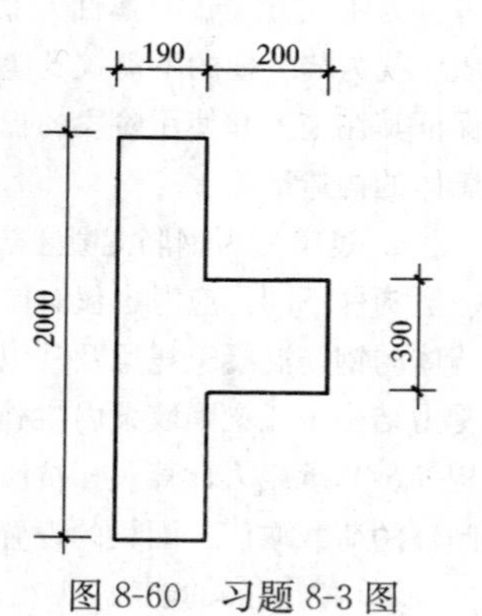

图 8-60　习题 8-3 图

（参考答案：$\beta=12.4$ 高厚比满足，墙体承载力满足）

8-4　验算［例 8-11］中二层纵墙下墙体局部受压承载力，如不满足要求时，采用（1）提高砂浆强度等级至 M5，其局部受压承载力能否满足？（2）梁下设置刚性预制梁垫（$a_b \times b_b \times t_b = 240\text{mm} \times 500\text{mm} \times 370\text{mm}$）时局部受压如何？

（参考答案：（1）不满足；（2）满足局部受压承载力要求）

8-5　已知一砖柱截面尺寸为 370mm×490mm，$H_0=4.5\text{m}$，用 MU10 砖，M5 水泥砂浆砌筑。内力值为：$N=247\text{kN}$，$M=8645\text{kN}\cdot\text{mm}$。（1）验算此砖柱承载力是否足够；（2）如承载力不足，按网状配筋砌体设计此柱。

（参考答案：（1）不满足；（2）配冷拔低碳钢丝Φ^b5，$f_y=320\text{MPa}$，$a=50\text{mm}$，$S_n=250\text{mm}$，后满足）

8-6　刚性方案砌体房屋，（$r_0=1.0$）横墙承重。已知底层横墙无门窗洞口，墙厚 240mm，两端纵墙的间距 $S=6.4\text{m}$，层高 $H=4.46\text{m}$。（240mm 厚墙两面抹灰，自重 5.24kN/m^2）采用烧结砖 MU10，混合砂浆 M2.5 砌筑。要求验算：

（1）当墙的上部荷载为轴心压力时：恒载 110kN/m，活载 30kN/m（均为标准值），其承载力是否满足？

（2）其他条件不变，当墙上部荷载为偏心受压时，内力为 $N=174\text{kN}$，$e=20\text{mm}$，其承载力是否满足？

（参考答案：（1）满足；（2）满足）

附 录

烧结普通砖和烧结多孔砖砌体的抗压强度标准值 f_k（MPa） 附表 8-1

砖强度等级	砂浆强度等级					砂浆强度
	M15	M10	M7.5	M5	M2.5	0
MU30	6.30	5.23	4.69	4.15	3.61	1.84
MU25	5.75	4.77	4.28	3.79	3.30	1.68
MU20	5.15	4.27	3.83	3.39	2.95	1.50
MU15	4.46	3.70	3.32	2.94	2.56	1.30
MU10	—	3.02	2.71	2.40	2.09	1.07

混凝土砌块砌体的抗压强度标准值 f_k（MPa） 附表 8-2

砌块强度等级	砂浆强度等级					砂浆强度
	Mb20	Mb15	Mb10	Mb7.5	M5	0
MU20	10.08	9.08	7.93	7.11	6.30	3.73
MU15	—	7.38	6.44	5.78	5.12	3.03
MU10	—	—	4.47	4.01	3.55	2.10
MU7.5	—	—	—	3.10	2.74	1.62
MU5	—	—	—	—	1.90	1.13

毛料石砌体的抗压强度标准值 f_k（MPa） 附表 8-3

料石强度等级	砂浆强度等级			砂浆强度
	M7.5	M5	M2.5	0
MU100	8.67	7.68	6.68	3.41
MU80	7.76	6.87	5.98	3.05
MU60	6.72	5.95	5.18	2.64
MU50	6.13	5.43	4.72	2.41
MU40	5.49	4.86	4.23	2.16
MU30	4.75	4.20	3.66	1.87
MU20	3.88	3.43	2.99	1.53

毛石砌体的抗压强度标准值 f_k（MPa）　　附表 8-4

毛石强度等级	砂浆强度等级			砂浆强度
	M7.5	M5	M2.5	0
MU100	2.03	1.80	1.56	0.53
MU80	1.82	1.61	1.40	0.48
MU60	1.57	1.39	1.21	0.41
MU50	1.44	1.27	1.11	0.38
MU40	1.28	1.14	0.99	0.34
MU30	1.11	0.98	0.86	0.29
MU20	0.91	0.80	0.70	0.24

沿砌体灰缝截面破坏时的轴心抗拉强度标准值 $f_{t,k}$、弯曲抗拉强度标准值 $f_{tm,k}$和抗剪强度标准值 $f_{v,k}$（MPa）　　附表 8-5

强度类别	破坏特征	砌体种类	砂浆强度等级			
			≥M10	M7.5	M5	M2.5
轴心抗拉	沿齿缝	烧结普通砖、烧结多孔砖、混凝土普通砖、混凝土多孔砖	0.30	0.26	0.21	0.15
		蒸压灰砂砖、蒸压粉煤灰砖	0.19	0.16	0.13	—
		混凝土砌块	0.15	0.13	0.10	—
		毛石	—	0.12	0.10	0.07
弯曲抗拉	沿齿缝	烧结普通砖、烧结多孔砖、混凝土普通砖、混凝土多孔砖	0.53	0.46	0.38	0.27
		蒸压灰砂砖、蒸压粉煤灰砖	0.38	0.32	0.26	—
		混凝土砌块	0.17	0.15	0.12	—
		毛石	—	0.18	0.14	0.10
	沿通缝	烧结普通砖、烧结多孔砖、混凝土普通砖、混凝土多孔砖	0.27	0.23	0.19	0.13
		蒸压灰砂砖、蒸压粉煤灰砖	0.17	0.16	0.13	—
		混凝土砌块	—	0.10	0.08	—
抗剪		烧结普通砖、烧结多孔砖、混凝土普通砖、混凝土多孔砖	0.27	0.23	0.19	0.13
		蒸压灰砂砖、蒸压粉煤灰砖	0.19	0.16	0.13	—
		混凝土砌块	0.15	0.13	0.10	—
		毛石	—	0.29	0.24	0.17

参 考 文 献

[1] 罗福午主编. 土木工程(专业)概论(第三版). 武汉：武汉理工大学出版社，2005.

[2] 东南大学等. 混凝土结构. 北京：中国建筑工业出版社，2001.

[3] 普通混凝土力学性能试验方法标准(GB/T 50008—2002). 北京：中国建筑工业出版社，2003.

[4] 天津大学等. 混凝土结构(上、下册)(第二版). 北京：中国建筑工业出版社，1998.

[5] E. Hognestad et al. Concrete Stress Distribution in Ultimate Strength Design，Journal of A. C. I. Dec. 1955.

[6] "LEB-FIP Model code for concrete structures，"Vol. Ⅱ，1978.

[7] 王玉起等. 混凝土轴心受压时的应力-应变关系. 天津大学学报，1983 年第二期.

[8] H. Rusch. Research Toward a General Flexural Theory for Structure Concrete，Journal of A. C. I. July. 1960.

[9] K. B. Сахановскии. Железобетонныекон стручии. Москва：ГОСТ — РОЙИИЗДАТ. 1959.

[10] R. Park and T. Paulay，Reinforced Concrete Structures(秦文越等译). 重庆：重庆大学出版社，1985.

[11] 过镇海，时旭东. 钢筋混凝土原理和分析. 北京：清华大学出版社，2003.

[12] 徐有邻. 变形钢筋-混凝土粘结锚固性能的试验研究[工学博士学位论文]. 清华大学，1990.

[13] 建筑结构可靠度统一标准 GB 50068—2001. 北京：中国建筑工业出版社，2001.

[14] 建筑结构荷载规范 GB 50009—2001(2006 版). 北京：中国建筑工业出版社，2006.

[15] 混凝土结构设计规范 GB 50010—2010. 北京：中国建筑工业出版社，2011.

[16] 罗福午. 建筑结构概念体系与估算. 北京：清华大学出版社，1997.

[17] 周克容等. 混凝土结构设计. 上海：同济大学出版社，2001.

[18] 罗福午. 混合结构设计(第二版). 北京：中国建筑工业出版社，1991.

[19] 腾智明主编. 钢筋混凝土基本构件(第二版). 北京：清华大学出版社，1987.

[20] 刘立新，叶燕华编著. 混凝土结构原理(新Ⅰ版). 武汉：武汉理工大学出版社，2010.

[21] 白国良，王毅红主编. 混凝土结构设计(新Ⅰ版). 武汉：武汉理工大学出版社，2011.

[22] 梁兴文，王社良，李晓文等编著，混凝土结构设计原理. 北京：科学出版社，2003.

[23] 东南大学，同济大学，天津大学合编. 混凝土结构(第四版)(上、中、下册). 北京：中国建筑工业出版社，2008.

[24] 廖莎主编. 钢筋混凝土及砌体结构学习指导. 武汉：武汉工业大学出版社，2000.

[25] 童岳生主编. 钢筋混凝土基本构件. 西安：陕西科学技术出版社，1988.

[26] 滕智慧明，朱金铨编著. 混凝土结构及砌体结构(上册). 北京：中国建筑工业出版社，1994.

[27] 张学宏主编. 建筑结构. 北京：中国建筑工业出版社，2000.

[28] 程文瀼编著. 钢筋混凝土结构学习指导. 南京：江苏科学技术出版社，1988.
[29] 贾韵绮，王毅红主编. 工民建专业课程设计指南. 北京：中国建材工业出版社，1994.
[30] 砌体结构设计规范 GB 50003—2011. 北京：中国建筑工业出版社，2012.
[31] 钱义良，施楚贤主编. 砌体结构研究论文集. 长沙：湖南大学出版社，1989.
[32] 施楚贤主编. 砌体结构(第二版). 武汉：武汉工业大学出版社，1992.
[33] 王墨耕，郁银泉等主编. 配筋混凝土砌块砌体结构设计手册. 北京：中国建材工业出版社，2000.
[34] 孙氰萍，唐岱新等编著. 混凝土小型空心砌块建筑设计. 北京：中国建材工业出版社，2001.
[35] 东南大学，郑州工学院编. 砌体结构. 第二版. 北京：中国建筑工业出版社，1995.
[36] 罗福午，方鄂华，叶智满等编著. 混凝土结构及砌体结构. 北京：中国建筑工业出版社，2003.
[37] 李国平主编. 预应力混凝土结构设计原理. 北京：人民交通出版社，2000.
[38] 于吉太. 土木工程(专业)概论多媒体教学课件. 武汉：武汉理工大学出版社，2001.
[39] 刘立新主编. 砌体结构. 武汉：武汉理工大学出版社，2001.